Silvia Berger
Bakterien in Krieg und Frieden

»Wissenschaftsgeschichte«
herausgegeben von
Michael Hagner und Hans-Jörg Rheinberger

Silvia Berger

Bakterien in Krieg und Frieden

Eine Geschichte der medizinischen Bakteriologie in Deutschland 1890 – 1933

WALLSTEIN VERLAG

Die vorliegende Arbeit wurde von der Philosophischen Fakultät der Universität Zürich im Herbstsemester 2007 auf Antrag von Prof. Dr. Philipp Sarasin und Prof. Dr. Paul Weindling als Dissertation angenommen.

Publiziert mit Unterstützung des Schweizerischen Nationalfonds zur Förderung der wissenschaftlichen Forschung.

Bibliografische Information der Deutschen Nationalbibliothek
Die Deutsche Nationalbibliothek verzeichnet diese Publikation in der Deutschen Nationalbibliografie; detaillierte bibliografische Daten sind im Internet über http://dnb.d-nb.de abrufbar.

www.wallstein-verlag.de
Vom Verlag gesetzt aus der Adobe Garamond
Umschlag: Basta Werbeagentur, Steffi Riemann,
unter Verwendung eines Mikrophotogramms (A. Wagner: Coli- und Typhusbakterien sind einkernige Zellen, in: Centralbl. f. Bakt. etc., 1. Abt. Originale, Bd. 23, 1898, Tafel X) und einer Photographie (A. V. Knack: Insektensichere Schutzkleidung, in: DMW Nr. 31, 1915, S. 923).
Druck: Hubert & Co, Göttingen
ISBN 978-3-8353-0556-4

Inhalt

IV. Frieden?

Ausblick

Anhang

Einleitung

Im Jahr 1967 verkündete der oberste Gesundheitsbeauftragte der USA, Surgeon General William H. Stuart, es sei an der Zeit, das Kapitel der Infektionskrankheiten zu schließen.[1] Knapp einhundert Jahre nach der Entdeckung der Infektionserreger durch Louis Pasteur und Robert Koch, den bekanntesten Exponenten der Ende des 19. Jahrhunderts zur prestigeträchtigen Naturwissenschaft aufgestiegenen Bakteriologie, schien die sanitäre Utopie einer Ausrottung aller Seuchen Tatsache geworden zu sein. Angesichts des vermeintlich erfolgreichen ›Feldzugs‹ gegen die ›feindlichen‹ Mikroben votierte Stewart dafür, die nationale Aufmerksamkeit unverzüglich einer neuen Kategorie von Gesundheitsbedrohungen zuzuwenden: den chronischen Krankheiten.

Kurze Zeit später machte die westliche Welt Bekanntschaft mit einer breiten Palette neu entstehender Infektionskrankheiten: Legionärskrankheit, AIDS, Hantavirus, West Nile Encephalitis, SARS, die aviäre Influenza und – als aktuellste, aber wohl nur vorläufig letzte Station dieser Entwicklung – die Schweinegrippe.[2] Seither ist die Gleichgültigkeit gegenüber Infektionskrankheiten einer wachsenden Sorge und Unruhe gewichen, verursachen sie doch unvermindert hohe Morbiditäts- und Mortalitätszahlen. Im Jahr 2001 waren Infektionskrankheiten weltweit für 26 Prozent der Todesfälle verantwortlich. In den letzten dreißig Jahren wurden 37 neue Krankheitserreger als Bedrohung für die menschliche Gesundheit identifiziert, geschätzte 12 Prozent der bekannten, längst überwunden geglaubten humanpathogenen Erreger gewinnen wieder an Bedeutung.[3]

In biomedizinischen Fachkreisen vollzieht sich angesichts dieser Renaissance der Seuchen ein bemerkenswerter Perspektivenwechsel. Ausgehend von der Beobachtung, dass militärisches Vokabular die Diskussion über Bakterien und ansteckende Krankheiten nicht nur in der Öffentlichkeit, sondern auch in wissenschaftlichen Zirkeln dominiert, setzt sich heute immer mehr die Auffassung durch, die Rede vom ›Krieg‹ gegen die

1 Garrett 1994, S. 33. Zum problematischen Status von Garretts Quelle vgl. http://lhncbc.nlm.nih.gov/apdb/phsHistory/faqs.html, 22.12.2008.

2 Eberhard-Metzger/Ries 1996; Schadewaldt 1994; http://www.actionbioscience.org/newfrontiers/morse.html, 22.12.2008; http://www.who.int/csr/disease/swineflu/en/index.html, 13.7.2009.

3 Forum on Microbial Threats, Board on Global Health 2006, S. 2. Für diesen Hinweis danke ich David Relman.

mikrobiellen ›Feinde‹ sei aufzugeben. Diese Metaphorik erweise sich, so der Tenor, als nicht länger geeignet, die biomedizinische Wissenschaft und klinische Medizin anzuleiten. Deutliches Indiz für dieses Umdenken ist der Workshop *Ending the War Metaphor*, der im März 2005 vom Forum on Microbial Threats des Institute of Medicine in den USA lanciert wurde. Experten aus medizinischer Mikrobiologie, Immunologie, Epidemiologie und Gesundheitsbehörden setzten sich zum Ziel, neue Perspektiven für die Wirt-Mikroben-Beziehungen zu entwickeln. In der Schlusserklärung hielten sie fest:

> »At best, the war metaphor is a limiting mental shortcut that distracts from abundant opportunities to improve human and animal health. At worst, it represents a dangerous influence on disease control practices that have accelerated the development of antimicrobial resistance among human and animal pathogens, and perhaps also increased virulence in some pathogens.«[4]

Die Quintessenz scheint klar: Entweder wir verabschieden uns von der Kriegsmetapher, oder die Bakterien (und Viren), die resistenter werden und sich in ihrem Genpool immer wieder neu konfigurieren, gewinnen tatsächlich.[5] Gefordert ist mit anderen Worten ein neues Paradigma, das ein realistischeres und detailgenaueres Bild der dynamischen und äußerst komplexen Beziehungen zwischen Wirtorganismen und den Mikrobenpopulationen entwirft. Dieses neue Paradigma scheint, wie der Workshop in Washington deutlich machte, in Denkfiguren der Ökologie zu liegen – Sichtweisen, welche die Interdependenz von Wirten mit ihrer mikrobiellen Fauna und Flora akzentuieren und die Bedeutung des einen für das Überleben des andern anerkennen.[6]

Doch ist die Abkehr von der Kriegsmetapher – diesem *mental shortcut* – und die Suche nach neuen Denkfiguren tatsächlich eine Entwicklung der jüngsten Zeit? Stimmt die gängige Lesart, wonach sich mit der Etablierung der Bakteriologie und der auf ihren Erkenntnissen aufbauenden Entwicklung von Präventionsmaßnahmen, Impfstoffen und Antibiotika eine Ära der Sicherheit und Beherrschbarkeit von Infektionskrankheiten einstellte, die erst ab den 1970er Jahren Risse erhielt?

4 Forum on Microbial Threats, Board on Global Health 2006, S. 27.

5 Zur Resistenzentwicklung vgl. Lode/Mutschler/Wiedemann 2001.

6 Forum on Microbial Threats, Board on Global Health 2006, S. 6. Vgl. auch Lederberg 2000; ders. 2003; McFall-Ngai/Henderson/Ruby 2005; Wakeford 2001.

Dieses Buch wird die angedeutete lineare Fortschrittsgeschichte ebenso in Frage stellen wie die Annahme, dass Wissenschaftler erst in jüngster Zeit die Idee zurückgewiesen haben, Infektionskrankheiten müssten zum Wohl der Menschheit vollständig ausgerottet werden, da Menschen und Bakterien auf ewig feindliche Antagonisten seien. Ich werde die These stark machen, dass in der anfänglich enthusiastisch gefeierten Bakteriologie bereits nach dem Ersten Weltkrieg tief greifende Verunsicherungen und Erschütterungen sichtbar wurden. Diese rückten nicht nur die Realisierung des im ›Grossen Krieg‹ mit allen Mitteln verfolgten Traums in weite Ferne, sämtliche Infektionsstoffe könnten vollständig vernichtet und ›reine‹, von jeder Ansteckung befreite Körper, Gesellschaften und Territorien geschaffen werden. Sie führten auch zu Versuchen, das Verhältnis von Wirtsorganismen und Parasiten mit Hilfe neuer Metaphern zu konzeptualisieren – ähnlich wie dies in der aktuellen biomedizinischen Debatte geschieht. Nicht vom ›Krieg‹ und ›Kampf‹ zweier ›Feinde‹ auf Leben und Tod war in den 1920er Jahren die Rede, sondern von ›Symbiosen‹ und diffizilen ›Gleichgewichten‹, die sich bei den wechselseitigen Interaktionen zwischen Menschen und Mikroben im Infektionsgeschehen und bei Seuchengängen einstellten. Vom anfänglichen Erfolg und der Wirkmächtigkeit der medizinischen Leitwissenschaft Bakteriologie, aber auch von der grundlegenden Destabilisierung ihrer Wahrheitsmuster und ihrem tiefen Fall zu Beginn des 20. Jahrhunderts handelt dieses Buch.

Die vorliegende Studie setzt sich mit der medizinischen Bakteriologie im deutschen Kaiserreich, vor allem in Preußen auseinander. Neben Frankreich bildete Deutschland fraglos den bedeutendsten nationalen Kontext für die Emergenz, Stabilisierung und Durchsetzung einer Vorstellungswelt, mit der die Menschheit seit dem ausgehenden 19. Jahrhundert lebt: Das Wissen um die allgegenwärtige Präsenz kleinster unsichtbarer Lebewesen, ihre zuweilen pathogenen Wirkungen und die Notwendigkeit ihrer Bekämpfung. In einem behelfsmassigen Labor in seiner Arztpraxis in Wollstein bei Pommern und später im Kaiserlichen Gesundheitsamt in Berlin entwickelte und verfeinerte Robert Koch das labortechnische Ensemble von Instrumenten, synthetischen Farbstoffen, Kulturmedien, Tierversuchen und Visualisierungsverfahren, um einen klar identifizierbaren Mikroorganismus präsentieren zu können, von dem glaubhaft behauptet werden konnte, er sei für die Erzeugung einer spezifischen Infektionskrankheiten verantwortlich. In Berlin entstand 1891 das hochdotierte, sehr schnell internationale Strahlkraft gewinnende Preußische Forschungsinstitut für Infektionskrankheiten mit Laboratorien, Tierställen, photographischem Atelier und einer Krankenabteilung im Charité-Krankenhaus. In Universitäten ganz Deutschlands übernahmen Schüler und Mitarbeiter Kochs seit Mitte der 1880er Jahre Ordinariate für Hygiene und verhalfen der bakteriologischen Hygiene zum Durchbruch. Über Preußen spannte sich, forciert durch die Medizinalverwaltung, das größte Netz hygienisch-bakteriologischer Untersuchungsstellen im Kaiserreich, um bei vermuteten Seuchenfällen schnellstmöglich eine sichere, das heißt: eine bakteriologische Diagnose zu erhalten.

Den Aufstieg und die Institutionalisierung der medizinischen Bakteriologie im letzten Drittel des 19. Jahrhunderts,[7] die durch sie ausgelöste *laboratory revolution*,[8] Aspekte der Epistemologie und der Visualisierungstechniken[9] ebenso wie Fragen zur öffentlichen Wahrnehmung[10] und politischen Umsetzung und Dienstbarmachung des bakteriologischen Wissens[11] hat die medizin- und wissenschaftshistorische Forschung ausführlich behandelt. Ebenfalls mit Aufmerksamkeit bedacht wurde die spätere Erfolgsgeschichte der Antibiotika, Virologie und Bakteriengenetik um die Mitte des 20. Jahrhunderts.[12] Aus dem Gesichtsfeld der Medizinhistoriker und Wissenschaftshistorikerinnen rückten dabei jedoch die Entwicklungen der bakteriologischen Wissensordnung nach der erst-

7 Zum Aufstieg der Bakteriologie zum herrschenden Paradigma, welches das Verständnis von Krankheitsursachen gegenüber dem vorbakteriologischen Zeitalter der hygienischen, vor allem auf Umweltfaktoren bezogenen Ätiologien revolutionierte vgl. Canguilhem 1979; Ackerknecht 1948; Burnet 1971; Delaporte 1990; Briese 2003. Überblicke bei Bulloch 1979; Foster 1970; Porter 1997, insb. Kap. 14; Darmon 1999. Ältere Studien zur Formierung des Forschungsfeldes in Deutschland konzentrierten sich auf die Ahnen der Koch-Gruppe und postulierten einen fast linearen Entwicklungsstrang von den ersten unklaren Beobachtungen bis zur Identifikation der Bakterien und der Festlegung ihrer Spezifität durch Koch. Entgegen solch reduktionistischer Narrative hat Gradmann 2005a die komplexe, auf heterogenen Beständen medizinisch-biologischen Wissens basierende Genese der Disziplin aufgezeigt. Zur Institutionengeschichte vgl. Geison 2002; Weindling 1992; Hüntelmann 2008.

8 Cunningham/Williams 1992; Gradmann 2005b.

9 Latour 1994; Schlich 1997; Breidbach 2002; Sarasin 2007b.

10 Tomes 1998; Brecht 1999; Schlich 1996a; Gradmann 1996.

11 Evans 1990; Hasian 2007; Wald 1997; Gibbins 1998. Zur Verortung der Bakteriologie innerhalb der imperialistischen Ideologie vgl. Weindling 1999; Anderson 2007. Ihre Dienstbarmachung zu kolonial-imperialistischen Zwecken behandeln Eckart 1997a; Bashford 2004; Haynes 2001.

12 Zur Geschichte der Bakteriengenetik vgl. Brock 1990; Rowland 2003. Zur Geschichte der Antibiotika-Forschung aus der Feder von Mikrobiologen vgl. Amyes 2001; Forth/Gericke/Schenck 2001; Greenwood 2008. Einführend in die Geschichte der Virusforschung Calisher/Horzinek 1999; Munk 1995; Lüdtke 1999.

maligen Etablierung einer in Medizin, Gesundheitspflege und Öffentlichkeit wirkmächtigen bakteriologischen Erklärung der Infektionskrankheiten.[13] Nur vereinzelte Studien wie Andrew Mendelsohns grundlegende Untersuchung zum ätiologischen Denkmodell und Olga Amsterdamskas Auseinandersetzung mit dem Spezialgebiet der bakteriellen Variation weisen darauf hin, dass die Geschichte der Bakteriologie bereits um die Jahrhundertwende mehr Verwerfungen und Brüche aufweist, als dies die traditionelle Disziplinengeschichte vermuten lässt.[14] Sie kann sich daher keineswegs in einer Darstellung ihrer praktischen Anwendungen durch die öffentliche Gesundheitspflege und einer beginnenden Immunitätsforschung erschöpfen.

Vor diesem Hintergrund nimmt *Bakterien in Krieg und Frieden* die Periode von den späten 1880er Jahren – also *nach* den Aufsehen erregenden Beschreibungen der Erreger zeitgenössischer Leitkrankheiten – bis zum Ende der Weimarer Republik in den Blick. Es sind dies jene Jahrzehnte, die von Historikerinnen und Historikern mit Blick auf die Künste und die Wissenschaften, aber auch die sozialen und politischen Strukturen, als Phase der ›klassischen Moderne‹ charakterisiert werden.[15] Als Inbegriff von Modernität und Fortschrittlichkeit überhaupt galt um 1890 gerade die neu etablierte Bakteriologie, insbesondere die von ihr verbreitete Lehre zur ätiologischen Rolle der Mikroorganismen, ihre *exakten* Labormethoden zur Kultivierung, Isolierung und Sichtbarmachung dieser fremden und fundamental bedrohlichen Lebenssubstanz sowie ihre *rationellen* Maßnahmen zur Bekämpfung der Infektionskrankheiten. Im Juni 1894 refe-

13 Wie es Pasteur gelang, die Hygieniker auf seine Seite zu ziehen, schildert Latour 1988. Hardy 2005 zeigt für Deutschland, wie wichtig es für die Durchsetzung der Bakteriologie Kochs war, dass er die Forschungsinteressen der Hygieniker aufnahm. Zur Reorganisation und Professionalisierung der Hygiene und Gesundheitspflege durch die Bakteriologie vgl. Schlich 1996c; Labisch 1992; Hardy 1993. Worboys 2000 hat die Ausbreitung und Verwendung von Keimtheorien in verschiedenen medizinischen Kontexten in England verfolgt. Zu den Schwierigkeiten der praktischen Klinik in Frankreich, die mikrobielle Ätiologie mit der Physiopathologie zu verbinden, vgl. Contrepois 2001.

14 Mendelsohn 1996, Part II; Mendelsohn 2001; Amsterdamska 1987. Schon Ludwik Fleck hat, wenngleich ohne historische Detailgenauigkeit, verschiedene Herausforderungen thematisiert, welche die Grundannahmen und Konzepte der Bakteriologie in Frage zu stellen drohten. Vgl. Fleck 1999 (1. Aufl. 1935), S. 27f., 38, 43, 122f. Zu den Variabilitätsdebatten in den USA und England in der Zwischenkriegszeit vgl. Amsterdamska 1991. Ebenfalls mit Fokus auf die Zwischenkriegszeit hat Mendelsohn 1999 die epidemiologischen Wahrheitsmuster untersucht.

15 Nitschke et al. 1990, S. 9f.

rierte der Stabsarzt und Koch-Schüler Emil Behring vor der militärärztlichen Gesellschaft in Berlin über Infektionskrankheiten »im Lichte der modernen Forschung«. Und »modern« durfte sich zu diesem Zeitpunkt – darüber waren sich Behring und die versammelten Militärärzte einig – nur eine Wissenschaft nennen: die »experimentell-ätiologische Forschung«, »wie sie sich unter dem Einfluss R. Koch's entwickelt hat«. Mit »zwingender Beweiskraft« und »großer Präcision« habe sie die richtigen Grundanschauungen über das Wesen der Infektionskrankheiten erarbeitet.[16] Für die Zeitgenossen Behrings schien denn auch die Hoffnung begründet, dass mit Hilfe der »großartigen« Fortschritte der Bakteriologie, diesem Sinnbild der von Emil du Bois-Reymond als »Weltbesiegerin unserer Tage«[17] beschriebenen Naturwissenschaft, bald schon die heimtückischen Seuchen sicher kontrolliert und »ausgerottet« werden könnten. Wie lange aber hielt sich das Bild der medizinischen Bakteriologie als Verkörperung des naturwissenschaftlichen Fortschritts und der Weltbemächtigung? Wie lange strahlte der Stern dieser medizinischen Leitwissenschaft, die vor der Jahrhundertwende in einem heute kaum mehr vorstellbaren Ausmaß das Denken der Ärzte, Gesundheitsbeamten und Laien beherrschte sowie ihre Phantasien und Heilserwartungen beflügelte?

Auf einen Nenner gebracht verfolge ich in diesem Buch die Konjunktur des bakteriologischen Denkstils – verstanden als eine dynamische Konfiguration zentraler Grundannahmen und Konzepte, Methoden und Praktiken – in den etwas mehr als vierzig Jahren nach der Blütezeit der ätiologischen Entdeckungen. Welches waren vor der Jahrhundertwende die zentralen Elemente der bakteriologischen Wissensordnung? Welche Erweiterungen, Verschiebungen und Transformationen vollzogen sich im bakteriologischen Denkstil zwischen 1890 und 1933? Und welche Auswirkungen resultierten daraus für das Prestige und die medizinische Deutungsmacht der Bakteriologie?

Bei der Untersuchung des bakteriologischen Denkstils in der Moderne setze ich zwei Schwerpunkte. Ein besonderes Augenmerk wird *erstens* auf den Zeitraum um den Ersten Weltkrieg gerichtet. Dieser Fokus basiert auf verschiedenen Prämissen: Zunächst einmal lässt sich der Weltkrieg aufgrund der ausgeprägten strukturellen Überschneidung von Militär und Bakteriologie im Wilhelminischen Kaiserreich bereits *prima facie* als wichtiges Forschungsfeld identifizieren, um Fragen nach der Deutungs-

16 Behring 1894b, S. 686. Zur Charakterisierung der Koch'schen Postulate als ein ins Naturwissenschaftliche gewendeter Kriterienkatalog von Modernität vgl. Sarasin et al. 2007, S. 20ff.

17 Zit. Hermann 1990, S. 312.

macht und Autorität dieser Wissenschaft zu behandeln. Überdies scheint aus heutiger Perspektive die Relevanz hygienisch-bakteriologischen Know-hows als Garant für Gesundheit und Ordnung in Zeiten militärischer und politischer wie auch wirtschaftlicher und sozialer Krisensituationen unbestritten, zumal mit Blick auf das entfesselte Destruktionspotential des Ersten Weltkriegs, der als Inbegriff des industrialisierten Massenkrieges gilt. Zwischen dem vielbeachteten Aufstieg des Erregermodells ausgangs des 19. Jahrhunderts und der Erfolgsgeschichte der Infektionstherapie um die Mitte des 20. Jahrhunderts manifestiert sich gerade hier allerdings eine gravierende Lücke in der Geschichte der modernen Leitwissenschaft Bakteriologie. Erst seit den 1990er Jahren erscheint der Erste Weltkrieg überhaupt als Untersuchungsgegenstand auf der Agenda der Medizin- und Wissenschaftshistoriker.[18] Für den deutschsprachigen Kontext richtete sich ein Großteil der Aufmerksamkeit neben professions-, kultur- und erfahrungsgeschichtlichen Themenfeldern auf die Entwicklungen und Sonderprobleme in den Spezialdisziplinen Psychiatrie/Neurologie, Pathologie, Chirurgie und Orthopädie.[19] Lediglich vereinzelte Aufsätze thematisierten fallstudienartig einige der im Krieg verbreiteten Infektionskrankheiten.[20] Sie blieben mehrheitlich

18 Eckart/Gradmann 1996; Eckart/Gradmann 1998; Eckart/Gradmann 2003; Ausschnitte zum Ersten Weltkrieg bei Bleker/Schmiedebach 1987; Ruprecht/Jenssen 1991; Winau/Müller-Dietz 1994. Biwald 2002 und Michl 2007 beschäftigten sich mit Aspekten der Tätigkeit sowie den Deutungs- und Vorstellungsmustern der deutschen und österreichischen Ärzte im Weltkrieg. Für einen institutionengeschichtlichen Blick auf die deutsche Medizin im Ersten Weltkrieg vgl. Hofer 2002. Wegweisend für das erstarkende Interesse am Phänomen ›Krieg und Medizin‹ in der Moderne waren die Studien von Cooter und Harrison. Vgl. Cooter 1993; Harrison 1996; Cooter/Harrison/Sturdy 1998; Cooter/Harrison/Sturdy 1999.

19 Besonders weit fortgeschritten sind Studien zur deutschen und österreichischen Psychiatriegeschichte, vgl. Kaufmann 1999; Ulrich 1992; Lerner 2003; Hofer 2004; Komo 1992. Zur Pathologie in vergleichender Perspektive vgl. Prüll 1999. Der Kriegsinvalidität widmete sich jüngst mit körper- und geschlechtergeschichtlichen Fragestellungen Kienitz 2008. Zu den versehrten Gesichtern vgl. Hagner 2000; Delaporte 1996.

20 Vgl. Sackmann 1980; Dietrich 1995; Sauerteig 1998; Linton 2000 sowie die Aufsätze von Fantini, Eckart und Weindling in Eckart/Gradmann 1996. Den aktuellsten Einblick in einen Teil des Wirkens der deutschen Bakteriologie im Krieg bietet Paul Weindlings wegweisende Longitudinalstudie *Epidemics and Genocide in Eastern Europe*, 1890-1945 (Kap. 4). Am Beispiel des Fleckfiebers legt er dar, wie im Weltkrieg das Bedürfnis nach effizienten Techniken zur Prävention von Seuchen im Heer wie auch zur Eindämmung ihrer Verbreitung in der Heimat massiv stieg und in der Folge ein drakonisches System der Fleckfieberbekämpfung implementiert wurde.

einer medizinhistorischen Tradition verpflichtet, die nach spezifischen Auskoppelungen der Kriegskonstellation auf den wissenschaftlichen Erkenntnisgewinn fragt.[21] Solche Perspektiven stehen in meiner Arbeit nicht im Vordergrund. Im Anschluss an Roger Cooter möchte ich den Zeitraum um den Ersten Weltkrieg vielmehr als Apotheose der intensiven Verschränkung kriegerisch-militärischer und medizinischer Erfahrungsräume und Diskurse betrachten – Erfahrungsräume und Diskurse, die ihrerseits verknüpft waren mit der Gesellschaft, Kultur und Politik ihrer Zeit und womöglich gerade auch für die Bakteriologie als bedeutende Ressource für Sinnstiftungen, Legitimationsstrategien und die Herstellung von Autorität fungierten.[22] Mein Erkenntnisinteresse gilt damit weniger der Rolle des Krieges als ›Labor‹ und forschungskreativem Ereignis für Einzelerkenntnisse. Im Vordergrund steht viel allgemeiner die Frage nach der Bedeutung des Krieges als politisch-militärisch-kulturellem Setting für die Positionierung und Erprobung der bakteriologischen Deutungs- und Ordnungsmacht sowie die spezifische Wirkmächtigkeit ihrer Denkkategorien und Handlungsweisen.

Nicht zuletzt ist der Fokus auf die Zeit um den Ersten Weltkrieg einem versteckten Hinweis von Ludwik Fleck geschuldet. In einer Fußnote seiner 1935 publizierten Monographie *Entstehung und Entwicklung einer wissenschaftlichen Tatsache* wies er auf die Bedeutung von Kriegs- und »Nachweltkriegszeit« als mögliche Bifurkationspunkte grundlegender Wissenstransformationen hin. Sehr oft würden große Denkstilumwandlungen in Epochen allgemeiner »sozialer Wirrnis«, in so genannt »unruhigen Zeiten« stattfinden. Gerade solche Perioden offenbarten nach Fleck »den Streit der Meinungen, Differenzen der Standpunkte, Widersprüche, Unklarheiten, Unmöglichkeit eine Gestalt, einen Sinn unmittelbar wahrzunehmen«.[23]

Das *zweite* Hauptaugenmerk meiner Arbeit gilt der Verwendung und der Rolle von Metaphern in der Bakteriologie. Die Thematisierung von Sprachbildern wie etwa die ›Invasion‹ von ›feindlichen‹ Bakterien in den menschlichen Körper oder der ›Kampf‹ zwischen pathogenem Erreger und Wirt ist zwar in historischen Arbeiten über die frühe Bakteriologie und die Immunitätsforschung keineswegs neu – ebenso wenig wie die Beobachtung, dass die Maßnahmen gegen die Infektionskrankheiten besonders im populären Diskurs als ›Vernichtungskrieg‹ der bakteriologi-

21 Zum Krieg als ›Lehrmeister‹ bzw. ›Vater‹ der Medizin vgl. beispielhaft Angetter 2004.

22 Vgl. Cooter 2004, S. 358f.

23 Fleck 1999, S. 124f., Fn. 4.

schen ›Streiter‹ gegen die ›Todfeinde des Menschengeschlechts‹ imaginiert wurden.[24] Aufgrund der traditionell starken Beschäftigung mit innovativen Labortechniken, dem Einsatz spezifischer Instrumente und Apparate sowie den experimentellen Praktiken als Schlüsselressourcen der Bakteriologie blieben allerdings zentrale Dimensionen der Metaphorik unberücksichtigt. Erst in Ansätzen wurde der Frage nachgegangen, welche kulturelle Spezifik die martialischen Sprachbilder und vielleicht auch andere Metaphern in den Texten der frühen deutschen Bakteriologie tatsächlich aufwiesen, und welche Relevanz ihnen für die Strukturierung und Wirkmächtigkeit des bakteriologischen Konzeptsystems sowie bakteriologischer Handlungsmaximen ab 1890 und insbesondere im Ersten Weltkrieg zukam.[25] Die Rolle von Metaphern bei der Stabilisierung oder Destabilisierung bakteriologischer Wahrheiten blieb bislang vollständig ausgeblendet.

Nicht nur bei der Schwerpunktbildung dieses Buches habe ich mich von Fleck inspirieren lassen. Auch in methodischer Hinsicht orientiert sich die Arbeit an epistemologischen Konzepten, die vom polnischen Wissenschaftstheoretiker entwickelt wurden. In seiner Monographie von 1935 und in kleineren Aufsätzen beschrieb Fleck verschiedene Analyseinstrumente, um die historisch, kulturell und sozial bedingte Produktion und Zirkulation von Wissen in der Gesellschaft und insbesondere in den medizinischen und biomedizinischen Wissenschaften zu untersuchen.[26] Im Zentrum von Flecks Epistemologie stehen zwei miteinander verbundene generative Strukturen: Wissenschaftliche Tatsachen sind keine vorgängigen und überzeitlichen Konstanzen, sie entsprechen keinen autonom determinierten Eigenschaften einer äußeren Welt, sondern sind das Produkt von bestimmten *Denkstilen* und *Denkkollektiven*. Wissenschaftliche Wahrheiten können sich nur im Rahmen dieser historisch kontingenten Settings herausbilden, stabilisieren und umformen. Fleck selbst wies mehrfach auf den bakteriologischen Denkstil der 1880er Jahre hin und bezeichnete ihn als Paradebeispiel eines besonders entwickelten und

24 Vgl. Sarasin 2003; Otis 1999; Hänseler 2007; Fleck 1999, S. 79. Zur Metaphorik in der popularisierten Bakteriologie vgl. Gradmann 1994; Gradmann 1996; Grad mann 2007. Zur militärischen Metaphorik in der Immunologie vgl. Löwy 1996; Tauber 1994; Tauber/Chernyak 1991; Martin 1994; Montgomery 1991; Cohen 2003.

25 Besonders hervorzuheben für die epistemische Rolle von Metaphern in der Bakteriologie ist Hänseler 2007. Sie hat in ihrer philosophisch-historischen Dissertation die Alltags- und politische Metaphorik in den Texten von Koch analysiert.

26 Vgl. Fleck 1999; Fleck 1983.

rigiden Wissenssystems.[27] Nach Pauline Mazumdar könnte die Entwicklung des Konzepts strikt organisierter, stilistisch uniformer Denkkollektive sogar auf Flecks Erfahrung mit der Autorität der Gruppe von Bakteriologen rund um Robert Koch beruhen.[28] Auch andere Wissenschaftshistoriker formulierten die These, Flecks Epistemologie gründe in seiner professionellen Erfahrung als medizinischer Wissenschaftler, insbesondere als Bakteriologe und Immunologe.[29] Die medizinische Forschung blieb also der primäre wissenschaftliche Bezugspunkt, an dem er seine Begrifflichkeit entwickelte.

Wiederholt wurde die semantische Unschärfe und Elastizität des Begriffs ›Denkstil‹ bei Fleck moniert. Tatsächlich oszillieren seine Begriffsumschreibungen zwischen der Betonung der spezifischen Ausprägung[30] wissenschaftlicher Erkenntnisse, Methoden, Techniken und Begriffe einerseits, der Akzentuierung eines eigentlichen Sets oder Bestandes[31] an methodisch-theoretischen Grundannahmen und Vorstellungen andererseits. Um diese unterschiedlichen Akzentsetzungen in einer Begriffsbestimmung zu integrieren, verstehe ich unter Denkstil ein *charakteristisch ausgeprägtes, dynamisches Wissenssystem zentraler Auffassungen und Konzepte, Methoden und Techniken*, das von einer bestimmten Trägerschaft – dem Denkkollektiv – geteilt wird. »Charakteristische Ausprägung« verweist hier sowohl auf die Typik und die Merkmale der verwendeten Sprache und Terme als auch auf die Eigenheit der Methoden und die perzeptiven Dispositionen, Klassifikationen oder Wertungen, die mit wissenschaftlichen Konzepten und Grundannahmen verbunden sind. Wissenschaftliche Praktiken verstehe ich als mittelbar dem Denkstil zugehörig.[32] Da ein Denkstil gemäß Fleck nicht nur die Bereitschaft für spezifisches Sehen und Denken, sondern auch für entsprechend gerichtetes Handeln ausdrückt, sind die Praktiken komplementärer Bestandteil des jeweiligen Denkstils.[33] Mit Blick auf die Praktiken der Bakteriologen

27 Vgl. Gradmann 2004, S. 467.

28 Mazumdar 1995, S. 101.

29 Löwy 2004; Löwy 1986.

30 Vgl. etwa Fleck 1999, S. 130, wo er das spezifische Gepräge – den »Stil« im zeitgenössischen Sinn des Wortes – in den Vordergrund seiner Begriffsdefinition rückt.

31 Vgl. etwa Fleck 1999, S. 54f.

32 Olga Amsterdamska beschreibt Denkstile als »dynamic configurations of practices and ideas«. Amsterdamska 2004, S. 505.

33 Fleck 1999, S. 130. Jean-Paul Gaudillière hat mit Blick auf Fleck vorgeschlagen, mit dem Denkstil auch die Vorstellung von Arbeitsstil zu assoziieren. Gaudillière 2004.

werde ich in Anlehnung an Michael Worboys nicht nur die ›Keimpraktiken‹ (*germ practices*) im Labor thematisieren (etwa die Färbung und Kultivierung von Bakterien in Nährlösungen), sondern auch die ›Keimpraktiken‹ im Feld, zum Beispiel die bakteriologisch informierte Desinfektion oder die Isolation von Kranken.[34]

Fleck bezeichnet die Gemeinschaft, die einen bestimmten Denkstil teilt, als Denkkollektiv. Verschiedene Kommentatoren haben bezüglich dieser Träger von Denkstilen vom soziologischen Kern der Fleck'schen Theorie gesprochen: Wissenschaft ist etwas, das von Menschen kooperativ veranstaltet wird; der wissenschaftliche Korpus ist immer relativ zur sozialen Gruppe oder der Einheit von Personen, die dieses Wissen in einem sozialen Interaktionsfeld hervorbringt und in deren Kreis es sich stabilisiert und verändert. Fleck selbst hat nun allerdings betont – und dies wurde bisher kaum reflektiert –, dass dem Kollektiv nicht der Wert einer fixen Gruppe oder Gesellschaftsklasse zukomme. Der Begriff des Denkkollektivs sei eher *funktional* als substanziell aufzufassen, vergleichbar mit dem Kraftfeldbegriff der Physik.[35] Übertragen auf die medizinische Bakteriologie besteht das Denkkollektiv nicht aus einer bestimmten Anzahl von Bakteriologen, sondern formiert oder verdichtet sich vielmehr – analog der Konfiguration eines physikalischen Kraftfelds – an spezifischen Orten oder Positionen, von denen aus systematisch Macht und Wissen über die pathogenen Bakterien und ihre Rolle im Krankheitsprozess erzeugt werden. Über Flecks Analogie des physikalischen Kraftfeldes komme ich damit zu einem Verständnis des Denkkollektivs, das dieses in die Nähe von Dominique Maingueneaus Konzeption legitimierter »Sprecherpositionen« innerhalb eines Diskurses rückt und das Denkkollektiv als eine spezifisch strukturierte Geographie eines intellektuellen Feldes entwirft.[36] Ist eine Person Teil dieses Denkkollektivs, so vermag sie im bakteriologischen Feld eine Position des legitimierten Sprechens einzunehmen, welche – qua Ausbildung und Habitualisie-

34 Worboys 2000, S. 5.

35 Fleck 1999, S. 135. Zu Flecks Konzept des *Denkkollektivs* im Vergleich zu Kuhns *Scientific Community* und alternativen Modellen wie Knorr-Cetinas *Transepistemic Arenas* vgl. Jacobs 1987.

36 Dominique Maingueneau hat in Bezug auf die Identifikation eines Diskurses auf die »Orte des Aussagens« als den gemeinsamen, historisch, sozial und kulturell bestimmten Ausgangspunkt einer Serie ähnlicher Aussagen hingewiesen. Diese Orte sind Orte des legitimierten Sprechens und Orte der Macht und einer zumindest gewissen Institutionalisierung, die ein Subjekt einnehmen muss, wenn es als Sprecher im Rahmen eines Diskurses etwas sagen will, das gehört werden und als wahr gelten soll. Vgl. Maingueneau 1997, S. 17-24.

rung in spezifischen Traditionen, Konventionen und Techniken – an bestimmte Institutionen, Organe und Vereinigungen gekoppelt ist. Der bakteriologische Denkstil und seine Entwicklung kann demnach nicht sinnvoll beschrieben werden ohne die Identifikation, Charakterisierung und Kontextualisierung jener Institutionen, Körperschaften und Organe im Deutschen Reich, die im Bezug auf die Bakteriologie mit einer gewissen Autorität und Legitimation ausgestattet waren.

Wie bereits erwähnt, werde ich Metaphorik als integralen Bestandteil des bakteriologischen Denkstils und seiner Dynamik untersuchen. Auch mit Fleck lässt sich dieses Unterfangen gut vereinbaren, unterstrich er doch in seiner Monographie die Bedeutung der in wissenschaftlichen Aussagen aufbewahrten und reproduzierten Residuen so genannter *Urideen* oder *Präideen*. Sie weisen darauf hin, wie stark wissenschaftliche Konzeptionen auf Ideen beruhen, deren Genese in die Vergangenheit zurückreicht.[37] Genau diese Spuren vager, unklarer und oft sehr alter und dauerhafter Vorstellungen, die in einem Wissenssystem mitgeführt werden und sich dort mit aktuellen Konzepten »verknoten«, können durchaus in die Nähe von Metaphern gerückt werden.[38]

Bisher habe ich von Metaphern und Metaphorik in der Bakteriologie gesprochen, ohne mein Metaphernverständnis zu klären. Dieses möchte ich unter Berücksichtigung von Beiträgen aus den *Science Studies* in drei Punkten kurz erläutern.

Das Interesse an der sprachlichen Verfasstheit der Wissenschaften und der Funktion von Metaphern hat im Bereich der Wissenschaftsforschung und -geschichte wie auch der Wissenschaftstheorie in den letzten Jahren massiv zugenommen.[39] Eine Voraussetzung dafür war die Abkehr von der Vorstellung, die Wissenschaftssprache sei eine neutrale, begriffliche, präzise und objektive Sprache, und wissenschaftliche Diskurse würden nicht in Beziehung stehen zur Alltagssprache oder anderen disziplinären Diskursen, von der Vorstellung also, sie wären in sich abgeschlossen und homogen. Mit James J. Bono gehe ich davon aus, dies die erste Komponente meines Metaphernverständnisses, dass wissenschaftliche Diskurse als weitgehend hybrid charakterisiert werden müssen. Wissenschaftliche, politische und kulturelle Diskursebenen sind miteinander verflochten, wobei metaphorische Übertragungswege ein komplexes Netzwerk von

37 Schäfer/Schnelle 1999, XXXI.

38 Sarasin 2003, S. 197f.; Johach 2008, S. 57f., 63f.

39 Vgl. Brandt 2004, S. 29.

Bezügen und Rückkoppelungen bilden.[40] Eine autonome Natur der wissenschaftlichen Sprache wird also negiert; das wissenschaftliche Schreiben, wie auch die Wissenschaft generell, besetzen nicht ein Feld, das unabhängig von der normalen Sprache und von kulturellen Determinationen ist.[41]

Überdies gehe ich davon aus, dass Metaphern in den Wissenschaften nicht lediglich illustrative, ästhetische oder rhetorische Figuren sind, mit denen sich Wissenschaftlerinnen und Wissenschaftler gegenüber einer größeren Öffentlichkeit verständigen. Von Wissenschaftstheoretikern und -historikern werden Metaphern seit den späten 1980er Jahren im Hinblick auf die Ermöglichung, Herausbildung und den Wandel von wissenschaftlichen Erkenntnissen analysiert.[42] In Rekurs auf Max Blacks »Interaktionstheorie« oder poststukturalistische Perspektiven auf Signifikationsprozesse wird dabei argumentiert, dass Metaphern die wissenschaftliche Wahrnehmung organisieren, indem sie dank ihrer semantischen Unschärfe disparate Phänomene unter einem ganz spezifischen Blickwinkel zu bündeln vermögen und damit eine entscheidende Rolle im Prozess der Artikulation und Strukturierung wissenschaftlicher Erkenntnis spielen.[43] Dieses Verständnis von Metaphern als konstitutiven, Erkenntnis strukturierenden Elementen in den Wissenschaften bildet die zweite Komponente meines metapherntheoretischen Positionsbezugs. Bezüglich des epistemischen Moments gehe ich von der Annahme aus, dass bei einer metaphorischen Äußerung zwei semantische Felder in einen Zusammenhang gebracht werden, wobei ein Feld das andere durch eine Verschiebung der semantischen Relationen artikuliert und damit die von Black beschriebene »Filterfunktion« übernimmt. Hans Blumenberg sprach in diesem Kontext von der im Metaphorischen wurzelnden

40 Bono 1990. Zur problematischen Konzeption einer klaren Grenzziehung zwischen Wissenschaft und Kultur/Gesellschaft bei Bono vgl. Brand 2004, S. 35.

41 Vgl. Beer 1996, S. 790; Beer 2000, XXV, S. 83.

42 Hallyn 2000; Maasen/Mendelsohn/Weingart 1995; Maasen/Weingart 2000; Bono 1990; Bono 1995; Bono 2002; Kay 1997; Stepan 1993.

43 Die Metapher ist nach Black ein zweigliedriges Syntagma, bestehend aus »Hauptgegenstand« und »untergeordnetem Gegenstand«. Der kognitive und kreative Gehalt einer Metapher kommt dadurch zustande, dass auf den »Hauptgegenstand« ein Set von common-place-Konnotationen des »untergeordneten Gegenstandes« angewendet wird, welches die übliche, konventionelle Bedeutung des denotierten »Hauptgegenstandes« durch Interaktion der beiden Bereiche überlagert (Black 1954). Zu poststrukturalistischen Perspektiven auf die Metapher vgl. Sarasin 2003.

»Sichtlenkung«.[44] Im Hinblick auf die Bakteriologie scheint mir eine Ergänzung zu diesem Punkt bedeutsam: Ich verstehe Metaphern nicht als Denkfiguren, die von Wissenschaftlern ›domestiziert‹, das heißt souverän und bewusst eingesetzt, kontrolliert und jederzeit beliebig ausgetauscht werden können.[45] Metaphorik hat in den Wissenschaften oftmals einen faktischen und propositionalen Charakter. Sie konfiguriert Forschungsobjekte wie die pathogenen Bakterien, kann wissenschaftliche Handlungsweisen anleiten oder bestimmt gar die Ausrichtung ganzer Forschungsprogramme.[46] Fragen nach einer alternativen Ausdrucksweise oder einer bewussten Metaphernreflexion der Wissenschaftler verkennen folglich die im jeweiligen historischen Kontext eigene Erkenntnisleistung und Eigenlogik der metaphorischen Rede.

Das dritte Element meines Metaphernverständnisses bezieht sich auf die stabilisierenden beziehungsweise destabilisierenden Eigenschaften von metaphorischen Äußerungen als Teil einer disziplinären Matrix und ihrer Abhängigkeit vom historischen, kulturellen und textuellen Kontext, in dem Metaphorik Erkenntnis ermöglicht. Konstitutive Metaphern innerhalb eines Wissenssystems können in einem diachronen Entwicklungsverlauf stabilisierend oder destabilisierend wirken. Nach James Bono kommt es darauf an, ob sie durch synchrone Aktualisierung im textuellen, argumentativen und historisch-kulturellen Kontext immer wieder Resonanzen herzustellen vermögen, ob ihre Bedeutungseffekte also stabil bleiben und zunehmend fixiert werden, oder aber diese Resonanzen ausbleiben. Die Stabilität eines Wissenssystems ist damit abhängig von der Stabilität der metaphorischen Bedeutungen. Einmal delegitimierte, instabile Metaphern vermögen nach Bono die Einführung bislang verdeckter oder unterdrückter Perspektiven und neuer Denkfiguren nicht mehr zu verhindern, die ihrerseits wiederum zu Orten der inhärenten Instabilität und des Austausches mit anderen Wissensfeldern und Diskursen werden können.[47]

Das Buch gliedert sich in vier Teile: *Formation – Dissonanz – Krieg! – Frieden?* Der erste Teil bereitet die Bühne vor, auf der die Geschichte des bakteriologischen Denkstils zwischen 1890 und 1933 in drei Akten erzählt wird. Zielsetzung dieses ersten Abschnitts ist es, den Aufstieg der Bakteriologie zum medizinischen Orientierungspunkt des Wilhelminischen

44 Blumenberg 1998, S. 99.
45 Vgl. Sarasin 2003a, S. 213f.
46 Vgl. etwa Knorr-Cetina 1995.
47 Bono 1995, S. 132.

Kaiserreichs zu skizzieren (Kap. 1-4). Als Erstes werden die Entwicklung eines bakteriologischen Gegenstandsbereiches und die Konstruktion des ›pathogenen Bakteriums‹ als wissenschaftliche Tatsache erörtert. Anschließend beschreibe ich vor dem Hintergrund der politischen und kulturellen Rahmenbedingungen Deutschlands die allmähliche Formierung eines ausgebauten und stabilen bakteriologischen Denkkollektivs und die Prozesse der Systematisierung, Kanonisierung und Validierung des bakteriologischen Denkstils. Dessen Konfiguration um 1890, auf dem eigentlichen Höhepunkt der klassischen Bakteriologie, wird detailliert analysiert: Welche Methoden und Techniken im bakteriologischen Labor dienten als zentrale Erkenntnismittel? Welche Grundannahmen und Konzepte wurden als evident erachtet? Welche Keimpraktiken im Labor und im Feld leiteten den Denkstil an? Welche Metaphern tauchen in der Wissensordnung auf, und welche Rolle kommt ihnen bei der Strukturierung bakteriologischer Erkenntnis zu? Die Analyse wird zum einen die Koch'schen Postulate als verdichteten theoretisch-methodischen Kern der Bakteriologie sichtbar machen, welche die pathogenen Bakterien zur notwendigen Krankheitsursache erhoben und damit das Dogma der spezifischen Ätiologie begründeten. Zum anderen postuliere ich die zentrale Bedeutung einer historisch signifikanten Feind-, Migrations- und Kampf/Kriegsmetaphorik für die Konzeptualisierung der pathogenen Bakterien, die Interaktionen zwischen Mikro- und Makroorganismen und das Vorgehen gegen die Infektionserreger.

Der zweite Teil umfasst den Zeitraum von den frühen 1890er Jahren bis zum Ausbruch des Weltkrieges. Was geschah mit dem Wissenssystem der Bakteriologen, nachdem sie sich nicht nur innerhalb der Medizin, sondern auch in der Öffentlichkeit zu den autoritativen und euphorisch gefeierten Beherrschern der allgegenwärtigen Kleinstorganismen aufgeschwungen hatten? Das bakteriologische ›Gold‹ der 1880er Jahre verlor, wie ich in diesem Teil zeigen werde, um die Jahrhundertwende an Glanz, und die Jahre zwischen 1890 und 1914 lassen sich als eine Periode der Dissonanzen, Widersprüche und ›Ausnahmen‹ sowie der allmählichen Erweiterung bakteriologischer Wahrheiten beschreiben. Welche Wissenselemente in Zweifel gezogen wurden und wie die Bakteriologen mit neu auftretenden ›Ausnahmen‹ gegenüber bereits als erhärtet geltenden Wahrheiten umgingen, ist Gegenstand von Kapitel 5. Hier werde ich argumentieren, dass sowohl das ätiologische Modell der Infektionskrankheit als auch die Vorstellungen über die bakterielle Artkonstanz und Spezifität nur nach ausgeprägten Beharrungstendenzen und Ausschlussmechanismen eine Umbildung und Erweiterung erfuhren. Inwiefern diese Veränderungen das Renommee der Wissenschaft tangierten, behandelt Kapitel 6. Als besonders wichtig wird sich dabei die Frage erweisen, ob es Koch gelang, den bakteriologischen Denkstil nach den ersten Ernüchterungen als ein für den zukünftigen Offensivkrieg unabdingbares militärisch-wissenschaftliches Basiskonzept zu etablieren.

Der dritte Teil firmiert unter dem Schlagwort »Krieg!«. Er bildet den Hauptakt des Buches und stellt den Ersten Weltkrieg sowohl als militärisch-medizinischen Ereignis- und Erfahrungsraum als auch kulturell-politischen Resonanzraum für die bakteriologischen Metaphern, Schemata und Handlungsmaximen ins Zentrum. Welche Rolle und Geltung wurde der Bakteriologie im Krieg zugeschrieben? Wie manifestierte sich die bakteriologische Ordnung des Wissens im Feld? An welchen Orten und in welchen Räumen und Territorien entfalteten sich die bakteriologischen Keimpraktiken? Durch welche primären Zielsetzungen und Wahrnehmungskategorien waren diese angeleitet? Der Erste Weltkrieg verhalf der medizinischen Bakteriologie einerseits zu einer zweiten Glanzzeit, indem er den Kriegshygienikern und Bakteriologen, ihren Denkkategorien und Ordnungssystemen sowie den von ihnen propagierten ›offensiven‹ und ›defensiven‹ Keimpraktiken im nunmehr wortwörtlichen Feld eine unheimliche Machtfülle und Legitimation bescherte (Kap. 7-9). Andererseits bereitete er aber auch den Boden für den Niedergang der Disziplin (Kap. 10). Weniger das Auftauchen der Influenza als paradoxe Erfahrungen mit den im seuchenpolitischen Fokus stehenden so genannten Kriegsseuchen sollten dabei eine wichtige Rolle spielen.

Der vierte und letzte Teil knüpft an das Kriegsende an und befasst sich mit den Dynamiken innerhalb des bakteriologischen Denkstils bis zum Ende der Weimarer Republik. Obwohl die Kriegsbakteriologie in den behördlichen Bilanzen als ungemein erfolgreich porträtiert wurde und eine rosige Zukunft der ›Bakterienjäger‹ vermuten lässt, verläuft die Entwicklung anders: Die erste Hälfte der Weimarer Republik wird zum letzten Akt einer Geschichte, in der das bakteriologische Zeitalter sein Ende findet und zentrale Denkfiguren und Modelle Auflösungserscheinungen zeigen (Kap. 11). Welche Bedeutung kam bei diesem Durchbrechen der bakteriologischen *Harmonie der Täuschungen* (Fleck) dem Weltkrieg und der unruhigen Nachkriegszeit zu? Welche Rolle spielte bei den Denkstil aufbrechenden Vorgängen die bislang kardinale Feind-, Invasions-/Reinheits- und Kriegsmetaphorik? Im letzten Kapitel des vierten Teils untersuche ich die Konfiguration des bakteriologischen Wissenssystems in der zweiten Hälfte der Weimarer Republik (Kap. 12). Wodurch unterschied sich die Bakteriologie der Nachkriegswelt von jener der Vorkriegszeit? Wie wurde das Verhältnis von Menschen und Bakterien bei Infektion und Epidemie entworfen? Mit welchen Methoden wurden diese epistemischen Gegenstände studiert? Welche Keimpraktiken im Feld wurden als besonders Erfolg versprechend beurteilt? Ich werde zeigen, wie verschiedene Bakteriologen erstmals explizit einen Abschied von der Kriegsmetaphorik forderten. Es wurden neue, von der physikalischen Chemie, Parasitologie und Ökologie inspirierte Denkfiguren integriert – etwa jene des ›Gleichgewichts‹ oder der ›Symbiose‹, einer Art friedlichen Koexistenz. Einzig dadurch schienen die nunmehr als außerordentlich komplex wahrgenommenen Interdependenzen zwischen Wirtorganismen und Parasiten im Infektions- und Seuchengeschehen adäquat erfasst werden zu können.

Den Abschluss des Buches bildet ein Ausblick auf die Bakteriologie im Nationalsozialismus. Entlang der drei Motive ›Rasse und Erbmasse‹, ›Raum‹ sowie ›Ausschaltung‹ werden zentrale Entwicklungslinien der medizinischen Bakteriologie nach der nationalsozialistischen *Machtergreifung* umrissen und weiterführende Forschungsfragen formuliert (Kap. 13). Der letzte Abschnitt schließlich wirft ein Schlaglicht auf die Frage, welche Denkfigur im Verlauf der NS-Herrschaft das Verhältnis von Bakterien und Menschen artikulierte: Krieg oder Frieden?

I. FORMATION

Genese einer Leitwissenschaft, 1840–ca. 1890

Angeregt von seinem Lehrer Robert Koch veröffentlichte der Militärarzt und Hygieniker Friedrich Löffler 1887 die Monographie *Geschichtliche Entwickelung der Lehre von den Bacterien.* Löffler schuf damit die erste historiographische Arbeit über die noch junge Wissenschaft der Bakteriologie.[1] Ein Blick auf deren Geschichte schien ihm absolut unerlässlich, hatte doch, wie er in der Einleitung ergriffen festhielt, »die Erforschung der niederen, nur mit dem bewaffneten Auge erkennbaren Organismen in den letzten Jahren einen so gewaltigen Aufschwung genommen und ein so allgemeines Interesse erweckt, dass jeder naturwissenschaftlich Gebildete die Nothwendigkeit in sich fühlen mußte, sich mit diesem neu erschlossenen Gebiete vertraut zu machen«.[2]

Tatsächlich hatte sich die Bakteriologie im Wilhelminischen Deutschland um 1890 nicht nur als neues wissenschaftliches Forschungsgebiet etabliert. Erkenntnisse über die unsichtbaren Kleinstlebewesen und ihre unheilvolle Rolle beim Krankheitsgeschehen stießen auch in weiten Teilen der Öffentlichkeit auf immer größeren Widerhall und wurden von Staat und Militär großzügig gefördert. Mit der Gründung hochdotierter Forschungsinstitute und Fachzeitschriften sowie der Unterordnung des ärztlichen Blicks unter die neuen Erkenntnisse stieg die Bakteriologie noch vor der Jahrhundertwende zur modernen Leitdisziplin der Medizin auf.[3] Ihre Erkenntnisse, Begriffe, Methoden und Techniken hatten sich zu einem hegemonialen Denkstil verfestigt.

Weshalb aber wurde es für einen gebildeten Menschen ausgangs des 19. Jahrhunderts zur schlichten Notwendigkeit – wie Löffler es formulierte –, sich mit kleinsten, unsichtbaren Mikroorganismen zu befassen? Wie entstand das Wissensobjekt ›pathogenes Bakterium‹? Und wie konnte die Lehre von den Bakterien überhaupt zum kollektiven und durchsetzungsfähigen Projekt ihrer Zeit werden? Diesen Fragen werde ich im Folgenden nachgehen.

1 Für eine kritische Rezension von Löfflers Buch vgl. Howard 1982. Zum Leben und Werk Löfflers vgl. Uhlenhuth 1932.

2 Löffler 1887, VI.

3 Vgl. Behring 1894b, S. 685; Altschul 1902, S. 346.

1. Konstruktion ›pathogener Bakterien‹

Ein knappes Jahr vor seinem Tod im Mai 1910 hielt Robert Koch in Berlin seine Antrittsrede in der Akademie der Wissenschaften, zu deren Mitglied er kurz nach der Jahrhundertwende ernannt worden war. Bevor er die Stationen seiner wissenschaftlichen Laufbahn Revue passieren ließ, erwähnte er beiläufig einige Merkmale der bakteriologischen Wissenschaft. Im Grunde, so Koch, sei die Bakteriologie gar keine scharf abgegrenzte Wissenschaft. Sie setze sich vielmehr aus heterogenen Teilen zusammen. Soweit sie es mit der Ätiologie der Infektionskrankheiten und mit den durch die Bakterien im Körper verursachten Veränderungen zu tun habe, gehöre sie der Pathologie und pathologischen Anatomie an. Sie teile aber auch Wissensgebiete mit der Hygiene. Und durch die Arbeit mit den pflanzlichen und tierischen Mikroorganismen sei die Bakteriologie schließlich mit der Botanik und Zoologie verknüpft.[4]

Beschäftigt man sich mit der Herausbildung des bakteriologischen Gegenstandsbereichs, sind diese Bemerkungen von grundlegender Bedeutung. Denn der Charakter der sich entwickelnden bakteriologischen Wissenschaft in Deutschland war maßgeblich durch ihr Verhältnis zu anderen Wissensgebieten und Fächern geprägt.[5] Interessanterweise sollte Koch selbst seine Ausführungen über die Heterogenität des bakteriologischen Feldes zumindest implizit gleich wieder in Frage stellen. Wenig später in seiner Rede betonte er nämlich, während seines Studiums habe er keinerlei Anregungen für seine späteren Forschungen erhalten. Und dies aus einem einfachen Grund: »weil es damals noch keine Bakteriologie gab«.[6] Das von ihm geprägte Fach war in dieser Diktion gleichsam aus dem ›Nichts‹ entstanden und wies keine Anschlüsse an zeitgenössische Wissensbestände auf. Im Gegensatz zu dieser verklärenden Darstellung Kochs möchte ich mit Blick auf die Emergenz genuin bakteriologischer Gegenstände und Wissensformen – dies als erste Vorbemerkung – die Kontinuitäten zum zeitgenössischen medizinisch-biologischen Wissen und den tradierten Wahrnehmungskategorien nicht aus den Augen verlieren.[7]

Die zweite Vorbemerkung hängt indirekt mit der ersten zusammen, gewinnt aber vor allem im Kontext der wissenschaftshistorischen Studien unter dem Label *practical turn* an Kontur. In der Literatur zur Bak-

4 Koch 1909, S. 1278.

5 Gradmann 2005a, S. 13.

6 Koch 1909, S. 1278.

7 Vgl. Gradmann 2005a, Kap. II.

teriologiegeschichte, die zu einem guten Teil auf der historiographischen Aufarbeitung des Faches durch Bakteriologen basiert, werden die labortechnischen Innovationen oftmals als Schlüsselressourcen sowohl für die Genese der krankheitserregenden Bakterien als Objekte der Forschung als auch für die Ausbildung der Bakteriologie als eigenständige Disziplin betrachtet.[8] Unbestritten scheint mir die These, dass das spezifische experimentelle Setting im Labor für die Konstituierung distinkter und spezialisierter Wissenschaftsbereiche eine wichtige Rolle spielt. Als ebenso unbestritten darf die Annahme gelten, dass technisch-handwerkliche Verhältnisse im Forschungslabor Erkenntnisse über das jeweilige Wissensobjekt maßgeblich bedingen, es in spezifischer Weise konturieren und gleichzeitig restringieren.[9] Die These jedoch, dass der labortechnische Bedingungskomplex die einzig zentrale Ressource darstellt für das Hervorbringen der pathogenen Bakterien, möchte ich erweitern. Fleck hat argumentiert, dass die Entwicklung wissenschaftlicher Tatsachen nicht nur auf den Beobachtungen des empirischen Materials beruht, sondern ebenso sehr auf tradierten versprachlichten Wissensbeständen, Schemata und Narrativen. Neues Erkennen ist immer durch das bisher Erkannte, die von Fleck so genannte *Last der Traditionen* vorgeprägt, voraussetzungsloses Beobachten damit letztlich unmöglich. Das heißt, dass die pathogenen Bakterien nicht nur aufgrund der labortechnischen Bedingungen und technischen Praktiken hervortreten konnten (auch wenn diesem Komplex durchaus ein gewisses ›Eigenleben‹ zugestanden wird[10]). Ihre Produktion basierte ebenso sehr auf dem Einbezug von symbolischen Systemen und Imaginationen, die ihrerseits älteres Überlieferungsgut mitschleppten – Fleck spricht von vorwissenschaftlichen, mehr oder weniger unklaren *Urideen* oder *Präideen*.[11] Der Gegenstand der bakteriologischen Forschung wurde folglich durch die komplexe Verzahnung und Interaktion von Substanzen, Instrumenten und Apparaten im Labor mit den Schemata, den – oftmals metaphorisch strukturierten – Urideen und Fertigkeiten der Forscher produziert.

8 Worboys 2000, S. 18. Zur Bakteriologie als Laborwissenschaft vgl. Cunningham/Williams 1992. Auch Koch hat dieses Argument stark gemacht, als er betonte, dass die Bakteriologie nur aufgrund ihrer Abhängigkeit von spezifischen Forschungsmethoden, die sich ausschließlich in besonderen Laboratorien und Instituten ausführen ließen, zur eigenständigen Disziplin werden konnte. Koch 1909, S. 1278; Koch 1890, S. 650.

9 Vgl. Rheinberger 2001, S. 26.

10 Zur Kritik an theoriedominierten Darstellungen der Wissenschaft vgl. etwa Lenoir 1992b.

11 Vgl. Sarasin 2007; Fleck 1999, S. 35ff.

1.1. Unklare Urgedanken

Ohne der Illusion eines klar zu benennenden Ursprungs der Bakteriologie aufsitzen und lineare Traditionslinien nachzeichnen zu wollen, möchte ich zunächst auf das oben erwähnte ältere Überlieferungsgut hinweisen. Zum Repertoire der Prä- oder Urideen, die die komplexe Genese des ›pathogenen Bakteriums‹ im 19. Jahrhundert mit beeinflussten, gehörten alte Begriffe und Schemata von Ansteckung und Theorien von Giften oder mit vitalen Eigenschaften begabten Stoffen als fremde und exogene Krankheitsursachen. Das Konzept der *Ansteckung* hat ebenso wie die Begriffe *Infektion* und *Miasma* eine lange und verwickelte Geschichte und akkumulierte über die Zeit in den unterschiedlichsten Wissens- und Praxisfeldern verschiedene Konnotationen.[12] Im Zusammenhang mit spezifischen Krankheiten stellte der Begriff »Contagium« ebenso wie Miasma lange Zeit eine Art Chiffre dar sowohl zur Bestimmung dessen, was übertragen wird (sei dieses pathogene Agens nun als Tierchen, Samen oder fauliges Gas imaginiert), als auch für den Übertragungsweg selbst.[13] Die begriffliche Abgrenzung des pathogenen Agens vom Übertragungsweg erfolgte erst in der Renaissance, als die Idee von der Ansteckung durch Berührung mit einem nicht wahrnehmbaren samenartigen Krankheitsstoff, dem »seminarium contagionis«, von Girolamo Fracastoro formuliert wurde. Für den Übertragungsweg des »seminarium« hat Fracastoro den unmittelbaren Kontakt von Mensch zu Mensch, über einen intermediären Gegenstand oder auf Entfernung (»per distans«) postuliert. Gemäß neuerer Forschung scheint es jedoch fraglich, ob Fracastoros »seminaria« als organische Wesen anzusehen sind. Viel eher erscheinen sie als Muster eines krankhaften Zustands, die das Prinzip von krankhafter Fäulnis vermitteln.[14] Vivian Nutton wies darauf hin, dass sich Fracastoro auch keineswegs gänzlich von der im zeitgenössischen Kontext des 16. Jahrhunderts vorherrschenden Ansicht einer Multiplizität von Ursachen für Epidemien losgelöst hat (Einfluss von Gott, Sternen und Planeten, schädlicher Luft). Seine Theorie der Krankheitssamen wurde von den Ärzten seiner Zeit deshalb nicht als fundamentale Abkehr von der Unübersichtlichkeit bezüglich der Anlässe betrachtet, die für die schädliche Qualität der von allen akzeptierten Luft als eine der Krankheitsursachen ausschlaggebend waren.[15] Schließlich

12 Pelling 1993, S. 310.
13 Stettler 1979, S. 255.
14 Vgl. Briese 2003, S. 80f.
15 Nutton 1990.

waren zwischen seiner Vorstellung einer »Contagio per distans« und miasmatischen Verbreitungsweisen kaum Unterschiede auszumachen.

Vom 16. bis zum 19. Jahrhundert wurde die Expansion Europas immer stärker von einer geographischen Verbreitung von Krankheiten wie Pest und Pocken begleitet. Die scheinbare Übertragbarkeit dieser Krankheiten von Mensch zu Mensch intensivierte medizinische und öffentliche Überlegungen zu Ansteckungswegen und -stoffen wie etwa die Theorie des »contagium animatum« durch den Jesuiten Athanasius Kircher 1671 und führte zur Einführung von Quarantänen als spezifische Präventivmassnahmen. Allerdings ist wohl auch in diesem Zeitraum von einer Koexistenz miasmatischer und kontagionistischer Perzeptionen auszugehen, die sich gemäß zeitgenössischer Einschätzung nicht gegenseitig auszuschließen brauchten.[16] Um die Wende zum 18. Jahrhundert erreichte die Idee eines belebten Krankheitsstoffes nach der Pest in Marseille von 1721 vermutlich ihre höchste Ausarbeitung.[17] Daraufhin geriet sie zunehmend in Misskredit: Obwohl man die Tierchen oder »animalcula« (Leeuwenhoeck) erstmals unter dem Mikroskop zu sehen glaubte, konnte man sie bei den einzelnen Krankheiten nicht unterscheiden, wusste nichts über ihre Lebensverhältnisse und konnte auch therapeutisch aus ihrer Kenntnis keinen Nutzen ziehen.[18] In der ersten Hälfte des 19. Jahrhunderts erlebten die nunmehr als mystisch verschrienen Ansteckungstheorien und Vorstellungen eines »contagium vivum« ihre womöglich tiefste Abwertung. Vor dem Hintergrund der zu diesem Zeitpunkt vorherrschenden liberalen Handelspraxis wie auch der sichtlichen Missschläge bei Grenzkordons, Quarantänen und Häusersperren hatten Befürworter einer »Pathologia animata« einen schweren Stand.[19]

1.2. Heterogene Wissensbestände und die Rolle der Labormethoden

Erst in der Mitte des 19. Jahrhunderts lassen sich in Deutschland Impulse für das Wiedererstarken der zu Beginn des Jahrhunderts als veraltet und spekulativ zurückgewiesenen kontagionistischen Vorstellungen und der Annahmen über die Existenz lebender krankheitsverursachender

16 Kinzelbach 2006, S. 377.

17 Vgl. detailliert Bulloch 1979, Kap. 1.

18 Ackerknecht 1948, S. 565. Vgl. Abel 1903, S. 8.

19 Zur Dominanz antikontagionistischer Sichtweisen in der ersten Hälfte des 19. Jhs. vgl. Ackerknecht 1948.

Substanzen ausmachen.[20] Sie gingen vornehmlich von der experimentellen Pathologie und Botanik aus.[21] 1840 publizierte der Anatom und Pathologe Jacob Henle die Schrift *Von den Miasmen und Contagien und von den miasmatisch-kontagiösen Krankheiten*, in der er das zeitgenössisch dominante Modell rein örtlich gebundener, miasmatischer Krankheiten zurückwies. In seinem Werk stellte er mit Verweis auf Arbeiten über die Fäulnis und Gärung von Theodor Schwann[22] und anderen die Hypothesen auf, ein belebtes »Contagium« mit »vegetabilischem Leib« sei die Krankheitsursache gewisser Infektionskrankheiten und die Formenbeständigkeit der Symptome lasse auf die Spezifität der beteiligten Ansteckungsstoffe schließen.[23] Seinen eigenen, empirisch nicht untermauerten Hypothesen gegenüber war Henle äußerst skeptisch und formulierte deshalb Anforderungen an den Nachweis der kausalen Verknüpfung der parasitischen Wesen mit Krankheitsprozessen. Henle war überzeugt, dass der optische Nachweis dafür nicht genügen würde, erst die »isolierte« Beobachtung der »Kräfte« der Kontagien im Experiment könne den Beweis für ihre ätiologische Rolle liefern.[24] Deutlich ist bei Henle das Bemühen zu erkennen, das Kontagium als Krankheitsursache klar zu kennzeichnen und damit von der Krankheit selbst abzukoppeln.[25]

20 Nach Gradmann lassen sich zwischen Fracastoros »seminaria«, den Beobachtungen der Mikroskopiker des 17. Jhs. und der Bakteriologie des 19. Jhs. kaum historische Zusammenhänge feststellen. Gradmann 2005a, S. 36. Ackerknecht spricht demgegenüber von einer Verjüngung der alten Theorien der Ansteckung und des »contagium animatum« durch die Forschungen der sich entwickelnden Bakteriologie. Ackerknecht 1948, S. 564.

21 Vgl. ausführlich Gradmann 2005a, Kap. II.2.

22 Zur engen Verbindung der Vorstellung von mikrobiologischen Entitäten als Agenten von Lebensprozessen und der Etablierung der Idee der mit einer spezifischen Agency ausgestatteten tierischen Zelle bei Schwann vgl. Parnes 2003b.

23 Zur Bedeutung von Henles Schrift von 1840 vgl. Gradmann 2005a, S. 39ff. Auf die rein theoretischen Reflexionen von Henle verwiesen hat Bulloch 1979, S. 164. Johach 2008 betonte, dass im »Contagium« Henles noch kein externer Erreger im späteren bakteriologischen Sinne gesehen werden dürfe, da sich in dessen Begriffsverständnis eine Ambivalenz zwischen körpereigen und körperfremd zeige (S. 193-95).

24 Henle 1840a, S. 40. Evans sieht in Henles rein theoretischer Arbeit eine partielle Vorwegnahme der später als Koch'sche Postulate bekannten Kriterien für den Erregernachweis. Evans 1993, S. 13. Köhler/Mochmann und Carter haben dahingegen betont, dass in die Henle'schen Formulierungen mehr hineingelesen werde, als darin enthalten sei. Köhler/Mochmann 1988, S. 1040; Carter 1985, S. 354.

25 Johach 2008, S. 191.

Aufgrund der wachsenden Dominanz der pathologischen Anatomie unter Rudolf Virchow und ihrer Fokussierung auf körperinterne Gewebsveränderungen erhielten Fragen externer Krankheitsverursachung in den folgenden Dekaden allerdings immer weniger Aufmerksamkeit. Erst mehr als zwanzig Jahre nach Henles Schrift kam es ausgehend von der Botanik und im Kontext eines zunehmenden Interesses an den Lebensgewohnheiten von Pilzen, Hefen und anderen Kleinstlebewesen zu einer Intensivierung der Studien über Mikroorganismen und ihrer Rolle bei Krankheitserscheinungen. Dieser Aufschwung vollzog sich in Gestalt einer botanischen Debatte über die Ordnung des Mikrokosmos. Durch Louis Pasteurs Arbeiten über den biologischen Charakter von Gärungsprozessen gerieten die Vertreter der noch um die Jahrhundertmitte weit verbreiteten Urzeugungstheorien ins Hintertreffen, Fragen der Lebensgewohnheiten der Mikroorganismen wurden nun zunehmend relevant.[26]

In Deutschland waren es vor allem die Arbeiten des Botanikers Ernst Hallier, der im Rahmen seiner Überlegungen zum Polymorphismus einige zentrale Thesen zur Ursachenlehre bei ansteckenden Krankheiten formulierte.[27] Auf der Basis seiner experimentell abgestützten Forschungen über die Formenkreise von Pilzwesen bei Gärungserscheinungen begann Hallier, Krankheiten wie die Cholera zu studieren. Bei der Cholera-Epidemie des Jahres 1867 gelang es ihm, in seinem Kultur-Apparat aus Cholera-Dejekten einen »Micrococcus« zu kultivieren, den er als bestimmte Entwicklungsform eines exotischen Pilzes identifizierte. Obwohl Halliers System anfänglich in der Öffentlichkeit und von Seiten der Ärzte positiv aufgenommen wurde,[28] stießen seine Hypothesen und Beobachtungen zur Entstehung von »Micrococcen« oder »Pilzschwärmern« aus einigen wenigen Pilzwesen bei Botanikern wie Anton de Bary oder Ferdinand Julius Cohn bald einmal auf harsche Kritik.[29] Sie führten Halliers Entwicklungsformen der Pilzwesen auf seine unzureichenden Isolier- und Kulturtechniken zurück.[30] Ungeachtet dieser Diskreditierung seiner Thesen und Methoden repräsentierten Halliers »Micrococcen«-Studien, wie Christoph Gradmann dargelegt hat, für die Formierung der

26 Gradmann 2005a, S. 47.

27 Löffler 1887, S. 75-85.

28 Vgl. Levinthal 1946, S. 430.

29 Zu Cohns Urteil über die von Hallier entworfenen Entwicklungsstadien vgl. Klemm 2003, S. 144f. Zur Diskussion von Poly- und Monomorphisten vgl. Levinthal 1928.

30 Gradmann 2005a, S. 52ff.; Bulloch 1979, S. 188.

medizinischen Bakteriologie in mehrfacher Hinsicht einen wichtigen Schritt: *Zum einen* stärkte die Kritik an Hallier die Position derer, die sich der Stabilität der mikrobiellen Wesen verschrieben hatten und sensibilisierte die Forscher für die Problematik der Kulturtechniken. *Zum anderen* gab Halliers auf jahrelang fortgesetzten experimentellen Untersuchungen basierender Nachweis kleinster, teils beweglicher zellenartiger Gebilde in erkranktem Gewebe der Erforschung lebender Krankheitserreger starke Impulse. Sie bildete den Auftakt zu einer in den 1870er Jahren sich intensivierenden Forschung körperfremder organischer Strukturen und ihrem Nexus mit pathologischen Erscheinungen.[31]

Hervorzuheben gilt, dass in den sich mehrenden botanischen und insbesondere pathologisch-anatomischen Studien über die Kleinstentitäten weder über die Bezeichnung der untersuchten Organismen noch über ihre genaue Gestalt, Physiologie und ätiologische Rolle Einigkeit bestand. Die Anstrengungen des Wissens galten somit einem ›epistemischen Ding‹, das weder auf einer begrifflichen und konzeptionell-schematischen Ebene noch auf der Ebene der Sichtbarkeit stabilisiert war. Besonders interessant erscheinen in diesem Zusammenhang die Schriften des Breslauer Botanikers Ferdinand Cohn. Bereits in seinen ersten *Untersuchungen über Bacterien* von 1872 beklagte er sich über die oszillierende Bezeichnungspraxis für die Organismen, die er dem Pflanzenreich zuordnete. Cohn kritisierte auch die Leistungsgrenze der Mikroskope, die es nicht erlaubten, Merkmale wie zum Beispiel die Größe oder Fortpflanzung der Mikroorganismen im Detail zu beobachten. Zur Lösung dieser Probleme präsentierte er ein Verfahren, um die »Bacterien« eindeutig abgrenzen und definitorisch bestimmen zu können. Jede Form, die sich durch »hervorstechende Merkmale« auszeichnete, sollte mit einem besonderen Gattungsnahmen belegt und kleinere Abweichungen als Spezies unterschieden werden. Mit Hilfe dieses morphologischen Verfahrens entwickelte Cohn zwischen 1872 und 1876 unter Verwendung der Linné'schen Nomenklatur eine Systematik der Bakterien, in der Einteilungskriterien und spezifische Bezeichnungsmerkmale vorrangig an der Form des jeweiligen Organismus festgemacht wurden.[32] »Bacterien« wurden darin erstmals als klar definierter Begriff etabliert.[33] Für die Her-

31 Vgl. Gradmann 2005a, S. 58f.

32 Cohn hat allerdings betont, dass eine rein morphologische Klassifikation ungenügend sein würde. Sein System berücksichtigte daher auch das biologische Verhalten der Bakterien. Bulloch 1979, S. 193. Zur Cohn'schen Systematik vgl. Mazumdar 1995, S. 46-67.

33 Cohn 1875a, S. 136.

vorbringung dieser Bakteriensystematik war entscheidend, dass an der Universität Breslau verschiedene neue labortechnische Bedingungen wie beispielsweise die Bakterienfärbung mit synthetischen Farbstoffen durch Carl Weigert und die Einführung fester Nährböden zur Züchtung von Kulturen die Unterscheidung distinkter Arten maßgeblich determinierten und die optische Wahrnehmungsebene stabilisierten.[34]

Noch vor der Etablierung des Bakterienbegriffes durch Cohn und der zunehmenden Durchsetzung speziezistischer Ansichten erschien 1872 von dem an der Universität Bern lehrenden Pathologen Edwin Klebs eine Arbeit über Schusswunden. Klebs hatte sich in seinen Studien nach 1870 zunehmend für parasitische Organismen als äußere Krankheitsursachen zu interessieren begonnen. 1872 schrieb er über den Zusammenhang mikrobischer Lebewesen und Krankheitserscheinungen, dass »ein natürliches System der Infectionskrankheiten« mit dem »natürlichen System der dieselben erzeugenden Organismen« identisch sei.[35] Bei den Wundinfektionen war dementsprechend das Eindringen spezifischer parasitärer Organismen in den Körper für die pathologischen Veränderungen wie Eiter- und Fiebererscheinungen verantwortlich. Klebs' Bezeichnungspraxis für die Mikroorganismen war uneinheitlich: Er führte zwar den lateinischen Ausdruck »Microsporon septicum« ein, sprach aber gleichzeitig immer wieder von »pilzlichen Parasiten«, »Fäulnisspilzen« oder »Pilzen«.[36] Seine These von der ursächlichen Krankheitsauslösung durch Mikrosporen untermauerte er sowohl pathologisch-anatomisch als auch experimentell.[37] In späteren Arbeiten wendete er seine Aufmerksamkeit verstärkt dem Nachweis körperfremder Strukturen und ihrer ätiologischen Bedeutung zu. Wie nachfolgend noch gezeigt wird, sollten diese für die Entwicklung technischer Verfahren anspruchsvollen Arbeiten für die Stabilisierung des Wissens über die ätiologische Rolle der Mikroorganismen wichtige Akzente setzen. So entwickelte Klebs die Technik der so genannten »fraktionierten Kultur«, mit der er die Mikroorganismen von allen möglichen Krankheitsprodukten zu reinigen und anschließend zu züchten versuchte. Wie er 1877 in einem Vortrag argu-

34 Vgl. Gradmann 2005a, S. 60. Einen Beweis für die Echtheit der von ihm aufgestellten Arten konnte Cohn mangels einer Methode zur isolierten Betrachtung einzelner Bakterienarten nicht erbringen. Zur Bedeutung Carl Weigerts als Pathologe, der sich früh den physiologischen Prozessen und der eigentlichen Essenz pathologischer Phänomene bei bakteriellen Krankheiten widmete, vgl. Parnes 2003b, S. 432f.

35 Zit. Martius 1899, S. 29.

36 Klebs 1872, S. 105.

37 Gradmann 2005a, S. 63.

mentierte, konnte die Bedeutung der Organismen für die Entstehung von Infektionskrankheiten bewiesen werden, indem man entweder pathologisch-anatomisch zeigte, dass bei bestimmten Krankheiten immer wohl charakterisierte Formen vorhanden waren, oder, falls dies nicht gelingen sollte, indem man die Organismen aus krankem Gewebe isolierte, außerhalb des Körpers züchtete und sie wiederum auf Tiere übertrug.[38]

Obwohl man in der Mitte der 1870er Jahre bei vielen Infektionskrankheiten Mikroorganismen identifizieren konnte, war die Natur der Beziehung von Bakterien und Wirtsorganismus noch längst nicht unbestritten. Cohn monierte, das durch die neue Forschung verbreitete Licht sei »noch nicht hell genug«, um mit Sicherheit sagen zu können, dass die Bakterien die Krankheitsursachen seien.[39] Für viele Beteiligte schien es tatsächlich ebenso gut denkbar, dass die mikroskopisch beobachtbaren Wesen zufällige und unwesentliche Begleiter einer Krankheit waren. So erklärte der Schweizer Botaniker Carl Nägeli, die »Lehre von der gesundheitsschädlichen Wirkung der niederen Pilze« sei eine noch sehr junge Wissenschaft: »Es ist in dieser Lehre noch beinahe Alles zweifelhaft und bestritten, da weder die Physiologie der Pilze, noch pathologisch festgestellte Thatsachen sichere Anhaltspunkte boten.«[40] Die beobachteten Erscheinungen wurden auf unterschiedliche Art und Weise gedeutet. Die eine Seite behaupte, so Nägeli, dass jede Ansteckungskrankheit ihren spezifischen Pilz habe, die andere wiederum gehe davon aus, dass Pilze bei keiner Krankheit das ursächliche Moment seien, sondern eine meist zufällige Folge der Erkrankung.[41] Kein Wunder also, fanden auch Klebs' Kulturverfahren und Aussagen zur ätiologischen Bedeutung der »Microsporen« keine einhellige Zustimmung.[42] Cohn selbst wollte sich neben der Klassifikation der Bakterien und der Erforschung ihrer biologischen Lebensbedingungen nicht auf die Untersuchung ätiologischer Fragen einlassen, erachtete er sich doch – wie er 1875 bemerkte – »auf diesem schwierigen Gebiete besseren Forschern gegenüber nicht für stimmberechtigt«.[43]

Kurz darauf veröffentlichte Robert Koch mit der auf seinen Untersuchungen in der Landarztpraxis in Wollstein basierenden Studie über die Milzbrandkrankheit eine Arbeit, die dem ›epistemischen Ding‹ klarere

38 Klebs 1878a, S. 41.

39 Cohn 1872, S. 27.

40 Nägeli 1877, S. 33.

41 Ebd., S. 35.

42 Zur Rezeption von Klebs Kulturverfahren vgl. Brock 1988, S. 30.

43 Cohn 1875a, S. 144f.

Konturen zu verleihen vermochte. Aufgrund der mikroskopischen Untersuchung von Blutproben von an Milzbrand gestorbenen Schafen und der Inokulation des aufgefundenen bakterienhaltigen Materials von Versuchstier zu Versuchstier belegte Koch die über längere Zeiträume anhaltende Konstanz der äußeren Form und der Infektiosität des »Bacillus anthracis«.[44] Durch die Herstellung spezifischer labortechnischer Bedingungen – die Verwendung der Augenkammerflüssigkeit von Kälbern als Kulturmedium unter gleichzeitiger Regulation der Luftzufuhr und der Temperatur – beobachtete er überdies das »merkwürdige Schauspiel« eines vollständigen Lebenszyklus mit der bereits von Cohn vermuteten Sporenbildung der Bakterien.[45] Durch die Verimpfung reinen Sporenmaterials erhärtete Koch dabei die Annahme der ursächlichen Bedeutung des Bakteriums für eine Krankheit. Die Entdeckung der Sporen war für die Ätiologie des Milzbrandes entscheidend, hatten doch Krankheitserklärungen, die den Ausbruch von Anthrax an spezifische Bodenverhältnisse knüpften, große Zweifel an der Stichhaltigkeit einer Krankheitsübertragung durch lebende Organismen geweckt.[46] Mit der Einführung des gegen Trockenheit und Nässe unempfindlichen Sporenstadiums konnte Koch nun nachweisen, dass selbst Jahre nach dem Vergraben eines an Milzbrand gestorbenen Tieres die Möglichkeit einer Infektion bestand.

Obwohl Kochs Arbeit über Milzbrand eine starke Bestätigung des Cohn'schen Systems der Bakterien lieferte und auch den Beweis erbrachte, dass das Milzbrandbakterium beziehungsweise dessen Sporen notwendigerweise die Ursache der Krankheit war, blieb Koch selbst bezüglich der Übertragbarkeit seiner Resultate auf andere Infektionskrankheiten skeptisch.[47] »[Z]ur Construction einer lückenlosen Ätiologie [fehlt] noch manches«, bemerkte er selbstkritisch in seiner Milzbrandarbeit.[48] Die vordringlichste Aufgabe schien ihm nach der Milzbrandstudie die Verbesserung der bakteriologischen Untersuchungsmethoden. Diese Bestre-

44 Koch 1876. Bei den von Koch verwendeten Kulturen handelte es sich um »Anreicherungskulturen«, die durch die Selektion des dominierenden pathogenen Bakteriums bei der Tierpassage entstanden waren. Schlegel 2004, S. 53.

45 Cohn hatte 1875 Vermutungen über Dauersporen bei der Fortpflanzung von Milzbrandbazillen geäußert. Cohn 1875b, S. 200.

46 Brock 1988, S. 33.

47 Nach Carter hat Koch in seiner Milzbrand-Arbeit den »Bacillus anthracis« als notwendige, jedoch nicht als hinreichende Ursache betrachtet. Für Koch war zu diesem Zeitpunkt also die Notwendigkeit entscheidend für die Etablierung der Kausalität. Carter 1985, S. 356.

48 Zit. Möllers 1950, S. 462.

bungen sind im Kontext einer gegen Cohn und Koch weiterhin mit Bestimmtheit auftretenden heterogenen Fraktion von Forschern zu sehen, die wie Nägeli die Idee morphologisch und biologisch unterschiedlicher Bakterienspezies ablehnten oder wie Virchow die große Bedeutung von Mikroorganismen im pathogenen Gewebe bezweifelten. Koch wollte die Identifikation und Stabilität bakterieller Spezies gegen solche Positionen sichern. Diesen Anspruch versuchte er auf der Ebene der Visualisierung der Mikroorganismen einzulösen.[49] Durch die zwischen 1876 und 1878 erfolgende Verwendung und Weiterentwicklung spezifischer Färbetechniken, die bei Cohn im Kontext definitorischer Unsicherheiten zu einer Stabilisierung der optischen (morphologischen) Wahrnehmungsebene geführt hatten, sowie anderer Präparationsmethoden, vor allem aber aufgrund der Technik der Mikrophotographie gelang es Koch schließlich, eine Neukonfiguration des Wissens als neue Form der Sichtbarkeit zu erzeugen. Um die Mikroorganismen einer genauen Untersuchung zugänglich zu machen, wurde bakterienhaltiges Material zuerst in einer sehr dünnen Schicht auf einem Deckglas ausgestrichen und eingetrocknet, um die Bakterien zu fixieren. Anschließend wurde diese Schicht mit Farbstoffen behandelt und wieder aufgeweicht, um die Bakterien in ihre natürliche Form zurückzuführen und von ihrem Hintergrund hervorzuheben. Das so gewonnene Präparat wurde durch Einlegen in Kanadabalsam oder essigsaurer Kalilauge konserviert. Bevor das Photogramm eines solchen Präparats erstellt werden konnte, stimmte Koch Lichteinfall und Lichtmenge, Blendenöffnung und Belichtungszeit im dreiteiligen mikrophotographischen Apparat aufeinander ab, so dass die von ihm als »störend« erwähnten »Strukturbilder« – die Konturen der Körperzellen – gänzlich verschwanden. Die durch die mehrstufigen Hervorhebungs- und Ausblendungsverfahren erzeugte Visualisierung pathogener Bakterien diente Koch gegen alle »unvollkommenen Beobachtungen« und »falschen Behauptungen« als optischer Beweis dafür, was wirklich »da« war.[50] Die in den Mikrophotogrammen geschaffene moderne Form der Sichtbarkeit fixierte in der Folge das Wissen über die Existenz verschiedener, durch morphologische Eigenschaften klar voneinander abgrenzbarer, konstanter Bakterienarten in krankem Geweben, gewährte sie doch für die Zeitgenossen ein neues, bisher unerreichtes Maß an Evidenz und insbesondere Reliabilität.[51]

49 Koch 1877, S. 28.

50 Ebd., S. 28, 29.

51 Zur Bedeutung des Mikrophotogramms für die Bemessung der Qualität der mikroskopischen Einstellung des Beobachters vgl. Breidbach 2005, S. 120. Für

Nachdem Koch bereits bei seiner Milzbrandarbeit den Nachweis einer lückenlosen Ätiologie bemängelt hatte, wandte er sich ab 1878 wieder verstärkt ätiologischen Fragen zu und versuchte, Cohn's Mikrobiologie für die Medizin nutzbar zu machen. Im Rahmen seiner Studien zur Ätiologie der Wundinfektionskrankheiten, die er im Anschluss an Klebs' Arbeit über Schusswunden betrieb, erzeugte er durch Einspritzung »putrider Flüssigkeiten« in Mäuse sechs Krankheitsbilder, die jeweils mit spezifischen, morphologisch unterscheidbaren Bakterien verbunden waren. Koch hielt dementsprechend fest: »Einer jeden Krankheit [...] entspricht eine besondere Bakterienform und diese bleibt, so vielfach auch die Krankheit von einem Tier auf das andere übertragen wird, immer dieselbe.«[52] Erstmals formulierte Koch in seinen Arbeiten über die Wundinfektionen Angaben, die er zur Anerkennung eines Bakteriums als Krankheitserreger für erforderlich hielt.[53] Weiter ausgebaut wurden diese für die Fixierung des Wissens über die ätiologische Rolle der Bakterien entscheidenden Kriterien allerdings erst in der Folgezeit. Ihre ausgereifteste Formulierung fanden sie im Rahmen von Kochs Tuberkulose-Arbeiten. Mithilfe spezifischer Färbungsverfahren hatte er Tuberkelbazillen in verschiedenen Fällen von »tuberkulösen Affektionen« bei Mensch und Tier mikroskopisch nachgewiesen und postuliert, diese könnten als Ursache der Krankheitserscheinungen gelten. Als Beweis des Kausalverhältnisses zwischen Tuberkelbazillen und Krankheit mussten nach Koch verschiedene Kriterien erfüllt sein. Thomas Schlich hat die vom Koch-Schüler Löffler erstmals als *Koch'sche Postulate* benannten und popularisierten Kriterien folgendermaßen formalisiert:

1. Im Organismus muss eine ihm fremde Struktur nachweisbar sein.
2. Diese Struktur muss Zeichen eigenen Lebens aufweisen und von allen anderen Mikroorganismen zu unterscheiden sein.
3. Die Verteilung der Mikroorganismen muss mit den Krankheitssymptomen korrelieren und diese erklären.
4. Der Mikroorganismus muss aus dem erkrankten Tier isoliert und von allen Krankheitsprodukten getrennt werden können.

Koch war das photographische Bild ein »Beweisstück« und »Dokument«, mit dem er das Untersuchungsobjekt selbst seinem Publikum vorlegte. Koch 1881a, S. 123. Zu den spezifisch »modernen« Formen von Sichtbarkeit des Unsichtbaren durch die Photographie, die mit der Natürlichkeit des Sehens und der Beobachtung bricht, vgl. Sarasin et al. 2007a, S. 22.

52 Koch 1878.

53 Carter 1985, S. 358.

5. Der rein isolierte Mikroorganismus muss, wenn er auf ein anderes Tier übertragen wird, dort dieselben Symptome hervorrufen wie an dem Tier, von dem er gewonnen wurde.[54]

Nachdem bereits eine neue Form der Sichtbarkeit das Wissen über die Bakteriengestalt und ihr Vorkommen in krankhaftem Gewebe neu strukturiert und stabilisiert hatte, wurde nunmehr mit dem für den Beweis der Kausalitätsannahme entwickelten Set logischer und experimenteller Maximen – die bereits bei Klebs angelegt waren – auch die ätiologische Bedeutung pathogener Bakterien fixiert.[55]

1.3. Sturm und Drang

Zu Beginn der 1880er Jahre nahmen die ›pathogenen Bakterien‹ als wissenschaftliche Tatsachen Gestalt an: Sie waren begrifflich stabilisiert, bezüglich ihrer ätiologischen Rolle determiniert und wiesen auf der Ebene der Visualisierung (d.h. vor allem bezüglich Form und Größe) klar definierte Konturen auf. Die folgenden Jahre repräsentierten einen Durchbruch für das epistemische Objekt der Bakteriologie. In kurzer Folge wurden nun die Erreger bekannter Infektionskrankheiten identifiziert und benannt: *Neisseria gonorrhoeae* (1879), *Salmonella typhi* (1880), *Streptococcus* (1882), *Mycobacterium tuberculosis* (1882), *Vibrio cholerae* (1883), *Corynebacterium diphteriae* (1884), *Clostridium tetani* (1884).[56] Für Koch, der zusammen mit seinen Mitarbeitern die Mehrzahl der erwähnten Bakterien zu identifizieren vermochte – am bahnbrechendsten wurde von Zeitgenossen die Entdeckung des Tuberkulose-Erregers im Jahr 1882 empfunden –, charakterisierten die 1880er Jahre retrospektiv eine Phase, in der ihm die Entdeckungen »wie reife Früchte in den Schoss« fielen.[57]

54 Schlich 1997, S. 166. Gradmann 2008 hat mit Blick auf solche Formalisierungen zu Recht auf die bei Koch von Fall zu Fall variierenden Kriterien hingewiesen und betont, dass ein Text Löfflers aus dem Jahr 1884 den Dreischritt von Isolieren, Kultivieren und Inokulieren kanonisierte und stilbildend für die populären Fassungen der Postulate wurde.

55 Für die Realisierung der Verfahrensschritte Isolierung – Züchtung – Inokulation waren wiederum technische Bedingungen notwendig: verfeinerte Anilin-Färbetechniken und die Einführung gelierbarer, durchsichtiger Nährböden, die routinemäßig Bakterien-»Reinkulturen« ermöglichten.

56 Paul Weindling hat eine »Entdeckungschronologie« der zwischen 1873 und 1900 identifizierten Bakterien erstellt. Vgl. Weindling 1989, S. 159, 160.

57 Koch 1909, S. 1278.

Andere Bakteriologen charakterisierten diese Jahre als »Sturm- und Drang-Periode der neuerwachten Lehre«. Auch das Schlagwort der »Bakterienjägerei« wurde in dieser Phase geprägt.[58] Tatsächlich wurde die Lehre, dass die pathogenen Bakterien als notwendige Ursachen der Infektionskrankheiten zu betrachten seien, im medizinischen Diskurs zu diesem Zeitpunkt kaum mehr hinterfragt. Zufrieden konstatierte der Hygieniker Carl Flügge 1886: »[D]ie Einwände, welche gegen die parasitäre Theorie erhoben sind, stammen fast durchweg aus früherer Zeit und werden neuerdings kaum mehr gehört.«[59]

Zur gleichen Zeit wurden aber auch wichtige Untersuchungen zur Anwendung der bakteriologischen Forschungsergebnisse auf die öffentliche Gesundheitspflege und Hygiene publiziert. Sie zielten darauf ab, die Entwicklung von Krankheitserregern in der natürlichen Umgebung und die Wege ihrer sozialen Verbreitung zu erforschen. Auf der Basis dieser hygienischen Durchforschung, das heißt primär der minutiösen Messung des bakteriellen Gehalts des Bodens, des Wassers, der Luft, der Milch, des Fleisches wie auch anderer Nahrungsmittel, Gebrauchsgegenstände und Abfallstoffe, wurden von Koch und seinen Mitarbeitern am Kaiserlichen Gesundheitsamt und später auch an verschiedenen Hygiene-Instituten Methoden und Prozeduren entwickelt, um die pathogenen Bakterien möglichst effektiv abzutöten und ihre Weiterverbreitung außerhalb des menschlichen Körpers zu verhindern. Verschiedenste Desinfektionsmethoden wurden dabei getestet und Prozeduren für die Dampfdesinfektion entwickelt.[60]

Neben der Erforschung und Zusammenstellung eines Kataloges von Maßnahmen für die Seuchenprophylaxe stellte sich als zweites Anwendungsfeld für das Wissen von den krankheitsverursachenden Mikroorganismen die Frage nach dem Therapeutikum. Bereits 1878 hatte Klebs stipuliert, es sei Aufgabe der Zukunft, der im Körper sich ausbreitenden Schädlichkeit »Schritt für Schritt nach[zu]folgen, sie in ihren einzelnen Etappen anzugreifen und unschädlich zu machen.« Er schloss deshalb mit der Forderung: »[D]er prophylaktischen muss sich die systematische antimycotische Behandlung in Zukunft anreihen.«[61] Der unmittelbaren »antimycotischen Behandlung« stellten sich allerdings erst einmal gewisse Probleme entgegen. Obwohl das ›pathogene Bakterium‹ im ätiologischen Kontext als wissenschaftliche Tatsache etabliert war, galt die Frage,

58 Baumgarten 1890, Vorwort; Hueppe 1889, S. 990.
59 Flügge 1886, S. 71.
60 Carter 2003, S. 137.
61 Klebs 1878, S. 20.

wie genau die Bakterien im Körper Schädigung und Krankheit hervorriefen, als noch nicht abschließend geklärt. Das therapeutische Anwendungsfeld war kaum konkretisierbar, ehe das ›pathogene Bakterium‹ nicht in einem stabileren pathogenetischen Wissensfeld verankert war. Koch selbst unternahm nach der Identifikation des Tuberkelbazillus verschiedene Tests, um antibakterielle Substanzen zu finden, die im Reagenzglas das Wachstum der Bakterien verhindern sollten – freilich mit keinen greifbaren Resultaten. Im Rahmen der sich häufenden Untersuchungen zur Pathogenese von Infektionskrankheiten mehrten sich die Hinweise, dass der entscheidende Punkt in der Wirkungsweise der Bakterien nicht allein die Überwucherung und mechanische Schädigung des Gewebes sei, sondern viel spezifischer besondere giftige Stoffwechselprodukte.[62] Ludwig Brieger, Internist in Berlin und späterer Vorsteher der Krankenabteilung im königlichen Institut für Infektionskrankheiten, sah in diesen Stoffwechselprodukten zunächst organische Basen, so genannte »Ptomaine«.[63] In den um 1890 von Ludwig Brieger und Carl Fraenkel bestätigten[64] Studien von Emile Roux und Alexander Yersin zur Diphterie wurden sie als giftige Eiweißkörper isoliert und mit dem Namen »Toxalbumine« beziehungsweise »Toxine« belegt.

Antworten auf die Frage, wie man die durch das bazilläre Gift verursachte Intoxikation bekämpfen konnte, lieferten die auf den bakteriologisch-biologischen Methoden aufbauenden ersten immunologischen Studien, die sich der Physiologie von Immunitätserscheinungen widmeten. Wie Emil Behring bei Immunisierungsversuchen an Tieren für die Diphterie zeigen konnte, zeichneten sich die Toxine nicht nur durch die Spezifität ihrer Wirkung aus. Sie besaßen auch die Fähigkeit, im Blutserum die Ausbildung bakterienfeindlicher Eigenschaften anzuregen. Der Emergenz dieser Serumwirkung, die das Gift der Bakterien aufzuheben schien, schrieb er die Immunität nach überstandener Infektion mit Diphteriebakterien zu. Die Untersuchungen zu Immunitätserscheinungen bestätigten ihn in seiner bereits früher formulierten Ansicht, dass ein therapeutisch wirksames Mittel weniger bakterizid als antitoxisch wirken

62 Koch wies im Rahmen seiner Cholerastudien auf das Phänomen hin, dass der Erreger sich stets auf den Darm der Kranken beschränkte. Für die Erklärung des schweren Verlaufs der Krankheit nahm er deshalb an, dass die Cholerabazillen ein spezifisches Gift produzierten, das nicht nur an Ort und Stelle schädigend auf den Organismus wirkte, sondern auch mittelbar durch Resorption und Schädigung des Gesamtorganismus. Löffler untersuchte zwischen 1884 und 1888 Giftwirkungen bei der Diphterie. Vgl. Diepgen 1955, S. 28f.

63 Brieger 1885/1886.

64 Brieger 1890.

sollte. In den nach 1890 von Behring zusammen mit Erich Wernicke und Shibasaburo Kitasato angestellten Untersuchungen vertieften sie die Lehre von den Blutantitoxinen und propagierten eine »desinfizierende Hämotherapie« mittels spezifischer »Antitoxine«, die so genannte Serumtherapie.[65]

Auch wenn die Serumtherapie um 1890 noch nicht viel mehr als ein Forschungsprogramm war und nur auf die Diphterie und später den Tetanus fokussierte, bestätigte sie die Bakteriologen darin, dass sie an der Spitze der Entwicklung einer laborbasierten Therapie standen, die in naher Zukunft auch bei anderen Infektionskrankheiten »Erlösung« zu bringen versprach.[66] Im Gegensatz zu Behrings ersten therapeutischen Schritten scheiterte Koch mit seinem 1890 als Therapie gegen die Tuberkulose präsentierten Tuberkulin. Er hatte sein Heilmittel, das von der medizinischen Fachwelt und auch der Öffentlichkeit zunächst euphorisch aufgenommen, dann allerdings zunehmend kritisch beurteilt wurde, in die Tradition seiner Studien über Desinfektion gestellt. Und dies, obwohl die Substanz einem Extrakt von Tuberkelbazillenkulturen entsprach und damit einer völlig anderen Substanz als die Teerfarben und ätherischen Öle, die er bei seinen früheren Versuchen verwendet hatte. Die in das Tuberkulin gesetzten Erwartungen sollten sich auch nach weiteren Versuchen zur Verbesserung der Substanz nicht erfüllen – ein für die wissenschaftliche Karriere Kochs herber Rückschlag.[67]

Behring war nicht der einzige, der sich mit dem Blutserum und der im Blut verorteten Körperabwehr beschäftigte. Immer mehr bakteriologisch geschulte Mediziner widmeten sich serologischen und immunologischen Fragen, wobei die humoralen »Antikörper« – ein Begriff, der von Paul Ehrlich 1891 geprägt wurde – in Deutschland als zentrale Wissensobjekte das Interesse der Immunitätsforscher auf sich zogen.[68] Allerdings waren diese Objekte wie auch die Praktiken der Immunologie und Serologie noch längst nicht stabilisiert, worauf symptomatisch die Pluralität von Begriffen und Bezeichnungen für die verschiedenen Antikörper verweist.[69]

65 Behring/Kitasato 1890; Behring 1894a, S. 227. Zur Ausgestaltung der Serumtherapie in der bekannten Tradition der Desinfektion vgl. Simon 2007. Zum Beitrag Wernickes an der Entwicklung des Diphterieantitoxins vgl. Schulte 2001; Weindling 1992c.

66 Vgl. Cohn 1896/97, S. 544.

67 Vgl. Gradmann 2001b; Gradmann 2005a, S. 105-170.

68 Zu den Anfängen der Immunitätsforschung vgl. Moulin 1991; Tauber 1994; Tauber/Chernyak 1991; Mazumdar 1995; Silverstein 1989.

69 Vgl. Cambrosio/Jacobi/Keating 1993, S. 668.

2. Das bakteriologische Denkkollektiv

Die Bildung selbständiger Spezialgebiete wie Immunitätsforschung und Serologie, aber auch Parasitologie und Tropenmedizin in der letzten Dekade des 19. Jahrhunderts markiert eine Ausdifferenzierung der bakteriologischen Forschung, die auf eine gewisse Plafonierung von stabilisiertem Wissen und eine disziplinäre Verfestigung der Bakteriologie schließen lässt.[70] Damit sich das ›pathogene Bakterium‹ mitsamt den daran gekoppelten methodisch-theoretischen Grundannahmen, Erkenntnissen und Anwendungsfeldern glaubhaft durchsetzen und sich die Bakteriologie als Wissenschaft institutionell verankern konnte, bedurfte es allerdings spezifischer, historisch kontingenter Ermöglichungsstrukturen.

Im Folgenden nehme ich all jene Entwicklungen in den Blick, die seit den frühen 1880er Jahren sowohl zur Ausbildung der Bakteriologie als Profession und der inhaltlichen Abschließung ihres Wissenssystems führten, als auch zur Etablierung der Lehre von den pathogenen Mikroben als wirkmächtiges Projekt innerhalb der Medizin beitrugen. Im Kern geht es damit um die Formation eines *stabilen Denkkollektivs*.

2.1. Vom Nukleus zum organisch abgeschlossenen Kollektiv

Als valabler Ausgangspunkt für die Herausbildung eines bakteriologischen Denkkollektivs kann die Berufung Kochs an das 1876 neu gegründete und dem Reichsamt des Innern unterstellte Kaiserliche Gesundheitsamt (KGA) betrachtet werden. Im März 1880 war Koch auf Vermittlung des Pathologen Julius Cohnheim zum außerordentlichen Mitglied ernannt worden, im Juli erfolgte seine ordentliche Anstellung.[71] Bereits 1879 waren die Sanitätsoffiziere Ferdinand Hueppe und Friedrich Löffler vom Generalstabsarzt der Armee zum Gesundheitsamt kommandiert worden, um an einer Verbesserung der Militärhygiene zu arbeiten.[72] Die Gruppe junger Militärärzte um Koch wurde im nächsten Jahr durch Stabsarzt Georg Gaffky und den Chemiker Bernhard Proskauer ergänzt. Das KGA mit dem eigens für Koch eingerichteten bakteriologischen Labor entwickelte sich in der Folge zu einer Hauptarbeitsstätte für die bakteriologische Forschung und die Prävention und Bekämpfung von

70 Zur Institutionalisierung der Tropenmedizin vgl. die grundlegende Untersuchung von Eckart 1997, Kap. 3.2.

71 Hüntelmann 2008, S. 93; Gradmann 2005a, S. 24.

72 Hueppe 1923, S. 9.

Infektionskrankheiten.[73] So publizierte Koch im ersten Band der ab 1881 erscheinenden *Mittheilungen aus dem Kaiserlichen Gesundheitsamt* seine Arbeiten über pathogene Organismen und über die Ätiologie des Milzbrandes, gleichzeitig wurden Beiträge über Desinfektion und über Luft- und Wasseranalysen sowie Milchkontrollen veröffentlicht. Ab 1886 gelangten die neuesten bakteriologischen Forschungen des KGA in den *Arbeiten aus dem Kaiserlichen Gesundheitsamt* zu einer prestigeträchtigen Darstellung.[74]

Wie Anne Hardy in ihrer Studie zur deutschen Hygienebewegung des 19. Jahrhunderts gezeigt hat, rezipierten die Hygieniker Kochs Arbeiten aus dem KGA, in denen er ganz klar die von ihnen markierten Forschungsfelder besetzte, überwiegend positiv.[75] Bereits vor seinen Aufsehen erregenden Tuberkulose- und Choleraarbeiten hatten sich die Hygieniker gegenüber den bakteriologischen Interpretationen allmählich geöffnet. Dafür gab es einen triftigen Grund: Kochs reduktionistischer Ansatz erlaubte es, die bisher auf viele Gebiete verstreuten Kräfte auf die Suche nach pathogenen Erregern zu konzentrieren und mit verbesserten experimentellen Methoden zu arbeiten.[76] In der Lesart Bruno Latours übersetzte die Bakteriologie den gleichsam »schwachen« Stil der Hygieniker. Deren Ratschläge, Vorsichtsmaßnahmen, Meinungen, Anekdoten, Verordnungen und Fallstudien über die mögliche Verursachung von Infektionskrankheiten wurden auf einen »starken« Fluchtpunkt hin ausgerichtet: die Mikroben.[77] Diese Konzentrationsbewegung in der Hygiene, die im Vergleich zu den Krankheitsätiologien früherer Zeiten vor allem eine Komplexitätsreduktion bedeutete, fasste Paul Baumgarten 1890 im *Lehrbuch der pathologischen Mykologie* prägnant zusammen: »Die Dünste, Nebel, Fluida, schädlichen Miasmen und flüchtigen Contagien haben sich zum großen Theile zu festen, abgegrenzten belebten Organismen verdichtet.«[78]

Wie sehr sich die Hygieniker durch die Aneignung der Bakterientheorie auf festerem Untergrund und in einer Position der Stärke wähnten, belegt auch eine Aussage des in Breslau lehrenden Carl Flügge. Ursprüng-

73 Ursprünglich hatte das KGA eine rein beratende Funktion inne. Sehr schnell übernahm das KGA aber auch eigene wissenschaftliche Forschungsarbeiten. Vgl. Hüntelmann 2008. Zur bakteriologischen Abteilung und den umfangreichen experimentellen Tätigkeiten im bakteriologischen Laboratorium vgl. Küster 1924; Haendel 1926.

74 Hüntelmann 2008, S. 95f.

75 Hardy 2005, S. 346f.

76 Ebd., S. 384.

77 Vgl. Latour 2007, S. 121-131.

78 Baumgarten 1890, S. VI.

lich rein lokalistischen Denkansätzen zugewandt, notierte er 1889 in der ersten Ausgabe seines »Robert Koch in freundschaftlicher Verehrung« gewidmeten Lehrbuchs *Grundriss der Hygiene*, die Hygienische Wissenschaft verdanke den Forschungen Kochs »unendlich viel« und habe erst durch seine Arbeit eine »sichere Basis« erhalten.[79]

Nachdem Koch 1885 die Leitung des Hygiene-Institutes der Berliner Universität übernommen hatte, gelang es ihm in der Folgezeit im Zuge zahlreicher Neugründungen hygienischer Institute, viele seiner Schüler in leitenden Stellungen zu platzieren.[80] Deren Zahl war durch die am KGA und später am Hygiene-Institut in Berlin angebotenen Kurse in bakteriologischer Methodik stetig gewachsen. Seit 1884 hatte Koch im Gesundheitsamt einen zehntägigen Cholerakurs für Militärärzte angeboten, nach seinem Wechsel an das Hygiene-Institut konnten umfangreiche einmonatige Kurse in bakteriologischer Methodik besucht werden.[81] Olaf Briese hat Koch im Zusammenhang mit der erfolgreichen Besetzung der Hygiene-Lehrstühle durch Bakteriologen als »strategischen Wissenschaftspolitiker« bezeichnet, der es verstand, auf dem institutionellen Parcours zur richtigen Zeit an der richtigen Stelle zu sein[82] – eine Fähigkeit, die er auch später bei der Finanzierung von wissenschaftlichen Großprojekten geschickt einzusetzen vermochte.

Mit der Besetzung von akademischen Schlüsselstellen wurde der Einfluss der Koch-Schule innerhalb der Medizin maßgeblich verstärkt. Die Bakteriologie entwickelte sich für die heranwachsende Ärztegeneration zum rege nachgefragten Lehrfach. Diejenigen Hygieniker ›vom Fach‹, die mit der Neustrukturierung der Hygiene durch die bakteriologischen Modelle und Methoden noch immer Mühe hatten und weiterhin physiologische, chemische und allgemeinhygienische Wege beschritten, traten zunehmend in den Hintergrund. Auch Warnungen vor einer einseitigen Bevorzugung von Bakteriologen bei der Berufung von Ordinariaten in der Hygiene konnten das zeitweilige förmliche Verschlingen der Hygiene durch die Bakteriologie nicht verhindern.[83] Max von Gruber

79 Flügge 1889, S. VI.

80 Vgl. Lubarsch 1931, S. 396. In der 2. Hälfte der 1880er Jahre entstanden hygienische Institute an den Universitäten in Göttingen, Berlin, Breslau, Greifswald, Jena, Halle, Gießen, Marburg, Würzburg, Freiburg und Heidelberg. Anfangs der 1890er Jahre folgten Königsberg und Rostock, später kamen Straßburg und Erlangen dazu.

81 Gossel 1992, S. 290. Den Inhalt eines Kurses in bakteriologischer Methodik widerspiegelt Fraenkel 1887.

82 Briese 2003, S. 364.

83 Vgl. warnend Hueppe 1886, S. 243. Eulner 1969, S. 19.

wandte sich nach dem Niedergang der Pettenkofer'schen Bodentheorie der Rassenhygiene zu, und Max Rubner, der an einer physiologisch ausgerichteten Hygiene festhielt, wechselte 1909 von der Hygiene zur Physiologie. Max von Pettenkofer selber legte nach seinen teils heftigen Auseinandersetzungen mit Koch im Rahmen der Cholerakonferenzen der 1880er Jahre und nach seinem Widerstand gegen die Trinkwassertheorie während der Hamburger Choleraepidemie 1892 seine Professur nieder und zog sich immer mehr aus dem wissenschaftlichen Leben zurück.[84] Das lokalistische Erbe der Münchener Hygiene übernahmen seine Schüler Rudolf Emmerich und Friedrich Wolter.[85]

Für die Entstehung stabiler und mit disziplinärer Legitimität ausgestatteter Orte bakteriologischen Sprechens war nicht allein die Besetzung von Hygiene-Lehrstühlen ausschlaggebend. Auch mit der sukzessiven Errichtung von bakteriologischen Großforschungsinstituten sowie nichtuniversitären Hygiene-Instituten auf Länderebene und in den Städten etablierte sich kurz vor der Jahrhundertwende ein immer größerer und besser organisierter Kreis »gleichgerichteter sozialer Kräfte« – ein im Sinne Flecks zumindest vorübergehend durchaus stabiles Denkkollektiv, das der bakteriologischen Wissensordnung in zunehmendem Maß »Solidarität und Stilgemässheit« verlieh.[86] 1891 wurde in Berlin ein dem Preußischen Ministerium des Innern unterstehendes Sonderinstitut für Infektionskrankheiten gegründet. Im Kontext des Tuberkulin-Debakels markierte die Gründung des Preußischen Instituts für Infektionskrankheiten für Kochs Karriere zumindest in institutioneller Hinsicht einen Höhepunkt.[87] Für Ehrlich, dem Koch sofort ein kleines Labor ohne feste Aufgabenstellung angeboten hatte, wurde 1896 das Institut für Serumprüfung und Serumforschung in Steglitz geschaffen, aus dem das Insti-

84 Zu Pettenkofers Leben und Werk vgl. Weyer-von Schoultz 2006. Zu den Auseinandersetzungen zwischen Pettenkofer und den Kreisen um Koch im Rahmen der deutschen und internationalen Cholerakonferenzen siehe dort S. 221-244.

85 Emmerich und Wolter gaben von 1906-1930 sechs Monographien in der Reihe »Jubiläumsschrift zum fünfzigjährigen Gedenken der Begründung der lokalistischen Lehre Max von Pettenkofers« heraus. Zu Friedrich Wolter vgl. Kap. 12.2. In der ersten Dekade des 20. Jhs. setzte sich auch Karl Kisskalt für die Fortsetzung von Pettenkofers Werk ein. Vgl. Kap. 5.2, 12.2.

86 Vgl. Fleck 1999, S. 140.

87 Zur Gründung des Preußischen Instituts für Infektionskrankheiten und dessen Interferenzen mit Kochs Tuberkulin-Arbeiten vgl. Gradmann 1999. Zur Geschichte des Instituts, das 1912 zum »Institut für Infektionskrankheiten Robert Koch« umbenannt wurde vgl. Robert Koch-Institut des Bundesgesundheitsamtes 1991; Opitz 1994; Weindling 1992; Otto 1930.

tut für experimentelle Therapie in Frankfurt am Main hervorging.[88] Allein in Preußen entstanden drei nicht-universitäre, königliche hygienische Institute in Beuthen, Posen und Saarbrücken.[89]

Diese ebenso eigene wie neue Struktur wissenschaftlicher Sonderinstitute um Koch und dessen Schüler wurde durch seine guten Beziehungen zum Herrscherhaus, aber auch zu Bildungspolitikern und -beamten ermöglicht. Vor allem auf Friedrich Althoff, Ministerialdirektor im Preußischen Kultusministerium und zentrale Figur für die Wissenschaftspflege in Preußen (und mittelbar auch für Deutschland), hatte Koch einen bestimmenden Einfluss gewonnen.[90]

2.2. Hintergrundfolien

Im Zusammenhang mit Kochs Beziehungen zum Behörden- und Verwaltungsapparat ist es unerlässlich, einen kurzen Blick auf jene politischen und kulturellen Konstellationen im Deutschen Kaiserreich zu werfen, die für die zunehmende Organisiertheit der bakteriologischen Wissenschaft und die Fixierung ihres Wissenssystems wichtige Voraussetzungen schufen.

Mit der »Neuen Ära« zu Beginn der 1860er Jahre hatte sich der Preußische Staat aus der direkten Regulierung von Wirtschaft und Gesellschaft zurückgezogen und beschränkte sich fortan auf indirekte Eingriffe, die Schaffung von Rahmenbedingungen und polizeiliche Reglementierungen. Die 1873 einsetzende, lang anhaltende Wirtschaftsdepression nach dem »Gründerboom« und die zunehmenden sozialen Konflikte im Zuge der Industrialisierung führten jedoch zu einem Wandel des innenpolitischen Klimas. Dieser Wandel war vor allem mit einer Diskreditierung des politischen Liberalismus und des so genannten Manchester-Kapitalismus verbunden.[91] Die staatlichen Autoritäten griffen wieder vermehrt in das Marktgeschehen ein und nahmen auch gesellschaftspolitisch eine

88 Lenoir 1992a. Für Behring errichteten die Hoechst-Werke in Marburg ein Privat-Laboratorium. Nach seiner Berufung auf den Hygiene-Lehrstuhl in Marburg gründete Behring das Institut für experimentelle Therapie (1898) und rief 1904 die »Behring-Werke« ins Leben.

89 Kirchner 1919b, S. 74.

90 Zum »System Althoff« vgl. Brocke 1991. Zum Einfluss Althoffs auf medizinwissenschaftliche Vorhaben und Berufungen vgl. Pfetsch/Zloczower 1973, S. 65ff.

91 Zur »liberalen Ära«, der ab 1873 einsetzenden wirtschaftlichen Depression und der innenpolitischen Wende von 1878/79 und ihren Folgen vgl. Nipperdey 1992, Kap. III; Ullmann 1995, Kap. 2, 3 und 5. Zur Industrialisierung und dem sich

stärkere Rolle ein. Durch den Ausbau von Verwaltung und Polizei wurde versucht, die staatliche Durchdringung bei der Existenzsicherung, der Sozialversicherung, bei Gesundheitsfragen und der Bildung zu gewährleisten. Der zunehmend autoritäre und politisch konservative Interventionsstaat stützte sich bei der Problembewältigung – etwa die wachsende Bevölkerungsdichte, die schlechten Lebensverhältnisse besonders der Unterschichten sowie die hohe Sterblichkeit – immer mehr auf das Angebot der expandierenden wissenschaftlichen Forschung ab und bezog diese in die Ausweitung der staatlichen Bürokratie ein.[92] Im Bereich der Medizinalbürokratie ist die Errichtung des KGA ein treffendes Beispiel für den Ausbau einer auf der kulturellen Kraft der naturwissenschaftlichen Medizin basierenden staatlichen Gesundheitsaufsicht.[93] Stärkung und Ausbau der staatlichen Interventionsmacht erleichterten systematische Eingriffe in die persönlichen Freiheiten und ermöglichten eine sanitätspolizeiliche Rigorosität, wie sie gerade die Bakteriologie, im Gegensatz zu den älteren hygienischen Traditionen, in ihrem Maßnahmenkatalog zur Prävention von Infektionskrankheiten forderte (Grenzkontrollen, Quarantäne, invasive Isolations- und Desinfektionsprogramme etc.).

Eine zweite Hintergrundfolie, die im Hinblick auf die Konsolidierung der Bakteriologie im ausgehenden 19. Jahrhundert nicht außer Acht gelassen werden darf, bildet die politische Kultur des Kaiserreichs. Sie war von einem zunehmend radikalisierten, sozialdarwinistisch unterfütterten Nationalismus und imperialen Kolonialismus geprägt. Die Übertragung des von Charles Darwin entworfenen Szenarios der natürlichen Zuchtwahl im »Kampf ums Dasein« auf die menschliche Gesellschaft führte immer mehr zu einer Entgrenzung der ursprünglichen Entwicklungshypothese und mündete in einer Weltanschauung des permanenten Daseinskampfes. Nicht nur die Mitglieder einer Gesellschaft waren diesem ausgesetzt, auch die Nationen standen in einem Wettstreit um die politische, kulturelle und wirtschaftliche Vorherrschaft in Europa und den Kolonien.[94] Der Nationalismus und Imperialismus rekurrierte damit auf

daran anschließenden gesellschaftlichen Strukturwandel in Deutschland vgl. Mirow 2004, Kap. 7.2., 7.3.

92 Zur Verwissenschaftlichung der Politik bzw. umgekehrt: der Politisierung der Wissenschaften im Kaiserreich vgl. Szöllösi-Janze 2004.

93 Vgl. Hüntelmann 2008, insbesondere Kap. 5.2. Zu den grundlegenden gesundheitspolitischen Entwicklungslinien im Deutschen Kaiserreich vgl. Spree 1981; Reulecke/Castell-Rüdenhausen 1991.

94 Im deutschen Fall richtete sich der kolonialistische Blick nicht primär auf ferne Tropenländer, sondern auf »Mitteleuropa«. Auf die Ausblendung der kontinentalen Ostfixierung Deutschlands im Rahmen konventioneller Konzepte des Kolo-

eine durch den Sozialdarwinismus modifizierte biologistisch-organizistische Ideologie.[95]

Das deutsche Nationalprestige konnte nun mittels der Förderung einer modernen Naturwissenschaft, wie sie die Koch'sche Bakteriologie repräsentierte, nicht nur durch Aufsehen erregende, laborbasierte Entdeckungen und Ergebnisse ›reiner‹ Forschung bestärkt werden. Erfolgreiche Kampagnen und Expeditionen zur Bekämpfung zeitgenössischer Leitkrankheiten wie der Cholera vermochten überdies die besonders von einer erstarkenden radikal-nationalistischen Rechten angestrebte Weltmachtposition Deutschlands zu unterstreichen.[96] Die Choleraexpedition Kochs von 1883/1884 nach Ägypten wurde von Kaiser und Staat als Forschungsunterfangen von nationaler Bedeutung lanciert. Nach Beendigung der Expedition, bei der Koch zusammen mit Gaffky und einem großen Reiselabor inklusive Versuchstieren über Ägypten durch den Suez-Kanal bis nach Indien gelangt war, feierte das »waffenstolze Neudeutschland« Koch als Helden der Nation und zeichnete ihn mit einem Kriegsorden aus.[97] Die Bakteriologie erfuhr eine entsprechend großzügige staatliche Förderung, sei es im Rahmen von Berufungen, Institutsgründungen oder aber durch die Finanzierung von Forschungsprojekten und -expeditionen. Nicht ohne unterschwelligen Groll konstatierte der Kliniker Friedrich Martius, der sich in den 1890er Jahren dezidiert gegen den bakteriologischen *mainstream* aussprach: »Die großen, sonst so schwer für hygienische und ärztliche Zwecke flüssig zu machenden Staatsmittel stehen sofort zur Verfügung, wenn es sich um die Erforschung von Seuchenerregern und um den Kampf gegen dieselben handelt.«[98]

nialismus verweisen Conrad/Osterhammel 2004, S. 20. Zum Sozialdarwinismus in Deutschland und dem kulturellen Klimawandel in Deutschland und Europa nach der Großen Depression vgl. Crook 1994, S. 63ff.; Weikart 1993; Koch 1973; Wehler 1979.

95 Diese darf allerdings nicht als monolithischer Block betrachtet werden. Vgl. Weindling 1991.

96 Vgl. Briese 2003, S. 20. Zur allgemeinen Bedeutung der Naturwissenschaften als einer symbolischen Ressource für nationale Diskurse und Repräsentationen vgl. Jessen/Vogel 2002, S. 26-30, Kap. III.

97 Zur Choleraexpedition Kochs 1883/84 und zu seiner Schlafkrankheitsexpedition 1906 vgl. Gradmann 2005a, Kap. V; Gradmann 2003.

98 Martius 1899, S. 7.

2.3. Militärisch-bakteriologische Allianzen

Die Bindung Kochs und seiner Mitarbeiter war nicht nur zur Kultus- und Medizinalbürokratie des Reichs, vor allem Preußens, sehr eng. Wie sich anhand seiner wissenschaftlichen Assistenten im Gesundheitsamt – den Stabsärzten Hueppe, Löffler und Gaffky – ablesen lässt, war Kochs Zusammenarbeit mit der militärischen Medizinalverwaltung seit Beginn seiner Laufbahn ausgesprochen intensiv. An das KGA, das Hygienische Universitätsinstitut in Berlin und an das Institut für Infektionskrankheiten wurden immer wieder Militärärzte abkommandiert.[99] Diese hatten ihre medizinische Grundausbildung am Friedrich-Wilhelm-Institut für das militärärztliche Bildungswesen erhalten (1895 umgetauft in die Kaiser-Wilhelm-Akademie für das militärärztliche Bildungswesen). Das auch »Pépinière« genannte Institut war eine zentrale Instanz für die Ausbildung von Medizinern, die sich der Bakteriologie oder Hygiene zuwenden wollten.[100] Georg Jürgens, auch er ein »Pepin« oder »Pfeifhahn« (wie die Abgänger genannt wurden) und späterer Mitarbeiter von Koch, betonte rückblickend, dass die frühzeitige Einrichtung bakteriologischer Kurse unter den Militärärzten die Vertiefung mikrobiologischer Kenntnisse in einer Weise sicherte, wie sie nicht von allen Zivilärzten gefordert wurde. In der Kaiser-Wilhelm-Akademie standen nach Jürgens auch eher »theoretische« wissenschaftliche Fragen als die Erziehung zum praktischen Arzt im Vordergrund:

> »Das Ziel der militärärztlichen Erziehung in der Pepinière war ein anderes als das der Ausbildung zum praktischen Arzt. Hier standen praktische Kenntnisse und Fähigkeiten im Vordergrunde, dort fanden auch wissenschaftliche Fragen, die den Arzt weniger berührten, größte Beachtung und Aufnahmebereitschaft. Junge Militärärzte waren daher zur Mitarbeit in theoretischen Fragen immer gern bereit und drängten sich besonders zur Ausbildung im Kochschen Institut.«[101]

99 Vgl. Hueppe 1896, VIII; Weindling 1989a, S. 161ff.; Labisch/Tennstedt 1985, S. 52.

100 Vgl. Bischoff 1912, S. 26. Die Pépinière wurde 1795 auf Veranlassung des Generalchirurgen der Preußischen Armee als *Medizinisch-chirurgische Pépinière in Friedenszeiten* gegründet. 1818 ging das *Medizinisch-chirurgische Friedrich-Wilhelm-Institut für das militärärztliche Bildungswesen* daraus hervor. Fischer 1985, S. 11.

101 Jürgens 1949, S. 29.

Koch selbst pflegte engen Kontakt zur militärärztlichen Bildungsinstitution wie auch zu den höchsten Gremien der militärischen Medizinalverwaltung. Er wurde 1883 zum Oberstabsarzt, 1884 zum Oberstabsarzt I. Klasse, 1887 zum Generalarzt II. Klasse und 1901 zum Generalarzt mit Generalmajorsrang à la suite ernannt. 1888 erhielt er seine Ernennung als ordentlicher Professor des Friedrich-Wilhelm-Instituts und wurde kurz nach der Jahrhundertwende Mitglied des wissenschaftlichen Senats der Akademie. In den Sitzungen des Senats erschien Koch meist in der Uniform des Generalarztes.[102] In der ersten Dekade des 20. Jahrhunderts sollte sich die Verflechtung von Militärsanitätswesen und Bakteriologie sogar noch verstärken. Im Ersten Weltkrieg schließlich erlebte die Bakteriologie einen bis zu diesem Zeitpunkt unerreichten Höhepunkt ihrer Geltung als autoritativer, militärisch-wissenschaftlicher »Schutzgeist« Deutschlands.

2.4. Die Entstehung einer Handbuchwissenschaft

Zwischen 1880 und der Jahrhundertwende formierte sich ein bakteriologisches Denkkollektiv, das aus einem Nukleus bakteriologisch tätiger Mediziner und Sanitätsoffiziere am KGA – dem Gravitationsfeld um Koch – hervorgegangen war. Durch die seit Mitte der 1880er Jahre verstärkte Einbettung und Verankerung bakteriologisch geschulter Mitarbeiter Kochs in der deutschen Hygiene-Hochschullandschaft, in spezialisierten Forschungsinstituten sowie der zivilen und militärischen Medizinalverwaltung wurde dieses Denkkollektiv zunehmend organisierter, stabiler und abgeschlossener.

Zur formellen, »organischen« Abgeschlossenheit gesellte sich sukzessive auch eine inhaltliche Abgeschlossenheit, wie sie paradigmatisch in der Etablierung der Bakteriologie zum Lehrfach sichtbar wurde. Beginnend mit der Einrichtung von Cholera-Kursen im KGA von 1884/1885 wurde die medizinische Bakteriologie innerhalb kurzer Zeit zu einem Lehrfach, das durch die rasche Erweiterung des Schulungsangebotes an den verschiedenen Hygiene- und Forschungsinstituten erlernbar und damit allen zugänglich wurde. Zu den aussagekräftigsten Indikatoren für die Herausbildung einer eigenständigen Disziplin und für die Kanalisierung, Systematisierung und Vervielfältigung des bakteriologischen Denkstils zählen die 1885 von Flügge und Koch begründete Fachzeitschrift *Zeitschrift für Hygiene* (1892 umbenannt in *Zeitschrift für Hygiene*

102 Labisch/Tennstedt 1985, S. 53.

und Infektionskrankheiten), das ab 1887 erscheinende *Centralblatt für Bakteriologie und Parasitenkunde* (ab 1896 auch für Infektionskrankheiten) sowie die ab Mitte des Jahrzehnts wachsende Zahl bakteriologischer Hand- und Lehrbücher, darunter Hueppes 1886 erschienene *Methoden der Bakterien-Forschung* und Flügges *Grundriss der Hygiene* von 1889.[103] Bereits 1886 hatte Flügge einen eigenständigen Band über *Die Mikroorganismen* verfasst, in dem er speziell auf die Ätiologie der Infektionskrankheiten einging.[104] Löffler publizierte, wie in der Einleitung erwähnt, die erste zusammenfassende historiographische Arbeit zum bakteriologischen Forschungsgebiet 1887. Zum bedeutendsten Handbuch der Bakteriologie wurde das ab 1902 erscheinende mehrbändige *Handbuch der pathogenen Mikroorganismen*, das über die Gültigkeit von Grundbegriffen entschied, den Rang einzelner Bakteriologen festlegte, spezifische Methoden standardisierte und Forschungsrichtungen kanonisierte.[105] In den größeren Laboratorien bürgerte sich das von August Wassermann und Wilhelm Kolle – beides langjährige Mitarbeiter Kochs am Institut für Infektionskrankheiten – herausgegebene Nachschlagewerk weltweit sehr schnell ein.[106]

103 Flügge 1889; Hueppe 1886; Fraenkel 1887. Für den Hinweis auf Hueppe danke ich Christoph Gradmann. 1891 erzielte das Methoden-Lehrbuch bereits seine 5. Aufl. Es wurde ins Französische, Englische und Russische übersetzt.

104 *Die Mikroorganismen* von Flügge entsprach ursprünglich einer Abteilung des von Ziemssen und Pettenkofer herausgegebenen *Handbuchs der Hygiene*. Aufgrund starker Differenzen auf dem Gebiet der Mikroorganismen entschloss sich Flügge, die 2. Aufl. seines Textes als eigenständiges Buch herauszugeben.

105 Zu den Funktionen von Handbüchern innerhalb der esoterischen Wissenschaft vgl. Fleck 1999, S. 158ff.

106 Kolle/Kraus/Uhlenhuth 1929, Vorwort.

3. Konfiguration des bakteriologischen Denkstils

Nachdem ich die Prozesse der disziplinären Verfestigung und Systematisierung geschildert habe, möchte ich nun der Frage nachgehen, wie sich das bakteriologische Wissenssystem um 1890 – auf dem eigentlichen Höhepunkt der klassischen Bakteriologie – präsentierte. Welches Methoden-Repertoire diente den Bakteriologen im Labor als Erkenntnismittel, welche zentralen wissenschaftlichen Auffassungen und Konzepte wurden von der medizinischen Bakteriologie als evident erachtet, und welche Keimpraktiken im Labor und im Feld leiteten den Denkstil an? Und schließlich: Wodurch zeichnete sich die bakteriologische Sprache und ihre Begriffe aus, welche speziellen Motive, Narrative und vor allem Metaphern tauchten in den bakteriologischen Texten auf?

3.1. Bakteriologisches Methoden-Repertoire und Keimpraktiken im Labor

Für die Erforschung der Bakterien, ihrer Lebensäußerungen und -bedingungen sowie ihrer Beteiligung an Krankheitsprozessen bedienten sich die Bakteriologen charakteristischer Labormethoden und -techniken. Zum Nachweis der morphologischen Eigenschaften und zur Bestimmung der jeweiligen Bakterienart wurden im Laboratorium mikroskopische Beobachtungen bakterienhaltiger Substrate als unerlässlich erachtet. Für diese mikroskopischen Arbeiten waren homogene Immersionssysteme[107] ebenso konstitutiv wie der nach spezifischen Regeln erfolgende Einsatz von Linsen, Öffnungswinkeln, Blenden, Kondensoren[108] und der Beleuchtung.

Auch die bereits verschiedentlich angesprochene Färbung des mikroskopischen Präparats gehörte zum selbstverständlichen Repertoire der Bakteriologen. Sie diente dazu, bestimmte Bakterienarten von ihrer Umgebung abzuheben. Für die Färbung kamen in erster Linie basische Ani-

107 Gereinigtes Öl, das auf das Deckglas des Präparates gebracht wurde, sorgte dafür, dass zwischen Objekt und Objektiv weniger Licht verloren ging, da das Öl einen ähnlichen Brechungsindex hatte wie das Glas. Weil der Brechungsindex des Immersionsöls fast genau demjenigen von Crownglas entsprach, wurde die Ölimmersion auch »homogene Immersion« genannt. Vgl. Hueppe 1886, S. 40-42.

108 Kondensoren waren starke Sammellinsen, die als Teil des Beleuchtungsapparats dazu beitrugen, dass nur konvergentes Licht das Objekt beleuchtete.

linfarben zum Einsatz, die von Zellkernen und Bakterien gut aufgenommen wurden.[109] Besonderes zentral erschien es den Bakteriologen, die Bakterien »rein« und frei von allen Beimengungen beobachten zu können, sie also – wie Carl Fraenkel formulierte – »von den mancherlei Zufälligkeiten und Wechselfällen ihres natürlichen Verhaltens und Vorkommens« loszulösen.[110] Dazu verwendeten sie spezifische Kulturmethoden. Für die Züchtung der betreffenden Art in »Reincultur« betrachteten sie vor allem durchsichtige gelatineartige Nährmedien als adäquate Kulturmedien; im festen Nährboden war der einzelne Keim an der ihm gegebenen Stelle fixiert und wurde vollständig isoliert für sich weiter wachsend zum Zentrum einer neuen »Kolonie« morphologisch und biologischer vollständig gleichartiger Organismen.[111]

Um den Standardbeweis für die kausale Verknüpfung von Bakterien und Infektionskrankheiten, das von Koch entwickelte Set logischer und experimenteller Kriterien einlösen zu können, übertrug man die gezüchteten Reinkulturen auf empfängliche Versuchstiere.[112] Die künstliche Infektion von Versuchstieren repräsentierte den privilegierten Erkenntnisweg: Nicht Beobachtungen an den Krankenbetten in Krankenhäusern lieferten neue Erkenntnisse über Infektionskrankheiten, sondern die Auswertung künstlich herbeigeführter Infektionen im Tierorganismus im Labor. Besonders empfängliche Tierarten wie Meerschweinchen, Mäuse, Kaninchen, Tauben und Hühner sowie dem Menschen nahe verwandte Affen dienten als Nährböden oder Nährmedien für die Bakterien.[113] Die durch die Gegenwart spezifischer Mikroorganismen hervorgerufenen pathologischen Veränderungen in Versuchstieren wurden damit zum eigentlichen Maß der Krankheit.[114] Gleichsam *en passant* analogisierten die Bakteriologen dabei die im Labor konstruierten Tierpathologien mit den natürlich auftretenden Vorgängen beim Menschen und unterließen es meist, Differenzen zwischen Tier- und Humanpathologie für die bakteriologische Epistemologie zu thematisieren. Zum Menschen als denkbarem Objekt von Infektionsversuchen konstatierte Fraenkel in seinem *Grundriss der Bakterienkunde* lediglich, als Versuchs-

109 Hueppe 1886, S. 51.

110 Fraenkel 1887, S. 32.

111 Johne 1885, S. 10; Hueppe 1886, S. 107-183. Zu den »verunreinigten« Anfängen der Bakteriologie und Kochs Begriff der »Reinkultur« vgl. Gradmann 2001a.

112 Zur Geschichte der Verwendung von Tieren als Modellorganismen in den Lebenswissenschaften vgl. Guerrini 2003; Löwy 2000.

113 Fraenkel 1887, S. 144.

114 Zur Bedeutung der Versuchstiere für die experimentelle Bakteriologie vgl. Gradmann 2005b.

objekte würde er nur »in seltenen Fällen« in Betracht gezogen, und zwar »meist dann, wenn ein Forscher an sich selbst zu experimentiren für gut befindet«.[115]

In der Experimentalpraxis mit empfänglichen Tieren zeigte sich paradigmatisch die für die frühe Bakteriologie charakteristische Reduktion komplexer Naturphänomene in der künstlichen Wirklichkeit des Labors, der Glaube an die gezielte Erzeugbarkeit, Konstruierbarkeit und Kontrolle pathogener Vorgänge und die einseitige Hervorhebung und Betonung der Aktivitäten der Mikroorganismen als Ursache von Infektionskrankheiten. Unterstrichen wurde dieser Fokus auf die Bakterientätigkeiten durch die Verwendung hoher und im Experiment meist sukzessive gesteigerter Dosen des eingeimpften Kulturmaterials und durch die Wahl von Infektionsmethoden, die nicht immer mit dem natürlichen Infektionsweg korrespondierten. Zu den üblichen Verfahren gehörte die einfache Impfung in die Oberfläche der Epidermis, subkutane Applikationen, Injektionen in die Blutbahn oder in Körperhöhlen, die Infektion des Darmkanals sowie Inhalation.[116]

3.2. Ätiologisches Modell, bakterielle Spezifität und Artkonstanz

Die Bakteriologie Kochs und seiner Schüler war keine theoretische, auf programmatischen Gründertexten basierende Wissenschaft. Der disziplinäre Kern, das eigentliche wissenschaftliche Programm der Bakteriologie wurde vielmehr durch die Koch'schen (bzw. Löffler'schen) Verfahrensschritte geformt. Auf den ersten Blick scheint es zwar, dass dieses Set von empirischen Verfahrensregeln für den Nachweis pathogener Mikroorganismen in den bakteriologischen Texten nur auf die Präsentation der zentralen methodischen Schritte im Labor beschränkt und nicht in einen weiten Interpretationsrahmen eingebunden war. Dennoch hatten die Regeln weitreichende Effekte für die medizinischen Wissenschaften: Sie erhoben die pathogenen Bakterien zur notwendigen Krankheitsursache und begründeten damit das Dogma der spezifischen Ätiologie. Waren die Bedingungen, wie sie in den Verfahrensregeln postuliert wurden, erfüllt, konnten die Bakteriologen erklären, dass die von ihnen beobachteten Mikroorganismen *die* Ursache von Infektionskrankheiten waren.[117]

115 Fraenkel 1887, S. 144. Zur Bedeutung von Selbstversuchen in der Auseinandersetzung um die Vorherrschaft ätiologischer Deutungen vgl. Kap. 5.2.

116 Hueppe 1886, S. 196ff.

117 Vgl. Koch 1882, S. 442.

Damit eine Krankheit entstehen konnte, mussten also notwendigerweise pathogene Bakterien von außen in den menschlichen oder tierischen Körper eingedrungen sein. Bis in die frühen 1890er Jahre schien es zudem evident, dass die Bakterien nicht nur die notwendige, sondern auch die *hinreichende* Ursache von Infektionskrankheiten waren. Wenn einmal pathogene Bakterien in den Körper eingedrungen waren, dann manifestierte sich in diesem Körper immer eine Krankheit. Umgekehrt kamen im gesunden lebenden Organismus gemäß bakteriologischem Denkstil keine pathogenen Keime vor.[118] Eine individuelle Empfänglichkeit oder Disposition spielte keine Rolle, sondern war Ausdruck eines »veralteten« Konzepts und übte höchstens einen Einfluss auf die Intensität und Ausdehnung der Zeichen der allgemeinen Infektion aus.[119]

Mit Blick auf die epidemiologischen Vorgänge waren die Bakteriologen davon überzeugt, dass das Seuchenbild, das heißt alle Vorgänge der Seuchenentstehung und des Seuchenverlaufs, aus den Lebenserscheinungen der Mikroparasiten und deren Übertragung von Mensch zu Mensch konstruiert werden konnte. Auch hier standen die Mikroorganismen im Mittelpunkt der Betrachtung: Basierend auf dem Mechanismus des Infektes wurden alle Eigentümlichkeiten einer Epidemie zu erklären versucht, wobei der kranke Mensch als wichtigste Quelle der Infektion galt. Was keine nachweisbare Beziehung zum Mikroorganismus hatte, war in der bakteriologischen Seuchenlehre bedeutungslos. Faktoren wie das Klima, Hunger und Armut oder spezifische Bodenverhältnisse, die bei älteren epidemiologischen Erklärungsansätzen wie der von Pettenkofer vertretenen Bodentheorie im Vordergrund gestanden hatten, wurden nur insofern thematisiert, als sie die Übertragung und Vermehrung von Infektionskeimen beeinflussen konnten.[120] An einem Diktum Kochs aus dem Jahr 1888 lässt sich die bakteriologische Denkgewohnheit in Bezug auf die Epidemiologie besonders deutlich ablesen:

> »[Seuchen entstehen] niemals allein durch Schmutz und Unrat, durch die Ausdünstungen dicht zusammengehäufter Menschen, durch Hun-

118 Vgl. Flügge 1886, S. 71, 592; siehe auch Gradmann 2005a, S. 128.

119 Baumgarten 1889, S. 539, Arnold 1889, S. 20.

120 Zu den traditionellen epidemiologischen Ansätzen gehörten die historische Pathologie/Medizinische Geographie, deskriptive/statistische Epidemiologie und der Lokalismus Pettenkofers. Die Zurückdrängung dieser Ansätze durch die Bakteriologie zeigte sich in Deutschland ausgeprägter als z. B. in England, wo das Interesse an der Sozialmedizin oder an den Umwelteinflüssen weiterhin bestehen blieb. Vgl. Rosenberg 1992; Hardy 1998; Morabia 1998; Amsterdamska 2001.

> ger, Armut, Entbehrungen, überhaupt nicht durch die Summe der Faktoren, welche man gewöhnlich mit dem Ausdruck ›sociales Elend‹ zusammenfasst, auch nicht durch klimatische Einflüsse, sondern *nur* durch die Verschleppung ihrer specifischen Keime, deren Vermehrung und Ausbreitung allerdings durch die genannten Einflüsse begünstigt werden können.«[121]

Das *monokausale und deterministische ätiologisches Modell* der Infektionskrankheiten und der Seuchen war mit einem bestimmten *Konzept der bakteriellen Spezifität* verknüpft: Für Koch und seine Schüler entsprach jeder einzelnen klar definierten Infektionskrankheit eine einzige, scharf charakterisierte Bakterienart (bzw. deren Bakteriengift) als Krankheitsursache. Zahl und Anordnung der Bakterien erklärten dabei alle Krankheitserscheinungen der jeweiligen Krankheit.[122] Überdies waren die Bakteriologen davon überzeugt, dass die einzelnen Bakterienarten, die sich aufgrund von Größe, Gestalt und Wachstum bestimmen ließen, konstant und damit unveränderlich waren. So unterstrich Fraenkel die einer Bakterienart unter allen Bedingungen und Ernährungsverhältnissen »stetig gleich bleibenden und übereinstimmenden Lebensäußerungen« und die »stetig gleich bleibende Gestalt«, die ihr dauernd zukomme und sie von anderen unterscheide.[123] Ein Übergang in eine neue oder schon bekannte Art, wie dies Transformisten wie Nägeli angenommen hatten, war damit undenkbar. Kleinste Schwankungen und Änderungen der Form wurden zwar konzediert, die Stabilität der Spezies jedoch blieb unangetastet. Bei den möglichen morphologischen Varietäten handelte es sich im bakteriologischen Denkstil um Degenerations- oder Involutionsformen, die den sich »innerhalb gewisser Grenzen« bewegenden normalen Schwankungen entsprachen und sich »nie vom Mittelpunkt des Arttypus« entfernten.[124]

Obwohl Pasteur in den 1880er Jahren Studien über die Abschwächung der Virulenz veröffentlichte, die auf eine Veränderlichkeit der physiologischen Eigenschaften von Bakterien hinwiesen,[125] hielten die Bakte-

121 Koch 1888, S. 17 [Kursivsetzung S.B.].

122 Vgl. Koch 1884b, S. 37.

123 Fraenkel 1887, S. 6, 7; Koch 1890, S. 651.

124 Koch 1890, S. 652; Fraenkel 1887, S. 7, 11.

125 Pasteur machte 1880 die Beobachtung, dass virulente Kulturen von Hühnercholerabakterien unwirksam wurden. Zu Pasteurs Konzept der Virulenz vgl. Mendelsohn 2002; Mendelsohn 1996, Kap. 3; Latour 1988, S. 62ff. Dass Pasteur bei seiner Entdeckung der Virulenzabschwächung keineswegs von einer Veränderung der eigentlichen Identität des betreffenden Bakteriums ausging, hat Moulin 1991 dargelegt.

riologen der Koch-Schule am Dogma der ausgeprägten *Stabilität und Konstanz bakterieller Spezies* fest. Induzierte »physiologische Varietäten« wie abgeschwächte Milzbranderreger wurden zunächst mit dem Verweis auf Verfahrensfehler erklärt und später mit der These, dass man in diesen künstlich erzeugten Erscheinungen einen »Rückschlag zu früheren Verhältnissen« sehen konnte.[126] Das hieß, dass gewisse Bakterien in ihrer Entwicklungsgeschichte einmal Saprophyten gewesen waren, die sich im Laufe sehr langer Zeiträume allmählich an den tierischen Körper gewöhnt und dort auch ihre giftigen Eigenschaften erworben hatten.[127] Ein spontanes und sprunghaftes Variieren der Physiologie einer Spezies unter normalen Bedingungen aber war für die Bakteriologen nicht vorstellbar, weil sie Kochs Annahme der konstanten morphologischen und biologischen Eigenschaften von einmal zu ›echten‹ Parasiten gewordenen pathogenen Bakterien in Frage gestellt hätte.

3.3. Bakteriologischer Krankheits- und Körperbegriff

Die als selbstverständlich erachtete Vorstellung vom spezifischen und stabilen Bakterium als Krankheitserreger hatte weitreichende pathologische und klinische Implikationen. Infektionskrankheiten wurden nicht mehr primär als anatomisch-pathologische Veränderungen oder als Funktionsstörungen aufgefasst. Das Wesen der Krankheit wurde nunmehr in der externen pathologischen Ursache – den bakteriellen Mikroorganismen – gesucht, die in den Körper eindrangen, sich darin vermehrten und durch mechanische Einwirkung, Nährstoffentzug oder giftige Substanzen die Gewebe, Organe und den Stoffwechsel des Organismus zu schädigen vermochten.[128] So stellte der Abdominaltyphus nicht deshalb eine besondere Krankheitsgattung dar, weil er einen spezi-

126 Fraenkel 1887, S. 153. Zur Haltung Kochs in Bezug auf die Abschwächungsversuche Pasteurs vgl. Mendelsohn 1996, Kap. 3; Mazumdar 1995, Kap. 3.

127 Zu Kochs Vorstellung einer Entwicklung von pathogenen Bakterienarten aus nicht pathogenen im Verlauf sehr langer Zeiträume vgl. Koch 1888, S. 280. Darwins Evolutionstheorie wurde in den bakteriologischen Hand- und Lehrbuchtexten der 1880er Jahre nicht explizit rezipiert. Gradmann hat betont, dass Kochs medizinische Bakteriologie keinerlei evolutionsbiologische Aspekte beinhaltete. Gradmann 2007, S. 348, Fn. 52. Allerdings war Cohns *System der Bakterien*, das Koch als Ausgangspunkt benutzte, zumindest darwinistisch geprägt. Zur Rezeption Darwins durch den Linnaeaner Cohn vgl. Mazumdar 1995, S. 49ff.

128 Fraenkel 1887, 137.

fischen Krankheitsverlauf besaß oder mit charakteristischen anatomisch-pathologischen Darmveränderungen verbunden war, sondern weil er infolge einer »Invasion« von Typhusbakterien in den Körper entstand. An diesem Beispiel wird auch die mit dem Aufstieg der Bakteriologie einhergehende ontologische Konzeptualisierung von Krankheit manifest. Sie unterstellte einen äußeren Zugriff auf den gesunden Menschen: hier der Mensch, dort ein äußerliches und fremdes Bakterium beziehungsweise das mit dem Bakterium synonym gesetzte Krankheitswesen, das den Menschen bedrohte. Eine Krankheit besaß einen existenzhaft-ontischen Status; sie wurde als etwas Seiendes aufgefasst, das sich dem Körper hinzugesellen konnte, in ihn eindrang und ihn unterwarf.[129]

Mit dieser Externalisierung von Krankheit brach die Bakteriologie mit der hippokratisch-galenischen Vorstellung, dass es keine ›absolute‹ Gesundheit und damit absolut gesunde Körper geben könne. Gemäß der bis weit ins 19. Jahrhundert propagierten neohippokratischen Vorstellung lebte der individuelle Körper immer mit Krankheiten, weil er immer ein Stück weit von der idealen Mitte des Gleichgewichts aller Säfte lebte. In dieser Konzeption konnte der Körper auch nicht ›rein‹ oder sauber sein. Man lebte immer mit der Gefahr verdorbener Säfte im Innern.[130] Im Gegensatz dazu entsprachen für die Bakteriologen ›gesund‹ und ›krank‹ keinen ineinander übergehenden, letztlich untrennbaren Zuständen; sie galten vielmehr als elementar voneinander geschieden. Der Körper erfuhr demzufolge eine Entindividualisierung und Normalisierung. Der gesunde und überindividuelle Normalkörper war für die Bakteriologen der ›reine‹ Körper, der nicht-invadierte, keimfreie, sterile Körper. Die Grenzen zur Außenwelt wurden dabei als unversehrt und durchgängig abgeschlossen imaginiert. Den pathogenen Bakterien stand dieser nach außen umpanzerte Körper bis in die frühen 1880er Jahre passiv gegenüber und wurde in Kategorien der im bakteriologischen Labor gebräuchlichen Kulturmedien oder Kulturböden für Bakterien erfasst.[131] Erst mit dem Beginn der Immunitätsforschung wurde dem Körper beziehungsweise seinen Zellen oder Blutbestandteilen eine zunehmend aktivere Rolle im Krankheits- bzw. ›Abwehr/Verteidigungs‹-Prozess zugestanden.

129 Vgl. Briese 2003, S. 49f.

130 Göckenjan 1991, S. 117. Zur antiken Gesundheitslehre der »sex res non naturales« und dem Neohippokratismus im 19. Jahrhundert vgl. Sarasin 2001, S. 33ff.

131 Vgl. Wieland 1908, S. 91f.

3.4. Keimpraktiken im Feld

Wie erwähnt basierte die medizinische Bakteriologie nicht auf einem expliziten Theoriegebäude. Sie zeichnete sich vielmehr durch einen ausgeprägten Praxisbezug aus. Schon früh wurden die Labormethoden und -experimente zur Identifikation und Sichtbarmachung der Bakterien und zur Beweisführung der parasitären Natur von Krankheiten dazu verwendet, praktische Lösungen für die Verhinderung oder Beseitigung von Infektionskrankheiten und Seuchen anbieten zu können. Der angestrebte Praxisbezug war für den bakteriologischen Denkstil bezeichnend und beeinflusste die konkrete Ausprägung der bakteriologischen Konzepte, insbesondere des monokausalen und deterministischen Infektionsmodells und des Konzepts der bakteriellen Spezifität und Artkonstanz. Voraussetzung jeder praktischen Aufgabe außerhalb des Labors war die erhärtete »Tatsache«, dass ein bestimmter, in seinen Eigenschaften bekannter und stabil bleibender Mikroorganismus stets die einzige Ursache einer spezifischen Krankheit war.[132] War diese Gewissheit gegeben, dann war der medizinische Handlungsspielraum vorgezeichnet, um Infektionskrankheiten wie Typhus oder Cholera in Städten, Dörfern oder auf dem Land zu verhüten, zu kontrollieren, zu bekämpfen und zu behandeln. Obwohl es in den 1880er Jahren nicht an Bestrebungen fehlte, therapeutische Mittel gegen Infektionskrankheiten wie die Tuberkulose zu entwickeln, lag der Hauptakzent vor den ersten klinischen Erfolgen beim Einsatz der Serumtherapie auf der Prophylaxe. Koch selbst räumte 1890 ein, dass die bakteriologische Forschung trotz enormer Anstrengungen kaum Resultate bei den therapeutischen Mitteln aufweisen konnte und das Hauptgewicht gerade bei Krankheiten mit kurzer Inkubationsdauer auf die Prophylaxe zu richten sei.[133]

Bei den prophylaktischen Gegenmaßregeln einigten sich die Bakteriologen auf einen Kanon von *vorbeugenden/vorbereitenden* und *besonderen* Praktiken außerhalb des auf die bakteriologische Forschung ausgerichteten Labors. Die vorbeugenden Maßregeln zielten darauf ab, die Übertragungswege, die den Infektionsstoffen durch ihre Eigenschaften vorgeschrieben waren, zu unterbrechen oder zu erschweren. Dazu gehörte die Assanierung der Städte, die Beseitigung von Luftverunreinigungen (Ventilation), das Abkochen von Milch und daraus hergestellter Nahrungsmittel, eine generelle Erziehung zur Reinlichkeit in den Bereichen Wohnen, Klei-

132 Koch 1878, S. 178.
133 Koch 1890, S. 658.

dung und Körperpflege und die Einrichtung von Isolierkrankenhäusern, Desinfektionsanstalten und »Desinfektionskolonnen«.[134]

Zum Katalog der besonderen Praktiken der bakteriologischen Seuchenprophylaxe und -bekämpfung, der im Gegensatz zu den vorbeugenden Maßnahmen klar strukturiert war und eine einheitliche Abfolge postulierte, gehörte als erster Punkt die Praxis der bakteriologischen Diagnosestellung. Nach der Anzeige eines Krankheitsfalles durch den behandelnden Arzt war die schnelle und sichere Identifikation des spezifischen Krankheitserregers der Ausgangspunkt jeder Bekämpfung von Infektionskrankheiten. Sie diente dazu, die als zentral erachteten ersten Fälle einer Krankheit – die »Funken, welche in ein Strohdach fallen«[135] – sofort zu erkennen und von ähnlichen Krankheiten zu unterscheiden. Diagnosestellungen wurden vorwiegend in den im ganzen Land entstehenden Medizinaluntersuchungsämtern vorgenommen, die den Stil der Laborarbeit ins ›Feld‹ übertrugen. Es ging aber nicht nur darum, durch den Erregerbefund bereits klar erkennbare Krankheitsfälle möglichst rasch als positive und damit echte bakteriologische Infektionsfälle zu kennzeichnen, sondern mittels regelmäßiger Revisionen alle auch nur einigermaßen verdächtigen Fälle zu untersuchen. Die Verantwortung für die Beurteilung der Erkrankung lag dabei nicht mehr beim Arzt, sondern wurde dem Laboratorium beziehungsweise dem Laboratoriumsbefund übertragen. Entsprechend den bakteriologischen Keimpraktiken im Feld erfuhr der Allgemeinpraktiker eine klare Abwertung, fiel ihm doch jetzt die Rolle eines Vermittlers von Laboratoriumsbefunden zu.[136] Der zweite Punkt des Maßnahmenkatalogs sah die Isolierung der Kranken in speziellen Krankenhausabteilungen sowie Quarantänen für alle Personen vor, die potentiell mit dem Erreger in Berührung gekommen waren. Diese Maßnahmen, die große Eingriffe in die persönliche Freiheit sowie ein polizeiliches oder militärisches Vorgehen implizierten, schienen deshalb evident, weil kranke und krankheitsverdächtige Menschen als Ausgangspunkt für die Verbreitung von Erregern ins Zentrum aller Bestrebungen rückten. Klinisch gesunde Personen waren bis zur Cholera-Nachepidemie in Hamburg 1892/93 nicht Bestandteil des bakteriologischen Gefahrenkonzepts, schien es den Bakteriologen doch klar, dass gesunde Menschen keine pathogenen Bazillen in ihren Körpern beherbergen konnten. Als den auf die Isolation und Quarantäne unmittelbar folgenden Schritt mussten die Infektionsstoffe zerstört oder ihre Übertragung verhindert

134 Koch 1888, S. 286; Flügge 1893, S. 189f.

135 Koch 1888, S. 286.

136 Vgl. Jürgens 1949, S. 126.

werden. Die Bakteriologen waren davon überzeugt, dass die Vernichtung der von ihnen inaugurierten neuen Art hochgefährlichen Schmutzes (mit Bakterien infizierte, verunreinigte Hände, Körperoberflächen, Fäkalien, flüssige Abgänge, Kleidung, Wäsche, Decken, Matratzen und andere Einrichtungsgegenstände) am besten mittels exogener Desinfektionsmaßnahmen vorgenommen werden sollte. Als Desinfektionsmittel setzten die neu gebildeten und geschulten »Desinfektions-Kolonnen« je nach infiziertem Gegenstand Karbolsäure, Kalkmilch, strömenden Wasserdampf oder Sublimat-Kochsalzlösungen ein.[137] Als letzter Punkt bei den besonderen Maßnahmen wurde auf die Relevanz einer Präventivimpfung hingewiesen. Allerdings verfügten die Bakteriologen um 1890 erst bei den Pocken und der Tollwut über erfolgreiche, praktisch wirksame Impfungen.[138]

Bei der Beschreibung der Keimpraktiken im Feld taucht in den bakteriologischen Texten wiederholt ein Motiv auf, das die Maßnahmen zur Prophylaxe und Bekämpfung von Infektionskrankheiten spezifisch konturierte und validierte. Die Bakteriologen betonten, dass sie »Licht« in die unsicheren, bisher in »tiefster Finsternis« liegenden Vorstellungen über die Ätiologie der Krankheiten und in die Eigenschaften der Kleinstlebewesen gebracht hätten. Klar und deutlich würden sich nun die Parasiten unter dem bakteriologischen (bzw. mikroskopischen) Blick manifestieren, die »verborgenen« und »vielfach verschlungenen Wege« der Krankheitserreger außerhalb des Körpers seien »bis zu den kleinsten Ausläufern hin« offen gelegt.[139] Eben diese Sichtbarkeit und die genaue Kenntnis aller Verbreitungswege der Infektionsstoffe garantierte gemäß dem idealtypischen Aufklärungsmotiv zugleich ihre Fassbarkeit. So betonte Koch 1884 in einer Tuberkulosearbeit: »in Zukunft wird man es im Kampf gegen diese schreckliche Plage des Menschengeschlechts nicht mehr mit einem unbestimmten Etwas, sondern mit einem fassbaren Parasiten zu tun haben, dessen Lebensbedingungen zum größten Teil bekannt sind […].«[140] Auch bei der Cholera kannte man jetzt das »vielverschlungene Netz«, das sie in ihren Wegen und bei ihrer Ausbreitung bildete.[141] Man war imstande, die Maßnahmen zur Bekämpfung der Seuchen entsprechend den neuen und fortschrittlichen Erkenntnissen präzise zu gestalten und tauchte sie damit in helles qua fortschrittliches

137 Kirchner 1890, S. 54-56.
138 Flügge 1889, S. 510-516.
139 Koch 1890, S. 652; Koch 1893a, S. 321.
140 Koch 1882, S. 444.
141 Koch 1893a, S. 321.

Licht.[142] Das Aufklärungsmotiv tauchte besonders oft im Zusammenhang mit der expliziten Abgrenzung gegenüber älteren sanitären oder medizinischen Abwehrdispositiven auf. So betonte Koch in einer paradigmatischen Sequenz zur Bekämpfung der Infektionskrankheiten, die Bakteriologen würden zwar ebenso wie die Mediziner in früheren Zeiten von Isolation, Desinfektion und Quarantäne sprechen, das Wesen, die Art und Weise, der Ort sowie der Zeitpunkt des Einsatzes dieser Maßnahmen seien jedoch vollkommen andere.[143]

Zur Aufwertung ihrer Maßnahmen verwendeten die Bakteriologen eine Bezeichnungspraxis, die auf die Akzentsetzung, die Präzisierung, Ergänzung und Systematisierung/Vereinheitlichung der Maßregeln verwies. Wenn von der Bekämpfung von Infektionskrankheiten die Rede war, dann ging es um »rationelle«, »zielbewusste« und »systematische« Vorkehrungen. Gekoppelt war diese stilgemässe Prägung mit einer markanten militärischen Metaphorik. Die verschiedenen seuchenhygienischen Interventionen im Feld wurden zu »wirksamen Waffen« im »Kampf« gegen die Infektionskrankheiten – den »Feind«. In der ersten Dekade des neuen Jahrhunderts sollte die Imagination der bakteriologischen Keimpraktiken im Feld als militärisch-kriegerische Aktivitäten eine zusätzliche Akzentuierung erfahren, als im Rahmen einer vom Staat und insbesondere der Militärverwaltung unterstützten Großkampagne alle Praktiken der Seuchenbekämpfung unter dem Signum der »Offensive« zusammengefasst wurden (Kap. 6.1).

3.5. Die metaphorische Struktur des Denkstils

Sprachbilder manifestierten sich nicht nur regelmäßig bei der Beschreibung präventiver Maßregeln im Feld, sondern auch im Zusammenhang mit den disziplinären Kernaussagen. Mit Blick auf die Repräsentation der pathogenen Bakterien, das ätiologische Modell der Infektionskrankheit und das bakteriologische Krankheits- und Körperkonzept wurde in den Texten der etablierten Bakteriologie ein Netz kulturell signifikanter, historisch kontingenter Metaphern augenscheinlich, die sich ein Stück weit wechselseitig definierten. Wie ich nachfolgend zeigen werde, handelte es sich primär um Metaphern aus dem semantischen Feld des zeit-

142 Vgl. Johne 1885, S. 7; Koch 1888, S. 281, 288; Koch 1890, S. 651f.; Flügge 1893, S. 188.

143 Koch 1888, S. 288. Vgl. Flügge 1892, S. 119.

genössischen politisch-militärischen Diskurses, die sich als Feind-, Invasions-/Migrations- und Kampf-/Kriegsmetaphern spezifizieren lassen.

Das bakteriologische Konzeptsystem lässt sich demzufolge als genuin metaphorisch strukturiert begreifen. Das heißt, spezifische metaphorische Signifikanten sind um 1890 konstitutiv für die Gestaltung der Argumentation über Bakterien, deren Verhältnis zum menschlichen Körper und den Krankheitsprozess. Es gibt kein ›Jenseits‹ dieser metaphorisch organisierten Wahrnehmung der Bakteriologen, die ihnen bezüglich ihrer Forschungsobjekte gewisse Evidenzen nahe legen, andere wiederum ausblenden und ihre Praktiken im Feld konfigurieren und anleiten. Die Feind-, Migrations- und Kampfmetaphern repräsentieren also nicht ein bloß akzidentielles Sprechen.

Die bakteriologischen Texte zeichnen sich durch die starke »Formung« (Latour) der in ihnen regelmäßig und systematisch zur Verwendung gelangenden Metaphern als Teil einer (politisch-militärischen) Kultur aus, in der die Bakteriologen leben und forschen, lesen und schreiben und in der sie verstanden werden wollen. Ich verstehe Metaphern in der Bakteriologie aus diesem Grunde als »kulturelle Instanzen«, als Begriffswelten und »Verkörperungen« ihrer Zeit und ihres Raumes.[144] Sie lediglich als illustrative diskursive Elemente zu interpretieren, die angeblich erst mit der Popularisierung des bakteriologischen Wissens Eingang ins Sprechen über Bakterien gefunden hätten, greift zu kurz.[145] Wie sich im Vergleich mit den weiter unten diskutierten Popularisierungsprozessen demonstrieren lässt, kreierten gemeinverständliche Texte, Ausstellungen und Reklamen über Bakterien und Infektionskrankheiten nicht oder nur in sehr begrenztem Ausmaß genuin neue Sprachbilder. Sie übernahmen mehrheitlich die Metaphern aus der Wissenschaftssprache.[146]

144 Gemäß Brandt stehen für diesen Ansatz in der metapherntheoretischen Literatur etwa Hans Blumenbergs Metaphorologie, Jürgen Links Darstellung zur »Kollektivsymbolik« oder Nancy Stepans Behandlung der Geschlechter-Rasse-Metaphorik im 19. Jh. Brandt 2004, S. 31. Zur Terminologie der Metaphern als »Verkörperung« ihrer Zeit vgl. Bono 1990.

145 Vgl. Gradmann 1995. Zur Erweiterung der Popularisierungsthese vgl. aber ders. 1996; 2007.

146 Eine ähnliche Einschätzung bezüglich der Metaphern der heutigen Immunologie vertritt Martin 1990.

Fremde Feinde – Wandern ein

Um 1890 beruhte das bakteriologische Modell der Infektionskrankheit auf der Vorstellung einer dem Körper *äußerlichen* Bedrohung. Diese fand ihren Ausdruck in der Konfiguration der pathogenen Organismen als äußerliche, »verdächtige« und dem Körper »fremde« Organismen beziehungsweise »Fremdlinge«.[147] Die Bakteriologen waren sich einig, dass sie den Menschen als kleinste, gefährliche und unsichtbare »Feinde« antagonistisch gegenüber standen und bezeichneten sie sogar als »Ungeheuer« mit einer »dämonischen Gewalt«.[148]

Die Bakteriologen gingen davon aus, dass die »fremden« Bakterien in den Körper »eindringen« beziehungsweise in diesen »einwandern« und sich anschließend darin »einnisten« oder »ansiedeln«.[149] Die Ansiedlung entsprach der Bildung von »Bazillencolonien« oder »Bazillennestern« und war semantisch an die Vermehrung (Wachstum) und Verbreitung, die »(Durch)Wucherung« des Körpers durch die Bakterien gekoppelt.[150] Konstitutiv für das im bakteriologischen Infektionsmodell zentral figurierende Motiv der Bewegung/Wanderung beziehungsweise der Einwanderung/Migration war seine Verknüpfung mit dem Bild der nomadischen Masse, das heißt einer regellosen Massenhaftigkeit, einem subjektlosen Gewimmel: Bakterien gelangten in »Massen« und »Haufen« in den Körper, Bakteriologen fanden die Parasiten in Gewebe- und Blutproben »zusammengehäuft« in »großen Massen« oder sprachen von »Scharen von Bazillen«, »dichtgedrängten Massen« und »wuchernden Pilzmassen«.[151] Die antagonistische Imagination der Bakterien als dem Körper äußerliche »Fremde« und »Feinde« wurde durch die Metaphorik der in den Körper einwandernden, sich bewegenden und vermehrenden Massen überlagert und erfuhr dabei eine Doppelung der Negativkonnotation. Denn im Gegensatz zu kompakten, kanalisierten Massen hatten

147 Koch 1881b, S. 112f., 136; Koch 1881a, S. 136, 113; Koch 1882, S. 430; Fraenkel 1887, S. 134f.

148 Hallier 1867, S. 38; Cohn 1882, S. 454; Koch 1890, S. 109. Zum Übergang der Konzeptualisierung von Bakterien als »Fremde« und »Fremdkörper« zur »Feind«-Metaphorik bei Koch vgl. Hänseler 2007, S. 145f., Sarasin 2007.

149 Koch 1884b, S. 23; Koch 1882, S. 433; Fränkel 1887, S. 24. Die 1877 von Birch-Hirschfeld propagierte Vorstellung der Bakterien als Parasiten, die im Körper aufgrund ihrer biologischen Bestimmung ihre angestammten »Wohnstellen« haben, verliert sich im Laufe der 1880er Jahre. Vgl. Birch-Hirschfeld 1877, S. 195. Zu der bei Koch in den 1870er Jahren noch anzutreffenden Konzeption des Körpers als »eigentlicher Heimat« der Parasiten vgl. Hänseler 2007, S. 136.

150 Koch 1882, S. 431.

151 Cohn 1872, S. 24; Koch 1882, S. 430; Koch 1881a, S. 152; Klebs 1872, S. 18.

nomadische Massen gerade vor dem Hintergrund der zeitgenössischen Perzeption von Migrationsvorgängen etwas Unheimliches an sich. Sie implizierten eine Zone wimmelnder Indifferenz, der Unordnung, der fehlenden Begrenzung und Begrenzbarkeit/Kontrolle.[152] Die Bedrohlichkeit des massenhaften Eindringens wurde sogar noch gesteigert, indem der Vorgang als »Invasion« imaginiert wurde. Unter dem Begriff »Invasion« wurde in *Meyers Konversationslexikon* von 1888 folgende Definition angeführt: »feindlicher Einfall in fremdes Gebiet; Invasionskrieg, ein Angriffskrieg mit wirklichem Eindringen in des Feindes Land«.[153] Militärisches Vokabular findet sich, wie weiter unten argumentiert wird, auch in den Konzeptionen der pathologischen und immunologischen Vorgänge, bei welchen die Aktivitäten der Bakterien im Körper ebenso wie die Reaktionen des Makroorganismus auf die »feindlichen Eindringlinge« ausgeprägt militärisch signifiziert wurden.

Die »Invasion« der Mikromassen bedeutete für den menschlichen Körper die Durchdringung seiner im gesunden Status als abgeschlossen und unversehrt gedachten Körpergrenzen – die Garanten einer vollständigen Keimfreiheit oder »Reinheit«. Eine Infektion durch Kleinstorganismen bedeutete demnach immer eine »Verunreinigung« der Körper und Gegenstände und schuf – aufgrund des nomadischen Massenstatus' der Mikroben – zwangsläufig eine Struktur der Unordnung.[154] Wie ich im weiteren Verlauf der Arbeit zeigen werde, übertrugen die Bakteriologen ihre ursprünglich auf den Einzelorganismus bezogenen Reinheitsvorstellungen sukzessive auf Räume und Territorien, die mit allen Mitteln vor einer »Verunreinigung« geschützt und als sterile, keimfreie, unverseuchte Terrains erhalten werden mussten.

Die Befasstheit mit dem Motiv der Reinheit lässt sich in bakteriologischen Texten schließlich auch im Zusammenhang mit den Untersuchungs- und Darstellungsmethoden im Labor finden, hier allerdings unter umgekehrten Vorzeichen: Die »Reinkultur« der Bakteriologen, also das isolierte Wachstum homogener Bazillenkolonien auf Nährböden, erscheint als das Streben nach dem frei von jeder Infektion (= Verunreinigung) Seienden – das heißt dem »reinen« Infektiösen.[155]

152 Zur symbolischen Opposition von kompakten und zerstreuten Massen vgl. Gerhard 1998; Hesper 1999. Zur Verwaltung und Kontrolle der Migration seit dem späten 19. Jh. in Deutschland vgl. Oltmer 2005.

153 *Meyers Konversationslexikon*, Bd. 8 (1888), S. 1009.

154 Vgl. Hueppe 1886, S. 224.

155 Strohwick 2002.

Der Kampf im Körper

Wie der Begriff »Invasion« impliziert, wurde das Eindringen der Mikroorganismen in den menschlichen Körper von den Bakteriologen als aggressiver und feindlicher militärischer »Angriff« imaginiert. Zunächst herrschten über das Wesen dieses Angriffs und seine genauen pathologischen Implikationen noch keine genauen Vorstellungen.[156] Der Attacke der als aktiv und autonom begriffenen Bakterien stand der Körper scheinbar passiv gegenüber, er wurde mitunter schlicht mit einem »Boden« oder »Nährboden« gleichgesetzt, wie ihn die Bakteriologen zum Wachstum von Bakterienkulturen verwendeten.

Die Idee einer autonom und zweckmäßig gegen äußere Einflüsse agierenden »Lebenskraft« des Organismus, wie sie noch im Kontext naturphilosophischer Konzeptionen im frühen 19. Jahrhundert vertreten wurde, haben verschiedene Pathologen, die sich vor Koch mit Infektionskrankheiten beschäftigten, strikte abgelehnt.[157] Vehement opponierten sie gegen die Vorstellung, bei Fieber- und Entzündungserscheinungen sei der Körper von vitalen Konzepten gelenkt, die den äußeren Kräften entgegenwirken und diese »bekämpfen« würden.[158] Henle beispielsweise qualifizierte den Gedanken, dass eine »organische Kraft« während der Krankheit einen »Kampf« gegen die Schädlichkeiten führe, in seinen pathologischen Untersuchungen 1840 als »alt« und »poetisch« und nicht durch physikalisch-chemische Naturgesetze begründet.[159] Er interpretierte das Fieber als »Folge der örtlichen Veränderungen und der örtlichen Einwirkungen der Krankheitsursache und nicht als etwas Selbständiges oder Ursprüngliches«.[160] Klebs wiederum richtete sich noch in den 1870er Jahren explizit gegen das für ihn metaphysisch anmutende Konzept einer aktiven zellulären »Lebenskraft« im Rahmen der Virchow'schen Zellularpathologie.[161] Für ihn schien es undenkbar, dass sich diese gegenüber der

156 Vgl. etwa Cohn 1875a, S. 163; Klebs 1872, S. 20; Birch-Hirschfeld 1877, S. 235.

157 Zum Begriff der »Lebenskraft« und den naturphilosophischen Konzepten der Medizin vgl. Bergdolt 1999, S. 277-300; Rothschuh 1978, S. 385-416. Zu den Entwicklungslinien des Konzepts der »Heilkraft« vgl. Neuburger 1926.

158 Vgl. Rather 1982. Zur Kriegsmetaphorik in der naturhistorischen Schule der ersten Hälfte des 19. Jahrhunderts vgl. Bleker 1981.

159 Henle 1840b, S. 243.

160 Henle 1840a, S. 29.

161 Besonders ausgeprägt erscheint die Perzeption der mit »eigenem Leben« und »eigenen Kräften« ausgestatteten Zelle als Version der Lebenskraft bei Virchow 1885. Zu Virchows Bezugnahme auf die Naturphilosophie vgl. Otis 1999, S. 18f.; Virchows »neuen Vitalismus« als dritten Weg zwischen Mechanismus und Vitalismus beschreibt Johach 2008, S. 181, Fn. 124.

Verletzung selbständig erheben würde und mit dem »Feind« »eine Art Kampf« führe, wie es Virchow postulierte. Nach Klebs entsprach die von Virchow postulierte »Zellkraft« einem »versteckten Vitalismus«. Sie sei an Stelle des oft bekämpften Begriffs einer allgemeinen »Lebenskraft« gesetzt worden.[162]

Mit der wachsenden Dominanz der Darwin'schen Denkfigur des »Kampfes ums Dasein«, die seit den 1870er Jahren in verschiedensten Diskursfeldern eine fast ubiquitäre Verwendung fand, und mit ihrer Übertragung auf pathologische Vorgänge bei Infektionskrankheiten, lässt sich jedoch eine Erosion der Henle'/Klebs'schen Positionen und den von ihnen delegitimierten Kampfvorstellungen beobachten.[163] Zunächst noch im Sinne eines Überlebenskampfes zwischen Bakterienarten unter gleichen Umweltbegebenheiten verstanden,[164] wurde das Konkurrenzkonzept in den 1870er und zu Beginn der 1880er Jahre von einzelnen Botanikern und Pathologen auch auf das Verhältnis von Menschen und Bakterien ausgeweitet, wenngleich in anfänglich unklarer und wenig detaillierter Form. So notierte Felix Birch-Hirschfeld 1878, das lebende Gewebe sei nicht einfach eine »widerstandslose Beute« der Bakterien, und Cohn strich hervor, der Mensch suche sein Leben im »Kampf ums Dasein« »zu verteidigen«, wobei allerdings die Bakterien »nur zu oft« den »Sieg« davon tragen würden.[165] Paul Grawitz, ein Schüler Virchows, konkretisierte diese bei Cohn und anderen noch eher als rhetorisches Versatzstück verwendete Rede vom »Kampf ums Dasein« zwischen Wirt und Parasiten, indem er 1881 eine Theorie der Immunität entwickelte, bei der die Gewebszellen in ihrem nicht weiter spezifizierten »Erhaltungskampfe« mit den »parasitären Sporen« um »gemeinsame Nährflüssigkeit« eine Zunahme ihrer »Lebensenergie« gewannen. Die im Kampf neu gewonnene »Lebensenergie« sicherte nach Grawitz nicht nur den »Sieg« über die Bakterien, sondern garantierte durch ihre Weiterverer-

162 Klebs 1878a, S. 12, 14. Vgl. Otis 1999, S. 19.

163 Zur Diffusion der Metapher »Kampf ums Dasein« in diverse Bedeutungskontexte vgl. Weingart 1995. Darwin selbst hat 1872 in der 6. Aufl. seines Buches *On the Origins of Species by Means of Natural Selection* auf die »parasitischen Würmer« hingewiesen, die für Epidemien verantwortlich gemacht würden, und dabei von der Entstehung einer »Art Kampf ums Dasein« zwischen den Parasiten und ihren »Opfern« gesprochen (S. 109).

164 Vgl. Birch-Hirschfeld 1877, S. 197. Koch hat nur in seiner Arbeit über die Wundinfektionskrankheiten 1878 und dort eher skeptisch vom »Kampf ums Dasein« zwischen zwei Bakterienarten gesprochen.

165 Birch-Hirschfeld 1878, S. 237; Cohn 1882, S. 463 (der Artikel ist wahrscheinlich 1874 erschienen).

bung an die nächste Zellengeneration auch eine längerfristige körperliche Immunität.[166]

Auch wenn sich die zu Beginn der 1880er Jahre formulierte, auf der Ebene der physiologischen Vorgänge in der Gewebszelle reichlich diffuse Immunitätstheorie von Grawitz nicht durchsetzen konnte, taucht bei den im Lauf des Jahrzehnts in bakteriologischen Lehrbüchern beschriebenen, sehr allgemein gehaltenen Konzeptionen der Pathogenese immer wieder die Vorstellung auf, dass sich der Körper gegen das Eindringen von Mikroorganismen in irgend einer Art »wehren« oder »verteidigen« und damit gegen die Bakterien »kämpfen« würde.[167] Fraenkel sprach von einem – allerdings nur vermuteten – »erbitterten Kampf der Bakterien mit den Zellen«, einem »heftigen Ringen zwischen den Bakterien und den Zellen [...], die sich der Eindringlinge zu erwehren und dieselben unschädlich zu machen suchen«. Handelte es sich um pathogene Bakterien, blieb dieser »Wettstreit« jedoch ungleich: Die Gewebselemente mussten nach einem »fruchtlosen Kampf« zugeben, dass »ihre Feinde sich vermehren und stärken, bis sie zu erfolgreichem Angriff auf den Körper gerüstet sind«.[168] Es scheint, dass durch die Autorität und Popularität Darwins der zunächst aufgrund seiner Nähe zu naturphilosophischen Konzeptionen in Verruf geratene Begriff des »Kampfes« im Zusammenhang mit Infektionserscheinungen im Verlauf der 1870er Jahre allmählich eine gewisse Legitimität zurückerobern konnte. Der »Kampf« war wieder salonfähig geworden.

Allerdings bleibt festzuhalten, dass der Denkfigur vom »Kampf ums Dasein« gerade bei den nach Grawitz entwickelten Immunitätstheorien in Deutschland keine konzeptionelle Bedeutung zugestanden wurde. Jene Modelle, welche wie die in Frankreich von Elie Metchnikoff 1884 formulierte zelluläre Immunitätstheorie explizit auf ein vermeintlich von Darwin inspiriertes, teleologisches »Ausrottungsmodell«[169] rekurrierten (Metchni-

166 Grawitz 1881, S. 106.

167 Vgl. Flügge 1886, S. 610; Fraenkel 1887, S. 149; Hueppe 1889, S. 990; Arnold 1889.

168 Fraenkel 1887, S. 150.

169 Der Schlüsselbegriff »struggle for existence« schloss bei Darwin nicht zwingend einen offenen, bis zur »Ausrottung« des Gegners geführten Kampf mit ein. Sein Konzept des Kampfes ist auflösbar in verschiedene Dimensionen von Konflikt, Abhängigkeit und Wandel, in Möglichkeiten nicht nur von Sieg und Dominanz, sondern auch von Koadaption und Koexistenz. Darwins Biologie kann also auch als holistische Ökologie betrachtet werden, die ein Gewebe von Koexistenzen zwischen verschiedenen Organismen postuliert. Vgl. Crook 1994, S. 9, 14, 16. Nach Beer bringt Darwins Hinweis auf den metaphorischen Status des Begriffes »struggle for existence« zum Ausdruck, dass er die Dominanz einer militanten Ordnung in der Natur nicht anerkennen wollte. Beer 2000, S. 93.

koff sprach vom Kampf zweier biologischer Arten – Phagozyt und Mikroorganismus – um dieselben Ressourcen), wurden in Deutschland sogar offen abgelehnt.[170] Stattdessen entwickelte sich eine Immunitätsvorstellung, die nicht bei den Zellen, sondern beim Blut ansetzte – die so genannte Toxin-Antitoxin-Hypothese. Sie war von Ludwig Brieger, Emil Behring, August Wassermann und Paul Ehrlich seit 1888 entwickelt worden. Die Interaktion des Organismus mit den »fremden Eindringlingen« wurde darin als ein zu jenem Zeitpunkt nicht mehr hinterfragter »Kampf« verstanden, der sich im Blutserum abspielte. Auf die mit gezielten »vergifteten« qua chemischen »Waffen« oder »Geschossen« (den Toxinen) geführte Attacke der Bakterien, die den Wirtsorganismus reizten, reagierte der Körper aufgrund chemisch-physiologischer Notwendigkeit mit der Bildung von »Abwehrmitteln«, spezifischen »giftwidrigen Körpern« im Blut (den Antitoxinen).[171] Diese versuchten die Gifte der Bakterien »unschädlich« zu machen beziehungsweise sie zu »zerstören«. Dem Blut attestierte Behring dementsprechend eine »giftzerstörende« oder »giftfeindliche« Wirkung.[172] Im Rahmen von Ehrlichs Seitenkettentheorie wurden auch die Toxin bindenden »Antikörper« als chemische »Waffen« des Körpers bezeichnet, mit denen der Körper »kämpft«, um sich von den fremden Lebewesen zu »befreien«.[173] Immunisierte Körper zeichneten sich durch die Fähigkeit zur Aufrüstung oder »Mobilmachung« mit spezifischen, giftzerstörenden »Waffen« aus, die beim Eindringen feindlicher Kräfte mit einer physiologisch-chemischen Notwendigkeit gegen diese gerichtet wurden.

Die Spezifik der Kampfmetaphorik entspricht hier nicht einem biologischen oder evolutionären Überlebenskampf zwischen zwei Arten. Vielmehr offenbart sich eine gewisse Anschlussfähigkeit an zeitgenössische operativ-taktische Vorstellungen im Rahmen der deutschen Militärdoktrin. Das von den deutschen Bakteriologen geprägte Bild eines »Kampfes« im Körper, der mit gezielt eingesetzten chemischen »Geschossen« und »Waffen« geführt wird, korrelierte mit der seit dem Krimkrieg zunehmenden Fokussierung des deutschen Generalstabs auf einer star-

170 Zur Front von Opponenten und den wenigen Befürwortern der Metchnikoff'schen Theorie in Deutschland vgl. Silverstein 1979, S. 212; Zum deutsch-französischen »guerre de savants« in der sich formierenden Immunitätsforschung vgl. Tauber/Chernyak 1991; Moulin 1991.

171 Löwy 1996, S. 10; Behring 1894a, S. 219. Ehrlich sprach 1891 erstmals von »Antikörpern«. Unter diesen subsumierte man nach der Jahrhundertwende Antitoxine, Bakteriolysine und Bakteriotropine und differenzierte zwischen einer antitoxischen, bakteriziden und zellulären Immunität. zit. Fleck 1999, S. 76.

172 Behring 1894a, S. 9; Behring 1890.

173 Baumgarten 1900, S. 616f.

ken, präzisen und konzentriert eingesetzten Artillerie. Diese sollte im Feldheer die Erfolgsaussichten einer auf Umfassung abzielenden, aber zahlenmäßig schwächeren Truppe steigern.[174] Wie Dieter Storz betont hat, bestimmte das Streben nach großer artilleristischer Kraftentfaltung, um der angreifenden Infanterie den Weg zu bahnen, bis 1914 und darüber hinaus die taktischen Diskussionen in Deutschland.[175]

Interessanterweise sollte zu Beginn des Ersten Weltkrieges, als die deutschen Bakteriologen den weißen Blutkörperchen ebenfalls eine Rolle im Immunitätsgeschehen zugestanden, die zelluläre Abwehr der Phagozyten mit der »Infanterie« analogisiert werden. Diese »Infanterie« gelangte nebst den chemischen »Waffen«, den Antitoxinen, gegen die Mikroben zum Einsatz.[176]

Der Krieg gegen die Seuchen

Wie weiter vorne bereits angedeutet, strukturierten militärisch-kriegerische Metaphern auch die Maßnahmen zur Prävention von Infektionskrankheiten. Bakteriologen propagierten ihre spezifischen Maßregeln als »wirksame Waffen« und »Rüstzeug«, das ihnen im »Kampf« gegen die Infektionskrankheiten zur Verfügung stand.[177] Obwohl der »Feldzug« faktisch gegen die pathogenen Mikroorganismen gerichtet war, erschienen meist die Seuchen selbst als die eigentlich anvisierten Antipoden. Seuchen wurden in bakteriologischen Texten personifiziert als »gefährliche« und »mächtige« »Feinde«, mithin wurden sie auch in Anlehnung an ältere imaginative Ordnungen als unheimliche und zerstörerische mystische Wesen, »Gespenster« oder »Würgeengel« beschrieben, die das »Geschick der Völker« entschieden.[178] Besonders einprägsam ist die Umschreibung der Kriegsseuchen durch Koch:

> »Schon im Frieden schleichen sie umher und zehren am Mark der Armee, aber wenn die Kriegsfackel lodert, dann kriechen sie hervor aus ihren Schlupfwinkeln, erheben das Haupt zu gewaltiger Höhe und vernichten alles, was ihnen im Wege steht.«[179]

174 Vgl. Burchardt 1988, S. 58; Showalter 2000, S. 705.

175 Storz 2003, S. 226.

176 Vgl. Kap. 8.1.

177 Gaffky 1895, S. 155.

178 Koch 1888, S. 278. Zu älteren Traditionen von Seuchenbildern vgl. Briese 2003, S. 54f. Zur Krankheit als tödlicher Feind und unheimliches Gespenst vgl. Hänseler 2007, S. 150-152.

179 Koch 1888, S. 277.

In logischer Entsprechung zur Personifizierung der Seuchen als mächtige und bedrohliche Feinde wurden die Bakteriologen implizit als potente, operativ und strategisch kluge Soldaten oder Krieger konstruiert, die mit ihren Maßnahmen die Seuchen »abwehren« und ihrer »Herr werden«.[180] Hauptziel des »Kampfes« gegen die Bakterien beziehungsweise die Seuchen war das Verschwinden der »Feinde«, und dies sowohl im Sinne einer »Unschädlichmachung« und »Vernichtung« der Bakterien und Isolierung von Kranken wie auch der »gänzlichen«, totalen Abwehr der Seuchen.[181] Die Aussicht auf einen erfolgreichen Abschluss des Kampfes der Bakteriologen gegen die Seuchen – ihr »Sieg« – schien dabei garantiert und »sicher begründet«. Wie Marianne Hänseler mit Bezug auf Kochs Texte zeigen konnte, wurde der Sieg über die mächtigen Feinde, die Seuchen, als vorweggenommene Tatsache präsentiert, als ob jeder Krieg zu einem sicheren und schnellen Sieg führen würde.[182]

Die Kampfmetaphorik war an die im bakteriologischen Denkstil kanonisierte Rede von den »rationellen«, »zielbewussten« und »systematischen« Maßregeln geknüpft. Die Ausgestaltung des bakteriologischen Abwehrdispositivs korrespondierte dabei eng mit den Besonderheiten der zeitgenössischen militärischen Prämissen über Kriegsziele und mit den Standardpraktiken auf taktischer und operativer Ebene, wie sie sich in Deutschland im Anschluss an den deutsch-französischen Krieg von 1870/71 ausgeprägt hatten. Isabel Hull legte in ihrer Studie zur Militärkultur im Kaiserreich dar, dass in deutschen Militärzirkeln seit den 1870er Jahren der Gedanke vorherrschend war, Ziel eines Konfliktes sei die vollständige Vernichtung der militärischen Kräfte des Gegners. Mit dieser Maxime war die Annahme eines totalen, bedingungslosen und permanenten Sieges über den Gegner verknüpft.[183] Die von den Bakteriologen mit einem militärischen Feldzug analogisierten Maßnahmen der Seuchenbekämpfung waren nun in übereinstimmender Weise zum operativen Ziel der realen Kriegsführung nicht darauf ausgerichtet, die Seuchen bloß einzudämmen. Sie zielten vielmehr auf die totale und permanente »Vernichtung« des »Feindes«. Dieser Vernichtungsgedanke sollte sich im Rahmen der bakteriologischen Seuchenbekämpfung nach der Jahrhundertwende in einer militärisch organisierten Kampagne zur Bekämpfung des Typhus im Südwesten Deutschlands intensivieren. Gepaart mit dem

180 Vgl. Weindling 1989a, S. 167.

181 Vgl. etwa Koch 1900, S. 278.

182 Hänseler 2007, S. 153.

183 Hull 2005, Kap. 7., S. 110, 118, 126, 137, 158, S. 160ff., S. 179. Zur einseitigen Betonung des Vernichtungsgedankens siehe auch Meschnig 2008, S. 97ff.

Ziel der totalen »Reinhaltung« von Körpern, Räumen und Territorien kulminierte der Wille zur »Vernichtung« in der als ›Krieg im Krieg‹ zu bezeichnenden Seuchenbekämpfung während des Ersten Weltkriegs. Hier fand die Einbettung der Bakteriologie in die deutsche Militärkultur auch ihren deutlichsten Ausdruck (Kap. 8).

Ebenfalls zum Set der Grundannahmen der deutschen Militärkultur zählte der Imperativ des Siegens. Gemäß Hull sah sich die deutsche Führung immer als siegreich. Das heißt, jeder Krieg bedeutete notwendigerweise einen Sieg, und dieser wurde als schnell, einfach und unhinterfragbar wahrgenommen.[184] Auch in der Beschreibung der bakteriologischen Maßregeln erschien der Erfolg des »Kampfes« der Bakteriologen bereits vorgezeichnet und garantiert. Die Seuchenbekämpfung lief schnell ab und generierte mit einer fast zwangsläufigen Sicherheit den Sieg. Die Siegesgarantie beruhte dabei maßgeblich auf dem »zielbewussten« und »rationellen« und damit planvollen, kontrollierten und durchdachten Vorgehen der Bakteriologen. Gerade diese Konnotation der bakteriologischen Keimpraktiken im Feld fand eine Entsprechung in der starken Betonung der Planung und einem Hang zur »Überkontrolle« militärischer Operationen im deutschen Militärstab.[185] Der Wunsch nach einer perfekten Ordnung und Kontrolle zeichnete sowohl die Kriegsführung des deutschen Militärs wie auch der Bakteriologen aus.

Anthropozentrische Phantasiegebilde?

Abschließend sei nochmals betont, dass die »Invasion« »feindlicher« Bakterien in den nach Außen abgeschlossenen, »reinen« Körper und der »Kampf« gegen diese Feinde im Organismus vom bakteriologischen Denkkollektiv als wahr erachtet wurden. In diesen Schemata dachte man, in diesen Wahrnehmungskategorien verständigte man sich über Bakterien, das Geschehen bei Infektion und Pathogenese; diese Kategorien signifizierten das Wesen der Infektionskrankheit. Die Feind-, Migrations- und Kampfmetaphorik war kein sprachlich austauschbares Ausdrucksmittel; sie wurde wörtlich genommen. In den bakteriologischen Texten finden sich denn auch kaum Hinweise auf eine bewusste Auseinandersetzung mit dem metaphorischen Gehalt der antagonistischen Wahrnehmung von Menschen und Bakterien und ihrem »Kampf«, ab-

184 Hull 2005, S. 108, 130, 134. Ähnlich Showalter 2000, S. 681.

185 Dazu gehörten vor allem ausgefeilte Pläne für die Mobilitätssicherung im Kriegsfall. Showalter 2000, S. 699. Zur »Überkontrolle« vgl. Hull 2005, S. 100, 169.

gesehen von den frühen Überlegungen Henle's zum »Kampf« als ältere imaginative Ordnung und gleichsam metaphorisches Überlieferungsgut. Auch für den Invasionsbegriff oder die Migrationsmetaphern sind solche Reflexionen in den bakteriologischen Schriften nicht greifbar.

Nur in isolierten und peripheren, nicht dem Denkkollektiv zuzuordnenden Texten sind Überlegungen zu den verwendeten Sprachbildern ausfindig zu machen. Ein Beispiel dafür ist die 1895 in einem kleinen Verlag in Bonn erschienene allgemeinverständliche Monographie *Die Medicin unter der Herrschaft des bacteriologischen Systems* des Allgemeinpraktikers Adolf Windrath.[186] Dort heißt es:

> »Der Mensch und die Bacterien sind [...] Feinde, welche sich gegenseitig bekämpfen. Weil der Mensch sich nicht bewusst ist, diesen Kampf angezettelt zu haben, vielmehr sich immer im Zustande der Verteidigung fühlt, müssen die Bacterien die angreifende Partei sein. Als solche machen sie eine Invasion, fassen irgendwo an einer laedierten Stelle des menschlichen Körpers Fuß, dringen immer weiter vor im Kampf gegen die zur Abwehr herbeieilenden Zellen, und wenn das Glück ihnen günstig ist, und sie siegreich bis zum kreisenden Blut gelangen, so sind sie Herren des gesamten menschlichen Körpers.«[187]

Solche Schilderungen, insistierte Windrath, seien nun keineswegs übertrieben. Man müsse nur aufmerksam die gebräuchlichsten Lehrbücher der Bakteriologie und andere bakteriologische Schriften lesen. Mit Zitaten aus denselben könne man leicht ein noch »farbenprächtigeres Schlachtengemälde« liefern. Vehement verwies Windrath auf die Problematik solcher »Phantasiegebilde« in der Bakteriologie, wie sie in den Vorstellungen der Bakterien als »streitbare Feinde des Menschen« und der Krankheit als »Kampf« zum Ausdruck gelangten. Bakterien hatten in diesen Denkfiguren keine Verwandtschaft mit wirklichen Bakterien: Sie wurden zu Menschen im Kleinen, sie handelten, machten Invasionen, konnten denken, unterscheiden und sinnlich wahrnehmen.[188] Eine Verunstaltung und Delegitimierung der Wissenschaft war die Folge dieser Beherrschung der Bakteriologie durch die Kampfmetaphern. Man könne

186 Windrath 1895.

187 Ebd., S. 92.

188 Ebd., S. 93. Ähnliche Reflexionen stellte der polnische Arzt und Medizinphilosoph Wladislaw Bieganski 1897 mit Blick auf die Kampfmetaphorik bei Metchnikoff an. Vgl. Löwy 1990, S. 97f.

dabei nicht einwenden, dass das bakteriologische System das Verhältnis des Menschen zu den Bakterien »nur bildlich« als Kampf bezeichne:

> »Dasselbe hält thatsächlich die Bacterien für Feinde des Menschen. Mit dem Zwange logischer Notwendigkeit führt daher der Begriff des Kampfes mit den feindlichen Bacterien zur Vermenschlichung derselben und zu einer erschreckenden Verunstaltung der Wissenschaft durch Anthropomorphismen.«[189]

Diese Metaphernreflexionen sollten lange Zeit ungehört verhallen. Erst in den 1920er Jahren wurden die spezifischen Sprachbilder innerhalb der Bakteriologie grundsätzlich problematisiert – mit weitreichenden Effekten für die Rekonfiguration des bakteriologischen Wissenssystems.

189 Windrath 1895, S. 162.

4. Öffentliche Resonanzen

Der letzte Teil meiner Skizze zum Aufstieg der Bakteriologie widmet sich dem beispiellosen Erfolg und der suggestiven Macht des bakteriologischen Denkens in der deutschen Öffentlichkeit. Wie eigneten sich gebildete Laien, fachfremde Wissenschaftler und Allgemeinpraktiker das im Verlauf der 1880er Jahre fixierte Wissenssystem der Bakteriologen an? Wie konturierten und bewerteten sie es? Die Antworten auf diese Fragen werden zeigen, dass die Etablierung der Bakteriologie als Leitstern der naturwissenschaftlich orientierten Medizin in einem eigentlichen Kontinuum stattfand, in dem die esoterische Wissenschaft das eine, die heterogen konstituierte öffentliche Arena das andere Ende des Spektrums markierten.

Grundlegend für mein Verständnis des bakteriologischen Publikums ist die Prämisse, dass Wissenschaft und Öffentlichkeit nicht in einem antagonistischen und mit einem hierarchischen Gefälle versehenen Verhältnis stehen.[190] Neuere Studien zur Popularisierung von Wissenschaft und Technik im 19. Jahrhundert haben belegt, dass Popularisierungsprozesse selbst nicht die Struktur eines einseitigen und linearen Wissenstransfers aufweisen, bei dem das esoterische Wissen aus einem Expertenkreis dem gebildeten Laienpublikum im Sinne einer *top-down* und *one-way*-Belehrung einfach zur Verfügung gestellt wird. Wissenschaftspopularisierung entspricht vielmehr einem komplexen, interaktiven und dynamischen Vorgang, bei dem das Publikum, wissenschaftliche Experten und die Gruppe der Vermittler des Wissens in einem Prozess wechselseitiger Beeinflussung und Rückwirkung stehen.[191] Populärwissenschaft hat damit die Funktion eines Interdiskurses: das heißt einer diskursiven Struktur, die als eine von verschiedenen Diskursen gespeiste und diese ihrerseits speisende Ressource für Evidenz und Sinn fungiert.[192]

190 Vgl. Goschler 2000, S. 8.

191 Zur interaktionistischen Sichtweise auf die Popularisierung vgl. Kretschmann 2003, S. 9; Shinn/Whitley 1985; Callon 1989; Goschler 2000; Schwarz 1999; Daum 1998.

192 Sarasin et al. 2007a, S. 33.

4.1. Populäre Bakterien

Die Popularisierung von Wissenschaft und Technik erlebte im 19. Jahrhundert ihr *age d'ôr*. Nie mehr später war das relative Gewicht populärer Wissenschaft in den Medien größer.[193] Die bald von zahlreichen ehren-, neben- oder hauptamtlichen Autoren verfassten oder referierten gemeinverständlichen Präsentationen umfassten sowohl natur- und technik-, als auch geistes- und sozialwissenschaftliche Wissensbestände. An erster Stelle figurierte allerdings das naturwissenschaftlich-technische Wissen, sei es der Sternen- oder Naturkunde, Chemie, Hygiene oder Elektrizität.[194] Andreas Daum hat in seiner sozial- und ideengeschichtlichen Studie zur Populärwissenschaft im Deutschland des 19. Jahrhunderts überzeugend argumentiert, dass gerade das populärwissenschaftliche Feld der Naturkunde als essentieller Bestandteil bürgerlicher Kultur ausgewiesen werden kann.[195] Die Deutungsangebote, die die öffentlichen Präsentationen und Darstellungen der Prozesse in der Natur bereithielten, haben die bürgerliche Welt mit Sinn und Ordnung versehen und das bürgerliche Selbstverständnis konstituiert.

Auf dem Höhepunkt der Bewegung der Popularisierung am Ende des 19. Jahrhunderts, als eine wahre Flut von einfach gehaltenen Broschüren und Zeitschriften auf den Markt drängten und in Paris Millionen von Menschen die *Expositions universelles* besuchten, stießen auch die Neuigkeiten aus der Welt der unsichtbaren Kleinstorganismen auf große Resonanz.[196] »Alle Welt spricht von Bakterien«, notierte der Hygieneprofessor Heinrich Jäger. »Täglich bringen uns die Zeitungen mehr oder weniger seltsame Mitteilungen aus dem Reich dieser kleinsten Wesen.«[197] Unters Volk gebracht wurde das bakteriologische Wissen von Zeitungsartikeln, populärwissenschaftlichen Periodika, Ratgebern, Broschüren und Merk-

193 Sarasin 2001, S. 127. Zur Wissenschaftspopularisierung im 19. Jh. vgl. Daum 1998; Kretschmann 2003; Shinn/Whitley 1985; Callon 1989; Orland/Brecht 1999. Zur Popularisierung von naturwissenschaftlichem Wissen als treibende Kraft und Projektionsfläche der wirtschaftlichen, gesellschaftlichen und kulturellen Veränderungen im 19. Jh. vgl. Schwarz 2003.

194 Orland/Brecht 1999, S. 6.

195 Daum 1998, S. 5.

196 Zur öffentlichen Verbreitung bakteriologisch-hygienischen Wissens vgl. Tomes 1998, S. 13; Gradmann 2007; Ko 2008, S. 129f, 133, 146f. Zum Koch-Kultus vgl. Briese 2003, S. 377ff. Zur Reaktion auf die Entdeckung des Koch'schen Tuberkelbazillus vgl. Schlich 1996a.

197 Jaeger 1909, S. 2.

blättern sowie in Vorträgen und Ausstellungen.[198] Als besondere Publikumsmagneten erwiesen sich die Hygiene- und Seuchenausstellungen von 1903 und 1911 in Dresden.[199] Neben diesen eher traditionellen Medien und Kanälen der Wissenspopularisierung spielte die Reklame für Gerätschaften oder Dienstleistungen im Bereich der Reinigung und Desinfektion der alltäglichen Umgebung (z. B. Staubsauger, Telefon-, Akten- oder Bücherdesinfektoren) bei der Diffusion des bakteriologischen Wissens eine wichtige und nicht zu unterschätzende Rolle. Auf diesen von Nancy Tomes als »Entrepreneurs of the germs« bezeichneten Wirtschaftszweig komme ich weiter unten zurück.[200]

Die zentrale Botschaft der populären Medien ist schnell auszumachen: Bakterienwirkungen äußerten sich überall in der Natur und in allen Lebenslagen und -bereichen. Cohn begründete 1896 das Interesse an den Bakterien mit den Worten:

> »Ist es nun schon an und für sich wichtig, die Wesen genauer kennen zu lernen, welche die allertiefste Stufe in der Welt des Lebens einnehmen, so steigert sich unser Interesse an denselben durch die Erkenntnis, daß gerade diese kleinsten Wesen von der allergrößten Bedeutung sind, daß sie mit unsichtbarer, doch unwiderstehlicher Gewalt die wichtigsten Vorgänge der lebendigen und leblosen Natur beherrschen und selbst in das Dasein des Menschen zugleich geheimnis- und verhängnisvoll eingreifen.«[201]

Dasjenige, was die Welt und die Gesellschaft ausmachte, wurde durch die Bakteriologie gleichsam neu definiert: An allen Punkten und Orten intervenierten unsichtbare, aber dennoch mächtige Akteure.[202] Niemand schien mehr ohne diese kleinsten Wesen auskommen zu können, die in Millionen und Abermillionen in das »Dasein des Menschen« eingriffen und es beherrschten. Der Einfluss der »verborgenen kleinen Welt« auf das »moderne Kulturleben« wurde als so umfassend und tief greifend charakterisiert, dass der Gebildete gar nicht umhin kam, sich mit den Lebensäußerungen der Bakterien vertraut zu machen.[203] Das Wissen

198 Vgl. etwa Mittmann 1888; Brass 1888.

199 Vgl. Brecht 1999; Schrön 2003. Auch in die fiktionale Literatur drangen die Bakterien vor, vgl. Wells 1895.

200 Tomes 1998, Kap. 3.

201 Cohn 1896/97, S. 436.

202 Vgl. Latour 2007, S. 143, 144.

203 Jäger 1909, S. 2; Miehe 1907, S. 90.

Abb. 1: Der Arbeitssaal für allgemeine Mikrobie im Institut Pasteur zu Paris

über die Bakterien wurde somit zum Pflichtprogramm für den gebildeten modernen Menschen.

Zu diesem Kanon zählten einige Popularisatoren selbst Kenntnisse der Institutionen, in denen die Sprecher und Bändiger der neu identifizierten, unheilvollen Kleinstlebewelt arbeiteten. So erachtete Jäger in seinem Büchlein *Bakteriologie des täglichen Lebens* Kenntnisse über die Hygienischen Institute und Laboratorien in Berlin und Paris als relevant und notwendig für den Laien.[204] Und die populärwissenschaftliche Zeitschrift *Gaea* gewährte ihren Lesern 1889 gar einen Blick in den von Direktor Duclaux geleiteten »Arbeitssaal für allgemeine Mikrobie« im Institut Pasteur (Abb. 1).

Auch wenn es nicht an Beobachtungen und Informationen über die Nützlichkeit von Bakterien fehlte (z. B. bei der Gärung), fokussierte die populärwissenschaftliche Literatur als zentrales Wissenselement doch auf die pathogenen Bakterien und ihre Rolle bei der Entstehung von Infektionskrankheiten – die Bakterien als »Bestien«, als »Feinde des Menschengeschlechts« und »unsichtbare Zerstörer«.[205] Besonderes Augenmerk wurde auf die genaue Beschreibung der Lebensbedingungen infektiöser

204 Jäger 1909, S. 10. Vgl. auch »Auf der Bazillenjagd«, in: *Zuger Kalender* 1892, S. 30-33.

205 Vgl. z. B. Loehlein 1910.

Keime in der Außenwelt, ihrer Verbreitungsmöglichkeiten, ihrer »Einfallspforten« in den Körper und der konkreten Maßnahmen zur Verhütung und Bekämpfung der Infektionskrankheiten gelegt.[206] Da der infektiöse kranke Mensch von den Bakteriologen als wichtigste Ansteckungsquelle identifiziert worden war, zielten die populären Anleitungen darauf ab, die Bevölkerung von den Kranken, den von ihnen benutzten Gebrauchsgegenständen oder ihren Ausscheidungen fernzuhalten.[207] Die Verhütung des Kontaktes mit Krankheitskeimen wurde zum obersten Leitsatz erhoben, der nicht nur das persönliche Wohlergehen jedes einzelnen Menschen sichern sollte, sondern auch als Grundlage für die »Wohlfahrt« der Gesamtbevölkerung diente. »Wenn der einzelne Mensch gelernt hat, die von außen seinem Organismus in der Form von Infektionskeimen drohenden Gesundheitsfeinde abzuwehren, dann ist die Grundlage für das öffentliche Gesundheitswohl gelegt«, betonte 1889 ein Kreisarzt in der *Naturwissenschaftlichen Wochenschrift*.[208]

4.2. Euphorie … und Schrecken

Dass die pathogenen Bakterien in aller Munde waren und im Alltagsdenken der Zeitgenossen eine massive Präsenz für sich beanspruchen konnten, basierte auf einer gelungenen Mischung aus verschiedenen Faktoren. Einerseits fiel das Moment der Belehrung in der wissenschaftsgläubig gestimmten Zeit am Ende des 19. Jahrhunderts auf einen äußerst fruchtbaren Boden. Die bürgerliche Gesellschaft war der Faszination naturwissenschaftlich-technischen Fortschritts erlegen und zeichnete sich durch ein großes naturwissenschaftliches Aneignungsbedürfnis aus.[209] Neben der reinen Belehrung des Publikums versprachen die Artikel über »Bacillen«, ihre Gestalt, Gewohnheiten und Vorlieben aber auch – wie oben angedeutet – ein für die Konstituierung des modernen Kulturmenschen unabdingbares und zugleich wertvolles Wissen. Um in einer von Technik und Wissenschaft geformten Welt bestehen zu können, war es notwendig, sich das obligate Basiswissen zu erwerben.[210] Und im Hinblick auf

206 Vgl. *Gaea*, 32. Jg. (1896), S. 440-441; *Gaea*, 33. Jg. (1894), S. 500; *Gaea*, 29. Jg. (1893), S. 444; *Gaea*, 37. Jg. (1901), S. 446.

207 Vgl. Bornträger 1893; »Desinfektion der Wände«, in: *Der Naturwissenschaftler*, 1. Bd. (1887), Nr. 11, S. 89-90.

208 Bakteriologie und Volkshygiene, in: *Naturwissenschaftliche Wochenschrift* 1 (1889), S. 5.

209 Vom Bruch 2003, S. 299.

210 Vgl. Felt 2000, S. 193.

die Vermeidung von Tod und Krankheit schien es nachgerade zwingend, sich mit den von den Bakteriologen entwickelten konkreten Maßnahmen der individuellen und kollektiven Prävention auszukennen.

Nicht selten wurden dabei wegen der in vermeintlich fassbare Nähe gerückten Befreiung der Menschheit vor tödlichen Krankheiten auch überzeichnete Heils- und Erlösungsphantasien geschürt. Die ersten Meldungen im Rahmen der ›Erregerjagden‹ der 1880er Jahre, besonders die Entdeckung der Erreger von Tuberkulose und Cholera, lösten bei vielen Ärzten und Laien wahre Begeisterungsstürme aus. Angesichts der noch kurz zuvor für völlig unmöglich gehaltenen Erfolge schien der Stolz über die von staatlicher Seite aufwändig inszenierten Siege der ätiologischen Ära der Medizin auch begreiflich. Ein gewisser Dr. Arthur Krocker bemerkte 1891, der Nachweis der Krankheitserreger bedeute den »großartigsten Fortschritt in der Erkenntnis der Krankheitsursachen«, der zugleich »die unvergleichlich bedeutsamsten und sichersten Handhaben für die praktische Gesundheitspflege« liefere.[211] In ihrer Euphorie über die errungenen Erfolge betonten die Vertreter der bakteriologischen Hygiene, dass in nicht allzu ferner Zukunft das Ende für viele Leiden der Menschheit gekommen sei. So zeichnete auch Löffler ein optimistisches Bild für die Zukunft, als er noch kurz vor dem Tode Kochs im Rahmen eines Fortbildungskurses für Ärzte sein Referat mit den Worten schloss:

> »Die großen Erfolge, die die moderne Hygiene unter der Führung unseres Altmeisters Robert Koch in den letzten Jahrzehnten erzielt hat, stellen den gewaltigsten Fortschritt dar, den die Medizin seit ihrem Bestehen gezeitigt hat. Sie erwecken die wohlbegründete Hoffnung, daß es allmählich gelingen wird, die Menschen und die Tiergeschlechter von ihren gefährlichsten Feinden, den Infektionserregern, zu befreien.«[212]

Gerade das glaubhafte Versprechen der Wissenschaftler, diesen »gefährlichsten Feinden« der Menschen begegnen zu können, verhalf der Bakteriologie demnach zu einer enormen Berühmtheit.

Neben dem starken Motiv der Nützlichkeit und des Heil bringenden Fortschritts basierte der Erfolg der popularisierten Bakteriologie allerdings auch auf dem Unterhaltungswert der seltsamen und aufregenden Mitteilungen aus dem Reich der Mikroorganismen. Wie Nancy Tomes mit Blick auf die USA aufgezeigt hat, handelte es sich bei den verschiedenen

211 Krocker 1891, S. 10.
212 Löffler 1910, S. 11.

Text- und Bildkompositionen der Reklame, der Zeitungsartikel und öffentlichkeitswirksamen Ausstellungen nur selten um uneigennützige Informationen für das Publikum.[213] Den »seltsamen Mitteilungen« aus dem Reich der Bakterien und Seuchen haftete immer auch ein Moment der Unterhaltung und Zerstreuung an. Die von Tomes als »Seuchenunterhaltung« bezeichneten Krankheitsnarrative und Bakteriengeschichten lösten beim Publikum ein zugleich wohliges und Furcht erregendes Grauen aus, das für Verlage oder Unternehmen durchaus lukrativ war.[214]

Im Zusammenhang mit dem Motiv der Bedrohlichkeit der Bakterienwelt bedarf ein Phänomen im größeren Kontext der öffentlichen Wahrnehmung und Validierung der Bakteriologie der besonderen Aufmerksamkeit. Auffällig ist, dass trotz der neuen Erkenntnisse, der hoffnungsvollen Aussichten und öffentlichen Lobpreisungen die Angst vor Mikroben und Seuchen in der Bevölkerung nicht abnahm. Die Hoffnung einiger Bakteriologen und Hygieniker, die bakteriologische Sichtweise eröffne eine »erlösende Perspektive«, die beruhigend wirken müsse, sollte sich nicht erfüllen.[215] Im Gegenteil: Seit den 1880er Jahren prägte sich ein mächtiges soziokulturelles Bewusstsein des in der Außenwelt lauernden Pathogenen und Gefährlichen aus. Diesem Phänomen möchte ich mich kurz zuwenden, blendet die Forschungsliteratur die Bazillen- oder Ansteckungsangst doch weitgehend aus und versäumt es damit, ihre Rolle mit Blick auf die Autorität und Wirkmächtigkeit der Bakteriologie in ihrer Zeit angemessen zu berücksichtigen.[216]

Im Film *The Aviator* von Martin Scorsese wird das Leben von Howard Hughes, eines ebenso exzentrischen und megalomanischen wie eigenbrötlerischen US-amerikanischen Unternehmers, Filmproduzenten und Luftfahrtpioniers des frühen 20. Jahrhunderts nachgezeichnet. In beklemmenden Szenen rückt der Film Hughes' panische Angst vor jeglicher Art von Keimen und seine geradezu obsessiven Reinigungsrituale in den Blick. Bereits als Kind wurde der 1905 geborene Hughes von seiner Mutter angehalten, alles zu tun, um eine Ansteckung mit Infektionserregern zu verhindern. Jeden Morgen, bevor der kleine Howard zur Schule gehen durfte, wurde er in eine Wanne mit siedend heißem Wasser gestellt, mit Laugenseife abgeschrubbt und die Mutter überprüfte Füße,

213 Vgl. Tomes 1998.
214 Vgl. Tomes 2002.
215 Flügge 1893, S. 200.
216 Vgl. allgemein zur Geschichte der Seuchenfurcht Bardet 1988; Evans 1988; Preto 1987; Humphreys 2002. Zum Zusammenhang von zivilisierten Verhaltensmustern, Ansteckungsangst und Hygiene vgl. Goudsblom 1977.

Ohren, den Hals und die Zähne.[217] Auch wenn die im Film in Szene gesetzte Furcht Hughes' vor den in der Umgebung lauernden mikrobischen Gefahren und die angesprochenen Handlungsmuster in ihrer Obsession und Exzessivität im Hinblick auf die Frage nach Fiktion oder Wahrheit nicht abschließend beantwortet werden kann, so scheint eines doch unbestritten: Hughes war für seine Zeit kein Einzelfall. Seit den 1880er Jahren lässt sich auch für Deutschland eine dramatische Expansion der Wahrnehmung der Ansteckungsgefahr konstatieren.

Ottomar Rosenbach, Kliniker und erklärter Gegner der frühen Bakteriologie, eruierte in einem Referat im Jahr 1899 unter der Bevölkerung eine allgemein verbreitete Furcht vor Ansteckung und vor Bakterien und kategorisierte diese Ängste als »geistige Epidemie«. Gerade der Eindeutigkeit und scheinbar klaren Angreifbarkeit des »Bacillus« als einziger Krankheitsursache war es nach Rosenbach geschuldet, dass sich diese Bazillenangst überhaupt ausbilden konnte. Von einem »Beruhigungsbacillus« konnte also keine Rede sein.[218]

Die Entwicklung der Phobie vor den unheilvollen Kleinstlebewesen korrelierte nach zeitgenössischen Berichten direkt mit der allgemeinen Verbreitung der bakteriologischen Krankheitslehre im gebildeten Laienpublikum. So eröffnete der Arzt J. Weigl einen Artikel über die *Bacillenfurcht und ihre Berechtigung* 1902 mit den Worten:

> »Die wissenschaftliche Lehre, daß alle schweren Krankheiten durch Bakterien, kleinste pflanzliche Lebewesen, verursacht werden, ist heute längst Gemeingut aller gebildeten Kreise geworden. Damit konnte es aber nicht ausbleiben, daß sich zugleich eine gewisse Bakterienfurcht geltend machte.«[219]

Die Frage, ob es denn berechtigt sei, sich vor den Bakterien zu fürchten, musste nach Weigl »ganz entschieden bejaht werden«. Den Ausdruck Furcht wollte er allerdings nicht im Sinne einer unbestimmten, grundlosen Angst vor einem »dunklen, geheimnisvollen Etwas« verstanden wissen. Furcht sei vielmehr als »kluge Vorsicht« gegenüber den Krankheitserregern auszulegen.[220]

217 www.health24.com/mind/Other/1284-1303,31019.asp, 27.4.2005.

218 Rosenbach 1899, S. 160.

219 Weigl 1902, S. 167; Dekker 1898, S. 5. Vgl. retrospektiv »Die Bakterien als Helfer des Menschen«, in: *Unsere Welt*, 18. Jg. (1926), S. 252-253.

220 Weigl 1902, S. 168.

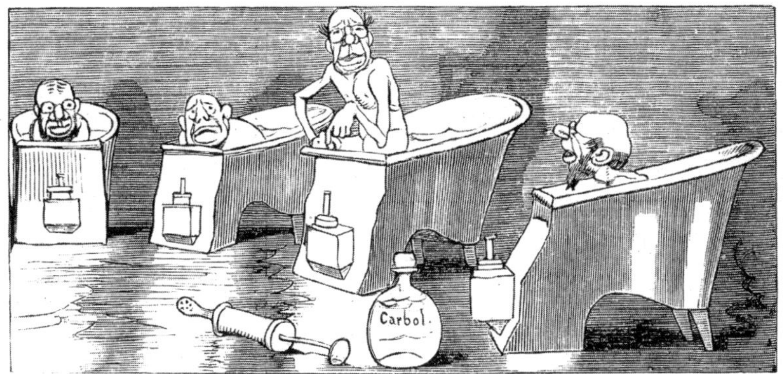

Abb. 2: Der cholerafreie Stadtrat

Gerade im Umgang mit Seuchenkranken und Krankheitsverdächtigen äußerte sich die von Weigl eingeforderte »kluge Vorsicht« allerdings nur allzu häufig in einer übermäßigen, an Hysterie grenzenden Ängstlichkeit. Besonders im Kontext der Cholera-Epidemien zeugen unzählige Beispiele von einer eigentlichen epidemischen Hysterie der Bevölkerung.[221] Wie Flügge 1893 bemerkte, zeigten sich Verwaltungsbehörden und Bevölkerung während den europäischen Cholera-Epidemien der 1890er Jahre von einer Panik ergriffen, die zu rigorosesten Maßregeln führten:

> »In den großen Städten der civilisirtesten europäischen Staaten spielten sich Scenen ab, die an die mittelalterlichen Zustände beim Einbrechen der Pest erinnerten und die man jetzt höchstens noch in halbbarbarischen Ländern für möglich halten sollte. Angstvoll ließen Freunde und Verwandte den Erkrankten im Stich; wider ihren Willen und oft in rücksichtslosester Weise wurden die der Seuche Verdächtigen in primitive Lazarethe gebracht; die Gestorbenen wurden in Hast und Heimlichkeit bestattet; durch massenhaftes Verstreuen und Verspritzen von Desinfectionsmitteln suchten die Bewohner der noch gar nicht ergriffenen Städte sich vor der Seuche zu schützen, wie man im Mittelalter durch große Feuer und Räucherungen die Pest abzuwehren suchte.«[222]

221 Vgl. Hueppe/Hueppe 1893, S. 98; Mettenheimer 1892. Zur Bazillenangst angesichts der Choleraepidemie 1892 im lokalen Kontext der Steiermark vgl. Huber-Reismann 2002.

222 Flügge 1893, S. 123. Zur Cholerafurcht im Kontext der Cholera-Epidemie in Hamburg 1892 vgl. Hueppe/Hueppe 1893, S. 38; Evans 1990, S. 297, 298.

Auch satirisch wurden die Übertreibungen bei den ergriffenen Desinfektionsmaßnahmen aufgegriffen. So thematisierte der *Kladderadatsch* die »wahnsinnige Choleraangst« während der Cholera-Epidemie in Hamburg,[223] indem er in einer Karikatur ein Patent für karbolgefüllte Stadtrats-Stühle der Firma »Angstmeier und Comp.« präsentierte (Abb. 2).

Der in weiten Teilen der Bevölkerung vorherrschenden Angst vor den Bakterien, denen man »willenlos mit gebundenen Händen« preisgegeben zu sein schien, machten sich verschiedene Unternehmen und Geschäftsleute gekonnt dienstbar.[224] Die Bazillenangst als »Signatur der Zeit« war dabei so nachhaltig, dass sich im Laufe der 1890er Jahre ein ganzer Wirtschaftszweig etablierte, der sich mit der Vorbeugung von Ansteckung und Infektion im alltäglichen Leben beschäftigte.[225] Anzeigen in Zeitschriften, an öffentlichen Litfasssäulen oder in speziellen Reklameprospekten machten auf die professionelle Unterstützung und die neuen Gerätschaften aufmerksam, mit denen man Briefe, Bücher, Akten, Geldscheine und andere alltägliche Gebrauchsgegenstände vor Keimen schützen konnte und sollte.[226] In einzelnen Anzeigen wurde die Gefahr einer Ansteckung durch die Benutzung eines Telefonapparates so sehr prononciert, dass letztlich jeder Griff zum Hörer das unmittelbare Todesurteil bedeutete. Mit eindringlicher, die akute Bedrohung schürender Bildsprache versuchte etwa die Firma Stella-Werke Schwartau GmbH potentielle Käufer von der Notwendigkeit ihres »Mortifer-Telefondesinfektors« zu überzeugen, indem sie in ihrem Reklameprospekt die unheilschwangere Umwelt umriss, in welcher der neuzeitliche »Kulturmensch« lebte: »Wie die Wilden schleichend und lauernd aus dem Hinterhalte Speere auf ihr ahnungsloses Opfer schleudern, so auch schleichen und lauern Bazillen den Kulturmenschen auf, die ihn heimtückisch befallen und leicht seinen Tod herbeiführen können.«[227] Die Losung der Stunde war deshalb klar: »Überall dort, wo man Bazillen und Bakterien vermutet, muss desinfiziert werden«, und offensichtlich schien auch: »Eine der größten Ansteckungsgefahren droht dem Menschen durch das Telefon, weil es als

223 *BKlW*, 17. Oktober 1892, S. 1061, zit. Evans 1990, S. 621.

224 Dekker 1898, S. 5.

225 Zur Bazillenangst als »Signatur der Zeit« vgl. Rosenbach 1899, S. 137.

226 Vgl. GSTA PK, Rep. 76 VIII B/1972: Akten betreffend die Desinfektionsmethoden, -apparate und -anstalten. Zur Bücherdesinfektion vgl. Liebermann/Fenyvessy 1911, S. 491f.

227 BArch, R86/2850: Desinfektion allgemein, ab 1907, Werbeprospekt »Mortifer-Telefondesinfektor«.

ein weitverbreitetes Verkehrsmittel der Neuzeit, das man überall findet, leicht Krankheitsstoffe übertragen kann.«[228]

Derlei Reklame zeigte Wirkung: In der vom amerikanischen Mikrobiologen und vergleichenden Pathologen Theobald Smith retrospektiv als »Ära der Isolation und Desinfektion« bezeichneten Epoche der frühen Bakteriologie übertrafen sich gebildete Privatpersonen in der Entwicklung von Strategien zur Vermeidung eines Kontaktes mit Krankheitserregern oder deren Unschädlichmachung.[229] »Wir fassen alles mit Handschuhen an und desinficiren alles gewissermaßen, bevor wir es mit unserem inneren Ich in Berührung bringen«, konstatierte Ottomar Rosenbach.[230] Die Strategien, die nach Rosenbach einem »Cultus der eigenen Persönlichkeit« huldigten, fanden allerdings auch unter Ärzten und sogar Bakteriologen Anklang. Der Epidemiologe und Stadthygieniker Adolf Gottstein erinnerte sich in seinen Memoiren an die Wahrnehmung der Ansteckungsgefahr und die ergriffenen Maßnahmen in Berlin in Anbetracht der Hamburger Cholera-Epidemie von 1892:

> »Die von den Fachmännern empfohlenen Schutzmaßnahmen wurden nicht nur streng befolgt, sie galten vielmehr als nicht ausreichend. Der Spürsinn trieb zu ausgeklügelten Absperrmaßnahmen und grotesken Sicherungen gegen die Übertragung durch Menschen und Dinge unter Ausnutzung von Physik und Chemie. Die Behandlung der Nahrungsmittel und Gebrauchsgeräte ähnelte der von Geisteskranken mit Vergiftungswahn oder der Vorstellung des Elektrisiertwerdens durch die Wände hindurch. Ein mir befreundeter junger Bakteriologe nahm keines Besuchers Hand, führte in seiner Küche die Sterilisierungsverfahren des Laboratoriums ein und unterzog ihnen jeden sonst kalt genossenen Bissen auf die Gefahr der Ungenießbarkeit.«[231]

In Anbetracht der Verbreitung und der Konstanz der Bazillenfurcht in der Bevölkerung konnte der Vorwurf nicht ausbleiben, dass die Wissenschaftler und Medizinalbehörenden selbst zur Steigerung dieser Befindlichkeit beigetragen hätten. Hueppe, der sich immer stärker von Koch zu distanzieren begann, monierte 1889 die »thörichten Maßnahmen« der übermäßigen Verwendung von Karbol und anderen Desinfektionsmitteln. Die Bakteriologie treffe »durch die Erziehung zur Angstmeierei

228 Ebd.
229 Smith 1921, S. 103.
230 Rosenbach 1899, S. 145.
231 Gottstein 1940, S. 119.

ein großer Theil der Schuld an dieser kostspieligen, nichts leistenden Vielgeschäftigkeit«.[232] Etwas später wies er auf die »staatlich verkündete Angstmeierei« und die exzessiven Bestrebungen hin, mit denen »unter dem Deckmantel der Bakteriologie« auf die Verbreitung der Cholerafurcht hingearbeitet würde.[233]

Auch die Unterlassung klärender und beruhigender Informationen wurde den Bakteriologen vorgehalten. Indem sie gewissen Spekulationen und Angstszenarien nicht Einhalt geboten hätten, würden Bakteriologen die Bakterienfurcht sogar noch bestärken, schrieb ein besorgter Hausarzt in der *Neuen Zürcher Zeitung*. Den tieferen Grund ortete er dabei im Eigeninteresse der Bakteriologen:

> »nicht immer ohne Interesse, [hat die Bakteriologie] die Ideen über Infektion und Desinfektion, über Bakterienübertragung und Bakterienvorkommen stillschweigend ins Abenteuerliche und Schreckhafte [...] auswachsen lassen, so dass mancher Arzt den Schlussfolgerungen gebildeter Leute punkto Bakteriologie etwas skeptisch gegenübersteht.«[234]

Die auch nach der europaweit grassierenden Cholerafurcht[235] weiterhin persistierende generelle Bakterien- und Ansteckungsfurcht bei gebildeten Laien weist darauf hin, dass das bakteriologische Wissen von Seiten bestimmter Unternehmen, aber auch von Seiten der Hygieniker und Bakteriologen nicht immer mit der nötigen Klarheit und Transparenz vermittelt wurde. Treffendes Beispiel für die oftmals verzerrten Vorstellungen vieler Laien ist eine Diskussion im Deutschen Verein für öffentliche Gesundheitspflege vom September 1911, in der sich ein Baurat aus Hamburg über die Zustände in Krankenhäusern beklagte. Höchst bedenklich erschien ihm die Art und Weise der Unterbringung von Infektionskranken; Diphterie-, Scharlach- und Typhuskranke würden oftmals Wand an Wand liegen. Problematisch erschien ihm zudem der Umstand, dass die Türen der einzelnen Zimmer geöffnet waren. Dadurch könnten sich die frei umher fliegenden Krankheitserreger ungehindert verbreiten.[236] Dieses Wahrnehmungsmuster in der Luft zirkulierender, den Menschen jederzeit treffender Bakterien schien bei vielen Zeitgenossen trotz aller vermeintlich klärender Belehrungsschriften, Vorträge und Ausstellungen

232 Hueppe 1889, S. 993.
233 Hueppe/Hueppe 1893, S. 38.
234 Dr. Widmer: Scheuklappen, in: *Neue Zürcher Zeitung*, 14.12.1918.
235 Vgl. Huber-Reismann 2002.
236 Lentz 1912a, S. 80.

weit verbreitet zu sein. Mit Rekurs auf die auch im esoterischen Wissensbestand präsenten militärischen Metaphern betonte der Kliniker Friedrich Martius um die Jahrhundertwende: »Der Laie stellt sich eine Epidemie ungefähr so wie eine offene Feldschlacht vor. Wie die Kugeln sausen die Bakterien durch die Luft und wer getroffen wird, fällt.«[237]

4.3. Bakteriologische Autorität

Die populäre Konturierung der Bakteriologie als moderne, Heil versprechende Wissenschaft und die weit verbreitete Bazillen- und Ansteckungsangst unterstrichen nicht nur den hohen Stellenwert des bakteriologischen Wissens in der Öffentlichkeit. Als Rückkoppelungseffekt auf die eigentlichen Fachmänner bestärkten sie die Position der Bakteriologen als Experten und Sprecher der allgegenwärtigen, unsichtbar umherschwirrenden Kleinstagenten. Innerhalb der Medizin beförderte das öffentliche Prestige der Bakteriologen damit die sich zunehmend abzeichnende Hierarchisierung der einzelnen Disziplinen. Am eindrücklichsten manifestierte sich das Ansehen, das die Bakteriologie bereits vor der Jahrhundertwende innerhalb der Medizin genoss, in der schnellen Übernahme bakteriologischer Erkenntnisse und Methoden durch die Allgemeinpraktiker. Wie Rudolf Virchow 1885 durchaus abfällig kommentierte, beherrschten die Mikroorganismen »nicht nur das Denken, sondern auch das Träumen zahlreicher älterer und fast aller jungen Ärzte«.[238] Mit Genugtuung könne man auf das bisher Erreichte in der Bakterienforschung zurückblicken, hielt dahingegen der Pathologe Julius Arnold stolz fest und betonte, bei der jüngeren Generation sei geradezu eine Hochstimmung vorherrschend, die »unserer Zeit den Beinamen der bakterienfreudigen eingetragen« habe.[239] Vor dem Hintergrund dieser bakterienfreudigen Schar junger Ärzte verkündete Emil Behring 1894 selbstbewusst, die Bakteriologie drücke mit ihrer »epochemachenden Wandlung in der Betrachtung der Infektionskrankheiten« der »modernen Medizin« den Stempel auf.[240]

Kritische Beobachter dieser Entwicklung hielten es für angezeigt, explizit vor der allzu schnellen Übernahme bakteriologischen Wissens zu warnen. So monierte Rosenbach: »selbst Ärzte [vernachlässigen] klare Beobachtungen früherer Zeit vollkommen und [nehmen] neue wissenschaft-

237 Martius 1899, S. 48.
238 Virchow 1885, S. 8.
239 Arnold 1889, S. 7.
240 Behring 1894b, S. 685.

liche Errungenschaften sofort an«.[241] So fremdartig diese Errungenschaften auch seien, die Ärzte würden sie für die Praxis gelten lassen, weil ihre Urheber sich in der Öffentlichkeit Ansehen erworben hätten und den Stempel »zunftgemäßer Autorität« trügen.[242] Auch andere Mediziner verurteilten die Autoritätsgläubigkeit der Praktiker und die Vernachlässigung der ärztlichen Perspektive. Der in Prag praktizierende Sanitätsrat Theodor Altschul notierte, alle neuen Befunde der Bakteriologie würden sofort in Druckerschwärze umgewandelt und dann zu weitgehenden Schlüssen für die Praxis ausgenutzt. Geschehen könne dies nur, weil die unsicheren Befunde »durch eine Autorität gedeckt« und mit »der nöthigen Emphase vorgebracht« würden. Für Altschul war klar, dass sich die Bakteriologie in den Dienst der »medizinischen Gesammtwissenschaft« stellen müsste, gegenwärtig aber letztere im Dienste der Bakteriologie stehe.[243] Mit Blick auf die nicht selten überzogenen Heilsversprechungen forderte Altschul mehr Bescheidenheit. Statt zu glauben, »dem verschleierten Bilde zu Sais bereits den Schleier gelüftet« zu haben, solle man gestehen, dass man trotz der gewaltigen Fortschritte erst am Anfang des »wahren Wissens« stehe. Bei den prophylaktischen Maßnahmen warnte er zudem vor einer Überbewertung der Bakteriologie: In vielen Detailfragen der Krankheitsentstehung und -verbreitung könne sie gar keine genauen Erklärungen präsentieren. Man müsse nicht die prophylaktischen Vorkehrungen Tag für Tag komplizierter gestalten, sondern vielmehr ein Minimum an Einschränkungsmaßregeln finden.[244] Auch Rosenbach verurteilte die übertriebenen Maßnahmen der Medizinalpolizei und öffentliche Gesundheitspflege; sie zwangen den menschlichen Körper in seinen Augen in »Fesseln der Bevormundung«. Besonders gravierend empfand er dabei den Ausschluss der Kranken aus der Gesellschaft. Diese würden »wie die social Kranken, die Verbrecher oder moralisch Verseuchten« behandelt; sie seien »unreine Elemente«, von denen der Einzelne und – weit wichtiger – die Gesellschaft im Streben nach der »Reinheit der Art« befreit werden müssten.[245]

Wie leicht die von Rosenbach scharf kritisierte Reinheitsidee zwischen medizinischen, sozialen und politischen Betätigungsfeldern zu oszillieren vermochte und gleichsam *en passant* bakteriologische Anschauungen und Wertungen universalisierte, sollten die ersten Dekaden des 20. Jahrhunderts eindrücklich belegen.

241 Rosenbach 1899, S. 139.

242 Ebd.

243 Altschul 1902, S. 345, 346. Ähnliche Kritik formulierte Martius 1899, S. 11.

244 Altschul 1902, S. 345, 348.

245 Rosenbach 1899, S. 138.

II. DISSONANZ

Bakteriologie zwischen Beharrung und Reform, 1890-1914

> »Nicht Alles, was in den Minen der Wissenschaft gefunden wird, ist pures Gold, und wer, ohne das werthlose Umhüllungsgestein zu entfernen, seinen Fund sofort in klingende Münze umsetzen will, der täuscht nur Andere – und sich selbst […].«[1]

Aus dem Blickwinkel der neueren Wissenschaftsgeschichte scheinen die »unmodernen Betrachtungen« des Hygienikers Theodor Altschul, der um 1900 vor einer Überschätzung der bakteriologischen Erkenntnisse warnte, kaum der Erwähnung wert; wissenschaftliches Wissen gilt in dieser Perspektive selbstredend als historisch kontingent, grundsätzlich unabgeschlossen und damit relativ.[2] Für den bakteriologischen Denkstil, der im Deutschen Reich seit den 1880er Jahren eine ungemein suggestive Macht entfaltete, verdient Altschuls Hinweis dennoch Beachtung – er erwies sich nämlich als zutreffend. Das scheinbar ›pure‹ bakteriologische ›Gold‹ verlor tatsächlich von seinem anfänglichen Glanz. Spätestens seit der Jahrhundertwende war es vor dem Hintergrund diverser Unstimmigkeiten und Widersprüche sogar unumgänglich, vermeintliche bakteriologische Tatsachen einer Erweiterung und Umbildung zu unterziehen.

Gleichwohl erwies sich das stabilisierte Wissen der Bakteriologen zunächst in erstaunlichem Maße resistent. Verschiedene Aussagen, Befunde und Beobachtungen, die die anerkannten Wahrheiten in Frage zu stellen drohten, wurden anfänglich ausgeblendet, Denkstil konform umgedeutet oder schlicht negiert. Insofern kann für den Zeitabschnitt von 1890 bis 1914 nicht von einem kontinuierlich verlaufenden Wandel bakteriologischer Erkenntnis die Rede sein. Vielmehr möchte ich im Folgenden von einer Periode sprechen, in der zwar Anstöße zu einer umfassenden Transformation des bakteriologischen Denkstils verzeichnet werden können. Gleichzeitig aber führten Phänomene der aktiven Beharrung zu einer zuweilen blockierten und in kleinen und zögerlichen Schritten sich vollziehenden Reform. Die einsetzenden Modifikationen taten dem Renommee und der Wirkmächtigkeit der Bakteriologie freilich keinen Abbruch. Koch und den von ihm angeleiteten Militärhygienikern sollte

1 Altschul 1902, S. 365.

2 Vgl. etwa Rheinberger 2006; Sarasin et. al. 2007a, S. 9f.

es nämlich gelingen, ihre Wissenschaft nach den ersten Ernüchterungen mit Hilfe einer ingeniösen »Offensive« im Feld als zukünftige Kriegswissenschaft zu etablieren.

5. Exoterische und esoterische Dissonanzen

Auch wenn die Bakteriologen eine hegemoniale und quasi unvergängliche medizinische Deutungsmacht für sich beanspruchten – seit den frühen 1890er Jahren blieben ihre Wahrheiten nicht mehr unwidersprochen. Woher stammten die Einwände und Widersprüche? Welche Elemente des bakteriologischen Denkstils wurden in Zweifel gezogen? Wie gingen die Bakteriologen mit neu auftretenden Unstimmigkeiten um? Und welche ›Dissonanzen‹ markierten den effektiven Ausgangspunkt – das *Widerstandsaviso* Flecks – für die allmählichen Verschiebungen im Wissenssystem?

5.1. Dissidenten der 1890er Jahre

Während die Presse und populäre Medien die Bakterienbändiger weiterhin hochleben ließen, machte sich in wissenschaftlichen Foren eine heterogene Schar von Medizinern bemerkbar, die gegenüber dem Wissenssystem der Bakteriologen eine Reihe von Kritikpunkten formulierten. Die Dissidenten rekrutierten sich vornehmlich aus dem Kreis der Inneren Medizin, der Pathologie beziehungsweise pathologischen Anatomie, der traditionellen (historisch-statistischen) Epidemiologie, in Ausnahmefällen auch aus der Bakteriologie.[3] Für diese Gruppe markierte die zunehmende Vorherrschaft des bakteriologischen Krankheitsbegriffs und des modernen, laborbasierten Zugangs zu Infektionskrankheiten mit ihren Implikationen für die diagnostische Praxis und Prävention

3 Zu den Opponenten der Bakteriologie in den 1890er Jahren zählen aus der Pathologie Oskar Liebreich, Otto Lubarsch, Hugo Ribbert, David von Hansemann und Ernst Schweninger, aus der traditionellen Epidemiologie Adolf Gottstein, der Inneren Medizin Ernst von Leyden, Bernhard Naunyn, Ottomar Rosenbach und Friedrich Martius, aus der Bakteriologie vor allem Ferdinand Hueppe, später auch Emil Behring und Bruno Schürmayer. Zur Kritik der Kliniker an der Bakteriologie vgl. Maulitz 1979; Faber 1978. Zur Heterogenität der Fraktion von Bakteriologiekritikern in Deutschland vgl. Mendelsohn 2001. Zur epidemiologischen Tradition im 19. Jh. vgl. Bleker 1984.

eine klare Einbuße ihrer Definitions- und Deutungshoheit und eine Entwertung ihrer epistemologischen und materiellen Handlungsräume.

Im Folgenden setze ich mich exemplarisch mit vier zeitgenössisch besonders prominenten Fällen dissidenter Mediziner auseinander. Einerseits interessiert mich der Fokus ihres Widerspruchs, andererseits soll aber auch der Frage nachgegangen werden, inwiefern es diesen Kritikern gelang, sich im bakteriologischen Denkkollektiv Gehör zu verschaffen.

Ferdinand Hueppe (1852-1938) zählte zum Kreis der Militärärzte, die im KGA als Mitarbeiter Kochs die Entwicklung der bakteriologischen Methodik und die Prävention von Infektionskrankheiten maßgeblich vorantrieben.[4] 1885 publizierte er noch weitgehend denkstilkonform ein viel gelobtes Lehrbuch zur bakteriologischen Methodik.[5] Bei seinen Studien zur Gärung gelangte er dann jedoch immer mehr zur Einsicht, dass die spezifischen Bakterien nicht als die allein ausreichenden Ursachen der beobachteten anaeroben Transformationsprozesse betrachtet werden durften. Der »Konstitution« der gärfähigen Substanz als Anlage und Ursache musste seiner Meinung nach eine kausale Bedeutung zugeschrieben werden.[6] Auch bei den Infektionskrankheiten distanzierte sich Hueppe sukzessive von der Idee spezifischer Mikroorganismen als notwendiger und hinreichender Ursache. Nachdem er sich bereits bei der Gärung am Begriff der »Ursache« gestört hatte und diesen in dynamisch-energetischem Sinne zu erfassen versuchte, wandte er sich ab 1887 vom Begriff des pathogenen Bakteriums als »Krankheitsursache« ab und ersetzte ihn durch den »Erreger«.

In seiner Antrittsvorlesung in Prag, wohin er 1889 als Leiter des Hygiene-Instituts berufen worden war, konkretisierte er seine Überlegungen zum bakteriologischen Infektionsmodell und dem Ursachenbegriff. Die im naturwissenschaftlichen Sinne wirkliche Ursache lag für Hueppe im Zustand der Zellen, Gewebe und Organe des Menschen. Ohne diese »innere Ursache«, die »Disposition«, war er überzeugt, könne man weder die Ätiologie der Infektionskrankheit noch diejenige der Seuchen konstruieren. Die Krankheit kam dadurch zustande, dass eine innere Ursache unter äußeren Bedingungen durch Reize (Mikroparasiten) als Anstoß

4 Zum Leben und Werk Hueppes vgl. *Biographisches Lexikon der hervorragenden Ärzte der letzten fünfzig Jahre*, Bd. I, Berlin 1932, S. 669f; dass., Bd. III: Nachträge und Ergänzungen, Hildesheim 2002, S. 682f. Autobiographisches: Hueppe 1923.

5 Vgl. Hueppe 1886 (1. Aufl. 1885).

6 Hueppe 1923, S. 92.

oder Auslösung (bzw. Erregung) zur Wirkung gebracht wurde.[7] Für das Verständnis des *genius epidemicus* musste man nach Hueppe davon ausgehen, dass sowohl die inneren Ursachen als auch die äußeren Bedingungen und der Anstoß selbst (also die Mikroorganismen) Schwankungen unterworfen waren. Die praktische Epidemiologie durfte sich demnach nicht in die »zum Verhüllen anderweitigen Nichtwissens so bequeme […] Toga der Exactheit [hüllen]« und allein auf die Biologie der Bakterien fokussieren. Stets müsse auch mit der Disposition der Menschen, mit der Erblichkeit, mit dem »sozialen Elend« und örtlichen und zeitlichen Dispositionen gerechnet werden, die genauso Gegenstand echter Naturforschung seien, »auch wenn wir sie nicht im Reagensglase oder auf einer Culturplatte präsentieren können«.[8]

Bei der Seuchenbekämpfung plädierte Hueppe im Gegensatz zu den standardisierten Maßnahmen für ein spezialisiertes Vorgehen. Vor allem die Bekämpfung der Disposition sollte den Bazillen zuliebe nicht vernachlässigt werden. Je nach Fall müsse man entscheiden, ob man sich eher gegen die Disposition, gegen die vom Menschen oder der Örtlichkeit gegebenen Bedingungen oder direkt gegen die Mikroorganismen richten wolle.[9] Am gründlichsten systematisierte Hueppe seine Gedanken zum Kausalproblem und der Energetik bei Infektionskrankheiten 1893 in einem Vortrag an der Versammlung deutscher Naturforscher und Ärzte in Nürnberg. Durch die Einführung energetischer Gesichtspunkte in die Biologie und Pathologie hoffte er eine völlig neue Einstellung des ätiologischen Problems zu schaffen. Statt des monokausalen, deterministischen Verursachungsvorgangs der Bakteriologen entwarf Hueppe ein Modell, wonach die latente, potentielle Energie einer »wahren« inneren Ursache durch äußere Kräfte (Infektionserreger) ausgelöst wird.[10] Die Krankheit war damit eine Funktion der Auslösung ererbter und erworbener veränderlicher Krankheitsanlagen durch veränderliche Krankheitsreize unter veränderlichen Bedingungen.

Mit seinem Nürnberger Vortrag kritisierte Hueppe die kardinale Stellung der Bakterien in der Ätiologie der Infektionskrankheiten und Epidemien und negierte zugleich deren biologische Konstanz. Indem er die Bekämpfung der inneren »Anlage« als legitimes Ziel der Seuchenbekämpfung propagierte, unterminierte er überdies den im Ausbau begriffenen Maßnahmenkatalog der bakteriologischen Seuchenabwehr.

7 Hueppe 1889, S. 1015.
8 Ebd., S. 1016.
9 Ebd., S. 1018.
10 Hueppe 1893b, S. 143.

Diese Inkongruenzen gegenüber den bakteriologischen Wahrheiten sollten es Hueppe zunehmend schwer machen, seine zu Beginn der 1880er Jahre noch zentrale Sprecherposition im bakteriologischen Denkkollektiv aufrecht zu erhalten. Die erste entscheidende Kampfansage an die Bakteriologie formulierte er als Professor in Prag, das in Bezug auf die legitimierten Orte bakteriologischen Sprechens in Deutschland an der Peripherie lag. Aus Prag wollte Hueppe ursprünglich nach wenigen Jahren wieder nach Deutschland zurückkehren, da ihm von Kultusminister von Goßler eine Professur in Aussicht gestellt worden war.[11] Nach dessen Ablösung schien sich dieser Plan aufgrund der starken Einflussnahme Kochs auf Althoff allerdings in Luft aufzulösen. Koch und seine »strenggläubigen Anhänger« hätten ihn »totzuschweigen« versucht, stellte Hueppe verbittert fest; mehrmals seien ihm durch Koch in Deutschland Berufungen »hintertrieben« worden. Dass Koch selbst »so einseitig seine Richtung vertrat und keine andere dulden oder aufkommen lassen wollte« und »Cliquenmisswirtschaft« betrieb, blieb Hueppe unerklärlich.[12]

Über die unmittelbare Rezeption von Hueppes Nürnberger Vortrag ist wenig bekannt. Die *Münchener Medizinische Wochenschrift* kommentierte das Referat lediglich mit dem Hinweis, der »weit ausholende« und »in philosophischen Deductionen […] ergehende Vortrag Professor Hüppe's« eigne sich nicht für eine kurze Inhaltsangabe. Man behalte sich jedoch vor, später darauf zurückzukommen.[13] Dazu sollte es indes nie kommen. Weitere Hinweise auf dessen Widerhall finden sich erst wieder in den 1920er Jahren beim Internisten Theodor Brugsch. Als Vertreter der nach dem Weltkrieg erstarkten Konstitutionslehre, die in Hueppes Schriften die erste Wiederbelebung des Konstitutionsgedankens sah, betonte Brugsch 1926, Hueppes Referat hätte zunächst nur Verwunderung und Ablehnung erregt. Damals, so Brugsch, »schwamm man im Strome der Bakteriologie«, und dieser sei breit und tief gewesen und habe alles ringsherum mit sich fortgerissen.[14]

Dass Hueppe vermutlich bereits vorher seine ursprünglich legitimierte Sprecherposition weitgehend verloren hatte, bestätigt ein Blick auf seine Aktivitäten während der Hamburger Cholera-Epidemie 1892. Die von

11 Hueppe 1923, S. 101.

12 Ebd., S. 102, 104, 127.

13 *MMW* 38 (1893), S. 721. In der DMW findet sich zwar eine Kurzzusammenfassung des Vortrags, diese enthält jedoch keinerlei bewertende oder beurteilende Passagen. *DMW* 38 (1893), S. 929.

14 Brugsch 1926, S. 1.

Hueppe und seiner Frau Else verfasste Monographie über die Seuche, gespickt mit Einwänden gegen die bakteriologische Lesart der Cholera,[15] kommentierte der Epidemiologe Adolf Gottstein in einem Brief an Hueppe mit einem Wortspiel. Vor dem Hintergrund der Mitarbeit von Else Hueppe in Hamburgs Notküchen hielt Gottstein fest: »Treffliche Arbeit verlieh der Gemahlin die Palme der Kochkunst. Aber Worte allein machen den Mann nicht zum Koch.«[16]

Von einem weiteren Dissidenten war im vorhergehenden Kapitel bereits die Rede: *Ottomar Rosenbach* (1851-1907). Rosenbach hatte in Innerer Medizin habilitiert und war zwischen 1887 und 1893 leitender Arzt am Allerheiligen-Hospital in Breslau. Ab 1888 hatte er dort eine Professur, legte sie 1896 aber nieder, um nach Berlin zu ziehen und sich in Privattätigkeit wissenschaftlichen Studien zu widmen.[17] Grundsätzliche Einwände gegen den bakteriologischen Denkstil formulierte Rosenbach erstmals im Kontext der Koch'schen Tuberkulinära. Er stellte besonders die bakteriologischen Labormethoden in Frage, mit denen Erkenntnisse über das Wesen der Infektionskrankheiten gewonnen wurden. Die Zustände im kranken Tierkörper fanden für Rosenbach weder beim Reagenzglasversuch noch bei einer künstlich erzeugten »Injectionskrankheit«, wie er die Einspritzung hoher Dosen von Infektionserregern in die Blutbahn bezeichnete, ein Analogon. Statt der experimentellen Labormethodik forderte er ein Primat der klinischen Beobachtung; nur sie könne die »Herrscherin« sein, alle anderen Methoden seien bloße Behelfe.[18]

Für das bakteriologische Modell der Infektion und der Seuchen folgerte Rosenbach vor dem Hintergrund seiner methodischen Kritik, die »Beschaffenheit des Organismus« im Augenblick der Einwirkung des Krankheitserregers sei zentral für die Erkenntnis über Wesen und Mechanismus der Erkrankung. Das Experiment und das Studium der »Reagensglasculturen« habe diesen wahren Tatbestand »verdunkelt«. Sie verführten die Bakteriologen dazu, »die Disposition der Inficirten in ungerechtfertigter Weise gering anzuschlagen und die Fähigkeit der Mikrobien, in jedem Falle zu inficiren, zu überschätzen«.[19] Der Hauptakzent bei der Erforschung von Infektionskrankheiten müsse auf die Funktionsprüfung der Organe gelegt werden. Auch auf die serumtherapeu

15 Vgl. Hueppe/Hueppe 1893.

16 Gottstein 1940, S. 121.

17 Zum Leben und Werk Ottomar Rosenbachs vgl. Engel 1965; Guttmann 1909; mit Fokus auf dessen Energetik Steinacher 1959.

18 Rosenbach 1891, S. VI.

19 Ebd., Fn.* auf S. 19.

tischen und prophylaktischen Maßnahmen der Bakteriologen war nach Rosenbach kein Verlass.[20] Die objektive Beobachtung lehre, dass die Erfolge, die man auf die eigenen Maßnahmen zurückführe, »fast immer nur Ausdruck des natürlichen Verlaufs der Dinge ist, zu dessen Endergebnissen unsere Thätigkeit in keiner merklichen oder bedeutungsvollen Beziehung steht«.[21]

Im weiteren Verlauf veröffentlichte Rosenbach zahlreiche kritische Aufsätze.[22] So formulierte er anlässlich der Cholera-Epidemie in Hamburg Einwände gegen die bakteriologische Diagnostik: Sie komme einer »Diagnose absentia« gleich, weil der Schwerpunkt der ärztlichen Leistung vom Krankenbett in das Laboratorium abwandere. Für Rosenbach schien es zudem evident, dass der Kommabazillus keine konstanten Artmerkmale besaß und ein bloßes »Accidens« sei, sicher aber »keine wesentliche Ursache im Sinne der Logik«. Die Ursachen der Cholera vermutete er nicht in den Bazillen im Wasser, sondern in »anderen Faktoren«, die in Verbindung mit der Beschaffenheit des Wassers standen und die Funktionen des Organismus zu beeinträchtigen vermochten.[23] Gegenüber der Seuchenbekämpfung, wie Koch sie in Hamburg lancierte (vgl. Kap. 5.2), wandte Rosenbach ein, man habe der Cholera nicht aufgrund der Isolierung und Desinfektion von Menschen Einhalt gebieten können, sondern weil die wesentlichen Bedingungen für die Erkrankung nicht vorhanden seien: »Die Gefahr haftet am Orte und an den Lebensbedingungen im allgemeinen, nicht an einem spezifischen Contagium, das eben nur eine secundäre Rolle wie viele andere Schädlichkeiten spielen kann.«[24]

Die umfassenden Vorbehalte Rosenbachs zielten mit ihrer Kritik an den Labormethoden auf den disziplinären Kern der Bakteriologie. Mit Beifall für seine Thesen rechnete er dabei nicht. 1891 gab er unumwunden zu, man stehe gegenwärtig im »Banne der herrschenden Bacteriologie«.[25] Auch spätere Aussagen zeugen von Skepsis. 1892 resümierte er in der Versammlung der schlesischen Gesellschaft für vaterländische Cultur, er sei sich im Klaren darüber, dass seine Ansichten in

20 Gegen die Serumtherapie Behrings veröffentlichte Rosenbach im Lauf der 1890er Jahre verschiedenste Aufsätze und Schriften, u.a. Rosenbach 1894.

21 Rosenbach 1891, S. 16.

22 Eine Sammlung seiner älteren bakteriologisch-klinischen und hygienischen Arbeiten wurde 1903 unter dem Titel »Arzt c/a Bakteriologe« veröffentlicht.

23 Rosenbach 1892a, S. 118, 120, 121.

24 Rosenbach 1892b, S. 127. Dieser Text entspricht einer Entgegnung Rosenbachs auf den Vortrag Carl Flügges im Rahmen einer Versammlung der Gesellschaft für Vaterländische Cultur. Vgl. Flügge 1892.

25 Rosenbach 1891, S. 19.

dieser Versammlung nicht geteilt würden, da sie mit »den Dogmen einer modernen Richtung, die für sich absolute Zuverlässigkeit in Anspruch nimmt, nicht in Übereinstimmung stehen«.[26] Rosenbachs Sprecherposition war in Bezug auf die »moderne Richtung« tatsächlich beinahe inexistent. Seinen ersten Aufsatz über den Cholerabazillus, der 1892 in der *Münchener Medizinischen Wochenschrift* erschien, versahen die Herausgeber mit der Anmerkung, man drucke die Arbeit ab, weil man dem Grundsatz folge, dass auch abweichende Meinungen Aufnahme ins Blatt finden müssten. Zur »Vermeidung von Missverständnissen«, fügten die Herausgeber hinzu, müsse man im vorliegenden Falle jedoch betonen, dass man mit den geäußerten Ansichten, »insbesondere soweit sie die Werthschätzung der Bakteriologie betreffen, in keiner Weise übereinstimme«. Die *Berliner Klinische Wochenschrift* schickte Rosenbach den Aufsatz, nachdem er bereits angenommen worden war, ohne Begründung wieder zurück.[27]

Auch wenn sich nicht mit Bestimmtheit sagen lässt, weshalb Rosenbach von seiner Stelle als leitender Arzt im Breslauer Spital zurücktrat, finden sich Hinweise, dass dieser Schritt in einem Zusammenhang mit seinen Äußerungen zur Cholera-Epidemie steht.[28] Hueppe argumentierte, Rosenbach sei von den Bakteriologen nicht ernst genommen worden, habe er doch mit den pathogenen Bakterien als einem bestimmenden Faktor überhaupt »radikal auf[ge]räumt«.[29] Tatsächlich warf ihm Flügge mangelnde Kenntnis der Fachliteratur vor und disqualifizierte seine Anschauung als »alten Standpunkt«, der inzwischen von niemandem mehr geteilt werde.[30] Offensichtlich ist, dass sich Rosenbach nach seinem Ausscheiden aus Spital und Universität immer mehr von der Öffentlichkeit zurückzog. Gottstein, der mit Rosenbach freundschaftlich verkehrte, bemerkte über dessen Zeit als Privatforscher in Berlin, er sei durch das mangelnde Verständnis seiner Zeitgenossen sehr bedrückt gewesen und nach längerer Krankheit 1907 fast ganz alleine gestorben.[31] Rosenbach selbst monierte wenige Jahre vor seinem Tod die »traurigen Erfahrungen«, die er durch »Unterstellungen«, »Anzweiflung meiner Be-

26 Rosenbach 1892b, S. 128.

27 Zit. in Rosenbach 1892a, S. 115, Fn. 1.

28 Vgl. Gottstein 1925c, S. 71. Engel vermutet als Grund für das Ausscheiden Rosenbachs Streitigkeiten mit seinen Kollegen im Spital. Engel 1965, S. 7.

29 Hueppe 1923, S. 35.

30 Flügge 1892, S. 124.

31 Gottstein 1925c, S. 19.

rechtigung zur Kritik« und durch »missachtendes Verschweigen« erfahren habe.[32]

Auch der bereits erwähnte *Adolf Gottstein* (1857-1941) gehörte zum Chor der Stimmen, die bei den Bakteriologen auf wenig Gehör stießen. Er hatte sich nach seiner Zeit als Assistenzarzt am städtischen Krankenhaus in Breslau Mitte der 1880er Jahre als praktischer Arzt und Geburtshelfer in Berlin niedergelassen. Neben seiner Tätigkeit als Allgemeinpraktiker betrieb er zunächst bakteriologische Arbeiten – unter anderem bei Behring am Institut für Infektionskrankheiten.[33] Dann wandte er sich vermehrt der Medizinalstatistik und Epidemiologie zu und begann sich für den Ausbau der sozialen Medizin und Hygiene einzusetzen. 1906 wurde Gottstein zum nebenamtlich fungierenden Stadtarzt von Charlottenburg ernannt, 1911 erhielt er eine hauptamtliche Stelle als Stadtmedizinalrat.[34] 1893 publizierte Gottstein seinen ersten – wie er es nannte – »antikontagionistischen Vortrag«.[35] Er argumentierte darin, dass ein ausschließlich bakteriologischer Standpunkt für die Entstehung und Ausbreitung der Diphterie ohne die Annahme einer besonderen Disposition nicht aufrecht zu erhalten sei.[36] Im selben Jahr weitete er diese These auf weitere Infektionskrankheiten aus und bemerkte, für die meisten der spezifischen Krankheitserreger sei es nicht mehr zulässig, sie für die Erzeugung der Krankheit allein verantwortlich zu machen.[37]

Eingehende Gedanken zur Infektionstheorie formulierte er im Rahmen eines 1894 erschienenen Aufsatzbandes. Bildreich skizzierte Gottstein darin das Hauptproblem der Bakteriologie seiner Zeit: Gerade jetzt, wo »der Jubel über den vollendeten Prachtbau« gewaltig sei und die Prophylaxe der Infektionskrankheiten und insbesondere die Serumtherapie von Behring als »Krönung des großen Gebäudes« gelten würden, sei es an der Zeit, darauf aufmerksam zu machen, »dass die Fundamente, auf welchen das ganze große Gebäude aufgerichtet ist, dasselbe nicht mehr lange zu tragen [vermag]«.[38] Zu den unzuverlässigen Grundlagen zählte

32 Rosenbach 1903, VIII.

33 Die ersten Veröffentlichungen Gottsteins befassten sich mit der Technik der Bakterienfärbung und der Anwendung der Bakteriologie in der klinischen Diagnostik. Gottstein 1885; ders. 1887.

34 Zu Biographie und Werk Gottsteins vgl. Labisch/Koppitz 1999; Labisch 1997; Stürzbecher 1959; Diepgen 1955, S. 142f. Zum politischen Engagement des Liberalen Gottstein vgl. Weindling 1989a, S. 219.

35 Gottstein 1925c, S. 18.

36 Gottstein 1893b.

37 Gottstein 1893a, S. 387.

38 Gottstein 1894, S. 29.

er die Annahme, dass die wesentliche Ursache für die Entstehung einer Krankheit ein spezifischer, in jeder Beziehung konstanter mikroparasitärer Krankheitserreger sei. Die Forschungen der letzten Jahre würden darauf hinweisen, dass man den konstant gedachten Mikroparasiten aus der Formel über die Entstehung der Krankheit streichen und durch zwei Faktoren ersetzen müsse: erstens durch den Mikroparasiten mit einer relativen Virulenz und zweitens – noch wichtiger – durch den inkonstant disponierten Wirtsorganismus.[39] Für den »Prachtbau« der Bakteriologie mitsamt seiner Anwendung im Rahmen spezifischer Abwehrmaßregeln prognostizierte Gottstein daher einen Zusammenbruch »in nicht ferner Zukunft«.[40]

Im Zuge klinischer Erfahrungen und der Beschäftigung mit mathematischen und historischen Grundlagen der Epidemiologie erhob Gottstein auch heftigen Widerspruch gegen die bakteriologische Epidemiologie: Sie würde empirisches Material und epidemiologisch-klinische Beobachtungen zu wenig schätzen und zu früh halt machen, wenn sie aufgrund ihrer experimentellen Versuchsergebnisse Seuchenentstehung und -verlauf aus den Lebenseigenschaften der Mikroparasiten und aus deren Übertragung ableitete.[41] Bei Krankheitsvorgängen spiele die erworbene Disposition der Menschen die Hauptrolle, der Mikroorganismus könne demzufolge erst durch die Erhöhung der Disposition die Bedeutung des Krankheitserregers erwerben.[42]

Mit seiner Betonung des Primats der Disposition, seiner Infragestellung der als unzweifelhaft vorausgesetzten Grundlagen (z. B. Artkonstanz) sowie seiner Ablehnung des bakteriologischen Seuchenmodells und der Keimpraktiken im Feld erweist sich Gottsteins Kritik am bakteriologischen Denkstil als ähnlich umfassend wie jene Rosenbachs. Auch Gottstein war sich bereits früh bewusst, dass er nicht mit einer positiven Resonanz rechnen konnte. 1894 konstatierte er, dass die »Stimmen der Überlegung« derzeit noch übertönt würden. Die Ursache für das Festhalten an Schlüssen, die auf falschen Voraussetzungen beruhten, sei allerdings nicht allein im Vorgehen der Forscher »der jetzt herrschenden Lehre« zu suchen, sondern auch im Enthusiasmus des ärztlichen Publikums,

39 Ebd., S. 38ff.

40 Ebd., S. 29. Wenig später machte Gottstein erneut gegen die ausschließliche ursächliche Bedeutung des Loefflerschen Bazillus für die Diphterie Front. Gottstein 1895.

41 Gottstein 1897, S. 6, 272.

42 Ebd., S. 178f.

das an Schlagworten sein Kausalitätsbedürfnis sättige.[43] 1897 wies er erneut auf den Umgang der Bakteriologen mit Widersprüchen hin: Die Vertreter einer »kontradiktorischen« Richtung würden einfach als »Feinde der Bakteriologie« verurteilt.[44]

Dass es Gottstein de facto nicht gelang, eine Sprecherposition im bakteriologischen Denkkollektiv zu beanspruchen, kann anhand der Rezeption seines Vortrags von 1893 illustriert werden. Aus der Retrospektive notierte Gottstein, er sei wegen dieser und ähnlicher Feststellungen als »gemeingefährlich« verfemt und aus der »guten Gesellschaft der Rechtgläubigen mit den üblichen Folgen ausgeschlossen« worden. Tatsächlich rechnete ihn der Kinderarzt und Hygieniker Adolf Baginsky 1895 zu den »Antibakteriologen« und schrieb in einer euphorischen Abhandlung über die Serumtherapie, hinsichtlich der Zweifel Gottsteins an der Kontagiosität der Diphterie und den praktischen Maßnahmen wie Desinfektion und Isolierung sei »kein Wort des Tadels hart genug«.[45] Fraenkel notierte 1896 mit Blick auf die »kleine Schaar von Zweiflern« – darunter auch Gottstein –, welche die Bedeutung des Löfflerschen Bazillus für die Diphterie abstritten, sie stünden »abseits am Wege« und verfügten über mangelnde Sachkenntnis. Herablassend fuhr er fort: »Sie [die Zweifler, S.B.] haben sich, wie man wohl zu sagen pflegt, die Unbefangenheit des Urtheils nicht durch Sachkenntnis trüben lassen und sprechen deshalb von diesen Dingen mit derselben Sicherheit, wie etwa der Blinde von der Farbe.«[46]

Gottstein selbst betonte Jahre später, dass er den Bannfluch nicht so tragisch genommen habe, da er in seiner Privatpraxis unabhängig gewesen sei. Schließlich habe er auch nicht »nach dem Lob der offiziellen Schule für gesinnungstüchtige Gedankenarmut« verlangt.[47] Auch mit seinem großen Werk *Allgemeine Epidemiologie* sollte es Gottstein vorerst nicht gelingen, sich auf der bakteriologischen Landkarte zu verorten. Gemäß Hueppe musste sich Gottstein als »Strafe« für dieses Buch mit der eher bescheidenen Stellung eines Stadtarztes in Charlottenburg begnügen.[48] Erst nach dem Ende des Weltkriegs nahm Gottstein eine äußerst bedeutungsvolle Sprecherposition im Verhältnis zum bakteriologischen

43 Gottstein 1894, S. 30.

44 Gottstein 1897, S. 267.

45 Baginsky 1895, S. 34.

46 Zit. Sobernheim 1896. Wenige Monate später bezeichnete Fraenkel Gottstein explizit als »Vertreter des ›ancien régime‹«. Fraenkel 1896a.

47 Gottstein 1925c, S. 18.

48 Hueppe 1923, S. 51.

Denkkollektiv ein – sie war das Resultat eines denkkollektiven Sesselrückens, das für die Transformation des bakteriologischen Denkstils in den 1920er Jahren sowohl symbolische als auch weitreichende praktische Bedeutung hatte.

In die Fußstapfen von Hueppe, Rosenbach und Gottstein trat Ende der 1890er Jahre *Friedrich Martius* (1850-1923). Martius hatte an der militärärztlichen Akademie in Berlin studiert und war Studienkollege nicht nur von Hueppe, sondern auch von den späteren Bakteriologen Gaffky, Löffler und Behring.[49] Nach militärärztlichen Tätigkeiten arbeitete Martius als Assistent an der zweiten medizinischen Klinik in Berlin und habilitierte 1887 für Innere Medizin. 1891 wurde er zum außerordentlichen Professor und Leiter der Medizinischen Poliklinik in Rostock ernannt, 1901 zum Professor für Klinische Medizin an der dortigen Universität.[50]

Bereits während seiner Berliner Zeit entwickelte Martius eine gewisse Abneigung gegen die Koch-Schule. Den bakteriologischen Aufschwung der 1880er Jahre, so Martius, habe er als beiseite stehender »objektiver Beobachter« erlebt. Bald habe er die »bestimmte Empfindung« gehabt, »dass mit dem ungeheuren, Schlag auf Schlag folgenden und in ihrer praktischen Reichweite gar nicht zu übersehenden Tatsachenerwerb die theoretische Verwertung im Sinne ordnender Denktätigkeit nicht gleichen Schritt hielt«.[51] In dieser Auffassung sei er durch Rosenbach, Gottstein und Hueppe bestärkt worden. In einem Vortrag vor der Versammlung deutscher Naturforscher und Ärzte in Düsseldorf griff er 1898 erstmals explizit die bakteriologische Lehre von den Krankheitsursachen an: Diese stütze sich auf die Ergebnisse des Tierexperiments und postuliere, dass jedes Individuum mit unfehlbarer Sicherheit jedes Mal dann erkranke, wenn die Infektion mit dem pathogenen Mikroorganismus erfolgt sei. Tatsächlich hätten aber Befunde wie etwa diejenigen einer Nachepidemie der Hamburger Cholera-Epidemie 1892/93 und auch Selbstversuche gezeigt, dass die Annahme falsch sei: »Je mehr und je genauer man untersucht, desto mehr häufen sich die Befunde von gesunden Menschen, die im Thierexperiment als virulent erweisbare specifische Krankheitserreger anstands- und schadlos beherbergen«. Deshalb sei es unhaltbar, weiterhin einem naiven ätiologischen Denken anzuhängen und im Erreger »das böse Ding an sich« zu sehen – die gemäß »Glau-

49 Martius 1923, S. 108.

50 Zur Biographie und dem Werk von Martius vgl. Krügel 1984; Martius, Friedrich, in: *Biographisches Lexikon der hervorragenden Ärzte der letzten fünfzig Jahren*, hrsg. von I. Fischer, Bd. 2 (1933), S. 518.

51 Martius 1923, S. 123.

bensbekenntnis der orthodoxen Bakteriologie« alleinige und zwingende Ursache. »Es gibt […] Dinge«, folgerte Martius in unnachahmlicher Prägnanz und Nonchalance, die »dem Einen schaden und dem Anderen nicht. Das gilt nicht bloß von Gurkensalat und Weißbier, sondern auch von Cholera- und Tuberkelbacillen!«[52]

Für Martius gehörte zum Ausbruch der Krankheit nach erfolgter Infektion die »Krankheitsanlage« oder »Reizempfindlichkeit« des Wirtes, wobei er sich wie Hueppe gegen den Begriff der »Ursache« wandte und für die Verwendung der Termini »auslösende Momente«, »Reize« und »Erreger« plädierte.[53] Um die Pathogenese der Seuchen aufzuklären, müsse das Studium der Frage nach der relativen Widerstandsfähigkeit des Menschen im Einzelfall die experimentelle Bearbeitung der Frage nach der Natur, den Lebensbedingungen und Übertragungsmodus der parasitären Erreger ergänzen.[54]

Systematisiert und ausgebaut hat Martius seine Gedanken zur Relevanz von Krankheitsanlagen und Widerstandskräften des Menschen in seinem 1899 erschienenen Buch *Pathogenese der Inneren Krankheiten*. Er verurteilte darin eine allzu einseitige Verwertung der ätiologischen Tatsachen bei der Konstruktion des Krankheitsbegriffs und favorisierte eine Terminologie und Konzeption, die in den pathogenen Mikroorganismen »Krankheitserreger« sah, die eine vorhandene »Krankheitsanlage« – den »konstitutionellen Moment« – auslösen konnten. In der Krankheitsanlage sei das Wesentliche des Vorganges zu suchen. Es schien Martius unsinnig, eine Artkonstanz zu postulieren und weiterhin die theoretisch konstruierte Trennung zwischen pathogenen und nichtpathogenen Bakterienarten aufrechtzuerhalten: »Es gehört immer dazu die Ergänzung für wen und unter welchen Umständen.«[55]

Im Vergleich zu Rosenbach und Gottstein mit ihren umfassenden Einwänden fokussierte Martius vornehmlich auf das ätiologische Modell in der Bakteriologie und deren Vernachlässigung des konstitutionellen Moments. Folgerichtig begründete er in seinen späteren Arbeiten eine nicht nur auf Infektionskrankheiten ausgerichtete Konstitutionspatho-

52 Martius 1898, S. 94-96.

53 Ebd., S. 101.

54 In Anlehnung an Gottsteins Bestimmung der Disposition (Fn. 131) formulierte Martius eine mathematische Gleichung, mit der sich die Krankheitsentstehung nicht nur bezüglich infektiöser Krankheiten, sondern der gesamten Pathologie bestimmen lassen sollte: Im Einzelfall hing der Eintritt der Erkrankung von einem variablen Verhältnis W/p ab, wobei »W« die Widerstandskraft und »p« die Größe der krankmachenden Reize kennzeichnete. Martius 1898, S. 105.

55 Martius 1899, S. 16, 46.

logie.[56] Die Frage nach der Positionierung und Wahrnehmung Martius' innerhalb bakteriologischer Fachkreise fällt für die 1890er Jahre wie bei Hueppe, Rosenbach und Gottstein relativ deutlich aus. Seine Düsseldorfer Programmrede fand wenig Verständnis. Die Rede von der »orthodoxen Bakteriologie« sei ihm nicht verziehen worden, notierte er rückblickend. Seit diesem Vortrag habe er als »Bakterienfeind« und erklärter Gegner Kochs gegolten, der auf dem »Index« stand. Damit wurde die Berufung an eine andere Universität unmöglich: »Ich weiß, dass bei einer fraglichen Berufung an eine andere Universität sofort erklärt wurde: Ein Kliniker von dieser Richtung – niemals!« Schwer habe er dies allerdings nicht genommen. Nachdem er 1901 in Rostock von der Klinikleitung auf den Lehrstuhl für Klinische Medizin wechseln konnte, habe er sich von seinem »Glück im Winkel« nicht mehr weg gesehnt.[57]

Hueppe, Rosenbach, Gottstein und Martius: Sie alle waren sich einig, dass das bakteriologische Modell der Infektionskrankheiten und der Epidemien zu einseitig auf den Erreger fokussierte. Sie alle monierten, dass die Ätiologie der Infektionskrankheit und der Seuchen viel komplexer zu fassen waren als dies die vermeintlich evidenten und unhinterfragbaren bakteriologischen Tatsachen, erhärtet durch die experimentellen Keimpraktiken im Labor, vermuten ließen. Wurde der Versuch unternommen, diese Dissidenten auszugrenzen und mundtot zu machen?

Auch wenn viele diesbezüglichen Hinweise auf Selbsteinschätzungen der Betroffenen beruhen und sich einer objektiveren Prüfung entziehen, ist klar, dass sie im Wahrnehmungs- und Aufmerksamkeitsspektrum der bakteriologischen Orthodoxie bis zur Jahrhundertwende faktisch nicht in Erscheinung traten und damit keine Sprecherposition besaßen, von der aus sie rezipiert worden wären. Martius lehrte in Rostock, Hueppe in Prag, Gottstein war Stadthygieniker in Charlottenburg und Rosenbach ein in Privatpraxis tätiger Allgemeinmediziner, der kaum über regelmäßige Kontakte zur medizinischen Fachwelt verfügte. Am deutlichsten manifestiert sich die fehlende Sprecherposition zweifellos am Beispiel der Zurückweisung von Publikationen und der Verhinderung von Lehrstuhlbesetzungen. Oftmals sprach man den Dissidenten einfach die Legitimität ab, sich überhaupt zu einem Gegenstand zu äußern. Ihre Publikationen wurden auf einen bakteriologischen »Index« gesetzt – ein äußerst effektiver Vorgang, um konkurrenzierende Aussagen auszublenden.

56 Martius 1914. Vgl. auch Kap. 5.2.

57 Martius 1923, S. 124f.

5.2. Das Phänomen gesunder Infektionsträger

Im Bewusstsein um die Marginalität seiner Position warf Martius 1898 immerhin einen hoffnungsvollen Blick auf das neue Jahrhundert: »Das aber ist das Tröstliche im Ausblicke auf das kommende Jahrhundert: die Wissenschaft schreitet rastlos fort, und jede Einseitigkeit überwindet sich schließlich aus sich selbst heraus.«[58]

Wie ich im Folgenden darlegen werde, sollte sich die Bakteriologie tatsächlich aus sich selbst heraus reformieren. Fleck hat darauf aufmerksam gemacht, dass sich in einem Denkstil »Ausnahmen« »melden« können und ortete in der Entwicklung der Bakteriologie verschiedene Erschütterungen der klassischen Theorie der Infektionskrankheiten. Ohne weiterführende Erläuterung bezeichnete er dabei die Entdeckung des *gesunden Infektionsträgers* – des so genannten »Bazillenträgers« – als ersten und jene der *Variabilität*, also der Veränderlichkeit der Mikroorganismen, als zweiten Stoß gegen das bakteriologische Meinungssystem.[59] Tatsächlich finden sich bei Martius und Gottstein erste Hinweise auf solche genuin esoterischen Erschütterungen, betonten sie doch, dass die Bakteriologen wider Erwarten gesunde Menschen identifiziert hätten, welche die im Tierexperiment als virulent erwiesenen Krankheitserreger ohne Schädigung in sich trugen. Wie sollten die Bakteriologen auf diese gleichsam selbst kreierten ›Dissonanzen‹ reagieren?

In seiner Analyse von Denkstilen hat Fleck auf die komplexen Reaktionsmechanismen und Tendenzen hingewiesen, mit denen geschlossene Meinungssysteme auf Widerstände reagieren. Für die so genannte *Beharrungstendenz* von Meinungssystemen thematisierte er verschiedene Stadien oder Grade, wobei er die Beharrung nicht als passiven, sondern als aktiven Prozess entwarf. Die ersten Stadien der Beharrung eines Denkstils zeichnen sich dadurch aus, dass Widersprüche undenkbar scheinen, unbesehen bleiben oder schlicht verschwiegen werden, auch wenn sie bekannt sind.[60] Gemäß dieser Kategorisierung könnte die Rezeption von Martius et al. als erste Beharrungstendenz des bakteriologischen Denkstils qualifiziert werden. Entweder erschien bei den Aussagen dieser exoterischen Gruppe von Dissidenten ein Widerspruch unvorstellbar, oder man erreichte mittels Nicht-Eintreten und Verschweigen sowie durch das Absprechen einer legitimierten Sprecherposition, dass nicht stil-

58 Martius 1898, S. 110.

59 Fleck 1999, S. 43. Das Phänomen des Bazillenträgertums und Beobachtungen über die Variabilität erwähnt Fleck auch auf S. 27f., 38, 82, 115, 122f.

60 Fleck 1999, S. 40. Vgl. Berger 2005.

gemäße Elemente die logische Systemfähigkeit des Wissenssystems unterminierten. Laut Fleck kann als weitere, überaus aktive Vorgehensweise auch versucht werden, Ausnahmen oder Widersprüche mittels großer Kraftanstrengung als dem System nicht widersprechend zu erklären, sie umzudeuten. Ebenso können bewusst und im Sinne einer wissenschaftlichen Wunschtraumerfüllung nur die den herrschenden Anschauungen entsprechenden Sachverhalte beschrieben und abgebildet werden – trotz aller Rechte widersprechender Anschauungen.[61]

Vor dem Hintergrund dieser Überlegungen möchte ich die teilweise sehr komplexen Prozesse des aktiven Beharrens im bakteriologischen Denkstil nachzeichnen und zunächst das Phänomen der gesunden Träger von Infektionsstoffen in den Blick nehmen. Diese rückten erstmals bei der Choleraepidemie von Hamburg 1892/93 in den Vordergrund der bakteriologischen Aufmerksamkeit.[62]

Präludium

Am 23. August 1892 erhielt Koch vom preußischen Gesundheitsminister den Auftrag, als offizieller Vertreter des Reichskanzlers nach Hamburg zu reisen, um über die dort beobachteten choleraähnlichen Fälle zu berichten. Medizinalbeamte in Altona, einer Nachbargemeinde Hamburgs, hatten bereits Tage zuvor das Auftreten der Krankheit gemeldet und Kulturen ins Institut für Infektionskrankheiten nach Berlin geschickt, um den Ausbruch der Cholera bestätigen zu lassen. Koch traf in Hamburg auf eine desolate Situation: Aufgrund der Befürchtung der liberalen Behörden, Kaufleute und Grossbürger, dass strenge Quarantäne-, Isolier- und Desinfektionsmaßnahmen gemäß des vom KGA gestützten bakteriologischen Abwehrdispositivs dem Handel schaden würden, wurde alles unternommen, um die von Auswanderern nach Hamburg eingeführte Krankheit möglichst lange nicht als solche zu deklarieren.[63] Entsprechend widerwillig ließen sich Senat und Gesundheitsbeamte auf den von Koch empfohlenen Maßnahmenkatalog ein, der ein umfassendes Desinfektionsprogramm, Wasserfiltrationsanlagen und Quarantänevorschriften umfasste. Koch hatte festgestellt, dass der Choleravibrio durch das Flusswasser übertragen worden war und die Epidemie bereits ein riesiges Ausmaß angenommen hatte.[64]

61 Fleck 1999, S. 40.
62 Vgl. Mendelsohn 1996, Kap. 7.
63 Evans 1990, S. 367-414.
64 Ebd., S. 400.

Im September 1892 lancierte er im KGA einen Fachausschuss, der über den bereits seit einigen Jahren erwogenen Plan eines Reichsseuchengesetzes beraten sollte, das ganz auf der Basis der bakteriologischen Keimpraktiken im Feld basierte. Koch wollte vor dem Hintergrund seiner Erfahrungen in Hamburg dafür Sorge tragen, dass in sämtlichen Bundesstaaten die aus der bakteriologischen Ätiologie resultierenden Vorgehensweisen verbindlich werden würden. Auch Pettenkofer, der bezüglich Choleraätiologie weiterhin an seiner Theorie festhielt, dass der mutmaßliche Krankheitskeim (»x«) nicht ohne weiteres infektionstüchtig wird, sondern erst durch geeignete lokale Bodenverhältnisse (»y«) eine Reifung erfährt und dann als Krankheitsgift (»z«) in die Luft und durch Einatmung in den Menschen gelangt, wurde zur Beratung eingeladen.[65] Seine Einwände gegen die von Koch in Anschlag gebrachte Gesetzesvorlage wurden im Verlauf der Fachausschuss-Diskussion aber immer weniger beachtet und schließlich ganz zurückgewiesen.[66]

In einem letzten Versuch, seiner Bodentheorie doch noch Rückhalt zu verleihen, entschloss sich Pettenkofer am 7. Oktober 1892, einen »unanstreitbaren« und »einwurfsfreien« Infektionsversuch mit Kommabazillen am Menschen vorzunehmen. Dazu wollte er selbst eine frische Kultur mit Milliarden lebender Choleravibrionen schlucken, die er sich aus Hamburg nach München schicken ließ.[67] Zwei Tage nach der Einnahme des »Choleratranks« verspürte Pettenkofer »starkes Gurren in den Gedärmen« und bekam einen leichten Durchfall, der nach einer knappen Woche allerdings wieder verging. Auch das »Gurren und Kollern« im Darm ließ allmählich wieder nach. Bakteriologische Untersuchungen seiner Ausscheidungen hatten über Tage hinweg eine Unmenge von Choleravibrionen angezeigt. Als Pettenkofer keine Bakterien mehr ausschied, wiederholte sein Schüler Rudolf Emmerich den Selbstversuch. Obwohl bei ihm die Symptome stärker auftraten, überlebte auch er. Nach Pettenkofer bewiesen diese Selbstversuche, dass die ätiologische Gleichung in Abwesenheit des Faktors »y« (also einer an die Bodenverhältnisse gebundene »zeitlich örtliche Disposition«) nicht aufging, das heißt, dass die Choleravibrionen unmöglich die notwendige und auch hinreichende Ursache der *Cholera asiatica* sein konnten, wie es die Bakteriologen postulierten. Denn der für Pettenkofer zweitrangige Faktor

65 Zu den unterschiedlichen Ausformulierungen der Choleragleichung bei Pettenkofer vgl. Guttmann 1892.

66 Evans 1990, S. 624.

67 Pettenkofer 1892, S. 808. Zum »Cholera-Cocktail« Pettenkofers vgl. Mendelsohn 1996, S. 442ff.

»x« (der Erreger) hatte ja im Versuch bloß zu leichtem Durchfall geführt und schien damit keineswegs fähig, einen »Brechdurchfall, weder einen europäischen, noch einen asiatischen« zu verursachen.[68]

Wie Flügge in einem Artikel zur Zurückweisung von Pettenkofers Bodentheorie 1893 notierte, gewann dieser mit seinem Experiment in Hamburg zahlreiche Anhänger unter Ärzten und Medizinalbehörden. Die an Handel und Verkehr interessierten Kreise seien auf der Seite Pettenkofers, weil er alle Sperren, die Isolierung von Kranken und Krankheitsverdächtigen wie auch die Desinfektionen verwerfe.[69] Zwar konnte nach Flügge kein einziger Punkt in Pettenkofers Bodentheorie als erwiesen gelten; dessen Theorie diskreditierte er explizit als »verdunkelnd« und »nicht aufklärend«.[70] Aufgrund der durch die Selbstversuche[71] nicht mehr von der Hand zu weisenden ätiologischen Problematik und den damit zusammenhängenden Implikationen für die Validität der Keimpraktiken im Feld kamen die Bakteriologen allerdings nicht mehr umhin, auf die von Pettenkofer gestellten Fragen einzutreten: Wie kam es, dass er abgesehen von einigen Durchfällen mit voll virulenten Bakterien in seinem Darm überleben konnte? Wie korrespondierte dieses Phänomen mit dem als gesichert geltenden Wissen, dass die Cholerabakterien die »einzige und alleinige Ursache der Cholera« waren, wie Fraenkel in seinem *Grundriss der Bakterienkunde* 1887 betont hatte?

Im Mai 1893 argumentierte Koch zum Stand der Choleradiagnose noch sehr selbstbewusst, inzwischen könne von keiner Ernst zu nehmenden Seite her mehr ein Einspruch gegen den Satz erhoben werden, dass die Cholerabakterien die Ursache der asiatischen Cholera seien und dass der Nachweis derselben das Vorhandensein der Krankheit beweise. Würden noch Zweifel angemeldet, so die Insinuation Kochs, dann höchstens von Ärzten, die nicht hinreichende Kenntnisse der Bakteriologie hätten und überhaupt nicht im Stande wären, »auch nur den Schein eines Beweises« für die Ablehnung des spezifischen Charakters der Cholerabakterien vorzubringen.[72] Im Juli formulierte er mit Blick auf Pettenkofers Ablehnung der bakteriologischen Choleraätiologie in mitleidig-versöhnlichem Ton, er begreife dessen Position zwar nicht vom wissenschaft-

68 Pettenkofer 1892, S. 809.

69 Flügge 1893, S. 124.

70 Ebd., S. 156. Zum Aufklärungsmotiv im bakteriologischen Denkstil vgl. Kap. 3.4.

71 Zu weiteren Selbstinfektionsversuchen in Wien vgl. Drasche 1894. Auch in Paris fanden Selbstversuche statt. Mendelsohn 1996, S. 452ff. Zur verbreiteten Praktik der Selbstversuche bei den Antikontagionisten vgl. Ackerknecht 1948, S. 567f.

72 Koch 1893a, S. 320.

lichen, so doch vom menschlichen Standpunkt. Schließlich sei er mit den über viele Jahre hindurch vertretenen Ansichten alt geworden und verwachsen und könne sich nur schwer von ihnen trennen.[73] Im Gegensatz zu diesen kurzen und abwertenden Voten gegenüber Pettenkofers Bodentheorie widmete Koch den »absichtlichen Versuchen« in München im selben Artikel mehr Aufmerksamkeit. Das Urteil allerdings war auch hier eindeutig: Aus den Selbstversuchen dürfe nicht der Schluss gezogen werden, dass die Cholerabakterien »für sich allein« keine wesentliche lebensgefährliche Cholera veranlassen konnten. Mit den nur an einzelnen Personen durchgeführten Versuchen könne man keine relevanten Aussagen machen, da sie nicht »den natürlichen Verhältnissen« angepasst seien. Man hätte vielmehr eine größere Anzahl von Personen der Infektion aussetzen müssen. Dann aber hätte sich gezeigt, dass von einer gewissen Anzahl von Menschen nur ein bestimmter Bruchteil schwer erkranke. Da man dies nicht gemacht hatte, lag für Koch kein Grund vor, »die jetzige Auffassung zu bezweifeln, dass die Cholerabakterien *für sich alleine* imstande sind, je nach der individuellen Disposition der Infizierten, das eine Mal leichte und ein anderes Mal schwere Cholerasymptome zu bewirken.«[74] Pettenkofer selbst dürfte von einer solchen Auslegung kaum überrascht gewesen sein. Schon bei der Erstpublikation seines Selbstversuches hegte er die Vorahnung, dass Koch und seine Anhänger ihm später vorwerfen würden, mit den Infektionsversuchen sei nichts bewiesen und er und Emmerich hätten einen – wenn auch nur leichten – Choleraanfall durchgemacht.[75]

In ätiologischer Hinsicht interessant an der Reaktion Kochs sind zwei Punkte. Zunächst hat er den Versuch Pettenkofers aufgrund vermeintlicher Formfehler entwertet und damit ähnlich wie bereits bei der Disqualifizierung der Bodentheorie Pettenkofers insinuiert, dass diesem aufgrund mangelnder bakteriologischer Fachkenntnisse keine legitimierte Sprecherposition zuerkannt werden und man ihn damit letztlich auch nicht ernst zu nehmen brauchte.[76] Zweitens wird deutlich, dass Koch

73 Koch 1893b, S. 260f.

74 Ebd., S. 218 [Kursivsetzung S.B.]. Wie Koch führte auch der Bakteriologe Richard Petri (KGA) die Tatsache, dass Pettenkofer am Leben geblieben war und nicht starke Cholerasymptome entwickelte, auf die geringe individuelle Disposition zurück. Petri 1893, S. 65-67.

75 Pettenkofer 1892, S. 810.

76 Ähnlich verfuhr Koch mit Einwänden Liebreichs, der die Choleravibironen nur als »Symptom« der Cholera anerkennen wollte. Koch warf Liebreich vor, er rede über Dinge, von denen er nichts verstehe. Liebreich 1893; Koch 1893b, S. 260; Jaeger 1893.

keine Abstriche an seinem ätiologischen Modell macht und den Choleravibrio weiterhin als notwendige *und* hinreichende Ursache der Krankheit betrachtet (hinreichend insofern, als gemäß Koch die Vibrionen als Auslöser von Krankheitssymptomen »für sich alleine« ausreichen). Gleichzeitig rekurriert Koch an dieser Stelle aber auf eine Größe, die bislang in den bakteriologischen Texten nur am Rande, und zwar als absoluter Gegensatz zur Immunität, aufgetaucht war: die individuelle Disposition oder Empfänglichkeit des Menschen. Obwohl er ihr keinen eigenen Platz im ätiologischen Modell einräumt, sieht er sich doch genötigt, die Intensitätsgrade der Erkrankung mit einer schwankenden individuellen Disposition zu erklären – ein Vorgehen, das gegenüber früheren Konzeptionen eine Verschiebung bedeutet: Waren Individuen derselben Spezies Mitte der 1880er Jahre entweder immun oder empfänglich für Bakterien,[77] so attestierte man ihnen jetzt graduelle Unterschiede bezüglich ihrer Empfänglichkeit. Und diese unterschiedliche Empfänglichkeit spielte für die Schwere der Erkrankung eine wesentliche Rolle.

Grundsätzlicher herausgefordert wurde das bakteriologische Modell der Infektionskrankheit nach diesem Präludium durch Befunde, die Koch selbst in Hamburg im Winter 1892/93 erzielte.[78] Sie wiesen darauf hin, dass nicht nur Personen mit unvollständig ausgeprägten Cholerasymptomen, sondern sogar Menschen mit keinerlei Krankheitserscheinungen den *vibrio cholerae* in sich trugen.

Gesunde Kranke

Im Juli 1893 berichtete Koch, dass sich die Hoffnung auf die Beendigung der Choleraepidemie in Hamburg im Oktober 1892 als irrig erwiesen habe, sei doch im Dezember eine Nachepidemie aufgetreten, die durch einige Verschleppungen im Winter 1892/93 Ausbrüche der Cholera in Altona und in der Irrenanstalt Nietleben bei Halle nach sich gezogen hätten. Auf Veranlassung des preußischen Kultusministeriums habe er die beiden Epidemien in Altona und Nietleben untersucht.[79] Bei diesen Winterepidemien machte Koch die Erfahrung, dass selbst nach der Isolierung aller klinisch verdächtigen Fälle nachträglich noch vereinzelte Erkrankungen auftraten. Also war »doch noch nicht aller Infektionsstoff

77 Vgl. Flügge 1886, S. 611ff.; Fraenkel 1887, S. 157.

78 Zur Winterepidemie in Hamburg vgl. Mendelsohn 1996, S. 459-475. Zeitgenössisch Gaffky 1894, S. 99ff.; Rumpel 1893.

79 Koch 1893b, S. 207.

beseitigt«. Unklar blieb, woher der Infektionsstoff kam. Um dieser Frage nachzugehen, dehnte Koch die bakteriologischen Untersuchungen nicht nur auf einzelne Choleraverdächtige aus, sondern auch auf all jene, die sich vermutlich wie diese oder von ihnen infiziert haben konnten.[80] Es stellte sich heraus, dass auch bei Menschen mit völlig normalen Darmentleerungen echte Cholerabakterien identifiziert werden konnten.[81] Koch kommentierte seinen Fund mit der Bemerkung, es liege auf der Hand »[d]ass auch solche Menschen als Cholerainfizierte und demnach als Träger des Cholerainfektionsstoffes anzusehen sind«.[82] Was aber bedeutete dies für die ätiologischen Konzeptionen der Bakteriologen? Wie konnte mit der Existenz gesunder »Träger des Cholerainfektionsstoffes« weiterhin das Modell aufrechterhalten werden, wonach Cholerabakterien »für sich allein« Krankheitssymptome auslösten?

Betrachtet man Kochs Reaktion auf seine eigenen Befunde, so lässt sie sich sehr gut mit den von Fleck skizzierten Beharrungstendenzen in Einklang bringen. Meinungssysteme können als besonders aktive Vorgehensweise des Beharrens irreguläre Sachverhalte oder Fälle mittels großer Kraftanstrengung als dem System nicht widersprechend erklären. Die logische Systemfähigkeit wird um jeden Preis angestrebt; Ausnahmen werden deshalb vom Denkgebilde stilgemäß umgedeutet.[83] Eine Analyse von Kochs Aussagen über die eruierten »Träger des Cholerainfektionsstoffes«, deren Ausleerungen normal waren, offenbart mit einer signifikanten Regelmäßigkeit Bezeichnungen und Umschreibungen, die deutlich machen: Koch hat die Befunde vorerst nicht zum Anlass genommen, das angestammte ätiologische Modell zu revidieren. Um die logische Systemfähigkeit zu garantieren, deutete er nämlich die de facto gesunden Cholerainfizierten, deren Existenz im Widerspruch zu seinen ätiologischen Konzeptionen stand, zu Kranken um. So sprach er von den eben nur »*scheinbar* Gesunden«, die tatsächlich »*leichtesten Fällen* von asiatischer Cholera« mit »*kaum merkbaren Andeutungen* von Krankheitssymptomen« gleichkamen.[84] Eine analoge Bezeichnungspraxis bemühte Richard Petri, der von »*anscheinend* gesunden« Fällen und von Fällen »*an der Grenze des Gesunden*« berichtete.[85] An diesen Begleitwörtern und

80 Ebd., S. 215.

81 Ähnliche Resultate wurden von William Dunbar und Theodor Rumpel aus Hamburg gemeldet. Zu Dunbar vgl. Gaffky 1894, S. 110; Rumpel 1893, S. 162.

82 Koch 1893b, S. 215. Vgl. Petri 1893, S. 67.

83 Fleck 1999, S. 40, 44f.

84 Koch 1893b, S. 215, 217 [Kursivsetzung S.B.].

85 Petri 1893, S. 82 [Kursivsetzung S.B.].

Umschreibungen zeigt sich, wie die Bedeutungsbreite von Krankheitssymptomen ausgedehnt wurde, um die gesunden Cholerainfizierten in das bakteriologische Konzept einzupassen. Wer pathogene Bazillen beherbergte, war und musste aus bakteriologischer Perspektive als krank taxiert werden – selbst wenn sich die Krankheit aus klinischer Perspektive nicht manifestierte. Der Bazillenbefund allein reichte schließlich aus, um die Klassifikation ›krank‹ zu rechtfertigen. So konnte eine Infektion nach Koch verschiedenste »Abstufungen der Krankheit« bewirken, wobei die Erkrankungen »die ganze Stufenleiter von der schwersten, schnell tödlichen, bis zu den allerleichtesten, nur noch bakteriologisch nachweisbaren Fällen aufweisen«[86]. Unmissverständlich hielt Koch an seinem Standpunkt fest, dass selbst die »leichtesten Fälle« »echte Cholerafälle« waren und sie keinesfalls als Beweismittel gegen den »specifischen Charakter der Cholerabakterien« verwendet werden durften.[87]

Wie der Bakteriologe und Kliniker Georg Jürgens rückblickend bemerkte, war die Bakteriologie durch das Phänomen der gesunden Träger von Cholerainfektionsstoffen an eine Grenze geraten, die das Wesen der Krankheit vom Infekt trennte. Analog zu den Beharrungstendenzen bei Fleck, aber ohne auf dessen Terminologie zu rekurrieren, skizzierte Jürgens die Strategie der Umdeutung: Die Bakteriologie habe geglaubt, der Schwierigkeit dadurch zu entgehen, dass sie Infekt und Krankheit als gleichartige, nur in ihrem Ausmaß verschiedene Vorgänge auffasste. Dieses Vorgehen führte allerdings dazu, den Träger der Infektionsstoffe für einen »Kranken« zu halten, »der sich seiner Krankheit nur nicht bewusst wird«. Dass die Bakteriologie nach ihrer Begriffsauffassung keinen Unterschied zwischen Infekt und Krankheit anerkannte und den Infekt, letztlich also jeden Bazillenbefund im Körper, für eine symptomlose Krankheit hielt, qualifizierte Jürgens als »Verwilderung der Begriffe«.[88]

Es ist noch auf eine zweite Entwicklung im Zusammenhang mit dem Phänomen der gesunden Infizierten hinzuweisen. Wie Andrew Mendelsohn gezeigt hat, verschob sich der Fokus bezüglich der Träger von Infektionsstoffen im weiteren Verlauf der Choleraepidemie nämlich auf ein gänzlich neues Feld. Koch lancierte diese Neupositionierung oder Neuausrichtung der Bakteriologie in seinem Aufsatz zur Nachepidemie in Hamburg. Hier führte er erstmals die für traditionelle epidemiologische Studien charakteristischen Variablen Ort und Zeit ein: Er präsentierte Landkarten und Stadtpläne, erstellte Statistiken über verschiedene

86 Koch 1893b, S. 216.
87 Koch 1893a, S. 321f., Fn. 1.
88 Jürgens 1949, S. 186, 193.

klimatische, geographische und geologische Verhältnisse, erzählte die frühere Choleregeschichte des Gebiets und reihte Krankentabelle an Krankentabelle. Durch die Aneignung dieses epidemiologischen Instrumentariums, mit dessen Hilfe er das Muster der Krankheitsübertragung und -verbreitung durch die Infektionsstoffe im Feld aufzeigte, schuf Koch gleichsam ein neues Genre bakteriologischer Forschung und Erklärung: die bakteriologische Epidemiologie beziehungsweise die Bakteriologie als epidemiologische Feldwissenschaft.[89]

Die gesunden Träger von Cholerakeimen machte sich Koch dabei auf ganz spezifische Art und Weise nutzbar. Er umschiffte die ätiologische Gefahrenzone, indem er die gesunden Infizierten in das epidemiologische Setting mit einbezog und mit ihnen bisher ungeklärte Seuchenvorgänge zu lösen versprach.[90] Fokussierte man im epidemiologischen Kontext genauer auf die klinisch gesunden Träger des Infektionsstoffes, dann erhielt man eine Antwort auf die Frage, weshalb sich auch bei einer geringen Anzahl effektiver Krankheitsfälle und der Isolierung aller Kranken an einem Ort ein unerwartetes und plötzliches Anschwellen zu einer Epidemie beobachten ließ. Es waren die der Untersuchung bislang entgangenen »leichtesten Fälle«, die für die Choleraverschleppung die »allergefährlichsten« waren. Unbemerkt verschleppten solche Personen die Cholera »von einem Ort zum andern«, wobei sich »ihre Spuren« oftmals der Nachforschung entzogen. Aufgrund dieses neu konfigurierten Wissens bilanzierte Koch mit Blick auf Hamburg: Es wäre wohl kaum gelungen, des über die Stadt »in so massenhafter Weise ausgebreiteten Zündstoffes Herr zu werden«, hätte man nicht in so »nachdrücklicher Weise« die Cholera mittels bakteriologischen Untersuchungen »bis in ihre äußersten Schlupfwinkel verfolgt und jede auffindbare Spur des Infektionsstoffes unschädlich gemacht«.[91]

Das an dieser Stelle geprägte Diktum der Verfolgung eines Infektionsstoffes bis in die »hintersten Schlupfwinkel« – eine Metapher, die Koch 1888 erstmals verwendete –, sollte für die Methoden der Seuchenprophylaxe und -bekämpfung maßgeblich werden.[92] Dabei gilt es zu beachten, dass die epidemiologisch zunehmend zentraler werdende Stellung der gesunden Cholerainfizierten zusammen mit der Strategie, sie zu Kranken umzudeuten, zu neuen und weitreichenden Implikationen für die Keimpraktiken im Feld führte. Während nämlich Flügge bei der Ham-

89 Vgl. Mendelsohn 1996, S. 463.
90 Mendelsohn 1996, S. 471.
91 Koch 1893b, S. 216f.
92 Mendelsohn 1996, S. 472.

burger Epidemie die leichten Cholerafälle, die »gar keine merklichen Symptome machen«, noch zu den »Curiosa« zählte, die nicht zur Richtschnur der Prophylaxe gemacht werden durften, inthronisierte Koch sie zum Dreh- und Angelpunkt seiner Keimpraktiken im Feld und zum konstitutiven Bestandteil des bakteriologischen Gefahrenkonzepts.[93] Wenn auch gesunde Menschen virulente Bakterien in sich beherbergen konnten, dann war eigentlich jeder gemeingefährlich und verdächtig; die Verfolgung des Infektionsstoffes bis »in die hintersten Schlupfwinkel« damit aber auch ein Unterfangen, das nur mit größtmöglicher sanitätspolizeilicher Rigidität erreicht werden konnte und sämtliche Bevölkerungsgruppen in bisher unbekanntem Ausmaß involvierte.

Erste Hinweise auf die konkrete Ausgestaltung solcher Maßnahmen finden sich in einem Vortrag Gaffkys aus dem Jahr 1895. Der Cholerakeim war nach Gaffky nicht nur in den Darmentleerungen von an Cholera leidenden Personen vorhanden, sondern konnte genauso gut von Personen ohne Krankheitssymptome ausgeschieden werden. Unbestritten galt damit aber auch, dass mit gesunden Cholerainfizierten ebenso wie mit den erkrankten Personen und den Leichtkranken zu verfahren war.[94] Faktisch bedeutete dies, dass klinisch gesunde Menschen sorgfältig isoliert und desinfiziert werden mussten, bis sie wieder bazillenfrei waren – eine ungemein bedeutsame Erweiterung gegenüber den Ende der 1880er Jahre propagierten Keimpraktiken im Feld.

Auch im Zusammenhang mit Diphterie-Epidemien lassen sich solche tief einschneidenden Entwürfe für den Umgang mit klinisch gesunden Menschen eruieren. Der Königsberger Bakteriologe und vormalige Assistent Kochs, Erwin von Esmarch, plädierte 1895 für die automatische Meldung jedes Diphteriebazillenbefunds als echten Diphteriefall und für die Lancierung entsprechender Isolier- und Desinfektionsmaßnahmen. Die gesunden Menschen mit virulenten Diphterieerregern wurden als eventuelle »Diphterieverbreiter« bezeichnet, die aufgrund ihres Bazillenbefundes unter das Abwehrdispositiv der Bakteriologen fallen mussten.[95] Ein Jahr später entwarf Fraenkel eine »planvolle«, »zielbewusste« und »wirksame« Diphterieprophylaxe. Der infizierte Mensch, sei er nun an Diphterie erkrankt, rekonvaleszent, genesen oder völlig gesund, wurde darin zur »eigentlichen Quelle des Ansteckungsstoffes« erklärt, der »stets von neuem […] frische Schaaren von Streitern auf den Kampfplatz

93 Flügge 1893, S. 192.

94 Gaffky 1895, S. 153.

95 Esmarch 1895, S. 7f. Kritisch Hansemann 1895, S. 380.

[wirft] und [...] deshalb die Scene in entscheidender Weise [beherrscht].«[96] Menschen, denen man die Krankheit nicht ansah, konstruierte Fraenkel als Maskierte, als »Wölfe in Schafskleidern«, die ungestört ihre verderbliche Wirksamkeit ausübten. Fortlaufend würden sie frische Krankheitskeime in das durch »eiserne Durchführung der rücksichtslosesten Isolirung« und Desinfektion »mühsam gereinigte Gebiet« hineintragen und die Seuche so vorantreiben.[97] Alle der durch die bakteriologische Untersuchung ihrer »Tarnkappe« beraubten gesunden, rekonvaleszenten und genesenen Menschen mussten deshalb bis zum Verschwinden der spezifischen Keime isoliert werden. Obwohl sich Fraenkel bewusst war, dass sein »Feldzug gegen die Diphterie« das gesamte Land in ein »Isolirhaus« verwandeln und die »gelbe Seuchenfahne« zum »Reichspanier« erheben würde, bestand er auf dessen Berechtigung.

In seiner Rigorosität und Unerbittlichkeit mutierte Fraenkel zum Archetyp des bakteriologischen Isolationsfanatikers und manischen Bekämpfers jeglicher Spuren der Infektion – eine Rolle, die nach der Jahrhundertwende und besonders im Ersten Weltkrieg viele Nachahmer fand.

Denkstilerweiterungen

Trotz aller Beharrungsmechanismen und der Verschiebung des Fokus auf die Epidemiologie war die ursprünglich durch die gesunden Träger von Infektionsstoffen verursachte ätiologische Debatte nicht beendet. Ein Blick auf fachliche und populäre Publikationen zu Beginn des 20. Jahrhunderts zeigt, dass Bewegung in die ätiologische Frage gekommen war. So konstatierte der Hygieniker Paul Müller 1904, der erste Entdeckerrausch sei verflogen und einer gewissen Bescheidenheit gewichen:

> »da, wo wir bereits alle Details klar zu durchschauen glaubten, haben sich eine Fülle neuer Probleme aufgetan, [...] und wenn wir gewiß den ungeheuren Fortschritt anerkennen, den wir Kochs und seiner Schüler Entdeckungen verdanken, so müssen wir doch andererseits zugeben, daß wir derzeit noch weit von dem Ziele entfernt sind, das man bereits erreicht zu haben wähnte [...]. Es kann heute keinem Zweifel mehr unterliegen, daß die bloße Anwesenheit pathogener

96 Fraenkel 1896b, S. 895.
97 Ebd., S. 919.

> Keime […] durchaus noch nicht ausreichend ist, um eine Infektionskrankheit hervorzurufen.«[98]

Zeitgleich erschien in der *Vossischen Zeitung* ein Artikel mit dem Titel »Überschätzung und Grenzen der Bakteriologie im Lichte der neueren Forschung«.[99] Und auch die *Nation* verlautbarte zu den »bakteriologischen Dogmen«: Der Gegensatz zwischen der Lehre und den Beobachtungen am Menschen habe sich durch neue Feststellungen verschärft, weshalb eine »Änderung in der Haltung vieler Bakteriologen« festzustellen sei.[100] Wie kam es zu dieser Haltungsänderung bei den Bakteriologen?

Ein erstes Indiz dafür, dass selbst Bakteriologen im engsten denkkollektiven Kreis ganz allmählich ein Bewusstsein für den prekären Status ihres ätiologischen Wissens zu entwickeln begannen, bildet ein Diskussionsbeitrag Kochs vom September 1894, den er als ergänzende Betrachtung der Hamburger Choleraepidemie hielt. Während er in zwei Artikeln im Jahr 1893 noch klar und zweifelsfrei betont hatte, dass die Cholerabakterien »für sich alleine« imstande wären, Symptome auszulösen und der individuellen Disposition nur bezüglich der Intensität der Erkrankung eine Rolle zugestand, wirken seine Aussagen ein Jahr später bereits ambivalenter. So konzedierte er, man müsse bei der Cholera nebst dem Choleravibrio eine Anzahl von »Hilfsursachen« berücksichtigen, die man bisher in örtlichen, zeitlichen und individuellen Bedingungen gesucht habe. Ob mit dieser Feststellung das pathogene Bakterium im ätiologischen Modell seinen Status als notwendige *und* hinreichende Ursache tatsächlich verlor, wird im Verlauf von Kochs Ausführungen nicht eindeutig klar. Denn bei der Frage, welche Wertigkeit und Gewichtung den »Hilfsursachen« im ätiologischen Modell zukommen sollte, blieb Koch unentschieden. Einerseits insistierte er, man sei sich jetzt darüber einig, dass »*ein* ganz bestimmt charakterisierter Parasit *die* Ursache der Cholera ist«.[101] Zu diesem Parasiten als »der eigentlichen Ursache« der Cholera schienen sich die »Hilfsursachen« eher so zu verhalten, als ob sie vornehmlich für die Schwere der Krankheit verantwortlich wären. Andererseits zeichnete Koch für die Choleraätiologie das Bild einer »Kette von Bedingungen«, die einmal kurz, einmal lang sein konnte. Ein Glied der Kette (der Cholerabazillus) sei bekannt, von den anderen wisse man

98 Müller 1904, S. 1. Siehe auch Schanz 1904.

99 Die Überschätzung und die Grenzen der Bakteriologie im Lichte neuerer Forschungen, in: *Vossische Zeitung* Nr. 17 (1904), Beilage, S. 132-134.

100 *Die Nation* Nr. 28 (1903), S. 442.

101 Koch 1895, S. 263 [Kursivsetzung S.B.].

gegenwärtig noch zu wenig.[102] Hier erschien der Erreger nun relativ unvermittelt nicht mehr als die noch kurz zuvor postulierte »eigentliche Ursache«, sondern lediglich als ein – man möchte sagen – ›schlichtes‹ Glied einer Bedingungskette, die zur Krankheit führte. Damit allerdings wäre das pathogene Bakterium nicht mehr länger notwendige und hinreichende Ursache gewesen.

Ein weiteres Indiz für erste handfeste Zweifel am ätiologischen Modell ist eine Replik von Carl Fraenkel auf Einwände des Pathologen David von Hansemann. An diesem Beispiel lässt sich besonders gut illustrieren, wie selbst profilierte Anhänger der Orthodoxie seit Mitte der 1890er Jahre gewisse Strategien der Beharrung erstmals nicht mehr als opportun erachteten und infolgedessen eine bakteriologische Introspektion und Selbstkritik einsetzte. Von Hansemann hatte 1895 die ätiologische Bedeutung des Diphteriebazillus und die Serumtherapie in Frage gestellt und dabei betont, die Bakteriologen hätten ein solches Unfehlbarkeitsbewusstsein, dass sie unbedingte Anerkennung fordern und Kritiker einfach »Antibakteriologen« schimpfen würden. Damit halte man die Angelegenheit für erledigt. »Das ist aber«, so Hansemann, »nicht Wissenschaft, sondern Sectenwesen.« Selbst »terroristischer Methoden« bezichtigte er die Bakteriologen – Methoden, die ihn freilich niemals von seinen Anschauungen abbringen würden.[103]

In seiner Entgegnung zeigte sich Fraenkel überraschend einsichtig. Die Einsicht bezog sich allerdings weniger auf Hansemanns inhaltliche Kritik. Bedeutsam erscheint vielmehr Fraenkels Antwort auf dessen Klagen zum Umgang der Bakteriologen mit Kritikern. Den Bakteriologen stehe es nicht gut an, kritische Anschauungen von Nichtbakteriologen nur als »quantité négligeable« zu betrachten und nicht auf sie einzugehen. Das »vornehme Ignoriren« könne leicht als »Schweigen der Verlegenheit« gedeutet werden. Mit eindringlicher Bildsprache warnte Fraenkel vor den Konsequenzen eines Vorgehens, bei dem die Legitimität einer Sprecherposition einfach negiert wurde:

> »Wenn jemand immer von neuem behauptet, er habe die schärfsten Pfeile im Köcher, dieselben aber niemals abschießt, weil ihm der Gegner zu gering erscheine oder der Kampfplatz nicht behage, so verliert er rasch seine angebliche Furchtbarkeit, und bald sitzen ihm die Sperlinge auf der Nase, wie der Scheuche im Feld.«[104]

102 Ebd.
103 Hansemann 1895, S. 355, 381.
104 Fraenkel 1895, S. 172.

Auch bezüglich des »Sectenwesens und Dogmenthums« sei Hansemann durchaus zuzustimmen. Die Bakteriologie sei infolge ihrer Entwicklung durch wenige überlegene Geister vielfach in Gefahr geraten, »den Autoritätsglauben an die Stelle der freien Meinungsäußerung zu setzen und jede Abweichung von den Ansichten der Schule als Häresie zu bannen«. Fraenkel schien es wichtig, dass jede Anschauung zu Wort kam und ihr mit »Gründen«, nicht aber mit »Sentiments« begegnet wurde.[105]

Hansemann hatte in seiner Kritik an der ausschließlichen ätiologischen Bedeutung des Diphteriebazillus auf die Tatsache aufmerksam gemacht, dass Diphteriebazillen sich auch bei gesunden Individuen finden ließen. Ähnliche Befunde hatten die Bakteriologen selbst – wie oben dargelegt – bei der Choleraepidemie in Hamburg gemacht. Dabei war es Koch zunächst gelungen, die gesunden Cholerainfizierten zu Cholerakranken umzudeuten und damit keine Erweiterung des orthodoxen Infektionsmodells in Kauf zu nehmen. Im weiteren Verlauf des Jahrzehnts mehrten sich nun allerdings, analog zu den Befunden bei der Cholera, die Beobachtungen von virulenten Bazillen, die bei gesunden Menschen oft in großer Zahl nachgewiesen wurden, ohne für ihre Träger selbst die geringste Gefahr darzustellen. Man fand bei Menschen mit bester Gesundheit voll virulente Diphteriebazillen, Pneumokokken, Streptokokken oder Staphylokokken sowie Typhus- und Tuberkulose-Erreger.[106] Das Dogma von der Unfehlbarkeit der Ansteckung, das aus dem orthodoxen ätiologischen Modell der Infektionskrankheiten resultierte, musste angesichts der Massierung solcher Befunde über kurz oder lang fallen.

Die Öffnung des ätiologischen Modells basierte aber nicht nur auf den Feststellungen gesunder Infizierter. Beschleunigt wurde sie auch durch Resultate aus der frühen Immunitätsforschung.[107] Diese hatte sich ab ca. 1890 mit den erworbenen ›Abwehrkräften‹ des Makroorganismus auf das Eindringen von Mikroorganismen auseinander zu setzen begonnen. Nach der Einführung der Serumtherapie und wiederholten Immunisierungen tauchte dabei erstmals das Phänomen körperlicher Überreaktion beziehungsweise Überempfindlichkeit auf.[108] Behring argumentierte im Zuge seiner Studien über die »abnorme individuelle Ge-

105 Ebd. Anzumerken gilt jedoch, dass Fraenkel sich bezüglich der Bekämpfung der Diphterie sehr herablassend über Gegner wie z. B. Gottstein äußerte.

106 Vgl. Kober 1899 (für die Diphterie in den USA vgl. Hammonds 1999, Kap. 5.); Hilbert 1899; Jones 1900.

107 Vgl. Müller 1904, S. 5; Wieland 1908, S. 95.

108 Parnes 2003a, S. 429.

neigtheit zu krankhaften Lebensäußerungen« wie etwa Idiosynkrasie, Anaphylaxie oder Toxin-Überempfindlichkeit, man könne solche irregulären Reaktionen des Organismus als individuelle Disposition zu einer vom Arttypus abweichenden Lebensäußerung auf gewisse Stoffe definieren. Aufgrund seiner Hypersensitivitätsstudien wies er deshalb mit Blick auf das bakteriologische Infektionsmodell auf die prinzipielle Relevanz der individuellen Empfänglichkeit als Voraussetzung einer Krankheit hin.[109]

All diese Untersuchungen zeigten ab der Jahrhundertwende Wirkung.[110] Einen sicheren und für das bakteriologische Denkkollektiv repräsentativen Beleg für die faktische Erweiterung des ätiologischen Modells vermag ein Blick in das *Handbuch der pathogenen Mikroorganismen* von 1903 zu liefern. Im Kapitel »Wesen der Infektion«, verfasst von August Wassermann, dem damaligen klinischen Direktor des Instituts für Infektionskrankheiten, wird zunächst die Essenz der Infektion charakterisiert als das Eindringen eines lebendigen, vermehrungsfähigen Agens in den Organismus, dessen Vermehrung im Körper sowie die Krankheitserzeugung. Die Krankheitserzeugung selbst ist in dieser Definition des Infektionsbegriffs eingeschlossen. Obwohl Wassermann zunächst noch festhält, die »eigentliche Ursache« der Infektion und damit auch der Krankheit sei »ein von außen in den Organismus eingedrungenes Agens« und an anderer Stelle sogar hervorhebt, dass das »Ausschlaggebende« bei allen Infektionen der Infektionserreger sei, taucht im weiteren Verlauf des Textes ein neues Element in der Konfiguration des ätiologischen Wissens auf.[111] Um die Infektion (und damit auch die Krankheit) »zustande kommen zu lassen«, so Wassermann, müssten »gewisse Bedingungen« erfüllt sein. Diese Bedingungen brachte er einerseits mit dem individuell unterschiedlichen biologischen und chemischen Verhalten der Körperorgane in Verbindung, andererseits aber auch mit bestimmten angeborenen Schutzkräften des Organismus. Diese »Hinderniskräfte« würden einen Hauptteil dessen ausmachen, was als »persönliche Disposition« bezeichnet werden könne.[112]

Die Feststellung, dass für die Entstehung einer Infektionskrankheit auch »gewisse Bedingungen« notwendig waren, die neu mit dem als

109 Behring 1915, S. 184.

110 Auch die ab Mitte der 1890er Jahre zunehmende Einsicht in die Veränderlichkeit der Bakterien (Kap. 5.3) hatte einen gewissen Einfluss auf die Transformationsprozesse im ätiologischen Denken der Bakteriologen.

111 Wassermann 1903, S. 223.

112 Ebd., S. 225, 229.

dynamische Größe verstandenen Begriff der jeweiligen *Empfänglichkeit* beziehungsweise *individuellen Disposition* des Organismus gekennzeichnet wurden, findet sich nach der Jahrhundertwende regelmäßig in kanonischen Texten der Bakteriologie.[113] Der jeweilige Wert der im Infektionsprozess zusammen treffenden Faktoren – die Eigenschaften des infektiösen Mikroorganismus und des infizierten Makroorganismus – wurde dabei als abhängig von äußeren Bedingungen gedacht.[114] Im Gegensatz zur Koch'schen Setzung der Disposition bei der Choleraepidemie 1892/93, bei der sie als Erklärung für die Schwere der individuellen Erkrankung diente und damit nicht in die orthodoxe Ätiologie integriert werden musste, fand die variable Empfänglichkeit des Körpers in Form der Disposition nun definitiv Eingang in die bakteriologische Ätiologie.

Trotz dieser Denkstilerweiterung wird indes auch ersichtlich: Bei den neuen Bedingungen der Krankheitsentstehung, der Disposition oder Empfänglichkeit des Makroorganismus, handelte es sich *nicht* um Faktoren, die man dem pathogenen Mikroorganismus gleichstellte. Die konzedierte Disposition des Organismus war nur ein unterstützendes, ein »begünstigendes Moment« der Infektion.[115] Folglich hatte sie auch keinen Anspruch, als »ursächliche« Bedingung gewertet zu werden. Bereits die Ausführungen von Wassermann legen eine solche Lesart nahe (das »Ausschlaggebende« ist der Infektionserreger). Die Mehrzahl der Bakteriologen stützte sich denn auch nicht auf die Formulierung, die Entstehung einer Infektionskrankheit hänge von *zwei* gleichwertigen oder gleichberechtigten *»ursächlichen Faktoren«* beziehungsweise *»Ursachen«* ab. Für den Ausbruch der Krankheit, so der Hygiene-Professor Dittmar Finkler, seien noch immer »in allererster Linie« äußere Momente maßgebend.[116] Eindeutig liest sich auch der Eintrag Emil Gotschlichs im *Handbuch der Hygiene* von 1913. Obwohl Gotschlich einräumte, dass die »Krankheitsursache« – das »streng spezifische Agens« – »wie jede andere Ursache im Gebiete der Naturwissenschaften eben nur innerhalb bestimmter Bedingungen wirksam ist«, billigte er diesen »Bedingungen« nicht den Status

113 Vgl. Kolle/Hetsch 1908a, S. 53; Fränkel 1908, S. 307; Bischoff 1912, S. 2. Löffler sprach von der örtlichen, zeitlichen und individuellen Disposition, die für die Entstehung der Infektion von Bedeutung sind. Löffler 1910, S. 9. Zur Disposition als schwankende Größe vgl. Wassermann 1907, S. 203f.; Friedemann 1913, S. 708.

114 Vgl. z. B. Bischoff 1912, S. 2.

115 Vgl. Löffler 1910, S. 10.

116 Finkler 1907, S. 1573.

eines zweiten »ursächlichen Moments« zu. »Der belebte Erreger«, so Gotschlich, komme »als alleinige spezifische Ursache in Betracht«.[117]

Obwohl also die Ätiologie der Infektionskrankheiten unbestritten erweitert und differenziert wurde und als multifaktoriell gekennzeichnet werden kann, blieb der dominierende Ursachenstatus weiterhin dem Erreger vorbehalten.[118]

Die individuelle Disposition – das »asylum ignorantiae«

Trotz der offensichtlichen Denkstilerweiterung blieb es letztlich unklar, was genau unter den Begriff Disposition fiel, worauf diese beruhte und wie sie gegenüber ähnlichen Konzepten wie Konstitution, Diathese oder Dyskrasie abgegrenzt werden sollte. »Bisher ist das Moment der Disposition schwer zu erfassen« konstatierte 1912 ein Autor im renommierten *Lehrbuch für Militärhygiene*.[119] Felix von Szontagh erklärte in seiner 1918 publizierten Monographie *Über Disposition*, Bakteriologen und Immunitätsforscher würden zwar konzedieren, dass das Problem der bakteriellen Infektion ohne Annahme der Disposition nicht verstanden werden könne. Worin jedoch das Wesen der Disposition zu suchen sei, darüber würden sie nur Allgemeinheiten verbreiten.[120]

Woher kommt diese Unterdeterminiertheit der Disposition? Mehr Licht in das begriffliche und offensichtlich auch substantielle Dunkel

117 Gotschlich 1913a, S. 207. Eine Ausnahme davon bildet Behring, der 1914 von einer »Mehrheit von *ursächlichen Faktoren*« spricht, die er als »endogene« (Disposition) und »exogene« Krankheitsbedingungen bezeichnet. Disposition und Exposition zusammengenommen würden erst die volle Krankheitsursache ausmachen. Behring 1915, S. 185. Diese Formulierung ist vermutlich an Emile Roux angelehnt, der unter dem Begriff der Ursache die Gesamtheit aller an einem Zustand beteiligter Faktoren oder Komponenten verstand und dabei endo- und exogene Faktoren unterschied. Vgl. Hart 1922, S. 77.

118 Der Ursachenbegriff geriet, wie schon die Bemühungen von Hueppe und Martius zeigten, um 1900 immer mehr in Bewegung. In grundsätzlicher Hinsicht in Zweifel gezogen wurde die Berechtigung der »kausalen Denkungsweise« durch die Vertreter des Konditionalismus (vor allem durch Max von Verworn und David von Hansemann). Sie lehnten dabei auch eine Hierarchisierung notwendiger bedingender Faktoren ab. Demgegenüber hielten die Bakteriologen sowohl am Ursachenbegriff als auch an der Hierarchisierung bezüglich der Faktoren bzw. Bedingungen fest, die für die Entstehung einer Krankheit als notwendig erachtet wurden. Zur Debatte Kausalismus vs. Konditionalismus vgl. Hart 1922, S. 71-81; Engelhardt 1985, S. 39ff.

119 Bischoff 1912, S. 24. Siehe auch Finkler 1907, S. 1574.

120 Szontagh 1918, S. 110. Ähnlich Kisskalt 1914a, S. 489.

vermag ein Blick auf das thematische Umfeld zu liefern, in dem Dispositionsfragen verhandelt wurden. Ganz zentral lässt sich hier ein Fluchtpunkt ausmachen: Von individueller Disposition oder Empfänglichkeit war im bakteriologischen Diskurs immer im Zusammenhang mit der natürlichen Immunität oder natürlichen Resistenz die Rede. Dieses Untersuchungsfeld wurde von der jungen Immunitätsforschung neben dem bereits bestehenden Forschungsgebiet der künstlichen, erworbenen Immunität und den in diesem Zusammenhang erforschten »Abwehrwaffen« des Organismus (den spezifischen Antikörpern) mit wachsendem Interesse verfolgt. Allerdings lag der Hauptakzent der Immunologie weiterhin auf der erworbenen Immunität, da man die Erforschung der dem Menschen von Natur aus zur Verfügung stehenden, nicht auf spezifische Erreger abgestimmten Reaktionsweisen im Hinblick auf Diagnose, Prognose und Therapie der Infektionskrankheiten für weit weniger bedeutungsvoll einstufte.[121] Die natürliche Resistenz oder Immunität basierte nach Meinung der meisten Immunologen weniger auf anatomischen Verhältnissen oder Eigenschaften von Geweben, sondern maßgeblich auf den natürlichen »Schutzstoffen« oder »Schutzkräften« des Organismus, die analog den Antikörpern bei der erworbenen Immunität die Fähigkeit besaßen, Mikroorganismen zu vernichten. Gemäß den Studien von Hans Buchner waren es in erster Linie die zellfreien Körpersäfte, die bei der natürlichen Immunität die Abwehrrolle gegenüber den eindringenden Infektionserregern übernahmen. Buchner bezeichnete diese Stoffe im Serum »Alexine« (*alexein*, griechisch für: abwehren) und attestierte ihnen eine bakterizide, also bakterienauflösende Kapazität.[122] Ebenfalls eine Rolle zu spielen schienen die mobilen Phagozyten. Sie vermochten die Bakterien zu vernichten, nachdem diese von gelösten Stoffen im Serum (den so genannten »Opsoninen«) besonders vorbereitet worden waren.[123] Die Ansichten über die Bedeutung der Phagozyten wie auch der im Serum enthaltenen Schutzstoffe bei der natürlichen Immunität gingen allerdings weit auseinander. Überhaupt schien der Zustand der natürlichen Resistenz noch nicht gänzlich aufgeklärt. Vielmehr wurde darauf hingewiesen, dass vermutlich eine Reihe bislang unbekannter Faktoren im Spiel waren.[124]

121 Lange 1936, S. 803.

122 Buchner 1899.

123 Vgl. Hetsch 1912; Sobernheim 1908, S. 432.

124 Sobernheim 1908, S. 434. Zur zunehmend problematischen Existenz der »natürlichen« Antikörper für die Theorien der frühen Immunitätsforschung vgl. Keating 1991.

Die Disposition nun tauchte in all diesen Studien über die natürliche Immunität oder Resistenz immer als derjenige Begriff auf, der ihr Gegenteil, das heißt das Fehlen von Immunität zum Ausdruck brachte. Disposition war ein ausschließlich negativer Terminus, der seinen Inhalt und seine Legitimation über die Referenz auf die natürliche Immunität bezog. Sie entsprach einer aufgehobenen Immunität und zeichnete sich vor allem durch die Abwesenheit von natürlichen Schutzkräften beziehungsweise das fehlende Tätigwerden der normalen Antikörper (Alexine, Phagozyten) aus, über die jedoch noch kein abschließender und unanfechtbarer Kern von Wissen bestand. Sowohl experimentelle Tierversuche, mit denen Bakteriologen und Immunologen über die Manipulation unspezifischer Einflüsse auf den Organismus versuchten, die Bedeutung der natürlichen Resistenz zu erhellen, als auch statistische Erhebungen trugen wenig zu einer Konkretisierung des Dispositionsbegriffs bei.[125] Das vom Bakteriologen und Immunologen Hans Much im Jahr 1911 geprägte Diktum, die Disposition sei ein »asylum ignorantiae« und eine »Begriffslücke« war vor diesem Hintergrund ganz zutreffend.[126]

Gegen das Verständnis der Disposition als reine Negativfolie der natürlichen Immunität, die ihrerseits im Kern als abhängig von Menge und Wirksamkeit der natürlichen Schutzstoffe – den »Hauptwaffen« der natürlichen Resistenz – imaginiert wurde, opponierte eine Gruppe von Hygienikern, Bakteriologen, Klinikern und Pathologen. Sie forderten eine klarere Umgrenzung des Begriffes und eine Ablösung von der Vorstellung der Disposition als schlichte Antithese der natürlichen Immunität. Wichtige Fürsprecher eines neuen Verständnisses der Disposition waren Hueppe, Martius und Gottstein, daneben sprachen sich auch Karl Kisskalt, ein Mitarbeiter Flügges in Berlin und späterer Ordinarius für Hygiene in Königsberg, und David von Hansemann dezidiert für eine umfassendere Behandlung der Disposition aus.[127]

Auch wenn die Frage nach der Essenz der Empfänglichkeit von diesen Forschern unterschiedlich beantwortet wurde, harmonierten ihre Aussagen zumindest in einem Punkt: Die Disposition entsprach für sie einer spezifischen, »positiven« und bleibenden Eigenschaft, die in der Komposition und Beschaffenheit des Körpers begründet lag (sei es nun bezüglich der Anatomie, den Organen und Geweben oder der Reizempfänglichkeit von Körperzellen und Zellterritorien) und damit eng mit der

125 Hart 1922, S. 119.

126 Much 1911, S. 7.

127 Vgl. Kisskalt 1914; Hansemann 1912.

allgemeinen »Konstitution« zusammenhing.[128] Diese »Konstitution« des Körpers konnte ohne die Berücksichtigung von Vererbungsfragen nicht angemessen untersucht werden. Die individuelle Krankheitsdisposition, die Hueppe in seiner energetischen Betrachtung in der spezifischen Reizempfänglichkeit der Körperzellen beziehungsweise des »Protoplasmas« verortete, stellte man sich als hereditär vor.[129] Für die Herabminderung der »Prädisposition zur Erkrankung« forderte Hueppe dementsprechend eine *positive Hygiene*, die die Hygiene mit hereditärer Biologie verschmolz und den erblichen Krankheitsanlagen frühzeitig entgegentrat.[130] Abgesehen von der Berücksichtigung hereditärer Verhältnisse galt es die sozialen Einflüsse mit einzubeziehen. Gottstein machte sich besonders stark für die Diagnose und Analyse aller disponierenden Momente, die die »Konstitutionskraft« der Menschen herabsetzen konnten, wobei diese Momente primär in Faktoren sozialer Natur zu suchen waren (Wohnungsnot, wirtschaftliche Notlage, berufliche Missstände etc.).[131]

Insgesamt rückte diese Gruppe von Bakteriologen, Hygienikern und Klinikern die Disposition gegenüber Infektionskrankheiten also zunehmend in den Kontext der Konstitutions- und Sozialhygiene sowie die damit in Wechselwirkung stehenden eugenischen Denkansätze. Diese neuen, in ihren Konzeptionen, interdiskursiven Anschlüssen und gesundheitspolitischen Stoßrichtungen heterogen ausgeprägten Felder der Hygiene hatten sich um die Jahrhundertwende im Rahmen regionaler und kommunaler Bewegungen und Kooperationen zu etablieren begonnen.[132] Gottstein, Hueppe, Martius und Kisskalt hatten Kontakte mit oder engagierten sich in den neu begründeten sozialhygienischen Zirkeln und eugenischen Vereinigungen, die sich vor allem dem Alkoholismus und den chronischen Volkskrankheiten annahmen und auf die Bedeu-

128 Vgl. Wieland 1908.

129 Hueppe 1904b. Die Prädisposition galt Hueppe als »wahres Korrelat« der Immunität, insofern als die Immunisierung nur der Vermehrung von Fähigkeiten entsprach, die als Prädisposition bereits vorgebildet waren.

130 Vgl. Hueppe 1904a, S. 218.

131 Gottstein definierte die Disposition als Verhältnis zwischen der »durchschnittlichen Höhe der normalen Konstitutionskraft« (C) zur »Höhe der pathogenen Eigenschaften sämtlicher zum Menschen in Krankheitsbeziehungen tretenden Parasiten« (p). Gottstein 1897, S. 179, S. 191-193.

132 Zur Herausbildung der Konstitutionshygiene und Sozialhygiene in der durch Depression, fortschreitende Industrialisierung und zunehmenden Verelendung des Industrieproletariats gekennzeichneten Zeit um 1900 vgl. Baader 2005; Labisch 2004, S. 262-265. Zur Entstehung, Professionalisierung und Institutionalisierung der Eugenik und Rassenhygiene in Deutschland vgl. Weingart/Kroll/Bayertz 1992; Weindling 1898a.

tung der Erhaltung der »Konstitutionskraft« und die Gefahr hereditärer Krankheitsanlagen hinwiesen. Besonders erfolgreich bei der Initiierung und Ausweitung von gesundheitsfürsorgerischen Aktivitäten, die die Widerstandkraft der Unterschichten heben und der durch den gesellschaftlichen Modernisierungsprozess beförderten vermeintlichen »Degeneration« einen Riegel vorschieben sollte, war Gottstein im kommunalen Kontext der Gemeinde Charlottenburg.[133] Hueppe wiederum fühlte sich im Gegensatz zur sozialeugenischen Position Gottsteins den rassenanthropologisch-hierarchisierenden Prinzipien einer »arischen« oder »nordischen« Rassenhygiene verpflichtet.[134]

Diese Bewegung weg von der Bakteriologie hin zur Betonung der (ererbten) Konstitution/Anlage und sozialhygienischen Denkansätzen blieb für die Formation der Disposition im bakteriologischen Denkstil – zumindest vorläufig – ohne Folgen. Erst in der dritten Auflage des *Handbuchs der pathogenen Mikroorganismen* betonte Martin Hahn 1929, dass man sich neuerdings viel von der Konstitutionsforschung für die Aufklärung der Disposition von Infektionskrankheiten erhoffe.[135] In Hahns Artikel in der 2. Ausgabe des Handbuches von 1912 sucht man noch vergeblich nach einem solchen Hinweis. Tatsächlich hatte die deutsche Konstitutionspathologie in der ersten Dekade des Jahrhunderts zu den meisten Infektionskrankheiten wenig zu sagen und eine hereditäre (konstitutionsbiologische) Hygiene konnte lediglich bei den so genannten »sozialen« Krankheiten und »rassischen Giften« wie der Tuberkulose eine gewisse Erklärungsmacht für sich beanspruchen.[136] Der sozialhygienische Zugriff auf die Empfänglichkeit gegenüber Infektionskrankheiten beschränkte sich ebenfalls auf die »Proletarierkrankheiten« und war, wie die Aktivitäten Gottsteins belegen, vorwiegend auf kommunalpolitischer Ebene wirksam. Sozialhygieniker blieben in der Kaiserzeit noch zumeist marginalisiert und in ihrem Wirkungskreis beschränkt. Auch die Fortbil-

133 Gottstein 1925c, S. 21-29; Labisch/Koppitz 1999, XXXIV-XXXVIII; Stürzbecher 1959.

134 Zu Hueppes positiver Rezeption der rassenhygienischen Schriften von Alfred Ploetz und rassenanthropologischen Studien vgl. Weindling 1989a, S. 172f. Zum Programm der Rassenhygiene, das auf die Abwehr degenerativer Tendenzen in ganzen Populationen und auf die Hebung des durchschnittlichen generativen Niveaus ganzer Völker abzielte, vgl. allgemein Weingart/Kroll/Bayertz 1992, Abschnitt II; Moser 2002, S. 61ff.

135 Hahn 1929, S. 673ff.

136 Mendelsohn 2001, S. 54. Zur Ausbildung der Konstitutionspathologie durch Friedrich Martius vgl. Krügel 1984.

dungsmöglichkeiten in Fragen der sozialen Hygiene waren gerade in Preußen vor 1914 sehr gering.[137]

Wie ich im vierten Teil meiner Arbeit zeigen werde, sollte das neue Verständnis der Disposition erst nach dem Ersten Weltkrieg ins Zentrum der bakteriologischen Wissensordnung rücken.

5.3. Variable Bakterien

Auf der Basis des isolierten Wachstums homogener Bakterienkulturen auf festen, gelatinierenden Nährböden – der »Reinkultur« – war es den Bakteriologen gelungen, einzelne Mikroorganismen zu identifizieren und ihre Eigenschaften in morphologischer und biologischer Beziehung im Tierversuch und im Reagenzglas näher zu studieren. Eine Konklusion aus diesen Kulturverfahren und Methoden war die in den 1880er Jahren als anerkanntes Wissen geltende Annahme, dass eine Bakterienart – wie Fraenkel es formulierte – jederzeit und »unter allen Bedingungen und Ernährungsverhältnissen« im Wesentlichen dieselben »stetig gleich bleibenden Lebensäußerungen« und eine »stetig gleich bleibende Gestalt« aufweisen würde. Das durch die Labormethoden implementierte »gerichtete Gestaltsehen« im Sinne Flecks erlaubte es den Bakteriologen damit kaum, spontane und sprunghafte, das heißt unter natürlichen Bedingungen schnell ablaufende Veränderungen der Bakterienmerkmale als evident zu erachten. Koch selbst sah keinen Grund anzunehmen, dass die einmal zu »echten Parasiten« gewordenen Bakterien ihre charakteristischen und konstanten Eigenschaften unter natürlichen Bedingungen schnell und dauerhaft verändern würden.[138] Eine monomorphistische

137 Vgl. Hüntelmann 2008, S. 154; Moser 2002, S. 33f. Zur Entstehung einer kommunalen Gesundheitsfürsorge vgl. Vossen 2005. Dass die neuen Wirkungsfelder für die Reformgruppen und ihren Sozialaktivismus im Hinblick auf den Alkoholismus, die Tuberkulose und die Geschlechtskrankheiten im späten Kaiserreich jedoch nicht unterschätzt werden dürfen, hat Weindling 1989b hervorgehoben.

138 Koch rechnete nur mit über sehr lange Zeiträume hinweg stattfindenden, allmählichen morphologischen und biologischen Veränderungen bei Bakterien (vgl. Kap. 3.2). Die Möglichkeit einer künstlichen Virulenzabschwächung, von Pasteur in Paris bereits früh erprobt und von Gaffky und Löffler mit dem Verweis auf Pasteurs mangelhafte Methodik vehement negiert, schloss Koch nicht prinzipiell aus. Die künstliche Abänderung eines pathogenen Organismus in einen harmlosen war für ihn allerdings lediglich Beleg dafür, dass sich die pathogenen Arten vor langer Zeit einmal aus Saprophyten entwickelt hatten. Kochs Haltung zu den Abschwächungsversuchen Pasteurs referieren Mendel-

Konzeption der Bakterien war für Koch schlicht unerlässlich, benötigte er sie doch für das praktische Management der Infektionskrankheiten. Sowohl die bakteriologische Diagnostik als auch Quarantänen und Isolierung hätten kaum Gültigkeit beanspruchen können, wenn es zweifelhaft erschienen wäre, dass für eine Krankheit spezifische Bakterien in ihrer Form und physiologischen Eigenschaft konstant und deutlich zu unterscheiden waren.[139]

Zu Beginn der 1890er Jahre und vermehrt ab Mitte des Jahrzehnts tauchten nun aber Mitteilungen auf, die aufgrund von Laborbefunden den pathogenen Bakterien eine so genannte »Variabilität« attestierten. Für die bislang als absolut konstant erachteten Arten wurde also eine Veränderlichkeit der morphologischen und physiologischen Merkmale postuliert.[140] Nach dem Phänomen der gesunden Bazillenträger als erster ›Ausnahme‹ vom orthodoxen Denkstil warfen diese neuerlichen Abweichungen ein ganzes Bündel von Fragen auf: In welcher Beziehung standen die beobachteten Organismen zu den vermeintlich so charakteristischen und eindeutig einer Krankheit zuzuordnenden Infektionserregern? Waren sie ernst zu nehmen und aufgrund des ausgeprägten Dogmas der Artkonstanz von Bakterien als neue Art zu klassifizieren, die mit der spezifischen Krankheit nicht in einem direkten Zusammenhang standen? Waren sie seltene, bisher unerkannte, letztlich aber irrelevante Varianten des als ursprünglich und typisch gedachten spezifischen Erregers? Oder war die Fähigkeit der Bakterien zu variieren derart ausgeprägt, dass sie womöglich sogar das Gesetz der Artkonstanz bedrohte oder gar aufhob? Eine solche Aufhebung hätte allerdings bedeutet, dass im bakteriologischen Denkstil die Spezifitätslehre ebenso wie die Keimpraktiken im Feld umgehend als instabile Einheiten in Erscheinung getreten wären. Denn gesetzt den Fall, es bestünden nicht klar zu bezeichnende Übergänge zwischen den Arten oder gewisse Arten würden unvermittelt und beliebig Eigenschaften ablegen, die man ihnen ursprünglich zugeschrieben hatte, und spontan neue Eigenschaften annehmen: Wie konnte man dann noch glaubhaft von wohl charakterisierten Bakterien für jede spe-

sohn 1996, Kap. 3; Mazumdar 1995, Kap. 3. In Bezug auf die Versuche einer Virulenzerhöhung (Davaines Experiment) stand Koch auf dem Standpunkt, die erzielte Steigerung sei ein Resultat der Methodik und habe nichts mit Evolution zu tun. Vgl. Gaffky 1881.

139 Vgl. Amsterdamska 1987, S. 665.

140 Literaturbesprechung der frühen Variabilitätsforschung inkl. der wenigen bereits vor 1890 publizierten Mitteilungen über Variantenbildung bei Bakterien (Firtsch, Schottelius, Wasserzug) in Pringsheim 1910, S. 139ff. Vgl. auch Kruse 1910, S. 1122-1169.

zifische Infektionskrankheit sprechen und eine auf die Erreger zentrierte Seuchenbekämpfung betreiben? Konnten die pathogenen Bakterien in diesem Fall überhaupt noch als ursächliche Erreger von Infektionskrankheiten angesprochen werden?

Nicht gänzlich unveränderliche, atypische Kulturen

Einer der ersten Bakteriologen, der die verschiedenen Beobachtungen und experimentellen Resultate zur Variabilität von Mikroorganismen in einer Darstellung synthetisierte, war Walther Kruse. Der frühere Assistent Flügges und Privatdozent für Hygiene an der Universität Bonn wies 1896 in einem Handbuchartikel über die Biologie der Mikroorganismen darauf hin, dass die Bakterien gewissen Bedingungen, insbesondere »adäquaten« Nährböden, angepasst seien. Nahm man nun durch Veränderung des Nährbodens oder der Temperatur künstlich Eingriffe vor und modifizierte die lokalen Bedingungen, so ließen sich auch Veränderungen der Eigenschaften der Bakterien beobachten. Es entstanden »Variationen« beziehungsweise »Modifikationen«, die als »Standort- oder Ernährungsmodifikation« bezeichnet werden konnten.[141] Viele Bakterien zeigten nach Kruse indes nicht nur unter künstlich veränderten Bedingungen Variationen, sondern offenbarten auch unter natürlichen Verhältnissen eine »gewisse Labilität« in ihren morphologischen und physiologischen Charakteren. Die Erreger etwa des Milzbrandes, des Typhus oder der Diphterie dürfe man sich *nicht* als »starre, gänzlich unveränderliche Typen« vorstellen. Im Schlusskapitel hielt Kruse schließlich fest, dass die Variabilität der Bakterien »in der That eine sehr bedeutende« und kein Charakter als »absolut konstant« zu bezeichnen sei. Gerade in der Virulenz sah er denjenigen Charakter, der am wenigsten konstant war.[142]

Obwohl Kruse – wohlgemerkt ein Hygieniker, der ohne weiteres im engsten Kreis des bakteriologischen Denkkollektivs zu verorten ist – mit diesen Bemerkungen für eine Aufhebung des ursprünglichen Begriffes der Artkonstanz zu plädieren schien, wird bei einer genaueren Lektüre des Textes klar, dass seine reformatorische Tendenz nicht so weit reichte. Denn bereits im Kontext der künstlich erzeugten »Standortmodifikationen« betonte Kruse, dass diese regelmäßig dem »ursprünglichen Typus«

141 Kruse 1896, S. 477. Kruse selbst zeigte 1892, dass lanzettförmig wachsende Pneumokokken durch mehr als 100 Übertragungen auf veränderte Nährboden in Streptokokken umgewandelt werden konnten.

142 Ebd., S. 490-92.

weichen würden, wenn man die Bakterien rechtzeitig auf den »adäquaten« Nährboden übertrage. Und im Zusammenhang mit der Labilität verschiedener Erreger unter natürlichen Verhältnissen erklärte er, die Erreger von Milzbrand, Typhus oder Diphterie repräsentierten »jeder *einen* Typus«. Eindeutig für die Beibehaltung eines Verständnisses der Artkonstanz pathogener Bakterien spricht vor allem sein Schlusswort. Kruse insistierte, dass es gänzlich verkehrt wäre, unter dem allgemeinen Eindruck der Variabilität der Bakterien die »spezifischen Differenzen, die trotz alledem im Reiche der Bakterien bestehen«, zu missachten. Verschiedene Punkte sprachen für ihn dafür, dass die Erfahrungen über die Variabilität nicht geeignet waren, »die spezifischen Differenzen [der Bakterien] aus der Welt zu schaffen«.[143] Vorhandene Eigenschaften würden oft auf dem Weg der künstlichen Züchtung verloren gehen, Varietäten trügen meist »den Stempel unverkennbarer Degeneration«. Außerdem gelte es unter günstigen Bedingungen als erwiesen, dass die Konstanz der Art »außerordentlich groß« sei. Gerade die autochthone Entstehung von Krankheitserregern aus Saprophyten war nach Kruse in keinem Fall bewiesen. Züchtungsversuche in dieser Richtung hätten nur gänzlich ungenügende Resultate ergeben.[144]

Auch wenn Kruse also einräumte, dass sich eine absolut gedachte Konstanz der Bakterien nicht aufrechterhalten ließ und er damit von Fraenkels strikter Konzeptualisierung der Artkonstanz abwich, stellte die beobachtete Variabilität für ihn keine Bedrohung für das Verständnis charakteristischer Differenzen zwischen den einzelnen Bakterienarten dar. Die Bedeutung der Variabilität sah er in der Aufklärung der verwandtschaftlichen Beziehungen unter den Bakterien, welche die Phylogenese, also die Stammesgeschichte der Bakterien, erhellen würde.[145]

Im Gegensatz zu Kruse zogen andere Autoren aus den neuen Beobachtungen gravierendere Konsequenzen. Für Hueppe, der 1896 eine *Naturwissenschaftliche Einführung in die Bakteriologie* publizierte, entsprach die mit bakteriologischer Labormethodik sichergestellte Beständigkeit

143 Ebd., S. 492.

144 Ebd., S. 491, 492.

145 Ebd., S. 492. Den Nachholbedarf in Punkto Systematik und Nomenklatur der Bakterien beweisen die Bestrebungen des botanischen Bakteriologen Karl Bernhard Lehmann und von Walter Migula, Botanikprofessor an der Technischen Hochschule in Hannover. Beide publizierten Ende der 1890er Jahre je eine neue, »natürliche« Systematik der Bakterien, die auf botanischen Prinzipien basierte und die Phylogenese miteinzubeziehen versuchte. Lehmann/Neumann 1896; Migula 1897. Ein durchschlagender Erfolg war diesen Bemühungen zur Modifikation der Bakteriensystematik nicht beschieden. Kruse 1910, S. 1159.

der Bakterien keiner »echten Artkonstanz«.[146] Für ihn existierten damit auch keine an die Cohn'sche Systematik angelehnten »ursprünglichen Typen« beziehungsweise »Hauptformen« und auch keine »adäquaten« Nährböden wie bei Kruse. Sämtliche Erscheinungen einer Gleichartigkeit der Bakterienform und -physiologie mussten nach Hueppe als Produkt der Anpassung an die jeweiligen Bedingungen betrachtet werden und nicht als Arten im naturhistorischen Sinne. Die Beobachtung, dass man die bislang als beständig angenommene Eigenschaft der Bakterien, spezifische Krankheiten auszulösen, nach Belieben künstlich herabsetzen und auch steigern konnte, spreche dafür, dass die ganze Auffassung des Ursachen-Zusammenhangs bei Infektionskrankheiten neu überdacht werden müsse. Bakterien konnten nur dann Krankheit auslösen, wenn sie eine Disposition vorfanden, die die Menschen durch Vererbung oder durch eigenes und fremdes Verschulden besaßen: »Wo keine Anlage zur Seuche vorhanden ist, kann uns der Bacillus höchst gleichgültig sein.«[147] Die Koch'sche Auffassung von der Artkonstanz der spezifischen krankheitserregenden Bakterien als »Ursache« der Seuche verzichte von vornherein auf eine naturwissenschaftliche Darlegung. »Bei Sichtung alles zuverlässigen Materials«, schloss Hueppe, »[kann ich] auch nicht eine Thatsache finden, welche mit der Koch'schen Vorstellung von ›spezifischen‹ Krankheitserregern in Einklang steht.«[148]

Hueppe und seine Prager Mitarbeiter wiesen zudem darauf hin, dass bestimmte Klassifikationen von Krankheitserregern und die damit einhergehenden Abgrenzungen von Krankheitseinheiten nicht länger aufrecht zu erhalten seien. Bei der Säugetier- und Vogeltuberkulose etwa handle es sich nicht um zwei verschiedene Arten, wie Koch argumentiert habe, sondern um Differenzen innerhalb derselben Art.[149] Auch für die von der Orthodoxie postulierte Artentrennung zwischen dem »echten« Loeffler'schen Diphteriebazillus und dem so genannten »Pseudobazillus« beschritten die Prager neue Wege. Sie formulierten die »unitarische« These, die Pseudodiphteriebazillen müssten als abgeschwächte beziehungsweise saprophytische Modifikation zu den Diphteriebazillen gezählt werden. Sie entsprachen also wie im Fall der Säugetier- und Vogeltuberkulose einer Varietät derselben Art. Der bei Hueppe arbeitende Bakteriologe Leon Zupnik war sogar überzeugt, dass die Loeffler'schen

146 Hueppe 1896, S. 14.

147 Ebd., S. 83f.

148 Ebd., S. 152. Ähnlich Schürmayer 1898, S. 40ff.

149 Vgl. Schwalbe 1900, S. 1619. Ähnliche Positionen zur Inexistenz scharf gesonderter Einzelarten bei Tuberkelbazillen vertrat Lubarsch 1901.

Diphteriebazillen ebenso wie die Pseudodiphteriebazillen jeweils eine ganze Gruppe mehr oder weniger heterogener Mikroorganismen repräsentierten. Anlässlich eines Vortrags in der Gesellschaft deutscher Naturforscher und Ärzte äußerte er 1897 die These, angesichts der klinischen Einheitlichkeit der Diphterie bei gleichzeitiger Verschiedenheit ihrer Erreger sei bewiesen, dass für die Krankheit nicht die Mikroorganismen, sondern der Körper und seine Anlage maßgebend seien. Die Koch-Schule solle deshalb auf die ätiologische Deutung des Loeffler'schen Bazillus verzichten.[150]

Gegenüber den sehr weitreichenden Forderungen und Thesen der Prager Schule um Hueppe formierte sich deutlicher Widerstand aus der bakteriologischen Orthodoxie.[151] Einen bezeichnenden Einblick in die Mechanismen der Beharrung des Denkstils gibt eine Diskussion im Anschluss an den erwähnten Vortrag Zupniks.[152] William Dunbar, der während der Choleraepidemie 1892/93 als Direktor des Hygienischen Instituts nach Hamburg berufen worden war, bemerkte, Zupniks Untersuchung bestätige die bereits von anderer Seite vertretene Ansicht, dass gewisse Stämme pathogener Bakterienarten Abweichungen zeigen würden. Interessant ist nun die Bezeichnungs- und Validierungspraxis, die Dunbar für die Variabilitätsbeobachtungen Zupniks wählte. Mit Fleck könnte diese auch als »Konziliatorenarbeit« beschrieben werden, mit der Widersprechendes »erklärt« wird.[153] Dunbar hielt es nämlich für denkbar, dass sich die Loeffler'schen Diphteriebakterien »gelegentlich« morphologisch und kulturell »atypisch« verhalten würden. Er schlug vor, diese »Abweichungen von der Norm« als »atypische Cultur« zu bezeichnen.[154] Obwohl Dunbar also konzedierte, dass es Abweichungen gab, gelang es ihm mit seiner konziliatorischen Terminologie, die seinen Auffassungen widersprechenden Thesen Zupniks als nicht maßgeblich zu taxieren. Denn mit der »gelegentlich« auftretenden »atypischen Cultur« sicherte er zugleich die Existenz überwiegend vorkommender typischer Kulturen. Dunbar bemühte sich auch, die von Zupnik und von Hueppe ins Spiel

150 Zupnik 1898, S. 271.

151 Bereits Hueppes *Naturwissenschaftliche Einführung* wurde von Martin Hahn, der als Münchner Hygieniker keineswegs der bakteriologischen Orthodoxie zuzurechnen ist, als »durchaus eigenartig« abqualifiziert. Die Behandlung und Auswahl des Stoffes sei »eine sehr subjektive«. Hueppe, F., Naturwissenschaftliche Einführung in die Bakteriologie, Besprechung von M. Hahn, in: *BKlW* 5 (1896), S. 105.

152 Vgl. Zupnik 1898, S. 272ff.

153 Fleck 1999, S. 44.

154 Zupnik 1898, S. 272.

gebrachten ätiologischen Fragen auszublenden, indem er beteuerte, die ganze Debatte beruhe doch bloß auf einem Bezeichnungsproblem. Was die Prager »Varietäten« nannten, beschrieb Dunbar als Unterschiede zwischen einzelnen Stämmen derselben Art, als »atypische Culturen«. Dies aber, so Dunbar, seien Bezeichnungen, die alle gleich zulässig seien und sich nicht dazu eignen würden, »Schulmeinungen zu construiren«.[155]

Zupnik erwiderte im Verlauf der Diskussion, die von ihm geschilderten Tatsachen könnten unmöglich als atypisches Wachstum charakterisiert werden, ein »typischer« Loeffler'scher Bazillus sei gar nicht zu finden. Dunbar entgegnete daraufhin vehement, es bestehe überhaupt kein Zweifel, dass die Beschreibung Loefflers auf den »am weitaus häufigsten vorkommenden Typus« zutreffe und deshalb diejenigen Kulturen typisch seien, »welche sich so verhalten, wie Loeffler die Diphteriebakterien beschrieben hat«.[156] Damit machte Dunbar klar, dass er die von Zupnik postulierten Varietäten für praktisch bedeutungslos hielt. Obwohl er die Möglichkeit eines bakterieninhärenten Variierens einräumte, sah er in den vom schulmässigen Typus abweichenden Formen lediglich eine Abweichung von der am »weitaus häufigsten vorkommenden« Norm. Sie repräsentierten für ihn daher eher eine phänomenologische Störung und weniger die Essenz der Bakterienkompetenz als Pathogene. Die stilgemäße Konformität innerhalb des bakteriologischen Denkstils blieb gewahrt.

Dass die Variabilitätsstudien der 1890er Jahre von denkstilkonformen Bakteriologen zwar zur Kenntnis genommen wurden, man ihnen faktisch jedoch eine Bedeutung für das bakteriologische Wissenssystem absprach, deckt sich mit einem Eintrag Gotschlichs im *Handbuch der pathogenen Mikroorganismen*.[157] Er widmete sich im Kapitel zur Morphologie und Biologie der pathogenen Mikroorganismen auch ihrer Variabilität. Sämtliche Variabilitätserscheinungen ließen sich nach Gotschlich auf zwei Grundtatsachen zurückführen: Erstens existiere eine »individuelle Variabilität« innerhalb einer Art. Diese bedeutete für ihn allerdings nicht mehr, als dass Individuen der gleichen Spezies »nicht absolut«

155 Ebd.

156 Ebd., S. 274. Dass Löffler selbst Zweifel über die Eindeutigkeit der ätiologischen Bedeutung des Diphteriebazilllus formuliert hatte, blieb unberücksichtigt. Hammonds 1999, S. 50.

157 Eine Ausnahme davon bildete der ursprünglich der Koch-Schule entstammende Bakteriologe Bruno Schürmayer, der den Spezifitätsbegriff bereits vor der Jahrhundertwende als überholt und die Artenkonstanz als »Unding« bezeichnete. Schürmayer 1899b. Ablehnend dazu Baumgarten 1899, S. 726, Fn.*. Auch Behring sprach sich früh gegen die Artkonstanz aus. Vgl. Behring 1901, S. 81f.

gleichartig waren[158] – ein Wortlaut, welcher auffällig an Kruses Formulierung der »nicht gänzlich unveränderlichen« Arten erinnert. Zweitens zeige ein und dasselbe Bakterien-Individuum unter unterschiedlichen (künstlichen) Versuchsbedingungen bestimmte Variationen seiner Gestalt und Funktion. Er unterschied in diesem Zusammenhang zwei Kategorien: Am häufigsten komme eine temporäre Abweichung vom ursprünglichen Typus vor, die in der Regel einer »degenerativen Veränderung« entspreche. Seltener komme es zu einer »echten« Anpassung an die neuen Verhältnisse mit einer möglichen Aneignung neuer Eigenschaften. Solche Fälle aber seien »außerordentlich selten sicher konstatiert«. Wie schon Kruse betonte auch Gotschlich, es sei »praktisch wichtig« hervorzuheben, dass es noch nie gelang, einen der Erreger der menschlichen Infektionskrankheiten künstlich aus verwandten saprophytischen Arten zu züchten. An eine autochthone Entstehung von Seuchen war damit gar nicht zu denken. Bevor er konkreter auf einzelne Resultate der Variabiliätsstudien einging, bemerkte er daher – wohl mit Blick auf sehr weitreichende vermeintliche Umzüchtungsversuche –, dass man sich in Fragen der Variabilität der Bakterien sehr vor Täuschungen in Acht nehmen und alle Angaben immer streng auf ihre Zuverlässigkeit prüfen müsse.[159] Auch Gotschlich nahm also die Befunde der Variabilitätsstudien nicht als Bedrohung der Grundfesten des bakteriologischen Denksystems wahr.

Für die Beharrungstendenzen gegenüber dem variablen Bakterium lassen sich bis zur Jahrhundertwende also mehrere Strategien ausmachen: Die irritierenden Phänomene veränderlicher Bakterien wurden oftmals als degenerative Entwicklungen und Involutionsformen bezeichnet und damit entwertet, zudem als Resultate experimenteller Fehler oder bloß artifizieller Eingriffe erklärt und schließlich mittels spezifischer klassifikatorischer Bemächtigungsstrategien (Bezeichnungspraxis der »atypischen« Kulturen) dergestalt ins System eingepasst, dass die ursprünglich widersprüchlichen Beobachtungen zu mehr oder weniger bedeutungslosen Nebenbefunden schrumpften.[160]

158 Gotschlich 1903, S. 123.

159 Ebd., S. 126, 127.

160 Mendelsohn 2002 hat mit Blick auf die historiographische Eigenart der Bakteriologiegeschichte betont, dass Autoren wie Ludwik Fleck, Philipp Hadley, klinische und epidemiologische Kritiker der Bakteriologie, Gründer der Molekularbiologie und frühe Experimentalbiologen aus der Retrospektive eine ›schiefe‹ Geschichte der Variabilität geschrieben hätten. Frühe Variabilitätsstudien seien ausgeklammert und die bakteriologische Literatur der 1880er/1890er Jahre als durch das Dogma der Artkonstanz verdunkelt perzipiert worden. Auch wenn

Mutierende Bakterien

Ein bedrohliches, den Denkstil gefährdendes Thema stellte die Variabilität erst zu Beginn des 20. Jahrhunderts dar, als ein vorwiegend im botanischen Diskurs dominierendes Konzept in die Bakteriologie exportiert wurde. Durch die Arbeiten des holländischen Botanikers Hugo de Vries begann in der ersten Dekade des neuen Jahrhunderts der Begriff der »Mutation« in verschiedenen biologischen Diskursfeldern zu kursieren. De Vries hatte ihn 1901 und 1903 im Rahmen seiner Studien zur *Oenothera Lamarckiana* (Nachtkerze) eingeführt. Unter »Mutation« verstand er die plötzliche Änderung der genotypischen Anlage einer Pflanzenart, also eine Evolution in Sprüngen, die sich weder mittels Ernährung noch durch Selektion erzielen ließ.[161] Die individuelle, »fluktuierende« Variabilität – Variabilität im engeren Sinne – grenzte de Vries von der Mutation ab. Sie war für ihn ein Phänomen, das in jeder Generation regelmäßig vorkam und sich auf die Produktion einer Serie von Differenzen zwischen einzelnen Individuen einer Art beschränkte. Variabilität im engeren Sinne konnte nicht zu einem permanenten Überschreiten der Artgrenze führen, sondern bloß temporär festgestellt werden.[162] Die Entstehung einer neuen Art hingegen beruhte nach de Vries auf einer Mutation. Sie entsprang entweder der stoßweisen Veränderung einer vorhandenen »Einheit« – verstanden als Elementarbausteine der Eigenschaften der Organismen – oder dem plötzlichen Entstehen einer neuen »Einheit«. Nicht die Größe der Veränderung des Artmerkmals war dabei entscheidend, sondern ihr plötzliches Auftreten.[163]

Mit de Vries' Untersuchungen wurde zum ersten Mal bewusst die Existenz und Relevanz sprunghafter und nach der Mutation auch dauerhafter erblicher Varianten postuliert, während man in der Bakteriologie bislang in losem Anschluss an Darwin immer nur mit einer ganz allmählichen Artentwicklung gerechnet hatte.[164] Die Anwendung des neuen Begriffs auch in der Bakteriologie sollte nicht lange auf sich warten lassen.

ich diese Einschätzung für die zitierten Autoren teile, so muss im Hinblick auf den deutschen Kontext festgehalten werden, dass die frühen Variabilitätsstudien innerhalb des bakteriologischen Denkkollektivs zumindest bis zur Jahrhundertwende keineswegs auf große Resonanz stießen.

161 De Vries 1901/1903.

162 Vgl. Weldon 1902, S. 366.

163 Vgl. Sohn 2001, S. 24, 26.

164 Vgl. Mendelsohn 2002, S. 23. Wie spätere Untersuchungen zeigen sollten, entsprach die von de Vries beschriebene Formbildung nicht einem Fall von Mutabilität, sondern war auf Bastardspaltung zurückzuführen. Lehmann 1916, S. 549f.

Nach Olga Amsterdamska wurde der Name und das Konzept der Mutation erstmals von Max Neisser und Rudolf Massini bei der Besprechung des *Bacterium coli mutabile*-Stammes 1906/1907 in die bakteriologische Literatur eingeführt.[165] Allerdings hatte schon Koch den Begriff im Rahmen seiner Studie über Trypanosomen (eine Gruppe vorwiegend in den Tropen und Subtropen vorkommender Protozoen) verwendet und dabei einen für das Beharrungsvermögen des bakteriologischen Denkstils charakteristischen Umgang mit der neuen Konzeption offenbart.

Im Jahr 1904 publizierte Koch einen Vortrag, in dem er über seine Beobachtungen zu Trypanosomenkrankheiten in Afrika berichtete. Nach der Aufzählung der in der Literatur bekannten Trypanosomen und der entsprechenden Krankheiten (Tsetsekrankheit, Surra, Mal de Caderas, Trypanosomiasis des Menschen, Trypanosoma Theileri, Trypanosomiasis der Ratten) machte Koch darauf aufmerksam, dass sich die Krankheiten in zwei verschiedene Gruppen aufteilen ließen. Bei den Trypanosomiasis der Ratten und der von Theiler entdeckten Trypanosomenkrankheit seien die zugehörigen Protozoen in ihren wichtigsten Eigenschaften (morphologisches Verhalten, Virulenz, Verhalten zum Wirtstier) deutlich charakterisiert, konstant und von den übrigen Trypanosomen »scharf abgegrenzt«. Bei den anderen Trypanosomenkrankheiten indessen seien die Protozoen in ihren Haupteigenschaften schwankend und unbeständig; eine Abgrenzung sei damit nicht möglich.[166] Wie ging Koch mit den inkonstanten Trypanosomen um? Mit welchen Kategorien erfasste und bewertete er diese Erscheinung?

Nach Koch lag die Erklärung für die Eigenschaften der zweiten Gruppe darin, dass hier die Parasiten erst »eine verhältnismäßig kurze Zeit« auf dem Wirt lebten, ihm deshalb »noch nicht völlig angepasst« waren und sich noch nicht zu »festen Arten« entwickelt hatten. Die Trypanosomen mit konstanten Eigenschaften waren demgegenüber schon seit sehr langer Zeit ausschließlich auf die zugehörigen Wirte angewiesen, hatten sich ihnen »auf das engste angepasst« und waren »zu festen Arten« geworden. Ähnlich wie bereits bei früheren Arbeiten zeichnete Koch hier das Bild einer allmählichen und über sehr lange Zeiträume durch Anpassung an die Umgebung erfolgenden Artbildung. Dieser an die Darwin'sche Evolutionslogik anschließenden Erklärungsweise fügte er allerdings noch einen weiteren Abschnitt bei, der ein neues Konzept lancierte. Es mache den Eindruck, so Koch, als ob bei den Trypanosomen der zweiten Gruppe

165 Amsterdamska 1991, S. 193.
166 Koch 1904, S. 465.

ähnliche Verhältnisse vorlägen, wie de Vries sie gefunden habe; sie befänden sich in einer »Periode der Mutabilität«.[167]

Irritierend an der Passage ist, dass Koch zwar auf de Vries und dessen Begriff der »Mutationsperiode« Bezug nimmt,[168] ihm allerdings bezüglich der Theorie der sprunghaften, stufenweisen Artneubildung nicht folgt. Vielmehr spricht er zeitgleich von allmählich stattfinden Anpassungsvorgängen und sich langsam herauskristallisierenden Arten, die zunehmend fester werden und schließlich kaum mehr veränderlich scheinen. Es entsteht der Eindruck, als ob Koch de Vries zitiert, um einen Anschluss an aktuelle biologische Diskurse zu markieren, mögliche Implikationen für die Spezifitäts- und Artkonstanzvorstellungen allerdings nicht mitreflektiert und möglicherweise auch gar nicht erkennt.

Im weiteren Verlauf der Arbeit machte Koch klar, welche Bedeutung er den Beobachtungen über die inkonstanten Trypanosomen für sein Spezifitätsschema tatsächlich beimaß. Mit Blick auf die Malariakrankheiten argumentierte er, dass man zunächst auch bei diesen Abweichungen festgestellt und daraufhin immer neue Arten von Malariakrankheiten eingeführt habe. Bei einer gründlicheren Untersuchung stellte sich aber heraus, dass man es nur mit drei Arten zu tun hatte, die konstante Eigenschaften besaßen. Auch bei den Trypanosomenkrankheiten wollte es Koch so halten: »[N]ur diejenigen [sollen] als besondere Krankheiten gerechnet werden, welche bestimmte und unveränderliche Eigenschaften haben«.[169] Der Koch'schen Spezifitätslehre, die davon ausging, dass jeder einzelnen wohldefinierten Krankheit auch ein scharf charakterisierbarer Erreger entsprach, war damit Genüge getan. Die Trypanosomen mit inkonstanten Eigenschaften wurden vorerst einfach nicht in die Spezifitätsüberlegungen mit einbezogen.

Auf die Dauer gab sich Koch allerdings nicht mit dem Befund zufrieden, es existierten Trypanosomen, die aufgrund ihrer schwankenden und unbeständigen Merkmale nicht einer spezifischen Krankheit zugeordnet und mit der Spezifitätslehre in Einklang gebracht werden konnten. Bereits 1905 suchte er nach einer Lösung, um sämtliche Trypanosomenarten mit Sicherheit voneinander unterscheiden zu können. Dies schien ihm umso unentbehrlicher, als die Maßnahmen, die gegen die betreffenden Seuchen zu ergreifen waren, nur dann greifen konnten, wenn eine zuverlässige Diagnose existierte. Ein Jahr nach seinem ersten Artikel über die Trypanosomenkrankheiten konnte Koch schließlich vermelden, dass

167 Ebd., S. 464.

168 Vgl. De Vries 1901, S. 145ff.

169 Koch 1904, S. 469.

man zumindest bei zwei der bisher weniger gut charakterisierten Trypanosomen Unterschiede bei den Geschlechtsformen habe feststellen können, die sich für die Trennung der Arten verwerten ließen. Die neu gefundenen Kennzeichen waren so ausgeprägt und konstant, dass Koch sie in sein Spezifitätsschema einfügen konnte.[170] Er sah sich damit in seiner Annahme bestätigt, dass man es letztlich mit klar voneinander unterscheidbaren Arten zu tun habe und die beobachteten Abweichungen nicht länger relevant seien – schon bei der Malaria hätten sich diese ja als »nur scheinbar« und »unbedeutend« erwiesen und eine ernsthafte Erörterung entbehrlich gemacht.[171]

Größere Aufmerksamkeit und denkkollektives Gewicht erhielt das Phänomen der Variabilität wie bereits angedeutet durch eine Studie von Rudolf Massini 1907 zu einem Fall von sprunghaftem Variieren bei Bakterien. Die Untersuchung sollte der Variabilitätsproblematik zu einer breiteren Anerkennung verhelfen und stellte auch die erste reale Gefahr für die älteren Ideen der Bakterienkonstanz und strengen Spezifität dar. Es ist aufschlussreich, die Umstände der Einführung von Massinis Ergebnissen etwas genauer zu betrachten. Auf der ersten Tagung der freien Vereinigung für Mikrobiologie 1906 kündigte der Frankfurter Bakteriologe Neisser Forschungsergebnisse seines Schülers Massini einem großen Kreis von Bakteriologen an und richtete die Aufmerksamkeit auf einen Fall »echter Mutation im Sinne de Vries«.[172] Betrachtet man die Originalarbeit Massinis, so wird rasch ersichtlich: Eine Mitteilung zu »Mutationen« und generell zu Variationen bei Bakterien, die sich an einen allgemeineren bakteriologischen Kreis richtete, war im Jahr 1907 offenbar nicht ohne vorherige denkstilkonforme Absicherungen, Bekenntnisse und Sicherheitsnetze möglich. »Mit Beobachtungen über Variabilität von Bakterien in die Öffentlichkeit zu treten, scheint heutzutage für einen Bakteriologen verwunderlich«, leitete Massini seine Ausführungen überaus vorsichtig ein.[173] Vor allem eine Abgrenzung gegenüber alten transformistischen Figuren schien ihm unentbehrlich, betonte er doch eilfertig, dass sich Umwandlungsversuche eines Nägeli oder Billroth als nicht stichhaltig herausgestellt hätten und es aufgrund primitiver Methoden damals gar nicht möglich gewesen sei, einzelne Arten sicher zu trennen. Ganz zu Recht suche man gegenwärtig die Arten, wo immer nur

170 Koch 1905, S. 475f.
171 Vgl. Koch 1904, S. 469.
172 Neisser 1906. Zur Mitteilung Max Neissers und der Studie von Rudolf Massini vgl. Amsterdamska 1987.
173 Massini 1907, S. 250.

möglich, zu trennen. Auch den in letzter Zeit betriebenen Variationsversuchen sollte nach Massini größtes Misstrauen entgegen gebracht werden, da man nirgends die nötige Garantie für die »dauernde Reinheit und Einheit der Kultur« hatte.[174]

Dass Massini nach dieser Einführung überhaupt noch eigene Resultate im Feld der Bakterienvariation vortragen wollte, mutet fast wie ein textimmanenter Fehlschluss an – derart prominent referierte er die orthodoxen Kritikpunkte an Varietätenbildung bei Bakterien. Es musste ihm viel daran gelegen sein, seine Position innerhalb des bakteriologischen Denkkollektivs zu festigen und sich als Teil dieses Denkkollektivs auszuweisen. Wiederholt unterstrich er die verschiedenen Verfahren zur Sicherstellung einer einheitlichen Reinkultur und antizipierte Kritik an möglichen Fehlerquellen, indem er diverse Zusatzversuche anstellte. Massini tat wohl gut daran, sich so umfassend abzusichern, unterminierte doch seine Studie die These, Bakterien hätten sich vielleicht in vergangenen Erdperioden aus anderen entwickelt, seien jedoch nicht fähig, plötzlich neue und zudem positive, für die Artbestimmung relevante Eigenschaften anzunehmen. Genau dies aber war sein Resultat: Bakterien der Typhus-Koli-Gruppe, die ursprünglich unfähig waren, Laktose zu vergären und sich wie Typhusbazillen verhielten, erwarben diese Eigenschaft während der Beobachtung und wurden damit Kolibakterien ähnlich.[175] Nach Massini vererbten die Keime ihre neu erhaltene Eigentümlichkeit sofort konstant weiter und bewahrten sie selbst unter abnormen, schädigenden Bedingungen. Seine Arbeit bildete daher einen Beitrag der Bakteriologie zur Mutationstheorie, wie sie de Vries für die Botanik ausgeführt hatte.[176]

Vom orthodoxen Denkkollektiv wurde gegen Massinis Ergebnisse kaum Widerspruch erhoben.[177] Ganz im Gegenteil: Verschiedene Bakteriologen entdeckten bald darauf dem *Bacterium coli mutabile* ähnliche Bakterienstämme, bei welchen ebenfalls die plötzliche Abspaltung von milchzuckerzerlegenden Arten zu beobachten war.[178] Das Mutationsproblem bei Bakterien fand im Anschluss an diese Untersuchungen eine

174 Ebd., S. 251.

175 Ebd., S. 274ff.

176 Ebd., S. 290.

177 Lediglich beim Verfahren zur Gewinnung der Ausgangskulturen wurde moniert, es biete keine Gewähr, dass es sich bei den Neubildungen nicht um Verunreinigungen handle. Lehmann 1916, S. 548. Die von R. Burri veröffentlichte Tuschepunktkultur gestattete dann jedoch, sich mit dem Mikroskop von der einheitlichen Reinheit der Kultur zu überzeugen.

178 Vgl. Müller 1912, S. 308.

sehr rege Erörterung, so dass in einem 1914 publizierten Sammelreferat bereits gegen 300 Arbeiten unter Einbezug älterer Variabilitätsstudien aufgelistet waren.[179]

Obwohl im Laufe der Zeit Einwände gegen die Anwendung des Begriffs der Mutation auf die Verhältnisse bei Bakterien formuliert wurden und sich die Unterscheidung von Mutation, Variation, Fluktuation und Dauermodifikation mitunter recht diffus gestaltete, eröffnete Massinis Arbeit die Epoche einer nunmehr als »exakt« und »rationell« bezeichneten, breit rezipierten Variabilitätsforschung.[180] Eine neue Generation junger Bakteriologen wie Erich Seligmann und Georg Sobernheim trat auf den Plan. Sie zog die Grenzen der Umwandlungsmöglichkeiten von Bakterien zuweilen sehr weit und postulierte eine große Willkür bezüglich der Richtung, welche die Mutationen einschlagen konnten.[181]

Dynamisierung von Artbegriff und Spezifitätslehre

Den meisten Bakteriologen war nach 1900 klar, dass ein eng begrenzter Begriff der Art im Sinne eines strengen Monomorphismus nicht aufrechterhalten werden konnte. Diese Haltung gründete auf den zunächst beobachteten Phänomenen kontinuierlicher Variantenbildung innerhalb einer Art. Eine erste, wenn auch begrenzte Öffnung des Artbegriffes gegenüber der orthodoxen Konfiguration des Denkstils hatte damit bereits eingesetzt. Massinis Mitteilung führte nun zu einer weiteren Modifikation. Aufgrund seiner Untersuchung konnte nicht länger negiert werden, dass sich Bakterieneigenschaften, die sogar zur Artbestimmung benutzt worden waren, mitunter mutationsartig veränderten. »Die Zeit, in der man sagen konnte: auch in dem Reiche der kleinsten Lebewesen macht die Natur keine Sprünge, ist vorbei« resümierte ein Autor 1914.[182] Fleck, der in seiner Monographie kurz auf Massinis Studie verwies, sah in dessen Untersuchung eine Anregung für eine »Denkstilumänderung«.[183] In der Tat: Bei der zunehmenden Akzeptanz der Mutationsphänomene und

179 Eisenberg 1914.

180 Zur Kritik an der Übertragbarkeit der »Mutation« auf bakteriologische Phänomene vgl. Pringsheim 1910; Reichenbach 1919, S. 63. Zur unterschiedlichen Bezeichnungspraxis vgl. Baerthlein 1918, S. 371; Baerthlein 1913, S. 1f. Zur Qualifikation von Massinis Studie als »exakte« Forschung vgl. Friedemann 1929; Loghem 1926, S. 382. Zur »rationellen Variabilitätslehre« im Anschluss an die »exakte Erblichkeits- und Variabilitätslehre« vgl. Eisenberg 1912, S. 305.

181 Sobernheim/Seligmann 1910.

182 Sleeswijk 1914, S. 395.

183 Fleck 1999, S. 123.

der Ausweitung des Begriffs der Mutation (also der Vorstellung diskontinuierlicher Variation) auf immer mehr Erscheinungsgruppen stellte sich unweigerlich die Frage, welche Konsequenzen mit der Assimilierung dieses Wissens in den Denkstil verbunden waren. Gefährdeten die nunmehr als unanfechtbar wahrgenommenen Mutations-›Tatsachen‹ nicht den Artbegriff an sich und das Prinzip der Artkonstanz? Und war es weiterhin legitim, eine strenge Spezifitätslehre zu vertreten, wenn Bakterien über Nacht und willkürlich die für die Artunterscheidung relevanten Merkmale ablegen oder neue annehmen konnten?

Wie in einem Sammelreferat zu den Mutationsstudien bemerkt wurde, betrafen die spontanen Variationserscheinungen teilweise ganze Merkmalkomplexe, die bisher zur Artbestimmung benutzt worden waren. Die Frage, ob die Umwandlungen über die Artgrenze hinaus führen konnten, sei vom botanischen Standpunkt noch sehr umstritten, unter anderem auch deshalb, weil man nicht auf eine allgemein anerkannte Bakteriensystematik zurückgreifen könne.[184] Eine Lösung für diese Problematik präsentierte Gotschlich 1913 im renommierten, von Rubner und von Gruber herausgegebenen *Handbuch der Hygiene*. Auf den resignierten Einwand, der Artbegriff und die scharfe Unterscheidung von Rasse, Typus etc. hätten mit den Mutationsprozessen ihre Bedeutung verloren, räumte er ein, dass man den Begriff der Art in seiner starren und unveränderlichen, konstanten Form theoretisch nicht mehr aufrecht erhalten könne. Unter praktischen Gesichtspunkten hingegen würde man bei Berücksichtigung der gesamten Verhältnisse – morphologische und biologische Merkmale des Erregers, insbesondere sein pathogenes Verhalten und die spezifische Serumreaktion – noch immer zu einer richtigen Beurteilung des Falles kommen.[185] Der Artbegriff war für Gotschlich damit weiterhin operativ. Auch andere Bakteriologen stimmten mit dieser Sichtweise überein. Für Reiner Müller etwa erschütterten die Mutationsstudien den Aufbau der Koch'schen Bakteriologie nicht in seinen Grundfesten. Praktisch durfte man seiner Meinung nach eben so sicher wie bisher verschiedene Bakterienarten festhalten; die Mutationsforschung hatte einfach zu einer Ausfüllung bestehender Lücken geführt.[186]

Für die Versuche, Mutationserscheinungen in den Artbegriff zu integrieren, prägte Philipp Eisenberg den Ausdruck »dynamischer Speziesbegriff«. Die Art schloss demnach eine Summe von »Verwirklichungs-

184 Eisenberg 1914, S. 132f. Zu den Bemühungen zur Schaffung eines »natürlichen« Systems der Bakterien vgl. Fn. 145.

185 Gotschlich 1913a, S. 223.

186 Müller 1912, S. 322.

möglichkeiten« mit ein; zu ihrer Charakteristik gehörte nicht nur die Modifikabilität, sondern auch die Mutabilität. Der Arttypus wurde durch die Mutation gleichsam ausgebaut.[187] Dass diese Dynamisierung des Artbegriffs keine periphere Setzung Eisenbergs war, sondern auch im esoterischen Kreis Aufnahme fand, belegt Flügges *Grundriss der Hygiene*. Alle aufgrund von Mutationen beobachteten Abweichungen bei Bakterien bildeten nach Flügge lediglich einen Teil der »Arteigentümlichkeit« der jeweiligen Spezies und führten nicht zu einem völligen Verwischen der Artcharaktere. Je vollständiger man diese Besonderheiten kenne, desto besser gelinge die Abgrenzung der Art.[188] Zur Frage der Artkonstanz notierte auch Wilhelm Kolle, dass bei Phänomenen der Mutation, Anpassung und Variation letztlich keine neuen, nicht im Keimplasma prädisponierten Merkmale entstehen könnten. Bei diesen Phänomenen sei niemals ein Verlust aller Artmerkmale, einschließlich der antigenen Funktionen, beobachtet worden. Die Konstanz der Spezies blieb für ihn damit als Konsequenz der Kontinuität des Keimplasmas gewährleistet.[189]

Auch für die Lehre von der eindeutigen und konstanten Beziehung pathogener Bakterien zur jeweilig spezifischen Infektionskrankheit lässt sich eine Dynamisierung konstatieren. Mit der Akzeptanz weitreichender Variabilität der Bakterienmerkmale, selbst bezüglich ihrer pathogenen Qualität, wurde zwar nicht grundsätzlich von der Spezifitätslehre abgerückt. Sie erfuhr aber insofern eine Erweiterung, als die Spezifität in theoretischen Erörterungen nicht mehr wie bisher als etwas Starres oder schlechthin Gegebenes betrachtet wurde, sondern als veränderliche Größe und Produkt der Variabilität »im Sinne einer nach einer bestimmten Richtung hin mehr oder minder weit ausgebildeten Differenzierung«.[190] Für den Praxiskontext resultierte aus der vertieften Anschauung über die Spezifität, dass man sie nicht zu eng fassen und nicht bloß die Eigenschaften der betreffenden Mikroben berücksichtigen durfte.[191] Zunehmend wichtiger wurden spezifisch-bakteriolytische oder spezifisch-agglutinierende Seren erachtet, die durch die Aktivität der Erreger ausgelöst wurden und in ihrem Verhalten als außerordentlich konstant galten.[192]

187 Eisenberg 1914, S. 134, 135.
188 Flügge 1915a, S. 542.
189 Kolle 1912, S. 899. Ähnlich Sleeswijk 1914, S. 398.
190 Gotschlich 1912, S. 155. Wassermann 1911 entwarf für die Charakterisierung der Spezifität bei Bakterien das Bild einer »Lichtquelle«, die ein »stärkstes Maximum, aber auch ihren Zerstreuungskegel« hat (S. 192).
191 Gotschlich 1912, S. 155; Wassermann 1911, S. 192.
192 Vgl. Gotschlich 1913, S. 211.

Was bedeutete nun die Dynamisierung von Artbegriff und Spezifitätslehre für die Keimpraktiken im Feld? Optimistisch hielt Müller fest, dass die Ergebnisse der Mutationsforschung für die differentialdiagnostische Praxis nicht etwa ein grundsätzliches Hindernis, sondern vielmehr ihre Vervollkommnung bedeute:

> »Wenn uns unter Hunderten regelrechter Typhusstämme einer begegnet, der nicht durch das spezifische Tierserum agglutiniert wird, oder der auf Glyzerin-Lackmus-Agar in blauen statt in roten Kolonien wächst, oder dessen Kolonien ein ganz abweichendes Aussehen aufweisen, so werden wir heute nicht mehr so leicht wie früher sagen, das sei kein Typhuserreger«.[193]

Andere Bakteriologen argumentierten in die gleiche Richtung. Man musste sich jetzt einfach bewusst sein, dass in der Petrischale Mikroorganismen auftauchen konnten, die nicht über konstante Eigenschaften verfügten. Vom bakteriologischen Experten wurde folglich eine Kompetenzerweiterung erwartet: Er sollte auch die um die »Variationszentren« (die Arttypen) verstreuten Formen kennen und sich mit ihren Entstehungsbedingungen vertraut machen, weil sie in den charakteristischen Merkmalen oft von jenen abwichen.[194] Für den differential-diagnostischen Kontext bedeutete die Modifikation des Spezifitätsbegriffes, dass nicht mehr der Virulenzgrad oder die Pathogenität eines Bakteriums Merkmale von entscheidender Bedeutung waren, sondern die von den Bakterien ausgelösten Antigen- oder Serumreaktionen. Die spezifischen Immunitätsreaktionen wurden dementsprechend zu den »Grundpfeilern« der Spezifität erklärt.[195]

193 Müller 1912, S. 323.
194 Eisenberg 1914, S. 133f.
195 Kolle 1912, S. 899f.

6. Bakteriologische Offensive: Stabilisierungen am Vorabend des Ersten Weltkriegs

Angesichts der Dissonanzen und Widersprüche, den ausgeprägten Beharrungstendenzen und den in kleinen Schritten vollzogenen Modifikationen und Erweiterungen des Denkstils stellt sich unweigerlich die Frage, ob die bakteriologische Wissenschaft zu Beginn des neuen Jahrhunderts nicht auch eine grundsätzliche Einbuße an Prestige und medizinischer Deutungsmacht hinnehmen musste.

In diesem Kapitel möchte ich zeigen, dass das Gegenteil der Fall war: Die Bakteriologen sollten zu Beginn des Ersten Weltkriegs auf dem eigentlichen Höhepunkt ihrer Autorität stehen. Koch und seinen Mitarbeitern gelang es nicht nur, die Positionierung der Bakteriologie als epidemiologische Feldwissenschaft mit einem Großexperiment im ländlichen Raum zu festigen. Durch das ingeniöse Aufzeigen der Unabdingbarkeit und Effizienz ihrer Praktiken zur Bekämpfung von Seuchen in einem zukünftigen Krieg beförderten sie auch maßgeblich die Geltung ihrer Disziplin. Gerade die Bazillenträger sollten dabei zu einem Schlüssel für den Erfolg Kochs werden. Abgesehen von der gleichsam strategischen »Offensive« im Feld lassen sich anfangs des neuen Jahrhunderts verschiedene Prozesse einer denkkollektiven Verstetigung ausmachen. Sie stabilisierten das bakteriologische Wissenssystem nach innen und außen und trugen mit dazu bei, dass Diskussionen über vermeintliche ›Grenzen‹ der Bakteriologie immer mehr in den Hintergrund rückten.

6.1. Eine Kriegswissenschaft begründen: Die Bekämpfung des Typhus

Koch hatte im Rahmen der Choleraepidemie von 1892/93 in Hamburg erstmals versucht, die Bakteriologie als epidemiologische Feldwissenschaft zu installieren. Als neues Element im bakteriologischen Gefahrendispositiv tauchten dabei die gesunden Träger von Infektionserregern auf – die im Anschluss an Dunbar so genannten »Bazillenträger«.[196] Umfassend etabliert hat sich die Neuausrichtung der Bakteriologie auf die Epidemiologie und die von ihr propagierte moderne Seuchenverhütung allerdings erst im Rahmen eines groß angelegten Feldexperiments: der Bekämpfung des *Typhus abdominalis* im Südwesten Deutschlands.[197]

196 Vgl. Kirchner 1918c, S. 29.

197 Entstehung und Ablauf der Typhuskampagne sind von der wissenschafts- und medizinhistorischen Forschung aufgearbeitet. Die fundierteste Geschichte der

Zum besseren Verständnis der Entwicklung dieser Kampagne ist es unerlässlich, kurz auf die wissenschaftliche und institutionelle Situation Kochs einzugehen. Dieser befand sich um 1900 in einer schwierigen Phase. Seine mehrjährige Malaria-Expedition in den Kolonien auf Neu Guinea war nicht von den spektakulären Erfolgen gekrönt, die er erwartet hatte. 1899 war das unter Kochs Kontrolle in Berlin geplante deutsche Reichsinstitut für Tropenhygiene Hamburg zugeschlagen worden. Zudem stieß er auf dem ersten Britischen Tuberkulose-Kongress mit seiner Annahme eines Dualismus der Menschen- und Rindertuberkuloseerreger auf Ablehnung.[198] Wie Andrew Mendelsohn in seiner Untersuchung zur Geschichte der Typhuskampagne betont hat, benötigte Koch vor allem eine neue Basis für seine Beziehungen zu den staatlichen Behörden.[199]

Entsprechend dieser schwierigen institutionellen und wissenschaftlichen Konstellation suchte er nach einem Betätigungsfeld, in dem er die Erfahrungen, die er mit Cholera und Malaria gesammelt hatte, anwenden konnte.[200] In den Fokus der Aufmerksamkeit Kochs rückte der *Typhus abdominalis*, eine Salmonellen-Erkrankung, die in Deutschland endemisch war, in der Öffentlichkeit allerdings kaum auf Resonanz stieß. Um eine große Kampagne gegen den Typhus mithilfe staatlicher Unterstützung durchführen zu können, musste es ihm gelingen, die Bedrohlichkeit dieser Darmerkrankung für das Reich nachdrücklich aufzuzeigen. Da er mit seinen Plänen bei den zivilen Behörden anfangs gescheitert war, suchte Koch die Unterstützung der Sanitätsbehörden im Königlichen Kriegsministerium, mit dem ihn bereits früher enge Kontakte verbunden hatten. Liest man seine Vorträge im Vorfeld der Kampagne, so lassen sich spezifische rhetorische Strategien eruieren, die deutlich machen, dass Koch sich speziell mit Blick auf das Militär Geltung verschaffen wollte und in diesem institutionell-politischen Kontext Evidenzen für seine Kampagne zu erzeugen versuchte. Bereits 1888 hatte er in einem Vortrag an der militärärztlichen Friedrich-Wilhelm-Akademie auf die große Bedeutung der Infektionskrankheiten für die Armee hingewiesen. Erstmals verwendete Koch dabei ein später beständig wiederkehrendes Narrativ, das die propagierten hygienisch-bakteriologischen Vorkehrungen im militärischen Kontext in den Rang unabdingbarer und zwangs-

Kampagne stammt von Mendelsohn 1996, Kap. 9, 10. Vgl. auch Foster 1970, S. 189f.; Vögele 1998; Labisch/Tennstedt 1985, S. 54ff.

198 Briese 2003, S. 302.

199 Mendelsohn 1996, S. 591.

200 Vgl. Kirchner 1907b, S. 8f.

läufiger Maßnahmen erhoben. Beginnend mit Napoleons Feldzug nach Russland und verschiedener anderer historischer Beispiele argumentierte Koch, zwischen Kriegen und Epidemien bestehe eine kausale und gewohnheitsmäßige Beziehung. Viele Kriege seien durch verheerende Epidemien entschieden worden:

> »[W]enn die Kriegsfackel lodert, dann kriechen sie hervor aus ihren Schlupfwinkeln, erheben das Haupt zu gewaltiger Höhe und vernichten alles, was ihnen im Wege steht. Stolze Armeen sind schon oft durch Seuchen dezimiert, selbst vernichtet; Kriege und damit das Geschick der Völker sind durch sie entschieden«.[201]

Die konstruierte Kopplung von Kriegen und Seuchen taucht nun während der Initiationsphase der Typhuskampagne erneut auf. Am 15. Oktober 1901 sprach Koch – wiederum vor militärärztlichem Publikum – zum Thema *Seuchenbekämpfung im Krieg*.[202] Vom Mittelalter ausgehend rekurrierte er auf die zwangsläufige Verbindung von Kriegen und Epidemien und bezeichnete die bakteriologische Seuchenbekämpfung explizit als Ausweg aus der bedrohlichen Konstellation. Dabei rückte erstmals der Abdominaltyphus als »die häufigste und deshalb wichtigste Kriegsseuche« in den Vordergrund. Koch betonte zugleich, dass man gegenwärtig an der Verbesserung der für die Bekämpfung des Typhus so zentralen Typhusdiagnose im Koch'schen Institut arbeite. Sie lasse bereits innerhalb von 18-24 Stunden mit Sicherheit erkennen, ob Typhus vorliege oder nicht.[203]

Seine Pläne für eine Typhuskampagne machten nach diesem inauguralen Vortrag vor versammelten Militärärzten große Fortschritte. Bereits im Dezember wurde mit dem Chef des Sanitätsdepartements im Kriegsministerium ein Treffen abgehalten, die Details der Zusammenarbeit abgestimmt und Finanzierungsfragen geklärt. Nicht nur Kochs virtuoser Einsatz des ›Krieg und Seuchen‹-Narrativs dürfte die Haltung des Kriegsministeriums positiv beeinflusst haben. Das vereinbarte Einsatzgebiet trug wohl das seine dazu bei, dass sich die militärischen Sanitätsbehörden mit Kochs Plänen einverstanden erklärten. Als bestgeeignetes Gebiet für einen Anfangsversuch empfahl Koch die Gegend von Trier bis Saargemünd im Südwesten Deutschlands, in welcher der Typhus in den letzten drei Jahren nicht mehr erloschen war. Er wusste, dass die militärischen

201 Koch 1888, S. 277.
202 Koch 1901a, S. 291-295.
203 Ebd., S. 293, 294.

Sanitätsbehörden auf diese Gegend besonderen Wert legten, galt sie doch im Kriegsfall als Aufmarschgebiet des Schlieffen-Plans.[204]

Vorversuch auf dem Hochwald

Nachdem auch das Kultusministerium Koch seine volle Unterstützung zugesichert hatte, nahm die beabsichtigte Kampagne im Rahmen eines Kleinversuchs im Frühjahr 1902 in einigen ländlichen Landkreisen von Trier ihren Anfang. In Waldweiler, Schildingen, Heddert und Mandern auf dem so genannten »Hochwald« waren acht Fälle von Typhus polizeilich gemeldet worden. Die Militärärzte Paul Frosch, Wilhelm Drigalski, Heinrich Conradi und Georg Jürgens wurden dorthin abkommandiert.[205] Sie sollten in dem kleinen Landstrich gemäß den Plänen Kochs die Maßnahmen zur Bekämpfung des Typhus einleiten. Wie genau diese aussahen, kann aus einem aus der Retrospektive als programmatisch zu bezeichnenden Vortrag Kochs vom November 1902 in der Pépinière entnommen werden. Fulminant eröffnete er seine Rede mit der inzwischen bekannten narrativen Kopplung von Kriegen und Seuchen, wobei er die Aufmerksamkeit nun ohne Umschweife direkt auf den Typhus als Kriegsseuche lenkte:

> »Meine Herren! Daß der Abdominaltyphus eine der gefährlichsten Kriegsseuchen ist, ist Ihnen allen bekannt. Ich brauche nur daran zu erinnern, daß im Deutsch-Französischen Kriege in unserer Armee über 73000 Erkrankungen und gegen 9000 Todesfälle an Typhus vorkamen.«[206]

In der Folge wies Koch auf die drohenden Gefahren im Kriegsfall hin. Die Armee würde ihre Operationen typhusverseucht beginnen, denn gerade an der Westgrenze herrschten bedenkliche Verhältnisse, war doch »Ort an Ort«, namentlich im Bezirk des 8. Armeekorps, vom Typhus befallen. Die Devise lautete deshalb unmißverständlich: »Wir müssen es [...] nicht bloß wünschen, sondern wir müssen es als geradezu notwendig erklären, daß dort etwas geschieht«.[207]

Was zu geschehen hatte und auf dem Hochwald bereits im kleinen Rahmen geschehen war, lehnte sich an die bereits bei der Cholera und

204 Schwalbe 1912, 2. Bd. 2. Teil, S. 915. Vgl. auch Koch 1902, S. 301.
205 Frosch 1908, S. 1120.
206 Koch 1902, S. 296.
207 Ebd., S. 297.

Malaria erprobten Maßnahmen an. Da man bei diesen Krankheiten den Erreger leicht und mit Sicherheit identifizieren konnte und ihn auch zu vernichten imstande war, hatte man gegenüber früheren Zeiten nicht mehr versucht, nur für möglichst große Reinlichkeit zu sorgen und die Wasserverhältnisse zu verbessern – also einen eher »defensiven Standpunkt« einzunehmen. Vielmehr habe man jetzt, so Koch, »die *Offensive* ergriffen«: »Wir kannten ja den Infektionsstoff und konnten direkt auf ihn losgehen, und das haben wir getan«.[208] Man habe im Kleinversuch zuerst alle ausgesprochenen Typhusfälle einer bakteriologischen Untersuchung unterworfen. Anschließend sei auch die Umgebung der Typhuskranken untersucht worden, »Verdächtige«, »scheinbar Gesunde« und sogar ganz Gesunde. Zur Ermittlung solcher Fälle zählte man auf die Auskunft von Geistlichen und Lehrern und konsultierte Schulversäumnislisten und Listen von Ortskrankenkassen.[209] In einem wenige Jahre später publizierten Artikel schrieb Frosch, der Leiter des Vorversuchs vor Ort, man habe einen »bakteriologischen Belagerungszustand über ein Dorf verhäng[t]«.[210] Ähnlich militärisch heißt es bei Frosch an anderer Stelle: Im Rahmen des »bakteriologischen Belagerungszustandes« im Hochwald sei ersichtlich geworden, dass die gemeldeten Fälle nichts anderes seien als »Signale« oder »Markierungen des Feindes«.[211]

Tatsächlich konnten im Hochwald, wie Koch in seinem Vortrag festhielt, durch die bakteriologischen Untersuchungen neben den gemeldeten 8 »feindlichen« Typhusfällen insgesamt 72 nachgewiesen werden.[212] Im Anschluss an die diagnostischen Untersuchungen seien die Typhuskranken isoliert und eine Desinfektion von Kleidung, Wäsche, Behausung usw. durch einen Desinfektor vorgenommen worden. Die Isolierung betraf dabei alle »Aufgefundenen«, das heißt alle Kranken *und* Infizierten (also auch die Bazillenträger und Genesenen, die weiterhin Bakterien ausschieden).[213]

Mit diesen Maßnahmen war es gelungen, alle Typhusfälle »unschädlich« zu machen und den Typhus binnen dreier Monate »vollkommen auszurotten«.[214] »Unser Versuch«, konstatierte Koch hoch zufrieden, »war

208 Ebd., S. 298 [Kursivsetzung S.B.].

209 Ebd., S. 301.

210 Frosch 1908, S. 1121.

211 Frosch 1912, S. 17.

212 Koch 1902, S. 301.

213 Frosch 1908, S. 1124f.

214 Koch war sich der Implikationen dieser Terminologie bewusst und spezifizierte die Wendung »unschädlich machen«, indem er ergänzte »d. h. unschädlich im hygienischen Sinne«. Koch 1902, S. 298.

vollständig gelungen«. Er unterstrich dabei, dass die geschilderten Maßnahmen nicht etwa der Bekämpfung einer einzelnen Krankheit dienten. Vielmehr handle es sich »um ganz allgemein gültige Prinzipien«: »[D]as, was wir für Cholera bereits bewährt gefunden haben, was für Malaria bewiesen ist, und was jetzt für den Typhus Anwendung gefunden hat, läßt sich auf alle diejenigen Krankheiten anwenden, die wir früh und sicher diagnostizieren können und bei denen wir die Infektionsträger unschädlich machen können.«[215] Mit Blick in die Zukunft verkündete Koch pathetisch, dass die Menschheit schließlich dahin kommen werde, »nicht bloß die Möglichkeit der Beseitigung derartiger Seuchen zuzugeben, sondern sie wird auch die Pflicht fühlen, sie in der Tat auszurotten.«[216]

Bevor ich auf den weiteren Verlauf der Typhuskampagne zu sprechen komme, möchte ich darlegen, weshalb Kochs Vortrag von 1902 so grundlegend war für die Neupositionierung der Bakteriologie und die Relevanz ihrer Keimpraktiken im Feld: *Erstens* wurde das Vorgehen der Bakteriologen im Vergleich zur Charakterisierung der Seuchenabwehr um 1890 nicht nur als »rationell«, »zielgerichtet« und »systematisch« bezeichnet, sondern neu als »*offensive* Seuchenbekämpfung« klassifiziert. Mit dieser Metaphorik signalisierten die Bakteriologen nicht nur Stärke und Entschlossenheit, sondern lösten vor dem Hintergrund der zeitgenössischen Militärkultur und militärischen Standardpraktiken auch enorme Resonanzen aus. Der *Kult der Offensive* wurde – obwohl ein europäisches Phänomen – nirgends so sehr gepflegt und nirgends so stark als Grundlage für das militärische Training und die Planung umgesetzt wie in Deutschland. Der um die Jahrhundertwende Gestalt annehmende Schlieffen-Plan war ein rein offensiver Plan.[217] Er beruhte auf der Überzeugung Alfred Graf von Schlieffens, dass die Offensive der einzige Weg der Kriegsführung und die Beherrschung dieser auf einer kurz andauernden Konzentration aller militärischen Kräfte auf einen spezifischen Punkt basierenden Kriegsführung der größte militärische Vorteil Deutschlands darstellte.[218] Als Resonanzraum verlieh der Schlieffen-Plan der von Koch propagierten Seuchenbekämpfung zweifellos zusätzliche Legitimität und Evidenz.

215 Ebd., S. 305.

216 Ebd.

217 Der Plan entspricht einem 1906 von Alfred Graf von Schlieffen entworfenen Memorandum, das eine logische Weiterführung von Operationsplänen darstellte, die bereits seit 1899 existierten. Hull 2005, S. 164. Zum Schlieffen-Plan vgl. Ehlert 2006; Zuber 2002.

218 Hull 2005, S. 167. Siehe auch Meschnig 2008, S. 71ff.

Zweitens sprach Koch in seinem Vortrag erstmals explizit von einem *generalisierbaren*, auf alle Krankheiten anwendbaren Prinzip der Seuchenbekämpfung. In den Folgejahren sollte sich dieses Prinzip unter dem Begriff *Seuchenbekämpfung nach den Grundsätzen Kochs* institutionalisieren und die Grundlage für die im Ersten Weltkrieg ergriffenen Maßnahmen bilden. Im Rahmen des generalisierten Schemas der Seuchenbekämpfung wurden in Kochs Rede *drittens* die gesunden Infizierten – die *Bazillenträger* – als konstitutiver, für die Aufklärung epidemiologischer Vorgänge und die Abwehr von Infektionskrankheiten zentraler Bestandteil etabliert. Ihre Bedeutung und das ihnen zugeschriebene Gefahrenpotential sollte im Zuge der Typhuskampagne sogar noch zunehmen. Gerade die Kongruenz zwischen dem bakteriologischen Pochen auf der Entdeckung aller gefährlichen »versteckten« und »verborgenen Feinde« (= Bazillenträger) und der Betonung des operativen Instruments der Aufklärung von Feindstellungen und -bewegungen in Militärkreisen trugen das ihre dazu bei, die Bazillenträger als evidente und zentrale Gefahrenkategorie zu installieren.[219] *Viertens* hielt Koch die Zielsetzung der Seuchenbekämpfung, nämlich die *Ausrottung* aller Infektionskrankheiten, erstmals mit einer solchen Totalität fest. Der Vernichtungsgedanke im bakteriologischen Wissens- und Handlungssystem wurde damit zusätzlich akzentuiert.

Erfolgreicher Vorversuch?

Koch hatte im November 1902 die vollkommene Ausrottung des Typhus auf dem Hochwald bekannt gegeben und damit den offiziellen Erfolg der ersten Etappe in seinem Plan einer Typhuskampagne besiegelt. Einer Ausweitung des Versuchs stand nichts mehr im Wege. Koch betonte denn auch, dass er im Zeitraum von mehreren Jahren ein großes Gebiet an der Westgrenze gemäß denselben Prinzipien vom Typhus »reinigen« wolle. Die Unterstützung des Kaisers sei ihm bereits gewiss.[220] Tatsächlich konnte man bezüglich der Ergebnisse auf dem Hochwald aber auch zu einer anderen Schlussfolgerung gelangen. So hatte einer der vier von Berlin nach Trier beorderten Militärärzte, Georg Jürgens, auf gewisse Inkonsistenzen zwischen dem offiziell postulierten Erfolg und den tatsächlichen Ergebnissen hingewiesen. Trotz dieser Widersprüche sollte es Koch gelingen, seine Pläne durchzusetzen – und zwar wiederum mit einer Strategie der Beharrung.

219 Showalter 2000, S. 702.
220 Koch 1902, S. 304.

Jürgens war Mitte Februar 1902 in Trier eingetroffen. Bereits bei der ersten Krankenuntersuchung zeigte er sich skeptisch gegenüber dem Plan, alle Typhuskranken ausfindig zu machen. Vom klinischen Standpunkt aus schienen seine Kollegen kaum Kenntnis über die Krankheit zu besitzen, gestand ihm doch einer der beteiligten Militärärzte, er habe noch niemals einen Typhuskranken gesehen. Dass es Koch als ausreichend erachtete, klinisch-anamnestische Mängel mit bakteriologischer Technik zu kompensieren, befremdete Jürgens.[221] Noch viel problematischer erschien ihm freilich, welche Mitteilungen Eingang in die offizielle Lesart über den Hergang des Vorversuchs nahmen, oder genauer: welche Mitteilungen keinen Widerhall fanden. Koch informierte sich über den Verlauf des Vorversuchs durch die Berichte, die ihm Frosch nach Berlin übermittelte, diskutierte diese aber auch auf beschaulichen Moselfahrten mit den Kommissionsmitgliedern. In diesen Besprechungen beschränkte er sich nach Jürgens auf Begebenheiten, die seiner Theorie der Krankheitsübertragung und -verbreitung beim Typhus angepasst waren und die Korrektheit seiner Seuchenbekämpfung bestätigten. Gegenbeispiele indes habe er gar nicht geliebt.

Nach Abschluss der Tätigkeit der Kommission auf dem Hochwald und der offiziellen »Ausrottung« des Typhus war nun aber noch eine Erkrankung mit einem Rückfall aufgetreten. Trotz dieser neuerlichen Infektionsquelle hörte die Epidemie auf. Dieses Ereignis, das sowohl den Erfolg der Typhusbekämpfung als auch die damit zusammenhängenden epidemiologischen Vorstellungen in Frage zu stellen drohte (denn bei einer neuerlichen Infektionsquelle ohne entsprechende Abwehrmaßnahmen hätten weitere Typhusfälle auftreten müssen), ließ Koch allerdings nicht gelten. Die Epidemie, so Jürgens, sei für Koch im Hochsommer erloschen und das Gebiet saniert gewesen. Die letzte, der Sanierung nachfolgende Erkrankung habe er schlicht vergessen zu erwähnen.[222] Tatsächlich findet man in Kochs Vortrag keinerlei Hinweis auf eine Erkrankung nach dem Abschluss des Vorversuchs. Der Typhus war für ihn »überhaupt nicht wieder zum Vorschein gekommen«.[223] Jürgens notierte zu diesem spezifischen Umgang mit den Ergebnissen:

> »Durch diese scheinbare Übereinstimmung seiner Theorie mit der Erfahrung schaltete Koch von vornherein jeden Widerspruch aus; er hatte nicht die Tatsachen zur Prüfung seiner Theorie herangezogen,

221 Jürgens 1949, S. 59f.

222 Ebd., S. 63-65.

223 Vgl. Koch 1902.

sondern nur aus den Beobachtungen herausgenommen, was seine Theorie zu stützen geneigt war.«[224]

Gemäß Fleck kommt das Verhalten Kochs einer Erfüllung wissenschaftlicher Wunschträume gleich und ist typisch für die Beharrungstendenz von Denkstilen.[225] Während Frosch, Conradi und Drigalski die »Ideen des Meisters« unvoreingenommen auf sich wirken ließen, formulierte Jürgens Einwände, mit denen er bei seinen Kollegen allerdings auf wenig Verständnis stieß: »Um keine Unsicherheit im Urteil aufkommen zu lassen«, notierte Jürgens, »wurden die Berichte [an Koch, S.B.] ohne meine Mitwirkung abgefasst und ohne meine Unterschrift nach Berlin geschickt.«[226] Jürgens ersuchte daraufhin bei der Medizinalabteilung des Kriegsministeriums um eine baldige Abberufung und wurde im Herbst 1902 der Berliner Charité zugeteilt.

Ein Blick auf spätere Publikationen etwa von Frosch oder auch dem ehemaligen Koch-Schüler Martin Kirchner (auch er ein vehementer Befürworter und Förderer der Typhuskampagne) belegen, dass das Auftauchen von Erkrankungen auf dem Hochwald nach Abschluss des Vorversuchs zwar nicht wie bei Koch vergessen wurde. Dennoch galten sie nicht als Indiz dafür, dass der Vorversuch keinen Erfolg gezeitigt hätte. Für Frosch belegten die »vereinzelten Fälle« nach Abschluss des Vorversuchs, dass der Typhus durch äußere »Einschleppung« wieder Eingang in das typhusfreie Gebiet gefunden hatte. Schließlich habe man nicht erwarten können, dass die vier Dörfer dauernd typhusfrei gemacht werden konnten.[227] Dass aus den erneuten Krankheitsfällen trotz fehlender unmittelbarer Bekämpfung nicht eine Epidemie entstand, fand keinerlei Erwähnung.

Der Feldzug gegen den Typhus ab 1903

Ende Dezember 1902 wurde im Reichsamt des Innern eine Sitzung abgehalten, in der die Ausweitung der Typhusbekämpfung konkrete Formen annahm. Zunächst sollten neben den schon bestehenden Untersuchungsstationen in Trier und Saarbrücken drei weitere Stationen errichtet werden, die als Basen für das medizinische Personal fungierten, die zu den Typhusorten geschickt werden konnten.[228] Im Verlauf der nächsten

224 Jürgens 1949, S. 65.
225 Vgl. Fleck 1999, S. 46.
226 Jürgens 1949, S. 67.
227 Frosch 1912, S. 20. Vgl. auch Kirchner 1907b, S. 10.
228 Kirchner 1907b, S. 14f.

Jahre kamen zu diesen Typhusstationen weitere hinzu, wobei das Netz der Anstalten in seiner maximalen Größe 11 Stationen umfasste. Das ärztliche Personal belief sich bis 1912 auf insgesamt 85 Bakteriologen (Militär- und Zivilärzte), Assistenten und Hilfsarbeiter. Wie einem Bericht des 1904 eingesetzten Reichskommissars für die Typhuskampagne zu entnehmen ist, umfasste das Gebiet der »verschärften Typhusbekämpfung« zwei Kreise im preußischen Regierungsbezirk Coblenz, den preußischen Regierungsbezirk Trier, die bayrische Pfalz, das Fürstentum Birkenfeld, die reichsländischen Bezirke Unterelsass und Lothringen sowie den Kreis Colmar im Bezirk Oberelsass. Insgesamt wohnten in diesem 26.000 km² großen Gebiet im Südwesten Deutschland ca. 3 ½ Millionen Einwohner.[229] Seit 1903 war im Reichshaushaltsetat eine Summe von 150.000 Mark für die Typhusbekämpfung eingestellt worden, später wurde der jährliche Beitrag auf 200.000 Mark erhöht. Preußen zahlte seit 1903 52.000 Mark, reduzierte diesen Beitrag aber ab 1907 auf jährlich 42.000 Mark.[230] Die von Koch propagierte und von den Zivil- und Militärbehörden getragene Kampagne entwickelte sich so zu einem mit beispiellosem personellen, monetären und materiell-institutionellen Aufwand betriebenen bakteriologischen Großexperiment im Feld. Die Bakteriologen selbst sprachen von einem »mit größtem Eifer« und »mit allen Mitteln« durchgeführten »planmäßigen Feldzug gegen den Typhus«.[231]

In dem mit Hilfe von Staat und Militär orchestrierten Feldzug wurden bis zum Ausbruch des Weltkriegs eine schier unvorstellbare Anzahl von Stuhl- und Urinproben in speziellen Versandgefäßen an die verschiedenen Untersuchungsstellen verschickt, Hunderttausende bakteriologischer Untersuchungen von Militärärzten durchgeführt, unzählige Berichte verfasst, Zählkarten und Fragebögen ausgefüllt, Ratschläge an Ärzte und Ortsbehörden erteilt, Anweisungen und Merkblätter verteilt und Erkundigungen vor Ort vorgenommen. Tausende von Kranken, Krankheitsverdächtigen und möglichen Überträgern wurden desinfiziert und Typhuskranke – teilweise unter Zwang – in Krankenhäusern oder Isolierbaracken isoliert. Obwohl eine genaue Untersuchung der Typhuskampagne aus mikrohistorischer Perspektive noch aussteht, können die Auswirkungen auf das Alltagsleben der Bevölkerung kaum hoch genug veranschlagt werden.

229 Schreiber 1912, S. 34.

230 Kirchner 1907b, S. 15f.

231 Fraenkel 1904.

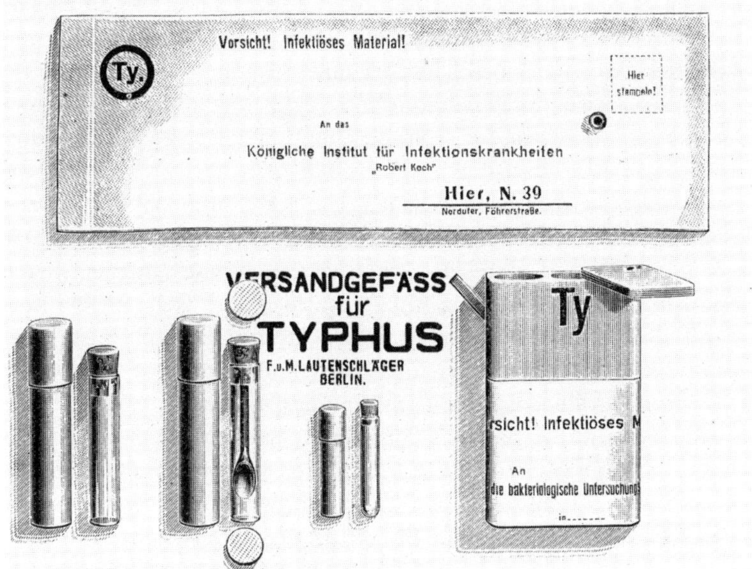

Abb. 3: Versandgefäß für Typhus[232]

Im Rahmen des Großexperiments gewannen die gesunden »Typhusträger« für die Typhusepidemiologie und -bekämpfung mehr und mehr an Bedeutung. Bereits Ende 1902 hatte Koch erläutert, dass die Typhusbazillenträger für ihn als Hygieniker die »allergefährlichsten« seien. Gerade diese Personen lagen nicht im Bett, wo alles desinfiziert werden konnte, sondern verschleppten die Erreger überallhin.[233] In den die Typhuskampagne begleitenden offiziellen Vorträgen und Veröffentlichungen wurde Kochs Standpunkt in der Folge bestätigt und die Gefährlichkeit der Keimträger zusätzlich akzentuiert. 1907 betonte der Reichskommissar für die Typhusbekämpfung auf dem Internationalen Kongress für Hygiene und Demographie, es könne überhaupt nicht mehr zweifelhaft sein, dass Infektionen durch Bazillenträger hervorgerufen würden, seien doch in 700 Fällen im Bekämpfungsgebiet Infektionen durch

232 Solche Versandgefäße wurden auch in den Apotheken hinterlegt. Jeder Arzt hatte damit die Möglichkeit, unentgeltlich Untersuchungsmaterial an die betreffende Untersuchungsanstalt einzuschicken. Zu den Versandgefäßen vgl. Kirchner 1918d, S. 56f.

233 Robert Koch über die Bazillenträgerfrage, in: Schwalbe 1912, 2. Bd. 2. Teil, S. 920.

Bazillenträger festgestellt worden.[234] Martin Kirchner, der als Obermedizinalrat in Berlin die Unterstützung Preußens an der Typhusbekämpfung maßgeblich vorangetrieben hatte, argumentierte im selben Jahr, die Bazillenträger müssten als »Hauptquelle der Typhusverbreitung« betrachtet werden, die Maßregeln der Typhusbekämpfung seien deshalb »in erster Linie« gegen diese zu richten. Er unterschied zwischen den »eigentlichen Bazillenträgern«, dass heißt Personen aus der Umgebung von Typhuskranken, die gar nicht erkrankten, aber dennoch fähig waren, die Krankheit zu verschleppen, und »Dauerausscheidern«. Diese hatten einen ausgesprochenen Typhus durchgemacht, schieden aber noch längere Zeit, zum Teil über mehrere Jahre hinweg, Bakterien im Stuhl oder Harn aus.[235]

Dass die Bazillenträger ins Zentrum der bakteriologischen Aufmerksamkeit rückten, belegen auch Ausschnitte aus bakteriologischen Lehrbüchern und die vor dem Weltkrieg vom KGA veröffentlichte offizielle Denkschrift zur Typhuskampagne. Der frühere Leiter der Typhusstation in Saarbrücken verwies auf die im Verlauf der Kampagne zunehmende Erkenntnis einer allgemeinen Verbreitung und Gefährlichkeit der »unheimlichen«, weil versteckten Tätigkeit der Typhusbazillenträger und Dauerausscheider. Er attestierte insbesondere den chronischen Bazillenträgern für die Epidemiologie eine Bedeutung von »großer Tragweite«.[236] Und auch das *Lehrbuch für Infektionskrankheiten* des renommierten Bakteriologen und Mitglied des Instituts für Infektionskrankheiten Georg Jochmann hielt 1914 fest, die Bedeutung der Typhusbazillenträger für die Epidemiologie des Typhus könne »gar nicht hoch genug eingeschätzt werden«.[237]

Obwohl ihre Relevanz für die Typhusverbreitung kaum bestritten wurde, stieß man bei den direkten Maßnahmen zur »Ausschaltung« der Bazillenträger auf gewisse Schwierigkeiten. Eine Isolierung der Träger, wie sie im kleinräumigen Vorversuch Anwendung gefunden hatte, konnte aufgrund wirtschaftlicher und juristischer Probleme nicht umgesetzt werden. Weitere Maßnahmen, die bei der Typhuskampagne allerdings nur begrenzt erfolgreich waren, zielten auf die Heilung der gesunden, aber gleichwohl Bazillen ausscheidenden Personen. Sowohl die therapeu-

234 Schneider 1908, S. 1137; vgl. auch Gaffky 1906, S. 292.

235 Kirchner 1907b, S. 11.

236 Prigge 1912, S. 300. Vgl. auch BArch, R86/4635: Bd. I, Protokoll über die am 17.1.1912 in Saarbrücken abgehaltene Konferenz der Leiter der Typhus-Untersuchungsanstalten, S. 5f.

237 Jochmann 1914, S. 3.

tische »innere Desinfektion« durch Behandlung mit Rizinusöl, Bittersalz oder Natron als auch die chirurgische Entfernung der Gallenblase, die als hauptsächlichster »Schlupfwinkel«, als »Aufenthalts- und Brutstätte« der Typhusbazillen und ihrer Verbreitung im Körper galt, führten nicht zu befriedigenden Resultaten.[238] Hauptaugenmerk wurde deshalb auf die Belehrung der Bazillenträger, die strikte Einhaltung der fortlaufenden Desinfektion ihrer Abgänge und Aborte, Hände, Leib- und Bettwäsche, die polizeiliche Meldung bei Verzug sowie ihre Fernhaltung von Nahrungsmittelbetrieben gelegt. Fast schon selbstredend war ihre dauernde Überwachung durch bakteriologische Untersuchungen.

Gereinigtes Gebiet

Gemäß offiziellen Erklärungen war der Feldzug gegen den Typhus ein Erfolg. Obwohl der »völlige Sieg« über den Typhus erst in Zukunft entschieden werden könne, sei das Ergebnis der bis dahin 7 Jahre andauernden Kampagne als »hochbefriedigend« zu bezeichnen, verlautete die KGA-Denkschrift. Man habe die Morbidität im Gebiet auf die Hälfte reduzieren können.[239] Auch Otto Lentz, der als Leiter einer bakteriologischen Untersuchungsstation fungierte, bemerkte hoch zufrieden: »Heute dürfen wir [...] mit Stolz und Dankbarkeit gegen unseren großen Meister feststellen, dass auch gegenüber dem Typhus das von ihm empfohlene systematische Vorgehen von Erfolg gekrönt ist«.[240] Besonders stolz konnte man wohl auch auf den Optimismus und die Selbstsicherheit vieler der beteiligten Militärärzte und Bakteriologen sein. Medizinalrat Springfeld etwa, der mit der Leitung der Typhusbekämpfung im Bezirk Arnsberg beauftragt war, konstatierte vor dem Deutschen Verein für Öffentliche Gesundheitspflege mit überlegenem Duktus: »Geben sie uns eine schlagfertige Medizinalpolizei in die Faust, [...] und nach einem Menschenalter soll die Geschichte des Typhus nur noch eine düstere Sage sein.«[241] Die schlagfertige Ärzteschar war in ihrer Siegesgewissheit im Ausrottungsfeldzug gegen den Typhus kaum zu überbieten.

Die Bedeutung der systematischen Typhusbekämpfung lag in den Augen der Bakteriologen nicht nur in der Sanierung von endemischen Krankheitsherden zu Gunsten der ansässigen Zivilbevölkerung. Die

238 Vgl. Lentz 1905, S. 492; Prigge 1912, S. 302f.; Conradi 1912, S. 848; Kurpjuweit 1913.

239 Vgl. Fornet 1912, S. 592f. Vgl. retrospektiv Neufeld 1946, S. 149.

240 Lentz 1912a, S. 63. Ähnlich Neufeld 1914, S. 56.

241 Vgl. Gaffky 1906, S. 297.

übergeordnete Zielsetzung Kochs, der beteiligten Bakteriologen, Hygieniker und Militärärzte und der sie protegierenden und finanzierenden Behörden war es, das Gebiet für einen mutmaßlichen Aufmarsch der Armee im Kriegsfall derart vorzubereiten, dass die Gefahr einer »Verseuchung« des Truppenkörpers ausgeschlossen war. So trat für Gaffky die Bedeutung des »systematischen Kampfes« gegen den Typhus »namentlich [...] für die Schlagfertigkeit unseres Heeres klar zutage«.[242] Das Ziel der Kampagne, die möglichst weitgehende Ausrottung des Typhus beziehungsweise der Typhusbazillen, war also von Beginn an mit dem Streben verbunden, ein typhusfreies, gleichsam steriles Terrain für die militärischen Operationen zu erschaffen, wie sie der Schlieffen-Plan vorsah. Tatsächlich taxierten die Bakteriologen die erzielten Ergebnisse bezüglich Typhusmorbidität und -mortalität nicht bloß als die »Befreiung« eines Gebietes von Typhus, sondern explizit als »Reinigung« des zukünftigen Aufmarschgebietes. August Wassermann verkündete im ersten Kriegsjahr, dass es dank der Typhusbekämpfung gelungen sei, »dieses Gebiet heute so *gereinigt* zu haben, dass eine nennenswerte Typhusgefahr für unsere Armee [...] kaum noch zu befürchten ist.«[243]

Erstmals wurden damit bakteriologisch konzipierte Reinheitsvorstellungen direkt in einen größeren geographischen Raum eingeschrieben und mit einer territorialen Komponente versehen: Nicht nur die individuellen Körper im Feld, sondern das große Gebiet im Südwesten Deutschlands wurde als bakteriologisch »rein«, als nicht-infiziert, unverseucht imaginiert. Während des Ersten Weltkriegs sollte das Phantasma »reiner« Territorien besonders virulent werden.

6.2. Dimensionen des Bazillenträgers

Noch um 1890 galten Kranke, beziehungsweise die mit ihnen in Kontakt stehenden Gegenstände, Materialien und Nahrungsmittel als einzige Quellen der Ansteckung.[244] Im Zuge der Beobachtungen bei der Hamburger Choleraepidemie 1892/93 und insbesondere der Typhuskampagne anfangs des Jahrhunderts rückte der *gesunde* infizierte Mensch im bakteriologischen Gefahrenkonzept in den Vordergrund. Vor dem Ersten Weltkrieg schließlich repräsentierte der gesunde Bazillenträger im epide-

242 Ebd., S. 295. Aus der Retrospektive wurde die Typhusbekämpfung explizit als »Mobilmachungsvorarbeit« bezeichnet. Boehncke 1918, S. 85.

243 Wassermann 1915a, S. 4 [Kursivsetzung S.B.]

244 Vgl. Kirchner 1890, S. 53.

miologischen Denken und Handeln *die* kardinale, im Vergleich zum Kranken meist sogar noch bedrohlichere Kategorie. Aufgrund dieser maßgeblichen Stellung möchte ich im Folgenden genauer auf die Spezifika des Bazillenträgerdiskurses eingehen.

Die Bedeutung und Gefährlichkeit gesunder infizierter Personen wurde nicht nur für Typhus, Cholera oder Diphterie, sondern auch für die Pest, übertragbare Genickstarre und Ruhr postuliert und in verschiedenen behördlichen, wissenschaftlichen und populären Foren eingehend diskutiert.[245] Das preußische Kultusministerium organisierte 1908 eine Konferenz, die einzig und allein der Bazillenträgerfrage gewidmet war. Renommierte Bakteriologen und Koch-Schüler wie Gaffky, Löffler, Pfeiffer, Kirchner und Frosch erörterten die Verbreitung verschiedener Infektionskrankheiten durch die Dauerausscheider und Bazillenträger.[246] Die Bedeutung der gesunden Infektionsträger als Gefahrenkategorie wurde auch bei der Hygiene-Ausstellung in Dresden 1911 offenkundig. Im eigentlichen Herzstück der wissenschaftlichen Abteilung, der Unterabteilung für Infektionskrankheiten, informierte man das Publikum über die Notwendigkeit der Isolierung von Cholera-Bazillenträgern, mit der einer Massenansteckung vorgebeugt werden sollte.[247] Zeitgleich machten Artikel in medizinischen Wochenschriften und Referate in ärztlichen Gesellschaften deutlich, dass sich die Bedrohung durch die Mikromassen mit der Institutionalisierung des infizierten gesunden Menschen eindeutig erhöht und die Seuchenbekämpfung dadurch eine neue Ausrichtung erfahren hatte. Der Bakteriologe Georg Sobernheim etwa hielt fest, Bazillenträger würden für die Verbreitung der Infektion eine viel größere Gefahr darstellen als sichtlich erkrankte Personen. Die moderne Seuchenbekämpfung richte daher ihr besonderes Augenmerk auf die Ermittlung dieser »versteckten Infektionsquellen«: »[M]an kann getrost den Satz aussprechen, dass die Bekämpfung der Infektionskrankheiten fast ausnahmslos mit dem Kampf gegen die Bacillenträger steht und fällt.«[248]

Auch im internationalen Kontext schenkte man der Problematik große Aufmerksamkeit. Auf der internationalen Sanitätskonferenz in Paris

245 Lentz 1912a, S. 45; Spaet 1916.

246 Vgl. Die Verbreitung übertragbarer Krankheiten durch so genannte »Dauerausscheider« und »Bazillenträger«. Referate, im Auftrage des Herrn Kultusministers erstattet von P. Frosch, G. Gaffky, M. Kirchner, W. Kruse, W. v. Lingelsheim, F. Löffler, R. Pfeiffer, in: *Klinisches Jahrbuch* Bd. 19 (1908), S. 471-554; Sammelreferat vgl. Hetsch 1909.

247 Vgl. Schrön 2003, S. 317.

248 Sobernheim 1912, S. 1550; vgl. auch Lentz 1912a, S. 46f.

1911/12 wies Camille Barrère, Präsident des *Office international d'Hygiène publique*, auf die Relevanz der Bazillenträger bei den für die internationalen Sanitätskonventionen zur Diskussion stehenden epidemischen Krankheiten hin.[249] Am ausführlichsten gestalteten sich die Diskussionen über die Gefahr, die Keimträger für die Verbreitung der Cholera darstellten, und über die zu treffenden Vorkehrungen in Häfen und an Grenzstationen.[250] Auch wenn sich die Teilnehmer aus 41 Ländern (darunter Gaffky als Vertreter Deutschlands) über die epidemiologische Bedeutung der Keimträger einig waren, kamen sie bezüglich bakteriologischer Kontrollroutinen an See- und Landesgrenzen zu keinem Beschluss und überantwortete diese Entscheidung den Gesundheitsbehörden der einzelnen Staaten.[251]

Bevor ich den rechtlichen Status der Keim- oder Bazillenträger im Rahmen der deutschen Seuchengesetzgebung erörtere, möchte ich auf einen wichtigen Punkt in ihrer Wahrnehmung vor dem Krieg hinweisen: Je mehr die gesunden Menschen, bei denen pathogene Keime identifiziert werden konnten, zu einer Schlüsselkategorie im bakteriologischen Gefahrenkonzept und der bakteriologischen Epidemiologie avancierten, desto stärker wurden ätiologische Überlegungen ausgeblendet. Hätten Koch und mit ihm die Bakteriologen bei den Typhusbazillenträgern, aber auch bei allen anderen gesunden Trägern von Infektionsstoffen, ätiologisch argumentiert, so hätte man die Gefahr der Bakterien für die Verursachung einer Krankheit herabsetzen und andere Faktoren wie etwa die individuelle Empfänglichkeit zur Erklärung mit einbeziehen müssen.[252] Das für die Bazillenträger spezifisch auf die Epidemiologie ausgerichtete ›Gestaltsehen‹ der Bakteriologen wird noch evidenter, wenn man sich etwas genauer mit der Definition dieser Gefahrenkategorie auseinander setzt. Wie Evelynn Hammonds in ihrer Studie zur Diphteriekontrolle in New York gezeigt hat, fokussierte die bakteriologische Definition des gesunden Bazillenträgers nicht auf die Charakteristik des Wirts, sondern auf die Charakteristik der in diesem Menschen aufgefundenen Mikroben. Waren sie infektiös, dann war der sie beherbergende gesunde Mensch gefährlich.[253] Die bakteriologische Epidemiologie konzeptua-

249 Conférence Sanitaire Internationale de Paris 1912, S. 21.

250 Zu den verschiedenen Positionen der Konferenzteilnehmer vgl. 3. Sitzung der Subkommission zur Cholera, Conférence Sanitaire Internationale de Paris 1912, S. 571-606.

251 Howard-Jones 1975, S. 92.

252 Mendelsohn 1996, S. 729ff., 746.

253 Hammonds 1999, S. 165.

lisierte den Träger also über seine Ansteckungsfähigkeit. Bezeichnenderweise sprach man auch nicht von Bazillen-*Wirten*, sondern von Keim- oder Bazillen*trägern*; sie waren nicht besonders ausgestattete Makroorganismen, sondern gefährliche »Reproduktionsstätten«, »Hauptvermehrungsstätten« und »Brutstätten« der Erreger.[254] Der Mensch mit seiner individuellen Reaktions- und Anpassungsfähigkeit gegenüber Mikroorganismen wurde in dieser Perspektive völlig vernachlässigt und entsprach meist nicht viel mehr als einem Behältnis oder Gefäß zur Bazillenaufbewahrung, -vermehrung und -verbreitung – eine Lesart, die angesichts der gebräuchlichen Rede von »Keime enthaltenden« und »verstreuenden« Individuen nicht von der Hand zu weisen ist.[255] Im internationalen Kontext finden sich ähnlich Formulierungen. So wurde die weltweit wohl bekannteste Typhusbazillenträgerin, die Köchin Mary Mallon, von amerikanischen Gesundheitsbeauftragten als »menschliches Kulturröhrchen« und »wandelndes Reservoir von Typhuskeimen« bezeichnet.[256]

Mit zunehmender Bedeutung des gesunden infizierten Menschen für Epidemiologie und Seuchenbekämpfung wurde in Deutschland natürlich auch die Frage akut, welcher seuchenrechtliche Status ihm tatsächlich zukam.[257] Das Reichsseuchengesetz von 1900, dessen erster Entwurf im Anschluss an die Choleraepidemie von 1892 entwickelt worden war und die »gemeingefährlichen« pandemischen Krankheiten wie Pest, Aussatz oder Cholera umfasste, wie auch das Preußische Landesgesetz zur Bekämpfung übertragbarer Krankheiten von 1905, das endemische Krankheiten wie Typhus, Diphterie, Genickstarre, Ruhr, Tuberkulose oder auch Rückfallfieber mit einschloss, enthielten keine Paragraphen zum sanitätspolizeilichen Status der Keim- oder Bazillenträger.[258] Offen war damit insbesondere die Frage, ob diese faktisch gesunden Menschen als Kranke im Sinne der Gesetze ausgelegt werden sollten und den für »Kranke« in Aussicht gestellten, weitreichenden und invasiven Maßregeln zu unterwerfen waren, oder ob sie unter eine der beiden anderen in den Seuchengesetzen kodifizierten Personengruppen fielen: die »Krankheitsverdächtigen« und »Ansteckungsverdächtigen«. »Krankheits-

254 Gaffky 1906, S. 295; Löffler 1910, S. 11; Rimpau 1917, S. 1525.

255 Diskussionsbeitrag Dr. Kleinknecht, in: Lentz 1912a, S. 71.

256 Vgl. Hasian 2007, S. 502. Zum Fall »Typhoid Mary« siehe Walzer Leavitt 1992; Mendelsohn 1995; Wald 1997; Kraut 1994, S. 96-104; Gibbins 1998.

257 Vgl. Baumann 1908.

258 Gesetz, betreffend die Bekämpfung gemeingefährlicher Krankheiten vom 30. Juni 1900, abgedruckt in: Kirchner 1907a, S. 253-259; Gesetz, betreffend die Bekämpfung übertragbarer Krankheiten vom 28. August 1905, abgedruckt in: Kirchner 1907a, S. 272-280.

verdächtig« waren Personen, die an Erscheinungen erkrankt waren, die den Ausbruch einer der in den Gesetzen aufgeführten Krankheiten befürchten ließen. Als »Ansteckungsverdächtig« galten Personen, bei denen zwar keine Krankheitserscheinungen vorlagen, infolge ihrer nahen Berührung mit Kranken aber die Annahme gerechtfertigt erschien, dass sie den Ansteckungsstoff aufgenommen hatten.[259]

Die Ansichten über die Stellung der Bakterienträger im Rahmen der Seuchengesetze gingen zunächst weit auseinander. In einer in der *Zeitschrift für Krankenpflege* abgedruckten Diskussion argumentierte Medizinalrat Jean Bernhard Bornträger, die Bazillenträger seien weitaus gefährlicher als »Ansteckungsverdächtige« und »Krankheitsverdächtige« und die entsprechenden Erläuterungen würden auf die Bakterienträger gar nicht zutreffen. Da sie gleich einem Kranken Ansteckungskeime ausstreuten, waren sie für Bornträger ebenso gefährlich wie diese und deshalb als »Kranke im Sinne der Gesetze« auszulegen.[260] Diese These versuchte er auch mit einem Blick auf die Anweisung des Bundesrats für die Bekämpfung der Cholera von 1904 zu bekräftigen. Dort hieß es: »Anscheinend gesunde Personen, in deren Ausleerungen bei der bakteriologischen Untersuchung Choleraerreger gefunden wurden, sind wie Kranke zu behandeln«. Das Gleiche galt im Prinzip für jede andere Infektionskrankheit. Für Bornträger begannen die Gefährdung der Allgemeinheit und die Krankheit also mit dem Nachweis des Erregers bei einem Menschen.[261] Die Bakterienträger durften in seiner Lesart bis zur Bazillenfreiheit abgesondert und allen Maßnahmen der Desinfektion und Überwachung ausgesetzt werden. Diese Position stieß im weiteren Verlauf der Diskussion auf Gegner aus dem Kreis der Allgemeinpraktiker.[262] Allerdings fand sie wenig später auch prominente Befürworter. Kirchner etwa argumentierte mit Blick auf die Dauerausscheider und Bazillenträger, sie seien wegen der enormen Gefahr der Seuchenverbreitung vom bakteriologischen und sanitätspolizeilichen Standpunkt aus »zweifellos krank im Sinne des Gesetzes«.[263]

Eine vorübergehende Klärung des Rechtsstatus der Bakterienträger brachte eine neue Anweisung des preußischen Ministers der Medizinalangelegenheiten vom August 1906. Darin wies man den Bazillenträgern eine besondere Stellung zu und schuf für sie eine neue Kategorie

259 Vgl. Kirchner 1908, S. 476.
260 Bornträger 1906a, S. 556.
261 Ebd., S. 557f.
262 Vgl. Bornträger 1906b, S. 658; Liebetrau 1906.
263 Kirchner 1908, S. 162.

neben den »Kranken«, »Ansteckungsverdächtigen« und »Krankheitsverdächtigen«. Für jede Krankheit erließ man besondere Maßnahmen, wobei insgesamt drei Klassen von Bazillenträgern unterschieden wurden:

1. Bazillenträger, die innerhalb von 10 Wochen nach Beginn der Krankheit wie Kranke zu behandeln sind: Choleraträger, rekonvaleszente Ruhr- und Typhusträger (= Dauerausscheider).
2. Gesunde Bazillenträger, die auf ihre Gefährlichkeit für Andere hinzuweisen und zur Befolgung der erforderlichen Desinfektionsmaßnahmen anzuhalten sind: gesunde Ruhr- und Typhusträger, rekonvaleszente Ruhr- und Typhusträger nach Ablauf der ersten 10 Wochen, Diphterie- und Genickstarreträger.
3. Solche Bazillenträger, die außerdem (zu 2) noch zu regelmäßigem Ausspülen des Rachens bzw. zum Aufsuchen ärztlicher Behandlung aufzufordern sind: Diphterie- und Genickstarreträger.[264]

Wie Praxisbeispiele und weitere Beiträge belegen, sollten auch diese Anweisungen nicht zu einem definitiven Abschluss der Debatte um die Behandlung der Bazillenträger führen. Fragen nach dem tatsächlichen Umfang der Maßnahmen und dem Einsatz von polizeilichem Zwang wurden je nach Krankheit weiterhin sehr unterschiedlich beantwortet und gehandhabt. In der oben erwähnten Konferenz im Kultusministerium von 1908 betonte Löffler, bei der Diphterie müssten die gesunden Bazillenträger »strenggenommen« so lange abgesondert werden, bis sie nicht mehr »infektionstüchtig« seien, das heißt: bis keine Diphteriebazillen mehr festzustellen waren. In der Praxis würden sich solche »strengen logischen Postulate« wohl nur in Internaten, Schulen, Bewahranstalten oder Kasernen durchführen lassen.[265] Tatsächlich finden sich im lokalen Kontext durchaus Beispiele für die Anwendung der »strengen logischen Postulate« Löfflers. Sie belegen, dass Keimträger nicht immer als eigene Gruppe, sondern vielmehr als »Kranke im Sinne des Gesetzes« behandelt wurden, auch wenn dieser Status rechtlich fragwürdig war. So berichtete der Bürgermeister von Charlottenburg, Dr. Matting, im Verein für Öffentliche Gesundheitspflege 1912, in einer Mädchen-Mittelschule seiner Stadt seien Diphteriekeimträgerinnen vom Schulbesuch ausgeschlossen und durch die Schulärztin dauernd überwacht und untersucht worden.[266] Die Schülerinnen wurden erst wieder zum Schulbesuch zugelassen, nach-

264 Vgl. Bornträger 1906b, S. 660.
265 Löffler 1908, S. 514f.
266 Diskussionsbeitrag Bürgermeister Dr. Matting, in: Lentz 1912a, S. 85.

dem sie sich durch zwei bakteriologische Untersuchungen als »bazillenfrei« ausweisen konnten.

Dieser Fall demonstriert nicht nur, dass mit gesunden Menschen, die das Pech hatten, auf ihrer Rachenschleimhaut Diphteriebazillen zu beherbergen, zuweilen überaus streng verfahren wurde. Sehr prägnant offenbart sich an diesem Beispiel auch, dass das öffentliche Wohl automatisch über das individuelle Wohl gestellt wurde und Bedürfnisse von Kranken oder Infizierten kaum Geltung besaßen. Trotz gelegentlich geäußerter Kritik an den von einzelnen Bakteriologen geforderten, sehr weitgehenden Isolier- und Desinfektionsmaßnahmen – man bezichtigte sie zum Beispiel eines »diktatorischen Standpunkts« oder deklarierte ihre Vorschläge als »theoretische Phantasieforderungen«[267] – wurden die Bazillenträger fast ausschließlich als Gefahr für die Öffentlichkeit wahrgenommen. Im Praxiskontext fiel ihre Deutung als »Kranke« deshalb auch ungemein leicht, selbst wenn die tatsächliche Rechtssituation eine andere Interpretation nahe gelegt hätte.

Die von Jürgens konstatierte »Verwilderung der Begriffe« sollte sich damit nicht nur auf die kurze Phase während der Cholera-Nachepidemie 1893/94 beziehen, als Koch aus den gesunden Trägern des Cholerainfektionsstoffes kurzerhand Kranke fabrizierte. Auch wenn es um den Rechtsstatus der gesunden Bazillenträger und Dauerausscheider und die zu implementierenden Maßnahmen im Feld ging, nahmen die rhetorischen Strategien kein Ende. Das Konstrukt des für die Allgemeinheit außerordentlich gefährlichen Bazillenträgers, der mindestens ebenso gefährlich war wie ein Kranker, löste die Bevölkerung aus ihrem »natürlichen Empfinden« und machte sie »für den Gedanken des Kampfes gegen den Infekt aufnahmefähig«.[268] Nicht nur die Bevölkerung, auch die zivilen und militärischen Behörden konnten durch die rhetorische Erfindung des Bazillenträgers sehen, wie wichtig es war, den Bakteriologen die medizinische Macht zu übertragen. Jürgens bezeichnete die Gleichschaltung des Bazillenträgers mit dem Kranken aus der Retrospektive denn auch als »Manöver«, das die Idee des »Kampfes« gegen jede Infektion als notwendige Grundlage einer praktischen Seuchenbekämpfung glaubhaft machen sollte.[269]

Als Produkt solcher spezifisch kultureller Konstruktionsprozesse büßte *der Bazillenträger* seine soziale Handlungsfähigkeit zwangsläufig ein. Er war ein »Infizierter« und als solcher konnte er niemals wertneutral

267 Vgl. Söchting 1912, S. 931.
268 Jürgens 1949, S. 134.
269 Ebd., S. 135.

sein.[270] »Typhoid Mary«, wie Mary Mallon genannt wurde, war »the most dangerous woman in America«. Sie wurde nicht nur mit vielfältigen Stigmatisierungen und diffamierende Zuschreibungen konfrontiert, sondern erlitt auch eine massive Deprivation ihrer körperlichen Autonomie.[271] Eine an das kulturelle Konstrukt »Typhoid Mary« und dessen alltagspraktischen Effekte angelehnte Geschichte der zahllosen Typhus-, Diphterie-, und Cholera-Bazillenträgerinnen und -träger in Deutschland kann hier nicht geschrieben werden. Mit Blick auf die heutige Wahrnehmung und den Umgang mit gesunden »Infizierten« stellt sie allerdings ein wichtiges Forschungsdesiderat dar.

6.3. Denkkollektive Verstetigungen

Der bakteriologische Feldzug gegen den Typhus war nicht nur aufgrund der von offizieller Seite verlautbarten sinkenden Morbiditäts- und Mortalitätszahlen ein Erfolg. Die strategische Offensive im Südwesten Deutschlands hatte auch zu einer merklichen Stabilisierung des bakteriologischen Wissens- und Handlungssystems beigetragen. Koch und den von ihm instruierten Militärärzten war es gelungen, die bakteriologische Wissenschaft mit der Typhuskampagne als autoritative, potente und im Hinblick auf die zukünftigen Kriegszeiten unabdingbare Feldwissenschaft zu etablieren und ihre Beziehungen zu den zivilen und militärischen Medizinalbehörden auszubauen. Die Installierung des Bazillenträgers als zentrale Gefahrenkategorie und seine spezifische, auf den Erreger fokussierte Definition ließen ätiologische Fragen dabei zunehmend in den Hintergrund rücken. Er war nun der bakteriologische Hauptfeind, ein wandelndes, gefährliches Reservoir von Krankheitskeimen, das die Allgemeinheit jederzeit und unheimlich bedrohte und dem man mit einem rücksichtlosen, rigide geführten Kampf zuleibe rücken musste. Aber nicht nur die Typhuskampagne und die Institutionalisierung des Bazillenträgers sollte bei der Frage nach der Autorität und Wirkmächtigkeit der Bakteriologie vor dem Ersten Weltkrieg berücksichtigt werden. Auch Prozesse der erneuten Verstetigung des Denkkollektivs trugen dazu bei, dass der bakteriologische Leitstern nicht verblasste.

Wenn Fleck davon ausging, dass gesetzliche Einrichtungen zum formalen Abschluss einer Denkgemeinde und ihrer Stabilität beitragen, dann sind die bereits erwähnten, ab 1900 in Kraft tretenden Seuchen-

270 Vgl. dazu Gilman 1988, S. 6, 7.
271 Kraut 1994, S. 100; Gibbins 1998.

gesetze dafür ein Beispiel.[272] Die von Koch und seinen Mitarbeitern im KGA initiierte Bekämpfung der Cholera 1892/93 hatte Veranlassung zur Ausarbeitung eines Reichsseuchengesetzes gegeben, das am 30. Juni 1900 in Kraft trat. Eng an das Reichsseuchengesetz angeschlossen war das Preußische Landesseuchengesetz vom 28. August 1905, das maßgeblich auf den Vorarbeiten eines früheren Schüler Kochs beruhte.[273]

Es überrascht aufgrund der an den Entwürfen beteiligten Akteure kaum, dass die beiden Seuchengesetze die Erkenntnisse der bakteriologischen Ära der Hygiene berücksichtigten und ganz auf dem Standpunkt der auf den Erreger fokussierten bakteriologischen Seuchenbekämpfung standen. Geregelt waren für jede in den Seuchengesetzen aufgeführte Infektionskrankheit die obligatorische Anzeigepflicht, die schnelle und sichere Feststellung von Seuchenfällen mittels bakteriologischer Untersuchungen, die Absonderung von Kranken, Überwachung ansteckungsverdächtiger Personen, Beobachtung krankheitsverdächtiger Personen und die verschiedenen Vorkehrungen zur Desinfektion von Abgängen, Auswürfen und anderer Materialien und Gegenständen, die mit Kranken in Berührung gekommen waren.[274] Ich möchte an dieser Stelle nicht detailliert auf die einzelnen Bestimmungen der Seuchengesetze eingehen, sondern auf zwei direkte, für die formale Verfasstheit des bakteriologischen Denkkollektivs bedeutsame Folgen der Gesetzgebung hinweisen: *Einerseits* der Ausbau bereits vorhandener und die Schaffung einer Reihe neuer wissenschaftlicher Anstalten und Organe, die der Erforschung und Bekämpfung von Infektionskrankheiten dienten, und *andererseits* die Gründung des Reichsgesundheitsrats als Institution von Sachverständigen aus allen Teilen des Reiches.

Da die Seuchengesetze die möglichst rasche und schnelle Ermittlung von Seuchenfällen mittels bakteriologischer Untersuchung vorsahen, war es nötig, neben den bereits bestehenden Untersuchungsstationen bei den Hygienischen Universitätsinstituten, den staatlichen Spezialinstituten oder den außeruniversitären Königlichen hygienischen Instituten Anstalten zu errichten, die in erster Linie praktisch-diagnostischen Zwecken

272 Vgl. Fleck 1999, S. 136.

273 Vgl. Gesetz, betreffend die Bekämpfung übertragbarer Krankheiten, vom 28. August 1905, abgedruckt in: Kirchner 1907a, S. 272-280. Zur Entwicklung des Preußischen Gesetzes vgl. Kirchner 1918c, S. 39.

274 Dass die Bazillenträger in den Seuchengesetzen nicht eigens als Kategorie auftauchten, wurde bereits erwähnt. Die Hochblüte des Bazillenträgerdiskurses im Zuge der Typhusbekämpfung fällt erst in den Zeitraum nach der Verabschiedung der Gesetze.

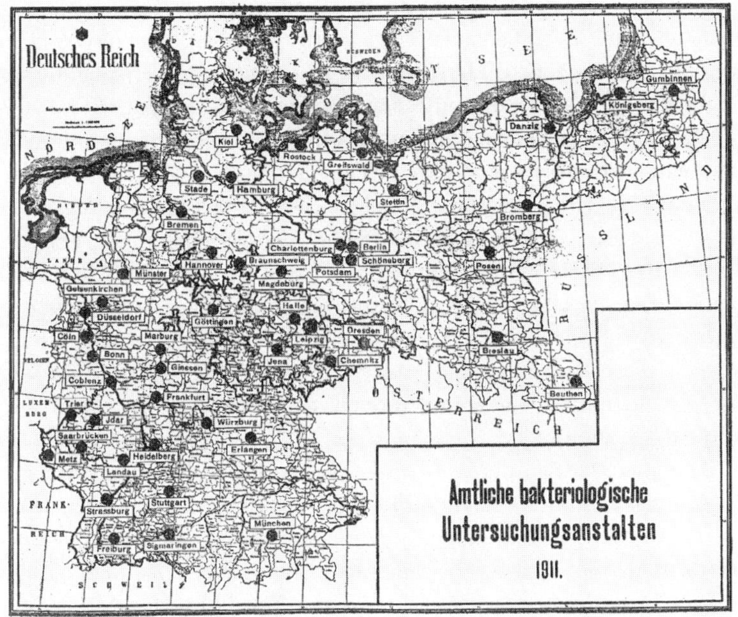

Abb. 4: Amtliche bakteriologische Untersuchungsanstalten 1911

dienten.[275] Die Typhusbekämpfung hatte seit 1902 den Weg zur Schaffung von solchen neuen Untersuchungsämtern vorgezeichnet. In Preußen war es vor allem der ehemalige Koch-Schüler, Stabsarzt und Medizinalbeamte Martin Kirchner, der im Kultusministerium den Auf- und Ausbau der hygienisch-bakteriologischen Untersuchungsstellen vorantrieb. Sein Anliegen war es, das gesamte preußische Staatsgebiet mit einem Netz von hygienisch-bakteriologischen Instituten und Medizinaluntersuchungsämtern zu überziehen, um die von Koch propagierte Seuchenbekämpfung zu garantieren.[276]

Eine von Otto Lentz erstellte Karte mit allen bis 1911 in Deutschland eingerichteten Medizinaluntersuchungsämtern (Abb. 4) illustriert sehr deutlich, dass Kirchner seiner Zielsetzung in kurzer Zeit bereits recht

275 Zum Arbeitsgebiet und der Ausstattung der Untersuchungsstationen vgl. Haendel/Hesse 1924. Zur Notwendigkeit der Errichtung bakteriologischer Untersuchungsstellen in Städten vgl. Tjaden 1904.

276 Vgl. Kirchner 1903, S. 197f.

nahe gekommen war. Allein in Preußen entstanden ab der Jahrhundertwende neben den bestehenden Hygiene-Instituten an den Universitäten und den Königlichen Hygienischen Instituten 11 Medizinaluntersuchungsämter in denjenigen Bezirken, in denen sich keine Universität befand und zwei kleinere Medizinaluntersuchungsstellen in Bromberg und Sigmaringen. Einzelne der Untersuchungsämter wurden ab 1907 auf Veranlassung Kirchners in Königliche Medizinaluntersuchungsämter umgewandelt.[277] Ein spezieller Gürtel von Hygiene-Instituten und Untersuchungsämtern in den Ostprovinzen (von Gumbinen in Ostpreußen bis Beuthen in Oberschlesien) diente vor allem der bakteriologischen Abwehr von Seucheneinfällen aus dem Osten. Die deutschen Bakteriologen in diesen Instituten und Ämtern arbeiteten eng mit den Grenzkontrollstationen und Quarantänestationen für Auswanderer auf ihrem Weg in die USA zusammen.[278]

Bemerkenswert an der von Lentz veröffentlichen Karte ist nicht nur die stattliche Anzahl von Medizinaluntersuchungsämtern, die in regionalen Zentren mit der Analyse der eingeschickten Urin-, Stuhl- oder Rachenschleimproben beschäftigt waren. Bezeichnend ist auch die graphische Darstellung des deutschen Territoriums. Es erscheint als strukturierte, parzellierte Fläche, übersäht von überdimensionierten schwarzen Fixpunkten, die eine bakteriologische Einschreibung des Raums markieren. Deutschland wird hier als Raum oder Territorium von (bakteriologischem) Gewicht dargestellt, das gegenüber dem Ausland – Russland, Österreich, die Schweiz, Frankreich, Luxemburg, die Niederlande, Dänemark – besonders hervortritt, da diese Länder durch amorphe weiße Flächen repräsentiert werden. Interessant ist auch, dass diese ›Nicht-Struktur‹ des Auslandes genauso für die graphische Darstellung der Ost- und Nordsee gilt und das Deutsche Reich damit als Insel aus einem Meer weißer, bakteriologisch nicht eingeschriebener Fläche herausragt.

Neben dem Ausbau der Infrastruktur und des Fachpersonals zur bakteriologischen Diagnosestellung in den Medizinaluntersuchungsämtern führten die Seuchengesetze ab der Jahrhundertwende auch zur Ausbildung neuer Institutionen und Organe im bakteriologisch informierten Desinfektionswesen. Die Desinfektionsmaßnahmen, insbesondere die Vorkehrungen der Schlussdesinfektion, waren gemäß gesetzlichen Vorgaben soweit als möglich von staatlich geprüften und amtlich bestellten

277 Mohaupt 1989, S. 67.
278 Weindling 2000, Kap. 3.

Desinfektoren auszuführen.[279] Für ihre Ausbildung wurden bei den Medizinaluntersuchungsämtern und hygienischen Instituten besondere Schulen eingerichtet. Die erste Desinfektorenschule eröffnete 1901 in Breslau ihre Tore, bis Ende 1903 folgten allein in Preußen 12 weitere.[280] Lehrlinge wurden mit dem Wesen der pathogenen Bakterien und der Art ihrer Verbreitung und Bekämpfung bekannt gemacht. Besonders ausführlich wurden sie über die wichtigsten Desinfektionsmittel, ihre Wirkung und Zubereitung unterrichtet sowie über die Einrichtung und Bedienung von Desinfektionsapparaten und die Ausführung der Wohnungsdesinfektion.[281] Auch wenn die Absolventen dieser Schulen, die staatlich geprüften Desinfektoren, nicht im innersten Zirkel des bakteriologischen Denkkollektivs verortet werden können, darf ihre Institutionalisierung und Professionalisierung im Zuge der Seuchengesetzgebung doch als Indiz für eine weitere formale Bestärkung der Bakteriologie zu Beginn des neuen Jahrhunderts gewertet werden. Im öffentlichen Raum markierten die von örtlichen Desinfektionsanstalten[282] aus operierenden Desinfektoren, deren Zahl bis 1913 auf über 3500 angestiegen war, eine Schnittstelle zu den eigentlichen Experten, fungierten sie doch als sichtbarer und gleichsam verlängerter Arm der Fachwissenschaft.

Eine weitere Folge der Seuchengesetzgebung betraf die Schaffung eines neuen Gremiums von Sachverständigen, das dem KGA unterstellt war: Der Reichsgesundheitsrat.[283] Dieser sollte das KGA bei seinen Aufgaben auf dem Gebiet der Medizinal- und Veterinärpolizei als beratende Behörde unterstützen. Vor allem aber war er dafür besorgt, die Durchführung des Reichsseuchengesetzes in allen Reichsländern zu gewährleisten und den Einfluss des Reichs auch auf diejenigen übertragbaren Krankheiten geltend zu machen, die nicht im Reichsseuchengesetz geregelt waren. Als Mitglieder des Rats ernannten der Bundesrat und der Reichskanzler wissenschaftliche Autoritäten, erfahrene Beamte der Landesmedizinalverwaltung und technische Sachverständige für die Dauer

279 Vgl. Allgemeine Ausführungsbestimmungen zu dem pr. Gesetz, zit. Kirchner 1907a, S. 154; Lentz 1917, S. 24f.

280 Vgl. Lentz 1917, S. 25; Mohaupt 1989, S. 69; Kirchner 1918b, S. 74.

281 Vgl. Kirchner 1918b, S. 76.

282 Bis zum Ersten Weltkrieg entstanden allein in Preußen weit über 2000 Desinfektionsanstalten. Kirchner 1918c, S. 41.

283 Im Reichsseuchengesetz von 1900 (§43) wurde festgehalten, dass in Verbindung mit dem KGA ein Reichsgesundheitsrat (RGR) gebildet werden sollte. Gesetz, betreffend die Bekämpfung gemeingefährlicher Krankheiten, vom 30. Juni 1900, abgedruckt in: Kirchner 1907a, S. 259. Zur Gründung des RGR vgl. Glaser 1960, S. 2-10.

von fünf Jahren. Zu seinen ersten Mitgliedern zählten aus der Bakteriologie neben Koch und seinem engen Vertrauten Flügge auch eine illustre Reihe seiner ehemaligen Assistenten und Schüler wie etwa Gaffky, Löffler, Fraenkel, Gärtner, Kirchner und Nocht.[284] Innerhalb des Rats wurden spezielle Fachausschüsse gebildet. Einer der wichtigsten und mitgliederstärksten Fachausschüsse, der in verschiedene Unterausschüsse gegliedert war und im Ersten Weltkrieg besonders rege tätig werden sollte, war der Fachausschuss für Seuchenbekämpfung einschließlich Desinfektion.[285] Er entwickelte sich im Verlauf der ersten Dekade des neuen Jahrhunderts zu einer die Seuchenbekämpfung Koch'scher Prägung repräsentierenden, landesweit renommierten und einflussreichen Institution, die ein Scharnier zwischen bakteriologischer Wissenschaft, Medizinalverwaltung und Militär bildete. Kurz vor Kriegsbeginn liest sich die Mitgliederliste des Ausschusses für Seuchenbekämpfung wie ein *Who's who* der Direktoren und Mitarbeiter des Instituts für Infektionskrankheiten und anderer Forschungsinstitute, der wichtigsten Leiter hygienischer Universitätsinstitute und staatlicher hygienischer Untersuchungsstellen, hochrangiger Militärhygieniker und Mitarbeiter in der Reichs- und Landesmedizinalverwaltung.[286] Darunter finden sich die Namen der in klarer Linie zu der von Koch propagierten Seuchenbekämpfung stehenden Bakteriologen und (Militär)Hygieniker Dieudonné, Flügge, Fraenkel, Gärtner, Gaffky, Kirchner, Kossel, Lentz, Nocht, Paalzow, Pfeiffer und Uhlenhuth.[287]

Anhand der Mitgliederliste lässt sich nicht nur die ab der Jahrhundertwende zunehmende Verflechtung von bakteriologischer Wissenschaft, Staat und Militär ablesen. Tatsächlich wies das Netzwerk zwischen diesen drei Feldern auch einen ungemein dynamischen Charakter auf. Betrachtet man die Biographien der Bakteriologen im Reichsgesundheitsrat etwas genauer, wird schnell ersichtlich, dass es für sie durchaus üblich war, parallel, manchmal auch alternierend zu ihren Anstellungen in Hygiene- und Forschungsinstituten Aufgaben in der Medizinalverwaltung und im Militär zu übernehmen und damit kontinuierlich zwischen der reinen Forschung, der Lehre, den Gremien der staatlichen Gesundheitsverwaltung und dem Militärsanitätsdienst hin und her zu pendeln. Bestes Beispiel für dieses Changieren im Geflecht von Wissenschaft, Militär und

284 Vgl. Glaser 1960, S. 4, 12-15.

285 Ebd., S. 19.

286 BArch, R86/857: Übersicht über die Zuteilung der Mitglieder des RGR an die Ausschüsse und Unterausschüsse, Mai 1914.

287 Ebd.

Medizinalverwaltung ist Martin Kirchner, der im Ersten Weltkrieg eine prominente Sprecherposition einnehmen sollte. Wie viele Mitarbeiter Kochs hatte Kirchner seine medizinische Ausbildung an der Pépinière erhalten und in der Folge verschiedene Stationen einer regulären militärärztlichen Laufbahn absolviert. Als Stabs- und Bataillonsarzt wurde er 1887 an das Hygiene-Institut der Universität Berlin zu Koch kommandiert und blieb dort zwei Jahre, in denen er eine Vielzahl bakteriologischer und hygienischer Arbeiten publizierte. Nach seinem zweijährigen Kommando bei Koch wurde er als Militärarzt nach Hannover versetzt und errichtete dort eine bakteriologische Station beim Garnisonslazarett. In Hannover habilitierte sich Kirchner als Privatdozent an der technischen Hochschule, ohne seine militärärztlichen Aufgaben im Regiment und die Leitung der bakteriologischen Station aufzugeben. 1897 wurde er Titularprofessor in Hannover und ein Jahr später als Geheimer Medizinalrat und beratender Rat ins Preußische Kultusministerium berufen.[288] Aus dem Militärdienst und der Wissenschaft schied Kirchner trotz seiner im Laufe der Jahre immer umfangreicheren Tätigkeit im Kultusministerium nie ganz aus. So wurde er, obwohl zur Reserve übergetreten, 1908 zum Oberstabsarzt im Militärsanitätswesen befördert und war seit 1900 außerordentlicher Professor für Hygiene und Staatsarzneikunde an der Universität Berlin.[289] Vor der Verabschiedung des Reichsseuchengesetzes gehörte Kirchner als außerordentliches Mitglied dem KGA an und figurierte 1901 unter den ersten Mitgliedern des neu konstituierten Reichsgesundheitsrats.

Als die Medizinalabteilung 1911 vom Kultusministerium zum Ministerium des Innern überging und die Direktorenstelle neu besetzt werden sollte, fiel die Wahl auf Kirchner. Die Ernennung zum Ministerialdirektor markierte nicht nur den Höhepunkt seiner persönlichen Laufbahn. Sie war zugleich Symbol für den Status und das Renommee, das die Bakteriologie sowohl innerhalb der Medizin als auch in der öffentlichen Arena genoss. Niemals zuvor war ein Arzt auf die Position des obersten Leiters der preußischen Medizinalverwaltung berufen worden. Und Kirchner war nicht irgendein Arzt: Er war ein Militärhygieniker und Koch-Schüler, der die »offensive«, »rationelle« und »zielbewusste« Seuchenbekämpfung unermüdlich als zentrale und Erfolg versprechende Aufgabe der Gesundheitspflege anpries und ihren Ausbau mit großem

288 Lentz 1926. Zur Biographie Kirchners vgl. Mohaupt 1989.

289 Labisch/Tennstedt 1985, S. 56; Kirchner, Martin, in: *Biographisches Lexikon der hervorragenden Ärzte der letzten fünfzig Jahre*, hrsg. von I. Fischer, Bd. 1 (1932), S. 518.

Engagement vorantrieb.[290] Das neu angebrochene Jahrhundert repräsentierte für ihn denn auch eine Wegscheide für die Bekämpfung der Seuchen:

> »Zu keiner Zeit hat der Kampf gegen die großen Volkskrankheiten mehr Aussicht auf Erfolg geboten, als an der Wende des neunzehnten und zwanzigsten Jahrhunderts. [...] Nicht mehr, wie in früheren Zeiten, ins blaue hinein, sondern wohlüberlegt und zielbewußt können wir jetzt mit unsren, auf die Verhütung und Bekämpfung der Volksseuchen gerichteten Maßregeln vorgehen, sicher, gleich dem kundigen Artilleristen, mit unsrem Geschütz uns schnell einzuschießen und zu treffen.«[291]

Mit der Ausbildung eines umfassenden und dynamischen Netzwerkes zwischen Militär, Wissenschaft und Medizinalbürokratie, wie sie in Kirchners Laufbahn paradigmatisch zum Ausdruck gelangt, etablierte sich die Bakteriologie als staatstragende und vom Staat getragene Wissenschaft. Nicht von ungefähr spricht Olaf Briese von der Bakteriologie als *wilhelminischer Wissenschaft*.[292] Im Ersten Weltkrieg sollte diese wilhelminische Wissenschaft mitsamt ihren »kundigen Artilleristen« eine beispiellose, wenn auch trügerische Apotheose erfahren.

290 Kirchner 1907b, III. Kirchner engagierte sich ganz konkret für die gesetzliche Verankerung der Seuchenbekämpfung: Er war an der Ausarbeitung des Reichsseuchengesetzes beteiligt und zeichnete als Hauptverantwortlicher des Preussischen Landesseuchengesetzes. Auch auf den Auf- und Ausbau der bakteriologischen Untersuchungsstellen legte er Nachdruck. Daneben beförderte er das Basiswissen der Kreisärzte in »hygienischer Bakteriologie« und der Allgemeinpraktiker in der Bekämpfung übertragbarer Krankheiten. Kirchner 1919b, S. 75; Mohaupt 1989, S. 46, 58f.; Lentz 1925, S. 11.

291 Kirchner 1904, III.

292 Briese 2003, S. 300. In dieses Bild passt auch, dass Kirchner auf ausdrücklichen Befehl Wilhelms II. auf seinen Posten berufen wurde.

III. KRIEG!

Das pathogene Bakterium im Ersten Weltkrieg

Der Ausbruch des Krieges im August 1914 markierte den Beginn eines bislang unerreichten Einbezugs von Männern, Frauen und Kindern in einen militärischen Konflikt. Die viel zitierte »Totalität« des Ersten Weltkriegs[1] lässt sich auch an der umfassenden Integration der Ärzteschaft ablesen. Zur Erhaltung der Gesundheit und der ›Schlagkraft‹ von Heer und Heimatbevölkerung wurde in Deutschland die Hälfte aller Ärzte eingezogen. Im Feldheer waren insgesamt 17.530 Ärzte tätig, im Heimatgebiet 15.829. Die Sanitätsmannschaften umfassten knapp 100.000 Personen.[2] Mit Blick auf dieses zur Aufrechterhaltung der kriegsentscheidenden Ressource ›Gesundheit‹ aufgebotenen Arsenals von Medizinern und Pflegepersonal hat Mark Harrison treffend von der »Medikalisierung des Krieges« gesprochen.[3]

Neben der Chirurgie avancierte die Bakteriologie zur wichtigsten Disziplin im Feldsanitätswesen. Ihr fiel eine Aufgabe zu, die zu Beginn des Krieges zur existentiellen Herausforderung Deutschlands stilisiert wurde: Die Verhütung der Kriegsseuchen im Heer und der Schutz und die ›Reinhaltung‹ der Heimat und des ›Volkskörpers‹ vor Krankheitskeimen. Die folgenden Kapitel werden zeigen, wie selbstbewusste Militärbakteriologen analog dem bei der Typhuskampagne entwickelten Prinzip einen veritablen, minutiös vorbereiteten und mit schier unerschöpflichen Mitteln, Materialien und Personal geführten »Krieg« gegen das pathogene Bakterium lancierten. Angeleitet vom Streben nach der *totalen* Keimfreiheit und der Vermeidung *jeglicher* Zonen infektiöser Indifferenz schuf die »offensive« und »defensive« bakteriologische »Kriegsführung« eine Fülle von Strukturen, die der Ordnung und Kontrolle dienten. Diese kulminierten in der Errichtung eines sanitären Grenzwalls, einem Bollwerk aus riesigen Sanierungsanstalten entlang der Ost- und Westgrenze des Reiches. Er übertrug die bakteriologische »Reinheit« auf eine dichotomisch konzipierte territoriale Geographie, die »unreine« und »reine«, verlauste und unverlauste, regellose und geordnete Men-

1 Vgl. Chickering/Förster 2000; Boemeke/Chickering/Förster 1999; Strachan 2000.

2 Vgl. Paalzow 1934, S. 1250; His 1931, S. 13.

3 Harrison 1996, S. 267.

schen, Räume und Territorien dauerhaft und scheinbar unverrückbar voneinander trennte. Alle hygienisch-bakteriologischen Dispositive basierten auf der festen Überzeugung, dass sich der *Pesttraum* (Foucault) ohne die perfektionierten Abwehrmaßnahmen und Ordnungsstrukturen verwirklichen würde.

Die imaginierte epidemiologische Katastrophe sollte am Ende des Krieges tatsächlich Realität werden – allerdings unter gänzlich anderen Vorzeichen als erwartet.

7. Auftakt

Als Erstes werfe ich einen Blick auf die Anfangsphase des Krieges. Welche Haltung nahmen die Bakteriologen gegenüber dem Feldzug und der Kriegspolitik Deutschlands ein? Welche Rolle sollte ihnen im Krieg zufallen? Welche Erwartungen knüpften sie an den neuen medizinisch-militärischen Erfahrungs- und Ereignisraum und wie verlief die bakteriologische Mobilmachung?

7.1. Medizinischer Kriegstaumel

Als anfangs August 1914 die Mobilmachungsorder des Kaisers publik wurde, begrüßte ein Großteil der Ärzteschaft den bevorstehenden militärischen Konflikt.[4] Hochschulprofessoren aus allen medizinischen Disziplinen ebenso wie Allgemeinpraktiker, Kreisärzte oder Krankenhausärzte stellten sich bereitwillig, oftmals gar enthusiastisch, in den Dienst des Vaterlandes und nahmen die an sie gestellte Aufgabe der Erhaltung der deutschen »Wehrkraft« an. Reinhard von den Velden, Professor für Innere Medizin, empfand es als Glück, das Gefühl des Aufbruchs bei der Mobilmachung mit zu erleben und konnte es kaum erwarten, bis seine

4 Zur Haltung der ärztlichen Standesvertreter zum Krieg vgl. Tamm 1996; Wolff 1997. Zur allg. Kriegsaffirmation der Ärzte vgl. Eckart 1997b; Jeschal 1977. Auf die trotz gemeinsamen Auftretens im Dienst der nationalen Sache bestehenden Reibungsflächen innerhalb der Profession hat Michl 2007 hingewiesen (S. 35ff.). Neuere Studien zur Kriegsbereitschaft in der Bevölkerung belegen ein breites Spektrum von Reaktionen auf den Kriegsausbruch, das von Neugier und Enthusiasmus über Chauvinismus, Erschütterung und Panik bis zur Opposition reichte, und dechiffrieren den ›Geist von 1914‹ als Mythos. Vgl. Verhey 2000. Dass der Enthusiasmus selbst bei deutschen Medizinern nicht ungebrochen war, beweist das Beispiel des Physiologen und überzeugten Pazifisten Georg Friedrich Nicolai.

Sanitätsformation marschbereit war. Mit der Mobilmachung war für ihn alles, was das Denken und Planen eines wissenschaftlich arbeitenden Hochschullehrers gefangen hielt, wie weggeblasen. Stattdessen durchdrang ihn der »furor teutonicus militans«.[5] Auch Kirchner wäre als Generalarzt der Reserve am liebsten direkt ins Feld gezogen. »Als der Weltkrieg ausbrach«, notierte er 1918, »war es auch mein heißer Wunsch, wie der aller körperlich leistungsfähiger Ärzte, zu den Fahnen zu eilen und an der Verteidigung des Vaterlandes mitwirken zu dürfen [...]«.[6] Gebunden an seine Aufgaben in der Medizinalbehörde Preußens blieb Kirchner sein sehnlichster Wunsch jedoch verwehrt. Gleichwohl konnte er mehrmals die Fronten in Ost und West besuchen und fand letzten Endes Befriedigung in der Aufgabe, das ›Vaterland‹ von Berlin aus vor Seuchen zu bewahren.[7]

Als Teil der bürgerlichen Intelligenz waren viele Ärzte Pfeiler der nach innen wie nach außen gerichteten Kriegspropaganda. Wolfgang Eckart hat gezeigt, dass deutsche Ärzte in den so genannten »Krieg der Geister« involviert waren, indem sie in Aufrufen, Reden oder Schriften versuchten, den Sinn des Krieges zu deuten und die Kriegspolitik Deutschlands zu rechtfertigen.[8] Ein Arsenal von Argumenten, welche die deutsche Kriegsführung begründen und den Krieg als Kampf um die Behauptung der Eigenart deutscher Kultur gegenüber der westlichen »Zivilisation« untermauern sollten, bemühte der weltweit rezipierte, provozierend formulierte Aufruf *An die Kulturwelt* vom 4. Oktober 1914. Diesen von Wissenschaftlern, Künstlern und Schriftstellern verfassten Appell, der in allen großen Tageszeitungen des Landes erschien, signierten auch die Bakteriologen Emil Behring und Paul Ehrlich sowie August Wassermann, der unter Koch und Ehrlich lange Zeit am Institut für Infektionskrankheiten tätig war und im Krieg als Brigadegeneral im Sanitätskorps die Überwachung der Epidemien an der Ostfront leitete.[9] Am meisten Unterzeichner von ärztlicher Seite fand die *Antwort des Kulturbundes deutscher Gelehrter und Künstler auf die Erklärung der Professoren Großbritanniens* Anfang 1915, an der sich auch die Bakteriologen Otto Lentz, bis 1915 Direktor der bakteriologischen Abteilung im Gesundheitsamt und an-

5 Von den Velden 1934, S. 1216.

6 Kirchner 1918, III.

7 Kirchner 1915, S. 55.

8 Eckart 2000, S. 134. *Krieg der Geister* lautete eine Anthologie mit Stellungnahmen der deutschen Intelligenz zum Ersten Weltkrieg, die von einem deutsch-national orientierten Verlag 1915 herausgegeben wurde.

9 Vom Brocke 1985, S. 718.

schließend vortragender Rat im Preußischen Innenministerium, sowie Wassermann und Ehrlich beteiligten.[10] Die *Antwort* war eine Reaktion auf die von namhaften englischen Akademikern gegenüber deutschen Gelehrtenmanifesten formulierten Kritik, in der die Engländer den Einfluss des deutschen militärischen Systems als unheilvoll und die Eroberungsträume Deutschlands als rechtswidrig deklarierten.[11]

Während in den Voten der englischen Intelligenz der Bedeutung und Dominanz deutscher Wissenschaft und Kunst zumindest in der ersten Kriegsphase Tribut gezollt wurde, lösten sich in Deutschland die Repräsentanten aus Kultur und Wissenschaft rasch aus ihrer internationalen Einbindung. In der *Erklärung deutscher Universitätsgelehrter* etwa traten die Unterzeichnenden bereits am 7. September 1914 von all ihren englischen akademischen Titeln und Mitgliedschaften zurück. In der Begründung hieß es, England habe Deutschland den Krieg erklärt und wiegle andere Länder gegen das Deutsche Reich auf.[12] Signiert war die Erklärung unter anderem von Ehrlich und Behring und auch der Generalstabsarzt der Armee und Vorsteher des Sanitätsdepartements im Kriegsministerium, Otto von Schjerning, setzte seinen Namen unter das Manifest. Die *Deutsche Medizinische Wochenschrift*, die meistgelesene und renommierteste medizinische Wochenschrift des Landes, die während des Kriegs ins Feld verschickt wurde, sammelte weitere Unterschriften. Sie machte anfangs Oktober 1914 publik, auch Gaffky und Kirchner hätten auf ihre englischen Auszeichnungen verzichtetet.[13]

Die *Deutsche Medizinische Wochenschrift* fungierte nicht nur mit ihrer Unterstützung von Aufrufen und Erklärungen als Instrument der Kriegspropaganda. Der Herausgeber der Zeitschrift, Julius Schwalbe, verfing sich gleich in der ersten Nummer nach Kriegsausbruch in der vorherrschenden propagandistischen Rhetorik einer »Welt von Feinden«, die Deutschland den Krieg aufgezwungen hätten: »Nach 43 segensreichen Friedensjahren wird Deutschland gezwungen, sein Schwert zu ziehen und gegen Feinde ringsum sich zu wehren«, schrieb Schwalbe am 6. August 1914. Die Schuld am Krieg wies er dem »fluchwürdigen russischen Frevelmut« und dem »französischen Chauvinismus« zu. Deutschland habe »nach dem schnöden Bruch des Völkerrechts« keine Wahl gehabt, als ins kriegerische Geschehen einzugreifen. Die in Kürze ins Feld ziehende Ärzteschaft verabschiedete Schwalbe mit Inbrunst und schwor sie

10 Jeschal 1977, S. 32.
11 Vom Brocke 1985, S. 670.
12 Eckart 2000, S. 134.
13 *DMW* 40 (1914), S. 1824; Jeschal 1977, S. 28.

auf den Krieg ein, indem er die Zielsetzung offenbarte, für die es zu kämpfen galt:

> »Alle, die ausziehen können für die Freiheit und Ehre des Vaterlandes, für Gesittung und Kultur gegen Sittenlosigkeit und Barbarei – insbesondere die Tausende von Kollegen, die die hehre Aufgabe erfüllen sollen, die körperlichen Leiden unserer Soldaten zu heilen und zu mildern, begleiten unsere innigsten Segenswünsche. Mögen sie sieggekrönt in die Heimat zurückkehren.«[14]

Propagandistische Rhetorik zur äußeren Abwehr und inneren Integration prägte zu Beginn des Krieges auch die Mitteilungen in der *Berliner Klinischen Wochenschrift* und der *Münchener Medizinischen Wochenschrift*.[15] Die medizinische Standespresse leistete freilich auch in anderer Form Propagandaarbeit: Sie veröffentlichte von Diffamierungsideologie strotzende Feldpostbriefe von Sanitätsoffizieren, zeichnete jede Woche minutiös die Schlachtverläufe nach und feierte euphorisch jeden militärischen Teilerfolg.[16] Dass auch Verlustlisten von Ärzten, verliehene Kriegsauszeichnungen an Ärzte und jeder Aufruf zur Zeichnung der Kriegsanleihen von den medizinischen Wochenschriften publiziert wurden, versteht sich fast von selbst.

7.2. Kriege und Seuchen – das vermeintlich zwingende Paar

Bereits bei der Initialisierung der Typhuskampagne hatte Koch auf das Narrativ einer zwangsläufigen Verbindung von Kriegen und Seuchen in historischer Perspektive zurückgegriffen. Ihren eigentlichen Kulminationspunkt erlebte die Produktion solcher Berichte aber mit Ausbruch des Ersten Weltkrieges. Kaum ein wissenschaftlicher oder populärer Zeitschriftenartikel, kaum eine Monographie und kaum ein Behördenbericht zum Thema Seuchenbekämpfung kamen in den ersten Kriegsmonaten ohne Verweis auf das gewohnheitsmäßige Auftreten von Seuchen in den Feldzügen der Weltgeschichte aus.[17] Exemplarisch ist ein

14 *DMW* 32 (1914), S. 1623.

15 Vgl. *BKlW* 32 (1914), S. 1536; *BKlW* 37 (1914), S. 1636; *MMW* 31 (1914), S. 1767.

16 Vgl. Aus einem ärztlichen Feldpostbrief, in: *DMW* 37 (1914), S. 1742f.; *DMW* 48 (1914), S. 2015.

17 Vgl. bei Kriegsbeginn (als Auswahl) Lentz 1914, S. 386; Verhütung übertragbarer Krankheiten im Kriege, in: *Vossische Zeitung* Nr. 431 (1914); Altschul 1914;

Vortrag Kirchners, der im September 1914 in einem vom Zentralkomitee für das ärztliche Fortbildungswesen in Preußen initiierten Kurs über Kriegsseuchen festhielt:

> »Wer die Geschichte der Seuchen kennt durch die Jahrhunderte hindurch, der weiß, daß wiederholt siegreiche Armeen von schweren Krankheiten heimgesucht wurden, welche sich mit furchtbarer Schnelligkeit verbreiteten, den Sieger und den Besiegten gleichmäßig in Mitleidenschaft zogen und zur Folge gehabt haben, daß schwere Entscheidungen herbeigeführt worden sind. Nicht nur die Intelligenz der Völker, nicht nur die Macht ihrer kriegerischen Unternehmungen haben die Weltgeschichte bestimmt, sondern viel häufiger, als wir im allgemeinen denken, schwere Seuchen, die die Völker dezimiert haben.«[18]

Oftmals belegten die historischen Berichte gar, dass der Verlust durch Krankheit oder Seuchen, die »gefürchtetsten Mordgehilfen der gegnerischen Waffen«, denjenigen durch den militärischen Einsatz noch übertraf.[19] Seuchen mussten deshalb als absolut zentrale und kriegsentscheidende Faktoren betrachtet werden.

Roger Cooter hat mit Blick auf verschiedene historische Studien argumentiert, dass die scheinbar fatale Verknüpfung von Kriegen und Seuchen keineswegs naturgegeben, selbsterklärend oder inhärent logisch ist. Richard Evans etwa hat für die Choleraepidemien im 19. Jahrhundert die Bedeutung von sozialen oder politischen Umbrüchen bei der Verbreitung von Krankheiten relativiert; Revolutionen und Truppenbewegungen verlängerten Epidemien bestenfalls. Emmanuel Le Roy Ladurie wiederum konnte nach Cooter in Bezug auf die Pest belegen, dass für deren Ausbreitung Armut, Schmutz und Promiskuität wichtiger waren als Kriege. Auch der fast kanonische Glaube historischer Demographen, Unterernährung aufgrund kriegsbedingter Hungersnöte ziehe eine epidemische Mortalitätskrise nach sich oder würde sie beschleunigen, ist nach neueren Studien so unsicher geworden wie der Imperativ selbst, der eine zwangsläufige Verbindung von Kriegen mit Mangelernährung postuliert.[20]

Cooter weist vor diesem Hintergrund auf die Notwendigkeit hin, das vermeintlich selbstredende *Couplet* ›Kriege und Seuchen‹ zu historisieren.

Schmidt 1914, S. 3; BArch, R 86/4538: Berichtentwurf Bumm an den Staatssekretär des Innern vom 3.8.1914, betrifft Verhütung von Kriegsseuchen bei der Zivilbevölkerung; Otto 1915, S. 2f.

18 Kirchner 1915, S. 28.

19 SBB, HD/»Krieg 1914«: 18848, S. 5.

20 Cooter 2003, S. 284, 286.

Er plädiert dafür, die Verbindung von Kriegen mit Seuchen in historischer Perspektive als Wissensprodukt und Ressource zu problematisieren, die in einem spezifischen historischen Kontext aufgrund spezifischer Interessen eingesetzt wurde. In der Folge kann er denn auch die Obsession und Beschäftigung mit dem von ihm nunmehr als »unnatürlich« bezeichneten Paar ›Krieg und Seuchen‹ schlüssig als Phänomen des ausgehenden 19. Jahrhunderts kenntlich machen. Wie er für das spätviktorianische und edwardianische England aufzeigt, hatten britische Sanitätsoffiziere ein großes Interesse daran, den Status der Militärmedizin zu bestärken. Mit der ingeniösen Produktion von historischen Berichten über Kriege und Epidemien gelang es ihnen, die Notwendigkeit des neuen mikrobiologischen Wissens über Krankheitsentstehung gegenüber den militärischen Befehlshabern hervorzuheben.[21]

Tatsächlich war es Koch in analoger Weise bereits bei der Lancierung der Typhuskampagne 1901/2 mit dem Verweis auf das wiederkehrende Problem von Typhusepidemien in Kriegen gelungen, die Bedeutung der Bakteriologie für das Militär zu unterstreichen und seine Maßnahmen unentbehrlich und legitim erscheinen zu lassen. Zu Beginn des Krieges nun produzierten die nicht nur in wissenschaftlichen Artikeln, sondern auch in Sitzungen der Medizinalverwaltung und in der populären Arena allgegenwärtige Rede von der Zwangsläufigkeit von Kriegen und Seuchen einen nachgerade idealtypischen Automatismus, der die Bekämpfung der Kriegsseuchen zur kardinalen Aufgabe des Feldsanitätswesens erhob. Die Bakteriologie wurde dabei – wie ich nachfolgend aufzeigen werde – in den Rang einer unabdingbaren Kriegswissenschaft katapultiert.

Entscheidend befördert wurde dieser Prozess durch die zeitgenössische Wahrnehmung der Gefahren, auf welcher die Logik des *Couplets* basierte. Ein gängiges Argument bei der konstruierten Gleichschaltung von Kriegen und Seuchen war die Begünstigung des Ausbruchs von Epidemien durch die bei kriegerischen Vorgängen erfahrungsgemäß entstehende Massierung und Bewegung von Menschen. Angesichts des neu entfesselten Kriegs, der nicht nur Europa, sondern mehrere Kontinente mit einzubeziehen drohte, schien es für Beobachter von Beginn an klar, dass enorme Menschenmassen in die militärischen Auseinandersetzung involviert sein würden und sich von einem Punkt zum nächsten bewegten.[22]

21 Ebd., S. 284, 292f.

22 Vgl. BArch, R 86/4538: Berichtentwurf vom KGA an den Staatssekretär des Innern vom 3.8.1914, betrifft die Verhütung von Kriegsseuchen bei der Zivilbevölkerung, Berichterstatter Dr. Breger. Siehe auch GSTA PK, Rep. 76 VIII B/3554: Aufzeichnung über die am 24.10.1914 abgehaltene Beratung des RGA, betreffend die durch den Krieg bedingte Seuchengefahr, S. 7f.

Die Gefahr, die diese Massen für einen möglichen Seuchenausbruch repräsentierten, wurde aufgrund zweier Faktoren als besonders groß eingestuft: Erstens würde die Schnelligkeit ihrer Bewegungen durch den Ausbau der Massenverkehrsmittel, besonders der Eisenbahn, um ein Mehrfaches zunehmen. Armeen konnten und sollten gemäß militärischer Strategie dank der Erweiterung der Schienennetze immer schneller an ihre Bestimmungsorte gelangen. Der Schlieffen-Plan etwa enthielt eine detaillierte Planung für den Einsatz der Eisenbahn.[23] Zweitens taxierten die deutschen Bakteriologen und Sanitätsbehörden die fremden Armeen und ihre Ursprungsländer – vor allem Russland – als besonders bedrohlich. Denn entweder waren die Länder »Brutstätten« verschiedener epidemischer und endemischer Krankheiten oder beschäftigten in ihren Armeen besonders gefährliche »Elemente« aus den Kolonien. Erich Martini, der im Krieg als Militärarzt in verschiedenen Positionen im Osten tätig war, skizzierte die Gefährdung im Zusammenhang mit den fremden, vor allem östlichen Kriegsteilnehmern besonders drastisch:

> »Der Weltkrieg bringt uns nicht allein durch Angriffe der Waffen, sondern auch durch solche von Seuchen größere Gefahr als alle bisherigen. Die letzteren haben diesmal bessere Gelegenheiten als je, bis aus den entferntesten Gegenden zu uns zu gelangen, da selbst bis aus Ostasien und der Südsee Feinde gegen uns herangebracht werden. Die Hauptgefahr droht wie meist aus dem nahen und fernen Osten, wo unter anderem Ruhr, Typhus, Flecktyphus, Pocken, Cholera und Pest dauernd zu Hause sind. Dabei muß damit gerechnet werden, daß weder bei den Russen noch bei den Engländern, die in erster Linie diese zum Teil halbwilden Elemente gegen uns loslassen, etwas Durchgreifendes gegen die Seuchen unternommen wird.«[24]

August Wassermann bemühte eine ähnliche Gefahrenwahrnehmung. Angesichts des gegen Deutschland aufgebotenen »Völkergemisches« gäbe es kaum eine Seuche, gegen die man sich nicht vorkehren müsse. Von allen Gegnern drohe endemischer Unterleibstyphus und Ruhr, von »den Russen außerdem noch die Cholera, das Fleckfieber, die Pest, das Rückfallfieber, von den schwarzen Truppen und den Indern, Protozoen- und andere in den Tropen vorkommende Krankheiten.«[25]

23 Hull 2005, S. 169.

24 Martini 1915, S. 12.

25 Wassermann, August: Krieg und Bakteriologie, in: *Deutsche Krankenpflege-Zeitung* Nr. 11, 5.6.1915 (Kopie des Artikels in BArch R86/4559). Zur Debatte um den Einsatz von Kolonialtruppen in Europa vgl. Koller 2001.

Vor diesem Hintergrund war es nachgerade vorbestimmt, dass der Schutz vor Seuchen zur existentiellen Herausforderung für das deutsche Heer und ganz Deutschlands stilisiert wurde. Mit kaum zu übertreffender Emphase hielt Wassermann in einem ärztlichen Fortbildungszyklus anfangs des Krieges fest, der Schutz des Heeres und Volkes vor den Kriegsseuchen sei »in dieser schweren, aber unvergleichlich großen Zeit [...] zu einem integrierenden Teile jener großen Existenzfrage geworden, um die wir in einzig dastehender Einigkeit und Begeisterung das Schwert gezogen haben.«[26] Es erstaunt denn auch wenig, dass die Militärsanitätsbehörden die Kriegsseuchenbekämpfung zu einer der wichtigsten Aufgaben des Feldsanitätswesens erkürten. In der Vortragsreihe *Sanitäre Kriegsrüstung* klassifizierte der Abteilungschef der Medizinalabteilung des Kriegsministeriums, Generalarzt Friedrich Paalzow, die Seuchenbekämpfung als »besonders notwendige Aufgabe« für das Heer.[27]

Auf welchem wissenschaftlichen Ansatz aber basierte die Seuchenbekämpfung? Für Wassermann ebenso wie für die verantwortlichen Medizinalbehörden bestand kein Zweifel: Es war die Bakteriologie Koch'scher Prägung, die als Dreh- und Angelpunkt sämtlicher Bestrebungen im Bereich der Seuchenbekämpfung gelten musste. Kirchner formulierte es in einem Vortrag vor Militärärzten so:

> »Sie [die Kriegsseuchen, S.B.] müssen vermieden werden, wir können sie vermeiden, das müssen wir heute sozusagen auf unsere Fahne schreiben. Und wem verdanken wir das? Sie wissen es: wir verdanken es unserem unsterblichen Robert Koch und seinen Schülern«.[28]

Wassermann seinerseits erklärte mit unmissverständlichem Sendungsbewusstsein, die Lösung der Frage nach dem Schutz des Heeres und Volkes sei eine ganz besondere Ehrenfrage: »[D]enn wir sind das Volk, das dank der Forschungen unseres Robert Koch die wissenschaftliche Seuchenlehre und Seuchenbekämpfung geschaffen und sie der Welt als eine der größten Wohltaten des menschlichen Geistes übergeben hat.«[29] An anderer Stelle inthronisierte man die Bakteriologie zur »unentbehrlichen Kriegshilfswissenschaft« und zum »wissenschaftlichen Schutzgeist im Krieg«. Sie wache, wie ein Artikel im *Türmer* festhielt, über den

26 Wassermann 1915a, S. 1-3.
27 Paalzow 1915, S. 3.
28 Kirchner 1915, S. 38.
29 Wassermann 1915a, S. 2.

Heeren, um sie mit Erfolg vor dem »Würgeengel« früherer Kriege zu bewahren.[30]

Im Kontext der vom zwingenden Paar ›Krieg und Pestilenz‹ als Schreckgespenst an die Wand projizierten, insbesondere aus dem Osten drohenden Seuchengefahr rückte damit zu Beginn des Krieges die moderne, sprich: die rationelle, systematische und offensive Seuchenbekämpfung nach den Grundsätzen Kochs unweigerlich in den Rang einer das Überleben Deutschlands sichernden Kriegswissenschaft. Bei den organisatorischen Vorkehrungen wurde deshalb auch kaum etwas dem Zufall überlassen, um das perfekte Funktionieren der bakteriologischen Seuchenabwehr zu gewährleisten.

7.3. Bakteriologische Kriegsrüstung

Im Gegensatz zur anfangs eher mangelhaften Organisation des Feldsanitätswesens Österreich-Ungarns lief die »sanitäre Kriegsrüstung« Deutschlands in klar geordneten und minutiös vorbereiteten Bahnen ab.[31] Bereits in Friedenszeiten hatte die Medizinalverwaltung im Kriegsministerium Sorge getragen, die Errungenschaften der Bakteriologie für das Heer nutzbar zu machen. Die Ausbildung zum Militärarzt an der Kaiser-Wilhelm-Akademie war mit einem vertieften Einblick in die bakteriologisch-hygienische Arbeit verbunden. Daneben wurden zahlreiche jüngere Sanitätsoffiziere zu mehrjährigen Dienstleistungen im KGA, an hygienischen Instituten oder dem Institut für Infektionskrankheiten in Berlin kommandiert. Für Sanitätsoffiziere, die zu hygienischen Arbeiten im Heeresgesundheitsdienst herangezogen werden sollten, fanden überdies besondere bakteriologisch-hygienische Kurse statt.[32]

Auch die Bereitstellung der nötigen Infrastruktur und Ausrüstung ließ kaum Wünsche offen. Seit den frühen 1890er Jahren hatte die Heeresverwaltung bei den Garnisonslazaretten an den Sitzen des Generalkommandos hygienisch-chemische Untersuchungsstellen errichten lassen, die aus einer mikroskopisch-bakteriologischen und einer chemischen Abteilung

30 Unser wissenschaftlicher Schutzgeist im Kriege, in: *Der Türmer*, Juni 1915, S. 332.

31 Vgl. die Vortragssammlung *Die sanitäre Kriegsrüstung Deutschlands*, Berlin 1915. Zu den Vorkehrungen des österreichischen Seuchendienstes vgl. Breitner 1936, S. 206; Dietrich 1995, S. 256f. Das gesamte Militärsanitätswesen in Österreich-Ungarn während des Weltkriegs behandelt Biwald 2000.

32 Kirchner 1910, S. 41.

bestanden und der Leitung eines bakteriologisch geschulten Obermilitärarztes unterstanden. In den größeren Garnisonslazaretten, vornehmlich am Sitz des Divisionskommandos, befanden sich bakteriologische Untersuchungsstellen.[33]

Für die Organisation der Seuchenabwehr im Kriegsfall konnte auf das Regelwerk der Kriegssanitätsordnung (K.S.O.) von 1907 Bezug genommen werden. In ihr waren alle Vorkehrungen für das Sanitätspersonal im Operations-, Etappen- und Heimatgebiet, die Infrastruktur und Ausrüstung und alle für die Seuchenbekämpfung im Krieg erforderlichen Vorschriften in kurzer Form festgehalten.[34] »Die K.S.O. lässt [...] den Kriegsarzt hinsichtlich keiner Schwierigkeit, die ihm aufstoßen könnte, ratlos«, pries ein Sanitätsrat die Sanitätsordnung 1915. »Es ist für alles gesorgt, die Befugnisse sind genau verteilt, die Möglichkeiten, die der Krieg mit seinen Wechselfällen bringen kann, nahezu erschöpft.«[35] Entsprechend den Vorgaben der K.S.O. wurde bei der Mobilmachung des Sanitätskorps jedem Armeekorps ein Korpshygieniker und jeder Armee ein so genannter beratender Hygieniker zugeteilt.[36] Die beratenden Hygieniker rekrutierten sich aus Professoren der Hygiene oder Hygienikern von besonderem Ruf und sollten im Gegensatz zu den Korpshygienikern, die im Operationsgebiet tätig waren, vorwiegend im Etappengebiet zum Einsatz gelangen. Die Korpshygieniker wurden mit einem bakteriologischen Kasten mit 1-2 Mikroskopen ausgerüstet, die beratenden Hygieniker führten ein großes tragbares bakteriologisches Laboratorium mit sich.[37]

Ebenfalls in der K.S.O. festgehalten war die Errichtung von Seuchenlazaretten im Etappengebiet, da es im Kriegsfall nicht erlaubt war, Seuchenkranke zu evakuieren. Bei der Mobilmachung erhielt jedes Armeekorps eine Kriegslazarett-Abteilung, die neben anderen Speziallazaretten auch Kriegslazarette für Infektionskranke einrichtete. Den Seuchenlazaretten sollten bakteriologische Laboratorien unter der Leitung bakteriologisch ausgebildeter Ärzte angegliedert werden. Der Entlastung der Kriegslazarette von den Leichtkranken und Genesenden dienten Leichtkrankenabteilungen und Seuchengenesungsheime.[38]

33 Bischoff 1912, S. 26, 27; Kirchner 1919b, S. 74; Jaeger 1909, S. 10.
34 Kriegs-Sanitätsordnung (K.S.O.) 1907.
35 *Berliner Morgenpost*, 5.9.1915.
36 K.S.O. 1907, S. 51.
37 Kirchner 1915, S. 88.
38 K.S.O. 1907, S. 59; Schwalm 1920, S. 289, 299.

Auch für die Schutzimpfungen im Heer stellte das Kriegsministerium bereits zu Kriegsbeginn die notwendigen Weichen. Gestützt auf die Erfahrungen in den Balkankriegen 1912/13 bildete das Ministerium unmittelbar bei Ausbruch des Krieges beim Hauptsanitätsdepot eine besondere Abteilung zum Beschaffen und Abgeben von Impfstoffen.[39] Für die allgemeinhygienischen Maßnahmen im Feld wurden in den Etappensanitätsdepots fahrbare Trinkwasserbereiter, Desinfektionsmittel und mobile Desinfektionsgeräte bereitgestellt, die bei Truppenteilen, Sanitätsformationen und Lazaretten im Operations- und Etappengebiet zum Einsatz gelangen sollten.[40]

Als bakteriologische »Kriegsrüstung« in den ersten Wochen und Monaten nach Kriegsbeginn galten schließlich auch Informationsveranstaltungen und die Bereitstellung von Unterlagen für bakteriologisch nicht spezialisierte Ärzte. Dazu gehörten einerseits die unmittelbar nach Kriegsausbruch vom Zentralkomitee für das ärztliche Fortbildungswesen angebotenen Orientierungskurse über Kriegsseuchen und die vom KGA unentgeltlich durchgeführten Ausbildungskurse in Bakteriologie.[41] Nicht im Militärsanitätsdienst tätige Ärzte konnten sich in Berlin im Rahmen von kriegsärztlichen Abenden weiterbilden.[42] Andererseits verfassten Hygieniker kurze Merkblätter, die junge Truppenärzte an der Front und auch ältere Mediziner in der Etappe in allen Fragen der Hygiene und Seuchenbekämpfung berieten.[43]

Auch Medizinalbehörden und Untersuchungsämter in der Heimat entwickelten nach Kriegsausbruch eine fiebrige Aktivität, um das bereits bestehende Seuchenabwehrdispositiv funktionstüchtig zu erhalten. Noch im August 1914 instruierte Kirchner die Desinfektorenschulen in Preußen, verkürzte Ausbildungskurse für Desinfektoren einzuführen, um einem Mangel an Desinfektionspersonal vorzubeugen.[44] Damit die ver-

39 Ebd., S. 378. Zur Einführung und Anwendung prophylaktischer Schutzimpfungen im Krieg vgl. S. 235ff.

40 Schwalm 1920, S. 303.

41 Vgl. Kurse für Kriegsärzte in Berlin, in: *Zeitschrift für ärztliche Fortbildung* 17 (1914), S. 551; BArch, R86/4537: Aufzeichnung über das Ergebnis der am 11.8.1914 im Reichsamt des Innern abgehaltenen Beratung, betreffend weitere Maßnahmen zur Verhütung von Seuchenausbrüchen.

42 Vgl. etwa *Feldärztliche Beilage zur MMW* 4 (1914), S. 1896. Je nach Kurs wurden die kriegsärztlichen Abende von 400 bis 1000 Ärzten besucht. *BKlW* 38 (1914), S. 1656.

43 Hoffmann 1920, S. 102; Rotter 1916, S. 67.

44 GSTA PK, Rep. 76 VIII B/3553: Martin Kirchner an die Desinfektorenschulen, 4.8.1914.

schiedenen Medizinaluntersuchungsstellen trotz Einzugs der Fachkräfte in die Armee weiterhin voll einsatzbereit blieben, stellte man bakteriologisch geschulte, nicht militärdienstpflichtige Ärzte ein.[45] Für den Fall eines Seuchenausbruchs wurden die Untersuchungsstellen angehalten, Gerätschaften, Nährböden, Chemikalien und Versandgefäße aufzustocken. Den in Krankenhäusern tätigen Ärzten und dem Pflegepersonal wurde nahe gelegt, sich gegen Pocken und Typhus impfen zu lassen.[46]

Angesichts dieser umfassenden und präzise orchestrierten Vorkehrungen im Rahmen der sanitären Mobilmachung äußerten sich zeitgenössische Kommentatoren bald einmal überaus lobend zum Stand der Organisation des Seuchenschutzes. Bereits wenige Tage nach Kriegsausbruch verkündete das *Berliner Tageblatt*, man brauche sich nicht vor Cholera oder ähnlichen Seuchen zu fürchten, weil Deutschland über einen »vorzüglich organisierten Seuchenschutz« in der Heimat und im Feld verfüge. Nach der stolzen Aufzählung aller Einrichtungen und Maßnahmen schloss der Artikel mit größter Zuversicht: »Wir dürfen hiernach mit Sicherheit darauf rechnen, daß wir auch für den Kampf mit Seuchen aufs beste gerüstet sind.«[47]

Auch nachdem die ersten Monate des Krieges verstrichen waren, zollte man der Organisation des Sanitätswesens und des Seuchenschutzes im Feld unumwunden Anerkennung.[48] Im Januar 1915 betonte der in einem Kriegslazarett in Frankreich tätige Arzt Dr. Aust mit Blick auf das Sanitätspersonal im Krieg, der einfache Mann im Feld sei mit ärztlicher Hilfe und ärztlichem Schutz in einer Weise versorgt, wie es im Frieden nur Wohlhabenden möglich sei. Allein in seinem Kriegslazarett seien von den 45 Ärzten sieben Universitätsprofessoren.[49] Wassermann ließ wenige Monate später zum Stand des Seuchenschutzes mit geschwellter Brust verlauten:

> »Unser Heer ist, angefangen vom Heimatgebiete, durch die Etappe und in die Stäbe der höheren Kommandos bis vorn in die Schützengräben hinein, nach strengst wissenschaftlichen Grundsätzen bakteriologisch überwacht. Allenthalben sind bakteriologische Untersu-

45 Vgl. *Feldärztliche Beilage zur MMW* 2 (1914), S. 1832.

46 BArch, R 86/4537: Aufzeichnung über das Ergebnis der am 11.8.1914 im Reichsamt des Innern abgehaltenen Beratung, betreffend weitere Maßnahmen zur Verhütung von Seuchenausbrüchen.

47 Keine Angst vor der Cholera! in: *Berliner Tageblatt* Nr. 405, 12.8.1915.

48 Vgl. Die Seuchenbekämpfung im Krieg, in: *Deutsche Tageszeitung* Nr. 477, 20.9.1914.

49 Aust 1915, S. 16.

chungsstellen errichtet, oder es sind derartige Vorkehrungen getroffen, dass auf freiem Felde, im Schützengraben, in einem Unterstande, ein modern ausgerüstetes Laboratorium sofort aufgeschlagen werden kann, so daß nur die Meldung von einem infektionsverdächtigen Falle einzulaufen braucht, um sofort die Gewißheit und damit das für die Beseitigung der Gefahr entscheidende Handeln zu schaffen.«[50]

Die meisten der ins Feld einrückenden Hygieniker und Bakteriologen, aber auch die Medizinalbehörden in der Heimat sahen der gesundheitlichen Herausforderung nicht etwa mit ängstlicher Besorgnis, sondern mit großem Selbstbewusstsein und Zuversicht entgegen. Obwohl die Gefahr einer Seucheneinschleppung im Vergleich zu früheren Kriegen aufgrund der Konfrontation mit Russland und der dort in gewissen Regionen grassierenden Cholera höher eingestuft wurde, wähnte man sich angesichts der Erkenntnisse der Bakteriologie und der »offensiven« Seuchenbekämpfung auf sicherem Boden. »Umwälzende Folgen« hätten die Errungenschaften der Bakteriologie auf dem Gebiet der Hygiene nach sich gezogen, triumphierte etwa Korpshygieniker Erich Hesse. Gerade die Seuchenbekämpfung sei dadurch in »neue, zielbewußte und aussichtsreiche Bahnen« gelenkt worden.[51] Otto Lentz, als vortragender Rat im preußischen Innenministerium mit der Seuchenbekämpfung im Reich beschäftigt, sekundierte, man stehe »dank der unschätzbar großen Verdienste Robert Kochs« gerade im Vergleich zum Deutsch-Französischen Krieg heute ganz anders da:

»Wir kennen jetzt die Erreger der meisten Seuchen und gerade der für uns wichtigsten unter ihnen, ihre Eigenschaften und die Art und Weise ihrer Weiterverbreitung. Infolgedessen kämpfen wir heute nicht mehr wie früher gegen einen nur geahnten, in seinem eigentlichen Wesen aber nicht erkannten Feind, sondern wir gehen ganz planmäßig und zielbewußt mit scharfen wirksamen Waffen, meistens sogar als Angreifer gegen die winzig kleinen, nur mit dem Mikroskop erkennbaren, aber dadurch um so gefährlicheren Erreger der Infektionskrankheiten vor.«[52]

50 Wassermann, August: Krieg und Bakteriologie, in: *Deutsche Krankenpflege-Zeitung* Nr. 11, 5. Juni 1915 (Kopie in BArch R86/4559).

51 Hesse 1917, S. 1. Eine ähnliche Zuversicht unter amerikanischen Militärärzten konstatierte Byerly 2005, Kap.1.

52 Lentz 1917, S. 3f.

Die Bakteriologen und Hygieniker zeigten sich also keineswegs von den schweren Aufgaben in Feld, Etappe und Heimat paralysiert. Gelegentlich machte sich unter ihnen sogar eine optimistische Goldgräberstimmung breit. Dies beweist die von einigen Wissenschaftlern zu Kriegsbeginn formulierte Hoffnung, der Krieg könne als hygienisch-bakteriologisches Erfahrungsfeld und Laboratorium für *in vivo* Experimente dienen.[53] Der Tropenmediziner Carl Mense etwa sprach euphorisch von einem »epidemiologischen Experiment«, das die »Völker des Erdballs« im Krieg darstellen würden – ein Experiment, wie es sich die Seuchenforschung niemals hätte erträumen lassen können.[54] Für viele Ärzte spielte sich auf der Kriegsbühne damit ein »gesundheitlicher Massenversuch« ab, der bisher ungeklärte medizinische, speziell bakteriologisch-hygienische, epidemiologische und immunologische Fragen zu beantworten versprach.[55] So bemerkte auch der Immunologe Alexander Forbát, der Weltkrieg biete die Gelegenheit, vorher noch nicht genügend erprobte Versuche der Immunitätslehre an »riesigem Material« praktisch anzuwenden.[56]

53 Eckart/Gradmann 2003, S. 212. Zum Motiv des Krieges als Katalysator medizinischen Erkenntnisfortschritts in verschiedenen Teildisziplinen vgl. Cooter 1993.

54 Eckart 1996, S. 299.

55 Vgl. His/Weintraud 1916, S. 10.

56 Forbát 1916, S. 3.

8. Bakteriologische ›Kriegsführung‹: Metaphern – Praktiken – Orte

Dieses Kapitel ist dem Zusammentreffen der Bakteriologen mit den pathogenen Bakterien gewidmet – der mit vielen Vorschusslorbeeren ausgestatteten »offensiven« und »defensiven« Seuchenbekämpfung. Im Rahmen der bakteriologischen ›Kriegsführung‹ werde ich nicht nur die konkreten Vorkehrungen und Handlungen im Feld beleuchten, sondern auch die Metaphern reflektieren, die das Sprechen über die Bakterien und Kriegsseuchen strukturierten und die Keimpraktiken der Bakteriologen anleiteten. Ebenso berücksichtigt werden die Orte, Räume und Territorien, in denen sich die Praktiken entfalteten, in die sich die bakteriologische Ordnung des Wissens einschrieb und sie mit spezifischen Qualitäten und Phantasmen auflud und besetzte.

8.1. Gerichtetes ›Gestaltsehen‹: Feinde, Invasion und Krieg

Der Erste Weltkrieg etablierte ein Ensemble gesellschaftlich-politischer Diskurse und militärischer Vorgänge, das mit Blick auf die seit den 1880er Jahren eingeführten, für das bakteriologische Konzeptsystem konstitutiven Feind-, Invasions- und Kampfmetaphern äußerst bedeutsam war. Wie Michael Jeismann argumentiert hat, wurde im Weltkrieg der Klimax und die Peripetie politischer Gegen- und Abgrenzungsbegriffe erreicht.[57] Die Forcierung der diskursiven Abgrenzung anderer Nationalitäten und Ausgrenzung inferior gedachter Gruppen und Menschen diente dabei der Vereinheitlichung und Stabilisierung des Selbstverständnisses der deutschen Nation in einer Zeit erhöhter nationaler Selbstreflexion und Identitätskonstruktion.

Im Hinblick auf den sich eröffnenden gesellschaftlich-kulturellen Widerhall für die Metaphorik in bakteriologischen Texten ist aber nicht nur die Verschärfung interner und externer Ausgrenzungsdiskurse entscheidend. Auch mit der allgegenwärtigen Präsenz militärischer Sprachnormen, Handlungsmaximen und Ereignisketten bildete der Krieg einen expandierenden Resonanzraum, der die in der bakteriologischen Sprache vollzogene semantische Parallelisierung von militärischen Kampfhandlungen mit Infektionsprozessen, die Produktion von Ähnlichkeitsbezie-

57 Jeismann 1992, S. 18. Zur Prävalenz, Struktur und Funktion von Feindbildern, Stereotypen, rassistischen und xenophoben Vorurteilen in Deutschland während des Weltkrieges vgl. auch Jahr/Mai/Roller 1994; Reimann 2000, S. 167-223.

hungen zwischen feindlichen Soldaten/Völkern und Bakterien beziehungsweise zwischen den Keimpraktiken im Feld und militärischen Taktiken und Strategien aktualisierte. Im Vergleich zur Vorkriegszeit ließ dieser Resonanzraum die Metaphorik der bakteriologischen Sprache noch evidenter und zwangsläufiger erscheinen. Davon zeugt bereits auf den ersten Blick die auffällige Dichte, ja Massierung von Kriegs-, Invasions- und Feindmetaphern in den bakteriologischen Texten der ersten Kriegsjahre. Gleichzeitig lässt sich auch eine reziproke Bestärkung der in der metaphorischen Äußerung interagierenden semantischen Felder festhalten. Am deutlichsten lässt sich dies anhand einer neuen Gattung medizinischer Texte veranschaulichen, die sich implizit oder explizit mit der Frage auseinandersetzten, ob der Krieg als (Infektions-)Krankheit verstanden werden könne beziehungsweise umgekehrt: inwiefern die Gleichsetzung von Krankheit mit einem Krieg berechtigt sei.

Ein Beispiel für die massierte Verwendung von Kriegs- und Feindmetaphern in bakteriologischen Texten (inklusive eines innerhalb weniger Zeilen und ohne jeglichen analytischen Anspruch vollzogenen Wechsels von Bildspender und Bildempfänger in der metaphorischen Rede) stellt ein vom beratenden Hygieniker Paul Uhlenhuth anfangs 1915 verfasster Artikel zur Typhusbekämpfung im Feld dar. Gleich eingangs hielt Uhlenhuth fest:

> »Der Krieg ist eine traumatische Epidemie. Ihre Erreger sind die Geschosse aus Stahl und Eisen, aus Kupfer und Blei. Mit allen Sinnen wahrnehmbar – sichtbar, hörbar, fühlbar – reißen sie mit unwiderstehlicher Gewalt in wenigen Augenblicken wahllos ihre Opfer zu Boden und richten grausame Zerstörung an. […] Ganz eigenartige, kleinkalibrige Geschosse gibt es noch, die tod- und verderbenbringend im Lager der Feinde und Freunde ihre reiche, grausame Ernte zu halten pflegen. Klein und winzig in ihrer Erscheinung, dem bloßen Auge verborgen, durch keine Wurfmaschine geschleudert, aber dafür mit lebendiger Kraft, dringen sie unmerklich und schleichend aus dem Hinterhalte heraus in den Körper ein und […] rufen schwere Schädigungen im Organismus hervor oder richten ihn völlig zugrunde. Wenn auch die kleinsten, so sind sie doch die größten Feinde des Menschengeschlechts – und besonders der kämpfenden Truppe.«[58]

Dass die gegenseitige Bezugnahme von Kriegen und Infektionskrankheiten während des Weltkriegs immer mehr Evidenzen erzeugte und bei

58 Uhlenhuth et al. 1915, S. 149.

der vergleichenden Analyse eine gegenseitige Bestärkung der beiden semantischen Felder stattfand, belegen zwei akademische Reden aus den Jahren 1915 und 1916. Es handelt sich um den vom Freiburger Pathologen Ludwig Aschoff gehaltenen Vortrag *Krankheit und Krieg* und die Rede *Krieg und Krankheit* des Bonner Pathologen Hugo Ribbert.[59] Selbst bei diesen zu Beginn sehr strukturiert und mit größtmöglicher analytischer Schärfe eingeleiteten Reden wurde die Perspektive des Vergleichs von den Sprechern unterlaufen und mithin sogar gewechselt. Aschoff, der die Frage aufwarf, ob die Infektionskrankheit einem Krieg gleichzusetzen sei, versuchte *vor* dem eigentlichen Vergleich zu bestimmen, was Krankheit »im engsten Sinne« bedeute. Bei dieser begrifflichen Vorarbeit verwendete er nun für die Umschreibung der Infektionskrankheiten bereits eine Anzahl von Metaphern, in denen der Bildspender aus dem Feld militärischer Invasionen und Kampfhandlungen stammte. Obwohl er noch nicht bei der Frage angelangt war, ob die verschiedenen Kriegsphasen wie Kriegserklärung, Mobilmachung, Kampf mit verschiedenen Waffengattungen und Reparation auch für eine Infektionskrankheit Geltung beanspruchen konnten, erläuterte Aschoff die Ursache der Infektionskrankheiten als eine in den Körper eindringende »feindliche Kraft«, einen »eindringenden Feind«, den der Körper mit Hilfe spezieller »Abwehrvorgänge« »vernichten« und »unschädlich« machen müsse, um seine Existenz zu sichern.[60] Anschließend konstatierte er, dass es nach dieser engsten Bestimmung der Infektionskrankheit nicht ohne Interesse sein könne, den Vergleich der Infektionskrankheit mit dem Krieg durchzuführen. Nun schöpfte Aschoff aus dem Vollen: Sobald die Mikroorganismen in den Körper eingedrungen, ihn »überfallen« hätten, setze die körperliche »Mobilmachung« ein. Je nach Art der Feinde mobilisiere der Körper nach dem Überschreiten der Körpergrenzen das entsprechende »Soldatenmaterial« beziehungsweise die entsprechende »Waffengattung« aus verschiedenen »Garnisonsstätten« (z. B. dem Knochenmark) und führe sie an den »Kriegsschauplatz« (Leukozyten = Infanterie; Antitoxin = moderne Kampfesmittel, giftige Beeinflussung, Gaskrieg). Auch im »Heimatgebiet« wurde nach Aschoff mittels »Truppenansammlungen retiko-endothelialer Elemente« versucht, die Entscheidung zu beeinflussen.[61] Schließlich waren wie bei jedem Krieg auch »Aufräumungsarbei-

59 Aschoff 1915; Ribbert 1916. Zur virulenten Stimmungslage in Freiburg aufgrund der regionalen Sondersituation vgl. Hofer 2002, S. 54-55; Zu Aschoff vgl. Prüll 2002.

60 Aschoff 1915, S. 8-12.

61 Ebd., S. 12-23.

ten«, »Reparation« und »Regeneration« zu leisten. Abschließend wechselte Aschoff kurzerhand die Perspektive und betonte, dass der Krieg als eine Art Entzündungskrankheit zweckmäßiger Natur sei, »d.h. biologisch ausgedrückt auf die Erhaltung der Natur« ausgerichtet. Die großen Kriege seien »in Wirklichkeit [...] eben solche Naturnotwendigkeiten wie die Krankheiten«.[62]

Ribbert bemühte sich bei der von ihm untersuchten Frage, ob ein Vergleich des Krieges mit einer Krankheit berechtigt sei, ebenso wie Aschoff um einen »klaren Begriff« vom Wesen der Krankheit.[63] Bei diesen Bemühungen setzte auch er eine ausgeprägte Militär- und Feindmetaphorik ein. So unterschied er in seinem Krankheitsverständnis vier Gruppen von Vorgängen: »Angriff« einer äußeren Schädlichkeit, »Schaden«, »Kampf« der Zellen gegen die Bakterien und schließlich »Ausgleich« mittels Wachstumserscheinungen. »Jetzt aber«, verkündete Ribbert, »sind wir endlich genügend vorbereitet, um uns mit dem Krieg zu beschäftigen«. Es mag aufgrund der Vermischung der semantischen Felder kaum erstaunen, dass Ribbert in einem ersten Fazit schloss, dass die ersten drei Gruppen von Vorgängen in den Grundzügen auf beiden Seiten, also bei Krankheit und Krieg, die gleichen seien.[64]

Im kulturellen Resonanzraum des Weltkrieges stießen nicht nur die im bakteriologischen Krankheitsverständnis verwendeten Metaphern auf großen Widerhall – auch die Wahrnehmung der propagierten Keimpraktiken im Feld blieb davon nicht unberührt. So bezeichneten die Bakteriologen die im Krieg zu ergreifenden Maßnahmen nun mit absoluter Selbstverständlichkeit als »Offensive«.[65] Im Rahmen der bakteriologischen »Offensive« wurde dem hinter der kämpfenden Armeen lauernden »Heer« von unsichtbaren »Feinden« – den Infektionserregern beziehungsweise den Seuchen als »Feinde des Menschengeschlechts« – mit einem elaborierten »Kampf« oder »Krieg« begegnet, der verschiedene militärtaktisch gefasste Phasen mit entsprechendem Einsatz spezifischer »Waffen« beinhaltete.[66] Primäres Ziel war es, die gefährdeten »Grenzen«

62 Ebd., S. 25f. Friedrich von Bernhardi hat den zukünftigen Krieg bereits 1912 als »biologische Notwendigkeit« und »Regulator im Leben der Menschheit« projektiert. Leonhard 2008, S. 781f.

63 Ribbert 1916.

64 Abschließend formulierte Ribbert allerdings Einwände gegen die Stichhaltigkeit des Vergleichs von Krankheit und Krieg. Anzumerken gilt dabei, dass Ribberts Analyse sich nicht auf die Infektionskrankheiten beschränkte, sondern auf Krankheit im Allgemeinen fokussierte. Ribbert 1916, S. 26.

65 Zur erstmaligen Verwendung dieser Metaphorik durch Koch vgl. Kap. 6.1.

66 Zur Terminologie der »Taktik« vgl. Kutna 1917.

des eigenen »Landes«/Körpers vor dem Eindringen der »Feinde« zu schützen und damit »rein« zu halten. Gerade der Begriff der ursprünglich als interdiskursives Element zu begreifenden »Reinheit« und »Reinigung« sollte im Verlauf des bakteriologischen »Krieges« immer zentraler werden und in seinem zunehmend bakteriologisch geprägten Verständnis weitreichende Effekte auf politischer Ebene nach sich ziehen.

8.2. Der Kampf gegen die Kriegsseuchen: Die Offensive

Die Bakteriologen rüsteten für einen Kampf gegen diejenigen Infektionskrankheiten, von denen man annahm, dass sie durch die Verhältnisse des Krieges eine ungewöhnlich große und ausgedehnte Verbreitung annehmen würden. Als typische Kriegsseuchen figurierten zu Beginn des Krieges in den inflationär auftauchenden bakteriologischen und populärwissenschaftlichen Büchern, Broschüren und Merkblättern zur Seuchenbekämpfung Typhus (abdominalis), Ruhr, Cholera, Fleckfieber (Typhus exanthematicus), Rückfallfieber, Pocken und die Pest, zuweilen zählte man dazu auch die epidemische Genickstarre, vereinzelt die Tuberkulose.[67] Geschlechtskrankheiten wie Syphilis und Tripper wurden anfangs des Krieges nur ganz selten zu den Kriegsseuchen gezählt.[68]

Wenngleich im ätiologischen Modell der Infektionskrankheiten spätestens seit der Jahrhundertwende die Disposition des menschlichen Körpers als Faktor anerkannt wurde und sich diesen endogenen Bedingungen für die Krankheitsentstehung – unter gleichsam umgekehrten Vorzeichen – immer mehr Forschungen im Feld der spezifischen Immunreaktionen widmeten, belegen die bakteriologischen Texte zu Kriegsbeginn sehr eindrücklich, dass die Bakteriologen bei ihren Maßnahmen weiterhin auf das pathogene Bakterium fokussierten. Sie räumten dem Bakterium Priorität ein und zementierten damit dessen Status als dominierende Ursache: Weniger die allgemeine und spezifische Beeinflussung

67 Vgl. Adam 1915; Aronson 1915, S. 1281; Schmidt 1914; Christian 1915. Otto unterschied vier Klassen von Kriegsseuchen: die ansteckenden Darmkrankheiten (Typhus, Ruhr, Cholera), die ansteckenden Krankheiten der oberen Luftwege (Grippe, Diphterie, Genickstarre, Lungenpest, Lungentuberkulose), die übertragbaren Tierkrankheiten und die Ausschlagkrankheiten (Pocken, Scharlach, Masern, Fleckfieber). Otto 1915, S. 6-9.

68 Ich werde nur in beschränktem Umfang auf die Bekämpfung der Geschlechtskrankheiten im Krieg Bezug nehmen und verweise für diesen Aspekt auf die Arbeiten von Sauerteig 1996; Sauerteig 1999, Sauerteig 2000; Michl 2007, 2. Teil.

des individuellen Körpers, seiner Haut, Organe, seines Gewebes oder Blutes stand während des Kriegs im Vordergrund des bakteriologischen Denkens und Handelns. Aller Augen waren vielmehr auf den Mikroorganismus und die von ihm vermeintlich ausgehende »Aggression« – seinen »Angriff« – und den Weg der Infektion von Körper zu Körper gerichtet.

Aufgrund der Zentriertheit auf die Erreger war es auch nur konsequent, bei der Seuchenbekämpfung alles daran zu setzen, unmittelbar und spezifisch gegen die Infektionsstoffe vorzugehen. Fred Neufeld goss diesen Kanon in eine paradigmatische Form, als er seinen kurz nach Kriegsausbruch veröffentlichten Leitfaden *Seuchenentstehung und Seuchenbekämpfung* mit den Worten eröffnete: »Die moderne Bekämpfung der Seuchen richtet sich unmittelbar gegen die Krankheitserreger; sie sucht sie zu vernichten oder ihre Weiterverbreitung zu verhüten.«[69] Noch knapper brachte der Bakteriologe Ludwig Paneth die bakteriologische Doktrin auf den Punkt, als er in seiner *Feldmäßigen Bakteriologie* unterstrich: »Kampf gegen die Infektionskrankheiten heißt heute Kampf gegen die Infektionserreger.«[70]

Natürlich sollte beim antagonistisch perzipierten Zusammentreffen von Bakterium und Mensch auch dem Makroorganismus Beistand geleistet werden. Nachdem alles für den »offensiven Kampf« gegen die Infektionserreger getan war, wurde – allerdings in deutlicher hierarchischer Abstufung – auch die Bekämpfung der Disposition beziehungsweise die Erzeugung von Unempfänglichkeit ins Auge gefasst. Schutzimpfungen und unspezifischere, allgemein-hygienische Maßnahmen wie die Verbesserung der Quartiere und Ernährung wurden dabei als »Defensive« innerhalb und außerhalb des Körpers rubrifiziert.[71] Die allgemeinhygienische »Defensive« zielte allerdings nicht nur darauf ab, den Menschen für die »Invasion« der Bakterien und den »Kampf« im Körper besser zu rüsten. Sie versuchte immer auch, die Infektionsmöglichkeiten auf ein Minimum zu reduzieren, sie also nach Möglichkeit auszuschalten, bevor es überhaupt zu einem Zusammentreffen mit dem Menschen kommen konnte. Zum eigentlichen Kerngeschäft der Militärbakteriologen und bakteriologisch orientierten Hygieniker gehörte die Herabsetzung der Disposition, vor allem bezüglich der noch wenig erforschten unspezifischen Disposition, demnach nicht.

69 Neufeld 1914, S. 1. Ähnlich Otto 1915, S. 5.

70 Paneth 1915, S. 1.

71 Ebd.; Neufeld 1914, S. 10.

Die verschiedenen Phasen der bakteriologischen »Offensive« orientierten sich am Maßnahmenkatalog, wie er anlässlich der Typhuskampagne im Südwesten Deutschlands entwickelt worden war. Erstmals sollten diese Grundsätze – wie von Koch anvisiert – im großen Stil auf eine breite Palette von Infektionskrankheiten angewendet werden.[72]

Auf Wache stehen: Die Ermittlung der Infektionsquellen

Ausgangspunkt jeder Seuchenbekämpfung an der Front, in der Etappe oder im Heimatgebiet war die möglichst frühzeitige Ermittlung der ersten infektiösen Fälle, der so genannten »Infektionsquellen«. Kriegshygienikern und Feldärzten wurde eingeschärft, dass sie immerzu »auf Wache stehen« müssten, um die verderblichen Folgen der »unsichtbaren Feinde« für das Heer und die Heimat abzuwehren und Typhus-, Ruhr- oder Choleraepidemien zu verhüten.[73] »Bereit sein heißt alles«, lautete die Losung der *Münchener Medizinischen Wochenschrift* zur Prophylaxe der Infektionskrankheiten, »das gilt wahrlich nicht nur für den Soldaten, sondern auch für den Arzt.«[74]

Als Hauptgefahrenquelle der Infektion galt längst nicht mehr ausschließlich der kranke Mensch. Es waren die Träger des Infektionsstoffes, das heißt die infizierten Menschen, die – ob nun als gesunde Bazillenträger, rekonvaleszente Dauerausscheider oder klinisch Kranke – das epidemiologische Interesse auf sich zogen und deshalb im Zentrum der Ermittlungsversuche standen. »Der infizierte Mensch ist es, auf den sich unsere ganze Aufmerksamkeit bei dem Kampfe gegen die menschlichen Infektionskrankheiten richten muss«, betonte Lentz und hakte gleich nochmals nach, um seinen Punkt ein für alle Mal klar zu stellen: »Ich sage ausdrücklich »der infizierte Mensch«, nicht »der Kranke«; [...] alle Infizierten [...] gleichgültig, ob sie krank sind oder krank waren, müssen wir als Infektionsquellen behandeln.«[75]

Der Ermittlung der Infektionsquellen dienten verschiedene, eng ineinander greifende Maßnahmen. Einerseits musste dem Korpshygieniker von allen verdächtigen Erkrankungen in der Truppe, sei es im Feldlaza-

72 Die Keimpraktiken im Feld waren aufgrund der unterschiedlichen Natur der Krankheitserreger, der Infektionspforten, Verbreitungswege und -träger selbstverständlich nicht bei jeder Krankheit absolut identisch. Die Spezifika bei der Bekämpfung einzelner Kriegsseuchen werden in der Arbeit punktuell beleuchtet.

73 Wassermann 1915a, S. 19; Boehncke 1918, S. 85.

74 Schüle 1917, S. 1165.

75 Lentz 1914, S. 386.

rett oder an der Front, Meldung erstattet werden. Damit man solche Fälle frühzeitig erkannte, wurden die Truppenangehörigen, vor allem vor Abrücken in die Schützengräben und beim Einrücken in die Quartiere, so oft als möglich ärztlich durchgemustert. Armeeärzte in den Lazaretten wiederum waren angehalten, Verdachtsfälle sofort dem Korpshygieniker mitzuteilen. Dieser entnahm vor Ort umgehend Untersuchungsmaterial für die bakteriologisch-serologische Diagnosestellung.[76] Bei einer Bestätigung des Verdachts auf eine Infektionskrankheit wurde der Truppenarzt informiert, und gemeinsam mit diesem leitete der Korpshygieniker örtliche Ermittlungen und weitere Bekämpfungsmaßnahmen ein. Die örtlichen Ermittlungen sollten klären, wie viele »anscheinend gesunde Personen« in der unmittelbaren Umgebung der Kranken die Krankheitskeime ebenfalls aufgenommen hatten und als Bazillenträger ausschieden. Um ein geordnetes Meldewesen mit umfangreichen Verbindungsstrukturen zu garantieren, stand der Korpshygieniker nicht nur mit dem beratenden Armeehygieniker in der Etappe in ständiger Verbindung. Meldungen über die im Dienstbereich einer Armee aufgetretenen Fälle von ansteckenden Krankheiten sollten auch benachbarten Armeen und der Heeresverwaltung gemacht werden. Diese verständigte das Reichsamt und das Ministerium des Innern. In dringenden Fällen erfolgten solche Mitteilungen telegraphisch oder durch telefonische Benachrichtigung.[77]

Die Zivilbevölkerung der Operations- und Etappengebiete stellte ebenfalls eine Gefahrenquelle dar. Auf dem östlichen Kriegsschauplatz wurde sie sogar zur »wichtigsten Infektionsquelle« oder epidemiologischer »Hauptquelle« erklärt.[78] Die Aufgaben des beratenden Hygienikers umfassten deshalb auch die hygienische Besichtigung der von Truppen belegten Ortschaften und Güter und die Fahndung nach Kranken und Bazillenträgern unter der Bevölkerung. »Verseuchte« Häuser und Ortschaften durften nicht belegt werden und wurden mit besonderen Aufschriften oder Warntafeln markiert. Als gefährliche Objekte markierte man auch verunreinigte Wasserstellen und Aborte.[79]

Beim Vormarsch prüften nicht nur Hygieniker, sondern auch Truppenärzte die gesundheitlichen Verhältnisse der Orte, in denen Quartier

76 Basten 1915, S. 531f.

77 Schwalm 1920, S. 313; Drigalski 1921, S. 283f. Wie verschiedene Berichte beratender Hygieniker belegen, war das Nachrichtensystem gerade in den ersten Kriegsmonaten noch nicht über alle Zweifel erhaben. Vgl. Goldscheider 1915, S. 542; Goldscheider 1921, S. 65.

78 Hillenberg 1916, S. 4; Fuchs 1918, S. 134.

79 Vgl. Dieudonné 1914; Rotter 1916, S. 67.

bezogen werden sollte. Wie die Beobachtungen von Stabsarzt Haehner aus Belgien belegen, gestalteten sich die geforderten Nachforschungen nach ansteckenden Krankheiten unter der Bevölkerung besonders beim Bewegungskrieg als recht schwierig. Die »sanitäre Auskunft« konnte beim schnellen Einmarsch oftmals nicht adäquat abgewickelt werden, da die Militärärzte nur noch Alte, Frauen und Kinder vorfanden, die im Gegensatz zu Bürgermeistern oder Geistlichen nicht als glaubwürdige Auskunftspersonen galten. Bei längerem Aufenthalt in einem Gebiet gelang es nach Haehner dann aber doch, die verseuchten Häuser zu kennzeichnen.[80]

Dass die Ermittlung von Kranken und Bazillenträgern bei der Zivilbevölkerung vor allem nach dem Übergang des anfänglichen Bewegungskrieges zum Stellungskrieg (im Westen ab Anfang November 1914) ausgebaut wurde und zum Teil nach geradezu mustergültigen und rigiden Schemata ablief, beweist ein Beispiel örtlicher Nachforschungen, wie sie der in Nordfrankreich tätige beratende Hygieniker Paul Uhlenhuth installierte.[81] Beim Überschreiten der Grenze nach Frankreich traten unter deutschen Truppen Fälle von Typhus abdominalis auf. Systematische Nachforschungen bei den Soldaten und der Landbevölkerung waren zu diesem Zeitpunkt kaum möglich. Nachdem der Vormarsch zum Stillstand gekommen war, entschloss sich Uhlenhuth, über die Verbreitung des Typhus auf dem Land Erhebungen vorzunehmen. In Anlehnung an die Typhusbekämpfung im Südwesten Deutschlands entwickelte er ein jedes kleinste Detail regelndes, durchrationalisiertes Schema, um sämtliche Ortschaften im Operationsgebiet und der Etappe seiner Armee einer genauen sanitätspolizeilichen Untersuchung zu unterziehen. Gemäß der von ihm formulierten und total 37 Punkte umfassenden *Leitsätze für die örtlichen Ermittlungen nach Typhus und die Ausfindigmachung von Bacillenträgern* wurde in insgesamt 60 Ortschaften zunächst Haus für Haus besucht, die Bewohner mit Name, Alter und Beruf in Heften erfasst und auf ihre Typhusgeschichte und die Todesfälle in der Familie befragt. Alle für Typhusverdacht sprechenden Angaben mussten in den Heften rot markiert und bei einem zweiten Rundgang nochmals genau kontrolliert werden. Auf der Basis der Namensliste der Erkrankten und Krankgewesenen wurde nach weiteren Krankheitsfällen in der Verwandtschaft, Nachbarschaft und Arbeitsstätte geforscht. Auch Bürgermeister, Geistliche und Lehrer befragten die Militärärzte. Wie bereits bei der Typhus-

80 Haehner 1915, S. 1376.

81 Uhlenhuth et al. 1915. Vgl. auch Möllers/Kuhn 1915, S. 417f.; SBB, HD/»Krieg 1914«: 34986, S. 40f.

bekämpfung im Südwesten Deutschlands konsultierte man überdies Schulversäumnis- und Sterbelisten. Bei den durch die minutiöse Ermittlungspraxis identifizierten Kranken, Krankgewesenen und Krankheitsverdächtigen wurden daraufhin Blutentnahmen angeordnet und positive Befunde in Ortskarten eingetragen. Uhlenhuth kam aufgrund seiner »epidemiologischen Ortsaufnahmen« zum Ergebnis, dass der Typhus in Nordfrankreich endemisch war und das Auftreten von Typhusfällen bei der Truppe zeitlich und örtlich mit dem Betreten von endemisch verseuchtem Gebiet zusammenfiel. Er entwickelte in der Folge rigide Maßnahmen, um dem Typhus innerhalb der Truppe wie auch bei der französischen Zivilbevölkerung »energisch zuleibe« zu rücken und mit ihm »aufzuräumen«.[82]

Im östlichen Kriegsschauplatz baute man nach den großen deutschen und österreichischen Vorstößen des Jahres 1915 in die Gebiete der Nordwestlichen Territorien Russlands (das heutige Staatsgebiet von Estland, Lettland, Litauen und Teilen Weißrusslands) bei der Ermittlung von Infektionsquellen auf die bei jeder Etappeninspektion eingerichteten »Seuchentrupps«.[83] Die mobilen, mit Autos ausgestatteten Einheiten waren – wie ein Führer eines solchen Trupps selbstsicher anmerkte – »jederzeit bereit, um überall dort, wo unseren Truppen eine Seuchengefahr droht, an Ort und Stelle einzugreifen und gegebenenfalls rücksichtslos gegen sie vorzugehen«.[84] Nicht nur die Durchforschung nach Typhus-, Ruhr- oder Fleckfieberkranken und Infektionsverdächtigen in den teilweise sehr weitläufigen Etappen- und Operationsgebieten, sondern auch die allgemeine Sanierung von Ortschaften gehörte also zur Aufgabe der »Seuchentrupps«. Sie wurden vor allem dort für erforderlich gehalten, wo es sich um An- und Durchmarschstrassen handelte.[85]

Ähnliche Maßnahmen ergriff man in der nördlichen Hälfte Kongress-Polens, dem Verwaltungsgebiet des im August 1915 gegründeten *Generalgouvernements Warschau*. Im Gegensatz zur rein militärischen Besatzungsherrschaft in den nordwestlichen Gebieten Russlands (dem Besatzungsgebiet *Ober-Ost*) kümmerte sich im Generalgouvernement Warschau eine von den Deutschen organisierte zivile Medizinalverwaltung in Zusammenarbeit mit den polnischen Behörden, Kreisärzten und Feldscheren um die Ermittlung von Kranken und Krankheitsverdächtigen in der Bevölkerung. Nicht selten allerdings stießen die Behörden bei solchen

82 Uhlenhuth et al. 1915, S. 150ff.

83 Vgl. auch Liulevicius 2000, S. 80.

84 Hillenberg 1916, S. 42.

85 Ebd., S. 3.

Nachforschungen auf das Problem, dass Erkrankungen verheimlicht wurden. Um der Suche nach den Erregern in die hintersten Schlupfwinkel mehr Nachdruck zu verleihen, verfügte die deutsche Medizinalverwaltung in Polen die Verpflichtung zu wahrheitsgemäßen Aussagen und belegte Verstöße mit schweren Strafen.[86]

Den Gegner kennen: Die bakteriologische Diagnose

Im Rahmen seiner Nachforschungen zur Ermittlung von Infektionskranken und Bazillenträgern hatte Uhlenhuth als Voraussetzung jeder wirksamen Bekämpfung von Kriegsseuchen betont, man müsse »den Gegner selbst und seine Stärke, Art und Umfang seiner Stellungen, Charakter und Methodik seiner Bewegungen rechtzeitig und bis ins einzelste und genaueste« kennen.[87] Für diese *genaueste* Kenntnis des Gegners und seiner Eigenheiten reichte eine klinisch-anamnestische Beurteilung der Krankheits- und Verdachtsfälle, deren »Stellungen und Bewegungen« durch die Aufklärungsarbeiten im Feld vorläufig ausgemacht worden waren, längst nicht aus. Nur mit Hilfe mikroskopischer und vor allem bakteriologisch-serologischer Untersuchungen glaubten die Kriegshygieniker und Militärärzte zu einem präzisen Wissen, das heißt: zu einer »sicheren« Diagnose zu gelangen.[88] Der spezifisch ätiologische Befund galt dabei als ausschlaggebend für die weiteren Bekämpfungsmaßregeln. Ohne Klarheit über die betreffenden Krankheitserreger konnte keine sachgemäße Isolierung und Desinfektion erfolgen.

Während die Korpshygieniker im Auto täglich von Truppe zu Truppe und von einem zum anderen Feldlazarett reisten und das Untersuchungsmaterial (vor allem Stuhl, Urin und Blut) zweifelhafter Erkrankungs- oder Verdachtsfälle entnahmen und vorläufig untersuchten, befassten sich die beratenden Hygieniker in der Etappe vorwiegend mit der Überprüfung des von Korpshygienikern oder Truppenärzten eingeschickten infektionsverdächtigen Materials, zu dessen bakteriologisch-serologischer Untersuchung aufwändigere Züchtungsversuche und exakte Immunreaktionen nötig waren. Zur Bestätigung ihrer Laborbefunde konnten sie auch die Mitarbeit von staatlichen Anstalten wie dem RKI in Anspruch nehmen.[89]

86 Frey 1919, S. 631.

87 Uhlenhuth et al. 1915, S. 153.

88 Vgl. Otto 1915, S. 15; Fuchs 1918, S. 130. Ähnlich bereits bei Jochmann 1914 mit Blick auf den Typhus, S. 44. Zur Bedeutung der ätiologischen Diagnostik vgl. auch Neufeld 1914, S. 1f.

89 Christian 1914.

Die große Bedeutung, die bakteriologisch-serologischen Untersuchungen im Krieg eingeräumt wurde, manifestierte sich in der umfangreichen mobilen Laborausrüstung, die Korpshygieniker und beratende Hygieniker mit sich führten sowie in der Anlage von großen bakteriologischen Laboratorien und hygienischen Instituten in Kriegs- und Seuchenlazaretten, Militärgenesungsheimen oder Durchgangslagern für Kriegsgefangene. Jeder Korpshygieniker war mit einem Mikroskop und einem tragbaren bakteriologischen Kasten ausgerüstet, der die Entnahme und den Versand von Proben und die notwendigsten Untersuchungen bei Verdacht auf Typhus, Paratyphus, Ruhr, Cholera, Diphterie, Genickstarre, Tuberkulose und Malaria vor Ort erlauben sollte. Er beinhaltete die üblichen Farblösungen und Glasutensilien zum Präparatefärben, Pipetten, Kapillaren, Reagenzröhrchen, Kochflaschen und Tüten mit gebrauchsfertigen oder getrockneten Nährböden, Präparategläser und Doppelschalen zur Aufbewahrung sowie Versandgefäße zum Verschicken von Untersuchungsmaterial.[90] Stammvater des im Krieg zum Einsatz gelangenden bakteriologischen Kastens war der so genannte »Cholerakasten«. Erstmals bei der Expedition zur Erforschung der Cholera in Ägypten 1890 eingesetzt, fand er bei der Choleraepidemie von 1892 erneut Verwendung.[91] Auch in der Typhuskampagne hatten sich die Typhusstationen »fliegender Nebenabteilungen« bedient, um an Ort und Stelle die einzelnen Seuchenfälle zu verfolgen. Auf der Basis dieser Vorgängermodelle entstand 1911 der für die Korpshygieniker im Krieg entwickelte, ca. 13,5 kg schwere bakteriologische Kasten.[92]

Dem beratenden Hygieniker standen zwei Mikroskope und ein tragbares Laboratorium zur Verfügung, mit dem ein vollständiges, für eine gewisse Zeit von Nachschub unabhängiges provisorisches Feldlaboratorium gebildet werden konnte (Abb. 5).[93] Neben den Materialien, die bereits im bakteriologischen Kasten enthalten waren, umfasste das in zwei, je ca. 110 kg schweren Kästen untergebrachte Laboratorium auch über Brutschrank, Dampftopf, Trockensterilisator und Tierkäfige. Bei Bedarf

90 Bischoff 1912, S. 28.

91 Christian 1914, S. 1938; Petri 1893, S. 50ff.

92 Kirchner 1903, S. 199; Christian 1914, S. 1938.

93 Bischoff 1912, S. 31. Vor Kriegsbeginn war geplant, neue tragbare Laboratorien einzusetzen. Bei Kriegsausbruch waren diese Vorarbeiten jedoch noch nicht abgeschlossen, so dass erst im Verlauf des ersten Kriegsjahres ein neues »tragbares bakteriologisches Arbeitsgerät« zusammengestellt werden konnte. Es enthielt eine erweiterte Ausrüstung und war in sechs Kisten untergebracht, die gleichzeitig als Schränke dienten. Tobold 1920, S. 380.

konnte das Laboratorium innerhalb einer halben Stunde verpackt und mit Wagen und Pferd weitertransportiert werden.

In Seuchenlazaretten und Genesungsheimen in der Etappe und im Heimatgebiet entstanden größere stationäre Laboratorien, die Proben der eigenen Anstalt und eingeschicktes Material von Truppenärzten untersuchten. So wurde zum Beispiel dem im September 1914 eröffneten Seuchenlarazett der 5. Armee bei Inor an der Maas zunächst ein einfaches Laboratorium angegliedert, das im November in ein bakteriologisches Institut ausgebaut wurde. Neben dem Leiter des Labors arbeiteten darin fünf Laborantinnen und 12-15 Mann Personal.[94]

Die außerordentliche Bedeutung, die der Identifikation von Krankheitserregern durch bakteriologisch-serologische Diagnosestellungen im Krieg zukam, unterstreicht aber nicht nur die Errichtung und feudale Ausstattung der Feldlaboratorien und hygienischen Institute im Operations- und Etappengebiet. Womöglich noch aussagekräftiger sind die – nicht unmittelbar mit größeren Epidemien in Zusammenhang stehenden – exorbitanten Zahlen tatsächlich durchgeführter bakteriologisch-serologischer Untersuchungen und die kontinuierliche Bemühung, die Produktivität und Effizienz der Untersuchungen zu steigern.

Da man bei der Heeresverwaltung die Gefahr einer Seuchenausbreitung gerade durch die unentdeckten Infektionsquellen besonders hoch einstufte, wurde der Aufforderung, alle Krankheitsverdächtigen, Bazillenträger und Dauerausscheider bakteriologisch ausfindig zu machen, soweit als möglich entsprochen. Dies führte dazu, dass die Einsendungen von Proben ungeahnte Ausmaße annahmen und die Laboratorien sehr stark belastet wurden. Stabsarzt Oettinger, der mit der bakteriologischen Diagnostik in einem Seuchen-Genesungsheim im Osten beschäftigt war, notierte im August 1915, die den Feldlaboratorien zufallende Untersuchungstätigkeit überschreite ihrem Umfang nach die Arbeit der größten und bestausgestatteten Institute in Friedenszeiten um ein Mehrfaches. Als Vergleich zog er das Jahr 1905 heran, als sich in Deutschland letztmals eine ausgedehnte Choleraepidemie gezeigt und das RKI täglich durchschnittlich 28 Proben untersucht hatte. In seinem Feldlaboratorium, so Oettinger, habe er durchschnittlich täglich 51 Proben auf Cholera untersucht. Während mehreren Wochen sei die Durchschnittszahl sogar auf über 100 gestiegen und die Höchstleistung an einem Tag mit 236 Proben erreicht worden. Besonders die Ausweitung des Begriffes des »Ansteckungsverdächtigen« habe zu einer außerordentlichen Häufung

94 SBB, HD/»Krieg 1914«: 23926, S. 14.

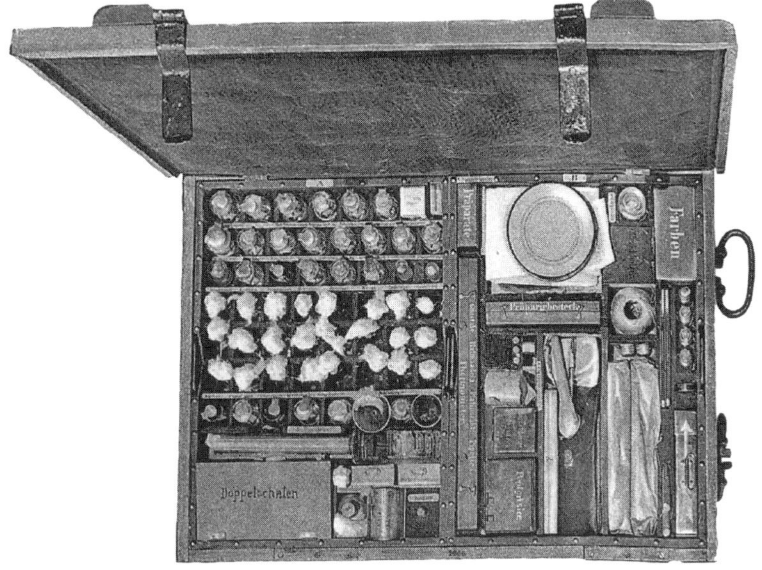

Abb. 5: Tragbares bakteriologisches Laboratorium, Kasten I

negativer Befunde geführt. Von Oettingers Cholerauntersuchungen fielen lediglich 2,43% der Proben positiv aus.[95] Uhlenhuth untersuchte bei seiner Typhuskampagne in Nordfrankreich *täglich* bis zu 600 Eingänge – eine Zahl, die im Rahmen der Typhusbekämpfung in der Vorkriegszeit bei den kleineren Typhusstationen etwa *pro Vierteljahr* erreicht worden war![96] Während der Kriegszeit intensivierten allerdings auch die Untersuchungsstationen im Aufmarschgebiet von Elsass-Lothringen ihre Tätigkeit. So übertraf die Gesamtzahl der in allen Anstalten ausgeführten bakteriologischen Untersuchungen die Zahl der Untersuchungen der Vorkriegszeit um ein Vielfaches. 1917 etwa stieg der Umfang der ausgeführten Untersuchungen auf das Fünffache der Leistungen des Jahres 1913.[97]

95 Oettinger 1915, S. 289f.

96 Uhlenhuth et al. 1915, S. 158; vgl. tabellarische Zusammenstellung der von der Typhusstation Idar im Fürstentum Birkenfeld geleisteten Untersuchungsarbeit vom 2. Vierteljahr 1905 bis zum 4. Vierteljahr 1909 in: Arbeiten aus dem Kaiserlichen Gesundheitsamte Bd. 41 (1912), S. 134.

97 Möllers 1925, S. 773.

Je nach Infektionskrankheit gestaltete sich der Zeit- und Materialaufwand für die bakteriologische Diagnostik im Feldlabor oder in größeren Instituten anders. Bei Wechselfieber reichte eine mikroskopische Untersuchung, bei Typhusverdacht hingegen waren je nach Stadium der Erkrankung bakteriologische Züchtungsversuche und serologische Untersuchungen von Blut, Urin und auch Stuhl vorgeschrieben, bevor die Diagnose fixiert werden konnte.[98] Verschiedene Ratgeber wie das Taschenbuch *Feldmäßige Bakteriologie* informierten Hygieniker und Feldärzte, welche Methoden im Feld eine einfache und sichere Handhabung versprachen.[99]

Bald einmal stellte das kontinuierlich steigende Volumen an Untersuchungsmaterial die Ärzte sowohl bezüglich den verwendeten Verfahren, Apparaturen und Kulturmedien als auch den personellen Kapazitäten vor derart große Probleme, dass nach Abhilfe gesucht werden musste. Die Maxime der möglichst umfassenden Ermittlung und Identifikation von Seuchenerregern im Krieg produzierte ein neues methodisches Repertoire im Feldlaboratorium. Um die bakteriologische Diagnosestellung zu beschleunigen, bemühte man sich, Verfahren zur Vereinfachung der Kulturmethoden einzuführen und die Untersuchungen in Massen abzuwickeln. Paul Müller entwickelte eine Prozedur, die bei Choleraverdacht und bei den Bazillen der Typhus-Paratyphus-Dysenteriegruppe die Bewältigung der Proben in relativ kurzer Zeit und mit einer möglichst geringen Zahl von Arbeitskräften gestattete. Für die Cholera wurde dabei zuerst der Stuhl von 10 Soldaten in Peptonkölbchen gemeinsam eingebracht. Nur im Fall von verdächtigen Vibrionen erfolgte anschließend die einzelne Nachprüfung der 10 Stühle.[100]

Auch zur Behebung von materiell-technischen Schwierigkeiten wie etwa dem Mangel billiger und widerstandfähiger Nährböden oder von Brutapparaten und Sterilisatoren wurden Neuerungen eingeführt. Uhlenhuth entwickelte statt der teuren Trockennährböden preisgünstige fertige Nährböden, die in einer Konservenfabrik hergestellt und in Blechbüchsen gebrauchsfertig konserviert wurden. Im Labor konnte der so genannte »Büchsenagar« dann nur noch durch Kochen verflüssigt und in Petrischalen ausgegossen werden (Abb. 6).[101] Eine Reihe von Versuchen galt der Frage, wie man das zur Nährbodenbereitung übliche

98 Dieudonné/Weichardt 1914, S. 6.

99 Vgl. Paneth 1915; Lipp 1915.

100 Vgl. Müller 1916; Müller 1915.

101 Uhlenhuth 1915a, S. 279f. Siehe auch Langer 1917, der die während des Krieges neu entwickelten Kulturmethoden zusammengestellt hat.

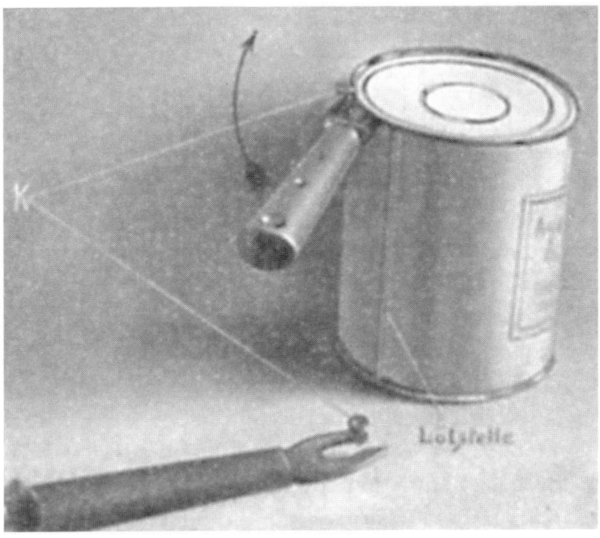

Abb. 6: Bakteriennährboden in Konservenbüchse

Fleischwasser durch gleichwertige, billigere Substrate ersetzen konnte. In durchaus origineller Weise empfahl ein Bakteriologe als nährenden Zusatz zum Agar statt Fleischbrühe Pilsener Bier.[102] Improvisiert wurde auch bei den Laborapparaten: So behalf man sich im Feld in Ermangelung eines Brutschrankes schon einmal einer auf einem Eisengestell angebrachten großen Heringsbüchse, die von unten durch eine Petroleumlampe beheizt wurde.[103]

Verstopfen der Infektionsquellen: Die Isolierung

Ergab die bakteriologische Untersuchung einen positiven Befund, dann hieß es, die eindeutig identifizierten Infektionsquellen so rasch als möglich zu »verstopfen«, sie »unschädlich« zu machen.[104] Welche Praktiken und welche Zielsetzung bei diesem Unschädlichmachen im Vordergrund standen, explizierte paradigmatisch Lentz: Der Infizierte, die Infektionsquelle, musste »durch die Isolierung [...] seiner gesunden Umgebung entrückt werden, um diese gegen eine Übertragung der Krankheit zu

102 Lehmann 1919, S. 662.
103 Basten 1915, S. 532.
104 Kirchner 1915, S. 40.

schützen«.[105] Übereinstimmend äußerte sich ein in Laon, einem der größten Kriegslazarette Frankreichs, stationierter Arzt, als er im Januar 1915 aufgrund der »Sorge für die Umgebung« die »unverzügliche« und »unnachsichtig durchgeführte« Absonderung in jedem Krankheits- und Verdachtsfall forderte.[106]

Bei unzweifelhaft Kranken mit eindeutiger Symptomlage erfolgte diese Isolierung bereits vor dem Eintreffen der Resultate der bakteriologischen Untersuchung. Sie wurden in speziellen Transporten (per Bahn oder Autobussen) direkt in die Seuchenabteilungen der Kriegslazarette oder die weiter entfernten Seuchenlazarette gebracht, die meist etwas abseits der Heeresstrassen lagen. Der positive Befund diente dann vor allem der genauen Zuteilung im Seuchenlazarett und den weiteren Nachforschungen in der ehemaligen Umgebung des Kranken. Verdächtige Fälle, die im Zuge der Ermittlung von Infektionsquellen zunächst in speziellen Beobachtungsstationen untergebracht worden waren, transportierte man nach dem Eintreffen des Befundes ebenfalls in die Seuchenlazarette. Die meist im Operationsgebiet liegenden Beobachtungsstationen direkt in Seuchenlazarette umzufunktionieren bot sich einerseits aufgrund ihrer relativen Nähe zur kämpfenden Truppe nicht an. Da man mit der Verdachtsthese freizügig umging und oftmals dem Grundsatz folgte, dass es besser sei, einige Leute zu viel als zu wenig in die Beobachtungsstationen zu schicken, war es andererseits auch wichtig, dass diese Stationen nicht überfüllt wurden und ein regelmäßiger Abgang stattfand.[107]

Bei ihrer Ankunft im Seuchenlazarett oder auf der Infektionsabteilung im Kriegslazarett wurden alle infizierten Personen in speziellen Aufnahmeräumen ärztlich untersucht, gebadet und entlaust und auf die Krankenräume verteilt. Ein Kontakt zwischen Gesunden und Kranken beziehungsweise Krankheitsverdächtigen wurde durch zahlreiche Einrichtungen und Maßnahmen unterbunden, die in schriftlichen Lazarettbefehlen festgehalten waren. Zielsetzung war die »totale Abschließung« der Kranken von der gesunden Außenwelt.[108] In den Seuchenlazaretten wurde deshalb der Kontakt zwischen Kranken und den verschiedenen Ausgabe- und Empfangsstellen lediglich durch spezielles Pflegepersonal unterhalten, das sich selbst einem rigiden Desinfektionsregime unter-

105 Lentz 1916a, S. 49.
106 Aust 1915, S. 15.
107 Vgl. Goldscheider 1921, S. 66.
108 Kutna 1917, S. 344.

warf und verschiedenste Schutzmassnahmen befolgte. Nicht nur Aufnahmeärzte und Krankenträger, auch Pfleger, Krankenschwestern und Feldgeistliche durften die Lazaretträume nur in weißem Schutzmantel betreten und nur nach gründlicher Händedesinfektion wieder verlassen.[109] Zur Reduktion der Kontakte mit Ansteckungsquellen entwickelte der Chefarzt einer Infektionsabteilung sogar einen speziellen »Infektionsschutzschlüssel«, mit dem Türklinken, Wasserhähne, Klosettketten oder Klingel- und Lichtschalter betätigt werden konnten, ohne sie mit den Händen berühren zu müssen.[110]

Krankenbesuche waren in Seuchenlazaretten nicht gestattet. Auch der Verkehr der Infizierten untereinander und die Aktivitäten der Rekonvaleszenten waren aufs strikteste kontrolliert und reguliert. So gab es getrennte Abteilungen für jeden Typ von Infektionskrankheit (Ruhr-, Typhus- und Cholerakrankenräume), die jeweils über fließendes Wasser, Händedesinfektionsmöglichkeiten und eigene, separierte Latrinen verfügten. Den Genesenden war es verboten, andere als ihre Krankenräume zu betreten.[111] Bei Kriegslazaretten oder Krankentransportanstalten, aber auch bei normalen Krankenhäusern waren die Infektionsabteilungen oftmals mit einem Stacheldrahtzaun von den anderen Gebäuden abgegrenzt. Ähnliche Vorkehrungen zur Trennung der Kranken und Krankheitsverdächtigen von nicht infizierten Personen wurden in den Durchgangs- und Quarantänelagern für Kriegsgefangene getroffen, in denen die Gefangenen vor ihrem Übertritt auf deutsches Gebiet gesundheitlich überwacht wurden.[112]

Bereits beim Transport in die Seuchenlazarette wurde der Devise der strikten Trennung von Krank/Krankheitsverdächtig und Gesund beziehungsweise Infiziert und Nicht-Infiziert soweit als möglich entsprochen, indem man besondere Seuchenzüge aus fahrenden »Isolierbaracken« bildete. Die Wagen waren speziell gekennzeichnet: Sie trugen die Aufschrift »T« (für Typhus) oder »R« (für Ruhr) auf großen, gut sichtbaren gelben Schildern und waren damit für ihre Umgebung als gefährliche infektiöse Objekte markiert (Abb. 7).[113]

109 Vgl. SBB, HD/»Krieg 1914«: 23926, S. 20.

110 Sawicki 1915.

111 Aust 1915, S. 15.

112 Frey 1919, S. 637; Seiffert 1915, S. 1462. Zu den Durchgangs- bzw. Quarantänelagern vgl. Gärtner 1921, S. 170ff.

113 Westenhöfer 1935, S. 10f. Zur traditionellen Verwendung der Farbe Gelb zur Stigmatisierung von sozial Unerwünschten und Randgruppen vgl. Graus 1994.

Die Wagen hatten eigenes Personal und durften in den Krankentransportanstalten, die als Knotenpunkte für die Verteilung und den Weitertransport von Kranken und Verwundeten von der Front in die Lazarette dienten, nur auf besonderen, streng abgesonderten Geleisen aus- und eingeladen werden. Auf ihrer Reise durch die Etappe waren die Seuchenzüge völlig autonome Gebilde. Der Kranke war in dem Augenblick, in dem er in die Isolierbaracke eingeladen wurde, von seiner bisherigen Umgebung völlig separiert: Stuhl- und Urinentleerungen wurden aufgefangen, die Verpflegung in der Baracke mitgeführt und zubereitet, das Personal hatte den strengen Befehl, die einzelnen Baracken nicht zu verlassen. Nach jeder Fahrt wurden die Wagen gründlich desinfiziert.[114]

Eine besondere Stellung im Rahmen der Absonderungsmaßnahmen nahmen die durch die bakteriologische Diagnose als Infizierte bestätigten Personen ein, die Bazillen ausschieden, klinisch aber durchaus gesund waren. Gemäß zeitgenössischen Kommentatoren handelte es sich dabei in der Mehrzahl um Rekonvaleszenten, die früher eine manifest oder larviert verlaufene Typhus-, Ruhr-, Diphterie- oder auch Choleraerkrankung durchgemacht hatten – die so genannten »Dauerausscheider«. Da die Zweckmäßigkeit der Unterscheidung zwischen echten »Bazillenträgern«, die ohne jemals nachweisbar zu erkranken Bazillen ausschieden, und »Dauerausscheidern« wiederholt in Zweifel gezogen wurde, sprach man im Krieg meist pauschal von »Bazillenträgern« oder »Keimträgern«.[115]

Im Gegensatz zur Vorkriegszeit, in der die Bazillenträger im Zuge der Typhuskampagne zwar in das bakteriologische Gefahrenkonzept aufgenommen wurden, sie aber aufgrund fehlender gesetzlicher Richtlinien und praktischer Probleme meist nicht rigide abgesondert werden konnten, verfuhr man nun bei den Truppen und der Zivilbevölkerung der besetzten Gebiete nach einem neuen Leitsatz: Bazillenträger waren genau so zu behandeln wie Kranke und durften, ja *mussten* von ihrer Umgebung vollkommen abgesondert werden. So betonte Richard Otto vom RKI, der im Krieg als Oberstabsarzt der Reserve fungierte, in einem Lehrkurs für Offiziere: »Gesunde Leute, die als ›Keimträger‹ ermittelt sind, sind natürlich genau so zu behandeln wie Kranke«. Ermittlung und Absonderung von Kranken und Keimträgern waren nach Otto die wichtigsten Maßnahmen bei der Bekämpfung von Infektionskrankheiten.[116] Auch für Kirchner galt die Suche nach und Absonderung von Bazillen-

114 Westenhöfer 1935, S. 11-13.
115 Vgl. Gaehtgens 1919, S. 186.
116 Otto 1915, S. 17.

Abb. 7: Fahrende Isolierbaracke für Typhuskranke

trägern und Dauerausscheidern als das »sicherste Mittel zur Verhütung von Seuchenausbreitung im Felde«.[117]

Soldaten, deren bakteriologischer Befund im Rahmen der Umgebungsuntersuchung von Kranken und Krankheitsverdächtigen positiv ausfiel, wurden deshalb so schnell als möglich von der Truppe entfernt. In geschlossenen Transporten schickte man sie meist in die Bazillenträgerstationen der so genannten »Genesungsheime« wie zum Beispiel in das Militärgenesungsheim in Spa oder Cöln a. R. oder überführte sie in Heimatlazarette.[118] Dort wurde ihre Isolierung auf das strikteste durchgeführt und ihre Abgänge und Sekrete mittels periodischer bakteriologischer Untersuchungen pedantisch überwacht.

Wie einer Korrespondenz zwischen dem Minister des Innern und dem Kriegsministerium vom August 1915 zu entnehmen ist, wurde eine Entlassung der Typhusbazillen-Dauerausscheider aus der Truppe in zivile Verhältnisse von der Medizinalbehörde Preußens zunächst nicht als opportun erachtet, da man sie nach preußischem Seuchengesetz nicht länger hätte isolieren können. Die Medizinalverwaltung plädierte deshalb dafür, die Bazillenträger bis zur Beendigung des Krieges in den Lazaret-

117 Kirchner 1918a, S. 70.

118 Zu den Genesungsheimen vgl. Blau 1915. Zur Bazillenträgerstation in Spa vgl. Bumke 1926.

ten oder Genesungsheimen abzusondern.[119] Anfangs 1916 einigte man sich aufgrund des Arbeitskräftemangels mit der militärischen Verwaltung, dass diejenigen Dauerausscheider, die nach Ablauf der 10. Woche nach der Erkrankung wieder arbeitsfähig waren, in die Heimat entlassen werden konnten, auch wenn sie noch nicht frei von Typhusbazillen waren – allerdings nur unter ärztlicher Beobachtung und Befolgung strikter Reinlichkeits- und Vorsichtsmassnahmen.[120]

Dem Aufmarschgebiet in Elsass und Lothringen, das anlässlich der Typhusbekämpfung so gründlich durchforscht und ›gereinigt‹ worden war, kommt in diesem Zusammenhang besondere Bedeutung zu. Denn auch wenn an der Heimatfront ähnlich scharfe Maßnahmen gegen Bazillenträger wie in der Truppe weiterhin ausgeschlossen waren, stellte das Gebiet im Südwesten Deutschlands zumindest im ersten Kriegsjahr eine Ausnahme dar. Zu Beginn der Mobilmachung wurde aufgrund der Gefahr, welche die Bazillenträger für die aufmarschierenden Truppen darzustellen schienen, dafür Sorge getragen, dass sie in speziellen Anstalten interniert und für die deutschen Soldaten »unschädlich« gemacht wurden. Aufzufinden waren sie leicht, da die bakteriologischen Untersuchungsanstalten genaue Listen über die Typhusbazillenträger führten.[121] Die Internierung selbst, als »Bacillenträgersperre« bezeichnet, erfolgte zwangsweise und zog sich wegen organisatorischen Problemen und Widerständen der Bevölkerung von Mitte August bis etwa Ende September 1914 hin. 1915 setzte sich bei der Heeresverwaltung schließlich eine »mildere Auffassung« durch. Die Sperre wurde nun auf das reine Operationsgebiet und »widerspenstige Verdächtige« beschränkt.[122]

Weniger mild verfuhr man dagegen von Beginn an mit der Zivilbevölkerung in den besetzten Gebieten. Auch sie wurde, ob die betroffenen Personen nun an ansteckenden Krankheiten litten oder aufgrund des Kontakts mit den Kranken als ansteckungsverdächtig galten, wann immer möglich in die Infektionsabteilungen der allgemeinen Krankenhäuser, in Seuchenspitäler oder spezielle Absonderungshäuser überführt und isoliert.[123] Uhlenhuth sandte bei seiner Typhuskampagne in Nordfrank-

119 GSTA PK, Rep. 76 VIII B/3555.

120 Ebd., Der Reichskanzler an den Minister des Innern, betrifft: Typhusbazillen-Dauerausscheider, 4.2.1916.

121 Mayer 1940, S. 39; Möllers/Kuhn 1915, S. 477.

122 Möllers 1925, S. 781f.

123 Bei den Absonderungshäusern handelte es sich meist um leer stehende Kasernen. Zu den Absonderungsvorschriften im besetzten Gebiet Russisch-Polens vgl. BArch, R86/4538: Vorschriften über Absonderung Infektionskranker etc., 3.4.1915.

reich alle Kranken und Genesenen in ein eigens zu diesem Zweck eingerichtetes Absonderungshaus. Auch die Bazillenträger wurden »samt und sonders« isoliert.[124] In verschiedenen Regionen des Besatzungsgebiets führte der Versuch einer Einweisung ins Krankenhaus zu gravierenden Problemen, da die Angst vor Krankenhäusern und die Aussicht auf eine Kontaktsperre gerade bei Personen ohne sichtbare klinische Symptome nicht selten Proteste in der Bevölkerung auslösten.[125] Stabsarzt Bernhard Hillenberg berichtete aus Litauen, er habe oftmals nur unter Androhung militärischer Gewalt erreichen können, dass Angehörige ihre infektiös Kranken ins Spital brachten.[126] Auch im Gebiet des Generalgouvernements Warschau fanden Überführungen von Seuchenkranken und Ansteckungsverdächtigen in Spitäler und Quarantänehäuser unter Zwang statt.[127]

Direkter Kampf und Vernichtung des Gegners: Die Desinfektion

Unmittelbar den Spuren der Isolierung folgte der Einsatz der nächsten, als absolut zentral erachteten »Waffe« der bakteriologischen Seuchenbekämpfung: Die Desinfektion. Mit ihr setzte der »direkte Kampf« der Kriegshygieniker und Bakteriologen mit den Bakterien ein.[128] Die Maßregeln wurden vornehmlich als Kampf außerhalb des Körpers perzipiert, dessen Zielsetzung es war, den Gegner und seine Bewegungen (also die Infektionsstoffe und ihre Weiterverbreitung) nicht nur einzudämmen, sondern vollständig zu vernichten beziehungsweise auszuschalten. Für eine erfolgreiche Seuchenbekämpfung musste der »Kampf« gegen die Krankheitserreger »unbedingt bis zu ihrer Vernichtung geführt werden«, betonte Kirchner und unterstrich mit dieser Aussage die augenfällige Akzentuierung und Proliferation des Vernichtungsgedankens im bakteriologischen Wissens- und Handlungssystem der Kriegszeit.[129] Diese wurde auch in der Omnipräsenz der Terminologie der »Ausrottung«, des »Unschädlichmachens« und – bezüglich der Ungezieferplage – der »Vertilgung« sichtbar. Als erfolgreich konnte eine Desinfektion nur dann gelten, wenn *alle* Krankheitserreger vernichtet waren. Bakteriologen,

124 Uhlenhuth et al. 1915, S. 157.

125 Vgl. etwa in Bezug auf die belgisch-französische Zivilbevölkerung Möllers/Kuhn 1915, S. 418. Für das Generalgouvernement Warschau vgl. Frey 1919, S. 631.

126 Hillenberg 1916, S. 11.

127 Frey 1919, S. 722.

128 Vgl. Spaethe 1917, S. 13; Kutna 1917, S. 340.

129 Kirchner 1919d, S. 626.

Abb. 8: Desinfektionswagen »Doppel-Diogenes«

Hygieniker und Militärärzte setzten folgerichtig eine gewaltige Desinfektionsmaschinerie in Gang, um die angestrebte totale Vernichtung aller Infektionsstoffe zu erzielen.[130]

Der Ort *par excellence* der effizienten, kontrollierten Vernichtung der Infektionsstoffe war der Desinfektionsapparat beziehungsweise die Desinfektionsanstalt. Die Abtötung von Infektionsstoffen erfolgte mittels physikalischer oder physikalisch-chemischer Einwirkung (gesättigter Wasserdampf mäßiger/hoher Spannung oder unter Vakuum, Formaldehydwasserdampf, Vakuum-Formalinwasserdampf). Bereits bei der Mobilmachung war jede Armee mit fahrbaren Dampfdesinfektionsapparaten ausgerüstet worden, die mit Pferden von Ort zu Ort transportiert werden konnten. Ebenfalls zum Einsatz gelangte der fahrbare Formalin-Vakuum-Apparat (»Rubner-Apparat«). Da die mobilen Desinfektionsapparate nicht immer rechtzeitig zur Stelle sein konnten und verhältnismäßig teuer waren, stieg im Verlauf des Krieges der Bedarf an schnell einsetzbaren, einfachen Desinfektionsmöglichkeiten. Das Vernichtungsparadigma setzte im Hinblick auf seinen materiellen Nachvollzug dabei ungemein produktive Kräfte frei: Kriegshygieniker entwickelten im Kriegsverlauf eine unüberschaubare Zahl von improvisierten und schnell manövrierbaren Apparaten sowie in kürzester Zeit funktionstüchtigen stationären Anstalten zur Desinfektion.[131] Uhlenhuth beispielsweise entwarf den Desinfektionswagen »Doppel-Diogenes« aus zwei voluminösen, quer auf einem Automobil fixierten Wein- oder Zider-Fässern, die mit

130 Den Begriff »Desinfektionsmaschinerie« habe ich Koppitz/Woelk 1997 entlehnt.

131 Vgl. (als Auswahl) Althoff 1915a; Althoff 1915b; Blumberg 1915, S. 837.

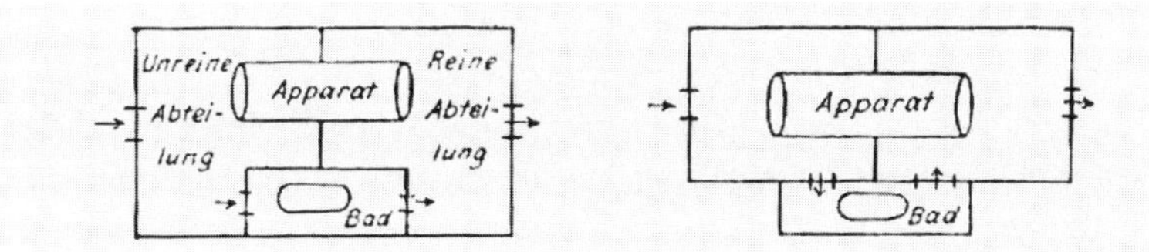

Abb. 9: Schema einer kleinen Desinfektionsanstalt

einem Niederdruckdampfkessel verbunden waren (Abb. 8).[132] Der daraus entströmende Dampf wurde alternierend in die beiden Tonnen eingeleitet, um eine Effizienzsteigerung zu erzielen: Während in der einen Tonne der Dampf wirksam wurde, konnte die andere Tonne über die vorne und hinten eingesägten Türöffnungen entladen und wieder beladen werden.

Bauliches Hauptmerkmal der Desinfektionsapparate und insbesondere der stationären Desinfektionsanlagen war die grundsätzliche Trennung reiner von unreinen beziehungsweise infizierten und desinfizierten Arealen, Abteilungen oder Seiten. Die Tonnen des Diogenes wurden nur auf der als »unrein« markierten Seite beladen und nach erfolgter Desinfektion auf der »reinen Seite« wieder entladen. Bei der Aufstellung anderer Desinfektionsapparate in Desinfektionsanlagen wurde die Anstalt in zwei Abteilungen geschieden, indem man eine Trennwand über die Mitte des mit zwei Türen versehenen Desinfektionsapparates installierte (Abb. 9).

Beim Umgang mit den zu desinfizierenden Objekten (Wäsche, Uniformen, Ausrüstungsmaterial) war das Personal auf beiden Seiten der Anstalt angehalten, strikte Verhaltensregeln einzuhalten, um eine Vermischung von rein und unrein beziehungsweise desinfiziert und infiziert auszuschließen. Die infizierten Materialien gelangten über einen gesonderten Eingang in die »unreine Abteilung«, wurden dort in den Desinfektionsapparat geschoben und anschließend auf der »reinen« Seite durch anderes Personal herausgenommen. Der Sicherheit des Personals dienten spezielle Mäntel oder Schutzanzuge, die nach Gebrauch ebenfalls desinfiziert werden mussten. Die Verständigung zwischen beiden Seiten erfolgte nur mittels Klingelzeichen, durch ein in die Wand eingelassenes Fenster oder durch telefonische Benachrichtigung. Nach Beendigung der Desinfektion konnte das Personal der unreinen Seite die Anstalt erst verlassen, nachdem es ein Bad oder eine Brauseanlage passiert und auf der reinen Seite mit neuer Kleidung ausgestattet worden war.[133]

132 Vgl. Uhlenhuth 1915b.
133 Vgl. Solbrig 1918.

Die strikte und überaus rigide gehandhabte Separation reiner von unreinen Arealen, Seiten, Türen, Transportwagen und selbst Personal weist einerseits auf das Verlangen, ja die Sehnsucht nach einer maximalen Kontrolle über alle hochgefährlichen Stoffe – die krankheitserregenden Bakterien – hin. Andererseits offenbart die Überbefasstheit mit der Verunmöglichung jeglicher Verunreinigung, Verseuchung und Infektion, dass mit der Desinfektion eine absolute Zielsetzung verfolgt wurde: Ziel war nicht die mehr oder minder gründliche Abtötung der Keime oder die bloße Eindämmung ihrer Verbreitung. Ziel war die bakteriologisch geprägte Reinheit: die *totale* Keimfreiheit. Der kleinste Übertritt von Infektionsstoffen auf die reine Seite galt deshalb als Versagen der gesamten Anlage, die der Infektionsgefahr Tür und Tor öffnete.

Der »direkte Kampf« gegen den Infektionsstoff wurde namentlich dort geführt, wo sich Kranke, Krankheitsverdächtige und Bazillenträger aufhielten oder Kontakte zwischen Infektionsträgern und den von ihnen ausgehenden Infektionsstoffen mit einer nicht infizierten Umwelt bestanden. Desinfiziert wurde somit in den Feldlazaretten und Seuchenlazaretten, in den (Quarantäne)Lagern für Kriegsgefangene, in Krankenhäusern und Absonderungsanstalten für die Zivilbevölkerung, aber auch in den von ihnen benutzten Wohnungen und Häusern sowie in den Etappenunterkünften und Feldstellungen der Truppe – schließlich wurden auch von hier immer wieder Kranke oder Krankheitsverdächtige abgesondert und bestand durch Kontakt mit einer möglicherweise verseuchten Umgebung Infektionsgefahr. Ebenfalls einer Desinfektion unterworfen wurden Eisenbahn- und Isolierwagen, Krankenwagen und Tragen.

Gerade die Vernichtung von Infektionsstoffen in den Seuchenlazaretten und Quarantänelagern beruhte auf einem sehr umfassenden Desinfektionsdispositiv, das nicht nur den Einsatz von Desinfektionsapparaten und -anstalten vorsah, sondern ein ganzes Ensemble von Praktiken, Verordnungen, Techniken und Substanzen für eine kontinuierliche, geregelte Desinfektion von Körperteilen, Flüssigkeiten und Materialien umfasste. Im Seuchenlazarett wurde – wie der Hygieniker Samuel Kutna festhielt – eine »Vernichtungsarbeit der Desinfektion in Permanenz« geleistet.[134]

Die konstante Vernichtung der Infektionsstoffe im Seuchenlazarett erschien deshalb so zentral, weil nicht mehr das, was der Kranke oder Genesene nach Austritt aus dem Lazarett hinterließ, als Hauptquelle der Krankheitsübertragung betrachtet wurde, sondern vielmehr all das, was

134 Kutna 1917, S. 344.

der Kranke auf der Höhe und während des Verlaufs der Krankheit verbreitete.[135] Die »laufende Desinfektion« richtete sich dementsprechend »gegen den Körper des Kranken [...], seine Dejekte, seine Sekrete und Exkrete, seine Wäsche, sein Bett, sein Zimmer und die Luft in demselben, mit einem Wort gegen alles, was ihn umgibt«.[136] Bei der laufenden Desinfektion am Krankenbett waren vom Pflegepersonal verschiedenste Regeln und Vorschriften zu befolgen, die unter strenger ärztlicher Aufsicht ausgeführt wurden.[137] Im Folgenden möchte ich anhand der Vorkehrungen und Praktiken in einem Typhuslazarett, das Uhlenhuth in Nordfrankreich errichtet hatte, exemplarisch die Funktionsweise eines perfektionierten Desinfektionsdispositivs in einem Seuchenlazarett darstellen.

Jeder Krankensaal in dem von Uhlenhuth zu einem Typhuslazarett umfunktionierten Schulgebäude verfügte in Türnähe über eine Gelegenheit zur Händedesinfektion für das Pflegepersonal. Auch im Flur standen Becken für die Händedesinfektion bereit. Für die Wäschedesinfektion jedes Krankenzimmers befand sich außen direkt bei der Türe ein Eimer mit Kresolseifenlösung. Je ein Behälter mit Kresolseifenlösung stand außerdem bei jedem Krankenbett. Dieser wurde als Erstes mit der infizierten Wäsche des Kranken gefüllt und in einem zweiten Schritt in den außerhalb des Zimmers stehenden Eimer entleert. Ess- und Trinkgeschirre der Kranken wurden in einem separaten Raum ausgekocht. Für die laufende Stuhl- und Harndesinfektion hatte Uhlenhuth eine spezielle, offen gebaute Anstalt im Innenhof des Gebäudes eingerichtet. Sie konnte von allen Krankensälen, vom Ärzte- und Schwesternraum, von der Dampfdesinfektionsanstalt und dem Badezimmer eingesehen werden, so dass der dort arbeitende Desinfektor aufgrund der invers-panoptischen Überwachungssituation niemals unbeobachtet blieb.[138] Die für jeden Kranken nummerierten Nachtgeschirre, die Harnflaschen und Spucknäpfe wurden in der offenen Anstalt auf der »unreinen« Seite auf eine mit Blech beschichtete Ablage gestellt und mit Kalkmilch beschickt. Nach Ablauf der Einwirkzeit wurden die desinfizierten Abgänge in eine

135 Kirchner 1918b, S. 72. Die ehemals prioritär eingestufte Schlussdesinfektion bei Entfernung des Kranken oder nach seiner Genesung verlor im Kontext der »permanenten Vernichtungsarbeit« immer mehr an Bedeutung, ohne allerdings ganz aufgegeben zu werden.

136 Kutna 1917, S. 344.

137 Je nach Infektionskrankheit richtete sich die laufende Desinfektion auf unterschiedliche Ausscheidungen. Am stärksten waren die Ausscheidungen bei Cholera, Typhus, Ruhr, Lungenpest und Diphterie.

138 Zur panoptischen Überwachungssituation vgl. Foucault 1989.

Fäkaliengrube ausgeschüttet, mit Kresolseifenlösung gründlich gereinigt und auf der »reinen« Seite, die durch einen Zaun von der »unreinen« Seite abgegrenzt war, auf Ablagen zum Trocknen aufgestellt.

Umfassende Desinfektionsdispositive waren auch wirksam vom vordersten Schützengraben bis in die Etappe, wo entweder im Rahmen der Beseitigung der von Kranken oder Krankheitsverdächtigen hinterlassenen Infektionsstoffe oder der allgemeinen Sanierung der Truppen und der Zivilbevölkerung vielfältige Desinfektionsmaßnahmen zum Zuge kamen. Für den richtigen Einsatz der Desinfektionsmittel, die Bedienung der Desinfektionsapparate und den Betrieb von Anstalten in der Truppe wurden Sanitätssoldaten speziell ausgebildet und in eigenständigen »Desinfektionstrupps« oder »Desinfektionskolonnen« formiert, die auch bei der hygienischen »Aufbesserung« von Ortschaften im besetzten Gebiet mithalfen.[139]

Im Gegensatz zu den anderen Besatzungsgebieten stellte man im Gebiet des Generalgouvernements Warschau bei der Errichtung des Desinfektionswesens durch die deutsche Medizinalverwaltung systematisch einheimische Kräfte als Desinfektoren an und gruppierte sie zu »Desinfektionskolonnen«. Gottfried Frey, der Leiter der Medizinalverwaltung beim Verwaltungschef in Warschau, bemerkte in einem Bericht über das Verwaltungsgebiet, in Lodz sei sogar eine Desinfektionsschule errichtet worden, in der die ausgebildeten Desinfektoren an Wiederholungskursen teilnehmen mussten. Auch habe man Leitfäden für Desinfektoren auf Polnisch übersetzt.[140] Die Größe der in diesem Verwaltungsgebiet lancierten Desinfektionsmaschinerie verdeutlicht ein Blick auf die offiziellen Zahlen zur Verbreitung von improvisierten oder aus Deutschland bezogenen Desinfektionsapparaten, wie sie Frey ebenfalls publik machte: Bis zum Oktober 1918 waren im Verwaltungsgebiet 165 fahrbare, 127 ortsfeste Dampf-Desinfektionsapparate und 320 Formalinapparate vorhanden.[141]

Der Feldzug gegen die Läuse

Bei der Durchsicht der medizinischen Wochenschriften und Behördenakten stößt man im Rahmen der Maschinerie zur Vernichtung aller gefährlichen Infektionsstoffe unweigerlich auf einen seit Jahresbeginn 1915

139 Hillenberg 1916, S. 3; Möllers/Kuhn 1915, S. 418.

140 Frey 1919, S. 612; Frey 1917b, S. 133. Vgl. auch BArch, R86/4538: Mitteilung der Zivilverwaltung für Russisch-Polen an die Militärverwaltung, 30.3.1915.

141 Frey 1919, S. 612.

immer zentraler werdenden Topos: Die »Entlausung«. Bis zum Ende des Krieges sollte das Sprechen über die Läuse und die Notwendigkeit ihrer Vernichtung sogar zu einer solchen Selbstverständlichkeit werden und als interdiskursives Element so viele wissenschaftliche und öffentlichen Diskurse miteinander verbunden haben, dass sich einige Ärzte am Kriegsende kaum mehr ins Gedächtnis zu rufen vermochten, nur wenige Jahre zuvor nicht gewusst zu haben, was mit dem Begriff gemeint war.[142]

Kurz vor Ausbruch des Krieges hatten Studien von Charles Nicolle vom Pasteurinstitut in Tunis belegt, dass das Fleckfieber durch Kleiderläuse übertragen werden konnte, die Blut von Fleckfieberkranken gesogen hatten.[143] Ob als Zwischenträger allerdings nur Kleiderläuse oder auch Kopfläuse und Flöhe in Frage kamen und ob die als außerordentlich ansteckend geltende Infektionskrankheit auch von Mensch zu Mensch direkt übertragen werden konnte, blieb weiterhin ungeklärt. Auch die Ätiologie des Typhus exanthematicus war bis zur Identifikation der krankheitserregenden Protozoen im Jahr 1915 unbekannt. Der erste Eintrag des Fleckfiebers auf der internationalen medizinischen Agenda erfolgte im Rahmen der Balkankriege 1912/13, als deutsche und österreichisch-ungarische Bakteriologen die bulgarische Armee unterstützten.[144]

Da das Fleckfieber abgesehen von außereuropäischen Gebieten in Russland, Galizien und auf dem Balkan endemisch war, tauchte es zu Beginn des Ersten Weltkrieges im Gefahrenspektrum der leitenden Sanitätsdienststellen Deutschlands auf. Allerdings konzentrierte sich das militärärztliche Interesse unmittelbar nach Kriegsbeginn vor allem auf den Typhus (abdominalis), die Cholera und die Pocken.[145] Mit der Ausbreitung des Fleckfiebers unter den deutschen Truppen und einer möglichen Einschleppung der Seuche in die Heimat wurde bei der Kontaktaufnahme mit fremden Armeen und der Zivilbevölkerung in Fleckfiebergebieten zwar gerechnet. Spezielle und verbindliche Maßnahmen zur Bekämpfung des Fleckfiebers wurden von den Behörden im Sommer 1914 jedoch nicht für erforderlich gehalten.[146]

Als anfangs Dezember 1914 die ersten Fleckfieberfälle aus dem Gefangenenlager für russische Kriegsgefangene in Kottbus gemeldet wurden,

142 Vgl. Boehncke 1918, S. 87.

143 Zu Nicolles Fleckfieber-Forschung vgl. Pelis 2006, Kap. 2.

144 Weindling 2000, S. 73f.

145 Vgl. z. B. BArch, R86/4556: Schreiben des Reichskanzlers an die außerpreußischen Bundesregierungen, 13.8.1914.

146 BArch, R86/4538: Aufzeichnung über das Ergebnis der am 11.8.1914 im Reichsamt des Innern abgehaltenen Beratung, betreffend weitere Maßnahmen zur Verhütung von Seuchenausbrüchen.

die auch deutsche Opfer unter den Ärzten forderten, erregte die Nachricht bei den militärischen und zivilen Sanitätsbehörden und in der Öffentlichkeit tiefe Besorgnis. Erstmals wurde die große, fast übermäßige Zuversicht getrübt, die viele Militärärzte und Beamte in die sanitären Maßnahmen gesetzt hatten.[147] Nachdem zum Jahreswechsel 1914/15 von weiteren Gefangenenlagern Fälle bestätigt worden waren, die sich sogar zu schweren Lagerepidemien ausgeweitet hatten, rückte das Fleckfieber sehr rasch in den Vordergrund der Aufmerksamkeit und beherrschte bald einmal den gesamten Diskurs über die Kriegsseuchen. Genaue Kenntnisse über das Fleckfieber, dessen Krankheitsbild vielen Ärzten weitgehend unbekannt war, und über seine Weiterverbreitung und Bekämpfung schienen plötzlich dringlicher denn je.

Eine Schar von Zoologen, Biologen, Entomologen, Chemikern und Hygienikern begann die Rolle der Läuse als Vektoren, ihre Anatomie und Biologie und die Möglichkeiten ihrer Vernichtung intensiv zu erforschen. Besonders hervorgetan hat sich im Rahmen dieser hektisch einsetzenden Läuse-Studien der Zoologe Albrecht Hase. Mit Bewilligung des Kriegsministeriums betrieb er in einem Kriegsgefangenenlager und auf dem östlichen Kriegsschauplatz umfassende Studien zur Anatomie, Biologie und Histologie der Laus.[148] Auch die angewandte Entomologie sollte durch die Laus als neuen Brennpunkt des öffentlichen und ärztlich-hygienischen Interesses einen rasanten Aufschwung erleben.[149]

In einer Mitte Januar 1915 abgehaltenen Fleckfieber-Beratung des Reichsgesundheitsrats hatte Flügge festgestellt, dass gemäß der bisher vorliegenden Beobachtungen und der medizinischen Literatur die Kleiderlaus als alleinige Überträgerin des Fleckfiebers feststehe. Weniger einig war man sich indes bei den Maßnahmen zur sicheren Abtötung der Läuse. In Journalen und Wochenschriften häuften sich seit Anfang Jahr Artikel, in denen die Vorzüge verschiedenster Entlausungsverfahren und -mittel von berufener und teilweise auch weniger berufener Seite angepriesen wurden.[150] Das KGA selbst verfasste eine *Zusammenstellung einiger Verfahren zur Vertilgung von Kleiderläusen*.[151]

147 Weindling 2000, S. 77.

148 Vgl. Hase 1915; Hase 1916. Zu Hase vgl. Weindling 2000, S. 83f.; Jansen 2003, S. 352ff.

149 Zur Konstituierung der Laus als »Schädling« in der Entomologie sowie zu den Verbindungen von Schädlingsbekämpfung und Gaskrieg vgl. Jansen 2003, Kap. 7.

150 Vgl. (als Auswahl) Galewsky 1915; Brauer 1915; Seel 1915.

151 BArch, R86/4557: KGA, Zusammenstellung einiger Verfahren von Kleiderläusen, 4.3.1915.

Da auch in der Tagespresse das Sprechen über die Gefährlichkeit der Läuseplage, von der zahlreiche Soldatenberichte und im Feld kursierende Läusewitze zeugten, nicht mehr abriss,[152] lancierten findige Geschäftsleute spezielle Produkte zum Schutz vor einem Läusebefall und zur vermeintlich sicheren Vernichtung der Läuse. Die Reklame der von der »Ungeziefermittelindustrie« produzierten Läusevertilgungsmittel in den Tageszeitungen war zuweilen geradezu allgegenwärtig. Mit den »Liebesgaben« ins Feld geschickt werden sollten Produkte wie »Läuse-Panzer«, »Dr. v. d. Beckes Parasitensalbe gegen Kriegsläuse«, »Radikal-Läusetod Feldgrau«, »radikaler Läusetod Pedicol«, »Cinol«, »Pedicusol«, »Arwulol« oder »Russol«.[153]

Mehr Klarheit über die effizientesten und sichersten Praktiken der Entlausung brachte eine Sitzung des Reichsgesundheitsrates, der Ende März 1915 aufgrund der fortschreitenden Ausbreitung des Fleckfiebers in den Kriegsgefangenenlagern erneut zusammengerufen worden war.[154] Die Vernichtung der Läuse inklusive Abtötung ihrer Eier in Kleidung und Ausrüstung glaubte man am besten durch die Einwirkung von Hitze kombiniert mit großer Feuchtigkeit oder (je nach Empfindlichkeit des Materials) großer Trockenheit oder aber durch die Verwendung von schwefliger Säure zu erzielen. Ab Frühjahr 1917 wurden durch die Initiative des Physiko-Chemikers Fritz Haber auch Entlausungen mit Blausäure durchgeführt.[155] Für die Reinigung des Körpers und insbesondere des Kopfes, der Scham- und Achselgegend empfahlen die Ratsmitglieder gründliches Waschen mit Schmierseife und das Einreiben der vorher zu rasierenden Stellen mit grauer Salbe, einem Quecksilberpräparat.[156]

Konkret eingesetzt wurden diese physikalisch-chemischen Verfahren und Entlausungsmittel meist in den von Korpshygienikern und Armee-

152 Merk 1915; Die Notwendigkeit der Bekämpfung des Ungeziefers bei den im Felde stehenden Truppen, in: *Münchener Neueste Nachrichten* Nr. 65, 5.2.1915; Sondersammlung zur Bekämpfung der Ungezieferplage im Osten, in: *Norddeutsche Allgemeine Zeitung* Nr. 69, 10.3.1915.

153 Vgl. BArch, R 86/4557: Übersicht über die ›Ungeziefermittelindustrie‹ der letzten Wochen, 20.2.1915. Vor der Überbewertung der ins Feld verschickten Produkte warnte Schwalbe: Ungeeignete Liebesgaben, in: *Deutsche Lager-Zeitung* Nr. 237, 10.5.1915.

154 BArch, R86/4558: RGR 1915, Aufzeichnung über die am 27.3.1915 abgehaltene Sitzung des RGR über die Bekämpfung des Fleckfiebers.

155 Jansen 2003, S. 353. Zum Einfluss Habers auf die Entwicklung der chemischen Schädlingsbekämpfung und den genozidalen Effekten der Läusebekämpfungsmittel des Ersten Weltkriegs vgl. Weindling 2000; Szöllösi-Janze 1994.

156 Neufeld 1915.

hygienikern neu errichteten Bade- und Entlausungsanlagen, die Warteräume, Aus- und Ankleideräume, Räume für das Haare Schneiden, die Baderäume und die Räume für die Desinfektions- bzw. Entlausungsapparate in einem zusammenhängenden Gebäude integrierten. Die von den Soldaten bald einmal als »Lausoleen« und »Läusemühlen« verspotteten Entlausungsanstalten schossen im Etappen- und Operationsgebiet im weiteren Verlauf des Krieges wie Pilze aus der Erde.[157] Der »Feldzug« gegen die Läuse, die »Massenjagd auf Ungeziefer« war eröffnet.[158]

Wie bereits bei der Mehrzahl der Desinfektionsapparate und allen Desinfektionsanlagen lautete der Grundsatz für jede Entlausungsanstalt, dass eine Trennung zwischen einer »reinen«, nicht verlausten, und einer »unreinen«, verlausten Seite installiert und streng eingehalten werden musste. Paradigmatisch liest sich in diesem Zusammenhang eine behördliche Anleitung zur Improvisation von Entlausungsanstalten im Feld:

> »Bei der Anlage jeder, auch der kleinsten Entlausungsanstalt muß von vornherein auf die denkbar schärfste Trennung der reinen (läusefreien) von der unreinen (verlausten) Seite Bedacht genommen werden. Die Erfahrung hat gelehrt, daß man darin nicht weit genug gehen kann, um die Wiederübertragung von Läusen in der Anstalt selbst mit Sicherheit auszuschließen.«[159]

Auch ein in Warschau tätiger Stabsarzt betonte, die Grundnorm für jede Entlausung sei die strenge Scheidung der »reinen« von der »unreinen« Seite. Ferner müsse dafür gesorgt sein, dass während der Entlausung »sowohl von seiten der Besucher als des tätigen Personals nach der Anlage der ganzen Anstalt eine rückläufige Verbindung der reinen mit der unreinen Seite ausgeschlossen war.«[160] Der Gang durch die Entlausungsanstalt war dementsprechend durch die architektonische Anlage der Anstalt für jeden Besucher wie auch das gesamte Personal klar festgelegt. Um eine vollständige Entlausung zu erzielen, durfte sich niemand entgegen der von Architektur und Raumgestalt vorgegebenen Richtung bewegen (vgl. Kap. 8.4).

157 Vgl. In der Sanierungsanstalt, in: *Die Gartenlaube* 19 (1916), S. 395; Puppe 1916, S. 761; Boehncke 1918, S. 87. Der Bau der Entlausungsanstalten verlief zunächst etwas planlos, erst mit der Zeit wurden konkrete Richtlinien erlassen. Vgl. Hase 1921, S. 319, 321.

158 *Tägliche Rundschau* Nr. 72, 9.2.1915.

159 BArch, R86/4559: Anleitung zu Improvisation und Betrieb von kleinen und mittleren Entlausungsanstalten.

160 Spaethe 1917, S. 39.

Zum Schutz der in den Entlausungsanstalten und auf den Fleckfieberabteilungen der Lazarette und Spitäler arbeitenden Personen entwickelte man im Krieg besondere Schutzkleidung. Flügge favorisierte aus wasserdichtem Stoff hergestellte Anzüge, deren Hosen und Blusen zusammengenäht waren und an deren Hals- und Armöffnungen »Klebstoffbarrièren« den Übertritt von Läusen in die inneren Kleiderschichten und zur Haut verhinderten.[161] Inspiriert von Taucheranzügen entwarfen andere Autoren den Menschen vollständig umschließende Schutzanzüge mit besonderen Gesichtsmasken oder Kapuzen, deren Verschlüsse mittels einer komplizierten Anordnung von Filzbahnen und inneren und äußeren Druckknopfverschlüssen einen sicheren Schutz vor Läusebefall bieten sollten (vgl. Titelbild).[162]

Einen besonderen Fokus legten die Sanitätsbehörden bei ihrem Feldzug gegen die Läuse auf die Zivilbevölkerung der besetzten Gebiete. Vor allem im Besatzungsgebiet Ober Ost und in Russisch-Polen galt sie als besonders verschmutzt und von Ungeziefer befallen. Die Bevölkerung in diesen Regionen sah sich deshalb kurz nach der Einsetzung der deutschen Militär- oder Zivilverwaltung mit einem rigorosen und systematischen Entlausungsregime konfrontiert. Zur unmittelbaren Bekämpfung des Fleckfiebers gehörte die Entlausung aller Kranken und Verdächtigen bei Eintritt in die Absonderungs- und Quarantänehäuser. Ihre Wohnungen und Häuser samt Mobiliar wurden derweil von Desinfektions- und Entlausungskolonnen gereinigt und von Ungeziefer befreit.[163] Abgesehen davon ordnete man im Generalgouvernement Warschau planmäßige periodische Entlausungen der mittelbar Ansteckungsverdächtigen – namentlich der jüdischen Bevölkerung – an, um die Weiterverbreitung oder Wiederkehr von Fleckfieberepidemien zu verhindern, wie sie etwa von Lodz und Warschau aus in den Jahren 1915/16 das Verwaltungsgebiet durchzogen.[164] Dafür errichtete die zivile Medizinalverwaltung im Verlauf des Krieges eine gewaltige Infrastruktur, die bis im Oktober 1918 insgesamt 188 besondere Entlausungsanstalten mit einer Tagesleistung von 100 bis zu 1500 Personen umfasste. Bereits seit Ende 1915 wurden sämtliche Bewohner der von Fleckfieberfällen heimgesuchten Viertel in Städten und Ortschaften und die als besonders gefährlich und verlaust geltenden jüdischen Bettler, Hausierer und Wanderarbeiter

161 Flügge 1915b. Die verschiedenen Materialien der Schutzkleidung besprach Neufeld 1915, S. 366f.

162 Spaethe 1917, S. 40; Knack 1915.

163 Frey 1917a, S. 18.

164 Frey 1917b, S. 134.

von den Entlausungskolonnen mit Hilfe von Polizeimannschaften in diese Anstalten überführt und entlaust.[165] Im Frühjahr 1916 entschied die Zentralverwaltung im Generalgouvernement, dass die gesamte Bevölkerung periodisch entlaust werden müsse. Zwischen Juli 1916 und Oktober 1918 wurden so im Rahmen der »großen Entlausungsaktionen« nach amtlichen Angaben 3,25 Millionen Menschen systematisch entlaust.[166] Dass die oft unter polizeilichem Zwang erfolgenden Massenentlausungen mit dem gerade für orthodoxe Juden erniedrigenden Scheren von Bärten und Haaren auf Widerstand stießen und die Entlausungsanstalten selbst Zielscheiben von Brandanschlägen wurden, erstaunt nicht weiter.[167]

Auch im Gebiet Ober Ost sollte eine umfassende planmäßige Entlausung der Bevölkerung durchgeführt werden, und zwar so lange – wie Bernhard Hillenberg als Seuchentruppführer in Litauen betonte – »bis die Laus aufgehört hat, zu den Haustieren des Landes zu zählen«.[168] Hillenberg plädierte für eine zwangsweise periodische Entlausung jeder einheimischen Person inklusive der unmittelbaren Gebrauchsgegenstände. Über die Entlausungen sollten Listen geführt und Ausweise erteilt werden. Wie Vejas Liulevicius in seiner Studie über die deutsche Militärverwaltung in Ober Ost dargelegt hat, bewegten sich die sanitätspolizeilichen Ermittlungen von Wohnungen und die Entlausung der Zivilbevölkerung tatsächlich in ähnlich strengen, auf Zwang und Entwürdigung basierenden Bahnen wie im Generalgouvernement Warschau.[169]

Offensive innerhalb des Körpers: Spezifische Therapie

Im Rahmen der »offensiven« Bekämpfung der Kriegsseuchen spielte die spezifische therapeutische Behandlung des einzelnen Seuchenkranken eine klar untergeordnete Rolle. Zum einen basierte diese relative Bedeutungslosigkeit des therapeutischen Moments auf der faktisch noch immer recht mageren Bilanz, welche die Bakteriologie und frühe experimentelle Immunitätsforschung bei der Entwicklung und Herstel-

165 Vgl. Frey 1919, S. 651, 722; SBB, HD/»Krieg 1914«: 25349, 3. (5.) VJb des Verwaltungschefs bei dem Generalgouvernement Warschau, 10.4.1916, S. 15f. Zum Vorgehen der Desinfektionskolonnen in den jüdischen Vierteln vgl. BArch, R86/4560: Reisebericht von der ins Generalgouvernement Warschau unternommenen Reise von O. Lentz, M. Kirchner und Dr. Breger, März 1916.

166 SBB, HD/»Krieg 1914«: 25349, 5. (7.) VJb des Verwaltungschefs bei dem Generalgouvernement Warschau, 12.10.1916, S. 16; Frey 1919, S. 648.

167 Frey 1919, S. 729.

168 Hillenberg 1916, S. 36.

169 Liulevicius 2000, S. 80.

lung spezifischer Heilmittel gegen Infektionskrankheiten aufweisen konnte.[170]

Mit dem Tuberkulin als Therapeutikum war Koch gescheitert. Seit der Entwicklung, Standardisierung und Einführung des Diphterieheilserums zwischen 1890 und 1895 war zwar die Mortalitätsziffer bei Kindern markant gesunken, mit antitoxischen Heilseren hatte man bei anderen Infektionskrankheiten dagegen noch kaum Erfolge erzielt und selbst eine Bestätigung der Wirksamkeit des Tetanusheilserums beim Menschen stand noch aus.[171] Die experimentelle Chemotherapie befand sich in ihrer Formierungsphase und konnte neben dem von Ehrlich entwickelten Salvarsan zur Behandlung der Syphilis und der empirisch nachgewiesenen Chininwirkung gegen die Malaria keine weiteren zuverlässigen chemotherapeutischen Präparate vorweisen.[172]

Andererseits – und letztlich vielleicht bedeutsamer – korrespondierte die sekundäre Rolle therapeutischer Maßnahmen im Krieg mit der genuin epidemiologischen Ausrichtung und Zielsetzung aller Anstrengungen der Bakteriologen: Es galt in der als äußerst bedrohlich wahrgenommenen Kriegskonstellation, möglichst jeden infizierten Menschen als Auslöser von Massenerkrankungen und folglich als Gefahrenquelle für das Wohl des Kollektivkörpers – der Truppen wie auch der Heimatbevölkerung – aufzuspüren und unschädlich zu machen. Bereits im Rahmen der Typhuskampagne war die Ausbildung einer solchen hippokratischen Ethik zweier Ordnungen bei der Konstruktion des zwar gesunden, für seine Umwelt aber umso gefährlicheren Bazillenträgers sichtbar geworden: Dem Wohl und der Gesundheit des Kollektivkörpers wurde gegenüber dem Wohl des Einzelnen absolute Priorität zugemessen.[173] Beschneidungen der individuellen Handlungsautonomie und massive Eingriffe in die Intimsphäre und körperliche Integrität des infizierten Menschen

170 Vgl. Foster 1970, S. 165.

171 Schottelius 1909, S. 183. Zu den umfangreichen Statistiken über den Einfluss des Diphterieheilserums auf die Sterblichkeit vgl. Dieudonné/Weichardt 1918, S. 167ff. Die Übertreibungen der Laborforscher bezüglich der Effektivität des Heilserums erörtert Weindling 1992c. Zu den Verheißungen der Diphteriekontrolle durch Heilserum in den USA vgl. Hammonds 1999.

172 Wassermann 1911, S. 190. Überdies versuchte man, Spirochäten der Lues durch Quecksilber und Jod zu beeinflussen und die Trypanosomen mit Arsenpräparaten zu behandeln. Von einem dauerhaften Erfolg dieser Chemotherapeutika kann aber nicht die Rede sein. Zur Trypanosomiasistherapie vgl. Eckart 1997a, 340ff.

173 Den Begriff der hippokratischen Ethik zweier Ordnungen prägte Kury 2006.

im Rahmen drakonischer Ermittlungs-, Isolierungs- und Desinfektionsmaßnahmen wurden dadurch legitimiert.

Besonders eindringlich offenbart sich dieser Begründungszusammenhang im Artikel *Taktik der Seuchenbekämpfung* des Hygienikers Samuel Kutna. Bei der Bekämpfung von Seuchen, so Kutna, spiele die therapeutische Behandlung des einzelnen Kranken »eine ganz untergeordnete Rolle«. Auch wenn man bestrebt sein müsse, jedem einzelnen Kranken in seinem »Kampf gegen den Krankheitserreger« beizustehen, um ihm zum »Sieg« und zur Genesung zu verhelfen, dürfe man nicht vergessen, dass der Einzelfall nur einen verschwindend kleinen Bruchteil der Epidemie bilde und nur insofern größere Beachtung verdiene, als er zur »Quelle der Verschleppung« und zum Mittelpunkt eines Seuchenherdes werden könne. Unter Verwendung der im bakteriologischen Denkstil als älteres Versatzstück figurierenden Metaphorik der Epidemie als Feuersbrunst fuhr er fort:

> »[G]leichwie bei einer Feuersbrunst das Löschen einer kleinen Flamme, die Rettung eines kleinen Objekts bedeutungslos ist für das Ganze und stets die Verhinderung des Weitergreifens der Feuersbrunst, mit anderen Worten die Lokalisation des Brandes die Hauptaufgabe der Feuerwehr bildet, also muß auch das Bestreben der Epidemieärzte vor allem auf die Lokalisierung der Seuchen gerichtet sein und auf die Verhinderung ihrer Ausbreitung.«[174]

Dezidiert äußerte sich im Zusammenhang mit der Rolle des von Kutna als bedeutungsloses, kleines Objekt apostrophierten Seuchenkranken auch Kirchner anfangs 1919. In einem Aufsatz zum Ausbau der Seuchenbekämpfung bekräftigte er seine Überzeugung, dass die Verhütung der übertragbaren Krankheiten wichtiger sei als deren Behandlung.[175]

Auch wenn die Bakteriologen die spezifische Therapie nicht zur eigentlichen Kernaufgabe der Kriegsseuchenbekämpfung zählten, lassen sich doch verschiedene Bemühungen erkennen, im Rahmen der bakteriologischen »Offensive« den Seuchenkranken bei seinem »Kampf« gegen die Erreger und deren Gifte zu unterstützen. Die so genannte »Offensive innerhalb des Körpers«[176] erstreckte sich zu Beginn des Krieges insbesondere auf den Tetanus – eine Wundinfektionskrankheit, hervor-

174 Kutna 1917, S. 340f.

175 Kirchner 1919c, S. 434. Ähnlich Prof. Hesse: Der Weltkrieg und die Bakterienkunde, in: *Leipziger Volkszeitung*, 19.7.1915.

176 Paneth 1915, S. 1.

gerufen durch die Verunreinigung von Wunden mit Erde, Kleiderfetzen oder Fäkalien. In den ersten Kriegswochen war sie unerwartet häufig und mit großer Mortalität aufgetreten. Eine Beurteilung der Heilwirkung des Tetanusheilserums beim Menschen war vor dem Krieg noch nicht in breitem Umfang erfolgt. Das Heilserum genoss deshalb bei Kriegsausbruch eine eher geringe Akzeptanz, was sich bereits im kleinen Vorrat an Serum in den Güterdepots widerspiegelte.[177] Als die Verluste durch den Wundstarrkrampf nach nur wenigen Kriegswochen massiv zunahmen und die Möglichkeit einer raschen Behandlung der Kranken mit Heilserum in medizinischen Foren breit diskutiert wurde,[178] ordnete die militärische Medizinalverwaltung eine Aufstockung des Serums und seine breite Verwendung in den Lazaretten und Sanitätskompanien an. Weil die oftmals erst spät und in geringen Dosen intramuskulär oder subkutan eingespritzten Serumgaben das Tetanustoxin, das sich sehr rasch und fest im Rückenmark verankerte, nicht mehr erreichen konnten, blieb der Erfolg des Serums als Therapeutikum allerdings gering.[179] Viel günstigere Resultate erzielte man hingegen mit prophylaktischen, wiederholten Einspritzungen von 20 Antitoxineinheiten bei allen verdächtigen Wunden. Die vorbeugende Serumbehandlung setzte im Oktober 1914 ein und fand bis im Frühjahr 1915 eine prinzipielle Anwendung.

Antitoxische oder bakterizide Heilserumbehandlungen wurden auch bei weiteren Kriegsseuchen angeregt. In größerem Umfang wendeten die Militärärzte bei Ruhrkranken je nach Erregerbefund antitoxisches oder polyvalentes Serum als spezifisches Therapeutikum an. Die Effektivität wurde von vielen Kommentatoren zumindest beim antitoxischen Serum als positiv beurteilt, beim polyvalenten Serum allerdings überwog eine skeptische bis ablehnende Haltung.[180] Bei Meningitis epidemica spritzte man Kranken wiederholt polyvalentes Genickstarreheilserum in den Wirbelkanal. Die Beurteilung der Wirksamkeit der Serumbehandlung bei der von Meningokokken hervorgerufenen Gehirnhautentzündung fiel in der medizinischen Literatur jedoch uneinheitlich aus.[181] Für die während des Krieges numerisch kaum ins Gewicht fallende Weil'sche Krankheit (eine durch Ratten übertragene Infektionskrankheit, deren Ätiologie erst im Krieg geklärt wurde), entwickelte man ein Heilserum aus Rekonvaleszentenserum. Bei der spezifischen Behandlung Erkrank

177 Eckardt 1996a, S. 310.
178 Vgl. (als Auswahl) Behring 1914; Czerny 1914; Kirchmayr 1914.
179 *MMW* 15 (1914), S. 2267; Dieudonné/Weichardt 1918, S. 171ff.
180 His/Weintraud 1916, S. 317ff.; Hoffmann 1920, S. 126f.
181 Morawitz 1921, S. 311.

ter wurde es allerdings nur in kleinem Rahmen erprobt.[182] Bei Fleckfieber führten Kriegshygieniker an Angehörigen von Seuchentrupps und Kriegsgefangenen ebenfalls Serumtherapieversuche mit Rekonvaleszentenserum durch, erzielten aber keine positiven Resultate.[183] Wirksame, experimentell getestete Heilseren lagen beim Typhus abdominalis überhaupt nicht vor. Es fehlte aber nicht an Versuchen, Infizierte und Typhuskranke mit dem üblicherweise zur prophylaktischen Impfung eingesetzten Typhusimpfstoff zu behandeln. Auch hier finden sich bezüglich der Wirksamkeit dieser therapeutischen Maßnahme sehr unterschiedliche Beurteilungen. Wie Richard Pfeiffer kurz nach dem Krieg festhielt, waren die Akten bezüglich der Verwendung von Typhusimpfstoff zu therapeutischen Zwecken noch längst nicht geschlossen.[184]

Bei Syphilis und Rückfallfieber bestand die Offensive innerhalb des Körpers im Einsatz des von Ehrlich synthetisierten und im Tierversuch erprobten Salvarsans, das seit 1910 von den chemischen Werken Hoechst produziert wurde. Gemäß den Richtlinien des Kriegsministeriums wurde Chinin, das aufgrund empirischer Belege eine maximale Bindungsfähigkeit zu den Sporulationsformen der Malariaparasiten aufwies, zur Vernichtung der Plasmodien im Blut von Malariakranken verabreicht.[185] Zum Einsatz gelangte die tablettenförmige Chininkur in verschiedener Dosierung bei Malaria Tropica und Tertiana besonders in gewissen Gebieten Russisch-Polens, auf dem Balkan und in der Türkei. Gerade hier erreichte die Malariamorbidität unter den Truppen besonders hohe Werte.[186]

Insgesamt lässt sich zum Einsatz von Heilseren, Impfstoffen und chemischen Wirkstoffen zu therapeutischen Zwecken sagen, dass von Seiten der Bakteriologen und Kriegshygieniker zwar bei fast allen der zu den Kriegsseuchen gerechneten Infektionskrankheiten Bestrebungen zur Erprobung und Anwendung spezifischer Heilmittel unternommen wurden. Ihre allgemeine Bedeutung war angesichts der untergeordneten Rolle, die der spezifischen Behandlung von Kranken im Rahmen der bakteriologischen Seuchenbekämpfung im Krieg zugesprochen wurde, allerdings begrenzt. Damit ist freilich noch nichts zu den Fragen des präzisen Um-

182 Eckart 1996, S. 308.

183 Eckart/Gradmann 1998, S. 215.

184 Pfeiffer 1921, S. 348. Vgl. während des Krieges Leschke 1915, S. 636. Bereits bei der Kampagne zur Bekämpfung des Typhus im Südwesten Deutschlands wurden vereinzelt Bazillenträger, also Infizierte, mit dem Typhusimpfstoff behandelt. Der erhoffte Erfolg blieb allerdings aus. Lentz 1912b, S. 447.

185 Richtlinien zur Malariabehandlung und -vorbeugung 1918, S. 161-167.

186 Rodenwaldt 1921, S. 181-204; Brunner 1919; Hoffmann 1920a, S. 158-170.

fangs, der Messung der Wirksamkeit und dem prekären experimentellen Charakter vieler der im Feld durchgeführten klinischen Versuche gesagt. Hier öffnet sich denn auch ein weites Feld für Forschungen zur bislang im deutschen Sprachraum noch weitgehend ungeschriebenen Geschichte des klinischen Versuchs[187] und der in ersten Studien in Angriff genommenen Geschichte der Standardisierung, Regulierung und Kontrolle von Wirkstoffen, die durch die neue Wissenschaft der Bakterien geschaffen wurden.[188] Im Rahmen dieser Arbeit kann ich die offenen Fragen in diesem Feld nur andeuten.

8.3. Die Defensive

Neben der »offensiven«, auf die Infektionserreger fokussierten Seuchenbekämpfung, die im Zentrum aller Anstrengungen stand, umfasste die Tätigkeit der Bakteriologen und Hygieniker auch indirekte, als »Defensive« deklarierte Praktiken. Zu ihnen zählten einerseits allgemein-hygienische Vorkehrungen, die die Eventualitäten eines Kontaktes mit und einer Verbreitung von Infektionsstoffen ausschließen und die allgemeine Empfänglichkeit des Einzelnen gegenüber Infektionen senken sollten. Der persönlichen Prophylaxe dienten andererseits Schutzimpfungen, die als »Ergänzung« und »Hilfsmittel« im Kampf gegen die Infektion besonders während des Bewegungskrieges zum Einsatz gelangten, in denen die Maßnahmen der »Offensive« aufgrund von Zeit- und Personalmangel nicht systematisch durchgeführt werden konnten.

Allgemeinhygienische Vorkehrungen

Die wichtigsten Aufgabengebiete der allgemeinen Hygiene bei der Truppe betrafen die Hygiene des Trinkwassers, der Quartiere, Abfallstoffe, Ernährung und Bekleidung. Zur Beschaffung einwandfreien Trinkwassers – eine für die Verhütung von Magen-Darmerkrankungen zwingende Voraussetzung – wurden im Etappen- und Operationsgebiet alle verfügbaren Brunnenanlagen und Wasserentnahmestellen ermittelt. Geprüft

187 Für diesen Hinweis danke ich Christina Ratmoko.

188 Vgl. das internationale Forschungsprojekt zur *Geschichte der therapeutischen Wirkstoffe in Deutschland und Frankreich* (http://therapeutic-agents.u-strasbg.fr, 12.4.2007) und das von der European Science Foundation finanzierte Forschungsprogramm *Standard Drugs and Drug Standards* (http://drughistory.eu, 26.6.2008).

wurde die Wasserqualität durch örtliche Besichtigungen der Brunnenanlagen, durch Befragung der Zivilbevölkerung und allenfalls chemische, mikroskopische und bakteriologische Untersuchungen.[189] Bisweilen gelangten aber auch krudere Methoden zum Einsatz. Am vorsichtigsten und schnellsten, so ein Korpshygieniker auf dem westlichen Kriegsschauplatz, könne die Wasserqualität ermittelt werden, indem man die Einheimischen auffordere, das Wasser vor den Augen der Militärärzte zu trinken.[190] Wenn das Wasser im entsprechenden Brunnen klar, schmackhaft, geruchlos und frei von Krankheitserregern war, wurde es mit »Trinkwasser« markiert.[191] Falls überhaupt nicht auf Wasserentnahmestellen zurückgegriffen werden konnte, beauftragten die Sanitätsbehörden spezielle »Brunnenbaukommandos« mit dem Bau neuer Brunnen.[192] Der Herstellung großer Mengen einwandfreien Trinkwassers dienten die bereits zu Beginn des Krieges für jede Division bereitgestellten mobilen Trinkwasserbereiter. Kleineren Truppenverbänden fehlten solche Apparate, so dass im Verlauf des Krieges verschiedene Reinigungsverfahren chemischer und physikalischer Art eingeführt wurden, die auch die Versorgung kleinerer Gruppen ermöglichten.[193] In den Schützengräben, in denen keine zentralen Wasserleitungen angelegt waren, stellte die einfachste Technik zur Trinkwasserbereitung noch immer das Abkochen des Wassers dar.

Im Rahmen der allgemeinhygienischen Vorkehrungen galt es auch, trockene, saubere und beheiz- und belüftbare Quartiere bereit zu stellen. In unzähligen Veröffentlichungen zur Hygiene der Unterkunft finden sich für die Unterkünfte in den Kampfstellungen, den Bereitschaftsstellungen und den Ruhequartieren genaue Angaben über den Bau, die zu verwendenden Isoliermaterialien und Desinfektionsmittel wie auch die verschiedenen Belüftungs- und Entwässerungssysteme der unter- und oberirdischen Räume.[194] In den Ruhestellungen wurde außerdem für die Einrichtung geeigneter Wasch- und Duschräume, Wäschereien, Entlausungsanstalten und Laborräume für den Korpshygieniker gesorgt.

Gerade auf die Beseitigung der Abfälle in den Unterkünften, zu der neben der Entfernung von Fäkalien und Müll auch die Kadaverbesei-

189 Riemer 1921, S. 72; K.S.O., Anlage I.

190 Möllers/Kuhn 1915, S. 418.

191 Fuchs 1918, S. 2, 8.

192 Hesse 1917, S. 23.

193 Hesse 1917, S. 24ff.; Riemer 1921, S. 68-88. Zu den Vorläufermodellen und zum Betrieb der Trinkwasserbereiter vgl. Niehues 1913, S. 452-461.

194 Vgl. Hannemann 1916; Hesse 1917, S. 8-13; Fuchs 1918, S. 18-23.

tigung und das Leichenwesen zählten, legten die Hygieniker viel Wert. Schließlich war beim engen Zusammenleben vieler Soldaten auf kleinstem Raum die Gefahr einer Weiterverbreitung von Infektionsstoffen durch infizierte Kotteile, verunreinigte Essensreste oder verweste Kadaver besonders groß. Für die Schützen- und Laufgräben richtete man besondere Urinierstände und Latrinen ein.[195] Zu beachten war bei jedem Latrinengang, dass der Grubeninhalt mit Chlorkalk oder Kalkmilch bedeckt wurde und die Männer nach dem Stuhlgang ihre Hände wuschen und mit Desinfektionsmitteln einrieben. Um dieser hygienischen Forderung Nachdruck zu verleihen, hingen neben den Latrinen spezielle Schilder mit Mahnsprüchen. Um eine Desinfektion der Hände und Finger – den »Infektionsschwellen« vieler Kriegsseuchen – ohne Berührung der Desinfektionsflaschen oder -gefäße zu ermöglichen, entwickelten Hygieniker auch raffinierte Gerätschaften. Der beratende Hygieniker Theodor von Wasielewski etwa konstruierte eine spezielle Kippvorrichtung, bei der eine Spritzflasche mit verdünntem Brennspiritus in einer beweglichen Halterung durch eine Zugvorrichtung mit dem Fuß nach unten gedreht und so den »Seuchenschutz« ohne Zuhilfenahme der verschmutzten Hände abgeben konnte.[196]

Für die Müllbeseitigung hob man große verdeckte Müllgruben aus, die teilweise durch ein Ofensystem ergänzt wurden. Während des Bewegungskriegs verbrannte man den Abfall oder durchmischte ihn mit Erde und erstellte Komposthaufen.[197] Als weitere allgemeinhygienische Vorkehrung musste für eine zweckentsprechende hygienische Bekleidung der Truppe und eine ausgewogene, nach neuesten ernährungswissenschaftlichen Kriterien zusammengestellte Verpflegung gesorgt werden.[198] Je nach den im Feld zu erbringenden Leistungen berechneten die Hygieniker entsprechend der Kriegs-Verpflegungsvorschrift aus Brot-, Fleisch-, Gemüse-, Getränkeportionen und Zucker zusammengesetzte »Feldmundportionen«. In der zweiten Kriegshälfte mussten diese Feldkostansätze infolge stockender Lebensmittellieferungen und der Umstellungen, die der Stellungskrieg mit sich brachte, herabgesetzt werden. Besonders ins Gewicht fiel das Knappwerden der Kartoffeln. Seit Herbst 1917 wurde ihre Portionierung massiv reduziert, vorübergehend verschwand die Kartoffel auch ganz aus den Feldküchen.[199]

195 Hannemann 1916, Prausnitz 1921, S. 60ff.
196 Wasielewski 1916, S. 1213.
197 Hannemann 1916, S. 1835.
198 Hesse 1917, S. 30-32; Musehold 1921.
199 Musehold 1921, S. 107-109; Kayser 1923, S. 69.

Den Militärärzten war klar, dass die Maßnahmen zur Durchsetzung hygienisch einwandfreier Verhältnisse im Feld ohne eine hygienische Aufklärung und Erziehung der Truppen und Mannschaften kaum langfristig Aussicht auf Erfolg hatten. Die Truppenärzte instruierten die Mannschaften und jüngere Offizieren deshalb über ansteckende Krankheiten und persönliche Vorbeugungsmassnahmen und gaben Auskunft über allgemeine Punkte der Gesundheitspflege. Auch Gesundheits- und Seuchenmerkblätter sowie Kleinschriften zur hygienischen Fürsorge im Feld wie etwa das vom Hygieniker Paul Schmidt 1917 publizierte *Kriegsgesundheitsbüchlein* wurden den Soldaten verteilt.[200]

In allen Belehrungsschriften taucht ein Motiv als wiederkehrendes Element auf, das auf die oberste Handlungsmaxime im Feld verwies: Die »Reinlichkeit«. Gebetsmühlenartig wiederholten die Autoren, wie unabdingbar »reinliche«, unverschmutzte Unterkünfte, Nahrungsmittel, Getränke, Kleidung und vor allem »reine«, von jeglichen Kot- oder Urinspuren befreite Hände für die Verhütung von Infektionskrankheiten und die Erhaltung der Gesundheit seien. »Reinlichkeit nach allen Richtungen!« lautete denn auch die Devise, die Theodor Altschul den Truppen im Feld einprägen wollte:

> »Reinlichkeit der Haut (Baden, Waschen), Reinlichkeit der Kleidung und Wäsche, Reinlichkeit der Eß- und Trinkgeräte, Reinlichkeit des Nachtlagers; Reinhaltung der Mund- und Rachenhöhle, Zahnpflege und Ausspülen des Mundes nach jeder Mahlzeit, peinliche Reinhaltung von Wunden. Reinlichkeit ist Gesundheit!«[201]

Die Sorge um die persönliche Reinlichkeit war nicht primär auf die Erhaltung der individuellen Gesundheit ausgerichtet. Übergeordnete Zielsetzung aller Reinlichkeitsbestrebungen des Einzelnen sollte die Aufrechterhaltung der Gesundheit der Armee und des Volkes sein. So richtete sich Schmidt im *Kriegsgesundheitsbüchlein* bereits in der Einleitung mit warnenden Worten an seine Leser: »[S]ich an seiner eigenen, oder seiner Kameraden und Mitbürger Gesundheit versündigen, heißt sich am Vaterland versündigen.«[202] Indem jeder Soldat die Keime der Ansteckung und die Überträger der Ansteckung vermied, erfüllte er folglich eine kardinale vaterländische Pflicht.

200 Vgl. SBB, HD/«Krieg 1914«: 14082; »Die zehn Gesundheitsgebote im Feld«, in: *Frankfurter Zeitung* Nr. 221, 11.8.1914; SBB, HD/«Krieg 1914«: 16433.

201 Altschul 1914, S. 5f.

202 SBB, HD/«Krieg 1914«: 14082, S. 1.

Überwacht, belehrt und nach allgemeinhygienischen Gesichtspunkten saniert werden sollte auch die Zivilbevölkerung der besetzten Gebiete. Für die Verwaltungsgebiete im Osten wurde diese Aufgabe als weit dringlicher erachtet als für die besetzten Territorien Frankreichs und Belgiens. Auch hier waren zwar verschiedene Infektionskrankheiten endemisch, den örtlichen Gesundheitsinspektoren und provinzialen Medizinalbehörden wurden aber – wenn auch nicht ausnahmslos – bessere Noten ausgestellt.[203] Im militärisch kontrollierten und verwalteten Gebiet Ober Ost beschäftigten sich die »Seuchentrupps« neben der direkten Seuchenbekämpfung auch mit der Überprüfung der allgemeinhygienischen Verhältnisse in den Ortschaften und weitläufigen Landstrichen. Wie Vejas Liulevicius eindrucksvoll dargelegt hat, organisierte die Administration nach und nach sehr umfangreiche Programme der örtlichen Hygiene, welche die Sanierung von Wohnungen, die Abfallbeseitigung, die Verbesserung der Straßenhygiene, der Wasserversorgung und Brunnenanlagen, die Bereitstellung von Badehäusern, Desinfektions- und Entlausungsanstalten sowie die Regulierung der Prostitution und des Nahrungsmittelverkehrs umfassten.[204]

In Russisch-Polen, dem späteren Generalgouvernement Warschau, studierte zunächst eine besondere Kommission unter der Leitung Rudolf Abels, Hygiene-Professor und vortragender Rat in der preußischen Medizinalbürokratie, die Gesundheitsverhältnisse vor Ort und nahm den Bestand der sanitären Einrichtungen auf. »Die Gesundheitsverhältnisse drüben sind sehr übel«, notierte Abel in einem ersten Bericht an Kirchner anfangs September 1914.[205] Auf der Grundlage dieser bis im Frühjahr 1915 andauernden Ermittlungen wurde eine umfassende sanitäre Aufbesserung des Gebietes ins Auge gefasst und die gesamte Gesundheitsverwaltung unter der Leitung von Frey als Medizinalreferent der Zentralstelle neu aufgebaut. Neben der direkten Bekämpfung der übertragbaren Krankheiten, die von den einberufenen Seuchenkommissaren überwacht wurde, bemühte sich die zivile Medizinalverwaltung mit Hilfe von Kreisärzten, lokalen Gesundheitsaufsehern, Polizeibehörden, Sanierungs- und Desinfektionskolonnen um die Orts- und Wohnungshygiene, die Wasserversorgung, Nahrungsmittelkontrolle, die Überwachung der Prostitution wie auch das Desinfektions- und Entlausungswesen. Auch die Arz

203 Vgl. GSTA PK, Rep. 84 a/6208: Verwaltungsberichte des Verwaltungschefs bei dem Generalgouverneur in Belgien, 1915/1916.

204 Liulevicius 2000, S. 160.

205 GSTA PK, Rep. 76 VIII B/3553: Brief Abel an Martin Kirchner, Kattowitz, 8.9.1914.

neimittelbeschaffung und Versorgung des Landes mit Heilpersonal wurde neu aufgezogen.[206]

Hygiene = Kultur

Integraler Bestandteil des Projekts Ober Ost von Erich Ludendorff war das Programm einer umfassenden »Kulturarbeit«. Über die schrittweise Schaffung von Ordnung und der Implementierung von Bildung sollte »Kultur« in die Bevölkerung des Ostens eingepflanzt werden, die ihren Formen und Institutionen nach »deutsch«, dem Inhalt nach aber »ethnisch« aufgefüllt werden konnte. Die Publikation streng zensurierter Zeitungen, strikt eingeschränkter Akademien für Intellektuelle, Schulpolitik, Theater und Ausstellungen zu Archäologie, Geschichte und Religion bildeten dabei die Schwerpunkte der deutschen Anstrengungen.[207]

In den Kontext dieser Kulturarbeit im östlichen Besatzungsgebiet können auch Bemühungen der deutschen Bakteriologen und Hygieniker gerückt werden. Für sie gehörte die bakteriologisch orientierte Hygiene und die Koch'sche Organisation der Seuchenbekämpfung selbstredend zu den Fundamenten deutscher Zivilisation und Kultur. Der vermeintlichen Rückständigkeit in der Gesundheitspflege im Osten sollte mit der deutschen, »zivilisierten« Hygiene begegnet und das Land und seine Bewohner über die Installation umfassender hygienischer Aufbesserungsprogramme und rigider Entlausungs- und Desinfektionsregimes kulturell gehoben werden.

Den Bakteriologen in Ober Ost, aber auch im Generalgouvernement Warschau galt vor allem die Präsenz von Unrat und Schmutz als untrügliches Indiz der kulturellen Zurückgebliebenheit des Ostens. Gekoppelt war diese Wahrnehmung an weitere Indikatoren östlicher Unkultur und Barbarei: die Verwahrlosung und Armut auf dem Land und in den Städten, besonders aber die allgegenwärtige Verlausung, die unweigerlich mit Krankheit und Verseuchung assoziiert wurde.[208] Ausnehmend verschmutzt, verlaust und verseucht erschienen den deutschen Hygienikern und Medizinalbeamten die Juden in den großen Judenviertel von Lodz, Warschau oder Grodno und die jüdischen Wanderarbeiter, Flüchtlinge,

206 Vgl. Frey 1919.

207 Liulevicius 2000, Kap. 4.

208 Die Gleichsetzung des Ostens mit Unreinheit, Verschmutzung und pathologischen Bedrohungen hat eine lange Tradition. Vgl. mit Bezug auf Deutschland aktuell Wippermann 2007.

umherziehenden Hausierer und Bettler. Als bewegliche, schwer kontrollierbare Massen repräsentierten letztere eine fast noch größere infektiöse Bedrohung als die Judenviertel der Städte.[209]

Frey, der zusammen mit Abel das Gebiet von Russisch-Polen zwischen August 1914 und Februar 1915 bereist hatte, charakterisierte Polen in hygienischer Hinsicht als »Wüstenei«.[210] Besonders ausgeprägt stach Frey die vermeintliche »hygienische Verkommenheit« der Juden ins Auge. Drastisch skizzierte er die Verhältnisse in den Wohnungen der Judenviertel polnischer Städte:

> »In den Wohnungen [...] fanden sich zerklüftete, verschmutzte Dielen, [...], verschmutzte rissige Wände, verschmutzte Betten, [...] schmieriges, morsches Mobiliar, schmutzstarrende Vorleger und Teppiche, Vorhang- und Gardinenfetzen, [...] in allen Winkeln Unrat, Gerümpel und Lumpen. In Räumen von einigen 20 cbm hausten 8-10 armselige Menschen, die die Nacht zu drei und vier in einem Bette oder auf schmierigen Lumpenhaufen zubrachten. Und überall Läuse, Flöhe und Wanzen, Läuse im Bett und Strohsack, Läuse in den Lumpen, die sie mit ihren Nissen weiß färbten, Läuse unter den Tischdecken, Läuse in den Kleidern, Läuse in den Perücken der Frauen, Läuse in den Bärten der Männer und wo sonst noch den Menschen Haar zu wachsen pflegt.«[211]

Ähnliche Schilderungen finden sich auch in anderen amtlichen Dokumenten und Mitteilungen der Medizinalbehörden, so etwa in einem Reisebericht, der auf einer Erkundigungsreise von Kirchner, Lentz und Breger durch das russisch-polnische Gebiet im Frühjahr 1916 basierte. Zu den jüdischen Mietskasernen in Lodz vermerkte der Bericht, die Häuser würden vor Schmutz starren. Die Betten der mit bis zu 12 Personen belegten Zimmer seien mit schmutzigen Bezügen versehen und voller Läuse oder Wanzen.[212]

Die Wahrnehmung der ›Unkultur‹ des Ostens, insbesondere der jüdischen Viertel und seiner Bewohner, war auch bei der Mehrzahl der

209 In Grodno (Ober Ost) betrug der Anteil der Juden an der Gesamtbevölkerung nach zeitgenössischen deutschen Quellen 63,5%, in Bialystock 72%. In Warschau und Posen (Generalgouvernement Warschau) betrug ihr Anteil an der Gesamtbevölkerung etwa ein Drittel. MacLean 1988, S. 49.

210 Frey 1919, S. 627.

211 Frey 1917a, S. 14f.

212 BArch, R86/4560: Reisebericht, S. 12f.; Ähnlich Otto 1921, S. 444.

Soldaten im Besatzungsgebiet und in der deutschen Öffentlichkeit durch die beiden Symbole Schmutz und Verlausung strukturiert.[213] Bezeichnend für die gängige wechselseitige Bezugnahme und Überlagerung des Bildes vom so genannten *Ostjuden* mit dem für den Osten unverrückbaren Merkmal der Verlausung sind diverse deutsche Feldpostkarten. Auf der Postkarte *Gruß aus russisch Polen* beispielsweise wurde einem bärtigen, ungepflegt wirkenden alten Mann mit Schiebermütze – Unterzeile »russisch-polnischer Jude« – die Zeichnung eines überdimensionierten, zähnefletschenden Ungeziefers gegenübergestellt – die »russisch-polnische Laus (bestia pisacca)«. Ein anderes Motiv zeigte einen auf einer riesigen Laus reitenden, stereotyp inszenierten »Ostjuden« (Bart, große Ohren, Hakennase, traditionelle schwarze Kleidung), dem aus den Schultern Insektenflügel wuchsen.[214] Die Ausgrenzungsrhetorik gegenüber fremdartigen kulturellen Verhältnissen wurde somit zunehmend in einen Diskurs der Minderwertigkeit und pathologischen Entartung übersetzt.[215]

Die vorgefundenen Verhältnisse waren den Bakteriologen Beweis genug, dass die Mehrzahl der »Ostjuden« nicht auf der »Kulturstufe des West- und Mitteleuropäers« und schon gar nicht auf demjenigen des deutschen »Kulturvolkes« stand.[216] Eine hygienische Erziehung mittels Merkblättern und Laustafeln, besonders autoritär durchgeführte »Säuberungsaktionen« und Zwangssanierungen der Wohnungen in den Judenvierteln, polizeilich erzwungene Entlausungen, die Schließung jüdischer Bet- und Badehäuser, Grundschulen und Märkte schienen durch den Auftrag, die östliche und vor allem ostjüdische Bevölkerung auf eine höhere Kulturstufe zu heben, jedenfalls mehr als legitimiert.[217] Antisemitische Beweggründe bei den im Rahmen der bakteriologisch-hygienischen »Kulturarbeit« zunehmend massiveren sanitätspolizeilichen Eingriffen in das religiöse Leben der ostjüdischen Gemeinschaften und in die persönliche Handlungsfähigkeit und körperliche Integrität der einzelnen Bewohner wurden von Frey explizit negiert: »Fluchwürdiger Antisemitismus«, wie ihn die Juden im Vorgehen der Sanitätsbehörden »witterten«, liege der deutschen Medizinalverwaltung in Polen »natürlich ganz

213 Vgl. Liulevicius 2000, S. 154f.; Aschheim 1982, S. 142-145, 148; Maurer 1985; MacLean 1988, S. 50f.

214 Vgl. Hornemann/Laabs 1999.

215 Vgl. Reimann 2000, S. 210. Der Begriff »Ostjude« etablierte sich erst im Ersten Weltkrieg und zwar in Verbindung mit den Begriffen »Ostjudengefahr« oder »Ostjudenfrage«. Er löste die bis dahin gängige Differenzierung in russische oder polnische Juden ab. Gerhard 1998, S. 171.

216 Frey 1917b, S. 131; Frey 1919, S. 724.

217 Otto 1921, S. 445; Frey 1919, S. 731.

fern«.[218] Angesichts der in den Verwaltungsschriften der Medizinalbehörden feststellbaren Zunahme gängiger antisemitischer Stereotypisierungen, Stigmatisierungen und Vorurteile gegenüber *den Ostjuden* und ihren Ritualen und Gebräuchen sowohl in Ober Ost als auch im Generalgouvernement Warschau muss eine solche Bemerkung mit Vorbehalt beurteilt werden.[219] Damit soll freilich nicht postuliert werden, dass die in den östlichen Verwaltungsgebieten tätigen deutschen Hygieniker und Bakteriologen ausnahmslos und von Beginn an von einer rassistisch-antisemitischen Ideologie durchdrungen waren. Selbst Frey wies in seinen Berichten aus Polen durchaus auch auf die Tatsache hin, dass die Armut und Mängel in den Judenvierteln zum Teil auf die lang anhaltende russische Unterdrückung und Vertreibung der jüdischen Bevölkerung und auf den Rückzug russischer Truppen zurückzuführen waren.[220]

Paul Weindling hat betont, dass die deutschen Bakteriologen zunächst einmal vor allem vom Imperialismus und Militarismus beseelt waren.[221] Die Sanierung und Reinigung der zivilen Umgebung war für sie ein Akt patriotischer Reinigung, der zur Aufrechterhaltung der deutschen Volksgesundheit im Besatzungsgebiet diente. Zugleich waren die umfassenden Sanierungsaktionen ein Akt der zivilisatorischen Hebung, bei dem ein Kulturvolk »barbarische« und »halbbarbarische« Völker in den Genuss der modernen, wissenschaftlich fundierten deutschen Hygiene kommen ließ. Im Verlauf des Krieges verstärkte sich allerdings parallel zum politisch-militärischen Diskurs auch bei einzelnen Bakteriologen (u. a. bei dem als Typhuskommissar in Polen arbeitenden Tropenmediziner Martini, beim Hygieniker Frey und auch bei Kirchner) die rassistisch-antisemitische Rhetorik.[222] Besonders im Rahmen des Grenzschlusses gegenüber ostjüdi-

218 Frey 1919, S. 728. Zu den mitunter heftigen Reaktionen der jüdischen Gemeinde auf das deutsche Sanitätsregime in den Ostgebieten, das den traditionellen jüdischen Reinigungs-, Bade- und Beerdigungspraktiken zuwiderlief vgl. MacLean 1988, S. 59f.

219 Vgl. Weindling 2000, S. 98, 102; Liulevicius 2000, S. 154.

220 Frey 1919, S. 642, 719. Auch von jüdischen Ärzten in Polen wurden die Verfolgungen und gesetzlichen Beschränkungen der Russenzeit als Ursache für die Armut und Verelendung der jüdischen Bevölkerung betrachtet. Vgl. Körperliche Regeneration der Ostjuden, in: *Neue Jüdische Monatshefte* Bd. 1 (1916), Nr. 4, S. 91f. Zu den Massendeportationen und Vertreibungen der jüdischen Bevölkerung durch die russische Armee im Ersten Weltkrieg vgl. Lohr 2001.

221 Weindling 1999, S. 219.

222 Zu Kirchner vgl. Weindling 2000, S. 104; Weindling 1999. Zu Erich Martinis Einbindung in die NSDAP und seine rassistische Ausrichtung in der medizinischen Kolonialrevision vgl. http://www.fachpublikation.de/dokumente/01/05/01001.html, 20.8.2007; Zu antisemitischen Äußerungen Martin Kirchners vgl. Kap. 8.4.

schen Arbeitern im April 1918 und der Kasernierung von Ostjuden in besonderen Sammellagern kurz nach Ende des Krieges sollten die weitreichenden politischen Effekte dieser Entwicklung sichtbar werden.

Zum Symbol schlechthin für die Implementierung deutscher Kultur im Osten Europas wurde die Entlausungsanstalt. Paradigmatisch kommt dies in einer Bild-Text-Komposition zum Ausdruck, die 1915 in einem Bericht über die preußisch-polnische Front erschien. Sie zeigt Soldaten vor einer von deutschen Hygienikern im Osten errichteten Entlausungsstation. Die Bildlegende expliziert dem Betrachter des Bildes die vermeintlich zentrale Bildaussage: »Ein Triumph deutscher Kultur: Die Entlausungsanstalt« (Abb. 10).

Dass beim Durchlaufen der Entlausungs- und Reinigungsprozedur in einer solchen Station selbst aus wildesten »Barbaren« – einer Metamorphose gleich – »Kulturmenschen« werden konnten, beschrieb die *Deutsche Tageszeitung* im November 1915:

> »Zwanzig Minuten etwa dauert die Reinigung eines Menschen nebst seinen Sachen, und selbst der verwildertste Russe hat sich wenigstens äußerlich in einen Kulturmenschen verwandelt, wenn er den Reinigungsraum verläßt und der Baracke auf der »reinen« Seite zuschreitet.«[223]

In diesem Beispiel einer – zumindest äußerlichen – sanitären Menschwerdung von Russen als Ostmenschen wird nicht nur die zivilisatorische Mission der deutschen Bakteriologen und Hygieniker sichtbar. Untrennbar mit den Reinigungsprozeduren verbunden war das Bestreben nach der Schaffung einer Struktur der Ordnung und Kontrolle über alle vermeintlich regellosen, massenhaft auftretenden, infektiösen Stoffe und Menschen im Osten. Bei der Sanierung und »Aufbesserung« der Besatzungsgebiete schrieb sich diese Ordnungsstruktur nicht nur direkt in die räumliche Aufteilung der jeweiligen Desinfektions- und Entlausungsanstalten ein (reine/unreine Seite), sondern wirkte sich auch auf das Besatzungsgebiet aus: Die Landstriche des Generalgouvernements Warschau und von Ober Ost waren überzogen von einem sanitären Ordnungs- und Kontrollnetz aus Telegraphenmasten und -seilen für die Mitteilungen über Seuchenausbrüche und hygienische Missstände, die zwischen Polizeistationen, Kreisarztstationen, bakteriologischen Laboratorien und der Zentralverwaltung zirkulierten, und aus Straßen und Eisenbahnschienen für die Kraftwagen der mobilen Seuchentruppen, den Transport Krankheitsverdächtiger in Ab-

223 *Deutsche Tageszeitung* Nr. 548, 1.11.1915.

Ein Triumph deutscher Kultur: Die Entlausungsstation.

Abb. 10: Entlausungsstation

sonderungshäuser und Seuchenspitäler und die Beförderung der zu entlausenden Zivilbevölkerung und zu desinfizierenden Materialien. Die »heißen Orte« der Reinigung in diesem sanitären Netzwerk bildeten die Desinfektions- und Entlausungsanstalten wie auch die jeweiligen Einsatzorte der mobilen Sanierungskolonnen in den Ortschaften und Städten.[224]

Defensive im Körper: Prophylaktische Schutzimpfungen und Serumtherapie

Zur defensiven, indirekten Seuchenbekämpfung zählten auch Praktiken, die ausschließlich innerhalb des Körpers ansetzten. Die Rede ist von prophylaktischen Schutzimpfungen und Serumeinspritzungen zur spe-

224 Den Begriff »heiße Orte« leite ich von Henri Lefèbvre ab. Er charakterisierte in seinen theoretischen Arbeiten zur Stadt den urbanen Raum u. a. als Raum der materiellen Interaktion, des Zusammentreffens, der Begegnung, der von allen Arten von Netzwerken (Netzwerke des Handels, der Produktion, der Migration, des Alltags etc.) durchzogen ist. Dabei gibt es Verdichtungszonen der Interaktion, die als »heiße« Zonen oder Orte bezeichnet werden können. Zur Stadtkonzeption Lefèbvres vgl. Schmid 2006, S. 171f.; Schmid 2005.

zifischen Herabsetzung der persönlichen Empfänglichkeit. Dass die Militärärzte Wert auf die Förderung der künstlichen Immunisierung der Soldaten legten, erschien deshalb angezeigt, weil die offensiven Maßnahmen beim Bewegungskrieg nicht immer vollumfänglich und systematisch, teilweise auch gar nicht umgesetzt werden konnten. Beim schnellen Vormarsch der Truppen und Mannschaften fehlten oftmals die Zeit oder die Gelegenheit für die teilweise recht umfangreichen bakteriologischen Untersuchungen. Oberarzt Josef Basten, der bei einer Reservesanitätskompanie im Westen Dienst leistete, hielt in einem Bericht über bakteriologische Arbeiten an der Front fest, der von ihm mitgeführte »Bazillenkasten« zur bakteriologischen Wasseruntersuchung sei beim schnellen Vordringen der Truppen in Frankreich zunächst gar nicht zum Einsatz gelangt. Selbst bei der dreimaligen Etablierung des Hauptverbandplatzes habe man keine Wasseruntersuchungen durchführen können, da alle ärztlichen Kräfte für die Versorgung der Verwundeten in Anspruch genommen waren. Erst beim Stillstand der Operation an der Aisne sei der Kasten zu seinem Recht gekommen. Vorher aber habe »der unnütze Bazillenkasten manchen Spott in der Kompagnie über sich ergehen lassen [müssen]«.[225]

Aufgrund solcher und ähnlicher Schwierigkeiten für die offensive Bekämpfung der Kriegsseuchen im Bewegungskrieg galt es, nach weiteren »Waffen« oder »Kampfmitteln« zu suchen. Der Einsatz von Schutzimpfungen, die den Seuchen den Boden für die Weiterausbreitung entziehen sollten, wurde zu Beginn des Krieges als eine valable Option erachtet, um die auftauchenden »Lücken« im System der Seuchenabwehrmaßnahmen zu füllen. Im Rahmen der Gesamtkonzeption der bakteriologischen Seuchenbekämpfung im Krieg rangierte der Einsatz von Schutzimpfungen allerdings lediglich als »Ergänzung«, »Hilfsmittel« und »Unterstützung« im Kampf gegen die Infektion.[226] Dass Schutzimpfungen nicht als maßgebliche »Kampfmittel« der bakteriologischen Seuchenabwehr figurierten, hatte einen einfachen Grund: Bis auf die Pockenschutzimpfung verfügte man bis zum Ersten Weltkrieg bei keiner anderen Infektionskrankheit über ein Schutzimpfungsverfahren, das sich in seinem Erfolg auch nur annähernd mit der Pockenschutzimpfung vergleichen ließ. Zwar hatte es seit den 1890er Jahren auf der Basis der experimentellen und theoretischen Studien über die verschiedenen, im Blute kreisenden Anti- oder Immunkörper in der jungen Immunitätsforschung nicht an Versuchen gefehlt, spezifische Impfstoffe gegen Typhus, Cholera oder

225 Basten 1915, S. 531.

226 Vgl. Kossel 1914, S. 1857; Dieudonné/Weichardt 1914, S. 3; Lentz 1917, S. 56.

die Ruhr zu entwickeln. Über den praktischen Wert und den genauen Einsatz dieser Stoffe waren die Ansichten allerdings meist geteilt. Ausgedehnte Erprobungen standen noch aus und viele der in der ersten Dekade des 20. Jahrhunderts erstellten Statistiken lieferten keine Erkenntnisse, die alle Bedenken ausräumten.[227]

Abgesehen von der Pockenschutzimpfung war der Nutzen verschiedenster Impfstoffe vor dem Krieg also nicht *a priori* erwiesen. In Publikationen der Militärgesundheitspflege wurde aber konstatiert, dass die bisherigen Erfahrungen zumindest dazu ermutigten, weitere Versuche zu unternehmen.[228] Dem Einsatz von Schutzimpfungen im Krieg stand damit grundsätzlich nichts entgegen. Auch Neufeld betonte 1914, die Anwendung besonders von Cholera- und Typhusschutzimpfungen sei »in geeigneten Fällen« durchaus anzuraten. Er unterließ er es allerdings nicht, im gleichen Atemzug darauf hinzuweisen, dass man nicht allzu große Hoffnungen daran knüpfen oder gar anderweitige Vorsichtsmassregeln vernachlässigen sollte.[229] Gerade im Vergleich zu den von Koch entwickelten Grundsätzen bei der Typhuskampagne repräsentierten die Schutzimpfungen ein zusätzliches, bisher nicht unmittelbar integriertes Element im Rahmen der bakteriologischen Seuchenbekämpfung. Im Verlauf des Krieges sollten die Schutzimpfungen gegen diverse Kriegsseuchen wenn auch nicht eine zentrale, so doch bedeutsame Rolle einnehmen und in den offiziellen Erfolgsbilanzen zur bakteriologischen »Kriegsführung« prominente Erwähnung finden.

Die *Pockenschutzimpfung* hatten die deutschen Armeen ab 1834 eingeführt. Gemäß den Vorkehrungen in der K.S.O. mussten sich bei Kriegsausbruch alle Heeresangehörigen, die in den letzten vier Jahren nicht geimpft waren, einer Wiederimpfung unterziehen. Für die Durchimpfung der Soldaten mit abgeschwächten Pockenerregern hatte man in den ersten Augusttagen 1914 veranlasst, beim Hauptsanitätsdepot einen genügenden Vorrat an Lymphe bereit zu stellen. Diese wurde von zwei staatlichen Instituten und einem Privatinstitut bezogen.[230]

Richard Pfeiffer und sein Schüler Wilhelm Kolle hatten bei ihren experimentellen Typhusstudien in den 1890er Jahren eine aktive Immuni-

227 Neufeld 1914, S. 14f.

228 Mit Bezug auf die Typhusschutzimpfung vgl. Bischoff 1912, S. 226.

229 Neufeld 1914, S. 16.

230 Kolle/Hetsch 1934, S. 1196; BArch, R86/4538: Aufzeichnung über das Ergebnis der am 11.8.1914 im Reichsamt des Innern abgehaltenen Beratung, betreffend weitere Maßnahmen zur Verhütung von Seuchenausbrüchen; Tobold 1920, S. 379.

sierung durch Impfung mit abgetöteten Typhusbazillen entwickelt, die im Serum zur Bildung bakteriolytischer Schutzstoffe gegen die Bazillen führte. Bereits 1896 formulierte Pfeiffer die Hoffnung, diese *Typhusschutzimpfung* bei der Truppe einsetzen zu können, räumte aber zugleich ein, dass ein absoluter Schutz nicht erwartet werden dürfe.[231] Erstmals erprobt wurde die Kolle-Pfeiffer'sche Schutzimpfung 1904-1907 beim deutschen Expeditionskorps in Südwestafrika. Obwohl manche Autoren und besonders die kaiserlichen Schutztruppenärzte einen günstigen Einfluss auf die Widerstandskraft postulierten,[232] wird aufgrund der Durchsicht der Literatur klar, dass der Impfstoff nicht als vollkommen befriedigend erachtet wurde. Zwar verlief bei den Geimpften die Infektion meist leichter, schneller und mit geringeren Komplikationen, der Unterschied bezüglich Morbidität und Mortalität zwischen Geimpften und Ungeimpften konnte aber nicht als signifikant beurteilt werden. Überdies riefen die Impfungen sehr starke Nebenwirkungen hervor.[233] Gerade aufgrund dieser unerwünschten Impfreaktionen war eine Verbesserung des Impfstoffes dringend angezeigt und wurde in der Folge unter anderem vom Engländer William Leishmann und dem Amerikaner Frederick Russell in Angriff genommen.[234] Günstigere Resultate bezüglich Krankenzahl und Sterberate sowie bei den Reizwirkungen erzielten in der Folge die Amerikaner, Briten und Franzosen in den Jahren 1912-14 bei der teilweise obligatorischen Impfung ihrer Truppen mit Typhusimpfstoffen. Wie von Leishmann und Russell angeregt, hatte man die Bazillen schonender abgetötet.[235] Es waren vor allem diese Erfahrungen, die die deutschen Militärärzte im Kriegsministerium dazu bewogen, die Typhusschutzimpfung im Weltkrieg in Betracht zu ziehen und Vorkehrungen für die Bereitstellung genügender Mengen an Impfstoffen zu treffen.[236] So wurde bereits in den ersten Augusttagen die Königlichen hygienischen Institute der Universitäten Berlin, Halle, Jena und Breslau, das RKI und

231 Pfeiffer 1921, S. 334.

232 Vgl. Beobachtungen über die Ergebnisse der Typhus-Schutzimpfung in der Schutztruppe 1905. Auch Eckart postuliert die Eindämmung des Typhus durch die Einführung der Impfungen ab 1904. Eckart 1997a, S. 276.

233 Dieudonné/Weichardt 1918, S. 113; Sinnhuber 1915, S. 639. Bei der Typhusbekämpfung in Südwestdeutschland impfte man zwar Ärzte und Diener nach dem Pfeiffer-Kolle'schen Verfahren, zog die Schutzimpfungsmethode aber nicht in den Bekämpfungsplan mit ein.

234 Kossel 1914, S. 1857.

235 Hardy 2000, S. 279; Blanck 2002; Grabenstein et al. 2006, S. 8-10.

236 BArch, R86/2400: Gebrauchsanweisung für Cholera- und Typhusschutzimpfung, Kriegsministerium Medizinalabteilung, 6.8.1914.

Abb. 11: Schutzimpfung im Feld

das königliche Institut für Wasserhygiene und für experimentelle Therapie in Frankfurt ersucht, jeweils 100.000 Portionen Typhusimpfstoff herzustellen.[237] Von der Durchführung einer allgemeinen, obligatorischen Schutzimpfung aller Armeen sah die Leitung des Feldsanitätswesens zu Beginn des Krieges allerdings noch ab. Dringend empfohlen wurde die Impfung nur dem besonders gefährdeten Ärzte- und Pflegepersonal. Wie einer Anweisung des Chefs des Feldsanitätswesens an die Armeeärzte vom August 1914 zu entnehmen ist, sollte bei einer allfälligen Gefahr des Übergriffs von Typhuskrankheiten auf die Truppen oder bei Weiterverbreitung der Krankheit innerhalb der Truppen geprüft werden, ob von der Typhusimpfung Gebrauch zu machen sei. Dafür benötigten die Ärzte allerdings die Zustimmung des Truppenbefehlshabers, der je nach militärischer Lage entscheiden sollte, ob die Impfung mit den eventuell auftretenden Störungen des Allgemeinbefindens durchgeführt werden konnte, ohne die Schlagfertigkeit der Truppe zu gefährden.[238] Als Ende September der Typhus beim Feldheer im Westen zunahm, entschied der

237 GSTA PK, Rep. 76 VIII B/3553: Kriegsministerium an den Minister des Innern, 3.8.1914.

238 BArch, R86/2400: Anweisung vom Chef des Feldsanitätswesens für Typhus- und Choleraschutzimpfung in der Armee, 9.8.1914.

Feldsanitätschef, die Impfung nicht mehr dem Ermessen der jeweiligen Truppenärzte und Befehlshaber zu überlassen; er erklärte die Typhusschutzimpfung für das gesamte Westheer als obligatorisch.[239] Die allmähliche Durchführung dauerte bis zum Jahresende 1914, später wurde sie auch in den Ostarmeen eingeführt, wo etwa bis zur Jahresmitte 1915 alle Truppenteile durchgeimpft waren. Die Impfung bestand aus drei Einspritzungen von 0,5-1 ccm Impfstoff, die durch einen Zeitraum von mindestens 7 Tagen voneinander getrennt waren. Nach 5-6 Monaten sollte eine Wiederimpfung erfolgen.[240]

Die Entwicklung einer *Cholera-Schutzimpfung* beruhte auf den empirischen Vorarbeiten des Spaniers Jaime Ferran und des russischen Bakteriologen Waldemar Haffkine sowie auf den experimentellen Arbeiten von Kolle 1895/96. Im Gegensatz zu Haffkine, der mit lebenden Choleraerregern operierte, hatte Kolle Menschen und Tieren abgetötete Choleravibrionen eingespritzt und dabei die Produktion von spezifischen Schutzstoffen im Blut der Geimpften beobachtet.[241] Erste Versuche mit dem Kolle'schen Vakzin sind in Japan 1902, später auch in Persien und verschiedenen Gegenden Russlands angestellt worden. Auch in den Balkankriegen gelangten Choleraimpfstoffe zum Einsatz. Wilhelm Drigalski empfahl bei seinem Einsatz für das serbische Heer 1912/13 die prophylaktische Choleraschutzimpfung für Heer und Zivilbevölkerung und führte sie zum Teil auch durch. Auch die griechische Armee immunisierte ihre Soldaten gegen die Cholera.[242] Im Gegensatz zu den früheren Versuchen in Japan und Russland, die auf einen geringen Erfolg der Impfung und recht massive Nebenerscheinungen hindeuteten, vermittelte eine Statistik über die Anwendung eines verbesserten Choleraimpfstoffes, wie ihn die griechische Armee in den Balkankriegen verwendet hatte, überaus günstige Ergebnisse bei gleichzeitig guter Verträglichkeit. Auch wenn später Zweifel an dieser Statistik geäußert wurden, diente sie für das deutsche Kriegsministerium als eine der Hauptstützen für den Entschluss, im Weltkrieg gegebenenfalls Choleraschutzimpfungen im Heer anzuordnen.[243] Bei Kriegsausbruch wurde dafür gesorgt, dass genügend Impfstoffe hergestellt und bereitgehalten wurden. Wie bereits für die

239 Hünermann 1916, S. 207.

240 Pfeiffer 1921, S. 340; Hünermann 1916, S. 208.

241 Sinnhuber 1915, S. 638; Kolle/Hetsch 1934, S. 1199.

242 Hoffmann 1920, S. 128.

243 Zur positiven Einschätzung der griechischen Statistik vgl. BArch, R86/2400: Gebrauchsanweisung für Cholera- und Typhusschutzimpfung, Kriegsministerium Medizinalabteilung, 6.8.1914; Fornet 1914, S. 1691.

Typhusimpfstoffe wurden das RKI und die königlichen Institute angehalten, je 100.000 Portionen für die Abgabe an die Militärlazarette herzustellen. Damit die Impfreaktionen möglichst schwach ausfielen, berieten Fachvertreter kurz nach Kriegsausbruch nochmals über die Herstellung der Impfstoffe. Eine allgemeine Ausführung der prophylaktischen Choleraschutzimpfung wurde zunächst nicht angeordnet, da man die Kampffähigkeit der Truppe nicht beeinträchtigen und noch mehr Erfahrungen sammeln wollte. Bis Ende des Jahres 1914 stand es wie bei der Typhusschutzimpfung im Ermessen der Truppenärzte und zuständigen Kommandeure, bei unmittelbarer Gefährdung Immunisierungen durchzuführen.[244]

Erste Impfungen wurden im Oktober 1914 auf dem galizischen Kriegsschauplatz vorgenommen. Da die Heeresverwaltung zunehmend von der Wirksamkeit der Impfung überzeugt war, erließ sie am 31. Dezember 1914 eine Anordnung, wonach alle zur Front gehenden Offiziere und Mannschaften vor dem Ausrücken in Choleragebiete geimpft werden mussten. Betroffen waren somit alle an die Ostfront oder in die Türkei ausrückenden Truppen. Die Choleraschutzimpfung bestand in einer zweimaligen Injektion im Abstand von 6-8 Tagen, die Wiederimpfung erfolgte nach 6 Monaten.[245] Dass die Impfung vor dem Ausrücken angeordnet wurde, beruhte auf dem Umstand, dass die Impfreaktionen weiterhin relativ stark ausfielen. Nicht selten stellte sich bei den Impflingen vorübergehend Fieber ein.

Als weitere prophylaktische Impfungen kamen im Weltkrieg vereinzelt *Ruhrschutzimpfungen* zum Zuge. Bei deren Anwendung schien zunächst große Vorsicht geboten, da bereits die Versuche mit abgetöteten Shiga-Kruse-Bakterien bei Tieren teilweise äußerst heftige Impfreaktionen verursacht hatten. Auch die kurze Schutzdauer sprach gegen Massen-Impfungen im Krieg.[246] Im Verlauf des Krieges entwickelte Karl Boehncke einen polyvalenten, aus verschiedenen Dysenteriestämmen und -toxinen sowie aus einem antitoxischen Serum bestehenden Impfstoff. Unter dem Namen »Dysbacta« wurde er ab Mitte Juli 1917 *in vivo* erprobt, und zwar im Rahmen von Umgebungsschutzimpfungen bei

244 GSTA PK, Rep. 76 VIII B/3553: Kriegsministerium an den Minister des Innern, 3.8.1914; BArch, R86/2400: Anweisung vom Chef des Feldsanitätswesens für Typhus- und Choleraschutzimpfung in der Armee, 9.8.1914; Hoffmann 1921, S. 397.

245 GSTA PK, Rep. 76 VIII B/3555: Kriegsministerium Medizinalabteilung an sämtliche Königliche Stellvertretende Generalkommandos und die Königliche Inspektion der Feldartillerie-Ersatztruppen Jüterbog.

246 Boehncke 1921 S. 378; Sinnhuber 1915, S. 639.

Ruhrkranken-Personal, kleineren Formationen und Regimentern sowie in geschlossenen Anstalten. Die Reaktionen auf den Impfstoff wurden als weit weniger dramatisch bezeichnet als noch bei den älteren Vakzinen.[247]

Erfahrungen mit verschiedenen *Fleckfieberimpfstoffen* machten deutsche Militärärzte während des Ersten Weltkrieges in Russland, Rumänien und der Türkei. Die Mehrzahl der Ärzte erzielte bei den oftmals an Seuchentruppangehörigen vorgenommenen Impfungen mit defibriniertem, eine halbe Stunde bei 60°C erhitztem Blut Fleckfieberkranker keine eindeutigen und insgesamt befriedigenden Resultate.[248] In einer Sammelbesprechung der Erfahrungen über die Fleckfieberschutzimpfung im Weltkrieg betonten Bernhard Möllers und Georg Wolff sogar, sie hätten aufgrund ihrer tierexperimentellen Erfahrungen ernste Zweifel, ob es überhaupt möglich sei, durch die Immunisierung mit abgetöteten Fleckfiebererregern eine Widerstandsfähigkeit gegen die Fleckfieberinfektion zu erzeugen, die derjenigen durch Überstehen der Krankheit gleichkommen würde.[249]

Zu größter öffentlicher Bekanntheit und Bedeutung gelangte im Weltkrieg die vorbeugende Einspritzung von Behrings *Tetanusserum* bei Verwundungen. Hier erzielte man nach der Anordnung von prophylaktischen Serumeinspritzungen zuerst bei großflächigen, grob verunreinigten Wunden und später bei allen Wunden sehr schnell eine dramatische Reduktion der Erkrankungszahlen an Tetanus. Vom Sommer 1915 an, als die prinzipielle Verabreichung des Serums sowie Nachimpfungen durchgängig Anwendung fanden, entsprachen die Erkrankungszahlen nur noch etwa 10% der Werte der ersten Kriegsmonate.[250] Behring wurde deshalb bereits während des Krieges zum Retter der deutschen Soldaten erkoren und im Oktober 1915 mit dem Eisernen Kreuz II. Klasse ausgezeichnet. Es sollte der letzte Triumph vor seinem Tod im Jahr 1917 sein.[251]

Nicht nur die Soldaten und das Ärzte- und Pflegepersonal wurden im Rahmen der »defensiven« Seuchenbekämpfung prophylaktisch geimpft. Für die Kriegsgefangenen verfügte man bereits im ersten Kriegsjahr eine

247 Boehncke 1917; Boehncke et al. 1918, S. 134; Hoffmann 1918, S. 235f.; Schelenz 1918, S. 166f.

248 Vgl. Werther 2004, S. 19-24.

249 Möllers/Wolff 1920, S. 486.

250 Eckart 1996, S. 311.

251 Zu den Ehrungen Behrings im Zusammenhang mit dem Tetanusantitoxin vgl. Zeiss/Bieling 1940, S. 515f.

zwangsweise Impfung gegen Pocken, die für die Kriegsindustrie rekrutierten Kriegsgefangenen sollten zudem gegen Typhus und Cholera geimpft werden. Bei der Zivilbevölkerung in Ober Ost und Russisch-Polen wurden Pockenschutzimpfungen erzwungen,[252] wobei für Russisch-Polen im Jahr 1916 eine Durchimpfung der gesamten Einwohnerschaft ins Auge gefasst wurde. Johann Breger vom KGA bezeichnete diese Massenimpfungen als ein gegenüber Impfgegnern »wertvollen Versuch im Grossen«.[253]

8.4. Orte der Reinigung – Prekäre Grenzen

Auf die »heißen Orte«, die der unmittelbaren Vernichtung der Infektionsstoffe und Vektoren und damit der bakteriologischen Reinigung dienten, wurde bereits verschiedentlich Bezug genommen: Es sind die Desinfektions- und Entlausungsanstalten im Feld, in der Etappe und im besetzten Gebiet. Auch die Seuchenlazarette, Gefangenenlager, Quarantäneanstalten und Absonderungshäuser repräsentieren zumindest partiell Orte der bakteriologischen Reinigung, da auch in ihnen Desinfektionspraktiken vollzogen wurden. Die Kriegshygieniker und Bakteriologen schufen im Verlauf des Krieges allerdings noch speziellere Orte der Reinigung. Sie orientierten sich am ambitiösen und essentiell erachteten Ziel, das Heimatgebiet vor der Einschleppung aller Kriegsseuchen zu schützen und dafür Sorge zu tragen, dass das deutsche Territorium nicht verunreinigt wurde, dass also keine Vermischung infektiöser Menschen oder Materialien mit der Heimat stattfinden konnte.

Als besonders prekäre und delikate Demarkationslinie für den Übertritt von Infektionsstoffen in die Heimat galt die Ostgrenze des Reiches. Hier sollten denn auch die umfassendsten Vorkehrungen getroffen werden, die – in bislang unerreichtem Ausmaß und mit immensem finanziellem Aufwand – dem Streben nach einer bakteriologisch definierten Reinheit und der rigiden Installierung einer unverrückbaren und dauerhaften Trennung von unreinen und reinen, verseuchten und gesunden, verlausten und unverlausten, verschmutzten und gereinigten Menschen, Räumen und vor allem Territorien diente. Die Rede ist von dem aus insgesamt 18 großen Sanierungsanstalten bestehenden sanitären Grenz-

252 1. Verwaltungsbericht der Zivilverwaltung für Russisch-Polen, für die Zeit vom 5.1.- 25.4.1915, V. Schutzimpfungen.

253 BArch, R86/4560: Reisebericht über die Bekämpfung ansteckender Krankheiten in dem Gebiete des Generalgouvernements Warschau, Dr. Breger.

wall entlang der gesamten Ost- und Westgrenze – dem eigentlichen Bollwerk der bakteriologischen Seuchenabwehr im Ersten Weltkrieg.

Der Grenzwall als hygienischer Filter

»Soldat, ehe du fährst ins himmlische deutsche Land,
Wirst im Fegefeuer gereinigt von der Lauseschand«
(Reim aus der Sanierungs-Anstalt Sosnowice)[254]

Die Sensibilität für Fragen der territorialen Übertretung von Infektionsstoffen und Ungeziefer stieg bei den Militärärzten und Zivilbehörden mit der im Verlauf des ersten Kriegsjahres sich akzentuierenden Wahrnehmung einer Seuchengefahr, die von den umfangreichen Truppenverschiebungen von Ost nach West (und umgekehrt) und dem Transport von Kriegsgefangenen nach Deutschland auszugehen schien. Zusätzlich prononciert wurde die Gefahrenwahrnehmung durch die im zweiten Kriegsjahr steigende Zahl von Saisonarbeitern in Deutschland, die vorwiegend aus Russisch-Polen stammten. Sie waren von der deutschen Arbeiterzentrale zur Aushilfe in der Kriegsindustrie, in der Landwirtschaft, für Erdarbeiten und die Flößerei rekrutiert und nach Deutschland gebracht worden.[255] In den offiziellen Schreiben zwischen dem Gesundheitsamt, dem preußischen Innenministerium und den Militärbehörden in Russisch-Polen figurierten die Arbeiter seit Beginn des Jahres 1915 als bedrohliche Gefahrenkategorie für Seucheneinschleppungen aus dem Osten.[256]

Wie konnte man das Heimatgebiet bei Verschiebungen großer Massen von Truppen, Kriegsgefangenen und Saisonarbeitern am besten und effizientesten vor einem Einfall von Infektionsträgern und Infektionsstoffen schützen? Militär- und Zivilbehörden waren sich schnell einig: An den Eintrittsstellen der großen Eisenbahnlinien an der West- und an der (hygienisch-bakteriologisch besonders prekären) Ostgrenze sollten Anstalten errichtet werden, die einem »Filter« gleich sowohl Krankheitserreger als auch Ungeziefer aufhalten und »unschädlich« machen konnten.[257] Die konkrete Umsetzung dieses »Filterwerks« an den »Pforten des

254 Das Lausoleum 1918, S. 26.

255 Zur Geschichte der ostjüdischen Arbeiter in Deutschland vgl. Heid 1995.

256 Die Diskussionen drehten sich vorwiegend um die Notwendigkeit und den Umfang von Schutzmaßnahmen wie ärztliche Untersuchungen, Pockenschutzimpfungen, Entlausungen und Quarantänen. Vgl. BArch, R86/4538.

257 Hetsch 1921, S. 266. Vgl. auch Hetsch 1920.

Abb. 12: Große Sanierungsanstalt (an der Westgrenze)

Reiches« bestand in dem vom Kriegsministerium forcierten Plan, einen »Wall« von großen Sanierungsanstalten entlang der deutschen Grenze zu bauen, in denen alle ankommenden Personen gebadet, nötigenfalls geschoren, mit neuer Wäsche versehen und die Kleidungs- und Ausrüstungsstücke desinfiziert und von Ungeziefer befreit werden sollten.[258]

Die erste Etappe auf dem Weg zum sanitären Grenzwall war der Bau von sieben, zwischen Frühjahr 1915 und Mitte 1916 fertig gestellten Sanierungsanstalten an der Ostgrenze. Sie standen in dem an Ostpreußen unmittelbar angrenzenden Gebiet von Ober Ost und dem Generalgouvernement Warschau in Eydtkuhnen, Prostken, Illowo, Alexandrowo, Kalisch, Stradom bei Czenstochau und Sosnowice bei Kattowitz.[259] Wenig später erfolgte der Bau von Anstalten in Oppeln (Oberschlesien) und Rosenheim (Bayern), kleinere Anstalten wurden in Plattling (Bayern) und Habelschwerdt (Schlesien) errichtet. Da an der Westgrenze die Seuchengefahr geringer eingestuft wurde, errichtete man dort erst ab 1917 einzelne Sanierungsanstalten, so etwa in Metz.

Im Gegensatz zu den oftmals improvisierten kleineren Entlausungs- und Desinfektionsanlagen in Frontnähe oder im besetzten Gebiet hatten die Sanierungsanstalten an den Landesgrenzen eine *tägliche* Leistungsfähigkeit von je 12.000 Mann. Bisher unerreicht waren auch die Kosten für ihren Bau – eine Ersterrichtung kostete ca. eineinhalb Millionen Mark – sowie die massiven Aufwendungen bezüglich Personal und Ausstattung. Jede Anstalt (ein Gelände von ca. 700 m Länge und 200 m Breite) bestand aus acht, in sich völlig abgeschlossenen Sanierungs-

258 Boehncke 1918, S. 87; Puppe 1916, S. 762.

259 In Eydtkuhnen, Illowo und Prostken standen bereits vor dem Krieg große Kontrollstationen für die Auswandererzüge nach Amerika. Weindling 2000, S. 64.

baracken – so genannten »Sektoren« – für die Sanierung und Entlausung von jeweils 500 Mann pro 8 Stunden sowie sechs Wohnbaracken für die Bedienungsmannschaften. Die Anstalten waren einem Chefarzt unterstellt, der über drei Hilfsärzte, drei Inspektoren und ein »Sanierungskommando« von insgesamt etwa 360 Personen verfügte.[260]

Wie alle Desinfektions- und Entlausungsanstalten waren die acht zur Sanierungsanstalt gehörenden Sanierungsbaracken jeweils strikt in eine reine und eine unreine Seite getrennt (Abb. 13). Alle mit dem Zug an der deutschen Grenze ankommenden Truppen, die dem Chefarzt zuvor per Telefon angekündigt worden waren und bereits ein Merkblatt für die »Entseuchung in den Sanierungsanstalten« erhalten hatten, durften die Baracken nur auf der unreinen Seite betreten. Sie gelangten bei ihrem präzise orchestrierten Gang durch die Anstalt zunächst in einen Vorraum, in dem sie nicht sanierbare Wertsachen abgeben mussten und nummerierte Netze oder Bügel für die gesonderte Abgabe von Lederwaren, persönlichen Gegenständen wie Soldbücher und Briefe, Uniformstücke, Wäsche und Strümpfe sowie eine Kontrollmarke zur Wiedererkennung der Netze erhielten. Im Aufenthaltsraum für »unreine Mannschaften« füllten die Soldaten gemäß der an den Wänden in Stichworten festgehaltenen Anordnungen die Netze, gaben sie zur Desinfektion ab und betraten mit umgehängter Kontrollmarke nackt die Haarschneidestuben.

Im Haarschneideraum wurden ihnen von besonders gegen die Läuseübertragung geschütztem Personal die Haare auf dem Kopf, bei stark Verlausten auch auf der Brust, unter den Armen und in der Schamgegend geschoren (Abb. 14). Nachdem die enthaarten Stellen mit Sublimatessig eingerieben worden waren, gaben die Soldaten ihre Wäsche ab und betraten das Brausebad oder den Duschraum. Sobald alle Männer im Duschraum waren, wurden die Eingangstüren vom Bademeister verschlossen, damit niemand mehr auf die unreine Seite wechseln konnte. Im Brausebad mussten sie sich unter Aufsicht mit einer Seifenlösung einseifen und ca. 10-15 Minuten abduschen. Nach der Besichtigung der Männer durch den Bademeister erhielten sie ein Handtuch und konnten auf die reine Seite der Anstalt übertreten, in der man ihnen neue Wäsche und die desinfizierten Uniformstücke und Ausrüstungsgegenstände aushändigte. Meist erhielten sie anschließend im Aufenthaltsraum für »reine Mannschaften« eine Mahlzeit.[261]

260 Gerstenberg 1919, S. 111, 114; Puppe 1916, S. 762; Aus der Entlausungsanstalt, in: *Vorwärts* Nr. 19, 20.1.1916.

261 Aus der Sanierungsanstalt, in: *Vorwärts* Nr. 19, 20.1.1916; Hetsch 1921, S. 269, 274-75.

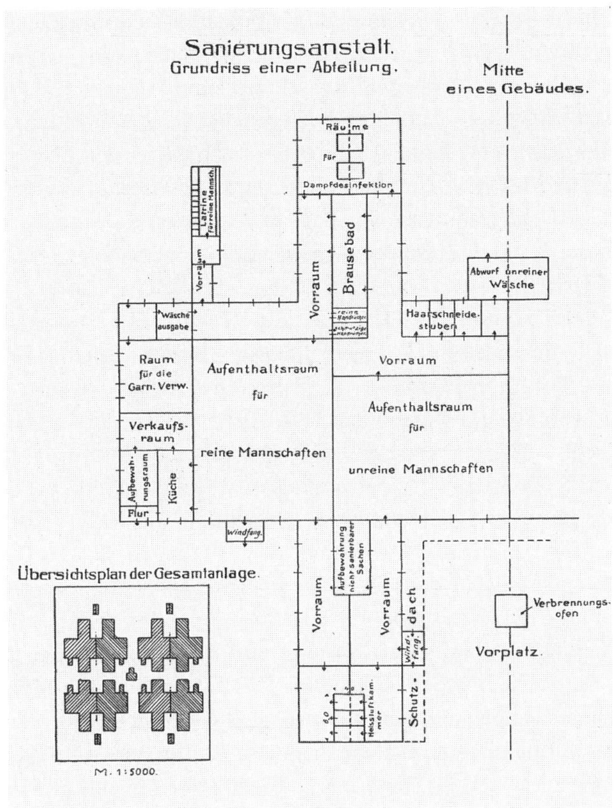

Abb. 13: Grundriss einer Sanierungsabteilung in einer großen Sanierungsanstalt

Abb. 14: Haarschneideraum in einer Entlausungsanstalt

Durch die Begehung der von einigen Soldaten als unheimlich wahrgenommenen Anlagen[262] wurden somit in mehreren genau reglementierten und überwachten Schritten massenhaft keimfreie und entlauste, das heißt bakteriologisch reine Körper hergestellt. Insgesamt durchschritten bis im Frühjahr 1918 über 2,25 Millionen Personen, davon über 1,7 Millionen Angehörige der deutschen und österreichisch-ungarischen Armee, ca. 330.000 Kriegsgefangene und 190.000 Saisonarbeiter den Sanierungsfilter an der Ostgrenze von der unreinen auf die reine Seite.[263]

Die Herstellung bakteriologisch reiner, purifizierter Körper als Endprodukte der Sanierung wurde durch die Vorgaben der Architektur und materialen Raumgestalt, die Verhaltensanordnungen an den Wänden sowie die Kontrollfunktion des Bedienungspersonals mit einer nahezu vollständigen Sicherheit garantiert. Eine Garantie für die Trennung von reinen und unreinen, verschmutzten und sauberen, verlausten und unverlausten Körpern war in diesen Anlagen auch mehr als notwendig – sie stellte einen unhintergehbaren Imperativ dar, da nur bakteriologisch absolut reine Körper legitimiert waren, den »Filter« zu verlassen und auf heimatlichen Boden – das »himmlische deutsche Land« – überzutreten. Die Ordnung der bakteriologischen Reinheit schrieb sich dabei nicht nur in die Architektur von Desinfektions- und Entlausungsanstalten ein. Die Grenze der bakteriologischen Reinheit verlief vielmehr auch entlang den territorialen Grenzlinien, die bakteriologische Reinheit wurde somit unmittelbar auf die dichotomisch konzipierte territoriale Geographie übertragen: Es gab eine reine Heimat und einen reinen Staatskörper, und es gab eine verunreinigte, infizierte, verlauste, verschmutzte und damit gefährliche, letztlich unkontrollierbare Besatzungszone mit ihrer Bevölkerung. Zonen der Indifferenz, die immer auch Zonen mangelhafter Ordnung und Kontrolle waren, sollten und mussten zum Verschwinden gebracht werden, indem man die Landesgrenzen (hygienisch) markierte und fixierte.

Metaphernzirkulation: Der Grenzschluss gegen osteuropäische Juden

Die Grenzen Deutschlands wurden im Ersten Weltkrieg allerdings nicht nur fixiert und ihre Überschreitung durch das bakteriologisch-hygienische »Filterwerk« kontrolliert und reguliert. Gegenüber einer bestimmten Gruppe von Menschen, den »Ostjuden«, wurden sie im Verlauf des Krieges undurchdringbar. Der hygienische »Filter« sollte sich für sie in

262 Vgl. Witkop 1928, S. 280.

263 Hetsch 1918, S. 320.

eine hermetisch abgeschlossene Grenze verwandeln – eine rassistische Barriere.

Bereits seit den 1880er/90er Jahren tauchten die Juden aus Osteuropa im politischen Diskurs des Deutschen Reichs wiederholt als Gegenstand von Erörterungen auf. Im Zuge der Massenemigration aus dem Russischen Reich und Galizien waren osteuropäische Juden seit ca. 1870 auch nach Deutschland ausgewandert, um der Enge des »Ansiedlungsrayons« (Russland) oder der Not und Armut in den Städten zu entgehen.[264] Obwohl die offizielle Politik der Migration nicht mit gesetzgeberischen Maßnahmen begegnete, lancierten Vertreter völkisch-antisemitischer Positionen immer wieder Vorstöße zu einer Einwanderungssperre. Sie rekurrierten dabei auf die Symbolik der negativen Massendynamik, in der die bakteriologisch-hygienisch geprägten Sprachbilder der »Ansteckung«, der »Wucherung« und des »Einnistens« durch »Parasiten« oder »Bazillen« eine zentrale Rolle spielten.[265]

Bald nach Kriegsausbruch gewann die »Ostjudenfrage« im politischen Diskurs erneut an Brisanz, da die Ausdehnung Deutschlands nach Osten die Gefahr einer Masseneinwanderung mit sich zu bringen drohte.[266] Der direkte Kontakt deutscher Soldaten mit ostjüdischen Gemeinden in Polen oder Litauen intensivierte überdies die Stereotypisierung des »Ghettojuden«. Dessen dominierende Züge waren Schmutz, Verlausung, gesundheitliche Gefahren, »Schnorrertum«, aber auch Gewinnstreben, politische Unzuverlässigkeit und revolutionäre Gesinnung.[267] Bereits seit Kriegsausbruch war die Grenzsperre gegen Ostjuden Bestandteil der alldeutschen und völkischen Kriegszielprogramme. Auf Reichsebene akzentuierten sich die Forderungen nach einer rassisch motivierten Einwanderungssperre im zweiten Kriegsjahr.[268]

Auch die von der Deutschen Arbeiterzentrale rekrutierten, meist jüdischen Arbeiter aus Russisch-Polen gerieten bald in den Fokus von Behörden und Politik. Nachdem 1916/17 vereinzelt Hinweise auf eine Verlausung der Wanderarbeiter beim Grenzübertritt und dem Aufenthaltsort im Inland eingetroffen waren, wurden die Medizinalbehörden vor allem seit dem Jahresende 1917 und anfangs 1918 durch Berichte von kleineren Fleckfieberepidemien in Deutschland aufgeschreckt. Diese waren angeblich durch russisch-polnische Zivilarbeiter ausgelöst worden. Alarmiert

264 Maurer 1985, S. 205; Adler-Rudel 1959, S. 10.
265 Gerhard 1998, S. 160.
266 Bergmann 2002, S. 68.
267 Aschheim 1982, 139; Maurer 1985, S. 206, 208.
268 Maurer 1985, S. 209; Heid 1995, S. 192ff.

durch einen in Metz festgestellten und mutmaßlich von russischen Arbeitern ausgehenden Fleckfieberherd schrieb der damals im nahen Straßburger Hygiene-Institut tätige Uhlenhuth am 11. Januar 1918 an das KGA, er halte es für dringend erforderlich, auf die Gefahr der angeworbenen russischen Arbeiter hinzuweisen. »Sie sind [...] eine ständige Gefahr für das Inland«.[269] Knapp zwei Wochen später informierte der Verwaltungschef im Generalgouvernement Warschau das preußische Innenministerium, er habe sich auf Zuraten seines Medizinalreferenten und angesichts der neu aufgetretenen Fleckfieberfälle wie etwa in Metz dazu entschlossen, die Anwerbung jüdischer Arbeiter in seinem Gebiet für diejenigen Orte zu verbieten, in denen Fleckfieber herrsche. Falls im Interesse der Kriegswirtschaft die Anwerbung jüdisch-polnischer Arbeiter fortgesetzt werden und ein massiver Zuzug ungelernter jüdischer Arbeiter stattfinden sollte, müsse dringend nach Mitteln und Wegen gesucht werden, um eine Seuchenverschleppung zu verhindern.[270]

Die Hinweise und Mahnungen zeigten Wirkung. Anfangs März 1918 wurde im Innenministerium eine Besprechung über Maßnahmen zur Abwehr der Fleckfiebergefahr durch die angeworbenen Arbeiter anberaumt. Im Zentrum der Debatte standen ausschließlich und explizit die »jüdisch-polnischen« Arbeiter. Sowohl Vertreter des Kriegsamts als auch des Generalgouvernements machten klar, dass für die weitere »Einfuhr« von jüdisch-polnischen Arbeitern kein Bedarf bestehe. Sie seien »moralisch unzuverlässig«, »unwillig« und »unsauber« und würden die »denkbar schlechteste« Arbeitskraft darstellen. Bereits bei der Einreise seien viele Arbeiter entwichen und in die großen Städte abgewandert.[271] Oberstabsarzt Matthias vom Generalgouvernement erläuterte ferner, dass in Warschau die polnischen Juden eine weit stärkere Verbreitung des Fleckfiebers aufweisen würden als die übrige Bevölkerung. Dies liege an ihrer »unglaublichen Unsauberkeit«. Auch ihre Entlausung habe wenig Nutzen, da sie in kürzester Frist wieder neu verlaust seien. Kirchner stimmte Matthias zu und deklarierte die von jüdisch-polnischen Arbeitern ausgehende Gefahr einer Seucheneinschleppung als besonders groß. Nach Kirchner handelte es sich bei diesen Arbeitern nicht um »hochwertiges«

269 BArch, R86/4560: Prof. Uhlenhuth an den Präsidenten des Gesundheitsamts, 11.1.1918.

270 BArch, R86/4560: Der Verwaltungschef bei dem Generalgouvernement Warschau an den Staatssekretär des Innern, 24.1.1918.

271 BArch, R86/4560: Niederschrift über die am 9.3.1918 abgehaltene Besprechung, betreffend Maßnahmen zur Abwehr der Gefahr der Einschleppung des Fleckfiebers durch polnisch-jüdische Arbeiter.

»Arbeitermaterial«, vielmehr finde man unter ihnen eine große Zahl »moralisch minderwertiger Elemente«, die sich in den Städten »zusammendrängten« und »herumtrieben«. Ihm schien vom gesundheitlichen Standpunkt aus klar, dass ein »weiteres Hereinlassen« jüdisch-polnischer Arbeiter unzulässig war. In der abschließenden Beurteilung stellte man sich auf den Standpunkt, dass die Rekrutierung jüdisch-polnischer Arbeiter im Interesse der Fleckfieberverhütung sofort beendet werden müsse.[272]

Die Weichen für einen Anwerbestopp und eine Sperrung der deutschen Ostgrenze gegen jüdische Arbeiter waren damit gestellt. Nur wenige Tage später verfügte ein Erlass des Innenministeriums, die Neuvermittlung von jüdischen Arbeitern müsse aufgrund der Gefahr einer Verschleppung des Fleckfiebers nach Deutschland künftig unterbleiben.[273] Für das KGA konnte die in der Debatte ebenfalls thematisierte offizielle Sperrung der Grenze nicht schnell genug durchgesetzt werden. In einem Brief an den Staatssekretär unterstrich KGA-Präsident Franz Bumm Ende März 1918 die fortdauernde Gefahr einer gesundheitlichen Gefährdung Deutschlands durch die jüdisch-polnischen Arbeiter und die Dringlichkeit einer Schließung der Grenze. Um seinem Anliegen Nachdruck zu verleihen, legte er dem Brief eine Abhandlung Gottfried Freys bei und bat den Staatssekretär, er möge die Seiten 14 und 15 besonders genau studieren. Auf genau diesen Seiten führte Frey – wie oben zitiert – dem Leser effekthascherisch die vermeintlich extensive Verlausung und Verschmutzung der ostjüdischen Bevölkerung vor Augen und betonte ihre prominente Rolle bei der Fleckfieberverbreitung.[274]

Die von Bumm so nachdrücklich geforderte Grenzsperre wurde in der Folge durch einen Runderlass des preußischen Innenministers vom 23. April 1918 Tatsache.[275] Für die Juden aus Osteuropa blieb die Grenze des Deutschen Reiches ab diesem Zeitpunkt bis zum Ende des Krieges geschlossen. Der Erlass selbst basierte in seinem Begründungstext maßgeblich auf den diskursiven Formationen, wie sie sich in der Sitzung des Innenministeriums anfangs März und in späteren Behördenschriften herausgebildet hatten. Einerseits rekurrierte er auf die vom Kriegsamt betriebene Diskreditierung der jüdischen Arbeitskraft und Moral, indem er jüdische Arbeiter als »arbeitsunwillig«, »moralisch unzuverlässig«, und

272 Ebd.

273 Vgl. BArch, R86/4539: Erlass vom 19.3.1918.

274 BArch, R86/4560: Der Präsident des KGA an den Staatssekretär des Innern, 30.3.1918; Frey 1917a.

275 Maurer 1985, S. 210.

bezüglich ihrer Arbeitsleistung als »unzureichend« taxierte. Viele seien bereits kurz nach Grenzübertritt entwichen und in die Städte abgewandert, wo sie »ein schwer zu überwachendes Element« bildeten. Dominiert wurde der Begründungstext allerdings von der medizinisch-hygienischen Perspektive, einem Nachklang auf die Berichte, Wortmeldungen und Schreiben von Bakteriologen und Kriegshygienikern wie Kirchner, Frey, Oberstabsärzten des Kriegsministeriums und Vertretern der Bakteriologie im KGA:

> »Eine besondere Gefahr erwächst infolge ihrer nicht auszurottenden Unsauberkeit der Gesamtbevölkerung in gesundheitlicher Beziehung. Zum größten Teil verlaust, sind die jüdisch-polnischen Arbeiter besonders geeignete Träger und Verbreiter von Fleckfieber und anderen ansteckenden Krankheiten. In erhöhtem Grade geht diese Gefahr von den in neuerer Zeit aus dem Gebiete des Generalgouvernements eingeführten jüdisch-polnischen Arbeitern aus, da dort die Verbreitung des Fleckfiebers gerade unter der jüdischen Bevölkerung neuerdings einen bisher nicht gekannten Umfang angenommen hat«.[276]

Die Implementierung des Grenzschlusses gegen die osteuropäischen Juden basierte damit ganz zentral auf dem Transfer der dominanten Symbole und Metaphern der Bakteriologie und Hygiene in die Politik. Der Erlasstext macht deutlich, dass die Bakteriologie und bakteriologisch orientierte Hygiene an der symbolischen Zuschreibung und Konstruktion des Bildes von fremden, abweichenden Körpern und Bevölkerungsgruppen als Gefährdung für das deutsche Reich und den deutschen ›Volkskörper‹ maßgeblich beteiligt war. Die Metaphorik der Verunreinigung, der Infektion und des Ungeziefers kreierte ein Bedrohungsszenario, das nur eine logische Schlussfolgerung zuließ: Der Staatskörper musste vor dieser »Verunreinigung« geschützt werden. Die bakteriologische »Reinheit« wurde somit zu einem politischen Kampfbegriff, der als besonders symbolträchtiger Attraktor für die Ausgrenzungsdiskurse im Weltkrieg fungierte und die Durchsetzung antisemitischer Positionen auf politischer Ebene beförderte.

Der deutsche ›Volkskörper‹ konstituierte sich gleichsam durch die Ausschließung, die Ausstoßung und Verwerfung der Ostjuden. Diese »Abjektion« war allerdings nicht durch deren mangelhafte Reinlichkeit

276 Zit. Maurer 1985, S. 210.

oder schlechte Gesundheit per se begründet.[277] Auch die deutschen Soldaten im Osten waren teilweise verlaust, schmutzig und krank, auch sie waren Träger von Infektionsstoffen. Nach Julia Kristeva wird gerade das zum »Abjekt«, was die Identität, das System, die Ordnung stört; das, was keine Grenzen, Stellungen und Regeln respektiert – das Dazwischen, das Verschwommene, das Gemischte.[278] Die jüdischen Arbeiter wurden in den erwähnten Texten nun aber zunehmend genau zu jenen gemischten und regellosen, zu jenen keine Grenzen respektierenden Personen geformt: Sie entwichen, sie trieben sich in den Städten herum und: Sie waren »unausrottbar« unsauber. Sie wurden als nicht zu Reinigende, nicht den Regeln der bakteriologischen Reinigung Gehorchende konstruiert. Als unauschlöschbar Unreine fielen sie aus dem Rahmen der zentralen Ordnungssysteme, aus dem Rahmen der Kultur und Zivilisation. Gegen solche Menschen halfen keine Filter, gegen solche Menschen halfen nur feste, dauerhafte und undurchdringbare Grenzen. Die hermetische Abriegelung der Grenze gegen die ostjüdischen Arbeiter im April 1918 muss damit immer auch als Ordnungsfaktor gelesen werden, der die Angst vor fremden, unkontrollierbaren, die eigene Identität und das eigene System störenden Menschen mit zu überwinden half.

277 Julia Kristeva spricht von »Abjekten« in Ergänzung zu den »Objekten« der Psychoanalyse, wo es sich um die verworfenen Aspekte psychischer Repräsentanzen handelt. Kristeva 1982.

278 The portable Kristeva 2002, S. 232.

9. Sieg über die Bazillen? Bilanzen und Ausblicke nach zwei Kriegsjahren

9.1. Der Separatfrieden mit den Kriegsseuchen

Im Frühling 1916 sah sich Warschau buchstäblich mit einer Invasion von Ärzten der verschiedensten Chargen aus ganz Deutschland, den Kriegsgebieten und den verbündeten Staaten konfrontiert: Fast 1000 Mediziner waren einem Aufruf des Vorstandes des deutschen Kongresses für Innere Medizin gefolgt, an der außerordentlichen Tagung des Kongresses anfangs Mai 1916 teilzunehmen. Obwohl die Tagung *Kriegsseuchen und Kriegskrankheiten* als Titel führte, nahm sich der Grossteil der Vorträge den Kriegsseuchen an.[279] Knapp zwei Jahre nach Ausbruch des Krieges stellte sich unweigerlich die Frage, ob die Seuchengefahr, die aufgrund des zwingenden Paars ›Kriege und Seuchen‹ zur kriegsentscheidenden Bedrohung stilisiert worden war, gebannt werden konnte oder ob sich grundlegende Probleme offenbart hatten, die Korrekturen erforderlich gemacht hätten.

Im Sommer 1914 waren Militärärzte, Kriegshygieniker und Bakteriologen mit Ernst, aber auch großer Zuversicht gegen die Kriegsseuchen ins Feld gezogen. Ein Blick auf die Ansprachen und Diskussionen während des Kongresses zeigt, dass das bakteriologische Selbstbewusstsein zwei Jahre später keineswegs geschrumpft war. Im Gegenteil: Bereits die Begrüßungs- und die Eröffnungsrede zeichneten ein eindeutiges Bild der Militärärzte – es war das Bild von Siegern. Der Generalgouverneur von Warschau betonte in seinem Grußwort mit einem Rekurs auf das habituelle Auftreten von Seuchen in den Feldzügen der Weltgeschichte, den deutschen Ärzten komme in ihrem Kampf gegen die »Pestilenz« und die »schleichenden Feinde« ein besonderer Ruhm zu. Unter unendlich schwierigeren Verhältnissen habe sich in diesem Krieg wiederholt, was die deutschen Ärzte schon 1870 erreicht hätten: »[D]er Ruhm, dass wir viel weniger Menschen durch Seuchen verloren haben, als durch den Feind.«[280] Noch deutlicher wurde Wilhelm His, der als Vorsitzender des Kongresses die Eröffnungsrede hielt. Nach zwei Kriegssommern und zwei Kriegswintern, in denen man »durchseuchtes Feindesgebiet« durchschritten habe, dürfe man mit stolzer Befriedigung sagen: Die Probe auf das Wissen und Können der deutschen Ärzte sei bestanden. Nie sei die

279 Vgl. His/Weintraud 1916, Berichte und Aussprache, III-V.
280 von Beseler: Eröffnungsansprache, in: His/Weintraud 1916, S. 4.

Schlagfertigkeit eines Truppenteils ernstlich gefährdet gewesen, die Heimat zu schützen, sei völlig gelungen. In der Pose des vorzeitigen Siegers verkündete His vor versammelter Ärzteschar: »Die Kriegsseuchen rechnen in der Zahl unserer Feinde nicht mehr mit; sie haben sich als besiegt erklärt und als erster unserer Feinde ihren Separatfrieden mit uns geschlossen.«[281]

Ähnliche Lobreden und Erfolgsrechnungen zur bakteriologisch-hygienischen Kriegsführung der ersten beiden Kriegsjahre finden sich auch in Verlautbarungen von Behörden, in medizinischen Standesorganen und in der Presse. In der *Münchener Medizinischen Wochenschrift* zog eine Statistik zum Gesundheitszustand der Armee eine sehr positive Bilanz. Die Pocken waren im zweiten Kriegsjahr ganz erloschen. Beim Typhus und der Ruhr, bei denen im ersten Kriegsjahr auf je 1000 Personen noch 5,6 bzw. 2,8 Zugänge verzeichnet wurden, ließ sich im zweiten Kriegsjahr ein deutlicher Rückgang festhalten (Typhus 1,4; Ruhr 1,8). Auch die asiatische Cholera zeigte eine rückläufige Tendenz auf relativ tiefem Niveau (1914/15: 0,32 Zugänge auf 1000 Personen, 1915/16: 0,24). Einzig beim Fleckfieber, der Diphterie und dem Wechselfieber stiegen die Zahlen im zweiten Kriegsjahr etwas an (Fleckfieber 1914/15: 0,03, 1915/16: 0,08; Diphterie 1914/15: 0,24, 1915/16: 0,57; Wechselfieber 1914/15: 0,17, 1915/16: 0,8). Für das Fleckfieber und das Wechselfieber zeigten aber schon die Zahlen der letzten Monate eine rückläufige Tendenz.[282] Bei diesen Erfolgsmeldungen für das Heer fehlten auch nicht Verweise auf die günstigen Resultate, welche die Schutzimpfungen erzielt zu haben schienen. Das ergänzende »Kampfmittel«, so der Kanon an der Warschauer Tagung, hatte seinen Beitrag zur Gesunderhaltung des Heeres geleistet, auch wenn endgültige Ergebnisse noch nicht vorlagen und der Impfschutz keineswegs ein absoluter war.[283] Die Mehrheit der Ärzte zweifelte nicht daran, dass die Impfungen in späteren Zeiten zu den »Grosstaten der Medizin im Weltkrieg« gezählt würden.[284] Nicht nur für das Heer, auch für die Heimatbevölkerung zeichneten die Berichte und Statistiken ein hoch erfreuliches Bild. Ein offizielles Resümee über die Seuchenbekämpfung in Preußen postulierte, das Vaterland habe vor den Schrecken eines Seuchenausbruchs bewahrt werden können, selbst wenn man – wie etwa im Fall der Einschleppung von Fleckfieber durch russische Kriegs-

281 His, Wilhelm: Eröffnungsrede, in: ders./Weintraud 1916, S. 8, 9.

282 Der Gesundheitszustand der Armee im zweiten Kriegsjahre, in: *Feldärztliche Beilage zur MMW* 4 (1917), S. 135.

283 Hünermann 1916; Hoffmann 1916; Wassermann/Sommerfeld 1916, S. 53.

284 Schott 1916, S. 1570.

gefangene – von Infektionskrankheiten nicht gänzlich verschont geblieben sei. Mit berechtigtem Stolz dürfe der Stand der übertragbaren Krankheiten bis jetzt als ein günstiger bezeichnet werden.[285]

Auf dem Hintergrund solcher Verlautbarungen und Statistiken konstatierte Johann Breger vom KGA mit größter Befriedigung: »Der jetzige Krieg stellt für Deutschland nicht nur einen militärischen, sondern auch einen hygienischen Erfolg dar.«[286] Die erzielten Erfolge bestätigten, dass dem von Heeresverwaltung und Zivilbehörden geführten Kampf gegen die Kriegsseuchen und dessen planvoller Organisation vollstes Vertrauen entgegengebracht und mit Zuversicht in die Zukunft geschaut werden könne. Unter den apokalyptischen Reitern, so Breger pathetisch, hätten die Seuchen »für uns ihre Bedeutung verloren«. Ähnlich lautete eine Einschätzung von Lentz, der sich im April 1916 bereits Gedanken über die Aufgaben der Seuchenabwehr nach dem Krieg machte. Das »weit über Erwarten« günstige Verhalten der Infektionskrankheiten während des Krieges war auch für ihn den großen Fortschritten auf dem Gebiet der Erkennung und Bekämpfung der Infektionskrankheiten zu verdanken, die auf der Lebensarbeit »unseres unvergesslichen Robert Koch« beruhten. Da sich die Seuchenbekämpfung auf den richtigen Bahnen bewegte, sollte sie nach Beendigung des Krieges im gleichen Sinne fortgesetzt und sogar ausgebaut werden.[287]

Auch in der Tagespresse übertrafen sich Kommentatoren in begeisterten Oden. »[D]ie deutsche Wissenschaft und der kraftvolle Geist deutscher Organisation [hat], vereint mit einem großen Verantwortungsgefühl, […] die Opfer der Kriegsseuchen in unseren Heeren auf eine verhältnismäßig geringe Zahl beschränkt«, konstatierte etwa die *Norddeutsche Allgemeine Zeitung*. Durch »weise Vorbeugungsmaßnahmen« ziehe der Arzt auf den Verbandplätzen und in den Lazaretten gegen die »unsichtbaren gefährlichen Feinde« eine »Mauer«. Und diese Mauer erweise sich »auch gegen die gewaltigsten und bösartigsten Bazillen- und Bakterienheere als sturmsicher«.[288] Selbst die Militärärzte im Feld konnten sich solchen Mitteilungen nur schwer entziehen, zumal Publikationen für den Feldgebrauch die frohe Nachricht des Sieges über die unsichtbaren Feinde laut und deutlich verkündeten. So eröffnete ein Ratgeber zur praktischen Hygiene und Seuchenbekämpfung im Feld das

285 Lentz 1916b, S. 13, 20.

286 Breger 1916, S. 337. Ähnlich Fellner 1916.

287 Lentz 1916a, S. 45-47. Vgl. auch Möllers 1916, S. 187.

288 *Norddeutsche Allgemeine Zeitung* Nr. 272, 16.10.1916. Auch der *Vorwärts* war voll des Lobes, vgl. Seuchenbekämpfung im Krieg, in: *Vorwärts* Nr. 208, 1.8.1917.

Kapitel »Epidemiologie und Bekämpfung der Infektionskrankheiten« mit den Worten:

> »Die Erfolge der Bekämpfung der Infektionskrankheiten stellen den größten Sieg der ärztlichen Wissenschaft dar, welcher in diesem Kriege errungen wurde. Milliarden und aber Milliarden des unsichtbaren Feindes wurden vernichtet und unschädlich gemacht. [...] Epidemien wurden erstickt, und es hat sich ein System entwickelt, welches uns jederzeit ermöglicht, das weitere Verschontbleiben unserer Truppen vor dem heimtückischen Feinde zu garantieren.«[289]

9.2. Misstöne am Rande

Auch wenn sich die Hygieniker und Bakteriologen schon nach zwei Kriegsjahren als eindeutige Sieger über die Kriegsseuchen gebärdeten – eine genaue Analyse der Fachpresse zeigt, dass zumindest bei gewissen Aspekten der offensiven und defensiven Kriegsführung durchaus Probleme aufgetaucht waren. Auf die entstandenen Engpässe bei der Nährbodenbeschaffung, der Ausstattung mit Trinkwasserbereitern oder der Bereitstellung von Impfstoffen wurde bereits hingewiesen. Daneben offenbarten sich im Verlauf des Krieges auch im Hinblick auf die Bestimmung von Krankheitsbildern, die Leistungsfähigkeit der bakteriologischen Diagnose und schließlich die Validität ätiologischer und epidemiologischer Schemata gewisse Schwierigkeiten. Allerdings vermochten diese gleichsam am Rande anklingenden Misstöne die offizielle Lobeshymne auf den Separatfrieden mit den Kriegsseuchen nicht zu überstimmen. Sie repräsentierten ein dissonantes, letztlich aber einflussloses ›Hintergrundrauschen‹ im bakteriologischen Diskurs.

Abweichungen vom Krankheitsbild und diagnostische Schwierigkeiten

Gemäß bakteriologischem Krankheitsbegriff war das Kennzeichen jeder Infektionskrankheit der Infekt mit einem spezifischen Erreger. Der bakteriologische Begriff des Abdominaltyphus etwa konstituierte sich aus der Invasion der Typhuserreger in den Körper und ihrer Proliferation im Körperinnern. Diese zwischen 1870-1890 geprägte Krankheitsauffassung und die daraus resultierenden Krankheitsbilder hatten sich die meisten der im Krieg tätigen Ärzte bei ihrer Ausbildung angeeignet. Angesichts

289 Fuchs 1918, S. 128. Die Anleitung wurde 1917 fertig gestellt.

des umfangreichen Kranken-»Materials«, das der Krieg produzierte, fand sich nun allerdings manch ein Militärarzt bei der Einordnung der auftauchenden Krankheitsbilder mit bisher unbekannten Problemen konfrontiert. Bei den von den verschiedenen Fronten abströmenden kranken Soldaten konnten durchaus Fälle angetroffen werden, die bislang entweder überhaupt nicht beobachtet oder nur als seltene Ausnahme nicht als zum eigentlichen Krankheitsbild gehörig betrachtet worden waren.[290] Bereits auf dem Warschauer Kongress hatte der Internist und Pathologe Ludolf von Krehl bemerkt, beim Typhus abdominalis gleiche nicht ein Krankheitsfall dem andern. Die Infektionskrankheiten würden in dem Masse, wie sie variabler verliefen, ein »verwascheneres« und »weniger klares Bild« zeigen.[291] Auch andere Kliniker erwähnten die »atypisch«, das heißt unerwartet schwer oder unerwartet leicht verlaufenden Infektionskrankheiten, mit denen viele Feldärzte nicht zurecht zu kommen schienen.[292] Bezüglich der Vielfalt und »Varietäten« von Krankheitsbildern wurde das »bunte Bild« des Kriegstyphus immer wieder als besonders prominentes Beispiel zitiert. Von wechselnden und uneinheitlichen Krankheitsbildern sprach man aber auch im Zusammenhang mit dem Fleckfieber, dem Paratyphus oder der Ruhr.[293]

Erklärungsversuche waren schnell an der Hand: Für einige Kliniker sprach die unterschiedliche Ausprägung der Krankheitsbilder bei einer gleichaltrigen Personengruppe, wie sie die Soldaten repräsentierten, für die Relevanz der individuellen Konstitution. Obwohl His in seiner Eröffnungsrede auf dem Warschauer Kongress den »Feind« der Soldaten sehr explizit benannte (die Krankheitserreger), und Kenntnisse über diesen Feind als das »wirksamste Mittel« für die Bekämpfung der Kriegsseuchen anführte, unterließ er es nicht, darauf hinzuweisen, dass bei den Krankheitsanschauungen die bisher doch eher untergeordnete Frage nach der Empfänglichkeit des Einzelmenschen sich »mächtiger denn je« erhebe und folglich auch mehr Bearbeitung erfahren müsse.[294] Auch Bakteriologen attestierten der unspezifischen persönlichen Krankheitsanlage, Prädisposition oder Disposition durchaus einen Einfluss auf das Erscheinungsbild der Infektionskrankheiten.[295] Andere Erklärungen für die ungleichen Krankheitsbilder von bakteriologischer Seite wiesen auf Unter-

290 Helly 1916, S. 98.
291 Krehl 1916, S. 197.
292 Vgl. Lehndorff 1916, S. 1117; Fellner 1916, Sp. 160.
293 Fellner 1916, Sp. 160; Lehndorff 1916, S. 1117; Kruse 1917, S. 1309.
294 Zit. His/Weintraud 1916, S. 10.
295 Kruse 1917, S. 1309; Koch 1916, S. 187; Hueppe 1915, S. 191.

schiede bei den Erregern selbst hin. Vor dem Hintergrund der vor dem Krieg sich mehrenden Studien über Bakterienvarietäten betonte Kruse, dass viele Seuchen bakteriologisch in verschiedene Formen mit unterschiedlicher Ansteckungsfähigkeit zerfallen würden. Man habe etwa den »echten« Typhus von dem »verkehrten« Typhus (Paratyphus) getrennt und diesen wiederum in Paratyphus A und B zerlegt. Bei der Bazillenruhr fand Kruse eine »echte« Dysenterie und eine »Pseudodysenterie«, bei der wiederum verschiedene »Abarten« oder »Rassen« differenziert wurden. »Der Regel nach«, so Kruse, waren Fälle mit Paratyphus-Erregern und Pseudodysenterie-Formen eher leichte Erkrankungen. Er schloss allerdings nicht aus, dass in manchen Fällen die Krankheiten auch schwer verlaufen und sogar tödlich enden konnten.[296]

Womöglich hätte die Diskussion um die für manchen Feldarzt zuweilen irritierenden Befunde mit diesen bakteriologischen Erklärungen beendet werden können, hätte die bakteriologische Diagnose sich auch tatsächlich bewährt und hätten sich die vielen Formen und Abarten eindeutig mit den jeweiligen Krankheitsbildern in Übereinstimmung bringen lassen. Gerade dies aber war nicht immer der Fall. Diagnostisch schwierige, atypische Fälle konnten im Feld teilweise überhaupt nicht bakteriologisch aufgeklärt werden. Beim Typhus zeigte sich, dass die Agglutinationsprüfung des Serums gegenüber Typhusbazillen (Widal'sche Reaktion) ihren diagnostischen Wert zunehmend verlor, weil die Typhusschutzimpfung den Ausfall der Reaktion in sehr komplexer Weise beeinflusst hatte. Auch die Züchtung von Typhusbazillen aus dem Blut auf Galle und der Nachweis der Bazillen im Stuhl gelangen häufig nicht.[297] Bei der Ruhr verliefen die bakteriologischen Stuhluntersuchungen bei klinischem Verdacht auf Bazillenruhr nur in einem Teil der Fälle positiv – ein Befund, der zunächst vor allem mit der mangelnden Frische der eingeschickten Proben in Verbindung gebracht wurde.[298] Auch die Differenzierung nach verschiedenen Typen und Formen, von denen unterschiedliche Nomenklaturen zirkulierten, stellte sich mithin als recht

296 Kruse 1917, S. 1310.

297 Vgl. Lehndorff 1916, S. 1117f. Zum »Versagen« der Widal'schen Reaktion vgl. Aronson 1915, S. 1281; Fellner 1916, Sp. 160.

298 Friedemann/Steinbock 1916, S. 215; Seligmann 1916, S. 68; Kruse 1916, S. 305; Kruse 1917, S. 1309; Schütz 1916, S. 443; Kolle und Dorendorf stellten sogar die These auf, bei der Ruhr sei die Ätiologie bezüglich der Spielarten des Ruhrbazillus noch ungelöst. Kolle/Dorendorf 1916, S. 564. Ablehnend Jungmann/Neisser 1917, S. 122.

schwierig heraus.[299] Und selbst wenn man sie zu differenzieren vermochte, ließen sie sich nicht immer mit dem von Klinik und Epidemiologie vorgegebenen Bild in Übereinstimmung bringen. Den Bakteriologen blieb oftmals lediglich die Wahrscheinlichkeitsdiagnose, die einige Internisten zur These verleiteten, die Ruhr nicht mehr als einen ätiologischen, sondern nur noch als klinischen Begriff zu fassen.[300]

Erschwerend wirkte sich aus, dass bei verschiedenen Kriegsseuchen Mischinfektionen beobachtet wurden, d. h. bei ein und demselben Individuum traten verschiedene Infektionserreger gleichzeitig auf. Patienten mit Typhus abdominalis beherbergten zum Beispiel gleichzeitig echte Choleravibrionen, die klinisch bis dahin nicht identifiziert worden waren. Auch von Patienten mit Cholera- und Ruhrinfektionen wurde berichtet.[301] Kruse bestätigte Mischungen von Ansteckungen mit Typhus, Fleckfieber, Paratyphus, Cholera und verschiedenen Ruhrformen bei ein und derselben Person. Die Mannigfaltigkeit der Erreger und Mischungen verschiedener Formen irritierten ihn allerdings (abgesehen von den zusätzlichen Schwierigkeiten für die bakteriologische Diagnostik) nicht grundsätzlich und stellten auch die herrschenden epidemiologischen Ansichten nicht in Frage: Je größer der Umfang einer Epidemie war und je weniger sie sich örtlich und zeitlich scharf umgrenzen ließ, desto eher waren aufgrund der vielen Ansteckungsquellen im Krieg auch Mischinfektionen zu erwarten. Daraus ließ sich nach Kruse und der überwiegenden Mehrheit der Bakteriologen nicht der Schluss ziehen, dass – wie vereinzelt spekuliert wurde – die Erreger in eine andere Art oder in einen anderen Stamm übergehen und gewisse Seuchen eventuell sogar autochthon entstehen könnten.[302]

Eine umfassende Kritik, die ausgehend von den geschilderten Irritationen die bakteriologische Kriegsführung mit ihren zentralen Grundannahmen wie der Spezifität der Krankheitserreger und die Bedeutung

299 Neben Kruses Einteilung in Dysenterie- und Pseudodysenteriebazillen mit acht Rassen (A-H) gab es auch die Nomenklatur von Lentz, der zwischen dem echten Kruse-Shiga-Bazillus und drei Arten von giftarmen Dysenteriebazillen unterschied (Typ Flexner, Y und Strong).

300 Vgl. Loeb 1918, S. 473; Kolle/Dorendorf 1916, S. 562; Jürgens 1916; ebenso die Diskussionsbeiträge der Kliniker Pick (Prag) und Singer (Wien) im Anschluss an das von Kruse am Warschauer Kongress gehaltene Referat: Kruse 1916, Aussprache, S. 323, 332.

301 Aronson 1915, S. 1319.

302 Vgl. Jungmann/Neisser 1917, S. 127. Der Internist Artur Menzer vertrat den Standpunkt, die Ruhr entwickle sich ohne Einschleppung oder Ansteckung aus mutierenden Colibazillen. Menzer 1915. Ablehnend Kruse 1917, S. 1310.

der Bazillenträger bei der Verbreitung von Seuchen in Zweifel gezogen hätte, lässt sich in der Literatur nicht ausmachen.[303] Dass sich während des Krieges keine wesentlichen Angriffe auf die Kriegsbakteriologie bemerkbar machten, lag zum einen sicherlich an der Wirkmächtigkeit des ›Krieg und Seuchen‹-Narrativs, das im Zusammenhang mit den veröffentlichten Krankheitsstatistiken als ideale Hintergrundfolie für die vermeintlichen Erfolge instrumentalisiert werden konnte. Andererseits kann das Ausbleiben dezidierter Gegenstimmen auch auf eine etwas profanere Ursache zurückgeführt werden: die Zensur.

Verschweigen von Widersprüchen: Kritik und Zensur

Im Folgenden möchte ich anhand der Rekonstruktion der Entstehungsgeschichte zweier erst nach Kriegsende veröffentlichter Artikel exemplarisch aufzeigen, dass Publikationen von Studien und Beobachtungen, die sich nicht mit dem behördlich gestützten Meinungssystem der Bakteriologie in Übereinstimmung bringen ließen, während des Krieges auf Veranlassung des Kriegsministeriums verboten wurden. Projiziert man diese Zensurtätigkeit auf die Fleck'schen Beharrungstendenzen von Denkstilen, kann sie als besondere Form des aktiven Verschweigens von bekannten Widersprüchen oder Ausnahmen kategorisiert werden.[304]

Das erste Beispiel betrifft eine Studie Hans Muchs. Much war vor dem Krieg als Serologe und Bakteriologe in Behrings Institut in Marburg tätig gewesen und wurde 1907 als Leiter des Instituts für experimentelle Therapie nach Hamburg-Eppendorf berufen. Während des Weltkriegs arbeitete er als Korpshygieniker bei einem Kommando in Galizien und als Leiter eines Tuberkuloselazaretts.[305] In der *Münchener Medizinischen Wochenschrift* berichtete Much im Frühjahr 1919, er sei im Winter 1915/16 von den Militärsanitätsbehörden nach Schwerin geschickt worden. In der dortigen Garnison hatte man Genickstarrefälle gemeldet. Gemäß der Doktrin der »offensiven« Seuchenbekämpfung wurden in Schwerin umfangreiche Bazillenträgeruntersuchungen eingeleitet (über 10.000 Untersuchungen) und die gefundenen Keimträger abgesondert. Dem Militär war es nicht erlaubt, Lokale und öffentliche Anstalten zu besuchen, und auch Urlaubssperren wurden verhängt.[306]

303 Eine Ausnahme stellt Menzer 1915 dar.

304 Vgl. Fleck 1999, S. 41.

305 *Reichshandbuch der deutschen Gesellschaft* Bd. 2 (1931), S. 398. Weitere biographische Informationen zu Much bei Wirtz 1991; Schulze-Rath 1993. Autobiographisches: Much 1923.

306 Much 1919, S. 52.

Im Rahmen der sich über mehrere Monate erstreckenden Untersuchungen kam Much zu äußerst irritierenden Befunden: Im Verlauf der Zeit stieg die Zahl der gesunden Genickstarreträger ins »Ungeheure«, ohne dass die Stärke der Seuche davon in irgend einer Weise tangiert worden wäre. Von den Keimträgern erkrankte keiner an Genickstarre, bei den Genickstarrekranken wiederum ließen sich kurz vor ihrer Erkrankung keine Keime nachweisen. Wenn Soldaten von der Front auf Urlaub kamen, so waren sie bereits nach wenigen Stunden Bazillenträger. Als die Seuche allmählich abflaute und schließlich ganz erlosch, machte Much die Beobachtung, dass trotz sinkender Kurve der Krankheitsfälle die Kurve der gesunden Bazillenträger weiter zunahm. Diese Befunde bedurften in den Augen Muchs einer dringenden Veröffentlichung, da sie »im Gegensatz standen zu der bisherigen Schulmeinung«. Diese postulierte entsprechend den Erfahrungen bei der Typhuskampagne, dass Bazillenträger als zentrale epidemiologische Gefahrenkategorie eine entscheidende Rolle beim Ausbruch und dem Verlauf von Seuchen spielten. Um einer Seuche Einhalt zu gebieten, mussten sie pedantisch ermittelt, strikte abgesondert und isoliert werden. Aufgrund der Erfahrungen in Schwerin schien Much klar, dass der Befund von Genickstarreerregern bei Gesunden »unter keinen Umständen« die gefährliche Rolle spielen konnte, die ihm bisher zugeteilt worden war. Schließlich fand er keine epidemiologisch zwingende Beziehung zwischen der Häufigkeit von Kokkenträgern und der Zahl der Erkrankungen.[307] Er hielt es deshalb auch für angezeigt, den tatsächlichen Bedingungen für die Entstehung der Seuche nachzugehen und den »Bekämpfungsplan« zu überdenken. Auch dazu sollte die Veröffentlichung seiner Ergebnisse beitragen.[308]

Als Much seine Arbeit an das dirigierende Sanitätsamt schickte, das dieses zur Prüfung an die Medizinalabteilung des preußischen Kriegsministeriums weiterleitete, wurde die Veröffentlichung verboten. Grund: Die Ergebnisse würden in Widerspruch zu den bisherigen Erfahrungen stehen. Die bakteriologischen Untersuchungen selbst wurden angezweifelt. Das Kriegsministerium bat um Übersendung einiger der gewon-

307 Much verwies auch auf eine frühere militärärztliche Arbeit zur Rolle der Keimträger bei einer Genickstarreepidemie in Bayern. Diese sei bereits vor dem Krieg auf ähnliche Schlüsse gekommen. Auch wenn Much keine Namen erwähnt, ist davon auszugehen, dass er sich auf die Genickstarreforschungen von Georg Mayer zur Münchener Garnisonsepidemie von 1909 bezog. Auch wenn die Publikation dieser kritischen Arbeit 1910 vom Bayerischen Kriegsministerium nicht verboten wurde, fehlte es gemäß Mayer nicht an Versuchen, seine Ergebnisse noch vor der Veröffentlichung zu »mißkreditieren«. Mayer 1910a, 1910b.

308 Much 1919, S. 52.

nenen Reinkulturen von Bazillenträgern an die Kaiser-Wilhelm-Akademie. Nach einiger Zeit ging die Nachricht ein, dass die Kulturen verunreinigt gewesen seien und damit nicht zu Aussagen verwertet werden könnten. »Damit war die Sache für Berlin erledigt«.[309] Much jedoch hatte dieselben Kulturen gleichzeitig an zwei weitere Untersuchungsämter sowie an einen ausgewiesenen Kenner des Genickstarreerregers gesandt. Alle drei Stellen bestätigten, dass es sich einwandfrei um Reinkulturen des typischen Genickstarreerregers handelte. Dem Sanitätsamt wurden diese Ergebnisse mitgeteilt und der Bericht an das Kriegsministerium weitergeleitet. Auf eine Antwort wartete Much vergeblich. Das Verbot, die Arbeit zu veröffentlichen, blieb bestehen.

Auch Ernst Friedberger, Professor für Hygiene in Greifswald und 1914/15 als Korpshygieniker in Flandern tätig, wurde mit der Zensur konfrontiert. 1919 erschien in Jena sein Buch *Zur Entwicklung der Hygiene im Weltkrieg*, in dem Friedberger dezidiert mit der Ansicht brach, der günstige Gesundheitszustand des deutschen Heeres sei auf die Maßnahmen der von Bakteriologie und bakteriologischer Hygiene angeleiteten Seuchenbekämpfung zurückzuführen. Mit Blick auf die dürftige Leistungsfähigkeit der bakteriologischen Diagnostik kritisierte er zunächst die Basis jeder bakteriologischen Seuchenbekämpfung: die sichere Aufdeckung der »ersten Fälle«. Er negierte einen Zusammenhang zwischen der Abnahme von Infektionskrankheiten und der Ausbildung der bakteriologisch-diagnostischen Methoden.[310] Auch die Bedeutung der Bazillenträger für die Entstehung von Epidemien wurde nach Friedberger überschätzt. Die Seuchengeschichte und die Analyse der Besonderheiten epidemischer Verläufe ließen erkennen, dass es viel mehr als der Bazillenträger bedurfte, um die Ursachen für den Beginn und den Verlauf von Epidemien aufzuklären. Besonders ausführlich argumentierte er gegen die Überbewertung der Schutzimpfungen im Krieg. Schon die von der Sanitätsverwaltung beigezogenen Vorkriegsstatistiken, die einen Erfolg der Impfungen postulierten, seien fragwürdig gewesen.[311]

Wie er in der Einleitung ausführte, entsprach sein Buch einer erweiterten Fassung eines Vortrags, den er im Mai 1916 in Berlin gehalten hatte.[312] In diesem Vortrag nun hatte Friedberger zwar bereits einige der erwähnten Kritikpunkte entwickelt, hielt im Gegensatz zu seiner späte-

309 Ebd.

310 Friedberger 1919a, S. 15-17.

311 Ebd., S. 24ff.

312 Vgl. Friedberger 1917c (»teilweise erweiterte« Fassung des Vortrages). Autorreferat in: *BKlW* 24 (1916), S. 667.

ren Publikation aber fest, dass er es »noch nicht« für angezeigt halte, die Umwälzungen, die sich aus dem epidemiologischen Massenexperiment des Krieges zweifellos ergeben würden, allzu eingehend zur Sprache zu bringen.[313] Womöglich war er sich bewusst, dass eine kategorische Ablehnung der offiziellen Einschätzung der Kriegshygiene und -bakteriologie zu diesem Zeitpunkt problematisch war. Eine fast zeitgleich wie der Vortrag veröffentlichte, populär gehaltene Schrift Friedbergers zum selben Themengebiet beinhaltete keinen einzigen kritischen Hinweis zur bakteriologischen Seuchenbekämpfung, sondern war ganz dem offiziellen Erfolgsnarrativ verpflichtet.[314] Wie Friedberger 1919 betonte, wurde die Herausgabe der Publikation in dieser Form tatsächlich erst nach der Auflösung der Zensur möglich. Die durch die Zensur bewirkte »rigorose Unterdrückung« aller von der offiziellen Anschauung abweichenden Meinungen während des Krieges habe die Durchführung mancher Maßnahmen durch die leitenden Stellen bequemer gemacht. Der Wissenschaft aber sei dadurch kein Dienst geleistet worden.[315]

Seine Argumente gegen die Überbewertung der Schutzimpfungen und für die Fragwürdigkeit der Statistiken, die einen Erfolg der Impfungen postulierten, machte Friedberger in einem weiteren, ebenfalls im Jahr 1919 publizierten Zeitschriftenartikel stark.[316] Auch dieser Artikel basierte, diesmal nahezu wortwörtlich, auf einem früheren Vortrag, den er im Mai 1917 in der Berliner Medizinischen Gesellschaft gehalten hatte. Den Vortrag schickte Friedberger kurz darauf an die *Berliner Klinische Wochenschrift*, die den ersten Teil, der die Einleitung und die theoretischen Ausführungen zu den Schutzimpfungen enthielt, im Juni 1917 abdruckte.[317] Die angekündigte Fortsetzung des Artikels sollte jedoch nie folgen. Die Publikation der zentralen Textelemente, in denen er den Nutzen der Schutzimpfungen zu widerlegen versuchte, wurde auf Veranlassung der Medizinalabteilung des Kriegsministeriums verboten. Selbst eine redaktionelle Notiz zum Abbruch des Artikels wurde nicht genehmigt. Im Vereinsorgan der Medizinischen Gesellschaft, in deren Rahmen Friedberger das Referat ursprünglich gehalten hatte, durfte der Text gar nicht erscheinen. Und auch seine Eingabe an die *Zeitschrift für Immunitätsforschung*, die den Vortrag 1919 schließlich abdruckte, blieb zunächst in den Schubladen liegen – eingegangen bei der Redaktion war der Text im Sommer 1917.[318]

313 Friedberger 1917c, S. 226.
314 Friedberger 1917a.
315 Friedberger 1919a, V/VIII.
316 Friedberger 1919b.
317 Friedberger 1917b.
318 Friedberger 1919b, S. 119.

9.3. Vorbereitungen auf die Nachkriegszeit

Die Wahrnehmung der Bakteriologie als erfolgreicher wissenschaftlicher Schutzgeist Deutschlands war somit auch mit Hilfe der Zensurtätigkeit zustande gekommen. Wie die Voten von Vertretern der Medizinalbehörden deutlich gemacht haben, sah man für eine Änderung des eingeschlagenen Kurses keinerlei Veranlassung. Bei den Vorkehrungen zur Gesunderhaltung von Heer und Heimat nach dem erwarteten Siegfrieden verließ man sich deshalb auch voll und ganz auf den von Koch vorgezeichneten Weg. Und dieser beinhaltete vor allem eine minutiöse Planung und die Aufstellung genauer Regeln für die bei der Demobilisierung massenhaft zu dislozierenden kranken, infizierten und ansteckungsverdächtigen Körpern im Raum und für die Aufrechterhaltung eines bakteriologisch überwachten, »reinen« Territoriums und ›Volkskörpers‹.

Erste Aktivitäten entwickelte die Medizinalverwaltung bereits 1916. Im Februar 1916 wies das Kriegsministerium den Reichskanzler auf die Gefahren hin, die ansteckend Kranke im Heer bei der Demobilisierung mit sich bringen würden. Während des Krieges konnten diese im Lazarett zurückgehalten werden, nach dessen Beendigung bestand dafür aufgrund des Reichs-Militärgesetzes und der Wehrordnung keine gesetzliche Grundlage mehr. Das Gesundheitsamt sollte deshalb einen Entwurf ausarbeiten, der die Zurückhaltung von kranken Heeresangehörigen im Heer bei der Demobilisierung erlaubte.[319] Das KGA befürwortete den Antrag umgehend. Vom Standpunkt der öffentlichen Gesundheitspflege sei es sehr bedenklich, wenn kranke Heeresangehörige in die Familien zurückkehrten und sie verseuchten, hielt Präsident Bumm fest.[320] Ein vorläufiger Entwurf einer Gesetzesbestimmung wurde vom KGA rasch ausgearbeitet und anlässlich einer Beratung im Mai 1916 im Reichsamt des Innern diskutiert. Keine Übereinstimmung erzielte man hinsichtlich der Fragen, welche Krankheiten der Gesetzesentwurf mit einbeziehen sollte und ob Bazillenträger ebenfalls von der Zurückhaltung betroffen wären, wie es das KGA forderte. Da man die Zustimmung für einen zu weitgehenden Entwurf im Reichstag nicht zu erreichen glaubte, wurde die weitere Bearbeitung des Textes durch das Innenministerium und das Kriegsministerium in Aussicht gestellt. Die kommissarischen Beratungen über anschließende Versionen erstreckten sich aufgrund weiterhin

319 BArch, R86/4538: Kriegsministerium an den Reichskanzler, Abschrift an KGA, 9.2.1916.

320 Ebd., Präsident Bumm an Staatssekretär des Innern, betrifft: die Zurückhaltung ansteckend kranker Heeresangehöriger bei der Abrüstung, 20.3.1916.

bestehender Differenzen bis Mitte 1918. Im August 1918 einigte man sich schließlich darauf, dass alle Militärpersonen mit übertragbaren Krankheiten im Demobilisierungsfall bis zum Erlöschen der Ansteckungsgefahr zurückgehalten werden konnten. Bazillenträger durften entlassen werden, allerdings nur bei Einhaltung einer strikten ärztlichen Aufsicht und ihrer Anzeige bei den Landeszentralbehörden. Letzte Details zum Gesetz sollten durch die Vertreter der beteiligten Ministerien geklärt und das Gesetz anschließend in den Reichstag gebracht werden.[321]

Bereits Ende 1917 begann die deutsche Medizinalverwaltung im Zuge der von Russland nach der Machtübernahme der Bolschewiki eingeleiteten Friedensverhandlungen auch über Abwehrmaßnahmen gegenüber einer möglichen »Verseuchung des Landes« durch die Kriegsgefangenen nachzudenken, die aus Russland zurückkehren würden. Deren Zahl wurde auf 90-100.000 geschätzt, die in Russland in Gefangenschaft geratenen Zivilpersonen auf ca. 150.000.[322] Im Vorgriff auf den Friedensvertrag von Brest-Litowsk, der anfangs März 1918 unterzeichnet wurde, beschloss der Reichsgesundheitsrat Ende Februar, dass Ankömmlinge aus Russland vor ihrem Eintritt ins Reich in Empfangs- und Sammelstationen im besetzten Gebiet oder spätestens an der Reichsgrenze ärztlich untersucht, einer 23-tägigen Quarantäne unterworfen, desinfiziert und – in Abständen von 7 Tagen – *dreimal* entlaust werden sollten. Kranke und Krankheitsverdächtige mussten abgesondert, Kranke ärztlich behandelt werden.[323] Der entsprechende Erlass des Kriegsministeriums erging am 2. März 1918 an alle zuständigen Ministerien, Militärstellen und Generalkommandos, einen Tag vor der Unterzeichnung des Friedensvertrages mit Russland. Aufgrund des in den folgenden Monaten zunehmenden Andrangs auf die Quarantäneanstalten musste die Quarantänedauer jedoch binnen kurzem von 23 auf 10 Tage reduziert werden.[324] Auch für

321 BArch, R86/4539: Niederschrift über das Ergebnis der endgültigen kommissarischen Beratung über den Entwurf eines Gesetzes über die Zurückhaltung beim Heere wegen übertragbarer Krankheiten, 21.8.1918.

322 Vgl. BArch, R86/4538: Der Präsident des Gesundheitsamts an den Staatssekretär des Innern, betrifft die Verhütung der Einschleppung von Krankheiten durch Gefangene, die aus Russland heimkehren, 27.12.1917.

323 Auch eine Schutzpockenimpfung war in bestimmten Situationen vorgesehen. BArch, R86/4538: Niederschrift über die Beratung des RGR (Ausschuss für Seuchenbekämpfung) am 28.2.1918.

324 BArch, R86/4539: Kriegsministerium, betrifft: Übernahme und Behandlung der aus russischer Kriegsgefangenschaft zurückkehrenden deutschen Heeresangehörigen, 2.3.1918; GSTA PK, Rep. 76 VIII B/3556: Der Minister des Innern an alle Regierungspräsidenten und den Polizeipräsidenten hier, 18.5.1918; BArch,

die aus dem Westen und Süden aus der Gefangenschaft zurückkehrenden Reichsangehörigen verordnete man detaillierte Abwehr- und Schutzmassnahmen. Die Quarantäne-, Desinfektions- und Entlausungsvorkehrungen vor der Einreise wurden dabei aufgrund der Erfahrungen im Osten erheblich gekürzt und vereinfacht.[325]

Spezielle Vorbereitungen bei der generellen Demobilisierung sollten militärischerseits vor allem für die gesunden, möglicherweise aber dennoch hoch gefährliche Infektionsstoffe auf sich tragenden Heerestruppen getroffen werden. Gemäß Berechnung eines Regimentsarztes würden bei der Demobilisierung der ca. 4 Millionen Militärpersonen bei einer gleichmäßigen Verteilung auf 200 Tage jeden Tag 20.000 Menschen in die Heimat zurückkehren. Und diese Menschenmassen mussten vorher gründlich entlaust und desinfiziert werden.[326] Dass der hygienische Filter an den Reichsgrenzen, der Wall der Sanierungsanstalten in West und Ost, eine besondere Rolle bei der kontrollierten, hygienisch abgesicherten Rückkehr der Truppen spielen sollte, verstand sich für alle Militärärzte und Dienststellen von selbst. So wurden die Anstalten auch im Rahmen der Ende Januar 1918 abgehaltenen Tagung der ärztlichen Abteilungen der Waffenbrüderlichen Vereinigungen Österreichs, Ungarns und Deutschlands prominent erwähnt, an der in siegesgewisser Haltung über den »Wiederaufbau der Volkskraft nach dem Kriege« diskutiert wurde.[327] Oberstabsarzt Hetsch, der vor den 600 versammelten Medizinern und hohen Reichs- und Landesbeamten über die nach dem Krieg zu ergreifenden Maßnahmen referierte, wies auf die Gefahr einer Einschleppung von Unmengen verschiedenartigster Krankheitsstoffe hin, die mit der Rückkehr der »nach Millionen zählenden Söhne des Volkes« verbunden war. Bei der Entlassung der heimkehrenden »Söhne des Volkes« schien ihm die Ungezieferbeseitigung und Desinfektion besonders angezeigt. Die großen Sanierungsanstalten an der Ostgrenze des Reiches würden, so Hetsch, bei der Demobilisierung die wichtige Aufgabe erfüllen, die Einschleppung des schädlichen Ungeziefers in das Volk zu vermeiden.[328] Eine Sanierung der Truppen an allen Eingängen des Reiches war also zentraler Bestandteil des Demobilisierungsplans der

R86/4539: Der Minister des Innern an den Oberbefehlshaber Ost, General beim Stabe, 18.5.1918.

325 Vgl. BArch, R86/4539: Aufzeichnung über das Ergebnis der am 24.5.1918 im Reichsamt des Innern abgehaltenen Besprechung über die Übernahme und Behandlung der aus Frankreich zurückkehrenden deutschen Zivilpersonen, S. 3.

326 Pressburger/Hartmann 1917, S. 711.

327 Kirchner/Adam 1918. Zur Siegesgewissheit vgl. Kirchner 1918, S. 38f.

328 Hetsch 1918, S. 317, 321.

militärischen Sanitätsbehörden.[329] Bevor die Militärpersonen allerdings saniert werden konnten, sollten sie erst einmal auf übertragbare Krankheiten untersucht werden. Entsprechend dem nur noch vom Reichstag abzusegnenden Gesetzesentwurf über die Zurückhaltung erkrankter Militärpersonen sollte ihre Heimkehr nicht erfolgen, wenn gemeingefährliche oder übertragbare Krankheiten vorlagen.

Alles in allem liefen die Vorkehrungen und minutiösen Pläne für die Demobilisierung darauf hinaus, nur bakteriologisch »reine«, purifizierte Menschen auf den heimatlichen Boden übertreten und in die Familien zurückkehren zu lassen. Kranke, Krankheitsverdächtige oder Infizierte sollten spätestens an der Reichsgrenze in hygienisch-bakteriologisch überwachte, reglementierte Situationen gebracht werden. Die Interventionen der Sanitätsbehörden zur ›Reinhaltung‹ des deutschen Territoriums wurden dabei als systematische Praktiken entworfen, die eine *kontrollierte* und *kanalisierte* Bewegung der Massen von heimkehrenden Soldaten, Kriegsgefangenen und Rückwanderern garantieren sollten. Nicht nomadische, indifferente, keine Regeln und Schranken gehorchende und gefährliche Massen bestimmten die Wahrnehmung der erwarteten Heimkehrbewegung. Es war vielmehr das Bild einer verdichteten, kontrollierten und begrenzten Masse, das für die Demobilisierungspläne leitend war. Aufgrund der in Aussicht gestellten Vorkehrungen war die Zuversicht denn auch groß, Heimat und Heer nach Kriegsende vor Ansteckung und Verseuchung schützen zu können. Wie Generalarzt Schultzen in einer Retrospektive resümierte, hatte der Demobilisierungsplan in »eingehender, wohldurchdachter, wohldurchgearbeiteter Weise« vorgesehen, was alles bei einer »planmäßigen, regelrechten Demobilisierung« zu geschehen hätte. Und er fuhr fort:

> »Das war alles so genau geregelt, so sichergestellt und wohl auch schon zum Teil in Fleisch und Blut derjenigen übergegangen, die darin arbeiten sollten, daß wir die wohl begründete Hoffnung haben konnten, daß […] auch bei der Demobilmachung keine […] gesundheitlichen Schäden für unser Volk hervortreten würden«.[330]

Mit Michel Foucault ließe sich formulieren, dass Schultzen und mit ihm die deutschen Sanitätsbehörden vom *Pestzustand* träumten, um die perfekte bakteriologische Seuchenabwehr in der reinen Theorie funktionieren zu lassen.[331]

329 Vgl. Schultzen 1919, S. 131.
330 Schultzen 1919, S. 128.
331 Foucault 1989, S. 255.

10. »Eine reine Seite gibt es nicht mehr« – Das Kriegsende und seine Folgen

Bis zum Spätsommer 1918 glaubten die leitenden Militärärzte fest daran, dass der Krieg für das Deutsche Kaiserreich zu gewinnen sei. Noch am 21. September 1918 erörterte Kirchner im Rahmen einer Tagung in Budapest die Aussicht auf einen erfolgreichen Ausgang des Völkerringens.[332] Nur kurze Zeit später unterbreitete Reichskanzler Prinz Max von Baden den USA ein Waffenstillstandsangebot und in Wilhelmshaven begannen die Matrosen der Flotte zu meutern. Der revolutionäre Aufstand griff Anfang November unter Bildung von Arbeiter- und Soldatenräten auch auf weitere Städte Deutschlands über. Am 9. November erfassten die revolutionären Bestrebungen schließlich Berlin, wo Reichskanzler von Baden aus Sorge vor einem radikalen politischen Umsturz eigenmächtig die Abdankung des Kaisers bekannt gab und die Reichskanzlerschaft auf Friedrich Ebert, den Vorsitzenden der SPD, übertrug. Am Nachmittag desselben Tages wurde die deutsche Republik ausgerufen. Einen Tag später, am 10. November, fand die Revolution in Berlin mit der Bildung des Rates der Volksbeauftragten als provisorische Regierung einen vorläufigen Abschluss.[333] Unter dem Eindruck des Regierungswechsels hatte Ebert auf eine Unterzeichnung des von den Alliierten diktierten Waffenstillstandes gedrängt. Dieser wurde am 11. November unterzeichnet.

Der plötzliche Waffenstillstand und die revolutionären Aufstände in der Heimat führten zu einer überstürzten, teilweise gar chaotischen Demobilisierung.[334] Für die von langer Hand vorbereitete, minutiös geplante sanitäre Rückführung des Heeres und die bakteriologisch-hygienischen Abwehr-, Überwachungs- und Reinigungsdispositive gegenüber Rückwanderern und Flüchtlingen sollte diese Entwicklung einschneidende Folgen haben.

10.1. Neue Gefahren I: Revolution und Demobilisierung (1918/19)

Schon am Tag der Unterzeichnung des Waffenstillstandsabkommens äußerte KGA-Präsident Bumm in einem Brief an den Staatssekretär des Innern seine tiefe Besorgnis über die Möglichkeit einer Seuchenein-

332 Kirchner 1919c, S. 433.

333 Zur Novemberrevolution in Deutschland vgl. Kluge 1997; Haffner 2002.

334 Zu den Demobilmachungsplänen während des Krieges und der Rückkehr der Soldaten vgl. Bessel 2002.

schleppung durch die zurückkehrenden Truppen. Aufgrund der politischen Verhältnisse müsse man damit rechnen, »daß eine große Anzahl Soldaten das Heer zu verlassen im Begriffe ist und daß vielleicht auch bald die gesamten Truppen vom Kriegsschauplatz heimkehren«.[335] Ein Gesetzesentwurf zur Vorbeugung der Verschleppung von Krankheiten in die Heimat sei zwar vorbereitet, unter den jetzigen Verhältnissen könne dieser aber nicht verabschiedet werden. Bumm drückte deshalb die Hoffnung aus, dass sich seitens der militärischen Stellen zumindest ein Teil der in Aussicht genommenen Abwehrmaßnahmen aufgrund der Kommandogewalt durchführen lassen würde.[336]

Drei Tage später wurde seine Hoffnung jäh zerschlagen. In einer im Kriegsministerium eilends einberufenen Sitzung informierte Generalarzt Schultzen, die beabsichtigte Sanierung der Truppen bei der Demobilisierung versage infolge der eingetretenen Disziplinlosigkeit. Die Truppen würden der Heimat zustreben, ohne sich um die Vorschriften über ärztliche Untersuchungen und Quarantänen zu kümmern, aus den Lazaretten erfolge »eigenmächtiges Verlassen in großem Umfang«. Die Entlausungsanstalten seien teils gestürmt, teils geräumt, teils auch von anderen Stellen in Beschlag genommen.[337] Zwei Wochen später berichtete Schultzen im Ministerium des Innern, dass man die Befehlsgewalt über einen Großteil der Ärzte und des Krankenpflegepersonals verloren habe. Er sei bereits vorgekommen, dass zurückgebliebene Kranke in den Lazaretten wegen fehlendem Personal und dem Mangel an Verpflegung und Verbandsmaterial gestorben und Krankentransporte in die Heimat einfach stehen gelassen worden seien.[338] In einem Vortrag vor großem (militär) ärztlichem Publikum wiederholte Schultzen diese Bestandsaufnahme und konstatierte desillusioniert:

> »Alles, was vorbereitet war, ist über den Haufen geworfen, zum Teil in des Wortes wahrster Bedeutung. Wir können nicht damit rechnen, daß alle die schönen Vorbereitungen und alle die Sicherheitseinrichtungen und -Maßnahmen, die wir getroffen haben, zur Wirkung

335 BArch, R86/4539: Präsident Bumm an den Staatssekretär des Innern, betrifft die Zurückhaltung von Militärpersonen wegen übertragbarer Krankheiten bei der Abrüstung, 11.11.1918.

336 Ebd.

337 BArch, R86/4539: Referentenvermerk über eine im Kriegsministerium am 14.11.1918 abgehaltene Besprechung, betreffend Gesundheitsmaßnahmen aus Anlass der Demobilmachung.

338 Bericht über die Beratung am 27. und 28.11.1918 etc. 1919, S. 7.

gelangen, so daß ich eigentlich mit großer Sorge in die allernächste Zukunft sehe, und ich glaube, viele von Ihnen werden mir beistimmen.«[339]

Regellose Massen, unreine Fluten

Täglich häuften sich die Schilderungen über die Disziplinlosigkeit von Heeres- und Sanitätstruppen. Der Abtransport des Westheeres in seine Demobilmachungsorte schien sich dabei schneller und zumindest für die Frontabschnitte etwas geordneter bewerkstelligen zu lassen als die Rückführung des Ostheeres. Tatsächlich schloss das Westheer seine Demobilisierung bereits Mitte Januar 1919 ab, ca. 130.000 deutsche Truppen vom Ostheer befanden sich Ende Januar allerdings noch im Ausland.[340] Insgesamt erstreckte sich die Rückkehr der deutschen Streitkräfte (abgesehen von den erst später zurückkehrenden ca. 800.000 deutschen Kriegsgefangenen) bis zum März 1919.[341]

Über den Zustand der Truppen in Ober Ost nach der Annulation des Vertrages von Brest-Litowsk am 13. November 1918 notierte Max Hoffmann, Chef des Generalstabes beim Oberbefehlshaber Ober Ost, in seinem Tagebuch: »Disziplin und Ordnung ist im allgemeinen zum Teufel. Alles drängt nach Hause und trotz allen Zuredens [...] sind die Leute nicht zu halten«.[342] Am 22. November schrieb er entmutigt: »Ich hoffe zwar immer noch, daß es gelingen wird, die Masse des Ostheeres (oder vielmehr Osthaufens) ordnungsgemäss nach Hause zu bringen, aber es wird immer schwerer. Die Leute sind zu dumm und nicht zu belehren.«[343] Ähnlich desolat wie im ehemaligen Besatzungsgebiet Ober Ost war die Situation in Polen. So berichtete die *Vossische Zeitung* über die Räumung Polens:

> »Den Truppen wurde befohlen, zusammenzubleiben, um zuerst die Kranken und die Zivilbevölkerung fortschaffen zu können. Trotzdem verließen viele Mannschaften ihre Truppenteile [...] und versuchten plan- und ziellos die deutsche Grenze zu erreichen.«[344]

339 Schultzen 1919, S. 128.
340 *Vossische Zeitung*, 16.12.1918; 27.1.1919.
341 Bessel 2003, S. 428.
342 Zit. Nowak 1929, S. 219f.
343 Ebd., S. 223.
344 *Vossische Zeitung*, 24.11.1918.

Zum allgemeinen Umfang der ungeregelten Heimkehr von Truppen, Verwundeten und Kranken, die ohne jegliche hygienische Vorkehrungen oder ärztliche Untersuchung nach Deutschland zurückkehrten, lieferte Schultzen ungefähre Zahlen. Er rechnete mit »vielen Zehntausenden«, vielleicht auch »Hunderttausenden«, die ohne jede formelle Entlassung und ärztliche Untersuchung ihren Truppenteil verlassen hätten. Angesichts des ebenso »zügel- wie zuchtlos« erfolgenden Ausbruchs Hunderter von Infektionskranken aus den Lazaretten könne man sich vorstellen, welche Gefahren vorliegen würden.[345]

Die Wahrnehmung der Vorgänge bei der überstürzten Selbst-Demobilisierung war nicht nur durch die Disziplin- und Regellosigkeit der Heerestruppen geprägt. Besonders zentral bei der Perzeption der Heimkehrbewegung war das Motiv einer unerwartet und mit großer Geschwindigkeit auf Deutschland zurollenden »Flut«, die die Grenzen des Landes überspülte und mit Infektionskeimen überschwemmte. Dutzendfach finden sich in den Zeitungen wie auch in den Beratungen der Medizinalbehörden alarmierende Warnungen vor dem schnellen »Zurückfluten« der Heere.[346] Gemäß Lentz war durch die Bewegung der Truppen mit der Einschleppung verschiedenster Infektionskrankheiten zu rechnen: »Das schnelle Zurückfluten unserer Millionenheere bedroht uns in erster Linie mit Fleckfieber, Cholera, Typhus und Malaria, außerdem mit Geschlechtskrankheiten«.[347] »Die Leute fluten zurück und denken nicht daran, die Maßnahmen zu befolgen«, resümierte Schultzen nach seinen Ausführungen zur chaotischen Situation an den Grenzübergängen Ende November 1918 und schloss beinahe verzweifelt: »[Es] besteht die allergrößte Gefahr, dass unser Volk in schwere gesundheitliche Gefahren durch die Übertragung der Krankheiten aus dem Feldheere heraus kommt. Bei diesem undisziplinierten Zurückgehen ist es einfach unmöglich, eine wirkliche Hygiene durchzuführen.«[348]

Tatsächlich kollabierte im Laufe des Novembers und Dezembers 1918 fast die gesamte sanitäre Grenzkontrolle. Der mit vielen Millionen Reichsmark erbaute sanitäre Grenzwall, der im Krieg als Garant für die Vermeidung jeglicher Verseuchung von Heimat und ›Volkskörper‹ galt, war zerstört. Als besonders gefährlich wurde dabei die Auflösung der bisher als absolut imaginierten Trennung von bakteriologisch »reinen« von

345 Schultzen 1919, S. 130.

346 Vgl. *MMW* 47 (1918), S. 1333; *DMW* 48 (1918), S. 1335; *Vorwärts* Nr. 322 (1918).

347 Bericht über die Beratung am 27. und 28.11.1918 etc. 1919, S. 5. Vgl. auch Schmidt 1919, S. 11.

348 Bericht über die Beratung am 27. und 28.11.1918 etc. 1919, S. 8.

»unreinen«, verlausten von unverlausten, infektiösen von desinfizierten Menschen, Räumen und Territorien und die Emergenz von Zonen infektiöser Vermischung und Indifferenz empfunden. Aus einer Sanierungsanstalt an der ostpreußischen Grenze schrieb ein Oberstabsarzt Ende 1918 aufgelöst an das Kriegsministerium:

> »Die Sanierung ist gegenwärtig unvollständig, da die Truppen ihre Sachen zum Teil mit Gewalt vor abgelaufener Desinfektion herausholen. *Eine reine Seite gibt es nicht mehr.* [...] Nicht alle kommen zur Entlausung. Sachen werden nicht mitgebracht. Die Leute verlassen einfach ihre Wagenplätze nicht [...]. Fortführung des Betriebes zur Zeit völlig zwecklos.«[349]

Besonders hervorzuheben gilt vor dem Hintergrund dieser Seuchenängste und Verunreinigungsphantasien, dass die infektiöse Bedrohung und Vermischung nun nicht mehr von fremden Massen – vor allem den »Ostjuden« oder »Slawen« –, sondern von den eigenen Soldatenheeren ausging. Sie konnten nicht mehr mit dem in den Demobilisierungsplänen entworfenen Ideal der verdichteten, kanalisierten Masse in Übereinstimmung gebracht werden. Das eigene Heer konterkarierte die perfektionierten Kontroll- und Ordnungsmuster, das eigene Heer wurde zur regellosen, sich nicht begrenzen und kontrollieren lassenden, nicht den Regeln der bakteriologischen Ordnung unterwerfenden Masse. Der deutsche Soldat in dieser regellosen Masse musste in der tradierten Wahrnehmungslogik zwingend und genauso wie vormals der ostjüdische Arbeiter zum »Abjekt« werden, zu dem das System Störenden und Fremden, das verworfen und ausgestoßen werden sollte. Das Kriegsende und der Zusammenbruch der »reinen« Grenzen repräsentierte damit nicht nur eine Krise in der bakteriologischen Seuchenabwehr, sondern entsprach zugleich einer Identitätskrise, in der klare Grenzen zwischen Innen und Außen nicht mehr aufrecht erhalten werden konnten.

Hygienische Notstandsarbeiten

Welche Maßnahmen sollten angesichts der desolaten Umstände noch greifen? Bereits am 20. November 1919 hatte das Reichsamt für die wirtschaftliche Demobilisierung eine Verordnung über die Verhütung von Seuchen erlassen, in der die ärztliche Untersuchung sämtlicher Angehöriger von Heer und Marine *vor* ihrer Entlassung und die Zurückhaltung

349 GStA PK, Rep. 76 VIII B/3565 [Kursivsetzung S.B.]

der an übertragbaren Krankheiten leidenden Personen im Lazarett angeordnet wurde.[350] Über die Schwierigkeiten der praktischen Umsetzung eines solchen Unterfangens schien man sich bewusst gewesen zu sein. Dieselbe Verordnung hielt fest, dass sich Heeresangehörige, die vor ihrer Entlassung nicht ärztlich untersucht worden waren, bei der nächsten Militär- oder Ortsbehörde melden sollten, um dort die Untersuchung und Entlausung abzuwickeln.[351] Angesichts der überall kaum mehr kontrollierbaren Truppenbewegungen schien das erste Gebot der Stunde jedoch klar: Die Bevölkerung und die Truppen mussten über die Gefahr der Seucheneinschleppung und über mögliche Abwehrmaßnahmen in der Heimat informiert werden. So publizierte das Sanitätsdepartement gemeinsam mit dem Vollzugsrat und einer Reihe namhafter Mediziner Berlins Mitte November in den deutschen Tageszeitungen den Aufruf:

> »Männer und Frauen! Soldaten und Matrosen! Das höchste Gut des Volkes ist seine Gesundheit. Der Volksgesundheit droht schwerste Gefahr, wenn bei der schnellen Demobilmachung Seuchen und sonstige ansteckende Krankheiten auftreten oder gar sich häufen. Diese ungeheure Gefahr muß abgewandt werden.«[352]

Soldaten, bei denen Verdacht auf eine ansteckende Krankheit wie Fleckfieber, Ruhr, Cholera, Typhus oder eine venerische Krankheit bestand, sollten sofort einen Arzt oder ein Lazarett, Verlauste eine Entlausungsanstalt aufsuchen. Der Aufruf schloss mit dem Mahnruf:

> »Wer sich nicht in Behandlung begibt oder das Lazarett vorzeitig verlässt, versündigt sich schwer: 1) an sich selbst, weil sein Leiden später schwer oder gar nicht zu heilen ist, 2) an seiner Familie und seinen Angehörigen, die er mit Ansteckung schwer bedroht, 3) an der Gesundheit des ganzen Volkes.«[353]

Der Schutz der Familien und »Bürgerquartiere« vor Verseuchung stand meist im Vordergrund der massenhaft verbreiteten Belehrungen und Mahnschriften. Auf Anraten des KGA informierte das Ministerium des Innern sämtliche Bundesregierungen über die Gefährdung der Familien

350 *Reichs-Gesetzblatt* 147 (1918), S. 1317f.

351 Verordnung zur Verhütung von Seuchen, abgedruckt in: *Deutscher Reichsanzeiger*, 22.11.1918. Vgl. auch *Vossische Zeitung*, 24.11.1918.

352 *Deutscher Reichsanzeiger*, 18.11.1918; *Deutsche Tageszeitung*, 17.11.1918.

353 Ebd.

und empfahl, die Einquartierung von Mannschaften in Privatfamilien zu vermeiden und öffentliche Gebäude, die der Unterbringung von Soldaten dienten, »dem allgemeinen Verkehr zu entziehen«.[354]

Dass die Informationen und Mahnungen nicht überall mit der gebotenen Schnelligkeit verbreitet wurden und wenn, dann oftmals wenig Aussicht auf tatsächliche Befolgung hatten, illustriert ein Artikel aus der *Frankfurter Zeitung* vom 20. Dezember 1918. Unter dem Titel »Hygienische Notstandsarbeiten« berichtete die Zeitung:

> »Vor wenigen Tagen erst ist von der Regierung auf die Gefahren hingewiesen worden, die unserem Volke drohen durch Einschleppen der Kriegsseuchen, die man bis jetzt mit Erfolg der Heimat fast ganz ferngehalten hat. Inwieweit da die Mahnungen nützen, nicht voreilig die Lazarette zu verlassen, nicht mit Läusen behaftet in die Familien zurückzukehren, steht dahin; man wird damit rechnen müssen, daß trotzdem Seuchen in das Heimatgebiet eindringen werden«.[355]

Auch in der *Münchener Medizinischen Wochenschrift* bezweifelte man die Wirksamkeit der Aufrufe. Für die Herausgeber der Zeitschrift bewies der landesweit verbreitete Aufruf des Vollzugsrats, dass die unter dem Druck der »heillosen Waffenstillstandsbedingungen« überstürzte Demobilisierung strikte Maßregeln zur Verhütung von Krankheitsverschleppung unmöglich machte. »Die Folgen«, fuhr der Kommentator Unheil verkündend fort, »werden sich bald zeigen.«[356]

Bei der Umsetzung der geplanten Maßnahmen im Inland tauchten in den ersten Monaten nach dem Friedensschluss auf verschiedenen Ebenen schwerwiegende Probleme auf. Einerseits zeigten sich die zurückgekehrten Soldaten wenig kooperativ. Sie entzogen sich bei ihrer Rückkehr der Beobachtung und Untersuchung und blieben auch der Entlausung trotz durchgehender Betriebszeiten der Anstalten fern.[357] Andererseits zeigten sich auf der Ebene der Organisation und Koordination erste

354 BArch, R 86/4539: Ministerium des Innern an die Regierungspräsidenten und den Polizeipräsidenten in Berlin, 23.11.1918. Vgl. auch *Vorwärts* Nr. 86, 16.2.1919. Auch praktischen Ärzten und Krankenkassen wurden Merkblätter zugeschickt, die auf die Gefahr einer Einschleppung und Verbreitung von Seuchen hinwiesen. GStA PK, Rep.76 VIII B/3556.

355 *Frankfurter Zeitung* Nr. 352, 20.12.1918.

356 *MMW* 48 (1918).

357 GStA PK, Rep. 76 VIII B/3557: Bericht Gottstein an den Minister des Innern, 22.4.1919; *Deutscher Reichsanzeiger* Nr. 21, 25.1.1919; *Deutsche Tageszeitung* Nr. 620, 6.12.1918; *Deutsche Tageszeitung* Nr. 159, 29.3.1919.

Schwierigkeiten, als sich im Rahmen der politischen Umstürze nebst bestehenden Medizinalbehörden konkurrierende neue lokale Instanzen und Organisationen bildeten, die kaum miteinander kommunizierten.[358]

Explizit gegen die Preußische Medizinalverwaltung unter Kirchner wurde von Seiten des Zentralrats der Arbeiter- und Soldatenräte der Regierungsbezirke in der Provinz Brandenburg Kritik laut. Neben dem zu schwerfälligen Reagieren in Fragen der Entlausung und der Bekämpfung der Geschlechtskrankheiten wurde ihm mangelnde Kooperationsbereitschaft vorgeworfen. Bei der Leitung der Zivilsanitätsbehörde seien »erhebliche Widerstände zu überwinden«, es mache sich eine »passive, teilweise auch aktive Resistenz« bemerkbar, so der Vorwurf von Benno Chajes, einem Dermatologen, der im Oberpräsidium des Zentralrats saß.[359] Zur Behebung der Missstände wurde die Errichtung eines reichsweiten Exekutivamtes für Seuchenschutz und Hygiene vorgeschlagen. Nicht einverstanden mit diesem Vorschlag zeigte sich der Präsident des ebenfalls unter Beschuss geratenen KGA. Obwohl Bumm einräumte, dass die bei der plötzlichen Rückkehr der Truppen dringend benötigten Behelfseinrichtungen zur Entlausung nicht sofort und »mit der wünschenswerten Schnelligkeit« bereitgestellt worden seien und »an manchen Orten bei mehr Energie und Gewandtheit rascher hätte gearbeitet werden können«, wies er den Vorwurf eines vollständigen Versagens der Ämter vehement zurück. Ein neues Zentralamt lehnte er mit der Begründung ab, dass es sich in Zeiten der Gefahr nicht empfehle, fortwährend neue Behörden zu schaffen, da sie unter der Bevölkerung nur »Wirrwarr« stiften würden und Weisungen unbeachtet blieben.[360]

Im Zuge der Angriffe auf seine Person und die preußische Medizinalbehörde nahm Kirchner seinen Abschied (vgl. Kap. II.3). Sein Nachfolger, Adolf Gottstein, konzedierte später, dass in der Zivilbehörde in den ersten Tagen der Revolution »eine gewisse Unsicherheit« geherrscht habe und Mängel sichtbar wurden. Die Ursache der Mängel sei »darin zu suchen, daß Abmachungen über Sendung und Zuführung von Truppen, die z. B. mit Behörden, wie dem Polizeipräsidium, getroffen waren, innerhalb 24 Stunden von einer anderen Stelle geändert, schließlich aber

358 Vgl. *Vorwärts* Nr. 322, 23.11.1918.

359 Vgl. GStA PK, Rep. 76 VIII B/3557: Bezugnahme auf einen Brief vom 21.12.1918 von Chajes; Materna 1999, S. 213. Zu Benno Chajes im Kontext der Sozialhygiene und Gesundheitspolitik der Weimarer Republik vgl. Weder 2000, sein Schicksal als Schüler Alfred Grotjahns unter dem NS-Regime behandelt Schneck 1994.

360 BArch, R 86/4539: Der Präsident des RGA an den Präsidenten des Reichsministeriums, 20.2.1919.

nicht einmal durchgeführt wurden«.[361] Gottstein bezweifelte freilich, dass eine optimal orchestrierte Organisation der Entlausung mehr Erfolg gehabt hätte. Die mangelnde Einsicht der Soldaten, eine ärztliche Untersuchung und Entlausung vornehmen zu lassen, hätte jedes geordnete Zusammenarbeiten von vornherein untergraben. Nach der Klärung der Verhältnisse habe die Medizinalbehörde wieder zur vollen Zufriedenheit gearbeitet.[362] Die Idee einer Errichtung eines Zentralamtes für Seuchenschutz und Hygiene wurde im Laufe der ersten Hälfte des Jahres 1919 schließlich wieder aufgegeben.

10.2. Neue Gefahren II: Heimkehrer, Flüchtlinge und die Rote Armee (1919-1923)

Mit der Rückkehr der Truppen war die akute Gefahr eines Seuchenausbruchs durch das unkontrollierte Eindringen von erkrankten oder infektionsverdächtigen Personen längst nicht gebannt. Im Gegenteil: Die Rückkehr deutscher Kriegsgefangener und Zivilinternierter, die seit dem Kriegsende zunehmende Rückwanderungsbewegung deutschstämmiger Personen und die anwachsende Zahl von Flüchtlingen, die sich vor dem Bürgerkrieg in Russland oder der unstabilen politischen Situation in Polen in Deutschland in Sicherheit zu bringen versuchten, schafften in den unmittelbaren Nachkriegsjahren ein neues, nicht minder bedrohliches Gefahrenpotential. Zugespitzt wurde diese Bedrohungslage durch den Grenzübertritt von ca. 50.000 russischen Rotarmisten nach Ostpreußen im August 1920 und die anschwellende Fluchtbewegung tausender wolgadeutscher Kolonisten im Gefolge der russischen Hungersnot von 1921-23.

Heimkehrer und Vertriebene aus Russland und Polen

Da die aus Russland einreisenden Personen von den bestehenden Entlausungs- und Quarantäneeinrichtungen im ehemaligen Besatzungsgebiet Ober Ost kaum mehr Gebrauch machten, beurteilte man ihre Kontrolle und Sanierung in den Überwachungsstellen an der ostpreußischen Grenze als absolut unerlässlich. Die militärischen Sanierungsanstalten an den Grenzen erfüllten ihre Aufgaben jedoch längst nicht mehr. Dies galt in

361 GStA PK, Rep. 76 VIII B/3557: Der Minister des Innern an das Reichsministerium des Innern, 13.5.1919; Bericht Gottstein an den Minister des Innern, 22.4.1919.

362 Ebd.

besonderem Maße für Ostpreußen. In Prostken beispielsweise stieß die Entlausung der Rückwanderer- und Flüchtlingstransporte »auf fast unüberwindliche Schwierigkeiten«, wie es in einem Bericht an das Innenministerium Ende Januar 1919 hieß. Durch die Disziplinlosigkeit des militärischen Personals und die teilweise Zerstörung der Anlagen würden die Maßnahmen verhindert oder stark verzögert. Der Weitertransport ins Zentrum Ostpreußens ohne jegliche Sanierung stellte aus Sicht der ostpreußischen Behörden eine große Gefährdung dar, kamen die Personen doch zum größten Teil aus russischen Gebieten, in denen Fleckfieber herrschte. Mahnend hielt der Bericht fest: »mit jedem Kilometer, den diese Transporte unentlaust und unentseucht nach Deutschland hineinfahren, [wächst] die Gefahr der Weiterverbreitung der Krankheit.«[363] Um Abhilfe zu schaffen, schien die Übernahme der Transporte durch die Zivilbehörden und die Bildung neuer Grenzübernahmestellen immer dringlicher.[364] Im Frühjahr 1919 wurde deshalb die Errichtung eines Quarantänelagers in Eydtkuhnen in Ostpreußen in Aussicht gestellt, das wegen strittigen Finanzierungsfragen allerdings erst im Herbst 1919 in Betrieb genommen wurde. Neben Eydtkuhnen baute man im Laufe des Jahres 1920 die zum Teil noch bestehenden Militäreinrichtungen Prostken, Tilsit und Königsberg aus und errichtete neue »Überwachungsstellen« und kleinere Entlausungsanstalten an der Grenze.

Weit schwieriger als die Sicherung der ostpreußischen Grenze gestaltete sich nach Kriegsende die Seuchenabwehr in den an das vormalige Generalgouvernement Warschau anschließenden, weiter westlich gelegenen deutschen Ostprovinzen Westpreußen, Posen und Schlesien. Während der lang andauernden Phase des Waffenstillstands herrschten in diesen Gebieten, in denen der Grenzverlauf zum neu zu bildenden Polen ungeklärt war, geradezu trostlose Zustände. Entmutigt bemerkte der Hygieniker Rubner im April 1919 zur sanitären Situation im Osten, der »feste und ganz Europa schützende Wall« sei durch den Waffenstillstand zusammengebrochen. Da den polnischen Truppen jede Sanitätsorganisation fehle, klaffe unvermittelt »eine weite Lücke« im bisher schützenden »Sanitätsnetz«. Durch den nach Kriegsende einsetzenden polnischen Bandenkrieg, der sich auch auf deutschem Gebiet ausbreite, fehle die Grundlage jeder Seuchenbekämpfung: Ordnung und Organisation.[365]

363 GStA PK, Rep. 76 VIII B/3565: Der Regierungspräsident von Allenstein an das Ministerium des Innern, 29.1.1919.

364 GStA PK, Rep. 76 VIII B/3565: Sitzung im Ministerium des Innern, betreffend die Behandlung der Rückwanderer aus Ostpreußen.

365 *DMW* 15 (1919).

Nach der Unterzeichnung des Friedensvertrags von Versailles am 28. Juni 1919 und der stärker anwachsenden Flüchtlings-, Vertriebenen- und Rückwanderungsbewegung[366] sahen sich die Medizinalbehörden mit weiteren Problemen konfrontiert: Deutschland musste einen Großteil der Provinzen Posen, Westpreußen und Schlesien dem neuen Polen abtreten. Die auf deutsch-preußisches Gebiet zurückverlegten Grenzen waren damit seuchentechnisch gesehen vollkommen schutzlos und boten als »grüne« Grenzen keinerlei Sicherheit vor der Abwanderungsbewegung. Nachdem Martini schon im Januar 1919 vor einer bevorstehenden Fleckfiebereinschleppung aus Polen gewarnt hatte, forderte er im Mai 1919, als Schutz gegen Seucheneinbrüche müssten neue Grenzkontrollstationen eingerichtet werden.[367] Tatsächlich wurden im preußischen Innenministerium Pläne für die Errichtung einer Kette von Sanierungsanstalten an der deutsch-polnischen Grenze zur Sicherung der Metropolen eingehend diskutiert.[368] Aufgeschreckt durch Berichte aus den Ostprovinzen, wonach die Seuchengefahr durch die Einwanderung von Ausländern – im speziellen »gewissen minderwertigen jüdischen Elementen« – immer größer werde und mit dem Eindringen des Bolschewismus nach Deutschland zu rechnen sei, besprach man im Reichsministerium des Innern im Dezember 1919 außerdem Maßnahmen, um die Masseneinwanderung über die Ostgrenze generell einzudämmen.[369] Gegen den im Fokus stehenden Zustrom illegal einreisender »Ostjuden« wurde eine Verbesserung der Grenzsperre als wirksamstes Mittel zur Abwehr erwogen. Diffamiert als Hauptträger von Schmutz, Ungeziefer und Infektionskranken sowie als Agitatoren für bolschewistisches Ideengut und Betreiber verbotener Handelsgeschäfte schien eine Legitimationsgrundlage schnell an der Hand. Selbst der Einwand eines Vertreters des preußischen Innenministeriums, politisch sei es nach Lage der Verhältnisse bedenklich, Maßregeln zu treffen, die mit »antisemitischen Stimmungen« assoziiert werden könnten, hatten auf den Entschluss einer möglichst lückenlosen Sperrung der Grenze keinen Einfluss.[370] Allerdings war man sich bewusst, dass das Vorhaben in der Praxis mit Schwierig-

366 Zum Ausmaß der Ausreisewelle der deutschen Bevölkerung aus den Westgebieten des neuen Polen vgl. Wanatowicz 1999, S. 556; Oltmer 2005, S. 100f.

367 Martini 1919b; Martini 1919c.

368 BArch, R 86/4561.

369 GStA PK, Rep. 76 VIII B/3565: Der Oberpräsident der Provinz Ostpreußen an den Minister des Innern, 25.11.1919; Rep. 76 VIII B/3566: Niederschrift über das Ergebnis der am 10.12.1919 abgehaltenen Beratung, betreffend fremdenpolizeilichen Maßnahmen zur Eindämmung der Zuwanderung von Ausländern.

370 Ebd.

keiten verbunden sein würde. Eine vollständige Überwachung der lang gestreckten Grenzen war wegen des Mangels an Grenzbeamten und Truppen tatsächlich vorerst kaum durchführbar. Erschwerend kam hinzu, dass die Einwanderung der »gefährlichen Elemente« nicht über die regulären Verkehrsachsen lief. Die noch im September 1919 diskutierten Pläne über eine Einrichtung von Sanierungsanstalten längs der gesamten deutsch-polnischen Grenze wurden deshalb im Frühjahr 1920 als »nicht zweckmäßig« zu den Akten gelegt.[371] Stattdessen sollten die »unerwünschten Ausländer« nun direkt in Städten wie Breslau, Berlin oder Kattowitz oder in einem der hinter der Grenze liegenden Durchgangslager für Flüchtlinge aufgefangen und saniert werden.[372]

Damit war das ostjüdische Thema jedoch nicht erledigt. Die Berichte über die »Überflutung« deutscher Großstädte durch »unerwünschte Elemente« brachen in der Presse seit Ende 1919 nicht mehr ab.[373] Nachdem sich der preußische Minister des Innern in einem Erlass vom November 1919 aus völkerrechtlichen und humanitären Erwägungen noch gegen eine Ausweisung illegal eingewanderter Ostjuden ausgesprochen und damit einen Sturm der Entrüstung im nationalistischen Lager ausgelöst hatte, wurde im Reichsministerium des Innern im Dezember 1919 über die Möglichkeit einer Ausweisung von »schädlichen Ausländern« diskutiert. Der für Gesundheitspolitik zuständige Ministerialdirektor Dammann argumentierte, der preußische Erlass stelle eine Gefahr für die einheimische Bevölkerung dar, fördere er doch die unerlaubte Einwanderung der Ostjuden. Da eine Ausweisung an der Ablehnung der Übernahme durch die östlichen Grenzstaaten scheitern würde, schien die Unterbringung der Ostjuden in Internierungslagern als augenblicklich wirksamste Maßnahme. Vorerst hegte man aber noch Bedenken, ob die Internierungslager bei den »die Juden unterstützenden Kreisen in Amerika« Anstoß erregen und einen ungünstigen Einfluss auf die deutschamerikanischen Beziehungen ausüben würden. Das Auswärtige Amt sollte deshalb eine Stellungnahme ausarbeiten.[374] Im Mai 1920 schlug

371 BArch, R 86/4561: Sitzung vom 12.2.1920 betreffend Anlagen von Sanierungsanstalten an der deutsch-polnischen Grenze.

372 GStA PK, Rep. 76 VIII B/3565. Bis 1922 schuf man neben den Durchgangslagern 22 Heimkehrerlager, die der vorläufigen Unterbringung von deutschstämmigen Flüchtlingen und Rückwanderern dienten. Vgl. BArch, R86/2402: Allg. Bestimmungen über den Betrieb der Heimkehrerlager, 1.1.1921; Heimkehrerlager-Ordnung.

373 Vgl. Pommerin 1986, S. 319.

374 GStA PK, Rep.76 VIII B/3566: Niederschrift über das Ergebnis der am 10.12.1919 abgehaltenen Beratung, betreffend fremdenpolizeilichen Maßnahmen zur Eindämmung der Zuwanderung von Ausländern.

dieses vor, die »zweifelhaften Elemente in Internierungslager zu bringen, weil so die Wohnungsnot einzudämmen und erneuter unerlaubter Zuzug abzuschrecken sei«.[375] Nachdem im Verlauf des Jahres die Behörden weiterhin mit Eingaben und Beschwerden überhäuft wurden, die Land und Städte von den »gefährlichen Seuchenträgern« entledigt sehen wollten[376], verfügte das preußische Innenministerium im November 1920 ihre Unterbringung in »Sammellagern«. So kam es zur Internierung von Ostjuden in den ehemaligen Kriegsgefangenenlagern bei Kottbus und Stargard.[377]

Verseuchte Bolschewistenbanden

Die deutsche Heimat schien 1919/20 aus seuchenpolizeilicher Perspektive nicht nur durch den Zuzug von Vertriebenen, Rückwanderern und Ostjuden gefährdet. Eine besonders bedrohliche Situation entstand im August 1920, als in kürzester Zeit mehr als 50.000 Rotarmisten ostpreußischen Boden betraten. Es handelte sich um eine Fluchtbewegung der 4. Armee der Heeresgruppe Tuchatschewskij, die im Rahmen des russisch-polnischen Krieges von den Sowjettruppen abgeschnitten wurde, als sie kurz vor Warschau stehend durch einen polnischen Angriff zum ungeordneten Rückzug gezwungen worden war. Der Grenzübertritt erfolgte innerhalb von nur 4 Tagen, ein ordnungsmäßiger Grenzschutz gegen die Einschleppung von Seuchen war damit unmöglich. Die »ungeordneten Massen«, so ein Bericht des Regierungspräsidenten des Landkreises Allenstein, seien in Trupps bis zu mehreren Tausend zum Sammellager Arys gezogen. Auf dem Wege dorthin hätten sie biwakiert, sich kaufend und verkaufend von Dorf zu Dorf bewegt. Ob sich unter den Russen Seuchenkranke oder seuchenverdächtige Personen befanden, habe man beim großen Durcheinander nicht feststellen können.[378]

Mit der Organisation sanitärer Maßnahmen wurde noch im August 1920 das preußische Volkswohlfahrtsministerium beauftragt. Gottstein erfuhr in einer persönlichen Besprechung, dass es in gesundheitlicher

375 Zit. Pommerin 1986, S. 320.

376 Vgl. z. B. GStA PK, Rep. 76 VIII B/3567: Der Oberpräsident der Provinz Ostpreußen an den Minister des Innern, 17.12.1920.

377 Zur Internierungs- und Ausweisungspolitik vgl. Heid 1995, S. 200-222; Aschheim 1982, S. 95. Ein Internierungslager gab es auch in Ingolstadt/Bayern. Weindling 2000, S. 117.

378 GStA PK, Rep. 76 VIII B/3566.

Hinsicht schlecht um die Russen stehe und das größte Elend unter ihnen herrsche.[379] Genauere Angaben über die Verhältnisse lieferte ein Bericht Prof. Händels vom KGA. Bereits auf der Fahrt nach Arys, wo sich die meisten der Russen ansammelten, war dieser auf Trupps von Russen gestoßen, die sich auf den Landstraßen und in den umliegenden Ortschaften »herumgetrieben« hätten. Im Lager des Truppenübungsplatzes herrschte eine massive Überbelegung der Barackenlager, 15.000 Personen biwakierten auf freiem Gelände. Aufgrund dieser Voraussetzungen schien es Händel geboten, sukzessive kleinere Kontingente von Russen in andere Lager in Ostpreußen zu bringen und, da bereits erste Fleckfieberfälle auftraten, die Russen unverzüglich zu entlausen.[380]

Das Reichswehrministerium freilich hatte eine beschleunigte Aufnahme des Abtransportes der Russen aus Ostpreußen ohne Rücksicht auf eine vorherige Sanierung bereits befohlen. Eine Verlängerung ihres Aufenthalts in Ostpreußen schien angesichts der Bedenken örtlicher Behörden und Parteien nicht mehr angängig, die politische, aber auch gesundheitliche Gründe für ein schnelles Agieren gegen die »umherstreifenden Bolschewistenbanden« anführten, die Ostpreußen »überfluteten« und »verseuchten«.[381] Mit dem raschen Abtransport der Russen aus Ostpreußen und ihrer Internierung in verschiedenen Lagern in Deutschland verlagerte sich die Seuchengefahr von der östlichen Peripherie ins Herzland. Und auch hier schien die Sicherung der »Bolschewistenlager«, aus denen immer wieder Fleckfieberfälle gemeldet wurden, wegen unzureichendem Bewachungspersonal nicht immer gewährleistet.[382]

Die Gefahr, die von den russischen Rotarmisten, diesen regellosen, sich sowohl politisch als auch hygienisch nicht begrenzen und kontrollieren lassenden Massen, ausging, endete erst im Frühjahr 1921. Im April 1921 brachte man die Internierten in das Lager Altdamm bei Stettin, von wo aus sie in die Sowjetunion zurückgesandt wurden.

379 Ebd.

380 GStA PK, Rep. 76 VIII B/3567: Bericht über eine […] Dienstreise nach dem Internierungsgebiet der russischen Truppen in Ostpreußen.

381 GStA PK, Rep. 76 VIII B/3566: Der Vorstand der deutschnationalen Volkspartei an den Minister des Innern in Berlin, 4.9.1920.

382 Vgl. GStA PK, Rep. 76 VIII B/3567: Der Regierungspräsident von Lüneburg an den Oberpräsidenten in Hannover, 7.10.1920.

Die wolgadeutsche Flut

Der Osten und speziell Russland sollte als Seuchenherd und Ausgangspunkt von bedrohlichen Massenbewegungen gegen Westen auch in den Nachkriegsjahren bis ca. 1923 weiterhin ein bedeutender Attraktor für die deutschen Sanitätsbehörden bleiben. Gesundheitsbeamte in Deutschland rekurrierten wie bereits seit Kriegsende auf das Bild einer gefährlichen »slawischen Flut« und auf »Wellen von Infektionskrankheiten«, die Deutschland umbrandeten und die ungeschützten Grenzen »mit elementarer Gewalt« zu überspülen drohten.[383] Russland und das neue Polen wurden in der Zwischenkriegszeit und insbesondere während der katastrophalen Hungersnot von 1921-23 und der damit verbundenen epidemiologischen Ausnahmesituation auch zu einem Themen- und Interventionsfeld internationaler Bemühungen.[384]

Auf eine von den deutschen Sanitätsbehörden als außerordentlich gravierend taxierte Situation möchte ich genauer eingehen. Im Zentrum der durch mangelnde Ernteerträge ausgelösten, insgesamt fast 25 Millionen Menschen betreffenden Hungersnot in Russland stand das Gouvernement Saratov. Dieses Gouvernement war Siedlungsgebiet von wolgadeutschen Kolonisten. Um der Not und den um sich greifenden Epidemien (Fleckfieber, Cholera, Malaria, Typhus) zu entgehen, begaben sich 1921/22 Zehntausende Wolgadeutscher auf die Flucht, einige Tausend davon mit dem Ziel Deutschland.[385] Die ersten Transporte mehrerer hundert Wolgadeutscher gelangten Ende 1921 nach Frankfurt a. O., wo sie angehalten und in dem dortigen Quarantäne- und Flüchtlingslager untergebracht wurden. Die Frankfurter Instanzen wurden von diesen Transporten überrascht und zeigten sich bestürzt, als bekannt wurde, dass die Wolgadeutschen stark fleckfieberverseucht waren.[386] Beim zweiten in Frankfurt eintreffenden Transport waren von insgesamt fast 400 Menschen zwei Drittel der Russlanddeutschen von der Krankheit betroffen. Die Quarantäneeinrichtung in Frankfurt war zu diesem Zeitpunkt personell unterbesetzt und befand sich in einem verfallenen Zustand. Die Befürchtung der Behörden war groß, dass durch den hygienisch unkontrollierten Zuzug weiterer Wolgadeutscher der Einschleppung von

383 Vgl. Frey 1922, S. 2291; GSTA PK, Rep. 76 VIII B/3569: Denkschrift der Medizinalabteilung des Volkswohlfahrtsministeriums über die vom Osten her drohende Seuchengefahr, März 1922; Kutscher 1924.

384 Vgl. Weindling 2000, S. 163ff.

385 Vgl. Oltmer 2005, S. 189.

386 GSTA PK, Rep. 76 VIII B/3569: Brief des Magistrats der Haupt- und Handelsstadt Frankfurt a.O. an das Reichsministerium des Innern, 23.12.1921.

Fleckfieber Vorschub geleistet würde und der Heimat durch die bereits anwesenden »verseuchten« Russen deutscher Abstammung größte gesundheitliche Gefahren drohten. Publik gewordene Zwischenfälle wie derjenige eines Bediensteten des Desinfektionshauses im Quarantänelager, der sich im Rausch mitten unter die verlausten Kleidungsstücke legte und einschlief, die vermeintlich mangelnde Bereitschaft der Wolgadeutschen zur Reinlichkeit und die unzureichende Absperrung und Bewachung des Lagers erhöhten dabei die Wahrnehmung einer akuten Bedrohung.[387]

Angesichts dieser Probleme, aber auch des mangelhaften gesundheitlichen Grenzschutzes an der russisch-polnischen und polnisch-deutschen Grenze war der erste Gedanke der beteiligten Behörden, weitere unkontrollierte Transporte zu unterbinden. Vor allem das Reichsministerium des Innern drängte auf einen Einreisestopp von Wolgadeutschen. Am 10. Dezember 1921 wies es die Deutsche Gesandtschaft in Warschau an, die weitere Durchführung von Transporten einzustellen.[388] Trotz Einsprachen des Auswärtigen Amts und der deutschen Vertretung in Warschau stellte sich das Reichsinnenministerium zusammen mit dem preußischen Innenministerium auf den Standpunkt, dass die Unterbringung reichs-deutscher Flüchtlinge vorgehen würde und eine übertriebene Rücksicht auf die vor langer Zeit ausgewanderten Wolgadeutschen nicht angebracht sei.[389] Eine Einigung wurde vorläufig nicht erzielt. Auf Insistieren der deutschen Gesandtschaft in Polen erlaubte man Anfang 1922 die Weiterleitung zumindest derjenigen Gruppen von Wolgadeutschen, die bereits die polnisch-russische Grenze überschritten hatten, bevor der Erlass allen Stellen bekannt geworden war. In der Folgezeit hielt die Reichsregierung an ihrer Position fest, Deutschland habe keine staatsrechtliche Verpflichtung zur Übernahme der Wolgadeutschen.

Da Polen in der Folge keine Visa für die Einreise von Wolgadeutschen mehr vergab, wurde eine Einwanderung nach Deutschland für die meisten Kolonisten des Wolgagebietes gänzlich verunmöglicht.[390] Die Hilfe-

387 BArch, R 86/2401: Aufzeichnung über das Ergebnis der Besichtigung des Heimkehr- und Quarantänelagers in Frankfurt a.O., S. 3; Aufzeichnung über das Ergebnis einer am 5.3.1922 vorgenommenen Besichtigung des Heimkehrer- und Quarantänelagers in Frankfurt a.O., S. 5.

388 GSTA PK, Rep. 76 VIII B/3569.

389 Vgl. BArch, R86/2401: Erster und Zweiter Bericht über das Lager Stralkowo von Pfarrer Kammel; Aufzeichnung über die Besprechung betreffend die Rückwanderung deutschstämmiger Wolgaflüchtlinge nach Deutschland, 17.12.1921.

390 Ebd., Bericht des Direktors im Reichsgesundheitsamt, Dr. Frey, über die im März 1922 nach Polen ausgeführten Dienstreise, 3.4.1922.

leistungen Deutschlands für die Kolonisten verlagerte sich – ähnlich wie viele der internationalen Bemühungen – auf Interventionen an Ort und Stelle, also im Wolgagebiet selbst. Als übergeordnetes strategisches Ziel galt es, durch die Ausschaltung der Migrationsgründe die Kolonisten von einer Auswanderung abzuhalten.[391]

10.3. Vom Ausbleiben der Kriegsseuchen und einer vergessenen Pandemie

Seit der unerwarteten Kriegsniederlage bündelte sich die gesamte Aufmerksamkeit der deutschen Sanitätsbehörden, Bakteriologen und Militärhygieniker mit einer ängstlichen, bisweilen fast dunklen Vorahnung auf die Kriegsseuchen. Der 1916 geschlossene »Separatfrieden« schien jetzt mehr als gefährdet. Angesichts des einbrechenden Seuchenwalls, der als Garant für die Reinhaltung Deutschlands gegolten hatte, angesichts der kontinuierlichen Vermischung von »reinen« und »unreinen« Arealen und Territorien und dem Auftauchen von regellosen, unkontrollierbaren und damit unheimlichen und gefährlichen Menschenmassen (sowohl Flüchtlingen, Kriegsgefangenen als auch eigenen Soldaten!) im Feld der imaginierten Reinheit, die das ursprünglich in den Demobilisierungsplänen entworfene Bild der verdichteten Masse konterkarierten, befand man sich in nahezu fortwährender Erwartung eines massiven Seuchenausbruchs.

Der große epidemische Ausbruch wurde dabei als zwangsläufig imaginiert: All die »schönen Vorbereitungen« waren zunichte, alle Sicherheitseinrichtungen und -maßnahmen der Seuchenbekämpfung, die den Errungenschaften der Bakteriologie und bakteriologischen Hygiene zu verdanken waren, griffen entweder überhaupt nicht mehr oder nur noch in ganz unzureichendem Masse. Deutschland war durch die überstürzte Demobilisierung und das unkontrollierte und ungeregelte Passieren der hygienisch ungesicherten Grenzen durch infizierte und kranke Menschen in ein infektiöses Meer von Ungeziefer und Krankheitserregern verwandelt worden. Deutschland *musste* unweigerlich einer epidemischen Katastrophe entgegensehen. Der Pesttraum *musste* Realität werden.

391 So bemühte sich eine staatlich unterstützte Expedition des Deutschen Roten Kreuzes, mit Hungerhilfe, Kleidungsstücken, Medikamenten, Impfungen, Laborausrüstungen und Desinfektionsmitteln die Notstände zu lindern und die Epidemien vor Ort zu unterdrücken. Zu den Hintergründen und Motiven der Expedition vgl. Weindling 2000, S. 153ff.; Oltmer 2005, S. 191.

Doch das absolut Unerwartete trat ein: Die von Militärärzten, Gesundheitsbehörden und der Öffentlichkeit gleichermaßen antizipierten Seuchenausbrüche blieben aus. Trotz der Auflösung des Systems bakteriologischer Seuchenabwehr kam es sowohl während der Demobilisierung als auch in den darauf folgenden Nachkriegsjahren nicht zum Aufflackern der erwarteten großen Fleckfieber-, Cholera-, Typhus- oder Ruhrepidemien. »Glücklicherweise hat sich die Befürchtung, daß die überstürzte Demobilisierung, das Zurückströmen der gewaltigen Truppenmassen […] zur Verbreitung von Seuchen innerhalb von Deutschland Veranlassung geben würde, nicht bewahrheitet«, bemerkte ein Berichterstatter 1919.[392] Auch später veröffentlichte Statistiken und Beiträge belegen, dass die »gemeingefährlichen« Krankheiten des Reichsseuchengesetzes, aber auch die ebenfalls zu den typischen Kriegsseuchen gerechneten akuten endemischen Infektionskrankheiten wie der Typhus im Nachkriegsdeutschland keine stärkere Verbreitung fanden.[393]

Aufgrund der Fokussierung auf die gängigen, in der Reichs- und Landesgesetzgebung erfassten Kriegsseuchen, die vom inflationär zirkulierenden ›Krieg und Seuchen‹-Narrativ bestärkt wurde, blieb die Ausbreitung einer ganz anderen Infektionskrankheit mehr oder weniger unbeachtet. Dass ausgerechnet diese Infektionskrankheit in den Debatten und Aktivitätsplänen der Medizinalbehörden kaum Spuren hinterließ, mutet aus heutiger Perspektive beinahe unbegreiflich an: Es handelt sich um die 1918/19 ungeachtet aller Landesgrenzen und Nationalitäten ihren fatalen Siegeszug antretende Influenza, die »Spanische Grippe«.[394] Ausgehend von Fällen im Mittleren Westen der USA breitete sich die Grippe-Pandemie im letzten Kriegsjahr über den gesamten Erdball aus und tötete in mehreren Wellen mehr Menschen, als der Weltkrieg im Verlauf von vier Jahren.[395] In Deutschland erlagen der Krankheit, verursacht durch eine genetische Rekombination eines Influenza-A-Virus (Typ H1N1), je nach Schätzungen 225.000 bis 300.000 Menschen.[396]

392 Zit. Witte 2003a, S. 105.

393 Solbrig 1924, S. 209; Gottstein 1922a; Gottstein 1922c; Möllers 1926.

394 Den Namen »Spanische Grippe« erhielt die Krankheit, weil die iberische Halbinsel in Europa relativ früh von der Epidemie erfasst wurde und weil Meldungen von großen Verlusten wegen der fehlenden Pressezensur erstmals aus Spanien eintrafen.

395 Vasold 2003, S. 476. In einer Bilanz sprechen Johnson/Müller 2002 von weltweit knapp 50 Millionen Todesopfern. Zur Grippe-Pandemie in Deutschland vgl. Witte 2003a; Witte 2003b; Witte 2006; Müller 1996; Vasold 2003.

396 Gibbs/Armstrong/Gibbs 2001. Eine Veröffentlichung des RGA spricht von 239.452 Toten bis Ende 1918. Bogusat 1922. In der Literatur finden sich für

Desinteresse und Passivität der Behörden

Erste Grippefälle im Westheer machten sich in Deutschland bereits im März 1918 bemerkbar, Massenerkrankungen im ganzen Land wurden aber erst im Sommer 1918 bestätigt.[397] Im Juni kamen die Tageszeitungen, die aufgrund der Zensur nicht über Grippefälle im Heer berichten durften, nicht mehr umhin, auf die vielen grippeartigen Erkrankungen im Reich aufmerksam zu machen.[398] Die Reichsbehörden schenkten dieser ersten Welle, die sich mit hoher Virulenz und Morbidität von West nach Ost ausbreitete und im August wieder abebben sollte, wenig Aufmerksamkeit. Zwar wurde am 10. Juli der Reichsgesundheitsrat wegen der Häufung influenzaartiger Erkrankungen im Reich zusammengerufen. Eine wirkliche Dringlichkeit für die Thematik schien allerdings nicht gegeben, nahmen doch an der Beratung lediglich die Hälfte der einberufenen Mitglieder teil.[399] Ratsmitglied Richard Pfeiffer bestätigte, es handle sich bei den aktuellen Krankheitsfällen um Influenza, die durch den *haemophilus influenzae* hervorgerufen sei – dem Bakterium, das er 1892 als den verursachenden Erreger der Influenza isoliert hatte. In der kurzen Sitzung stellte man fest, dass die Krankheit meist nach vier bis fünf Tagen ebenso schnell verschwinde, wie sie gekommen sei. Bisweilen seien allerdings auch Lungenentzündungen zu beobachten, die tödlich endeten. Auch seien auffällig viele junge und körperlich kräftige Personen von der Grippe erfasst. Ohne das Bild der Krankheit genauer geklärt zu haben, empfahl der Reichsgesundheitsrat eine rasche Aufklärung der Bevölkerung durch die Tagespresse. Daneben wurden die Bundesregierungen aufgefordert, mittels eines Fragebogens zusammenfassende Auskünfte zur Grippe an das KGA zu schicken. Wie einer kurz darauf von der Tagespresse rezipierten Notiz des Präsidenten des KGA entnommen werden kann, lag in den Augen der Behörden kein Anlass zur Beunruhigung vor: Die Krankheit habe ihren Höhepunkt erreicht und werde rasch wieder abnehmen.[400] Die Leser wurden beruhigt und auf die geringe Mortalität der Krankheit hingewiesen. Dies zu einem Zeitpunkt, wo eine preußische Statistik allein für den Monat Juli 1918 mehr Influenza-Tote auswies als für die zwölf vorangegangenen Monate zusammen.[401]

Deutschland in den Jahren 1918/19 Angaben zwischen 225.000 (Müller 1996), 250.000 (Witte 2003b) und annähernd 300.000 Toten (Vasold 2003).

397 Bogusat 1922, S. 445.

398 Müller 1996, S. 327.

399 Witte 2003a, S. 98.

400 Ebd., S. 99.

401 Müller 1996, S. 327.

In Anbetracht des großen Gegensatzes zwischen der kurzen, geradezu flüchtigen Beratung über die Grippe einerseits und der umfangreichen, minutiösen Planung und Berücksichtigung aller Eventualitäten andererseits, die der Frieden von Brest-Litowsk und die Demobilisierung für die Einschleppung der traditionellen Kriegsseuchen mit sich bringen würden, kann kein Zweifel darüber bestehen, dass die Grippe bis Mitte 1918 eine lediglich periphere Position im Aufmerksamkeitsspektrum der Gesundheitsbehörden einnahm. Im Vergleich zum massiven »Waffen«-Arsenal, das gegen die Kriegsseuchen ins Feld geführt wurde, ist es zudem auffällig, dass keine speziellen seuchenpolizeilichen Maßnahmen wie etwa Versammlungsverbote oder Desinfektionsvorschriften erlassen wurden. In der Schweiz ermächtigte der Bundesrat bereits im Juli 1918 die Kantonsregierungen, Verbote von Ansammlungen im Freien und in geschlossenen Räumen anzuordnen.[402]

Doch auch nachdem die Grippe in einer zweiten Welle Ende September/Anfangs Oktober 1918 zurückkehrte,[403] sollte sich an der an Vernachlässigung grenzenden Zurückhaltung der Gesundheitsbehörden auf Reichsebene nicht viel ändern. Die zweite Welle, die zuerst erneut an der Westfront auftrat, zeichnete sich im Vergleich zur ersten durch eine hohe Mortalitätsrate aus, wobei besonders viele Tote unter den 15-40-Jährigen, starken und aktiven Individuen zu beklagen waren. Die Krankheit wurde jetzt als »bösartig« bezeichnet.[404] Einzelne Betroffene erlagen ihr innerhalb weniger Stunden oder Tage mit sich schnell entwickelnden, von Blutungen begleiteten Lungenentzündungen.[405] Auf Veranlassung von Reichskanzler Max von Baden trat der Reichsgesundheitsrat am 16. Oktober erneut zusammen, um über die Grippesituation zu beraten. Trotz dem Ernst der Lage wurde die Krankheit auch in dieser Sitzung nicht als anzeigepflichtig erachtet. Schulschlüsse, Theaterschließungen oder Versammlungsverbote hielt man nicht für erforderlich. In Aussicht gestellt wurden einzig und allein allgemeine Belehrungen, die über die Presse verbreitet werden sollten. Dazu gehörte die Mahnung, sich die Hände zu waschen, mit Lösungen von Kochsalz u.ä. zu gurgeln, Bettruhe einzuhalten und, bei allfälliger Zugehörigkeit zu einer Risikogruppe, Menschen-

402 Zum Vergleich der Gesundheitspolitik Deutschlands und der Schweiz gegenüber der »Spanischen Grippe« vgl. Weber 2008.

403 Vgl. Kleine Mitteilungen, in: *DMW* 38 (1918); Kleine Mitteilungen, in: *DMW* 41 (1918).

404 Vgl. *BKlW* 44 (1918), S. 1044.

405 Müller 1996, S. 333. Vgl. auch Tagesgeschichtliche Notizen, in: *BKlW* 42 (1918), 1016.

ansammlungen zu meiden. Da eine Beunruhigung der Bevölkerung unbedingt vermieden werden sollte, waren umfassende Informationen über die Grippe nicht erwünscht. In einem an der Pressebesprechung des deutschen Generalstabes vom 22. Oktober erwähnten Gesuch Bumms hieß es, eine besorgniserregende, die Stimmung der Bevölkerung ungünstig beeinflussende Berichterstattung solle unterbleiben.[406] Die Presse kam dieser Aufforderung nach. In der *Frankfurter Zeitung* etwa konnte man bis zum Höhepunkt der Epidemie im Oktober 1918 lesen, dass die Krankheit nicht schwerwiegend sei und kein Anlass zur Unruhe bestehe.[407] Gemäß Wilfried Witte sind die bloß allgemein gehaltenen Verhaltensmassregeln ebenso wie das Insistieren auf einer möglichst geringen Beunruhigung der Bevölkerung vor dem Hintergrund des Ausmaßes der Epidemie als Indizien für eine allgemeine Überforderung und Ratlosigkeit der Behörden zu werten.[408] Weit weniger ratlos agierte man dahingegen in Bezug auf die durch den Waffenstillstand und die überstürzte Demobilisierung drohenden Kriegsseuchen. In diesem seit Jahren hochgradig observierten Feld, in dem die Medizinalverwaltung zumal aufgrund der Seuchengesetze, der Typhuskampagne und den Kriegserfahrungen große Expertise für sich beanspruchte, wurden die zu ergreifenden Maßregeln eingehend diskutiert und flächendeckend kommuniziert. Die vom Reichsamt für wirtschaftliche Demobilisierung im November 1918 herausgegebene Verordnung über die Verhütung von Seuchen, die in allen Tageszeitungen abgedruckt wurde, beinhaltete denn auch sehr klare Präventionsrichtlinien. Man dachte dabei allerdings ausschließlich an die Seuchen der Seuchengesetze. Die Grippe fand keinerlei Erwähnung.[409]

Auch als die Influenza Ende Dezember 1918 und im Januar 1919 gerade in einer dritten Welle über das Land ging, waren die Behörden noch immer primär vom Szenario einer potentiellen Einschleppung von Kriegsseuchen absorbiert. In den behördlichen Dokumenten sind antizipierte Ausbrüche von Fleckfieber oder Typhus viel präsenter als die tatsächlich um sich greifende Grippeepidemie und die Tausenden bereits an Grippe verstorbener Menschen. Dass die Gesundheitsbehörden des Reichs und der meisten Bundesländer noch immer kein Krisenbewusstsein für die Influenza-Pandemie ausbildeten, belegt auch die vom Reichsinnenministerium bis Juli 1919 verlängerte Frist für Eingaben der im

406 Witte 2003a, S. 99, 66.
407 Müller 1996, S. 337.
408 Vgl. Witte 2003a, S. 96-100.
409 Witte 2006, S. 7.

August 1918 lancierten Grippe-Sammelforschung. Tatsächlich sollten die angeforderten Berichte der Bundesländer erst zwölf Monate später, nämlich im Juli 1920, in Berlin eintreffen – zwei Jahre nach dem Höhepunkt der ersten Grippewelle.[410]

Bezeichnend für die ungebrochene Nonchalance und das Herunterspielen der Gefahr ist auch eine Rede Kirchners vom Dezember 1918. Nachdem in Preußen bereits Zehntausende der Grippe erlegen waren, bemerkte der Ministerialdirektor im Rahmen der kriegsärztlichen Abende lapidar: Heimat und Heer seien glücklicherweise vor Seuchen verschont geblieben. Zwar habe man einige kleinere Ausbrüche von Pocken, Ruhr, Fleckfieber, und neuerdings eine größere Grippeepidemie verzeichnet. »[A]ber im großen und ganzen ist unser Volk doch von großen Seuchen nicht heimgesucht worden«.[411]

Ratlose Medizin

Im Gegensatz zur geringen Aufmerksamkeit, die die Influenza bei den Behörden genoss, setzten sich Hygieniker, Bakteriologen, Pathologen, Pharmazeuten und Kliniker in der medizinischen Presse ausführlich mit der um sich greifenden Epidemie auseinander.[412] Von einer besonderen Sicherheit oder Einheitlichkeit zeugte allerdings auch der wissenschaftliche Grippediskurs nicht.

Überaus prominent wurde die ätiologische Frage verhandelt, die geradezu in einen Streit um den Erreger der Influenza mündete. Pfeiffer beharrte in den Auseinandersetzungen auf der ätiologischen Bedeutung des *haemophilus influenzae* und erhielt von gewissen Vertretern der offiziellen Schule Unterstützung.[413] Andere Bakteriologen konnten diese Anschauung nicht bestätigen. Viele einflussreiche Bakteriologen antworteten auf ein Zirkular der *Deutschen Medizinischen Wochenschrift*, sie hätten den Pfeifferschen Bazillus entweder überhaupt nicht oder nur in einer kleinen Zahl von Fällen gefunden, dann aber jeweils in Verbindung mit anderen Keimen wie Streptokokken, Diplokokken und Pneumokokken.[414] Zuweilen hatte man auch Mühe, die Pfeifferschen Bazillen von

410 Vgl. Bogusat 1922, S. 443.

411 Kirchner 1919a, S. 70.

412 Bernhard Möllers zählte 1922 über 500 Einzelveröffentlichungen zur Grippe in der medizinischen Fachliteratur. Möllers 1923a, S. 1. Zur medizinischen Debatte vgl. Witte 2006.

413 Neufeld/Papamarku 1919, S. 10; Neufeld 1920b.

414 Tognotti 2003, S. 103.

anderen ähnlichen Bakterien abzugrenzen. Überdies fand sich der *haemophilus* auch im Sputum bei manch anderen Krankheiten.[415] Walter Levinthal vom RKI versuchte diese Probleme zu lösen, indem er eine Gruppe von Influenzabazillen definierte und vier Typen unterschied, wobei Typ I dem echten Influenzabazillus, wie Pfeiffer ihn beschrieben hatte, entsprach. Nachdem allgemein zugegeben worden war, dass der Pfeiffersche Bazillus nur selten identifiziert werden konnte, machten auch alternative Erreger die Runde. Wie Antonia Tognotti aufgezeigt hat, fand auf internationaler Ebene bis Ende Oktober 1918 die Idee großen Rückhalt, dass die Krankheit einen viralen Ursprung haben könnte.[416] Auch in Deutschland fand diese Idee durchaus Anhänger.[417] Pfeiffer seinerseits lehnte die These eines invisiblen, filtrierbaren Virus ab, integrierte aber Levinthals neue Kategorisierung in sein Denken. Er akzeptierte also, dass es morphologische Varianten des Influenzabazillus gab. Wie die Tagung der Freien Vereinigung für Mikrobiologie im September 1920 zeigte, konnte man sich in der ätiologischen Frage nicht abschließend einigen.[418]

Für die Internisten war eine solche ätiologische Unentschiedenheit besonders problematisch. Sie hatten es bereits angesichts der vielgestaltigen Krankheitsbilder, die entgegen den bisherigen Erfahrungen häufig mit Krankheitserscheinungen des zentralen Nervensystems gekoppelt waren (epidemische Enzephalitis, Poliomyelithis), äußerst schwer, sich auf einen klaren Begriff der Grippe zu einigen. Inwiefern es sich gerade bei der Enzephalitis um eine Nachkrankheit der Influenza oder um eine Krankheit *sui generis* handelte, blieb ebenso unklar wie die Frage nach ihrem Erreger. Aufgrund der unterschiedlichen Befunde der Bakteriologen stützte man sich denn auch immer mehr auf eine rein klinische Beurteilung der komplexen Krankheitsfälle.[419]

Auch mit Blick auf die Epidemiologie der Grippe blieben viele Fragen unbeantwortet: Weshalb kam es nur ab und zu in größeren Zeitabständen zu einer großen Epidemie? Weshalb folgten die ersten zwei Wellen so kurz aufeinander und weshalb verlief die zweite so heftig? Weshalb starben gerade die Robusten, Jungen und gut Ernährten so häufig? Nur mit einer plötzlichen Schwankung der Ansteckungsfähigkeit der vermeintlichen Erreger, wie man zunächst vermutete,[420] ließen sich solche

415 Möllers 1921, S. 577.
416 Tognotti 2003, S. 107.
417 Möllers 1919, S. 1082.
418 Witte 2003a, S. 224f..
419 Möllers 1919, S. 1082.
420 Möllers 1923a, S. 10.

Fragen nicht abschließend beantworten. Ähnlich offen wie die epidemiologischen Fragen blieb auch die Suche nach einer adäquaten Therapie. Die Praktiker griffen mehr oder weniger nach allem, was sich irgendwie als geeignetes Mittel anbot. Ein Idealheilmittel schien nicht in Sicht, so dass immer wieder neue Behandlungsmöglichkeiten vorgeschlagen wurden.[421] Die Epidemie sollte letztlich auf der ganzen Welt mehr oder weniger ungeachtet der ergriffenen prophylaktischen und therapeutischen Maßnahmen so rasch verschwinden, wie sie gekommen war.

Zum Umgang mit der Grippe in Deutschland lässt sich abschliessend sagen, dass sowohl die Gesundheitsbehörden, die der grassierenden Epidemie in Erwartung der traditionellen Kriegsseuchen – ihrem ureigensten Feld der Expertise – kaum Aufmerksamkeit schenkten, als auch die Wissenschaftler selbst – trotz grösserem Interesse und regeren Debatten –, der Influenza mehr oder minder rat- und tatenlos gegenüber standen.

421 Möllers 1921, S. 583.

IV. FRIEDEN?

Destabilisierung und Wandel der Bakteriologie in der Weimarer Republik

Die letzten Dekaden des 19. Jahrhunderts markierten den Beginn des Zeitalters der Bakteriologie. In der aufregenden Phase neuer Erkenntnisse und neuen Erkennens blickten medizinische Fachwelt und Öffentlichkeit gebannt auf die Welt des Kleinsten. Die Lehre von den pathogenen Mikroorganismen versprach nicht nur praktische Hilfe für die leidende Menschheit, sie schürte zugleich die Hoffnung, die Infektionskrankheiten in Zukunft vollständig auszurotten. Obwohl das bakteriologische ›Gold‹ um die Jahrhundertwende an Glanz verlor, gelang es Koch und seinen Schülern, die Bakteriologie als potente epidemiologische Feldwissenschaft zu etablieren. Im Weltkrieg erlebte die Disziplin, inthronisiert als wissenschaftlicher Schutzgeist Deutschlands, nach dem ›Sturm und Drang‹ der 1880er Jahre einen zweiten Höhepunkt an Einfluss und Ansehen. Es sollte, wie ich im Folgenden zeigen werde, der letzte sein.

Der militärische Zusammenbruch, die Revolution, das »Schanddiktat von Versailles« und die wirtschaftlich-soziale Notlage führten nicht nur in Bezug auf die politischen, ökonomischen und mentalen Ordnungsstrukturen zu einschneidenden Transformationsprozessen.[1] Auch für die Formation des bakteriologischen Denkstils und das Prestige der Bakteriologen bedeutete die Weimarer Zeit eine Zäsur. Im Zuge der paradoxen Realitätseinbrüche am Kriegsende und in den Folgejahren erfuhren die bewährten Wahrheiten und Denkkategorien eine zunehmende Destabilisierung. Die Influenza, ihre irritierenden Nachfolgekrankheiten und insbesondere das Ausbleiben der von allen erwarteten, im Zentrum der Aufmerksamkeit stehenden Kriegsseuchen offenbarten eindrücklich, dass die traditionellen bakteriologischen Modelle und Denkfiguren nicht mehr imstande waren, die offensichtlich doch um einiges komplexeren Beziehungen von Makro- und Mikroorganismen zu erklären. Der Zusammenbruch der bakteriologischen *Harmonie der Täuschungen* (Fleck)

1 Zum Ende des Ersten Weltkriegs und seinen Nachwirkungen im Sinne einer Geschichte der inneren Liquidation des Krieges vgl. Bessel 2002. Zur Politik-, Gesellschafts- und Kulturgeschichte der Weimarer Republik vgl. Nolte 2006; Möller 2004; Hardtwig 2007.

mündete Mitte der 1920er Jahre in einen grundlegenden Wandel des Denkstils. Anstelle der martialischen Bilderwelten verwendete man jetzt Denkfiguren, die Infektionskrankheiten als Störungen diffiziler »Gleichgewichte« oder »Symbiosen« (eine Art friedliche Koexistenz) von Menschen und Bakterien entwarfen und den »unreinen« Körper als Normalfall installierten – vollkommen neue Koordinaten begannen sich in der bakteriologischen Ordnung des Wissens zu etablieren.

II. Der sinkende Stern der Bakteriologie

Die folgenden Abschnitte widmen sich dem Zeitraum zwischen dem Kriegsende und ca. 1923/24. Welche Lesarten zirkulierten in dieser Krisenzeit der Weimarer Republik von den bakteriologischen Arbeiten im ›Großen Krieg‹? Wie gingen die Bakteriologen mit den paradoxen Seuchengängen am Kriegsende und in der unmittelbaren Nachkriegszeit um? Und welche Effekte hatten Revolution und Neugestaltung der (gesundheits)politischen Ordnung auf die ehemals führende Gesundheitswissenschaft der Moderne?

II.I. Bakteriologischer Erfolg im in vivo Experiment: Die offizielle Version

Bereits kurz nach Kriegsende veröffentlichten Militärhygieniker und zivile Medizinalbeamte eine Fülle von Artikeln, Beiträgen und Sammelschriften, die Bilanz zogen über die hygienisch-bakteriologischen Erfahrungen. Hatte sich die Bakteriologie, diese kriegsentscheidende medizinische Wissenschaft bewährt? Man braucht nur einen kurzen Blick auf die amtlichen Verlautbarungen zu werfen, um ihren Tenor auszumachen: Deutschland hatte zwar den Krieg gegen die feindlichen Soldaten verloren, im »Krieg« gegen die feindlichen »Bazillenheere« jedoch hatte es den »Sieg« davongetragen. Bereits im Februar 1919 betonte Martini: »In einem sind die Deutschen sicherlich siegreich gewesen, im Bekämpfen der von allen Seiten und namentlich von Osten her auf sie eindringenden Seuchen«.[2] Kirchner pflichtete ihm wenige Monate später bei und nannte gleich den Hauptverantwortlichen für die Erfolgsbilanz: »Der staatlichen Seuchenbekämpfung ist es in erster Linie zu verdanken,

2 Martini 1919a, S. 129.

daß während des Krieges das Heer und das Volk von nennenswerten Seuchenausbrüchen verschont geblieben ist.«[3]

Wie bereits während des Krieges spielten auch unmittelbar danach Hinweise auf das zwangsläufige Auftreten von Seuchen in Feldzügen für die Herstellung von Evidenzen eine entscheidende Rolle. Die Gefährdung der Heere durch Seuchenausbrüche und die in Kriegszeiten beträchtlichen Todeszahlen durch Krankheitsverluste wurden von offiziellen Stellen als Argumente eingesetzt, um die Leistungen der Militärhygieniker und Bakteriologen speziell hervorzuheben. Da alle früheren Kriege mehr Opfer durch Seuchen als durch die Einwirkung feindlicher Gewalt gefordert hatten, konnte das geringe Seuchenaufkommen zwischen 1914 und 1918, das die sukzessive publizierten Statistiken nahe legten, nur auf das Konto der Hygiene und Bakteriologie gebucht werden. Auch der Direktor des Berliner Hauptgesundheitsamtes, Wilhelm Hoffmann, eröffnete sein 1920 publiziertes Buch *Die deutschen Ärzte im Weltkriege* mit dem altbekannten zwingenden Paar. Nach dem Hinweis, noch nie seien größere Kriege geführt worden, ohne dass Seuchen zahlreiche Opfer gefordert hätten, wies er auf das »beachtenswerte Ergebnis« hin, dass es im »letzten großen Völkerringen gelungen ist, trotz der gegen früher gewaltigen, durch die massenhaften Truppenansammlungen und durch die lange Kriegsdauer bedingten gesundheitlichen Gefahren den Seuchen ihren furchtbaren Schrecken zu nehmen.«[4] Im Hygiene-Band des von der Sanitätsabteilung des Kriegsministeriums ab 1921 herausgegebenen *Handbuchs der ärztlichen Erfahrungen im Weltkriege 1914/18*[5] betonte Drigalski, früherer Mitarbeiter der Typhuskampagne und Sanitätsoffizier im Krieg:

> »Die Armee ist in 4½ Kriegsjahren allen jenen Gefahren ausgesetzt gewesen, die in früheren Kriegszeiten ganze Heere zugrunde gerichtet und beispielsweise das Schicksal der Napoleonischen Truppen in Russland, die das Fleckfieber ›wie Schnee an der Sonne‹ hinschwinden ließ, ohne Eingreifen von Waffengewalt bestimmt hat. Es ist gelungen, unser Heer und unser Volk vor ausschlaggebender Krankheitsverseuchung zu bewahren; nicht solche, sondern eine schwere psychische Infektion [sic] hat sein Geschick entschieden.«[6]

3 Kirchner 1919d, S. 625. Ähnlich Kossel 1919, S. 10; Kayser 1924, S. 252.

4 Hoffmann 1920a, S. 97.

5 Das Handbuch erschien ab 1921 in sieben Bänden und versuchte die Tätigkeit der verschiedenen medizinischen Zweige im Krieg nachzuzeichnen und zu bewerten.

6 Drigalski 1921a, S. 305.

Tatsächlich veranschaulicht bereits das Vorwort im selben Band, dass sich die Dinge während des Krieges in den Augen der offiziellen Militärmedizin gar nicht anders hatten entwickeln können: Schon 1916, als der Chef des Feldsanitätswesens den Plan eines mehrbändigen Werkes über die Kriegserfahrungen fasste, habe festgestanden, dass die Sorge um das Wohl des Heeres »in erster Linie« durch die erfolgreiche Bekämpfung der Infektionskrankheiten gebannt worden war. Da fast alle anerkannten Hygieniker dem Ruf des Vaterlandes gefolgt seien, hätten die gefürchteten Kriegsseuchen ihren Schrecken verloren.[7]

Betrachtet man die seit etwa 1920 publizierten, wenn auch nicht auf umfassenden Auswertungen der Truppenkrankenrapporte und Zählkarten beruhenden Erhebungen zum Gesundheitszustand von Heer und Heimatbevölkerung, war gegen diese Lesart kaum etwas einzuwenden.[8] In Hoffmanns Epos vermittelte die aus »amtlichem Material« bestehende vorläufige Sanitätsstatistik für Typhus (abgesehen vom Jahr 1914), Cholera, Pocken, Fleckfieber und Rückfallfieber tiefe Gesamtzugänge während der gesamten vier Kriegsjahre. Nur bei der Ruhr und der Malaria (besonders auf dem Balkan) sowie bei den Geschlechtskrankheiten konnte überhaupt von zahlenmäßig ins Gewicht fallenden Kriegsseuchen gesprochen werden.[9] Eine Aufstellung von Medizinalrat Otto Solbrig präsentierte mit Blick auf den Seuchenstand in der Heimat für die zu den Kriegsseuchen gerechneten, »gemeingefährlichen« und akuten Infektionskrankheiten zwischen 1914 und 1918 tiefe Mortalitätszahlen (Morbiditätszahlen lagen Solbrig nicht vor), wobei auch hier die Ruhr im Vergleich zur Vorkriegszeit einen ausgeprägten Anstieg aufwies, vor allem im Jahr 1917.[10]

7 Zit. Schjerning 1921, o.S. Auch Bernhard Möllers schloss nach dem Krieg nahtlos an seine Erfolgsrede auf der Warschauer Tagung 1916 an. Möllers 1926, S. 128.

8 Die offizielle Sanitätsstatistik zum Feld- und Besatzungsheer im Weltkrieg erschien aufgrund der veränderten politischen Verhältnisse, der Auflösung des Heeres und der Neugliederung der Behörden erst 1934 als *Sanitätsbericht über das Deutsche Heer im Weltkriege 1914/18*, bearbeitet von der Heeres-Sanitätsinspektion des Reichswehrministeriums. Über den Wert einer Heeresstatistik äußerte sich Wilhelm His skeptisch, da er das Material, aus der sie gewonnen wurde (Truppenkrankenrapporte, Zählkarten) mit großen Unsicherheiten belastet sah. His 1921, S. 3. Zur Diskussion über die Frage der Kriegssanitätsstatistik in der Sitzung des wissenschaftlichen Senats bei der Kaiser-Wilhelm-Akademie am 12.4.1919 vgl. Geigel 1919, S. 103.

9 Hoffmann 1920, S. 98f.

10 Solbrig 1924, S. 209.

In dem von Bernhard Möllers unter Mitarbeit anderer Mitglieder des Gesundheitsamtes 1923 herausgegebenen Buch *Gesundheitswesen und Wohlfahrtspflege im Deutschen Reiche* finden sich ähnlich vorteilhafte Hinweise und Statistiken.[11] Nur für die Grippe und für einheimische Volksseuchen wie Geschlechtskrankheiten und Tuberkulose mussten teilweise starke Wachstumsraten konzediert werden – Entwicklungen, mit welchen sich die Weimarer Gesundheitsbehörden noch intensiv beschäftigen würden, denen aber in den offiziellen Darstellungen über den Wert der Seuchenbekämpfung im Krieg kein großer Platz eingeräumt wurde. Der Ursprung des Übels – die Zunahme von Tuberkulosemorbidität und -mortalität in der Heimat – wurde hauptsächlich auf die durch die Blockade forcierte Nahrungsmittelnot und die Verschlechterung der Wohnungssituation zurückgeführt.[12] Bei den Geschlechtskrankheiten versuchten die zuständigen Reichsministerien vor allem beruhigend auf die öffentliche Meinung einzuwirken.[13] Eine im Anschluss an die Rückkehr des Heeres angeordnete Zählung der Geschlechtskranken Ende 1919 sollte etwa zeigen, dass sich im Vergleich zum Stand der Vorkriegszeit keine signifikante Zunahme belegen ließ.[14] Die Grippe wiederum fand im *Handbuch der ärztlichen Erfahrungen* nur eine kurze Besprechung durch Möllers. Obwohl dieser zugab, bei der Ätiologie, Epidemiologie und Prophylaxe der Grippe beständen noch allerlei Unklarheiten, verzichtete er in seinem Artikel auf eine vertiefte Auseinandersetzung mit den offenen Fragen. Aufgrund des Befundes, die Epidemie habe alle Staaten gleichermaßen betroffen und in jedem Land – ob neutral oder Kriegspartei – ungeheure Verluste an Menschenleben gefordert, sowie aufgrund der pauschalen, nur punktuell die deutschen Verhältnisse reflektierenden Berichterstattung wird zudem klar: Die Pandemie wurde außerhalb aller gängigen Erfassungsschemen über Kriegsseuchen in Deutschland situiert. Sie brauchte damit auch nicht in die effektiven

11 Möllers 1923b, S. 93, 227ff.

12 Vgl. Möllers 1923b, S. 91f., 271. Vgl. auch das Referat Kirchners auf dem Deutschen Tuberkulosekongress (Mai 1921), in: *Zeitschrift für Krankenpflege* 5 (1921), S. 181.

13 Sauerteig 1999, S. 88.

14 Vgl. Möllers 1923b, S. 318-320. Drigalski betonte, dass man auf dem Gebiet der Geschlechtskrankheiten trotz Fehler und Lücken unleugbare Erfolge erzielt habe. Drigalski 1921b, S. 609. Vgl. auch die von der Heeres-Sanitätsinspektion zur Abwiegelung ausländischer Hypothesen über die große Verbreitung von Geschlechtskrankheiten im deutschen Heer publizierte Schrift: Die Geschlechtskrankheiten im Deutschen Heere während des Weltkrieges 1914/18, in: *Der Kampf gegen die Geschlechtskrankheiten* 1-3 (1923).

Bilanzen der Kriegshygiene und Bakteriologie eingereiht zu werden. Dass einer im Krieg kaum Todesopfer fordernden Krankheit wie der Weil'schen Krankheit im Handbuch 45 Seiten, der Grippe dahingegen nur deren 10 gewidmet wurden, spricht ebenfalls eine deutliche Sprache. Die Grippe wurde als ephemere Erscheinung abgetan und fand auch bei den Militärbehörden – in klarer Analogie zur Vernachlässigung der Grippe durch die Zivilbehörden – fast nicht statt. Die offiziellen Berichte über die Kriegstätigkeit der Bakteriologen und Hygieniker etablierten auf diese Weise eine einmalige Erfolgsgeschichte: Die Kriegsseuchen waren aufgrund der planerischen Voraussicht und der effektiven »Kriegsführung« gegen die Bakterien erfolgreich besiegt worden!

Auch bezüglich des Experimentalcharakters des Krieges zog man in den amtlichen Schriften eine durchwegs positive Bilanz. Der Krieg als »Experimentator größten Stils« und »großer Lehrmeister« hatte sich für die gesamte Medizin und besonders für die Felder der Bakteriologie, Immunitätsforschung und Hygiene produktiv erwiesen.[15] Speziell hervorgehoben wurden die neuen Erkenntnisse im Bereich der vorbeugenden Serumtherapie (Tetanus), der rationellen Ungeziefer- und insbesondere Läusebekämpfung sowie der ätiologischen Aufklärung einzelner Infektionskrankheiten (Weil'sche Krankheit, Fleckfieber, Gasödem).[16] Gerühmt wurden aber auch die Erkenntnisfortschritte bei den prophylaktischen Schutzimpfungen, insbesondere bei der Erforschung der Typhus- und Choleraschutzimpfung.[17]

Angesichts der postulierten Seuchengefahr bei Kriegsende und den geradezu panischen Schreckensszenarien in der unmittelbaren Nachkriegszeit ist ein Punkt an diesen Erfolgsverlautbarungen besonders frappant: Nicht nur trat die Grippe bei den vorwiegend von Vertretern des militärischen Sanitätswesens, des RGA und Beamten der Reichsmedizinalverwaltung verfassten Texten fast nicht in Erscheinung. Auch der Zu-

15 Hirsch 1923, S. 291; Pfeiffer/Friedberger 1919, IV; Geigel 1919, S. 103.

16 Zu den Fortschritten bezüglich Ungeziefer- und Läusebekämpfung vgl. Hase 1921; Hase 1919. Zu den Neuentdeckungen bisher unbekannter Infektionserreger vgl. allgemein Hoffmann 1920, *Vorwort*, V, bezüglich Weil'scher Krankheit vgl. Uhlenhuth/Fromme 1921; Schreiber 1926, S. 163f.; zur Auseinandersetzung über die Urheberschaft der Entdeckung der Weil'schen Krankheit vgl. Maitra 2001, S. 184f.; bezüglich Fleckfieber vgl. Otto 1921, zur Ätiologie besonders S. 427ff.; bezüglich Gasödem vgl. Klose 1921.

17 Offizielle Schriften postulierten trotz unvollständiger Zahlenreihen eine Verringerung der Erkrankungszahlen und eine Herabsetzung der Mortalität durch die Einführung der Typhusschutzimpfung. Vgl. Kayser 1924, S. 243; Hoffmann 1920, S. 112.

sammenbruch des bakteriologisch-hygienischen Abwehrsystems und das Ausbleiben großer Fleckfieber-, Cholera- oder Typhus-Epidemien fand kaum Erwähnung.

Wenn überhaupt vom Kriegsende und dem unerwartet positiven Seuchenverlauf die Rede war, knüpfte man meist nahtlos an die für den Krieg postulierte Erfolgsbilanz an und verbuchte das Ausbleiben der Epidemien pauschal und selbstredend auf das eigene Konto. Die Ausführungen zur sanitären Lage am Kriegsende und den effektiv umgesetzten Maßnahmen fielen dabei wenig präzise aus oder fehlten gänzlich. Drigalski bemerkte 1921, dass alle Vorbereitungen zur Seuchenabwehr bei der Demobilisierung und Heimkehr der Truppen infolge der Ereignisse am Kriegsende zwar zu einem großen Teil unausgeführt blieben. Allerdings sei dann auch in »dieser Zeit unbegreiflichen Geschehens« dem Volk noch »so viel Selbstbesinnung und Kraft« geblieben, »um wenigstens das Nötigste zur Verhütung der akuten Seuchenausbreitung zu leisten«. Genauere Informationen blieb Drigalski seinen Lesern schuldig. Er leitete stattdessen umgehend zur Schlussfolgerung über, in der er voller Stolz stipulierte, weder Fleckfieber noch Cholera, Typhus, Paratyphus oder Ruhr seien »ins Land gekommen«. »Der Stand der akuten übertragbaren Krankheiten«, so Drigalskis lapidares Fazit zur Nachkriegszeit, »ist so niedrig wie in besseren Friedensjahren«.[18]

Die vereinzelten Texte, die etwas ausführlicher auf die vermeintlich ergriffenen Maßnahmen eingingen, diskutierten lediglich die offiziell in Aussicht gestellten Schritte zur Seuchenabwehr, die in Tat und Wahrheit allerdings – wie in Kapitel 10 geschildert – nicht oder nur ganz mangelhaft umgesetzt wurden. Georg Schreiber betonte in seiner aus der Sicht des Reichstags erstellten Studie zur Medizinalpolitik in der Nachkriegszeit, die große Gefahr eines Fleckfieberausbruchs habe die deutschen Medizinalverantwortlichen, trotz äußerer Schwierigkeiten aufgrund des verlorenen Krieges, »wohlvorbereitet« getroffen. So seien *alle* auf dem Landweg eintreffenden Militär- und Zivilpersonen nach dem Grenzübertritt einer ärztlichen Überwachung und Sanierung unterzogen worden, die sich bei den aus dem Osten Zurückkehrenden bei zweimaliger Entlausung auf zehn Tage belaufen hätte[19] – eine Behauptung, die mit dem unkontrollierten Zurückströmen der Truppen, Rückwanderer und Flüchtlinge, den diversen ›Lücken‹ im Sanitätsnetz und der weitgehen-

18 Drigalski 1921a, S. 305.

19 Schreiber 1926, S. 45. Schreiber war nach dem Krieg Berichterstatter beim Haushalt des Reichsinnenministeriums, Professor an der Universität Münster und Mitglied des Reichstags.

den Überforderung der Behörden in der unmittelbaren Nachkriegszeit nicht in Einklang zu bringen ist.

Bezeichnenderweise finden sich in den wenigen offiziellen Artikeln, die sich zum Kriegsende und der Nachkriegszeit äußerten, nun aber Passagen, die auf einen gewissen Erklärungsnotstand, auf eine Verunsicherung, gewissermaßen eine ›Leerstelle‹ im Sprechen über die Kriegsseuchen und ihre Bekämpfung verweisen. Besonders instruktiv ist die Studie Schreibers. Er rühmte zunächst ganz in der Tradition der offiziellen Berichte den großen Geist Kochs und die auf ihn zurückgehenden Einrichtungen zum Schutz vor einer Seucheneinschleppung vor und während des Krieges. Anschließend betonte Schreiber, dass am Ende des Krieges mit der Auflösung des Grenzseuchenschutzes eine äußerst kritische Lage eingetreten sei, die eine erhöhte Aufmerksamkeit erfordert habe. Bevor er in seinem Fazit schloss, das Ausbleiben der Seuchen sei den von der deutschen Regierung getroffenen Vorkehrungen – einer »kulturellen Höchstleistung ersten Ranges« – zu verdanken, fügte Schreiber einen Satz ein, der im Argumentationszusammenhang als seltsam inkonsistentes Element, gleichsam als textimmanente Abweichung, aufscheint. Kurz vor seinem Lob auf die Höchstleistungen der Kriegsbakteriologie hielt er nämlich fest: »Es klingt heute noch wie ein Wunder, dass es trotz aller Schwierigkeiten gelungen ist, Deutschland vor dem Übergreifen schwerer Seuchen, die im Osten wüteten, zu bewahren«.[20]

Die mangelnde Fassbarkeit der realen Seuchenvorgänge belegen auch andere Beispiele. So berichtete die *Münchener Medizinische Wochenschrift* im März 1919, unter den Angehörigen eines aus der Ukraine zurückkehrenden Regiments, die sich geweigert hätten, zur Entlausung zu fahren und regen Kontakt zur Bevölkerung und den Bürgerquartieren aufnahmen, hätten sich flecktyphuskranke Soldaten befunden. Trotz aller Gefahren sei die Zivilbevölkerung von einer Ansteckung verschont geblieben. »Dieses Verschontbleiben der Bevölkerung«, notierte ein Berichterstatter der Zeitschrift wenige Nummern später irritiert, »erscheint nahezu unbegreiflich, denn die Vorbedingungen für eine ausgedehnte Weiterverbreitung waren offenbar in ganz besonderem Masse gegeben.«[21]

Wenn man sich seiner Sache sicher war und an die Effektivität der eigenen Vorkehrungen und Maßnahmen glaubte, weshalb behalf man sich dann mit einer ganz und gar unwissenschaftlichen und auf die eigene Verunsicherung und Machtlosigkeit verweisenden Kategorie wie der-

20 Ebd., S. 42.

21 *MMW* 13 (1919), S. 369; *MMW* 16 (1919), S. 436.

jenigen des ›Wunders‹? Weshalb war das Verschontbleiben der Bevölkerung von Ansteckung nahezu unbegreiflich? Und weshalb, so wäre weiter zu fragen, blieben die meisten offiziellen Berichte nicht nur bei der Influenza zurückhaltend bis stumm, sondern auch in Bezug auf das Ausbleiben der damals im Fokus stehenden Kriegsseuchen?

11.2. Destabilisierung und Verlust an Erklärungsmacht

Die etwas andere Lesart der bakteriologischen Erfolgsstory

Bei der Suche nach den Ursachen für das Schweigen und die ›Leerstellen‹ im offiziellen Erfolgsnarrativ möchte ich zunächst auf weitere Deutungsangebote über die Kriegszeit und die Leistungen der Bakteriologie eingehen. Im Gegensatz zur offiziellen Berichterstattung manifestierte sich im wissenschaftlichen Diskurs nach dem Kriegsende eine von heterogenen Stimmen getragene, zunächst verhalten, später zunehmend lauter geäußerte Kritik an der bakteriologisch-hygienischen Erfolgsgeschichte und an den Grundannahmen, die der Seuchenbekämpfung zugrunde gelegt wurden. Diese Nachkriegskritik, die vornehmlich von Klinikern und Pathologen, vereinzelt aber auch von wenigen bereits im Krieg kritisch eingestellten Bakteriologen formuliert wurde, knüpfte an die in Kapitel 9 skizzierten ›Misstöne‹ an, das heißt an die während des Krieges unterschwellig thematisierten Schwierigkeiten bei der Diagnosestellung im Feld und ihrer Übereinstimmung mit Krankheitsbildern und epidemischen Verläufen. Gerade die Auflösung der Zensur trug das ihre dazu bei, dass Beobachtungen und Aussagen, die mit der offiziellen Schule nicht übereinstimmten, nun einer breiteren medizinischen Öffentlichkeit bekannt wurden.

Dass die »Kriegsführung« gegen die Bakterien nicht in jeder Hinsicht reibungslos verlaufen war, verdeutlichten Kommentare zur mangelnden Effektivität und Zuverlässigkeit der bakteriologischen Diagnostik. Hueppe, der sich selbst als »bakteriologischen Ketzer« präsentierte, monierte schon im August 1918, die bakteriologische Orthodoxie habe sich im Krieg wenig bewährt. Überdeutlich zeige sich dies bei der Identifikation und Unterscheidung der mit Diarrhöen verbundenen Infektionskrankheiten (Ruhr, Typhus, Paratyphus).[22] Auf Probleme der bakteriologischen Diagnostik, vor allem bei der Bestimmung und Differenzierung von Abarten der Typhus-, Paratyphus-, Koli- und Ruhrbakterien, hatten auch

22 Hueppe 1918, S. 887.

andere Autoren während des Krieges hingewiesen. Nach der Auflösung der Zensur betonte Friedberger in seinem nun in voller Länge erscheinenden Buch *Entwicklung der Hygiene im Weltkrieg*, die bakteriologische Diagnosestellung sei bei vielen Infektionskrankheiten nicht regelmäßig gelungen.[23] Das Wort vom »Versagen« der bakteriologischen Untersuchungen begann sich in der Folge zunehmend Bahn zu brechen.[24]

Vor allem für Innere Mediziner schien es augenfällig, dass der diagnostische Vorrang der Bakteriologie nicht länger haltbar war und man Fehlerquellen unterschätzt hatte. Der Königsberger Internist Max Matthes bemerkte zum Stellenwert der bakteriologischen Untersuchung als diagnostische Methode:

> »Das große Experiment des Feldzuges hat dieser Überschätzung [der bakteriologischen Untersuchung, S.B.] ein Ende bereitet. Es sei nur an das Versagen der Bakteriologie gegenüber der Ruhr erinnert. Aber selbst beim Typhus versagte der Bazillennachweis in vielen Fällen, die nicht nur klinisch, sondern auch durch die Sektion unzweifelhaft als Typhus festgestellt werden konnten. Das spricht gewiß alles nicht gegen die Wichtigkeit und Unerläßlichkeit der bakteriologischen Untersuchung, aber wohl gegen die übertriebenen Vorstellungen von ihrer untrüglichen Sicherheit und allein ausschlaggebenden diagnostischen Bedeutung.«[25]

Gerade mit Blick auf das Phänomen uneinheitlicher, abgestufter und ›verwaschener‹ Krankheitsbilder und -verläufe führten die Probleme bei der bakteriologischen Bestimmung und eindeutigen Zuordnung von Bakterienarten zu Krankheitsbildern bei manchem Beobachter zur Einsicht, dass die Bedeutung des bakteriologischen Faktors in der Entstehung und dem Verlauf von Krankheit nicht die dominante Rolle spielen konnte, die ihm bislang zugeschrieben wurde. Klinische Beobachtungen hätten gezeigt, so der Tenor verschiedener Internisten, dass mit dem Nachweis des Krankheitserregers weder die Entstehung, das klinische Zustandsbild noch der Verlauf einer Infektionskrankheit vollends geklärt sei. Speziell für eine Bestärkung des vor dem Krieg von Hueppe, Martius und Kisskalt propagierten Konstitutionsgedankens lieferten die Beobachtungen am vielgestaltigen Material der Seuchenkranken im Feld un-

23 Friedberger 1919a, S. 14ff.

24 Vgl. Rautmann 1918, S. 1136.

25 Matthes 1924a, S. 1724. Vgl. auch Matthes 1920, S. 1f.

zählige Impulse.[26] »Die überragende Bedeutung der Konstitution für die Entstehung und den Verlauf einer Krankheit im Einzelfalle ist selten so deutlich in Erscheinung getreten wie in diesem Kriege, in welchem wir täglich beobachten konnten, wie die gleichen äußeren Schädigungen, denen Tausende von Menschen an derselben Stelle und in derselben Weise ausgesetzt sind, so durchaus verschieden von den einzelnen Menschen vertragen werden«, notierte 1919 Erich Leschke.[27] Individuelle Schwächen oder Anomalien von Organsystemen und Körperbau disponierten gemäß dem Internisten für die Entstehung von Infektionskrankheiten und bestimmten den Verlauf der Krankheit. Das Massenexperiment des Krieges hatte für Leschke die Richtigkeit der Betonung von konstitutionellen Faktoren unterstrichen:

> »So lehrte uns dieser Krieg gleichsam in einem großen, an Millionen von Menschen angestellten Experiment, welche außerordentliche Bedeutung für die Widerstandsfähigkeit gegen schädliche Einflüsse der Konstitution zukommt und wie in vielen Fällen es weniger die äußeren Schädigungen sind […], als vielmehr die gesamte Anlage und Beschaffenheit des Körpers, welche der wesentliche Anteil an der Entstehung und dem Verlauf von Krankheiten zukommt«.[28]

Der Kliniker Theodor Brugsch hatte bereits im Juni 1918 vor dem Hintergrund seiner an »größerem Material von Seuchenkranken im Felde« gemachten Erfahrungen betont, die »konstitutionellen Werte« des Individuums müssten unbedingt genauer erforscht und in die Lehre der Seuchenkrankheiten integriert werden.[29] Auch Kliniker, die in der Bakteriologie bewandert waren, erklärten sich die Abstufungen des klinischen Bildes und die Vielgestaltigkeit von Infektionskrankheiten mit der Relevanz individueller Ursachen wie der Empfänglichkeit und natürlichen Immunität. Von einem starken »Zurückdrängen des bakteriellen Faktors« aufgrund der Erfahrungen der Kriegsjahre sprach etwa Georg Jürgens, der schon während der Typhuskampagne Kochs Krankheitsverständnis und Keimpraktiken in Frage zu stellen begonnen hatte.[30]

Parallel zur Kritik an der Erregerzentriertheit und zum Erstarken konstitutioneller Gedanken wurde auch die bakteriologische Epidemiologie

26 Vgl. Krügel 1984, S. 13.
27 Leschke 1919, S. 9.
28 Ebd., S. 12.
29 Brugsch 1918.
30 Vgl. Jürgens 1920, S. 119.

in Zweifel gezogen. Vor allem Jürgens, aber auch Bakteriologen und Immunitätsforscher wie Friedberger und Much, votierten nach dem Krieg vehement gegen die bakteriologischen Vorstellungen über Epidemien und ihre Bekämpfung. Friedberger kam gleich im Vorwort seiner Monographie unumwunden auf sein wichtigstes Anliegen zu sprechen. Die Bakteriologen hätten sich bezüglich der epidemiologischen Kenntnisse und des Wertes ihrer Maßnahmen vielfach »argen Selbsttäuschungen« hingegeben:

> »Je mehr, bis in die Tagespresse hinein, und an allen möglichen sonstigen Orten immer eindringlicher die ›großen Erfolge‹ unserer Seuchenbekämpfung im Krieg von den verantwortlichen Stellen in Feld und in der Heimat selbst hervorgehoben und gelobt wurden, umso deutlicher zeigte immer wieder eine nüchterne Betrachtung der Tatsachen, wie oft alles ganz von selbst gut ging ohne unser Zutun und umgekehrt«.[31]

In der epidemiologischen Forschung, so Friedberger, stehe man noch in den »allerersten Anfängen«, das hätten die Erfahrungen im »epidemiologischen Massenexperiment« Krieg belegt. An Stelle einer selbstgefälligen und vielfach dilettantischen Voreingenommenheit und Selbstsicherheit müsse deshalb ein bescheidenes »Ignoramus« treten.[32] Entgegen der Maxime der »offensiven« Seuchenbekämpfung gehörte zum Ausbruch einer Epidemie viel mehr als das Vorhandensein von Bazillenträgern. Friedberger war überzeugt, dass ihre tatsächliche Zahl bedeutend höher lag als die diagnostizierte und man unmöglich alle Bazillenträger aus einer Truppe »ausmerzen« konnte. Dass die Bazillenträger für den gesamten Verlauf von Epidemien eine wesentliche Rolle spielten, schien ihm wenig plausibel. Auf dem Höhepunkt einer Epidemie habe es viel mehr Bazillenträger gegeben als noch zu Beginn. Trotz dieser Häufung seien ausgedehnte Epidemien ganz plötzlich erloschen.[33] Auf solche Zusammenhänge hatte bereits Muchs Arbeit über die Genickstarreepidemie in Schwerin verwiesen, die anfangs 1919 erschien. Sie bestätigte, dass Bazillenträger keineswegs die gefährliche Rolle spielten, die ihnen bislang zugeteilt worden war.[34] Für Friedberger waren auch die jährlich wiederkehrenden Jahresakmen von Epidemien mit dem Verweis auf die Bazillenträger kaum zu

31 Friedberger 1919a, V.
32 Ebd., VIII.
33 Ebd., S. 22.
34 Much 1919, S. 52. Vgl. Much 1926, S. 685.

verstehen. Ebenso skeptisch begegnete er den offiziellen Zahlen über die Impferfolge. Seiner Meinung nach durfte weder die Abnahme von Typhus- und Choleramorbidität noch das vermehrte Auftreten leichterer Erkrankungen eindimensional mit der Impfung in Verbindung gebracht werden.[35]

Jürgens wollte es nicht bei einer Kritik an der bakteriologischen Seuchenkunde bewenden lassen. Bereits am 14. Mai 1919 schlug er im Rahmen eines Vortrags in der Berliner Medizinischen Gesellschaft »neue Wege der Seuchenbekämpfung« vor. Betrachtet man die Rede etwas genauer, wird schnell deutlich, dass Jürgens keine vollkommen neuen Wege beschritt, sondern primär eine Kritik an der staatlichen Seuchenbekämpfung aus dem Blickwinkel der Klinik formulierte. Der Kampf gegen die Krankheitserreger konnte in seinen Augen nicht bis zur Vernichtung geführt werden. Abgesehen von der »Unvollkommenheit und den Fehlern ihrer Methoden« sei die staatliche Seuchenbekämpfung auf Einrichtungen eines »festgefügten Militär- und Polizeistaates« aufgebaut. Der Wille und die Macht dieser Institutionen hätten es ermöglicht, die Anordnungen durchzusetzen und zugleich Schwächen der Organisation zu verdecken. In dem im Aufbau begriffenen Volksstaat aber könne einem System, das einem Militärstaat angepasst sei, nicht mehr vertraut werden. Nicht länger dürfe vom unvorsichtigen Wort der »Ausrottung« der Seuchen gesprochen werden, sie könne mit einem »Parasitenkampf« gar nicht gelingen.[36] Vielmehr war ärztlicher Sachverstand gefordert, um die klinischen Erscheinungen frühzeitig zu deuten und die Fürsorge für die Kranken zu fördern. Gerade bei der Lungentuberkulose plädierte Jürgens dafür, nicht das gesamte Heil im »Bazillenkampf« und dem »Kampf gegen den kranken Menschen« zu suchen. Die Hilfe hatte früher einzusetzen: Es sollten bereits die ersten Schädigungen vermieden werden, aus denen sich der Infekt zur Tuberkulose entwickelte (Unterernährung, Wohnungsnot etc.).[37]

Die Diskussion von Jürgens Vortrag warf hohe Wellen. Die zuweilen bissig geführte Debatte zog sich über drei weitere Sitzungen der Medizinischen Gesellschaft (insgesamt drei Wochen) hin und provozierte Artikel in der Fachpresse.[38] Scharfe Kritik äußerte Hans Mühsam. Der

35 Friedberger 1919a, S. 24, 46ff.

36 Jürgens 1919a, S. 533f.

37 Ebd., S. 536. Ähnliche Kritik an der Vernachlässigung der schädigenden Einflüsse auf den Gesamtorganismus formulierte Jürgens 1919b mit Blick auf den Typhus.

38 Ablehnend Kirchner 1919d; Hesse 1920.

konservative Medizinalbeamte favorisierte in klarer Opposition zu Jürgens »periodische Gesundheitsbesichtigungen der gesamten Bevölkerung«, um alle Infektionsquellen aufzudecken und die Volksseuchen »auszurotten«. Bei der Bekämpfung der Seuchen durfte folgerichtig nicht auf Zwangsmaßregeln verzichtet werden.[39] Fred Neufeld, der Leiter des Robert Koch-Instituts, formulierte gewunden, er könne der These Jürgens', die bisherigen Maßnahmen seien unwirksam oder überflüssig, nicht »in jeder Hinsicht ganz zustimmen«. Den Kampf gegen die Krankheitserreger glaubte er nicht entbehren zu können. Dennoch akzeptierte er, dass man bei der Seuchenbekämpfung auf die Mitwirkung der ärztlichen Praktiker angewiesen sei und die Belehrung der Bevölkerung umgehend verbessert werden müsse.[40]

Andere Ärzte, vor allem Internisten mit einem sozialdemokratischen und sozialistischen Hintergrund, pflichteten Jürgens bei und wiesen aus eigener Erfahrung auf die Probleme und Auswüchse der bakteriologischen Seuchenbekämpfung im Krieg hin. Sie warnten vor einem rigiden »Bazillenkampf« und der Überschätzung der Bazillenträger, dem »wunden Punkt« der Seuchenbekämpfung. Deren Isolierung sei weder der richtige Weg, noch praktisch durchführbar, monierte etwa der Internist Fritz Schlesinger.[41] Ignaz Zadek, ein junger Kliniker und Sozialist, bemängelte, die Seuchengesetze seien rein bakteriologisch orientiert und die ganze Erkennung, Prophylaxe und Bekämpfung der Krankheiten von bakteriologischen Befunden und Maßnahmen abhängig. Zu welchen Fehlleistungen es aufgrund der Dominanz der Bakteriologie im Feld und in den Lazaretten gekommen war, konnte man nach Zadek anhand der Krankengeschichten ablesen. In einer stand beispielsweise:

> »1.II. Mann so und so fieberhaft mit den und den Symptomen erkrankt […]. 2.II. Er wird auf die Typhusabteilung wegen Verdacht eines Typhus gelegt. 3.II. Blut entnommen zur bakteriologischen Untersuchung und zum Widal. Stuhl und Urin eingeschickt an das Bakteriologische Institut. 4.II. Keine Antwort vom Bakteriologischen Institut. 5.II. Noch keine Antwort vom Bakteriologischen Institut. 7.II. Immer noch keine Antwort vom Bakteriologischen Institut.

39 Verhandlungen ärztlicher Gesellschaften, Berliner medizinische Gesellschaft, Aussprache über den Vortrag des Herrn Jürgens: Neue Wege der Seuchenbekämpfung, in: *BKlW* 23 (1919), S. 551.

40 Ebd., *BKlW* 24 (1919), S. 571-573.

41 Ebd., S. 574, 571.

> 10.II. Bakteriologisches Institut meldet negativ. Patient zurückverlegt auf die allgemeine Abteilung. 12.II. Patient stirbt. Sektion Typhus.«[42]

Zum Abschluss der Debatte formulierte Jürgens die These, dass der Krieg gezeigt habe, wohin eine »mißverstandene« Seuchenbekämpfung führen könne. Die staatliche Seuchenbekämpfung klebe an der alten Vorstellung der Parasitenbekämpfung. »Filtrieren aber«, so Jürgens mit einem Seitenhieb an den Medizinalbeamten Mühsam, »können wir das Volk nicht«.[43]

Durchbrochene Harmonie der Täuschungen

Wie ich auf den folgenden Seiten darlegen werde, sollte das allmähliche Gewahrwerden über das irritierende Seuchengeschehen während der Demobilmachung und in den unmittelbaren Nachkriegsjahren den Argumenten von Jürgens, Zadek und anderen Kritikern immer mehr Rückhalt verleihen. Die rätselhaften und paradoxen Vorgänge trugen als kontingente äußere Umstände dazu bei, einen nicht auflösbaren Widerspruch zum bakteriologischen Wissenssystem zu generieren, der in der Terminologie Flecks den Bann der *Harmonie der Täuschungen* letztlich zu durchbrechen vermochte.

Obwohl am Kriegsende der gesamte sanitäre Grenzwall zum Schutz und zur Reinhaltung der Heimat zusammenbrach, blieb Deutschland entgegen aller bakteriologischen Wahrheitsmuster und Erwartungen von großen Fleckfieber- oder Typhusepidemien verschont. Dagegen breitete sich die Influenza, nahezu unbeachtet von den offiziellen Behörden, in ungeahnten Dimensionen und mit hoher Letalität aus. Die Komplexität ihrer epidemiologischen Struktur und ihrer Krankheitsbilder und das Ausbleiben der erwarteten, im Brennpunkt des behördlichen Interesses stehenden Kriegsseuchen machten eindrücklich klar, dass das Problem der Krankheit als Massenphänomen keineswegs reduzierbar war auf die Erreger, die Bazillenträger und ihre Übertragungswege. Und selbst die Bedingungen, unter denen die einzelne Infektion erfolgte, schienen angesichts solcher Beobachtungen nicht restlos geklärt. Hatten nicht die klinischen Kritiker an der Kriegsbakteriologie schon auf die ›verwaschenen‹ Krankheitsbilder hingewiesen und betont, dass dem Bakterium für die Entstehung und den Verlauf von Infektionskrankheiten nicht der wesentliche Anteil zukam?

42 Ebd., *BKlW* 25 (1919), S. 599.
43 Ebd., *BKlW* 26 (1919), S. 621.

Der orthodoxe bakteriologische Denkstil stieß hier an seine Grenzen. Welche Evidenzen konnten mit den hergebrachten Modellen jetzt noch erzeugt werden? Welche Erklärungsmacht durfte die metaphorisch fundierte Rede vom eindeutig identifizierbaren »Feind«, der »Invasion« von »Bazillenheeren« und der Herstellung »reiner« Körper und »reiner« Territorien durch den absoluten »Vernichtungs-Krieg« angesichts des paradoxen Ausbleibens der Kriegsseuchen sowie der komplexen Verlaufsmuster und Krankheitsbilder der Influenza überhaupt für sich beanspruchen? Die militärischen und zivilen Medizinalbehörden schienen die zutage tretenden Widersprüche im bakteriologischen Wissenssystem mehr schlecht als recht einebnen zu können, wie dies das relative Schweigen der offiziellen Berichte über das Kriegsende, das Vergessen der Influenza und das Auftauchen argumentativer ›Leerstellen‹ andeutet. Um sich nicht mit den Ambivalenzen und der Komplexität des Seuchengeschehens befassen zu müssen, wurde mit aller Kraft am scheinbar einzigartigen Erfolg der Kriegsbakteriologie festgehalten.

Im Folgenden werde ich zunächst ersten Hinweisen für die Destabilisierung der bakteriologischen Wahrheitsmuster und den Verlust bakteriologischer Autorität bis Mitte der 1920er Jahre nachgehen. In einem zweiten Schritt präsentiere ich Belege, die die Auflösung der bakteriologischen *Harmonie der Täuschungen* explizit und ursächlich mit den erwähnten Irregularitäten und Paradoxien des Seuchengeschehens in Verbindung setzen. Es liegt mir besonders daran zu zeigen, dass keineswegs nur die Erfahrung der Influenzapandemie 1918/19 einen Schock in der bakteriologischen Welt verursacht hatte. Ohne die Bedeutung dieses nahe liegenden Faktors grundsätzlich zu negieren werde ich argumentieren, dass das Ausbleiben der Kriegsseuchen trotz infektiöser Vermischungszonen und der Aufhebung »reiner« Territorien ein besonders wichtiges Moment für den Einbruch der bakteriologischen Gewissheiten und der bakteriologischen Deutungsmacht in Deutschland darstellte.[44]

Dass die hergebrachten Konzepte und Praktiken nach dem Krieg nicht nur von fachfremden Kritikern und bakteriologischen Häretikern, sondern auch im engsten Kreis der Bakteriologen zunehmend prekär eingestuft wurden, lässt sich besonders gut anhand der Schriften Neufelds ablesen. Der ab 1917 dem Robert Koch-Institut vorstehende Bakteriologe

44 Auf die Relevanz der Influenza für den Einbruch der epidemiologischen Sicherheiten der Bakteriologen haben Tognotti 2003 (mit Blick auf die internationale Wissenschaftslandschaft), Mendelsohn 1999 (mit besonderer Berücksichtigung des anglo-amerikanischen Raums) und Tomkins 1992 (für Großbritannien) hingewiesen.

hatte zu Beginn des Krieges noch eine klassisch-orthodoxe »offensive« und »defensive« Seuchenbekämpfung propagiert. Und zur Typhusätiologie erklärte er, Typhus entstehe »ausschließlich dadurch, daß lebende Typhusbacillen […] in den Mund eines Gesunden gelangen. Es ist nicht notwendig, daß dazu irgendwelche weiteren begünstigenden Momente hinzutreten«.[45]

Während er Jürgens' kritischen Voten im Frühjahr 1919 noch mit Argwohn begegnet war, finden sich in Neufelds Texten ab 1920 immer mehr Anzeichen für einen wachsenden Zweifel an den ergriffenen Keimpraktiken und dem scheinbar erhärteten bakteriologischen Infektions- und Seuchenmodell. So räumte er 1920 mit Blick auf die bisherigen Desinfektionsvorschriften die Notwendigkeit einer Umgestaltung der Seuchenbekämpfung ein, wobei ihm für die Desinfektion vor allem eine Vereinfachung der Vorschriften, eine Reduktion des polizeilichen Zwanges und die Bestärkung der Belehrung und Selbstverantwortung der Bevölkerung vorschwebten.[46] Im selben Jahr notierte Neufeld bezüglich des epidemiologischen Verlaufs der Influenza, man dürfe die Augen nicht vor unbequemen Tatsachen verschließen und müsse akzeptieren, dass bei der Grippe wohl andere Faktoren als die reine Einschleppung von außen viel bedeutsamer seien.[47] Wenige Jahre später nahm Neufeld diese Gedanken zu den Ursachen von Epidemien erneut auf und konstatierte: Man müsse Kochs Lehren weiter ausbauen, statt sie, wie dies oft geschehen sei, dogmatisch und verallgemeinernd auf Verhältnisse anzuwenden, auf die sie nicht passen würden.[48] Der Greifswalder Bakteriologe Carl Prausnitz, im Weltkrieg als Korpshyigeniker im Einsatz, pflichtete dieser Analyse bei, als er 1925 konstatierte, heute sehe man Schwierigkeiten in der Deutung bakteriologischer und epidemiologischer Befunde, die noch vor ein bis zwei Jahrzehnten nicht einmal geahnt worden seien.[49]

45 Neufeld 1914, S. 23.

46 Neufeld 1920a. Der Vollständigkeit halber muss angemerkt werden, dass Neufeld schon während des Krieges für eine Erleichterung der Entlausungs- und Absperrmaßnahmen plädiert hatte, im RGR aber nicht erhört wurde. Neufeld 1922b; Neufeld 1927b, S. 687. Zur Debatte über die Neuordnung des Desinfektionswesens nach dem Krieg vgl. Friedberger 1920; Diskussion an der 9. Tagung der Deutschen Vereinigung für Mikrobiologie in Würzburg 1922, in: *Centralbl. f. Bakt. etc.*, 1. Abt. Originale, Bd. 89 (1922), Beiheft, Referate I-IV und Diskussion, S. 1-87.

47 Dazu zählte Neufeld spontane Virulenzsteigerungen oder -abschwächungen sowie Fragen der Immunität. Neufeld 1920b.

48 Neufeld 1924d, S. 3.

49 Prausnitz 1925, S. 1807.

Explizit gegen das zentrale Anliegen der Seuchengesetze und der »offensiven« Seuchenbekämpfung, nämlich die Aufspürung und rigide Ausrottung aller Krankheitserreger, wandte sich Neufeld im Jahr 1924. Er räumte das Versagen der bakteriologischen Forschung bei der Beantwortung vieler wichtiger epidemiologischer Fragen ein und bemerkte zur Seuchenbekämpfung à la Koch und Kirchner:

> »Es wäre mit Erlaub ein großer Fortschritt, wenn [...] diejenigen, die sich mit Seuchenbekämpfung befassen, endlich die Vorstellung aufgeben würden, als sei es ihre Aufgabe, immer den letzten Bazillus (oder beim Fleckfieber die letzte Laus) in ihre entlegensten Schlupfwinkel zu verfolgen und zu töten; solche Illusionen, denen man immer wieder begegnet, führen zu nichts, als daß sie die Aufmerksamkeit von dem, was praktisch nötig und praktisch erreichbar ist, ablenken«.[50]

Eine deutlichere Absage an die Keimpraktiken der Kriegsbakteriologie und Delegitimierung ihrer Konzepte und Denkfiguren lässt sich kaum vorstellen. Ein Jahr nach seiner kategorischen Absage an die Adresse der Koch'schen Bazillenjägerei negierte Neufeld sogar den Nutzen einer Maßnahme, die bei der bakteriologischen »Offensive« im Krieg an zentraler Stelle stand und als erfolgreichste »Waffe« im Kampf gegen das bedrohliche Fleckfieber galt: die rigide Entlausung durch den Sanierungswall. Der größte Teil der während des Krieges gegen die Einschleppung von Fleckfieber getroffenen Maßnahmen seien überflüssig und der Betrieb der großen Entlausungsanstalten zu schematisch gewesen, so Neufeld. Die Läusebekämpfung bei der Zivilbevölkerung im Osten habe am Kern vorbei gezielt. Bringe man nämlich eine Bevölkerung dazu, dass sie alle paar Wochen einmal ihr Hemd wechselten und nicht Tag und Nacht dieselben Kleider trügen, so würden sich alle großen Entlausungsanstalten erübrigen.[51] Neufeld gab außerdem zu, dass die Bakteriologie zu Unrecht einen Moment im Gang der Infektion bisher stark vernachlässigt habe: die individuell natürliche Widerstandsfähigkeit. Gerade die »konstitutionellen Unterschiede« seien bei gewissen akuten Infektionskrankheiten dafür verantwortlich, dass einzelne Menschen erkrankten und andere nicht.[52]

Das von Friedberger eingeforderte *Ignoramus* vernahm man nicht nur von Neufeld. Willy Rimpau, der an der Typhuskampagne beteiligt ge-

50 Neufeld 1924b, S. 1350.
51 Neufeld 1925b, S. 343.
52 Neufeld 1925a, S. 8.

wesen war und der bakteriologischen Untersuchungsanstalt in München vorstand, konzedierte an einer Sitzung des Deutschen Medizinalbeamtenvereins 1921, man kenne die Gründe der verwickelten Vorgänge und Eigentümlichkeiten der Seuchen noch nicht und beschäftige sich jetzt mehr damit als früher. »Wir befinden uns in einer Zeit der Kritik an der bisherigen Seuchenbekämpfung«, führte Rimpau mit Blick auf Einwände von Kritikern wie Friedberger aus. Die Kritik war nach Rimpau indes berechtigt: »Unsere Kenntnisse über die Ätiologie und Epidemiologie übertragbarer Krankheiten sind […] lückenhaft und müssen erweitert werden.«[53] In Anlehnung an die traditionelle Feuermetaphorik hielt Rimpau fest, die Bakteriologie dürfe sich nicht länger hauptsächlich auf die »Funken« – die Erreger – konzentrieren, sondern solle sich auch um »die Beschaffenheit des Daches« kümmern, das heißt: um die Widerstandsfähigkeit des Körpers. Auch der Grenzen der Wirksamkeit der Seuchengesetze sei man sich durchaus bewusst.[54]

Selbst altgediente Mitstreiter Kochs sahen jetzt ein, dass das Zeitalter der Bakteriologie, das von der spezifischen Ätiologie, der spezifischen Diagnostik und der spezifisch-ätiologischen Prophylaxe und Therapie (»Offensive« und »Defensive«) geprägt war, an sein Ende gelangt zu sein schien. August Wassermann, Direktor des Kaiser-Wilhelm-Instituts für experimentelle Therapie und einer der frühesten Mitarbeiter Kochs im RKI, stellte sich 1924 in einem Rückblick auf die Errungenschaften der Mikrobiologie die »bange Frage«, ob die vergangene »große Epoche« der Bakteriologie denn nun endgültig der Vergangenheit angehöre.[55] Angesichts des allenthalben sichtbar werdenden Verlusts der dominanten Stellung des Erregers im ätiologischen, epidemiologischen wie auch immunologischen Denken musste auch er konzedieren, dass die Gegenwart wohl am ehesten als ein »Übergangsreaktionsstadium« zu bezeichnen sei, in dem man tastend nach neuen Wegen der Forschung und des Fortschritts suche.[56]

In spezifischen Kreisen der medizinischen Öffentlichkeit quittierte man die Selbstreflexion der Bakteriologen und den offensichtlichen Autoritätsverlust des hergebrachten Wissens mit eindeutigen, teils hämischen Voten. So hielt der Münchner Ordinarius für Chirurgie, Ferdinand Sauerbruch, 1924 nicht ohne Genugtuung fest: Im Gegensatz zu den letzten Jahrzehnten, als die ärztliche Wissenschaft unter dem sugges-

53 Rimpau 1921, S. 520f.
54 Ebd., S. 521.
55 Wassermann 1924, S. 1685.
56 Ebd., S. 1685f.

tiven Einfluss der Bakteriologie gestanden habe, könne man jetzt beobachten, wie »überall das starre bakteriologische Denken« verlassen werde.[57] Sauerbruch bezog sich dabei unter anderem explizit auf die Aussage Neufelds, die Bakteriologie Kochs müsse weiter ausgebaut werden. Prägnanter fasste sich 1925 der Physiologe Felix Buttersack. Er eröffnete einen Artikel mit dem Titel »Vom jenseits der Bakteriologie« mit den Worten:

> »Mit einer leichten Variante von Baglivis bekannter Sentenz könnte man sagen: Pacatis rumoribus bacteriologorum novi motis contra praxin excitati sunt. Die Jagd auf Mikrobien, die vor einem Menschenalter die Gemüter in Atem hielt, hat erheblich an Reiz verloren.«[58]

Eine populärwissenschaftliche, der Homöopathie verpflichtete Zeitschrift stellte gar maliziös den »Rückzug« der »Pilzlehre« und ein Ende der »Bacterienära« fest.[59] Dieses Fazit zog sie im Wesentlichen aus einem Vortrag Muchs. Er hatte sich 1925 polemisch gegen »Kochs Diktatur« und die im Meerschweinchenstall etablierte Exaktheit der bakteriologischen Wissenschaft ausgesprochen und postuliert, dass die Züchtung von Bazillen bei Seuchenfragen inzwischen die »letzte und am wenigsten wichtigste Aufgabe« sei.[60]

Ebenfalls 1925 diagnostizierte der Medizinhistoriker Georg Honigmann in einem Überblick über die Entwicklungslinien der Medizin einen »beginnenden Verfall« der Herrschaft matrialistisch-mechanistischer Weltanschauung und der »Vergröberung« ärztlichen Denkens, wie sie von der Bakteriologie großgezogen worden sei.[61] Der Autoritätsverlust der Bakteriologie wurde hier von Honigmann in den Kontext der sich in Deutschland seit Mitte der 1920er Jahre entfaltenden Debatte über eine so genannte ›Krise‹ der Medizin gestellt. In dieser Diskussion prangerten Protagonisten wie Honigmann, Sauerbruch und Much das kausal-mechanisch-analytische Denken der Schulmedizin an, zu der gerade die Bakteriologie gerechnet wurde. Sie plädierten für eine Ergänzung des schulmedizinischen Vorgehens durch eine funktionelle,

57 Sauerbruch 1924, S. 1299f

58 Buttersack 1925, S. 329. Buttersack verfasste nebst medizinischen auch weltanschauliche und okkulte Schriften, die rassistisch durchsetzt waren und in rechtsnationalen Kreisen besondere Aufmerksamkeit erregten (z. B. Buttersack 1926). Vgl. *Biographisches Lexikon der hervorragenden Ärzte der letzten fünfzig Jahre*, hrsg. von Isidor Fischer, Peter Voswinckel, Bd. 3, Olms, Hildesheim 2002, S. 215.

59 Braumann 1929, S. 233.

60 Vgl. Much 1926, S. 658.

61 Honigmann 1925, S. 103-108.

konstitutionelle sowie psychologische und personale Betrachtung des medizinischen Gegenstandsfeldes.[62] Von wissenschaftlichem Fortschrittsoptimismus und Machbarkeitsglaube war in diesen Debatten über die Lage der zeitgenössischen Medizin und das Fehlen ganzheitlicher beziehungsweise holistischer Betrachtungsweisen nichts mehr zu spüren.[63]

Dass nun die irritierenden Seuchengänge am Kriegsende und in der unmittelbaren Nachkriegszeit ein ursächliches Moment für den konstatierten Attraktivitätsverlust der Mikrobenjagd und die Aufgabe des »starren bakteriologischen Denkens« darstellten, *dafür* sprechen vor allem die Schriften des Epidemiologen und Sozialhygienikers Adolf Gottstein. Er hatte im Frühjahr 1919 Kirchner, den wohl bedeutendsten Förderer der Koch'schen Seuchenbekämpfung, als Ministerialdirektor der preußischen Medizinalverwaltung abgelöst (vgl. Kap. II.3). Für Gottstein, der sowohl im Hinblick auf die potentielle Gefahr einer Seucheneinschleppung nach dem Krieg als auch den allgemeinen Gesundheitszustand der Bevölkerung einer der bestinformierten Personen in Preußen war und an allen wichtigen Sitzungen der Gesundheitsbehörden teilnahm, schien bereits 1922 klar: Die Erfahrungen am Kriegsende und in der unmittelbaren Nachkriegszeit bewiesen, dass eine absolute Reinhaltung der Grenzen nicht allein entscheidend war für den Verlauf von Infektionskrankheiten. Wie ein »Laboratoriumsversuch« mutete Gottstein das Beispiel des nach Frankfurt a.O. gelangenden Zuges von Wolgadeutschen im Dezember 1921 an. Obwohl sich unter ihnen viele Fleckfieberkranke befanden, ihre Ankunft völlig unerwartet erfolgte und Missstände bei der Unterbringung und Entlausung auftraten, erkrankte in der Frankfurter Bevölkerung niemand an Fleckfieber.[64] In einem anderen Artikel aus dem Jahr 1922 betonte Gottstein, dass es ein Irrtum wäre zu glauben, man stehe bei der Bekämpfung der ansteckenden Krankheiten angesichts der Forschungen des bakteriologischen Zeitabschnitts vor einer abgeschlossenen Periode. Die experimentelle Methode allein könne die Rätsel der Seuchen nicht lösen. Gerade die Erfahrungen des Krieges und der Nachkriegszeit hätten »paradoxe, bis heute nicht geklärte Erscheinungen« gebracht.[65]

62 Zur »Krise« der Medizin in der Weimarer Republik vgl. Klasen 1984; Timmermann 2000; Timmermann 1999. Zur Allgegenwart der Rede von der »Krise« im politisch-kulturellen Kontext Weimars vgl. Hardtwig 2007.

63 Klasen 1984, S. 31.

64 Gottstein 1922a, S. 276.

65 Gottstein 1922c, S. 2584.

Einige Jahre später rapportierte Gottstein in den *Naturwissenschaften*, zunächst habe man noch glauben können, die geringe Seuchensterblichkeit im Krieg sei auf die Fortschritte in der Seuchenbekämpfung zurückzuführen. Als aber in der Nachkriegszeit keine Seuchen ausbrachen, habe sich ein eklatanter Widerspruch offenbart:

> »Besonders eindrucksvoll war [...] das Ausbleiben von Epidemien unter Verhältnissen, wo man solche hätte erwarten müssen. Die Seuchensterblichkeit hielt sich in den Millionenheeren des Krieges auf einem nie erreichten Tiefstand, und man konnte hierin zunächst noch den Erfolg unserer Fortschritte in der Seuchenbekämpfung erblicken. Aber als in der Nachkriegszeit der Grenzschutz zusammenbrach und gleichzeitig Hunderttausende von stark durchseuchten Rückwanderern von Osten ohne gesundheitliche Überwachung heimkehrten, [...], um dann mitten im Inland zu erkranken, kam es trotz der Häufung zündender Funken höchstens zu kleinen, rasch erlöschenden Seuchenherden.«[66]

Prononciert hat sich Gottstein zu den Widersprüchen zwischen bakteriologischer Theorie und realen Seuchengängen an der großen, in der medizinischen Fachpresse oft zitierten ersten gemeinsamen Tagung des Vereins für Innere Medizin und der Berliner Mikrobiologischen Gesellschaft im Februar 1925 geäußert. Der Titel der Tagung lautete *Seuchenprobleme* – eine programmatische Themensetzung, die auf das steigende Problembewusstsein und den Nachholbedarf im Bereich der epidemiologischen Forschung verwies. In seinem Referat argumentierte Gottstein, geltende Vorstellungen über das Entstehen und Verlöschen von Seuchen seien aufgrund von *drei Haupterscheinungen* ins Wanken geraten. Erstens seien in Deutschland besonders in den Jahren nach Beendigung des Krieges Seuchen nicht zum Ausbruch gelangt, obwohl »alle Bedingungen ihrer Verbreitung vom Standpunkt der Ansteckungslehre in beispiellos gesteigertem Masse gegeben waren«. »Überaus erstaunlich« nannte Gottstein dabei das Verschontbleiben des Inlands, war doch der Grenzschutz »lahmgelegt« und trugen zurückkehrende Kriegsteilnehmer, Gefangene, Heimwanderer und übertretende Heeresreste »immer wieder die Ansteckung ins Land«.[67] Gerade dort, wo es zu Seuchenausbrüchen kam, wie etwa bei den Epidemien Russlands in der Nachkriegszeit oder der kurzen Steigerung der Tuberkulosesterblichkeit 1919 in Deutschland, seien zweitens keine unmittelbaren und einfachen ursächlichen Zu-

66 Gottstein 1928, S. 906. Ähnlich Gottstein 1925c, S. 31f.
67 Gottstein 1925a, S. 300.

sammenhänge mit den Lebenseigenschaften der bekannten Krankheitserreger festzustellen. Schließlich sei drittens die Influenza in Ländern mit und ohne Krieg, in Ländern voller Ordnung und voll Zerrüttung ihren gleichen »mörderischen Weg« gegangen. Mit Blick auf diese Seuchenbewegungen hielt Gottstein fest:

> »*Der Eindruck dieser Vorgänge fängt an, sich bemerkbar zu machen*, namentlich in den Kreisen derjenigen Schule, die bei der Aufklärung der Seuchenprobleme ausschließlich oder überwiegend die biologischen Eigenschaften der Krankheitserreger in den Vordergrund zu stellen pflegte.«[68]

Als Indiz des allmählichen Umdenkens in der bakteriologischen Fachwelt wies Gottstein auf Neufeld hin. Wie oben erwähnt, hatte dieser bereits seit ca. 1920 wiederholt eingestanden, dass sowohl die Epidemiologie als auch die Bekämpfung der Infektionskrankheiten die Bakteriologen vor viel mehr Rätsel stellten als bisher angenommen. Mit großer Befriedigung nahm Gottstein auch zur Kenntnis, dass Neufeld sich der Vernachlässigung der individuell verschiedenen natürlichen Widerstandsfähigkeit der Menschen durch die Bakteriologen bewusst war.[69]

Keinen Zweifel über den direkten Zusammenhang von bakteriologischem Autoritätsverlust und den Seuchengängen in der unmittelbaren Nachkriegszeit ließ Gottstein schließlich in einem 1936 publizierten Artikel. Nach der Feststellung, dass sich seit Mitte der 1920er Jahre ein Umschwung in der Seuchenforschung vollzogen habe und in der Theorie von der Infektion vermeintlich erhärtete Grundbegriffe wieder unsicher geworden seien, wandte er sich verschiedenen Seuchenvorgängen seit den 1890er Jahren zu.[70] Anhand dieser Beispiele versuchte er Widersprüche zwischen bakteriologischer Epidemiologie und diversen Seuchenszenarien der jüngeren Geschichte aufzuzeigen. Auch hier erwähnte er prominent die Influenza, über deren epidemiologisches Verhalten weiterhin Unklarheit herrsche, und den steilen und ungeklärten Anstieg der Tuberkulosesterblichkeit in den Jahren 1917/1919. Als das im Rahmen aller widersprüchlichen Seuchenvorgänge »*durchschlagende Erlebnis*« bezeichnete Gottstein allerdings ein spezifisches Phänomen: das Verschontbleiben Deutschlands vor der Einschleppung der im Osten Europas verbreiteten Seuchen nach dem Krieg. Es hätten ganz ungewöhnliche Verhältnisse geherrscht: An den Grenzen sei der Seuchenschutz völlig

68 Ebd. [Kursivsetzung S.B.]

69 Ebd.

70 Gottstein 1936, S. 565.

zusammengebrochen, eine regellose Rückwanderung von Hunderttausenden entlassener Gefangenen, von Heeresresten und Flüchtlingen aus dem verseuchten Gebiet habe eingesetzt. »Die Lage«, so Gottstein, »war für Deutschland so gefährlich wie 1812 beim Rückzug des Napoleonischen Heeres und dem Nachfolgen der Russen«.[71] Und dennoch habe man in Deutschland niedrige Todeszahlen an Pocken, Fleckfieber oder Cholera registriert. Widersprüche in den vorherrschenden Konzeptsystemen wurden nach Gottstein erst dann kenntlich, »wenn nach der Theorie alle Bedingungen zum Ausbruch einer Epidemie gegeben zu sein scheinen und sie trotzdem ausbleibt«.[72] »Gerade in solchen Fällen« schloss Gottstein »kommt man auch den Gründen für das verschiedene Verhalten näher, während der Eintritt der Erwartung darüber hinwegsehen lässt, dass das nicht ohne Weiteres das Selbstverständliche ist«.[73]

Gottsteins Einschätzung teilten auch andere Autoren – ohne allerdings wie dieser die Auswirkungen der Irritationen auf die bakteriologische Disziplin in den 1920er Jahren mit zu reflektieren. Friedberger, der prononcierte Kritiker der Kriegsbakteriologie, erinnerte 1927 an die Tatsache, dass Tausende von Bazillenträgern mit dem Ende des Krieges unkontrolliert in die Heimat zurückgekehrt seien. »Die als Folge gefürchteten Massenerkrankungen«, so Friedberger, »sind gerade in diesen Jahren ausgeblieben, weil eben die uns noch unbekannten, sonstigen Bedingungen gerade nicht gegeben waren«.[74] Auch Neufeld erinnerte 1925 – und zwar genau im Rahmen jener Tagung, an der Gottstein ein allmähliches Umdenken der bakteriologischen Schule unter dem Eindruck der paradoxen Seuchenvorgänge konstatierte – an die Befürchtungen, die »wohl mancher von uns gehegt hat«, als die zahllosen Bazillenträger aus dem Feld heimkehrten.[75] Man habe erwartetet, dass Typhus, Ruhr, Fleckfieber und Malaria nach dem Krieg in Deutschland festen Fuß fassen würden. Trotz aller Einschleppung war es aber nicht zu den erwarteten Ausbrüchen gekommen. Damit eine Epidemie zustande kam und auch weiter bestand, musste nach Neufeld eine bestimmte Quantität des Infektionsstoffes »dauernd zirkulieren, sonst reißt der Faden ab«.[76]

Was es mit dieser Zirkulation einer gewissen Infektionsmenge und dem »Abreißen des Fadens« auf sich hatte, werde ich in Kap. 12 klären.

71 Ebd., S. 572.
72 Ebd., S. 566.
73 Ebd., vgl. auch S. 584.
74 Friedberger 1927a, S. 184. Ähnlich Jürgens 1926, S. 3.
75 Neufeld 1925b, S. 343.
76 Ebd.

II.3. Denkkollektives Sesselrücken

Die skizzierte Destabilisierung des bakteriologischen Denkstils vollzog sich in der ersten Hälfte der 1920er Jahre vor dem Hintergrund einiger sehr grundlegender, für die Wissensdynamiken nicht unerheblicher Transformationen im Gefüge des Denkkollektivs.

Nach Fleck lässt sich aus der Verfasstheit eines wissenschaftlichen Denkkollektivs auf die Stabilität und Autorität der bestehenden Wissensformationen, das Ausmaß des ›Denkzwanges‹ und der ›Denkgebundenheit‹ der Mitglieder sowie die Möglichkeiten des interkollektiven Denkverkehrs schließen. Noch während des Krieges präsentierte sich das bakteriologische Denkkollektiv als stabiles, formal abgeschlossenes Kollektiv, das sich durch eine starke Verflechtung von Wissenschaft, Medizinalbürokratie und Militär auszeichnete. An dieser inneren Verfasstheit sollte sich nach dem Ersten Weltkrieg einiges ändern: Die ursprünglich stabile Struktur wurde aufgebrochen und begann sich zu verschieben. Vor allem im Hinblick auf die Verankerung in und Vernetzung mit den Staats- und Militärinstitutionen zeichneten sich markante Einbussen ab. Gerade diese Verbindungen hatten die Geltung und die Deutungsmacht der Wissenschaft von den Bakterien und ihrer Bekämpfung aber bislang signifikant zu festigen vermocht. Die denkkollektiven Bewegungen oder – wenn man so will – das denkkollektive Sesselrücken, von dem hier die Rede sein wird, markierte deshalb auch einen klaren Verlust bakteriologischer Deutungshoheit und ehemals leitwissenschaftlicher Einflusssphären im Rahmen staatlicher Handlungs- und Entscheidungsräume. Diese Räume wurden in den sozial und wirtschaftlich angespannten Jahren zwischen 1918 und 1924, in denen die Angst vor einem weiteren Bevölkerungsrückgang und der »Degeneration« des »Volkskörpers« akut war, zusehends von den wissenschaftlichen Ansätzen der Sozialhygiene, Eugenik und den Bevölkerungswissenschaften besetzt.[77] Nur mit ihnen glaubte man sich in die Lage versetzt, den bisweilen apokalyptischen Szenarien eines sich auflösenden deutschen Volkes und dem Niedergang der Volksgesundheit beziehungsweise dessen »Konstitution« begegnen zu können.[78]

77 Zur Weimarer Gesundheitspolitik und dem Primat der Sozialhygiene und der positiven Eugenik im öffentlichen Gesundheitswesen vgl. Weindling 1989a; Weingart/Kroll/Bayertz 1992; Vossen 2005; Moser 2002. Die vollständige Ausbildung der Matrix des Bevölkerungsdiskurses nach dem Ersten Weltkrieg thematisiert Etzemüller 2007.

78 Vgl. Hüntelmann 2008, S. 148-154.

Auch innerhalb der universitären Medizin war der Verlust der leitwissenschaftlichen Position der Bakteriologie spürbar. Auf die Debatte über eine ›Krise‹ der Schulmedizin und damit auch der Bakteriologie habe ich bereits hingewiesen. Paul Weindling hat bezüglich den universitären Reformen der Medizin nach Kriegsende und Revolution aufgezeigt, dass »sozial relevante Disziplinen« wie die Sozialhygiene, Eugenik und Rassenhygiene, medizinische Statistik, Dermatologie, Kinderheilkunde oder etwa die medizinische Psychologie und Homöopathie an den Universitäten mehr Aufmerksamkeit erhielten und zum Teil ihren Weg in das akademische Curriculum fanden.[79]

Die Strukturveränderungen im bakteriologischen Denkkollektiv, wie ich sie nachfolgend umreißen werde, können in mancher Hinsicht als erste Effekte der Destabilisierung hergebrachter Wahrheitsmuster nach dem Weltkrieg gelesen werden. Sie fungierten aber zugleich – wie im Fall der Ablösung Kirchners durch Gottstein – als Katalysatoren für die beschriebene Erschütterung bakteriologischer Wahrheit und Autorität. Das Sesselrücken kann demnach auch als ein Grund für die nach dem Krieg sichtbar werdende Dynamik im Wissenssystem der medizinischen Bakteriologie gewertet werden.

Abgang Kirchner

Als Medizinalrat und späterer Ministerialdirektor im preußischen Innenministerium war Kirchner vor dem Krieg zur zentralen Instanz für die Implementierung der bakteriologischen Hygiene und Seuchenbekämpfung in Preußen und mittelbar auch im gesamten Kaiserreich aufgestiegen. Im Krieg agierte er als kaisertreuer, nationalistisch euphorisierter Organisator der preußischen Seuchenabwehr und als Beobachter und reisefreudiger Berater in allen Fragen der Seuchenbekämpfung im Feld. Bis zuletzt glaubte der überzeugte Monarchist an einen siegreichen Ausgang des Völkerringens für das Deutsche Reich.

Im Frühjahr 1919 nun wurde Kirchner in der Medizinalverwaltung durch Gottstein ersetzt, einem prononcierten Sprecher der bereits vor 1900 einsetzenden Opposition gegen die orthodoxe Bakteriologie.[80] Die Berufung Gottsteins sollte, wie Paul Weindling konstatiert hat, eine Kehrtwende in der amtlichen Politik markieren, anerkannte man doch damit die biologische, gesellschaftliche und epidemiologische Kritik an

79 Weindling 1989a, S. 331ff. Zur Disziplinenbildung der Sozialhygiene unter äußerem Druck vgl. Moser 2002, S. 90ff., 100-114.

80 Vgl. Kap. 5.1 und 5.2.

Abb. 15: Martin Kirchner

Abb. 16: Adolf Gottstein

der Bakteriologie.[81] Alfons Labisch und Florian Tennstedt beurteilten den Abgang Kirchners und die Berufung Gottsteins als politische Entscheidung, die leitwissenschaftliche Akzente setzte[82] – eine These, die ich stützen und im Folgenden präzisieren und vertiefen möchte, da die genauen Umstände für Kirchners Ablösung von der Forschung bislang nicht untersucht wurden.

Die *Deutsche Medizinische Wochenschrift* meldete am 13. März 1919, Ministerialdirektor Kirchner habe seine Entlassung beantragt und sei bis zur endgültigen Entscheidung beurlaubt worden. Weiteren Mitteilungen zufolge war das Ausscheiden Kirchners vor allem auf die politischen Umwälzungen zurückzuführen. So schrieb die *Münchener Medizinische Wochenschrift* am 28. März 1919:

> »Man wird wohl nicht fehlgehen in der Annahme, daß bei einem Manne, dessen Lebensarbeit mit dem Verwaltungssystem der jetzt abgeschlossenen Periode eng verknüpft war, die gewaltigen politischen Umwälzungen, die wir erlebt haben, den Wunsch nach dem otium cum dignitate früher reifen ließen, als es sonst der Fall gewesen wäre.«[83]

81 Weindling 1989a, S. 171.

82 Labisch/Tennstedt 1985, S. 65.

83 Berliner Briefe (eigener Bericht), in: *MMW* 13 (1919). Vgl. auch Kleine Mitteilungen, in: *DMW* 11 (1919); *DMW* 13 (1919); Tagesgeschichte, in: *Zeitschrift für ärztliche Fortbildung* 6 (1919).

Dass politische Motive für seinen Rücktritt ausschlaggebend waren, betonten auch viele der späteren Nachrufe auf den »kerndeutschen« und mit einer »glühenden Liebe« zu Vaterland und Königshaus beseelten Mann.[84]

Dieses vordergründig bestechende politische Motiv soll im Folgenden etwas differenzierter betrachtet werden. Wie bereits bei den hygienischen Notstandsmaßnahmen in den ersten Monaten nach Kriegsende erwähnt, wurde die preußische Medizinalverwaltung von der Zentralstelle der Arbeiter- und Soldatenräte harsch kritisiert. Kirchner wurde Versagen bei der drohenden Verlausung der Bevölkerung und der allgemeinen Seuchenabwehr vorgeworfen. Der Dermatologe Benno Chajes, der im Oberpräsidiums der Zentralstelle saß und ab 1919 Sozial- und Gewerbehygiene in Berlin dozierte, notierte in einem im Februar 1919 an die Reichsregierung weitergeleiteten Brief mit Blick auf Kirchner: Es sei notwendig, dass die Regierung auf dem außerordentlich wichtigen Gebiet der Gesundheitspflege »sachverständige Vertrauensleute ihrer politischen Richtung« besäße und nicht von ihr »im innern zweifellos feindlich gesinnten bisherigen Ressortleitern abhängig ist«.[85] Dass es der Zentralstelle um die politische Konformität des obersten Vertreters in der Gesundheitsverwaltung ging, entspricht aber wohl nur einem Teil der Wahrheit. Kirchner sollte, so mein Argument, nicht primär seine politische Haltung zum Verhängnis werden, sondern vielmehr die damit einhergehende wissenschaftliche Verortung.

Welche wissenschaftlichen Inhalte für den Abgang Kirchners ausschlaggebend waren, können die Vorgänge erhellen, die dem Rücktritt voran gingen. Von besonderem Interesse ist dabei die Rolle des bakteriologisch ausgebildeten Klinikers Georg Jürgens. Unmittelbar nach Kriegsende hatte dieser den bakteriologischen, einem Militär- und Polizeistaat angepassten Ausrottungsfeldzug angeprangert und für neue Wege der Seuchenbekämpfung plädiert. In seiner Autobiographie notierte Jürgens zum Frühjahr 1919, er sei von den »sozialistischen Wortführern« als Nachfolger des Chefs der Medizinalabteilung vorgeschlagen worden. Veranlassung für diesen Vorschlag war seine Ablehnung »der einseitigen, von Theoretikern geführten Seuchenbekämpfung«.[86] Da man seine wissenschaftliche Überzeugung jedoch für die umwälzenden Bestrebungen habe einsetzen wollen, habe er abgelehnt. Ein weiterer Versuch der

84 Lentz 1926, S. 8; Otto 1926, S. 181.

85 GSTA PK, Rep. 76 VIII B/3557: Zentralrat der deutschen Sozialistischen Republik an die Reichsregierung Berlin, 24.2.1919.

86 Jürgens 1949, S. 178.

Sozialisten, ihn für ihre Pläne zu gewinnen, sei ebenfalls gescheitert.[87] Worum es bei diesen Plänen ging, ist einer Nachricht des *Berliner Lokalanzeigers* vom März 1919 zu entnehmen. Dort heißt es, der Zentralrat habe am 27. Februar beschlossen, der Minister des Innern möge im Abgeordnetenhaus darauf hinweisen, dass es für einen »Herrn wie Kirchner, der als ein starkes Hindernis in der Entwicklung der freien Wissenschaft zu betrachten sei, [...] keinen Platz mehr als Ministerialdirektor im heutigen Volksstaat gebe«.[88] Es wurde daraufhin entschieden, Kirchner einen wissenschaftlichen Beirat zur Seite zu stellen, der »auf dem Boden der heutigen Zeit steht«.[89] In diesen Beirat von ärztlichen Sachverständigen wurde auch Jürgens berufen. Da sich die Unterhaltungen laut Jürgens »in der Besprechung eigennütziger Bestrebungen« erschöpften, schied er aus dem Gremium aus.[90] Kirchner zog es angesichts dieser wissenschaftlichen Bevormundung und Entmachtung vor, seinen Abschied zu nehmen. Dieser erfolgte am 4. März 1919. Unmittelbar darauf wurde Gottstein vom Minister des Innern in Rücksprache mit führenden Medizinern die Nachfolge Kirchners mit der nachdrücklichen Begründung angeboten, dass er andernfalls die Wahl weniger vorgebildeter, aber von der herrschenden Partei gestützter Außenseiter kaum werde verhindern können.[91]

Dass Gottstein gegenüber dem bakteriologischen Hygieniker und Militärarzt Kirchner eine neue wissenschaftliche Richtung in die Medizinalverwaltung Preußens einführte, lag für zeitgenössische Kommentatoren auf der Hand. Die *Deutsche Medizinische Wochenschrift* kommentierte die Nachfolge mit dem Hinweis, Gottstein habe schon früh auf die tiefer liegenden Ursachen bei der Entstehung von Seuchen hingewiesen, die unter anderem auf dem Feld der sozialen Zustände zu suchen seien. Er werde der sozialen Hygiene und Pathologie in der Gesundheitspflege einen breiteren Wirkungsraum verschaffen als bisher.[92] Auch die *Berliner Klinische Wochenschrift* bemerkte, dass Gottsteins epidemiologische Studien nicht den »Einseitigkeiten der herrschenden bakteriologischen Auffassung« verfallen seien.[93] Tatsächlich hatte man Kirchner wenige Monate vor seinem Rücktritt explizit den Vorwurf gemacht, dass er der bakterio-

87 Ebd.
88 Zit. in *DMW* 12 (1919).
89 Ebd.
90 Jürgens 1949, S. 178.
91 Gottstein 1940, S. 171.
92 *DMW* 13 (1919).
93 *BKlW* 12 (1919).

logischen Seuchenbekämpfung zu viel Gewicht beigemessen und auf dem Gebiet der sozialen Fürsorge zu wenig geleistet habe – ein Vorwurf, den Kirchner selbst nicht gelten lassen wollte. Für ihn stand fest, dass die Bekämpfung der übertragbaren Krankheiten im Sinne Kochs Dreh- und Angelpunkt der Bestrebungen der öffentlichen Hygiene war. Die Betonung und der Ausbau der »offensiven« Seuchenbekämpfung in der preußischen Gesundheitspflege schien ihm nichts als zwingend.[94]

Kirchner schied damit keineswegs *nur* aufgrund seiner Monarchietreue und seiner nationalkonservativen politischen Haltung aus seinem Amt. Das politische Motiv war mehrschichtig, da es an seine wissenschaftlichen Positionsbezüge zur Koch'schen Bakteriologie und die von ihren Konzepten und Praktiken dominierten preußischen Gesundheitspflege gekoppelt war.[95]

Kirchners Ablösung durch Gottstein sollte jedoch nicht nur den Verlust der Vorherrschaft klassischer bakteriologischer Positionen und eine Bestärkung der traditionell-epidemiologischen und sozialhygienischen Zugänge in der öffentlichen Gesundheitspflege markieren.[96] Auch eine Förderung eugenischer Gedanken war damit verbunden. Gottsteins Ansichten über Sozialhygiene waren von eugenischen Gedanken durchzogen, die allerdings keine rassistischen Extrempositionen mit einschlossen. Er favorisierte einen Typ sozialer, wohlfahrtsstaatlicher Eugenik (»Volkseugenik«), die mit planwirtschaftlichen Maßnahmen und der Sorge um soziale Gerechtigkeit verbunden wurde.[97] Für Gottstein und auch andere Vertreter der Weimarer Medizinalbehörden schien klar, dass angesichts der wirtschaftlichen Notlage, den demographischen Entwicklungen (Geburtenrückgang, Kriegsverluste) und der Furcht vor einem Anstieg men-

94 Kirchner 1919b, S. 74f. Allerdings darf nicht außer Acht gelassen werden, dass Kirchner bei der Tuberkulosebekämpfung bereits ab der Jahrhundertwende für soziale Maßnahmen wie die Einrichtung von Auskunfts- und Fürsorgestellen votiert hatte. Mohaupt 1989, S. 73-80.

95 Ein weiterer Grund für Kirchners Abgang dürfte seine Befürwortung der Salvarsanbehandlung bei Syphilis gewesen sein. Tagesgeschichtliche Notizen, in: *Medizinische Klinik* 13 (1919).

96 Gottstein forderte explizit, die soziale Hygiene müsse in die öffentliche Gesundheitspflege eingegliedert werden. Gottstein 1922c, S. 2584. Die Betonung der sozialen Hygiene in der Gesundheitspflege wird auch an den auf Anregung Gottsteins eingerichteten *Sozialhygienischen Akademien* in Düsseldorf, Charlottenburg und Breslau sichtbar. Vgl. dazu Labisch/Koppitz 1999, S. 193; Moser 2002, S. 95-100.

97 Weindling 1989a, S. 482. Zur Weimarer Eugenik und dem in ihrem Rahmen entwickelten biomedizinischen Interventionstyp vgl. Schwartz 1995; Schleiermacher 1998.

taler und chronischer Krankheiten eugenische Maßnahmen wie die Einführung von Ehegesundheitszeugnissen für die Gewährleistung der Volksgesundheit der jetzigen und zukünftigen Generationen notwendig waren. Die Nation schien schließlich kurz vor ihrer Vernichtung, dem »Volkstod«, zu stehen.[98] 1920 gründete Gottstein deshalb einen Ausschuss für Rassenhygiene und Bevölkerungsfragen, der 1921 in den neu gegründeten preußischen Landesgesundheitsrat integriert wurde. Gottstein saß diesem das Volkswohlfahrtsministerium beratenden Gremium als Präsident mit klar hervorgehobenen Einflussmöglichkeiten vor.[99] Im Ausschuss diskutiert wurden nicht nur Ehegesundheitszeugnisse und Vererbungsfragen, sondern auch Zwangssterilisierungen und Blutgruppenforschungen.[100]

Kirchner selbst zog sich nach seiner Amtsabgabe nicht vollständig aus der Gesundheitsverwaltung zurück. Mitte Juli 1919 betonte der fast 65-Jährige, er habe sich aufgrund gütiger Anteilnahme und vieler Worte des Bedauerns über seinen Abgang durch Beamte, Wissenschaftler und Praktiker dazu entschlossen, »bis an mein Lebensende nach Kräften zum Wohle unseres Vaterlandes weiter zu arbeiten«.[101] Kirchner blieb weiterhin Mitglied des Reichsgesundheitsrats und nahm Einsitz im preußischen Landesgesundheitsrat. Unmittelbar nach seinem Ausscheiden bat er Neufeld, seine seit Jahren unterbrochene bakteriologische Arbeit im RKI, dessen Ehrenmitglied er war, wieder aufnehmen zu dürfen und widmete sich experimentellen Forschungen über die Tuberkulose. Kommunalpolitisch engagierte sich Kirchner als Mitglied der Deutschnationalen Volkspartei, zu deren Vertreter in der Stadtverordnetenversammlung von Groß-Berlin er 1921 gewählt wurde.[102]

Georg Jürgens, der zunächst als Nachfolger Kirchners kolportiert worden war, sollte letztlich nicht die Medizinalverwaltung übernehmen. Er saß nach dem Krieg aber dennoch an einer wichtigen Schaltstelle der preußischen Medizinalverwaltung: Der Koch-Kritiker wurde im Frühjahr 1919 mit der Organisation der Fleckfieberbekämpfung in Preußen betraut.[103]

98 Weindling 1984, S. 680f.; Weindling 1989a, S. 338ff.; Sauerteig 1999, S. 276.

99 Zur Geschichte des preußischen Landesgesundheitsrats, seiner Organisation und der Stellung des Präsidenten vgl. Glaser 1960, S. 44-53; Möllers 1923b, S. 14f.

100 Weindling 1989a, S. 341. Zur Blutgruppenforschung in der Weimarer Republik vgl. Spörri 2009.

101 Korrespondenz, in: *MMW* 30 (1919), S. 858.

102 Mohaupt 1989, S. 118.

103 Vgl. *DMW* 15 (1919).

Verstummen der Pfeifhähne

Das bakteriologische Denkkollektiv zeichnete sich bis 1918 durch eine starke strukturelle Verflechtung mit den militärischen Institutionen aus. Gerade der Weltkrieg offenbarte in aller Deutlichkeit die zentrale Stellung und das Prestige, das die Bakteriologie im Sanitätswesen des Heeres genoss. Bei der Analyse der denkkollektiven Veränderungen nach Kriegsende fällt für den bislang ausgeprägten Konnex zwischen Bakteriologie und Militär die Auflösung der Kaiser-Wilhelm-Akademie für das militärärztliche Bildungswesen im Jahr 1919 besonders ins Auge. Die Pépinière war eine der ersten Bildungsinstitutionen Deutschlands, die eine fundierte bakteriologische Ausbildung anbot. Immer wieder wurden an der Akademie ausgebildete Militärärzte auch zur Weiterbildung in bakteriologische Sonderinstitute und an hygienische Institute und Untersuchungsämter geschickt. Die Namen der so genannten »Pfeifhähne«, die zu späteren Koch-Schülern und Leitern orthodoxer bakteriologischer Institutionen wurden, sind Legion. Auch im wissenschaftlichen Senat der Kaiser-Wilhelm-Akademie saßen renommierte Bakteriologen und bakteriologisch orientierte Hygieniker. Sie setzten bezüglich der Ausbildung von Militärärzten und der allgemeinen Ausrichtung des Militärmedizinalwesens wichtige Akzente. Im Krieg selbst traten viele Senats-Mitglieder als beratende Hygieniker in die Reihen der Militärärzte.[104]

Mit der Auflösung der Akademie als Auflage des Versailler Vertrages verlor die medizinische Bakteriologie eine bislang für ihre Belange und insbesondere die »offensive« Seuchenbekämpfung zentrale staatliche Machtressource. Das Gebäude der Akademie wurde Dienstsitz des Reichsarbeitsministeriums, die Akademie selbst zur Kaiser-Wilhelm-Akademie für ärztlich-soziales Versorgungswesen umfunktioniert. Die Studierenden schieden damit aus. Von den ursprünglichen Laborabteilungen blieben vier erhalten (die hygienisch-bakteriologische, chemische, pathologisch-anatomische, physikalische und Röntgenabteilung) und dienten zunächst den wissenschaftlichen Aufgaben der Kriegsbeschädigtenfürsorge und der Untersuchung des Einflusses der Arbeit auf den Organismus. Die historischen Sammlungen und die Modelle überwies man der Sanitätsinspektion des neu gebildeten Reichswehrministeriums.[105] Die Bibliothek und die pathologisch-anatomische Sammlung der Akademie blieben unverändert erhalten und wurden dem Reichsgesundheits-

104 Zur Funktion und Tätigkeit des wissenschaftlichen Senats der Pepinière vgl. Schmidt 1995, S. 87ff.

105 Möllers 1923b, S. 10.

amt, dem vormaligen KGA, unterstellt. Erst im Oktober 1934 sollte die Wiederbegründung der Militärärztlichen Akademie erfolgen.[106]

Auch bezüglich der Allianzen der Koch-Schule mit den obersten Gremien des preußischen Kriegsministeriums zeichneten sich Veränderungen ab. Mit der Abdankung von Generalstabsarzt von Schjerning trat Ende 1918 jener Leiter des Militärsanitätswesens zurück, der Koch von Beginn an freundschaftlich verbunden war und die Institutionalisierung der von Koch initiierten und von seinen Schülern ausgebauten Seuchenbekämpfung in der Militärmedizin maßgeblich mitgetragen hatte.[107] Anlässlich der Einweihung der Kaiser-Wilhelm-Akademie im Juni 1910, wenige Monate nach dem Hinscheiden Kochs, hatte von Schjerning voller Wehmut »des vielbeachteten Koch« gedacht, dessen Tod »für uns, für die Armee und unser Vaterland einen unersetzbaren Verlust bedeutet«.[108] Offiziell erfolgte sein Rücktritt auf Grund gesundheitlicher Probleme. Inoffiziell kolportierte man ebenso wie bei Kirchner politische Motive.[109]

Schjernings Nachfolger wurde der ehemalige Chef des Sanitätsdepartements im Kriegsministerium, Wilhelm Schultzen, der nach der Gründung des Reichswehrministeriums zum Sanitätsinspektor ernannt wurde. Die Herabsetzung der Heeresstärke auf maximal 100.000 Mann in Folge des Versailler Vertrages bedeutete auch für das Heeressanitätswesen eine starke Reduktion des Personals und der entsprechenden Ressourcen und Aktivitäten.[110] Gegenüber den ca. 2000 Sanitätsoffizieren des Reichsheers in der Vorkriegszeit verfügte Schultzen nun nur noch über 293 Sanitätsoffiziere – ungefähr ein Siebtel des ursprünglichen Personalbestandes![111] Die Ergänzung des Stabs sollte durch approbierte Ärzte erfolgen, die ihre medizinische Ausbildung an regulären Univer-

106 Für den raschen Aufbau des Heeres nach dem »Gesetz zum Aufbau der Wehrmacht« und der Wiedereinführung der allgemeinen Wehrpflicht war auch die Ausbildung von Militärärzten nötig. Im Oktober 1934 wurde deshalb die Militärärztliche Akademie in Berlin wiedereröffnet. Vgl. Schmidt 1995, Vorwort. Zur Kaiser-Wilhelm-Akademie in der Zeit des NS vgl. Fischer 1985.

107 Kleine Mitteilungen, in: *DMW* 1 (1919).

108 Labisch/Tennstedt 1985, S. 53.

109 Ebd.

110 Fischer 1982, S. 5; Möllers 1923b, S. 33. Zu den Veränderungen im Heeressanitätswesens nach dem Versailler Vertrag vgl. Merkel 1923, S. 7-10.

111 Möllers 1923b, S. 35; Fischer 1982, S. 7. Auf 1000 Soldaten kamen rein rechnerisch nur noch 2,9 Sanitätsoffiziere. In anderen europäischen Armeen waren es im Durchschnitt 4-5 Militärärzte. Schultzen forderte deshalb 423 Sanitätsoffiziere, was von den Siegermächten abgelehnt wurde. Grunwald 1983, S. 430.

sitäten erhalten hatten und deren Studium damit unbeeinflusst von den Sanitätsbehörden verlief. Dass mit diesen Entwicklungen die Bedeutung des Militärsanitätswesens Einbussen erlitt, versteht sich von selbst. Wie viele bakteriologisch-hygienisch orientierte Sanitätsoffiziere weiterhin dem Militärsanitätswesen verpflichtet blieben, entzieht sich meiner Kenntnis. Unverkennbar ist aber, dass vom Militärsanitätswesen in der Weimarer Republik keine wichtigen Impulse für die Bakteriologie mehr ausgehen konnten; ein bislang verlässlicher und stabiler Stützpfeiler des bakteriologischen Denkkollektivs war erodiert.

Die Last der Traditionen im Reichsgesundheitsamt

Neben einigen markanten Brüchen lassen sich bezüglich der Verankerung der Bakteriologie in den Medizinalbehörden allerdings auch klare Kontinuitäten festhalten. Insbesondere im Reichsgesundheitsamt (RGA), wie das KGA ab 1919 genannt wurde, fand in der Nachkriegszeit keineswegs ein bedeutendes Sesselrücken statt. Wie auf Ebene der Gesundheitsbehörden im Reichsinnenministerium, zeichneten sich auch im RGA keine grundlegenden personellen oder organisatorischen Verschiebungen ab. Die unter anderem von der USPD favorisierte Bildung eines Reichsministeriums für Volksgesundheit oder Medizinalwesen war vom Reichstag 1921 mit der Begründung abgelehnt worden, dass Deutschland kein Einheitsstaat, sondern ein Bundesstaat sei und die Exekutive auf dem Gebiet des Gesundheitswesens bei den Ländern liege.[112] Dementsprechend stand der Abteilung II des Reichsinnenministeriums (Medizinalabteilung) auch in der Weimarer Republik der altgediente, konservative Jurist und Prototyp des wilhelminischen Beamten Bruno Damman vor.[113] Das RGA ging nicht in einer neuen Zentralbehörde für das Gesundheitswesen auf und Bumm blieb weiterhin Präsident der Institution. Dies, obwohl das KGA unter dem seit 1905 amtierenden Juristen bei der Demobilmachung durch die revolutionären Räte unter Beschuss geraten war.

Auch auf der Ebene der Mitglieder und wissenschaftlichen Mitarbeiter des RGA muss von einer starken Präsenz der aus Militär- und Kolonialtradition stammenden Verwaltung gesprochen werden. Das RGA zog in der Weimarer Zeit eine republikfeindliche, der vergangenen Kaiserzeit verpflichtete Beamtenschaft heran und praktizierte dabei einen

112 Zum erfolglosen Versuch der Schaffung eines Reichsgesundheitsministeriums vgl. Moser 2002, S. 76-80; Nemitz 1981.

113 Labisch/Tennstedt 1985, S. 61, 62; Hubenstorf 1994, S. 386.

beinahe völligen Ausschluss von jüdischen Wissenschaftlern.[114] Von besonderer Bedeutung für die Typik der bakteriologisch-hygienisch tätigen Mitglieder und Mitarbeiter im RGA ist, dass das Amt nach den deutschen Gebietsabtretungen und der Auflösung des Heeres zum Sammelbecken vieler nunmehr stellenlos gewordener, konservativ geprägter Bakteriologen und Militärhygieniker wurde.[115] Ein Beispiel dafür ist die Anstellung Uhlenhuths als Hilfsarbeiter der bakteriologischen Abteilung im RGA, nachdem er Ende Dezember 1918 abrupt von seinem Lehrstuhl in Strassburg abgesetzt und von den Franzosen ausgewiesen worden war.[116] Uhlenhuth leitete vor dem Krieg die bakteriologische Abteilung des KGA, bevor er an das Hygiene-Institut der Universität Strassburg berufen wurde. Während des Krieges war Uhlenhuth als beratender Hygieniker in Nordfrankreich tätig und lancierte dort einen systematischen Feldzug gegen den Typhus, welcher der Typhuskampagne in Südwestdeutschland in nichts nachstand. Der Hygieniker Frey, der die Medizinalabteilung beim Generalgouvernement Warschau geleitet hatte und während des Krieges wiederholt durch prononcierte, insbesondere gegen die Ostjuden gerichtete Äußerungen zur Verlausung und »Unkultur« des Besatzungsgebietes in Erscheinung getreten war, wurde nach einer kurzen Zwischenstation als Regierungs- und Medizinalrat in Frankfurt a. O. an das RGA berufen. Hier leitete er von 1920 bis 1933 die medizinische Abteilung und war ständiger Vertreter des Präsidenten.[117]

Eine Erweiterung der Arbeitsstätten und Forschungsmöglichkeiten, gerade auch für die bakteriologisch-hygienische Arbeit, erhielt das RGA 1923 durch Übernahme einer Reihe von wissenschaftlichen Einrichtun-

114 Hubenstorf 1994, S. 388.

115 Ebd., S. 374, Fn. 40.

116 Neumann 2004, S. 126-129.

117 Gottfried Frey, in: *Reichshandbuch der deutschen Gesellschaft* Bd. 1 (1930), S. 398. Weitere Beispiele für die konservative, vom Militär geprägte Beamtenschaft am RGA: Bernhard Möllers, letzter persönlicher Assistent Kochs am RKI und Stabsarzt im Ersten Weltkrieg, wurde 1919 als Mitglied des RGA berufen. Möllers, Bernhard, in: *Biographisches Lexikon der hervorragenden Ärzte der letzten fünfzig Jahre*, hrsg. von I. Fischer, Bd. 2 (1933), S. 518. Der Militärhygieniker Erich Hesse wurde 1920 als Oberstabsarzt aus dem aktiven Militärdienst entlassen und Mitglied des RGA. Hesse, Erich, in: *Das Deutsche Reich von 1918 bis heute*, hrsg. von Cuno Horkenbach, Jg. 1933, S. 511. Eugen Gildemeister wurde vom Militärdienst an das Königliche Preußische Institut für Hygiene in Posen zu Wernicke kommandiert, einem strengen Koch-Adepten. Nach dem Kriegsende und den Gebietsabtretungen an Polen trat er zur bakteriologischen Abteilung im RGA über. Gildemeister, Eugen, in: *Biographisches Lexikon der hervorragenden Ärzte der letzten fünfzig Jahre*, hrsg. von I. Fischer, Bd. 1 (1932), S. 518.

gen der früheren Kaiser-Wilhelm-Akademie vom Reichsarbeitsministerium. Diese Arbeitsstätten wurden dem RGA als »Zweigstätte Scharnhorststrasse« angegliedert.[118] Dennoch war die bakteriologische Abteilung des RGA nach dem Krieg und vor der politischen Umwälzung des Jahres 1933 dem Robert Koch-Institut kaum ebenbürtig. Es führte in der Weimarer Republik im Wesentlichen die bakteriologische Forschungstradition der Vorkriegs- und Kriegszeit fort und verpasste auf wissenschaftlichem Gebiet den Anschluss an innovative Forschungsfelder.[119]

Einen Punkt zur spezifischen Verfasstheit des bakteriologischen Denkkollektivs gilt es an dieser Stelle besonders hervorzuheben: Die Personaldynamik und -fluktuation zwischen RGA, den Forschungsinstituten wie dem RKI oder dem Frankfurter Institut für experimentelle Therapie und den staatlichen und universitären Hygiene-Instituten, noch in der Vorkriegszeit Wesensmerkmal des bakteriologischen Netzwerkes, nahm in der Weimarer Republik markant ab.[120] Besonders deutlich offenbart sich dies am Beispiel der Mitglieder des RGA. Auf der Leitungsebene lässt sich hier eine extreme Beständigkeit beobachten. So amtierte Haendel während der gesamten Weimarer Zeit als Leiter der bakteriologischen und Frey als Leiter der medizinischen Abteilung. Die wissenschaftlichen Mitglieder des RGA wiederum fanden nur in ganz seltenen Ausnahmen den Weg zu den universitären Hygiene-Instituten oder dem RKI. Der Karriereweg an die Universität war ihnen verstellt, da die Hygiene-Institute ihren eigenen akademischen Nachwuchs ausbildeten, das RKI viele Assistenten direkt von der Uni anstellte und die Frankfurter und Marburger Institute für experimentelle Therapie wie auch das Hamburger Institut für Schiffs- und Tropenkrankheiten zusätzlichen Nachwuchs schufen.[121]

Für das RKI, das ab 1920 dem preußischen Volkswohlfahrtsministerium unterstellt war, lassen sich parallel zu den Personalkontinuitäten auf der Ebene der höchsten und mittleren Hierarchiestufen im RGA ähnliche Tendenzen ausmachen. Die Struktur der Leitung wie auch der Abteilungsleitung blieb nach dem Krieg langfristig stabil und ergänzte sich

118 Reichsgesundheitsamt 1926, S. 21; Möllers 1936, S. 5; Haendel 1926, S. 1379; Schreiber 1926, S. 170.

119 Hüntelmann 2008, S. 156; Hubenstorf 1994, S. 410.

120 Vgl. Hubenstorf 1994, S. 373ff.

121 Hubenstorf 1994, S. 376; Hüntelmann 2009. Der Bakteriologe Gildemeister arbeitete von 1919 bis 1935 im RGA, Möllers blieb von 1919 bis 1933 Mitglied des RGA. Und auch für Otto schien es außerhalb des RGA in der Weimarer Zeit keine Stellen zu geben.

vornehmlich aus dem eigenen Institut.[122] Neufeld übernahm 1917 das Amt des Direktors und blieb bis 1933 auf dem Posten. Viele der Abteilungsleiter und Abteilungsdirektoren standen ebenfalls während der gesamten Weimarer Zeit ihren Abteilungen vor. In scharfem Kontrast zum RGA lässt sich für das RKI allerdings nicht von einer starken Präsenz der aus Militär- und Kolonialtradition stammenden und damit nationalkonservativen Bakteriologen sprechen. Im Gegenteil: Auch wenn es – wie Michael Hubenstorf betonte – kaum möglich ist, für die Bakteriologen des RKI politische Präferenzen anzugeben, so kann das Institut während der Weimarer Republik bezüglich seiner kulturpolitisch-gesellschaftlichen Prägung als eher liberal eingestuft werden.[123] Dies spiegelt sich nicht nur in den regen Beziehungen, die das Institut bereits unmittelbar nach Kriegsende mit ausländischen Instituten unterhielt. Auch die unter der Leitung Neufelds sukzessive ansteigende Zahl der im Institut beschäftigten jüdischen Wissenschaftler und Wissenschaftlerinnen spricht eine deutliche Sprache. Im RKI markieren die frühen 1920er Jahre somit einen eigentlichen Aufbruch für eine neue Gruppe jüdischer BakteriologInnen.[124] Zu ihnen gehörte unter anderem Walter Levinthal, ein sehr enger Mitarbeiter Neufelds, der lange Zeit die Untersuchungsabteilung in Vertretung leitete und bereits wenige Jahre nach dem Ende des Weltkrieges drei Monate am Rockefeller-Institut in New York arbeitete.[125] Ich werde später auf ihn zurückkommen.

Der Reichsgesundheitsrat

Noch bis 1916, dem Jahr der letzten Neuwahl des Reichsgesundheitsrates vor dem Ende des Weltkrieges, repräsentierte die Körperschaft ein Beratungsgremium traditioneller Art: Die am häufigsten vertretenen Berufsgruppen waren Professoren verschiedener medizinischer Disziplinen, für medizinische Angelegenheiten zuständige Ministerialbeamte des Reichs und der Länder sowie Leiter zentraler staatlicher Einrichtungen und Forschungsinstitute (u.a. RGA, Institut für Schiffs- und Tropenhygiene, Institut für experimentelle Therapie, RKI).[126] Die Bakteriologie und

122 Hubenstorf 1994, S. 374; Hinz-Wessels 2008, S. 15.
123 Hubenstorf 1994, S. 391.
124 Vortrag Michael Hubenstorf: »Die »jüdischen« WissenschaftlerInnen des RKI und ihre erzwungene Emigration nach 1933, Workshop »Das Robert Koch-Institut im Nationalsozialismus«, Berlin 19.1.2007. Vgl. auch Hinz-Wessels 2008, S. 22.
125 Fortner et al. 1964, S. 138.
126 Saretzki 2000, S. 78.

bakteriologisch orientierte Hygiene stellte entsprechend ihrer leitwissenschaftlichen Position nicht nur unter den medizinischen Professoren, sondern auch unter den Vertretern der Medizinalbehörden einen besonders großen Anteil. Den mitgliederstärksten Ausschuss des Reichsgesundheitsrats, den Ausschuss für Seuchenbekämpfung, dominierten Bakteriologen und Hygieniker, die in klarer Kontinuität zur Koch-Schule und der von Koch und seinen Schülern propagierten Seuchenbekämpfung standen.[127] Inwiefern zeichneten sich für diesen prominenten Ort bakteriologischer Autorität, Einflussnahme und Interventionsmacht nach dem Krieg Veränderungen ab?

Angesichts der ökonomisch und gesellschaftlich prekären Verhältnisse in der unmittelbaren Nachkriegszeit wurde bald einmal die Frage aufgeworfen, ob das Gremium nicht stärker als bisher gesundheitsfürsorgerische Maßnahmen zur Hebung der »Volkskraft« und der Eindämmung von Volkskrankheiten berücksichtigen müsse und dementsprechend die Zusammensetzung und Gliederung der Ausschüsse verändert werden sollten. Staatssekretär Lewald vom Reichsinnenministerium hielt den vermehrten Einbezug der Sozialen Hygiene bzw. Gesundheitsfürsorge und der Medizinalstatistik in den Reichsgesundheitsrat für angezeigt.[128] Nach langen Diskussionen zwischen dem Reich, den Ländern und dem Reichsrat wurde im November 1922 eine neue Geschäftsordnung des Reichsgesundheitsrats verabschiedet. Diese sah die Schaffung dreier völlig neuer Ausschüsse vor, welche die nunmehr auch auf Reichsebene zu immer größerer Bedeutung gelangenden Disziplinen repräsentierten: einen Ausschuss für soziale Gesundheitsfürsorge einschließlich Schulgesundheitspflege, einen Ausschuss für Bevölkerungswesen und Rassenhygiene und einen für Statistik.[129] Nach der Neuwahl der Mitglieder 1923 ergab sich auch ein völlig verändertes Bild gegenüber dem traditionellen Beratungsgremium von 1916: Die Länder verfügten nur noch über je einen Ministerialbeamten für medizinische Angelegenheiten; neu aufgenommen wurden Geschäftsführer oder Direktoren der fünf großen sozialhygienischen Reichsfachverbände, weitere Vertreter sozialhygienischer Disziplinen, ein Arzt für physikalische Heilverfahren, Schulrektoren, Stadt- und Schulärzte, Herausgeber medizinischer Fachzeitschriften,

127 z. B. Uhlenhuth, Wassermann, Kirchner, Dieudonné, Abel, Gärtner, Gaffky, Kossel, Lentz und Nocht. BArch, R86/857: RGR März 1916, Übersicht über die Zuteilung der Mitglieder des RGR an die Ausschüsse und Unterausschüsse.

128 Glaser 1960, S. 33.

129 Saretzki 2000, S. 75.

ein Genetiker, Statistiker, Vertreter der Versicherungsträger, besonders der Krankenkassenverbände u. a.m.[130]

Für den Status der Bakteriologie und bakteriologischen Hygiene innerhalb des Gremiums entsprachen diese Neuzugänge und die Neuordnung der Ausschüsse zunächst einem klaren Verlust der bislang dominanten Stellung. Selbst im Ausschuss für Seuchenbekämpfung zeichneten sich grundlegende strukturelle und personelle Veränderungen ab. Nach den Neuwahlen 1923 ließ sich ein markanter Zuwachs an Mitgliedern registrieren.[131] Dieser Mitgliederzuwachs basierte auf einer Strukturveränderung der Unterausschüsse oder genauer: der Schaffung neuer Unterausschüsse unter gleichzeitigem Wegfall bestehender. Als klares Indiz für die abnehmende Bedeutung und gesundheitspolitische Validierung der entsprechenden Krankheiten in der Weimarer Republik kann der Wegfall der Unterausschüsse für Typhus, Cholera und Pest gewertet werden – Infektionskrankheiten, die noch um 1900 zu den Leitkrankheiten zählten und für welche die Bakteriologie Koch'scher Prägung eine klare und bis zum Krieg nicht hinterfragte Expertise beansprucht hatte. Mitgliederstärkster Unterausschuss war im Vergleich zum Jahr 1916 nicht mehr der (inzwischen weggefallene) Unterausschuss für Typhus, sondern derjenige für Tuberkulose. Hier entsprach die Aufstockung an Mitgliedern fast einer Verdoppelung gegenüber den Verhältnissen im Kriegsjahr 1916.[132] Wie Kurt Glaser mit Blick auf die Debatten im Reichsgesundheitsrat belegt hat, sollten bei den chronischen Volkskrankheiten gesundheitsfürsorgerische Ideen gegenüber den sanitätspolizeilichen Maßnahmen zu immer größerem Einfluss gelangen – eine Entwicklung, die sich auch an der disziplinären Verortung der neu gewählten Mitglieder im Unterausschuss für Tuberkulose ablesen lässt.[133]

Insgesamt zeichneten sich damit für das bakteriologische Denkkollektiv Verluste bei der Besetzung dominanter Sprecherpositionen innerhalb der zivilen Medizinalverwaltung und eine markante Schwächung der wechselseitigen Allianzen mit dem Militär ab. Besonders auf der Ebene der preußischen Landesbehörden, aber auch im Reichsgesundheitsrat ging das Sesselrücken einher mit einem eklatanten Autoritätsverlust gegen-

130 Ebd., S. 79.

131 1916 zählte der Ausschuss für Seuchenbekämpfung noch 44 Mitglieder, 1923 bereits 68. Saretzki 2000, S. 80.

132 Ebd.

133 Glaser 1960, S. 56. Zur Diskussion der Tuberkulosebekämpfung im RGR vgl. Saretzki 2000, S. 389ff.

über Disziplinen wie der Sozialhygiene, Eugenik, den Bevölkerungswissenschaften und der Statistik, die im Zuge des Ausbaus der Gesundheitsfürsorge in der Weimarer Republik an Wirkmächtigkeit gewannen. Auch wenn es nicht zutreffend ist, einen radikalen Bruch mit den Verhältnissen in der Vorkriegszeit zu postulieren (besonders angesichts der Kontinuitäten im RGA), so lässt sich doch die These aufstellen, dass die Strukturveränderungen und personellen Rochaden die bislang stark ausgeprägte formale Abgeschlossenheit und Stabilität des Denkkollektivs aufbrachen. Nach Fleck zeichnen sich unabgeschlossene Denkkollektive nun aber gerade dadurch aus, dass ›Denkzwang‹ und ›Denkgebundenheit‹ der Mitglieder sowie die Beschränkungen der zugelassenen Probleme gelockert werden und die Möglichkeiten eines interkollektiven ›Denkverkehrs‹ zunehmen. Die Konstellation der Unabgeschlossenheit eines Denkkollektivs erleichtert die Integration neuer Denkfiguren, begünstigt Verschiebungen und Veränderungen der bestehenden Wissensformationen und damit eine Erweiterung oder gar Umwandlung des Denkstils. Jedem Sesselrücken wohnt aufgrund der Rückkoppelungen auf den Bestand an gesicherten wissenschaftlichen Wahrheiten, an Handlungsmaximen und Methoden immer auch ein Moment der Dynamisierung inne.

Aufgrund der klaren Abnahme der Personalfluktuation zwischen den zentralen Orten bakteriologischen Sprechens möchte ich neben der Abnahme der formalen Abgeschlossenheit zugleich auf die verstärkte Segregation des Denkkollektivs hinweisen. Es bildeten sich zunehmend separierte und different strukturierte Orte in der bakteriologischen Geographie Deutschlands, wobei der Dualismus von RKI und RGA besonders ausgeprägt erscheint.[134] Auf die wissenschaftliche Kommunikation übte die Verlangsamung des Personalkarrussels, dieser gleichsam kohäsiven Kraft im innerwissenschaftlichen Kreis, einen nicht zu unterschätzenden Einfluss aus. Denn ein Denkkollektiv mit schwacher Kohäsion befördert nicht Einstimmigkeit, sondern Vielstimmigkeit und die Ausbildung von Differenzen. Wie sich solche Differenzen in unterschiedlichen Denkmodellen und Akzentsetzungen in der Bakteriologie der zweiten Hälfte der 1920er Jahre niederschlugen, werde ich im nächsten Kapitel diskutieren.

134 Hubenstorf 1994, S. 374f., 388.

12. Transformierte Bakteriologie, 1924/25-1933

Vom Glanz und der Wirkmächtigkeit der einstigen Leitwissenschaft Bakteriologie war Mitte der 1920er Jahre nicht mehr viel übrig: Die Deutungshoheit ihrer Modelle und Schemata war erschüttert, ihre ursprünglich so mächtigen und festen Strukturen und Netzwerke aufgelöst oder zumindest destabilisiert. Nicht länger konnte jetzt noch bestritten werden, dass die bakteriologische Epidemiologie für die Aufklärung massenhafter Erkrankungen unhaltbar war. Zweifel wurden auch an der Vollkommenheit der ergriffenen Keimpraktiken im Feld formuliert. Auf diesen von der Bakteriologie so lange und autoritär dominierten epistemischen und Praxisfeldern musste nach neuen, stabileren Wahrheitsmustern und Handlungsanweisungen gesucht werden. Aber auch bezüglich der Infektion und Pathogenese fehlten den Bakteriologen die abschließenden Antworten. Gerade die Kriegserfahrungen hatten in aller Deutlichkeit gezeigt, dass man bei der Interpretation der Einzelinfektion nochmals über die Bücher gehen musste und der lange Zeit dominierende Status des Erregergedankens endgültig der Vergangenheit angehörte. Ab Mitte der 1920er Jahre, am Beginn einer kurzen Phase von Stabilität und ökonomischem Aufschwung in der Weimar Republik, begann sich eine neue Bakteriologie zu formieren, die sich selbst in ihren basalen Denkfiguren grundlegend von den bisherigen Wissenskonfigurationen unterschied.

Bei der Erforschung von Infektion und epidemiologischem Geschehen standen nicht mehr wie ausgangs des 19. Jahrhunderts die akuten Infektionskrankheiten wie Cholera oder Typhus im Zentrum der Aufmerksamkeit. Als Forschungsobjekte in den Vordergrund rückten nun die rätselhaften Infektionskrankheiten des Zentralnervensystems (z. B. epidemische Genickstarre und Gehirnhautentzündung) und Mischinfektionen mit Pneumokokken und Streptokokken, die im Zuge der Influenza-Pandemie Internisten und Bakteriologen gleichermaßen irritiert hatten. Auch die weiterhin Probleme verursachenden Kinderkrankheiten wie Scharlach, Diphterie und Masern sowie die im Aufmerksamkeitsspektrum der Gesundheitsbehörden besonders zentral figurierenden chronischen Volkskrankheiten standen auf der bakteriologischen Agenda. Wodurch sich die medizinische Bakteriologie jetzt auszeichnete, war die Betonung der *Komplexität* der epistemischen Gegenstände ›Infektion‹ und ›Epidemie‹. Sie wurden nun als vielseitig bedingte Phänomene beschrieben, bei welchen die Gestaltungsfaktoren in ein schwer zu entwirrendes Wechselspiel traten. Bei der Aufklärung dieser Wechselwirkungen zwischen Mikro- und Makroorganismen – sei es bei einer Einzelperson oder im Rahmen einer Epidemie – öffneten sich die Bakteriologen nicht nur verstärkt den Erkenntnissen der Sozialen Hygiene, der Konstitutionsmedizin mit ihren Konzepten von Heredität und Kongenialität sowie lange vernachlässigten epidemiologischen Zugängen. Zu neuen Schemata und Erklärungsmodellen gelangten einige Bakteriologen insbesondere durch den Anschluss an physikalisch-chemische und parasitologisch-ökologische Wissensbestände. Davon zeugen Denkfiguren wie »Gleichgewicht«, »Anpassung« und »Symbiose«, die im bakteriologischen Diskurs erstmals zu zirkulieren begannen.

Das Auftauchen dieser neuen diskursiven Figuren erfolgte dabei in einem spezifischen, historisch kontingenten Moment: Die ehemals erhärteten bakteriologischen Wahrheiten waren zweifelhaft geworden, die Autorität der Wissenschaft untergraben. Und dies auf eine sehr grundlegende Art und Weise. Wie ich im vorhergehenden Kapitel erwähnt habe, kann die zunehmende Destabilisierung des bakteriologischen Denkstils auch als Evidenzverlust der bislang konstitutiven Invasions-, Reinheits-, Feind- und Kriegsmetaphorik gelesen werden. Das heißt: Die in den konzeptionellen Grundannahmen über das Infektions- und Seuchengeschehen angelegten Bilder und Vorstellungswelten waren nicht länger im Stande, die aufgetretenen Paradoxien und Komplexitäten vollständig zu erhellen und aufzuklären. Diese Konstellation aber, in der Grundannahmen und -begrifflichkeiten gleichsam flüssig werden oder – mit Fleck – das gerichtete ›Gestaltsehen‹ sich lockert, schafft eine Lücke beziehungsweise eine passende Gelegenheit, um neue, bislang unterdrückte oder ausgeschlossene Vorstellungen in ein Wissenssystem einzuführen. Der Kulturphilosoph und Historiker Michel de Certeau hat in seinem Buch *Kunst des Handelns* darauf hingewiesen, dass sich genau in solchen günstigen Situationen rhetorische Praktiken von so genannt »Schwachen« ohne eigenen Ort innerhalb eines dominanten Systems ausmachen lassen. Sie bestehen darin, dass spezifische »Figuren und Wendungen« wie Metaphern in den dominanten Diskurs eingeführt werden, die »etwas Anderes« in der Sprache eines Ortes aufblitzen lassen, die sprachliche Position des Adressaten verführen, für sich einnehmen oder verändern.[135] Solche Figuren oder Metaphern, die innerhalb eines stabilisierten Wissenssystems noch ausgeschlossen gewesen wären, können folglich zu Orten der inhärenten Instabilität und des Austausches von Bedeutung mit anderen Diskursen werden.[136]

135 De Certeau 1988, S. 90, 94.
136 Bono 1995, S. 132.

Welche kreativen oder gar subversiven Effekte die neue Rede vom »Gleichgewicht« und der »Symbiose« produzierte, werden die folgenden Abschnitte zeigen. Sie beschäftigen sich mit den epistemischen Transformationen im Verständnis der Einzelerkrankung und der Epidemien.

12.1. Komplexe Infekte

Beginnend mit Pettenkofers Choleratrank war schon in den 1890er Jahren klar geworden, dass beim Infektionsgeschehen nicht nur dem Bakterium Aufmerksamkeit geschenkt werden durfte. Aufgrund dieses ersten ›Risses‹ im Infektionsmodell ergänzten die Bakteriologen ihre ätiologische Gleichung um die individuelle Disposition. Trotz dieser Erweiterung schrieb die Mehrzahl der Bakteriologen jedoch weiterhin dem Mikroorganismus den dominierenden Ursachenstatus zu.

Die 1920er Jahre brachten in dieser Wissensformation zwei bedeutende Modifikationen. *Erstens* wurde nun dezidiert auf die »vielseitigen Ursachen« verwiesen, die die Infektion, diesen sehr »komplizierten Vorgang«, auszeichneten.[137] Die Mannigfaltigkeit von Ursachen, ihre Multiplizität an sich, stellte jedoch nicht das eigentlich zentrale Motiv für die Rede von der »Komplexheit« der Infektion dar. Komplex wurde das Wesen der Infektion deshalb wahrgenommen, weil die verschiedenen Gestaltungsfaktoren im Infektionsprozess in ein Wechselspiel traten und sich dabei in ihrer Wirkung fördern oder hemmen konnten.[138] Die in einem Relationsverhältnis stehenden Hauptakteure waren natürlich noch immer der Erreger und der Mensch – Noxe und Körper. Sie wurden nun aber als »lebendige Wesenheiten« bezeichnet, bei denen verschiedene, veränderliche Faktoren berücksichtigt werden mussten. Die Faktoren Menge und Virulenz auf Seiten des Parasiten, Disposition und Immunität auf Seiten des Wirtes traten in der Infektion in Wechselwirkung und waren zugleich in ihrem Wert von endogenen und exogenen Verhältnissen abhängig.[139] Zu diesen Verhältnissen zählten etwa »Anlage«, »Konstitution«, Lebensalter, biologische, geographische und soziale Umwelteinflüsse, vorangehende Krankheiten usw. Vom Zusammenspiel von Noxe und Körper innerhalb dieses spezifischen Gefüges innerer und äußerer Verhältnisse hing es letztendlich ab, ob es zu einer Krankheit kam oder nicht. Welche »Summe von Voraussetzungen« tat-

137 Wohlfeil 1931; Gottstein 1929a, S. 199-214; Friedberger 1926, S. 784.

138 Seligmann 1928, S. 13.

139 Vgl. Seligmann 1928, S. 3f.; Seitz 1929, S. 438f.

sächlich die Erkrankung hervorrief, wisse man gegenwärtig kaum, konstatierte der Bakteriologe Hans Reiter.[140] Erich Seligmann, Bakteriologe und Direktor im Hauptgesundheitsamt der Stadt Berlin, pflichtete dieser, im Vergleich zu den autoritativen Aussagen der Bakteriologen in der Vorkriegs- und Kriegszeit kleinlauten Einschätzung bei. In seinem Ende der 1920er Jahre breit rezipierten Lehrbuch zur Seuchenbekämpfung verschwieg er nicht, dass noch »viele Lücken« im Wissen von der Krankheitsentstehung vorhanden seien.[141]

Die *zweite* Modifikation betraf die Rolle des reaktiven Körpers. Dem bakteriellen Agens wurde nicht länger eine Vorzugstellung in der Ätiologie eingeräumt. Mit der Biologie des Erregers glaubte man also nicht länger das Wesentliche des Infektionsvorgangs zu erfassen. Schon 1922 konstatierte Ludwig Paneth, man müsse sich bewusst sein, dass die Erreger einer Infektionskrankheit nicht »*die*, sondern nur einen umschriebenen [...] *Teil* der Ätiologie« erfasse. Ihr dominierender Ursachenstatus ließ sich nach Paneth weder theoretisch noch praktisch rechtfertigen, sondern beruhte auf »subjektiven Einstellungen«.[142] Explizit als »gleich bedeutsam« und »gleicherweise« bestimmend für die Erklärung der Entstehung einer Infektionskrankheit wurde nun die inneren Eigentümlichkeit des Makroorganismus, besonders seine Disposition erachtet.[143]

Als zentrales Mittel für die Erzeugung solcher Wissensformationen setzten die Bakteriologen im Labor auf neue Keimpraktiken. Nicht länger sollte dem bakteriologischen Laboratorium der Ruf eines vom Leben und der Praxis völlig entfremdeten Ortes anhaften. Auch wenn das Tierexperiment beibehalten wurde, operierten Studien zur Erforschung der körperlichen Reaktivität und dem mikrobiellen Anteil im Infektionsprozess nun mit möglichst kleinen Infektionsdosen durch die natürlichen Eingangspforten (Verdauungs- und Atmungswege). Nur damit glaubte man die natürlichen Bedingungen und besonders die schleichenden Infektionsprozesse untersuchen zu können.[144] Obwohl die Infektion dadurch nicht ganz aus der »muffigen Atmosphäre des Nagetierstalls« geholt wurde[145], gehörten zumindest die Injektionskrankheiten, also die mit peritonealen und subkutanen Injektionen mit großen Dosen erzeugten Erkrankungen, endgültig der Vergangenheit an.

140 Reiter 1928b, S. 2181.

141 Seligmann 1928, S. 37.

142 Paneth 1922, S. 1637 [Kursivsetzung S.B.], 1633.

143 Rimpau et al. 1928, S. 8; Seitz 1929, S. 443.

144 Neufeld/Etinger-Tulczynska 1933, S. 573; Martini 1933b, S. 1249; Freund 1926, S. 626f.

145 Much 1931, S. 22.

Neufassung der Disposition

Im Zuge der gesteigerten Aufmerksamkeit für den empfänglichen Körper wurde die Disposition für Infektionskrankheiten nicht mehr wie bisher unter der Rubrik Mangel an natürlicher Resistenz/Immunität, das heißt: der fehlenden Wirkung humoraler und zellulärer Schutzstoffe abgehandelt. Disposition war jetzt mehr als nur eine aufgehobene natürliche Immunität und das Fehlen spezifischer Immunkörper, mehr als eine negative Eigenschaft des Körpers. In Folge der verstärkten Integration konstitutionsmedizinischer und sozialhygienischer Erkenntnisse in die Bakteriologie und Serologie legten die Bakteriologen das Gewicht auf die von Hueppe, Kisskalt und Martius schon vor dem Weltkrieg propagierte Erforschung der unspezifischen, »konstitutionell« bedingten Reaktionsweisen und Widerstandskräfte des Körpers und der endogenen und exogenen Momente, die den umfangreichen Komplex der »Konstitution« beeinflussten. Einzelne Bakteriologen, die sich besonders stark den Strömungen der Konstitutionspathologie und Erbwissenschaften öffneten[146], stellten sich sogar auf den Standpunkt, die auf der Konstitution gründende Disposition müsse als »Spieler erster Ordnung« im Infektionsgeschehen betrachtet werden.[147] So formulierte der bei Kisskalt habilitierte Reiter 1928 die These, die »heutigen Erkenntnisse« würden geradezu zur Annahme zwingen, dass dem Makroorganismus bei der Infektion eine größere Bedeutung zukomme als dem Erreger: »Letzterer schafft [...] nur eine Voraussetzung der Infektion, bedingt sie aber nicht.«[148]

146 Besonders hervorzuheben gilt ein Kreis von Bakteriologen um den Gießener und später Heidelberger Ordinarius für Hygiene Emil Gotschlich, der früh eine dezidiert eugenisch-rassenbiologisch geprägte Perspektive in der Hygiene vertrat. Zu ihm gehörten Philateles Kuhn, Max Gundel, Hugo Selter, Hermann Dold und Ernst Rodenwaldt. In seiner Rektoratsrede 1929 referierte Gotschlich seine Thesen zur Verbindung von Hygiene und Vererbungslehre und votierte für eine »hygienische Kulturarbeit im Sinne der Auslese der Besten des Volkes« und eine Bevölkerungspolitik, die die Träger »wertvoller Anlagen bei der Eheschließung und Fortpflanzung« begünstige. Gotschlich 1929, S. 14, 26. Zur rassenbiologisch orientierten Serologie von Gotschlich-Schülern in den 1920er Jahren vgl. Fn. 157. Früh einer völkischen Rassenhygiene zugewandt haben sich auch die Bakteriologen Karl Kisskalt, Wilhelm von Drigalski und Hans Reiter, die in ihren politischen Positionsbezügen eine Kombination von antidemokratischem Selbstverständnis und antiliberalem Staatsgedanken vertraten.

147 Much 1923, S. 31. Vgl. ders. 1926, S. 684 und ders. 1922, S. 19.

148 Reiter 1928b, S. 2181. Adolf Gottstein bemerkte zur gleichen Zeit, der Faktor Empfänglichkeit stehe beim Zustandekommen der Infektion »im Vordergrund der Erörterung«. Gottstein 1928, S. 907.

Neuer Fokus der bakteriologischen Aufmerksamkeit bezüglich der Disposition bildete, und dies besonders ausgeprägt am RKI, die Haut. Neufeld, der Mitte der 1920er Jahre die große Bedeutung der konstitutionell bedingten Schutzkräfte des Organismus unterstrich, koppelte diese hauptsächlich an die Beschaffenheit der Haut und Schleimhäute.[149] Sie seien Teil der natürlichen »konstitutionellen Kräfte«, die auf den Mikroorganismus einen bedeutenden Einfluss ausübten und dabei »rassemäßig bedingt« und vererbbar wären.[150] Auch die Unterschiede der Empfänglichkeit verschiedener Altersklassen führte er teilweise auf die Schleimhäute und ihren altersentsprechenden Zustand zurück.[151] Ebenfalls am RKI widmete sich Bruno Lange dem Themenkomplex der Organdispositionen und fand bei seinen experimentellen Versuchen mit Pneumokokken, Streptokokken und Pasteurellabakterien große Differenzen bei der Empfänglichkeit unterschiedlicher Organe.[152]

Neben der Haut und den Organen widmeten sich bakteriologische Studien den konstitutionell bedingten Eigenarten des Stoffwechsels. Reiter, dessen Forschungsgebiete vor dem Krieg vornehmlich in der grundlagenorientierten Immunologie und damit der Erforschung der Gesetzmäßigkeiten der spezifischen Immunreaktionen gelegen hatten, konzentrierte sich im Verlauf der 1920er Jahren besonders auf die Stoffwechselkonstitution. Im Rahmen seiner konstitutionsbiologisch aufgeladenen Immunitätsforschung versuchte er, Stoffwechselvorgänge zu variieren, um die Rolle des Makroorganismus im Infektionsprozess und seine Reaktionen auf den Mikroorganismus zu prüfen. Am Beispiel des Cholesterinstoffwechsels konnte er zeigen, dass eine Veränderung der Stoffwechseleinheiten die Empfänglichkeit gegenüber Infektionskrankheiten beeinflusste. Endogene, ererbte Faktoren wie spezifische Stoffwechseleigenheiten waren demnach als Teilfunktion des Komplexes »Konstitution« für den Verlauf von Krankheiten und die Entstehung von Immunität entscheidend.[153] Auch Much interessierte sich für Lipoide,

149 Neufeld 1925a, S. 8.

150 Neufeld 1924d. Zur Bedeutung der Haut bei Infektionen siehe auch Killian 1924, Hartoch et. al 1924. Trotz Neufelds erstarkendem Interesse an angeborenen, ererbten Differenzen im Kontext der Empfänglichkeit hielt er sich von eugenischen und rassenhygienischen Implikationen für die individuelle Gesundheitsvorsorge fern. Mendelsohn 2001, S. 60f.

151 Neufeld 1924c.

152 Lange/Gutdeutsch 1929.

153 Reiter 1929c. Der endogene, erbbiologische Fokus sollte sich bei Reiter ab 1930 verstärken, vgl. Kap. 13.1.

also fettähnliche Substanzen wie das Cholesterin, um Aufschluss über die unabgestimmte Immunität zu erhalten.[154]

Ein spezieller Zweig der Bakteriologie, die konstitutionell ausgerichtete Serologie, korrelierte die Disposition gegenüber Infektionskrankheiten mit den Blutgruppen. Ludwik Hirszfeld in Warschau sowie der am Berliner Krankenhaus Friedrichshain arbeitende Fritz Schiff postulierten beide Empfänglichkeitsunterschiede innerhalb verschiedener Blutgruppen.[155] Sie basierten nach Hirszfeld auf normalen, aus spontanen Zellfunktionen entspringenden Strukturen (Antikörpern) des Serums. Die an die Blutgruppen gekoppelte, konstitutionell bedingte Disposition wurde gemäß Hirszfeld vererbt, war also »genotypisch« bedingt.[156] Aus diesem Grund war für ihn das Problem der differenten Krankheitsdispositionen in der Bevölkerung ohne Hilfe von Anthropologen, Ethnologen und Vererbungsforschern nicht zu lösen.[157]

Dem Einfluss exogener Momente auf die Infektionsempfänglichkeit widmeten sich Ernährungsexperimente. In Anlehnung an amerikanische Experimente, bei denen Versuchstiere mit einem bei der Vitaminforschung erprobten Nahrungsgemisch gefüttert wurden, studierten Bakteriologen im RKI, inwiefern bei Meerschweinchen ein Mangel an Vitamin C die Empfänglichkeit für Infektionen mit solchen Erregern herabsetzte, die in der Regel für normale Meerschweinchen unschädlich

154 Much warb sogar für Versuche bei »Geistesschwachen und Zuchthäuslern«, bei denen durch exogene Veränderungen wie Temperaturwechsel oder Luftveränderungen die »Konstitutionsänderungen« bzw. »Lipoidverschiebungen« untersucht werden sollten. Much 1926.

155 Hirszfelds Versuch, die Immunitätsforschung auf konstitutionelle Basis zu stellen, ist in seinem Buch *Konstitutionsserologie und Blutgruppenforschung* von 1928 am weitesten ausgebaut; Schiff 1925; Schiff/Adelsberger 1924. In späteren Arbeiten äußerte sich Schiff zunehmend skeptisch zur Annahme einer an die Blutgruppen gekoppelten Empfänglichkeit. Für diesen Hinweis danke ich Myriam Spörri.

156 Vgl. Hirszfeld 1924b; Hirszfeld/Hirszfeld/Brokman 1924; Hirszfeld 1924a.

157 Hirszfeld 1924a, S. 2087. Zum Verhältnis von Erbanlage und Infektion vgl. Schiff 1926, S. 659-675. In der Blutgruppenforschung mit rassenwissenschaftlich-anthropologischen Kategorien operierende Bakteriologen und Hygieniker waren in den 1920er Jahren im Umkreis Emil Gotschlichs anzutreffen (Max Gundel, Philateles Kuhn, Hermann Dold). Das Hauptziel dieser mit völkischem Gedankengut sympathisierenden Gruppe bestand in der Analyse und Differenzierung der Rassen nach serologischen Kriterien und der Kartografie rassischer Distribution. Die Suche nach einem an die Blutgruppen gekoppeltem »konstitutionellen« Substrat der Disposition oder Empfänglichkeit gegenüber Infektionskrankheiten gehörte nicht zu ihrem Erkenntnisinteresse.

waren. Nach Neufeld disponierten Vitaminschädigungen eindeutig für Infektionen.[158] Andere Wissenschaftler hingegen koppelten die Schädigung der Widerstandkraft des Organismus an salzarme, fett- und eiweißfreie Ernährung.[159] Auch andere exogene Momente wie Klima und Zeit, Wohnweise, körperliche und geistige Arbeit oder psychische Erschütterungen wurden als relevant erachtet, um die Empfänglichkeit eines Makroorganismus angemessen erfassen zu können.[160] Die Ernährung stand allerdings klar im Vordergrund.

Der mikrobielle Spieler und seine Veränderlichkeit

Auch wenn die Rolle des Erregers im Verhältnis zum Makroorganismus abgewertet wurde, schenkte man dem mikrobiologisch bedingten Anteil des Ätiologiekomplexes weiterhin Aufmerksamkeit. Bakteriologen setzten sich nun mit der Frage auseinander, wie die Bakterien auf den Wechsel der Lebensbedingungen im Makroorganismus reagierten. Im Hinblick auf die Pathogenese der Infektionskrankheiten schien es mehr als evident, dass Kenntnisse über die Beschaffenheit des mikrobiellen »Spielers« und seiner Veränderlichkeit im infizierten Körper noch fehlten. Seine Eigenschaften hatte man bisher aus künstlichen Kulturen und dem Tierexperiment eruiert; das Wissen über die Eigenschaften während des natürlichen Krankheitsprozesses kam dabei zu kurz.

Mitte der 1920er Jahre argumentierte Hugo Braun vom Frankfurter Hygiene-Institut, Morphologie und biochemische Beschaffenheit des Parasiten würden durch die Wirkung des Makroorganismus beeinflusst. Bei Trypanosomen etwa habe man beim Vorliegen einer chronischen Infektion eine Ummodellierung gewisser Bestandteile ihrer »lebenden Substanz« unter dem Einfluss von Antikörpern beobachten können. Braun interpretierte diese und ähnliche Veränderungen der Erreger als Anpassungserscheinungen, betonte aber zugleich, die Veränderlichkeit der Erreger gehe nicht so weit, dass aus einer Art eine andere entstehen würde.[161] Veränderungen in der Beschaffenheit – besonders der Virulenz – von Bakterien durch äußere Einwirkungen des Makroorganismus beobachteten auch Neufeld und Levinthal am RKI. Bei ihren Versuchen mit Streptokokken und Pneumokokken büßten die Bakterien durch das Eindringen in die normale Schleimhaut und die dabei eingetretene

158 Neufeld 1927a.

159 Hotta 1928. Vgl. Reiter 1928a.

160 Vgl. Friedberger 1927b; Neufeld/Etinger-Tulczynska 1933.

161 Braun 1925, S. 1193, 1197.

Milieuveränderung an Virulenz ein.[162] Levinthal und Neufeld versuchten außerdem, *in vitro* eine Umwandlung der Streptokokken unter dem Einfluss normaler Organe (Niere, Herz, Milz, Leber) zu erzielen. Sie verzeichneten bei diesen Versuchen ebenfalls eine erhebliche Herabsetzung der Virulenz. Auch Julius Morgenroth und seine Schüler in der Abteilung für Chemotherapie des RKI konnten bei Versuchen *in vivo* zeigen, dass virulente Streptokokken unter Einwirkung des Mäusekörpers in eine weniger virulente Modifikation überführt wurden und damit einen anderen »biologischen Zustand« erreichten.[163]

Die Veränderlichkeit oder Variabilität von Bakterien war nicht nur im Rahmen der Infektionslehre und Pathogenese ein Thema. Variabilitätserscheinungen bei Mikroorganismen stießen in der Bakteriologie der 1920er Jahre generell auf ungemein große Resonanz.[164] Um die Mitte der Dekade galt der Verweis auf das Variieren der Virulenz bei der Aufklärung epidemiologischer Fragen als besonders einleuchtender Erklärungsansatz (vgl. Kap. 12.2). Abgesehen vom epidemiologischen Kontext erregten weitreichende Theorien über Umwandlungsprozesse bei Bakterien die Gemüter. Diese gingen davon aus, dass aus virulenten Bakterien im Körper invisible Viren werden konnten (und umgekehrt), oder dass es einen Entwicklungskreislauf bei Bakterien gab, bei dem aus wenigen Bakterienstämmen eine Vielzahl pathogener Formen entstanden.[165] Auch wenn einzelne Kommentatoren vor dem Hintergrund solcher Theorien eine »Krise der Bakteriologie« stipulierten oder gar eine »Weltenwende« in der Bakteriologie herannahen sahen, verwarf die Mehrheit der Bakteriologen die pleomorphen Zugänge in der Variabilitätsfrage mit deutlichen Voten.[166]

162 Neufeld 1924d; Levinthal 1929; Neufeld/Levinthal 1928.

163 Vgl. Schnitzer/Munter 1921. Andere Streptokokkenstudien belegten, dass die im Verlauf einer Streptokokkeninfektion aus verschiedenen Organen gezüchteten Kokken sich bezüglich Wachstumsart und pathogenem Vermögen unterschieden. Kuczynski/Wolff 1921.

164 Vgl. Rippel 1929.

165 Friedberger 1926; Enderlein 1925; Enderlein 1930; Enderlein 1931. Almquist 1928 verfocht ebenfalls einen Entwicklungszyklus, wobei er argumentierte, dass außerhalb des Menschen eine Fruktifikation erfolge. Philateles Kuhn widmete sich morphologischen Studien der Entwicklung von Bakterien und propagierte die Verwandlung verschiedener Arten von Bakterien ineinander. Kuhn/Sternberg 1931. Zu Kuhns »Pettenkoferienkursus« in Gießen vgl. Klieneberger-Nobel 1977, S. 66f. Zur Kontroverse über die Zyklogenietheorie während der Zwischenkriegszeit in den USA vgl. Amsterdamska 1991.

166 Schnürer 1928; Hering: Weltenwende der Bakteriologie, in: *Deutsche Allgemeine Zeitung*, 20.10.1931. Dagegen Neufeld 1931; Rimpau 1931; Kruse 1933.

Auch die Spezifitätslehre war durch die moderne Variabilitätslehre nicht gefährdet, wie Levinthal 1928 ausdrücklich versicherte.[167] Allerdings schien die vor dem Krieg eingeführte »Dynamisierung« des Spezifitätsbegriffs nun doch nicht mehr für alle Phänomene genügend Erklärungskraft zu besitzen. Im Zusammenhang mit der modernen Variabilitätslehre sprach Levinthal jetzt nämlich von der »Atomisierung« des Spezifitätsbegriffes: Nicht die Art schlechthin dürfe als Erreger der Infektionskrankheit zuordnet werden, sondern nur ihre pathogene Form in ihren besonderen biologischen Eigenschaften. Diese erneute Verschiebung im Spezifitätsverständnis kam der Konzeptualisierung der Spezifität durch Charles Nicolle sehr nahe. Der französische Bakteriologe hatte um 1930 betont, die Spezifität sei kein Attribut des gesamten Mikroorganismus, sondern nur einer bestimmten Substanz, aus der er sich zusammensetze. Nach Nicolle musste man bei Bakterien von einem »Mosaik« der Antigene ausgehen. In dieser Fülle von Komponenten gab es Antigene, die eine spezifische Antikörperreaktion im Wirt auslösten. Spezifität war damit keine absolute, sondern eine relative Qualität.[168]

Metaphernverschiebungen und neue biologische Modelle der Infektion

Im Zuge der Studien zum komplexen Infektionsgeschehen entwickelten verschiedene Bakteriologen für die Theorie von der Infektion des Einzelfalls grundlegend neue Deutungsmuster. Beeinflusst durch Beobachtungen bei Infektionskrankheiten wie der Meningitis oder Encephalitis, chronisch verlaufenden Infektionen (Tuberkulose, Syphilis) und so genannten »Zivilisationsseuchen«[169] wie der Diphterie beschäftigten sie sich mit der bei solchen Krankheiten besonders ausgeprägten Erscheinung, dass nur speziell Empfängliche erkrankten, die Mehrzahl der infizierten Menschen aber Infektionen unterhalb der Schwelle der manifesten Erkrankung aufwiesen – so genannte »ruhende«, »symptomlose« oder »stumme« Infektionen.

Im Kontext dieser Phänomene wurde das bakteriologische ›Gestaltsehen‹ neu ausgerichtet, indem der Infektionsprozess in einen größeren biologischen Zusammenhang eingebettet und Krankheit lediglich als *eine* der vielen natürlichen Reaktionen im Wechselspiel von Bakterium und Mensch betrachtet wurde. Das Krankheitsgeschehen erfuhr dadurch

167 Levinthal 1928, S. 148.

168 Zu Charles Nicolles Spezifitätskonzeption vgl. Pelis 2006, S. 182f.

169 Der Begriff wurde vom Kinderarzt Bernhard de Rudder geprägt. De Rudder 1927; De Rudder 1934.

eine Dezentrierung. Es entsprach jetzt nicht mehr einem Resultat der Invasion feindlicher Angreifer, die der Körper nicht zu vernichten imstande war. Krankheit repräsentierte vielmehr eine Störung eines »Gleichgewichts« oder einer »Symbiose« zwischen Mikro- und Makroorganismus und war Indiz mangelhafter »Kompensation« beziehungsweise »Anpassung« eines oder beider der in den Infektionsprozess involvierten Organismen.

Die Neuausrichtung des Blickwinkels der Bakteriologen basierte auf dem Transfer von Denkfiguren aus einem Konglomerat verschiedener biologisch-naturwissenschaftlicher Wissensfelder: der von der physikalischen Chemie inspirierten Physiologie sowie der evolutionstheoretischen Parasitologie und Ökologie in den bakteriologischen Diskurs. Die ›biologische Betrachtung‹ der Infektionskrankheiten ist deshalb eher als Sammelbegriff zu verstehen, unter dem je nach Schwerpunktsetzung und disziplinären Anknüpfungen heterogene Vorstellungen figurierten. Ich werde im Folgenden genauer auf die Erweiterung der bakteriologischen Wahrheitsmuster zur Infektion eingehen und zwischen zwei unterschiedlichen Zugängen differenzieren: dem *physikalisch-chemischen* und dem *parasitologisch-ökologischen Modell*.[170] Ein besonderes Augenmerk gilt dabei der Frage, ob die neu eingeführten Modelle und Denkfiguren mit der hergebrachten Metaphorik des »Kampfes« zwischen den ewigen Todfeinden Bakterium und Mensch in Einklang zu bringen waren.

Das physikalisch-chemische Modell

Im Jahr 1921 veröffentlichte August Wassermann in einer aus Anlass des zehnjährigen Jubiläums der Kaiser-Wilhelm-Gesellschaft zur Förderung der Wissenschaften publizierten Festschrift einen Artikel, der den Grundstein legen sollte für eine spezifische Neukonzeptualisierung der Infektion. Der Titel des Artikels lautete *Über biologische Gleichgewichtszustände bei Infektionen und deren medizinische Bedeutung*. Wassermann eröffnete seinen Artikel mit der rhetorischen Frage, ob Gesundheit und Krankheit tatsächlich strikte Gegensätze seien, anders ausgedrückt: ob normaler und anormaler Zustand, Physiologie und Pathologie, scharf getrennt seien und sich ohne jeden Übergang gegenüber stehen würden. Zur Beantwortung dieser Frage schienen Wassermann die Infektionskrank-

170 In den Quellen ist meist nur von einem »biologischen« beziehungsweise »naturwissenschaftlichen« Standpunkt oder Denken die Rede. Die klare Differenzierung zwischen zwei »biologischen« Modellen ist also im zeitgenössischen Kontext nicht als solche kenntlich gemacht.

heiten besonders geeignet. Hier unterscheide man die Zustände Empfänglichkeit, Unempfänglichkeit, Krankheit und Heilung. Allerdings gäbe es noch einen fünften Zustand, den die ältere Medizin als »Latenzstadium« bezeichnet habe. Gerade bei chronischen Infektionen wie der Syphilis spiele dieses Stadium eine große Rolle. Was aber das Wesen der Latenz sei, darüber bestehe bis jetzt keine rechte Vorstellung.[171] Entgegen der verbreiteten Meinung, sie hänge ausschließlich vom Erreger ab, der sich gleichsam im Verborgenen »zur Ruhe« setze, plädierte Wassermann dafür, den veralteten Begriff aufzugeben. Nach Wassermann entsprach dieser Zustand einem »biologischen Kompromiss« und war als »echtes Stadium« des Infektes anzusprechen.

Um dies zu verstehen, fuhr Wassermann fort, dürfe man den Infektionsprozess nicht vom medizinischen, sondern vom »rein naturwissenschaftlichen Standpunkt« aus betrachten. Das Eindringen von Krankheitskeimen in einen Organismus bedeute unter diesem Gesichtspunkt eine »Störung« der »Homogenität des Zellenstaates«. Wenn es dem Organismus nicht gelinge, den »Eindringling« über die wie Fermente wirkenden »Kräfte« der Antikörper unschädlich zu machen, dann müsse der Körper die fortdauernde Störung »kompensieren«, die von den »Fremdlingen« ausgehe. Eine »kontinuierliche Kompensationsarbeit« war nach Wassermann zwingend notwendig, damit der menschliche Organismus »sein biologisches, bezugsweise *biochemisches Gleichgewicht*« aufrechterhalten konnte und gesund blieb.[172]

Bei der Kompensationsarbeit stellte sich der Körper gegenüber dem Parasiten um, passte sich durch »völlige biologische Umgestaltung seines Verhaltens« der ihn ständig bedrohenden Bakterienart an und erreichte durch diese »ständige Wache« und »Verteidigung« ein »*Gleichgewicht im Kräftesystem*«. Wassermann charakterisierte dieses Gleichgewicht als »kompensiertes Gleichgewicht«. Konnte das »biologische Gleichgewicht zwischen Organismus und Infekt« dauernd aufrechterhalten und kompensiert werden, dann war es in seiner Wirkung fast gleichbedeutend mit Immunität. Wurde es aber durch eine »Kompensationsstörung« aufgehoben, dann kam es zum Wiederaufflammen der Krankheit. Krankheit (d. h. biochemische Gleichgewichtsstörung) konnte durch jeden Einfluss erfolgen, der die biologischen Kräfte des Organismus schwächte.[173]

Auf welche Wissensbestände rekurrierte Wassermann bei seiner naturwissenschaftlichen Betrachtung der »Gleichgewichtszustände bei Infek-

171 Wassermann 1921, S. 238.
172 Ebd., S. 239.
173 Ebd., S. 240-242.

tionen«? Wie Cynthia Eagle Russett in ihrer Studie zum Konzept des Gleichgewichts hervorhob, formierte sich die physikalische Chemie als neue Hybriddisziplin ausgangs des 19. Jahrhunderts innerhalb eines Bezugssystems, das maßgeblich auf Gleichgewichtsvorstellungen basierte. Unter Einbezug von Methoden aus der Physik und speziell der Thermodynamik wurden von ihr Bedingungen für Gleichgewichte in chemischen Systemen beschrieben.[174] Im frühen 20. Jahrhundert erfreute sich das Konzept in den Formeln der physikalischen Chemie auch in den biologischen Wissenschaften, besonders in der Physiologie, einer großen Beliebtheit. Davon zeugt unter anderem ein fast zeitgleich zu Wassermanns Beitrag erschienener Artikel in der renommierten Zeitschrift *Die Naturwissenschaften*. Der in Bern lehrende Physiologieprofessor Leon Asher setzte sich darin mit der Bedeutung der physikalischen Chemie für die Biologie und speziell für die Physiologie auseinander und unterstrich die »weittragendste Bedeutung« der Lehre vom chemischen Gleichgewicht und der chemischen Kinetik für Biologie und Physiologie.[175]

Betrachtet man Wassermanns Text, dann fällt es nicht schwer, auch bei ihm eine solche weittragende Bedeutung der Lehre vom chemischen Gleichgewicht, oder anders ausgedrückt: einen Konnex zu den von der physikalischen Chemie inspirierten biologisch-physiologischen Wissensformationen herzustellen. Auch wenn sein Text keine diesbezüglich expliziten Literaturhinweise enthält und Wassermann nicht das gesamte Reaktionsgeschehen bei der Infektion physikalisch-chemisch auszubuchstabieren versucht, verweisen die verwendete Begriffe und Komposita wie das »biochemische Gleichgewicht«, das »Kräftesystem« im Organismus, die Vorstellung einer »Homogenität« des körperlichen Ensembles und die »Kompensationsarbeit« zur Regulation von gestörten Gleichgewichtszuständen implizit auf physikalisch-chemische Anregungen in der Betrachtung von Infektionskrankheiten als naturwissenschaftliche Phänomene. Tatsächlich hob Wassermann wenige Jahre später explizit auf die Rolle des »Kolloidsystems« für das »infektiöse Kräftespiel« im Körper ab und belegte damit seine Kenntnis von den bedeutenden Transferprozessen zwischen physikalischer Chemie bzw. Kolloidchemie und Medizin.[176]

174 Eagle Russett 1966, S. 8. Vgl. auch Kingsland 2005, S. 20. Zur Geschichte und Charakteristik der physikalischen Chemie vgl. Cobb 2002, Servos 1990; Schummer 1998.

175 Asher 1922. Zu weiteren Belegen für die starken Interferenzen zwischen physikalischer Chemie (inkl. Kolloidwissenschaft) und Medizin vgl. Berger 2009.

176 Wassermann 1924, S. 1685.

Wassermanns theoretische Überlegungen zur Infektion und sein Konzept des »kompensierten Gleichgewichts« zwischen Makro- und Mikroorganismus wurden ab 1925, dem Todesjahr Wassermanns, von verschiedenen bedeutenden Bakteriologen und Immunitätsforschern an staatlichen Instituten und Gesundheitsämtern wie Reiter, Kolle, Hetsch, Schlossberger und Seligmann rezipiert.[177] Durch die Aufnahme in das *Lehrbuch für Experimentelle Bakteriologie und Infektionskrankheiten* gelangte Wassermanns »rein naturwissenschaftliche« Betrachtung der Infektion auch an einen durchaus zentralen und etablierten Ort bakteriologischer Stilbildung.[178]

Reiter, der zwischen 1923 und 1925 bei Wassermann am Kaiser-Wilhelm-Institut für experimentelle Therapie gearbeitet hatte, integrierte die ursprünglich anhand der Syphilisinfektion entwickelte Vorstellung eines Gleichgewichts im Kräftespiel von Mikro- und Makroorganismus in sein Konzept der »stummen Infektion«. »Stumme Infektionen« entsprachen nach Reiter Infektionen »unterhalb der Schwelle ihrer Manifestation«, wie sie etwa bei Tuberkulose, aber auch bei anderen Krankheiten beobachtet werden konnten. Sie waren für ihn deshalb so bedeutsam, weil der Makroorganismus hier lernte, dem »Dauerangriff« des Mikroorganismus zu begegnen, sich umzustimmen und durch den Gleichgewichtszustand eine Immunität zu erreichen.[179] Die Infektion als biologischer Prozess konnte nach Reiter je nach dem Kräftespiel von Mikro- und Makroorganismus einen unterschiedlichen Verlauf nehmen und verschiedenste Intensitätsgrade erreichen. Er entwickelte basierend auf diesen Gedanken in den folgenden Jahren seine so genannte »Kinetik der Infektion«: Als Funktion von Mikro- und Makroorganismus lief der Infektionsprozess in weitestgehender Staffelung ab, die auf der einen Seite im Tod, der sichtbarsten »Gleichgewichtsstörung«, auf der andern Seite in der »stummen Infektion« oder sogar in gar keiner Reaktion mündete.[180] Der Begriff »Kinetik« bei Reiter verweist womöglich noch deutlicher als bei Wassermann auf das neu an die Infektionslehre angeschlossene Referenzsystem der physikalischen Chemie. Als Teilbereich

177 Schlossberger 1932, S. 189; Schlossberger 1929, S. 603; Reiter 1925; Reiter 1928b; Hetsch 1931, S. 113; Seligmann 1928, S. 31f. Auch Much 1922 rekurrierte auf Selbstregulierungsvorgänge und Gleichgewichtszustände bei seinem Entwurf einer pathologischen Biologie.

178 Kolle/Hetsch 1929a, S. 49.

179 Reiter 1925.

180 Reiter 1928b.

der physikalischen Chemie beschäftigte sich die Reaktionskinetik mit dem zeitlichen Ablauf eines (bio)chemischen Prozesses.[181]

Besonders erwähnen möchte ich im Kontext von Wassermanns naturwissenschaftlicher Perspektive auf das Zusammentreffen von Mensch und Erreger Erich Seligmann. Er referierte Wassermanns Infektionsmodell (allerdings ohne namentliche Erwähnung) in seinem Lehrbuch zur Seuchenbekämpfung. Seligmanns Beschreibung des Wechselspiels von Wirt und Erreger bei Infektionen ist deshalb besonders instruktiv, weil anhand seiner Ausführungen deutlich wird, dass die für das bakteriologische Infektionskonzept bislang konstitutive Feind- und Kampfmetaphorik durch die Einbettung des Infektionsgeschehens in physikalisch-chemische Gleichgewichtsvorstellungen nicht zwangsläufig entfallen musste.

In seiner Vorlesung zur Krankheitsübertragung und Krankheitsbereitschaft machte Seligmann darauf aufmerksam, dass beim Eindringen der Erreger und der darauf folgenden »Abwehr« durch den Körper die vollkommene »Vernichtung des gefährlichen Angreifers« nicht immer gelinge. Obwohl sich keine Krankheit entwickle, könnten bei latenten Infektionsfällen die Krankheitserreger ein »Schmarotzertum des Pathogenen« entwickeln und ungleich ihrer sonstigen Wirkung ein »scheinbar harmloses Dasein« auf den Schleimhäuten des Wirtes fristen.[182] Solche Bazillen hatten ihre Gefährlichkeit allerdings keineswegs eingebüßt, sie waren nach Seligmann durch die »Abwehrkräfte« des Organismus lediglich »gebändigt« beziehungsweise »gefesselt«. Wenn nun aber das »Gleichgewicht im Wechselspiel« gestört wurde, beispielsweise durch plötzliche Resistenzverminderung beim Träger oder durch physiologische oder pathologische Schwankungen, dann veränderte sich die Situation schlagartig: »Der Gastbazillus sieht die Fesseln fallen, kann seine Wirkung entfalten, wird pathogen.«[183] Aus dem vormaligen Gleichgewicht entwickelte sich Krankheit und der offene »Kampf« auf Leben und Tod.

Auch wenn Makro- und Mikroorganismen in ihrem Zusammentreffen also Gleichgewichtszustände erreichen konnten, blieben die miteinander interagierenden Kräfte letztlich immer antagonistische Kräfte. Sie gelangten nur vorübergehend zu einem äußerst fragilen Gleichgewicht, bei dem sie sich gleichsam in einer bewaffneten *balance of power* in Schach hielten. Von einer allfälligen Abkehr von der teleologischen Zielsetzung – der Vernichtung des »Gegners« – konnte keine Rede sein. Auch

181 Zur Geschichte der Reaktionskinetik vgl. Berger 2000.
182 Seligmann 1928, S. 31.
183 Ebd., S. 32.

für Wassermann bestand kein Zweifel, dass sich menschlicher Körper und Mikroorganismus als »Feinde« begegneten und das »Gleichgewicht im Kräftesystem« jederzeit zuungunsten des Menschen oder des Bazillus gestört werden konnte. Die immerwährende Reaktion und Arbeit des Menschen gegen die Bakterien bei der latenten Infektion charakterisierte er als »Verteidigungsvorgang« des Körpers, der »ständig auf der Wache gegenüber den in ihm noch weilenden Feinden seines Bestandes steht«.[184]

Das parasitologisch-ökologische Modell

Neben dem von physikalisch-chemischen Gleichgewichtsvorstellungen inspirierten Infektionsmodell formierte sich in den 1920er Jahren ein weiterer Zugang zur Interaktion von Menschen und Bakterien. Auch in diesem Fall reklamierten seine Vertreter einen biologischen Standpunkt und sprachen von Mechanismen des »Gleichgewichts« und der »Anpassung«. Sie rekurrierten dabei allerdings auf andere Wissensbestände als Wassermann: nämlich auf die evolutionstheoretische Parasitologie, Zoologie und individuelle Pflanzenökologie.

Der Erste, der im Kontext von Infektionsprozessen mit biologisch-parasitologischen Denkfiguren zu operieren begann, war der Kliniker Louis Grote. Der Privatdozent an der Hallenser medizinischen Universitätsklinik publizierte 1920 in der *Münchener Medizinischen Wochenschrift* einen Artikel zur *Selektionistischen Auffassung des Infektionsprozesses*. Nach Grote war die Biologie bestrebt, die Lebensformen beider im Infektionsprozess beteiligten Organismen, Parasit und Wirt, zu verfolgen und die Notwendigkeit ihres Zusammentreffens zu verstehen.[185] Alle Vorgänge in der Natur würden dabei aus inneren Notwendigkeiten hervorgehen. Welche Notwendigkeit aber lag dem Eindringen des Bazillus in den Menschenkörper zugrunde?

Im Rückgriff auf evolutionstheoretische Überlegungen argumentierte Grote, der Zweck des Eindringens könne nur in der Erreichung optimaler Lebensbedingungen bestehen, wie sie im Menschenkörper selbst gegeben seien. Für das Verständnis des Infektionsvorgangs besonders lehrreich erschien ihm die »Tatsache des Bazillentragens«. Sie war auf der Grundlage der selektionstheoretischen Biologie nicht etwa eine zufällige Nebenerscheinung der Erkrankung, sondern das Endergebnis einer Reihe von Umständen und Vorgängen, die »in gegenseitiger Anpassung gipfeln«; Wirt und Parasit waren hier zu einer »Form des Miteinander-

184 Wassermann 1921, S. 240f.
185 Grote 1920, S. 1083.

lebens« gekommen, die die »Naturforschung« als »Symbiose« bezeichnete. Unter Berücksichtigung dieser Verhältnisse definierte Grote die Infektionskrankheit als eine vorübergehende »Kollisionserscheinung auf dem selektionistisch erstrebten Wege zur Symbiose«. Der Krankheitsprozess selbst war folglich »Ausdruck eines noch nicht abgelaufenen Annpassungsvorganges zwischen Wirt und Parasit«.[186]

Ein Punkt fällt in Grotes Infektionsmodell gegenüber Wassermann besonders ins Auge: Während letzteres die symptomlose Infektion als »kompensiertes Gleichgewicht« betrachtete, bei dem sich antagonistische Kräfte meist nur vorübergehend gegenseitig in Schach hielten, konzipierte Grote das Bazillentragen als *Endstufe* verschiedener Anpassungsleistungen – eine Symbiose, die vom evolutionstheoretischen Standpunkt betrachtet für beide Teile *zweckmäßig* erschien. Parasit und Wirt waren in diesem Modell nicht mehr die ewigen Antipoden, sondern Organismen mit elastischer Anpassungsfähigkeit, deren Ziel nicht die Vernichtung eines vermeintlichen Todfeindes, sondern die Erreichung optimaler Lebensbedingungen war. Eine solche Perspektive aber war mit der ursprünglichen Feind-, Kampf- und Kriegsmetaphorik kaum mehr zu vereinbaren, wie ich gleich noch etwas genauer ausführen werde.

Obwohl Grote seine naturwissenschaftlich-biologischen Referenzen ebenso wenig wie Wassermann explizit deklarierte, können die Wissensbestände, in die er den Infektionsprozess einzubetten versuchte, sowohl aufgrund seiner Frage nach Wesen und Entstehung der »parasitischen Existenz des Mikroben« und den Gesetzen des »Zusammentreffens von Wirt und Parasit«, als auch aufgrund seiner spezifischen Verwendung der Begriffe Symbiose und Anpassung und seiner Betonung der selektionstheoretischen Perspektive unschwer identifiziert werden. Zoologische und parasitologische Studien hatten sich seit den 1880er Jahren mit den Phänomenen des Zusammenlebens zweier differenter Arten beschäftigt und dabei Funktion und Charakter dieser Biosysteme zu bestimmen versucht. 1878 führte der Botaniker Anton de Bary den Symbiosebegriff ausgehend von seinen Arbeiten über die Flechten ein und bezeichnete damit eine besonders enge heterospezifische Assoziation.[187] Der Zoologe und Parasitologe Pierre-Joseph van Beneden konkretisierte fast zeitgleich in seinem Buch *Die Schmarotzer des Thierreiches* den Charakter von Parasiten. Als eigentlich »Armer, der der Hülfe bedarf, um nicht auf offener Straße zu sterben« folge dieser dem Grundsatz, »die Henne nicht zu

186 Ebd., S. 1084. Die Hypothese einer Neuerwerbung der Pathogenität eines Bakteriums verwarf Grote.

187 Cheng 1991, S. 15.

tödten, um die Eier zu haben.«[188] Der Schmarotzer oder Parasit nutzte demnach den Wirt aus, tötete ihn aber nicht, um die Erhaltung seiner Art nicht zu gefährden.

Ökologen und Biologen begannen um die Jahrhundertwende, aus Lebensgemeinschaften[189] aufgebaute Ökosysteme wie zum Beispiel die dynamischen Parasit-Wirt-Beziehungen bei Pflanzen unter dem Blickwinkel der Evolutionstheorie zu betrachten. Der amerikanische Biologe und Ökologe Stephen Alfred Forbes vermutete hinter den chaotischen Impressionen einer Welt in kontinuierlichem Kampf eine Ordnung und Gesetzmäßigkeit, die die natürliche Selektion letztlich als wohltätige Kraft erscheinen ließ. Nach Forbes tendierte sie dazu, eine Harmonie beziehungsweise eine gesunde Balance oder ein Gleichgewicht herzustellen, die einem maximalen gemeinsamen Gut förderlich war. Mit Herbert Spencer ging er davon aus, dass alle Veränderungen zu einem harmonischen Stadium hin arbeiteten.[190] Für den Zoologen Paul Buchner, der 1920 – zeitgleich zu Grotes Aufsatz – ein Buch zur intrazellulären Symbiose zwischen Tier und Pflanze publizierte, war nun gerade die Harmonie zwischen Wirtstier und Mikroorganismus Beleg für ein in und über den Organismen herrschendes, zweckmäßig schaffendes Prinzip. Das Prinzip der gegenseitigen Hilfe in der Symbiose sei neben demjenigen des Kampfes nicht etwa minder wirksam, betonte Buchner. Der Symbiontenträger entsprach einer »urteilsfähigen und entsprechend handelnden Persönlichkeit«, womit er die Zweckmäßigkeit der Genese dieser Beziehungen unterstrich.[191]

Der interdiskursive Anschluss der Infektionslehre an solche parasitologisch-zoologische und – aus heutiger Perspektive – autökologische Wissenskonfigurationen unter Einschluss evolutionstheoretischer Perspektiven lässt sich in Deutschland vor dem Weltkrieg kaum ausmachen. Grote referierte im Rahmen seiner biologischen Überlegungen keine Literatur, so dass es schwer fällt, die »Naturforscher«, auf die er rekurrierte, konkret zu benennen. Als mögliche Inspirationsquelle könnten Grote Veröffentlichungen von Theobald Smith gedient haben, der in Harvard vergleichende Pathologie lehrte und 1912 ein halbes Jahr als *Visiting Pro-*

188 Van Beneden 1876, S. 94.

189 Für den deutschen Kontext hervorzuheben ist Karl Möbius mit seiner Arbeit über Austernbänke. Er prägte für die wechselseitige Abhängigkeit aller Lebewesen in einer Austernbank den Begriff der »Biozönose« oder »Lebensgemeinde«. Vgl. Weidner 1994.

190 Kingsland 2005, S. 13-17; Croker 2001, S. 78f.

191 Buchner 1921, S. 430.

fessor an der Universität Berlin weilte. Seine Antrittsrede in Berlin beschäftigte sich mit dem Konnex von Parasitismus und Krankheit. Die zentrale These des Vortrags lautete, dass pathogene Bakterien als Parasiten und Krankheiten als eher zufällige Erscheinungen des Parasitismus betrachtet werden sollten.[192] Durch fortwährende Auslese und gegenseitige Anpassung, so Smith, entstehe allmählich ein Gleichgewicht zwischen Wirt und Parasit, wobei die schweren tödlichen oder zuletzt auch alle Krankheitserscheinungen ausgeschaltet würden.[193]

Die von Grote (und Smith) erstmals formulierten, im Denken über die Infektion etwas Neues aufblitzen lassenden parasitologischen Denkfiguren verhallten in der etablierten Ordnung der Bakteriologie nicht ungehört. Dass die Einführung des Symbiose-Konzepts und der Vorstellung eines ökologischen Gleichgewichts als Endprodukt gegenseitiger Anpassungsleistungen besonders ab der zweiten Hälfte der 1920er Jahre von einem gewissen Erfolg gekrönt war, beweist ein Eintrag in der 3. Auflage des *Handbuchs für pathogene Mirkoorganismen*. In diesem Standardwerk der Fachbakteriologen, das in keinem Hygiene-Institut und keiner Forschungseinrichtung fehlte, wurde im Kapitel »Wesen der Infektion« explizit auf Grote Bezug genommen. Arthur Seitz, der Autor des Kapitels und frühere Assistent am RKI, ließ es sich nicht nehmen, die Definition der Infektionskrankheit und des Krankheitsprozesses nach Grote genau wiederzugeben:

> »Es kollidieren bei einer Infektionskrankheit eben die Lebensnotwendigkeiten zweier Organismen, wie der Krankheitsprozeß sich begreifen lässt als der Ausdruck eines noch nicht abgelaufenen Anpassungsvorganges zwischen Wirt und seiner Konstitution und dem Parasiten (L.R. Grote)«.[194]

Weitere Belege für die Zirkulation biologisch-parasitologischer Denkfiguren im bakteriologischen Diskurs finden sich beim Bakteriologen Rimpau, dem Serologen Hirszfeld, Bakteriologen am RKI wie Levinthal und bei Martini vom Hamburger Institut für Schiffs- und Tropenhygiene.[195] Gerade Martini fiel es als ausgebildetem Zoologen nicht schwer,

192 Smith 1912, S. 277. Vgl. Smith 1905.

193 Smith 1912, S. 278. Auch spätere Arbeiten von Smith dürften für die Diskussion in Deutschland von Relevanz gewesen sein (Smith 1921; ders. 1934).

194 Seitz 1929, S. 439.

195 Rimpau 1934; Hirszfeld 1931; Levinthal 1928, S. 149. Auf die parasitologische Tradition in der Tropenmedizin hat Anderson 2004 hingewiesen.

parasitologische Positionen in der Bakteriologie stark zu machen. Er wies 1925 auf den Fehler hin, Bakterien als etwas Besonderes, mit höheren Parasiten schlechthin Unvereinbares zu behandeln und plädierte für die Integration des Standpunktes der Parasitologie und deren Vorstellungen »biocönotischer«, also ökologischer Gleichgewichte in die Lehre von den Mikroorganismen.[196]

Als prononciertester und prominentester Verfechter einer biologisch-parasitologischen Betrachtung der Infektion muss allerdings Robert Doerr bezeichnet werden. Doerr hatte als Militärbakteriologe und beratender Hygieniker in den Reihen der österreichisch-ungarischen Armee gedient und erhielt nach dem Krieg Berufungen als Abteilungsleiter an das Robert Koch-Institut und an das Hygiene-Institut in Basel. Aufgrund einer formalen Hürde in Berlin entschied sich Doerr für Basel, spätere Berufungen nach Freiburg, München und Marburg lehnte er ab.[197] Er stand allerdings während der gesamten Weimarer Zeit in engstem Kontakt mit dem deutschen bakteriologischen Denkkollektiv: Er engagierte sich auf Versammlungen und Kongressen der deutschen wissenschaftlichen Gesellschaften, erhielt Ehrungen deutscher Stiftungen und Universitäten und war Herausgeber und Mitarbeiter von deutschen Fachzeitschriften.[198] Deutsche Bakteriologen wie Gerhard Rose oder Erwin Berger arbeiteten während mehrerer Jahre am Hygiene-Institut in Basel.[199]

Seine Stellungnahme zum Problem der Infektion unter allgemeinbiologischen Gesichtspunkten ist nicht nur erwähnenswert, weil er sich dezidiert und wiederholt zu diesem Themenkomplex äußerte. Doerr ist auch deshalb von besonderer Bedeutung, weil er am eindringlichsten die Haltlosigkeit der Kampfbilder anprangerte, die das Denken über Infektionskrankheiten strukturierten. Er verfocht die bereits von Grote for-

196 Vgl. Martini 1925, S. 408f., 464; Martini 1933b. Zum Begriff der Biozönose vgl. Fn. 189.

197 Nach Freiburg erhielt Doerr 1922 eine Berufung, 1924/25 an die Universität München, 1929 an die Universität Marburg. StABS, UA X 3,5: Doerr, Robert. In Basel hat sich Doerr für die Integration der sozialen Hygiene in den Unterricht eingesetzt. StABS, Erziehung AA 16a: Erziehungsakten Professur für Hygiene.

198 Ab 1923 gehört er dem Herausgeberstab der *Zeitschrift für Hygiene und Infektionskrankheiten* an. Vgl. Hallauer 1941; StABS, UA X 3,5: Doerr, Robert. International einen Namen machte sich Doerr vor allem mit dem in den späten 1930er Jahren zusammen mit Curt Hallauer herausgegebenen *Handbuch für Virusforschung*.

199 StABS, UA XII 25, Hygienische Anstalt.

mulierte Ansicht, Infektionskrankheiten müssten naturwissenschaftlich betrachtet werden. Dieser Standpunkt erschloss sich Doerr hauptsächlich über sein frühes Interesse an den biologischen Naturwissenschaften (besonders der Zoologie und Parasitologie), über die Lektüre von theoretischen Biologen wie Jakob Johann von Uexküll, der Naturphilosophie Bernhard Bavinks und der Schriften des ökologischen Bakteriologen und vergleichenden Pathologen Smith sowie später Hans Zinsser und René Dubos.[200]

1926 bemühte sich Doerr erstmals, die Definition der Infektion als Kampf zwischen dem eingedrungenen Mikroorganismen und dem invadierten Makroorganismus aus der Infektionspathologie zu verbannen. Um dies zu erreichen, lenkte er die Aufmerksamkeit auf ihren metaphorischen Gehalt: »Das ist doch nicht mehr als ein Vergleich, bei dem uralte anthropozentrische Vorstellungen über die Schädlichkeit der Seuchen für den Menschen zu Pathe gestanden sind, Vorstellungen, die ihren metaphorischen Charakter durch die Einkleidung in das moderne Gewand der ›Abwehrreaktionen‹ nicht eingebüßt haben«.[201] Vehement plädierte er in der Folge für eine naturwissenschaftliche Perspektive, die in der Infektion einen Spezialfall des Parasitismus sah, der nicht auf einem Kampf des Parasiten gegen den Wirt, sondern auf einer weitgehenden Anpassung an den ›Lebensraum‹ des Wirts beruhte – eine Anpassung, welche die individuelle Existenz des Parasiten und die Erhaltung seiner Art ermöglichte.[202]

Die rasche und regelmäßige Vernichtung der Wirte konnte in Doerrs Lesart nicht als taugliches Mittel betrachtet werden, um die Erhaltung der Art zu garantieren. Die Infektionskrankheit allein erschöpfte demnach keineswegs das Wesen der Infektion, sondern repräsentierte – wie auch von Smith postuliert – nicht mehr als eine Begleiterscheinung.[203] Ende der 1920er Jahren betonte Doerr, die Schädigung des Wirtes sei aus parasitologischer Warte schlicht sekundär, akzidentiell. Die Vorstellung, dass der Erreger in der Natur keine andere Aufgabe zu erfüllen hätte, als seinen Wirt zu schädigen und zu vernichten, müsse deshalb fallen und den »rationalen« Prinzipien der Anpassung des Parasiten an seinen Wirt Platz machen. Gerade die latenten Infektionen machten dies mehr als

200 Interview mit Edith und Agathe Doerr, 3.3.2005, Basel. Zu den ökologischen Perspektiven auf Infektionskrankheiten von Smith, Zinsser und Dubos vgl. Anderson 2004.

201 Doerr 1926, S. 54.

202 Doerr 1926, S. 54; Doerr 1929, S. 811.

203 Doerr 1929, S. 811.

deutlich.[204] Infektionen waren »Wirt-Gast-Beziehungen«, in welchen der Parasit als »angepasster Gast« angesehen werden sollte.[205]

In seinem Beitrag zur Lehre von den Infektionskrankheiten im renommierten *Lehrbuch für Innere Medizin* fasste Doerr seine Haltung hinsichtlich der in seinen Augen irrigen und überaus folgenreichen Begrifflichkeit in der Infektionslehre zusammen. Die Auffassung des Kampfes zwischen Mikroben und Wirt, der von beiden Seiten mit besonderen Waffen geführt werde und mit dem Untergang des einen oder andern Gegners enden müsse, deklarierte er hier als »anthropozentrische«, »zum Teil rein bildhafte Vorstellungen«, welche die Tatsache »verschleiern« würden, dass die Erreger nichts anderes seien als Parasiten.[206] In seinem Beitrag wollte Doerr deshalb nichts in die Begriffe Infektion und Infektionskrankheit hineintragen, »was mit dem Wesen des Parasitismus nicht in Einklang gebracht werden kann. Die Deutung der Infektion als Kampf zwischen Erreger und Wirt – ein Gleichnis, das sich ohnehin nicht konsequent durchführen lässt – bildet hier nicht mehr die Grundlage der Betrachtung«.[207]

Diese klaren Voten gegen die bislang konstitutiven Metaphern im bakteriologischen Konzeptsystem machten auf einige Leser einen nachhaltigen Eindruck. So konstatierte Gottstein, in der Infektionstheorie seien viele Grundbegriffe, die lange als gesichert gegolten hätten, »recht flüssig« geworden. Doerr habe dies in seinem Lehrbucheintrag besonders klar dargestellt.[208] Und der beim Springer Verlag in Berlin für die Schriftleitung des Lehrbuchs verantwortliche Dr. Salle schrieb in einem Brief an Doerr vom Mai 1931 über dessen Manuskript:

> »Der Beitrag ist wirklich eine schöpferische Tat […]. Es wird Ihnen nicht unbekannt sein, daß die klinischen Lehrer in ihren Vorlesungen im letzten Jahrzehnt den allgemeinen Fragen der Infektionslehre möglichst aus dem Wege gehen, weil sie keinen festen Boden unter den Füssen fühlen. Diesen festen Boden gibt Ihre Darstellung in einer

204 Doerr 1932b, S. 5; Doerr 1932a, S. 56.

205 Doerr 1934, S. 594f.

206 Doerr 1931, S. 52. In seinen späteren Arbeiten stellte Doerr allerdings klar, dass die Konzeption eines wechselseitigen Nutzens bei Wirt-Parasit-Beziehungen im Grunde verfehlt sei, da teilweise auch Störungen, die Parasiten im Wirtsorganismus hervorriefen, notwendig waren, um die Übertragung auf neue Wirte und damit die Fortexistenz der Art zu sichern. Doerr 1940, S. 124. Vgl. Ball 1943.

207 Doerr 1931, S. 54.

208 Gottstein 1936, S. 565.

> Klarheit und Gründlichkeit, die jeden Studenten und Arzt beim Lesen erfreuen wird«.[209]

Mit diesen Hinweisen soll nicht postuliert werden, dass die von Doerr beanstandete Metaphorik in der Bakteriologie der Weimarer Republik gänzlich abgelöst worden wäre. Wie schon das physikalisch-chemische Infektionsmodell von Wassermann gezeigt hat, konnte sie trotz Umschichtung und Verschiebung des Erkenntnisrahmens weiterhin operativ bleiben. Und selbst im parasitologisch-ökologischen Modell eines Grote blieb das Verhältnis zwischen dem Bakterium und seinem ›Lebensraum‹ Mensch in der Phase der Krankheit eine Kollisionserscheinung – wenn auch auf dem »erstrebten Wege zur Symbiose«. Auch hier blieb also zumindest ein antagonistisches Moment übrig. Dennoch möchte ich argumentieren, dass die Feind- und Kampfmetaphorik im bakteriologischen Konzeptsystem in der zweiten Hälfte der 1920er Jahre und um 1930 nicht mehr im gleichen Ausmaß stabilisiert und damit konstitutiv war wie noch um die Jahrhundertwende und während des Ersten Weltkriegs.

Diese These stützen auch die Ausführungen von Ludwik Hirszfeld. Der Warschauer Serologe konstatierte 1931, bei der Untersuchung der Infektionskrankheiten schiebe sich zwischen Beobachtung und Deutung der Vorgänge häufig eine allgemeine »unbewusste« Anschauung: Dies sei der Begriff des Kampfes als der »einzig möglichen Form der Begegnung zwischen dem Makro- und Mikroorganismus«.[210] Nach Hirszfeld konnte eine solche »primitive Auffassung« nicht befriedigen, entsprach doch die Schaffung und nachträgliche Ausgleichung gegenseitiger Offensivkräfte einer energetischen Vergeudung. »Viel vernunftmäßiger« erschien ihm dahingegen die »Gewöhnung, die Anpassung an den Reiz« – die Symbiose. Überdies galt Hirszfeld die Symbiose, und hier ging er deutlich über Doerr hinaus, auch als »ethisch höheres Prinzip«. Im Rückgriff auf evolutionstheoretische Positionen, wie sie schon von Grote formuliert wurden, interpretierte Hirszfeld die Pathogenität von Bakterien als eine noch nicht zum Abschluss gekommene Entwicklung »in der Richtung der Symbiose«: »Die Welt strebt dem Gleichgewicht zwischen

209 Nachlass Robert Doerr: Brief Dr. V. Salle an Robert Doerr, Berlin, 7.5.1931.

210 Hirszfeld 1931, S. 2153. Auch Fleck sprach sich (u. a. mit Bezug auf Hirszfeld) gegen die Auffassung eines Kampfes aus, der das Wesen der Infektionskrankheit darstellen sollte. Er betonte, dass bei der Geburt des Infektionsbegriffs der alte Mythos eines Krankheitsdämons gespukt habe und der Erreger so zum Dämon geworden sei – ein Gedanke, der sich den Forschern unabhängig von allen rationalen Gründen »aufgezwungen« habe. Fleck 1999, S. 79.

Makro- und Mikroorganismus zu. Auch hier sehnt sie sich nach einem Verzicht auf Kampfbereitschaft«.[211] An anderer Stelle reflektierte Hirszfeld seine eigene Perspektive auf die Infektion. War es legitim, die Ethik in die biologischen Erscheinungen aufzunehmen? Angesichts der Einführung des »Kampfinstinkts« als Basis des biologischen Denkens, so Hirszfeld überzeugt, könne man sich genauso gut auf den »Instinkt der Solidarität« beziehen, »der in seiner Sublimierung die Ethik darstellt«.[212]

Ähnlich weitreichende, evolutionstheoretisch abgestützte und ethisch aufgeladene Deutungen zur Interaktion von Mensch und Bakterium finden sich bei Levinthal, der als enger Vertrauter Neufelds am RKI arbeitete und sich in den 1920er Jahren mit Variabilitätsfragen in verschiedenen Erkenntniszusammenhängen beschäftigte. 1928 stellte er die Variabilitätserscheinungen bei Bakterien in den Kontext von Anpassungspänomenen und betonte, bei der Umwandlung einer Bakterienart mit pathogener Wirkung in eine avirulente Variante habe die betreffende Spezies »von ihrem Standpunkt aus und im Interesse ihrer Lebenserhaltung« gewonnen.[213] Die »offene Fehde« zwischen Wirt und Krankheitserreger sei lebensgefährlich nicht nur für den Infektionsträger, sondern auch für den Krankheitskeim. Denn wenn der Kranke starb, ging der Parasit mit seinem Nahrungsspender zugrunde; wurde der Kranke gesund, dann starb der Krankheitskeim. Die »rettende Flucht« in einen neuen Wirt – eine »Gnadenfrist« zudem – gelinge nur wenigen Individuen. Deshalb bedeute erst die Umwandlung zu einer apathogenen Variante die »endgültige Rettung der Bakterienart«, ihre »Ansiedlung im Asyl der friedlichen Symbiose«. Diese Symbiose war für Levinthal ein »vollendeter Gleichgewichtszustand«.[214] Ähnlich wie Hirszfeld schloss auch er mit einer evolutionstheoretischen Deutung: »Mit zwingender Gewalt drängt der offene Kriegszustand im Stadium der Pathogenität zur Gleichgewichtslage hin […]«; die Variation des Schädlings zum Saprophyten schaffte den erstrebten »Frieden« zwischen Mensch und Bakterium.[215]

211 Hirszfeld 1931, S. 2153.
212 Zit. Jaworski 1980, S. 35.
213 Levinthal 1928, S. 146.
214 Ebd., S. 149.
215 Ebd. Dito Levinthal 1946.

12.2. Epidemiologische Emanzipationen

Epidemiologische Themen und Fragestellungen waren in der Weimarer Medizin *en vogue*. Einer der Orte, an dem sich der rege geführte epidemiologische Diskurs in Deutschland entfaltete, war die erste gemeinsame Tagung des Vereins für Innere Medizin und der Berliner Mikrobiologischen Gesellschaft zum Thema *Seuchenprobleme* im Frühjahr 1925. Wie ich in Kapitel 11 gezeigt habe, bescherten der Weltkrieg und die unmittelbare Nachkriegszeit den Bakteriologen und bakteriologisch orientierten Hygienikern nicht nur epidemiologische Erfahrungen, sondern vor allem Paradoxien und ungelöste Probleme. Dass viele epidemiologische Fragen weiterhin ihrer Aufklärung harrten, machten die Begrüßungsworte His' auf der Tagung unmissverständlich klar: Das Auftreten und Erlöschen der Seuchen, ihr Aufeinanderfolgen, die Einflüsse von Umgebung und Lebensweise oder der örtlichen und sozialen Verhältnisse hätten bislang keine kritische Bearbeitung gefunden. Höchste Zeit also, dass Mediziner aus verschiedensten Disziplinen sich ausführlich den »großen Problemen der Epidemiologie« widmeten.[216]

Dass die deduktive Forschung, die aus den Eigenschaften und Übertragungsmöglichkeiten der Erreger den Ausbruch und Verlauf von Seuchen konstruierte, nicht mehr genügte, um das Wesen der Epidemien zu erfassen, war inzwischen nicht nur für die Kritiker der Bakteriologie offensichtlich. Kaum ein Bakteriologe verschloss sich jetzt noch der Einsicht, dass der bisherige Fokus auf die Invasion pathogener Organismen in eine unverseuchte, ›rein‹ imaginierte Population und die weiteren Wege der Übertragung durch Ansteckungsquellen nicht mehr ausreichte, um die Entstehung, den Verlauf und das Verschwinden von Epidemien vollumfänglich zu erklären. Unverblümt bemerkte ein Bakteriologe am Ende der Weimarer Republik zum Schicksal der hergebrachten bakteriologischen Erklärungsmuster: »Die Epoche, in welcher die Epidemiologie vom obligatorischen Parasitismus bestimmter Krankheitskeime und vom Mechanismus der Übertragung dieser Parasiten beherrscht wurde, ist abgeschlossen«.[217]

Eine neue Ära war angebrochen. Eine Ära, die nicht nur durch den Verlust epistemischer Deutungshoheit und Autorität der bakteriologischen Modelle gekennzeichnet war. Damit verbunden war auch eine Abwertung der bakteriologischen Methodik, mit der man bis dahin epidemiologische Probleme löste. Durch die Bakteriologie und Serologie

216 His 1925, S. 299.
217 Loghem 1933, S. 191. Vgl. ähnlich Seligmann 1928, S. 3; Martini 1925, S. 463.

verdrängte Forschungszweige und Methoden sollten jetzt wieder zu ihrem Recht gelangen. Die Devise derjenigen wenigen Hygieniker und Epidemiologen, die trotz der Dominanz der Bakteriologie am Ende des 19. und anfangs des 20. Jahrhunderts weiterhin auf die traditionellen Methoden der Seuchenforschung wie die Statistik, deskriptive Beobachtungen und historische Epidemiologie gesetzt und die Erregerzentriertheit abgelehnt hatten, war deshalb klar: Eine Emanzipation von der Bakteriologie und die Etablierung der Epidemiologie als eigenständiges Forschungsgebiet mit verschiedenen Methoden war unumgänglich.[218] Was den meisten Vertretern der älteren epidemiologischen Methodik dabei entging, war die Tatsache, dass die Bakteriologen selbst inzwischen nicht mehr die Autonomie der Epidemiologie als Wissenschaft mit einem eigenständigen epistemischen Gegenstand und verschiedenen Methoden negierten. Die Epidemiologie repräsentierte für sie also nicht mehr bloß Zierwerk oder ein einzelner Zweig bakteriologischer Forschung. Neufeld etwa sah durchaus ein, dass die epidemiologische Forschung ein »eigenes Forschungsgebiet« darstellte, in dem Hygieniker, Bakteriologen, Praktiker, Kliniker, Pathologen und Medizinalstatistiker zusammen arbeiten mussten.[219] Eine Aushandlung über die Begrenzung und Legitimität der epidemiologischen Disziplin und ihrer pluralistischen Methoden zwischen Anhängern einer traditionellen Epidemiologie und Bakteriologen war damit gar nicht notwendig.[220]

Auch über den epistemischen Gegenstand einer emanzipierten, modernen und aus heutiger Perspektive als interdisziplinär zu bezeichnenden Epidemiologie war man sich einig: Die Einheit der epidemiologischen Forschung war die »ganze Seuche«, das heißt die Epidemie als Massenerscheinung.[221] Sie repräsentierte gegenüber der Einzelerkrankung eine »höhere Einheit«. Die Gesetzmäßigkeiten, die das Kommen und Gehen der Seuchen beherrschten, standen denn auch über jenen, die die Entstehung des Einzelfalls bestimmten. Wie bereits im Zusammenhang mit der Infektionslehre erwähnt, erhaschten nun besonders diejenigen Massenerscheinungen die Aufmerksamkeit der Forscher, deren Charakteristik darin bestand, dass sie eine gewaltige Ausdehnung

218 Vgl. Lotze 1935, S. 203; Kisskalt 1930, S. 731; Kisskalt 1923a; ders. 1923b; Gottstein 1928, S. 906f.

219 Neufeld 1925b. Ähnlich Bürgers 1927, S. 618. Vgl. auch Gotschlich 1928, S. 914; Seligmann 1928, S. 3.

220 Zum »boundary-work« der Epidemiologen gegenüber den Bakteriologen in England nach dem Ersten Weltkrieg vgl. Amsterdamska 2005.

221 Seiffert 1930, S. 258; Gotschlich 1928, S. 914. Den »Patchwork-Charakter« epidemiologischer Wissenstradition und Methoden erörtert Bauer 2002.

bei geringen Erkrankungsziffern aufwiesen (vor allem Genickstarre, epidemische Kinderlähmung, Encephalitis epidemica, Diphterie und Masern).[222] Mit besonderer Vorliebe widmete man sich nun der Erforschung der Gründe, aus denen es trotz Vorhandensein aller Bedingungen für die Ausbreitung des Ansteckungsstoffes (Dissemination der Erreger, leichter Kontakt, Dominanz symptomloser Infektionen) nicht zur Entstehung der Seuchen kam beziehungsweise eruierte die Gesetzmäßigkeiten, die Ausbruch und Erlöschen solcher Krankheiten als Massenerscheinungen bestimmten.

In der neuen epidemiologischen Periode offenbarte sich – ähnlich wie bei der Erforschung der Einzelinfektion – eine »außerordentliche Kompliziertheit« der Verhältnisse.[223] Der Komplex epidemiologisch wichtiger Faktoren schien nun allerdings so schwer zu ergründen, dass Neufeld noch im Jahr 1935 in einem Rückblick auf die Entwicklung der Forschung seit Koch zugeben musste, das Zusammenspiel der Faktoren Wirte und Erreger ergäbe im einzelnen so verwickelte Verhältnisse, dass sie äußerst schwer zu entwirren seien.[224] Tatsächlich sollten die Interaktionen menschlicher und bakterieller Populationen nach ersten, eher einfachen Versuchen der Bakteriologen zur Modifikation der epidemiologischen Modelle nicht nur im Hinblick auf die Biologie der beteiligten Faktoren komplex gedacht werden, sondern auch in ihren quantitativen und räumlichen Strukturen. Ich werde diese neuen bakteriologischen Ansätze im Folgenden genauer vorstellen. Zum besseren Verständnis der Reformbemühungen ist es dabei unerlässlich, zuerst einen kurzen Blick auf die in den 1920er Jahren erstarkende »induktiv-analytische« Arbeitsrichtung in der modernen Epidemiologie zu werfen.

222 Vgl. Aussprache über Seuchenprobleme, in: *DMW* 10 (1925), S. 385-387. Auf den Aufstieg neuer epidemischer Phänomenen wie Genickstarre, spinale Kinderlähmung und Grippe und die daraus resultierende Komplexität in der Wahrnehmung der Seuchen hat bereits Mendelsohn 1999 hingewiesen.

223 Versammlung deutscher Naturforscher und Ärzte 1928, in: *Medizinische Klinik* 44 (1928), S. 1720; die »komplexe Natur« für das Entstehen und Verschwinden der Seuche akzentuierte auch Gottstein 1927, S. 479. Die Rede von der Komplexität war, wie Mendelsohn mit speziellem Fokus auf den anglo-amerikanischen Kontext der Zwischenkriegszeit herausgearbeitet hat, praktisch ein neues Wort in der bakteriologischen Sprache der Epidemien, hatten sich die Bakteriologen doch zuvor eine Weltanschauung geschaffen, in der Krankheit nicht von den einfachen, beinahe reinen Linien der Infektionsquellen, Kontakte, Vektoren und Bazillenträger abwich. Mendelsohn 1999, S. 249.

224 Neufeld 1935, S. 741.

Induktive Epidemiologie

Aufgrund der Destabilisierung und Entwertung der bakteriologischen Seuchenlehre gelang es einer auf ältere epidemiologische Traditionen rekurrierenden Gruppe von Medizinern, ihrer Arbeitsrichtung eine größere Akzeptanz zu verschaffen und sie institutionell stärker zu verankern. Promotor dieses als »induktive« oder »induktiv-analytische« Epidemiologie bekannt gewordenen Zweiges der Epidemiologie war Karl Kisskalt.[225] Der bakteriologisch ausgebildete Hygieniker hatte sich ungeachtet der Dominanz der Bakteriologie den Geist Pettenkofers erhalten. Auch wenn er vor seiner Berufung auf den Königsberger Lehrstuhl für Hygiene 1912 durchaus denkstilkonforme Arbeiten veröffentlichte, machen seine frühen Arbeiten zur Bedeutung von Konstitution und konstitutioneller Disposition sowie sein Engagement für die Rassenhygiene[226] deutlich, dass er im bakteriologischen Denkkollektiv keineswegs eine orthodoxe Stimme vertrat. Diese erlangte in der Hygiene und Epidemiologie der 1920er Jahre immer mehr Gewicht, besonders nach seiner Berufung auf den prestige- und geschichtsträchtigen Lehrstuhl für Hygiene in München im Jahr 1925.

Beim Studium der Seuchen genüge es nicht, so Kisskalt in einer seiner epidemiologischen Arbeiten, nur auf den Erreger zu schauen, der »wie ein Funken ins Pulverfass« falle. Verkannt werde dabei, dass die Seuche als Ganzes ein kompliziertes Phänomen sei. Er plädierte deshalb für die verstärkte Pflege der induktiv-analytischen Arbeitsrichtung.[227] Dabei ging der Forscher »wie der Chemiker bei der Untersuchung einer unbekannten Substanz« analytisch vor und zerlegte die Epidemien in ihre Einzelteile.[228] Er erfasste mithilfe qualitativer und quantitativer Methoden (historische Berichte, Statistik, Beobachtung) die Zahl der Todes- und Krankheitsfälle, die räumliche Ausbreitung, die zeitliche Verteilung, die Verteilung nach Alter, Rasse, Jahreszeit, die Dauer der Seuche, ihr Erlöschen, die Änderung ihres Charakters etc. Aufgrund der Analyse dieser Materialfülle stellte er schließlich Hypothesen und Theorien auf. Da die Fülle des Materials nie zu erschöpfen war und die Analyse folglich auch nie vollständig abgeschlossen werden konnte, blieb die induktiv-analytische Epidemiologie dem einzelnen Seuchenphänomen freilich

225 Zur Bedeutung Kisskalts für die induktive Erforschung seuchenhafter Vorgänge in den 1920er Jahren vgl. Gottstein 1929a, S. 190.

226 Kisskalt war Mitglied der Berliner Gesellschaft für Rassenhygiene vgl. Weindling 1989a, S. 226.

227 Kisskalt 1926, S. 180.

228 Kisskalt 1923a, S. 223.

eine allgemeingültige Seuchentheorie schuldig. Kisskalt räumte denn auch ein, dass es nur in sehr wenigen Fällen gelungen sei, eine Seuche widerspruchslos zu erklären.[229]

Dass der induktiv-analytische Zugang für die Fachbakteriologen selbst keineswegs mehr den Beigeschmack einer peripheren Forschungsweise trug, sondern als absolut legitim anerkannt wurde, beweist ein Blick auf die dritte Auflage des *Handbuchs für pathogene Mikroorganismen.* Hier wurde nämlich Kisskalt der Teil »Allgemeine Epidemiologie« überantwortet. Er nahm diese Aufgabe dankend an und widmete sich in seinem Beitrag auf fast 60 von insgesamt 64 Textseiten der »induktiven« Arbeitsmethode. Eine Hauptaufgabe der induktiv-analytischen Epidemiologie bestand für ihn in der Verifizierung der Thesen von Seuchenentstehung und -verlauf, die über den Erreger und seine Verbreitung hergeleitet wurden.[230] Die induktive Epidemiologie negierte also keineswegs die Rolle des Erregers im epidemiologischen Geschehen. Betrachtet man die epidemiologischen Publikationen Kisskalts etwas genauer, wird allerdings deutlich, dass sein Hauptinteresse einem spezifischen Faktor galt: der Disposition. Sie war es letztlich, die bei jeder Teilerscheinung der Epidemie – sei es nun der jahreszeitlichen Verteilung, der Altersverteilung oder der sozialen Lage – eine gewichtige Rolle spielte. Ein prägnanter Leitgedanke Kisskalts zur Disposition wurde zeitgenössisch wegen seines Seitenhiebs an die Adresse der orthodoxen Bakterienjäger wiederholt zitiert und erlangte in den 1920er Jahren eine gewisse Berühmtheit. In aller Kürze formulierte er: »Man darf wohl sagen: wenn wir von den Erregern nichts wüßten, von der Disposition aber so viel wie jetzt von den Erregern, wären die Seuchen besser erforscht als heute«.[231]

Ein Hygieniker und Epidemiologe, der sich seit den späten 1890er Jahren vehement gegen die Koch'sche Richtung ausgesprochen und sich den Ausbau der lokalistischen Theorie Pettenkofers auf die Fahnen geschrieben hatte, war Friedrich Wolter.[232] Er vertrat ab 1924 die These, die Seuchenentstehung sei abhängig von an den Boden gebundenen, von klimatischen Faktoren ausgelösten gasförmigen Krankheitsursachen, die dann zu einer Entwicklung von Krankheitserregern aus anderen Bakterien im Körper führten.[233] Obwohl diese antiquiert bis mystisch an-

229 Kisskalt 1930, S. 734ff.

230 Ebd., S. 733; Kisskalt 1927, S. 919.

231 Kisskalt 1927, S. 921.

232 Wolters Arbeiten vor dem Ersten Weltkrieg umfassen Wolter 1898, 1906, 1910 und 1914.

233 Wolter 1929, S. 191f.

mutenden Überlegungen von einer breiten Phalanx von Forschern wie Neufeld, Prausnitz und Kisskalt deutlich abgelehnt wurden,[234] gelang es Wolter im Verlauf der 1920er Jahre, ein eigenes *Forschungsinstitut für Epidemiologie* zu gründen. Dieses mit Unterstützung des Hamburger Gesundheitsamtes und privaten Geldern finanzierte Institut sollte bei der Erforschung der Entstehungsursachen der Seuchen im Sinne Pettenkofers Boden und Klima sowie Ort und Zeit in den Kreis der Betrachtung mit einbeziehen. Auch wenn im Institut offiziell sowohl der induktiven als auch der deduktiven Forschung Rechnung getragen werden sollte, genügt ein Blick auf Wolters eigene Arbeiten um zu erkennen, dass er sich im Wesentlichen den deskriptiv-beobachtenden Methoden und damit der induktiven Richtung verschrieben hatte.[235]

Welcher Status dem Hamburger Institut für Epidemiologie unter Wolter effektiv zukam und welche Vernetzung das Institut aufwies, wäre Gegenstand weiterer Forschungen zur Geschichte der Epidemiologie in der Zwischenkriegszeit. Unabhängig von diesen offenen Fragen unterstreicht die Gründung eines speziellen Forschungsinstitutes für Epidemiologie *per se* den Zugewinn von Eigenständigkeit des Wissensgebietes und den schwindenden Einfluss, den die Bakteriologie auf diesem Feld ausübte.

Von variablen Erregern zu komplexen Gleichgewichten: Neue Ansätze der modernen bakteriologischen Epidemiologie

Um die besonderen Gesetzmäßigkeiten zu bestimmen, die das oft plötzliche und unerwartete Kommen und Gehen der Seuchen beherrschten, bedurfte es einer Reform der bakteriologischen Methodik. Auch wenn sich nicht alle Bakteriologen über das Ausmaß dieser Reform einig waren, findet man in den 1920er Jahren kaum mehr einen Einwand gegen die Integration der induktiven Methode mit ihrer Betonung der Statistik und Beobachtung/Beschreibung der Einzelheiten des natürlichen Seuchenablaufs in die epidemiologische Forschung der Bakteriologie. Die moderne Epidemiologie nahm, so Gotschlich, beide Methoden – induktive und deduktive – in ihren Dienst. Je nach dem, welche Vorgehensweise den Ausgangspunkt darstelle, müssten die durch eine Methode erzielten Ergebnisse an Hand der von der anderen Methode gelieferten

234 Neufeld 1927b; Prausnitz 1927, S. 1385; Prausnitz 1925, S. 1807; Wolter, Aufgaben und Ziele der epidemiologischen Forschung, Ref.: Kisskalt, in: *DMW* 34 (1925), S. 1423.

235 Vgl. Wolter 1926; Wolter 1929.

Tatsachen kontrolliert werden.[236] Allerdings stand gerade bei der von Gotschlich und seinen Schülern propagierten »synthetischen Epidemiologie« noch immer recht eindeutig die Biologie des Erregers und die Verwirklichung des Bedingungskomplexes der Infektion im Vordergrund.[237] Anders hingegen die Versuche, entsprechend dem Vorbild amerikanischer und englischer Bakteriologen, die Zusammenarbeit beider Forschungsrichtungen zu fördern, indem man experimentell Beobachtungen an einer Gruppe zusammenlebender Tiere machte.[238] Die so genannte »Experimentelle Epidemiologie«, die in England von William W. C. Topley und seinen Mitarbeitern und in den USA von Simon Flexner, Harold Amoss und Leslie T. Webster lanciert worden war, ahmte im Labor unter möglichst natürlichen Bedingungen den Verlauf einer Epidemie in einem Mäusedorf nach und bettete die Beobachtungen in die bereits vorliegenden historischen und statistischen Kenntnisse ein. Topley betonte, dass Epidemien als kollektive Phänomene *sui generis* betrachtet werden müssten und nicht auf die Einzelfälle von Krankheiten reduziert werden dürften.[239] Die Herausforderung bestand folglich darin, durch Variation der Versuchsbedingungen im Mäusedorf die multiplen Faktoren für des Auf und Ab der Epidemien zu entwirren, ohne eine reduktionistische Geschichte der Invasionen bösartiger Bazillenheere in eine reine Bevölkerung und ihre Übertragungswege zu erzählen. Seit Mitte der 1920er Jahre wurde auch am RKI versucht, auf experimentellem Wege ein Verständnis der für die natürlichen Epidemien maßgeblichen Faktoren anzubahnen, indem man Populationen einer Infektion aussetzte.[240]

Eine Summe von X und Y

Schon vor den ersten experimentellen Versuchen mit Mäusepopulationen im RKI waren die Bakteriologen um neue epidemiologische Erklärungsansätze bemüht. Der naheliegendste Gedanke, um die komplexen

236 Gotschlich 1928, S. 914.

237 Vgl. Habs 1931, S. 606.

238 Kisskalt zählte die »Experimentelle Epidemiologie« zur »induktiven Epidemiologie«. Kisskalt 1930, S. 762f. Die meisten Bakteriologen sahen darin einen reformierten, eigenständigen Forschungszweig der Bakteriologie, der eine Annäherung induktiver und deduktiver Methoden förderte. Vgl. Gotschlich 1928, S. 14; Neufeld 1924b, S. 1345.

239 Amsterdamska 2001, S. 143.

240 Ebd., S. 138. Kisskalt und Gottstein standen diesem experimentellen Zweig der bakteriologischen Epidemiologie nicht ablehnend, aber doch eher zurückhaltend gegenüber. Kisskalt 1930, S. 763; Gottstein 1929a, S. 193.

Massenerkrankungen und insbesondere das plötzliche Erlöschen und Wiederaufflammen der Seuchen zu erklären, galt der Massenveränderlichkeit in der Virulenz der Erreger.[241] Bereits unmittelbar nach dem Krieg ging Gotschlich von der biologischen Variation der Erreger im Sinne einer spontanen, sprunghaft auftretenden Variation aus. Veränderungen in der Virulenz erschienen ihm als evidenteste Erklärung sowohl für die Tatsache, dass Infektionskrankheiten plötzlich eine epidemische und sogar pandemische Ausbreitung erreichten (Fall Influenza), als auch für die oft beobachtete und irritierende Beobachtung, dass sie plötzlich ausstarben, obwohl keine genügenden Bekämpfungsmaßnahmen getroffen wurden und obwohl die Erreger noch vorhanden waren – und zwar unter solchen Bedingungen, die für die Verbreitung der Seuche besonders günstig gewesen wären.[242]

Auch die Tagung der Deutschen Vereinigung für Mikrobiologie im Jahr 1924 stand ganz im Zeichen der Variabilität der Mikroorganismen. Gotschlich insistierte hier erneut und besonders eindringlich auf die Bedeutung der Variabilität der Bakterien, die im epidemiologischen Wissensfeld den Schlüssel für viele rätselhafte Befunde und scheinbare Widersprüche zu bieten schien.[243] Neufeld betonte demgegenüber, je nach Krankheit müsse der Einfluss der Veränderlichkeit der Erreger auf ihre Epidemiologie differenziert werden. Die Annahme etwa, dass das Anschwellen einer Choleraepidemie durch Virulenzsteigerung, die Abnahme durch Virulenzabschwächung bedingt sei, habe man schon öfter formuliert, tatsächliche Befunde aber lägen noch keine vor. Bei den ersten experimentellen Versuchen mit Mäusen in den USA und England seien zunächst auch alle Autoren von der Vermutung von Virulenzschwankungen ausgegangen. Leslie T. Webster habe dann aber gezeigt, dass Zu- und Abnahme der Erkrankungen und der periodische Verlauf der Ausbrüche wohl viel eher in den quantitativen Verhältnissen der Infektion zu suchen waren als in den qualitativen Schwankungen der Virulenz.[244] Neufeld gab zwar die Möglichkeit zu, dass zum Beispiel eine unnatürliche Lebensweise gewisse normale Keime als Körperbewohner virulenter werden ließ. Die Zweckmäßigkeit der Umwandlung von Saprophyten zu virulenten Bakterien schien ihm aber nicht gegeben, stand doch eine rein parasitäre Existenz der Erhaltung der Art entgegen – eine These, die auch

241 Vgl. auch Mendelsohn 1999, S. 246.

242 Gotschlich 1919.

243 Gotschlich 1924, S. 4.

244 Neufeld 1924a, S. 83, 84.

Walter Levinthal vertrat.[245] Eine Einigung über den genauen Einfluss der Variabilität auf das epidemiologische Geschehen konnte auf der Tagung letztlich nicht erzielt werden.

Gegen allzu weitreichende Deutungen und Theorien über die Veränderlichkeit und Umwandlungsprozesse von Bakterien und deren Konsequenzen für die Epidemiologie setzte in der zweiten Hälfte der 1920er Jahre eine recht markante Gegenreaktion ein.[246] Obwohl eine Fraktion von Bakteriologen weiterhin an der zentralen Bedeutung plötzlicher Virulenzschwankungen festhielt,[247] sah man zunehmend ein, dass mit ›wild‹ gewordenen Erregern das Problem des Entstehens und Vergehens der Seuchen noch nicht gelöst war. Besonders die Beobachtungen bei Krankheiten wie der epidemischen Genickstarre und der spinalen Kinderlähmung, aber auch die natürlichen Infektionsexperimente im Labor wiesen neben der Wirkung des Krankheitserregers (bei der abgesehen von der Virulenz natürlich auch die Menge und die Verbreitungsmöglichkeiten mitberücksichtig werden mussten) auf die Bedeutung eines weiteren integrierenden Faktors hin: die wechselnde Disposition oder Empfänglichkeit von Populationen. Auf diesen Aspekt machte etwa Freund aufmerksam, der im RKI natürliche Stallseuchen unter Kaninchen und Meerschweinchen studiert hatte. Der Versuch, Entstehung und Verlauf dieser Seuchen allein durch die Verbreitung und Wirkungsweise der Erreger erklären zu wollen, habe unlösbare Schwierigkeiten bereitet, so Freund. Es zeigte sich nämlich, dass die bei der Stallseuche eruierten Keime sowohl im Laboratoriumsexperiment als auch unter natürlichen Bedingungen bei gesunden Tieren gar keine Erkrankung hervorriefen. Bei den natürlichen Stallseuchen mussten also äußerliche Einflüsse die Widerstandsfähigkeit des Gesamtorganismus der Tiere herabgesetzt haben. Diese Einflüsse fand Freund in thermischen Einflüssen, die zu fortgesetzten Erkältungen unter den Tieren geführt hatten.[248] Auch der Vorsteher der Seuchenabteilung im RKI, Bruno Lange, machte aufgrund seiner natürlichen Infektionsversuche auf die Bedeutung der veränderlichen Disposition für die Entstehung und den Verlauf von Seuchen aufmerksam. Die Disposition konnte dabei vom Wechsel des Futters, vom Hunger, der mangelhaften Unterkunft, Erkältungen u. a., also verschiedenen sozialen und klimatischen Bedingungen abhängig sein.

245 Ebd., S. 90, 92; Levinthal 1928, S. 149.

246 Vgl. Levinthal 1928, S. 145.

247 Dazu zählten Gotschlich, Kisskalt, Degkwitz und de Rudder.

248 Freund 1926.

Lange bezweifelte letztlich sogar, ob eine Erkrankung gesunder Individuen durch einfache Infektion mit Erregern überhaupt möglich sei.[249]

Wie bereits erwähnt, machten sich Hygieniker wie Kisskalt, die schon früher Verfechter der Konstitutionslehre waren, nach dem Krieg besonders für die Berücksichtigung der wechselnden biologischen Verhältnisse des empfänglichen Individuums bei Seuchen stark. Nicht nur die exogenen Einflüsse auf den Makroorganismus und seine Widerstandsfähigkeit stießen in diesem Zusammenhang auf Interesse. Einzelne Hygieniker, Epidemiologen und Bakteriologen widmeten sich jetzt auch der Frage, inwiefern für die Entstehung von Epidemien Probleme der Vererbungslehre und Rassenhygiene mit herangezogen werden mussten.[250] Inwiefern waren endogene Momente, die erblichen Anlagen, bei der Empfänglichkeit von Menschen gegenüber Epidemien relevant? Wie hoch war der Einfluss des Geno- und des Phänotyps?[251]

Auch wenn die meisten Bakteriologen den Einbezug der Vererbungslehre in die Aufklärung epidemiologischer Phänomene zumindest als Notwendigkeit erachteten, blieb dieses Feld in der Weimarer Republik abgesehen von den Beiträgen der konstitutionellen Immunitäts- und Blutgruppenforschung eher unterbeleuchtet. Gewisse der im Vergleich zur Vorkriegszeit zunehmenden Zahl von Bakteriologen, die die Ideen der Rassenhygiene aufnahmen, ließen allerdings durchblicken, dass die »hygienische Kultur der Zukunft« die Vererbungslehre auch bezüglich der natürlichen Resistenz gegenüber Seuchen – selbst wenn die wissenschaftlichen Grundlagen noch nicht tragfähig waren – ganz konkret in ihren Dienst nehmen sollte. Der Breslauer Bakteriologe Prausnitz formulierte 1927 eine klare Kritik an der gegenwärtigen Hygiene: Unter dem Zeichen der Bekämpfung der Krankheiten würde sie die Sterbeziffer der »Geringwertigen« eher verringern. Die »Kultur der Zukunft« müsse diesem Problem der Rassenhygiene nachgehen und danach trachten, »Menschen heranzuzüchten von höchster Resistenz gegen die Krankheiten«.[252] Auch Reiter stellte um 1930 das Primat der Rassenhygiene vor alle anderen prophylaktischen Bemühungen und propagierte immer radikaler eine rassenhygienisch orientierte Hygiene, die der »Hochzucht« des Volkes, seiner »erbbiologischen Innenkolonisation« das Wort redete.[253]

249 Lange 1925, S. 1977.

250 Vgl. Besprechung bei Redetzky 1931, besonders S. 501ff.

251 Gottstein 1929b, S. 142ff.

252 Prausnitz 1927, S. 1388.

253 Zur Entwicklung von Reiters Hygiene-Konzeption vgl. Maitra 2001, Kap. 10.3.

Neben Dispositionsfragen wurden für die Erklärung der Seuchenverläufe auch Änderungen der erworbenen Immunitätszustände diskutiert. Neufeld hielt die erworbene Immunität bei der Beeinflussung des Seuchenverlaufs gar für den weitaus wichtigsten Faktor.[254] Der ebenfalls am RKI tätige Ulrich Friedemann stellte ausgehend von dem Phänomen stummer oder latenter Infektionen die These auf, dass eine Bevölkerung sich nicht nur durch das Überstehen manifester Erkrankungen immunisieren könne, sondern auch durch die latenten, unterschwelligen Infektionen mit geringen Dosen. Je nach Infektionskrankheit war die quantitative Bedeutung dieser latenten Durchseuchung mit anschließender Durchseuchungsimmunität unterschiedlich. Friedemann betonte, dass gerade das Erlöschen der Epidemien mit der latenten Durchseuchung und der durch sie geschaffenen Immunitätszustände verständlich würde.[255]

Insgesamt führten die Bakteriologen in diesen ersten Versuchen einer Annäherung an die Fragen nach der Entstehung von Epidemien, ihren Verlaufseigentümlichkeiten und den eigenartigen Wegen ihrer Wanderungen eine ganze Reihe von Faktoren ins Feld. Man musste, soviel schien allen klar, einen Komplex epidemiologisch wichtiger Faktoren berücksichtigen: die Veränderlichkeit der Erregerverhältnisse (Virulenz, Menge, Übertragungswege), die Höhe der Disposition und die verschiedenen Immunitätszustände, wobei Umwelteinflüsse und Jahreszeiten (also örtliche und zeitliche Dispositionen) wiederum auf diese Faktoren einwirkten.[256] Angesichts dieses Faktorenpotpourri erstaunt es nicht, dass die Rede von der Rückkehr zu Pettenkofers Untersuchungen die Runde machte und Friedberger sogar die Ansicht vertrat, die moderne Seuchenforschung müsse an der Grundidee Pettenkofers von der mannigfachen Bedingtheit der Seuchen, der »Summe von X und Y«, anknüpfen.[257]

Tatsächlich aber sollten nicht alle Bakteriologen bei der Wahrnehmung der Komplexität des Seuchenproblems bei der Multikausalität beziehungsweise dem einfachen und gleichsam summierenden Zusammenwirken mehrerer Faktoren stehen bleiben. Die Reform der Epidemiologie ging, wie dies Andrew Mendelsohn anhand englischer und amerikanischer Epidemiologen erstmals belegt hat, noch viel weiter.[258] De facto komplex und verwickelt waren die epidemischen Vorgänge deshalb, weil

254 Neufeld 1924b, S. 1350.
255 Friedemann 1926.
256 Vgl. etwa Foerster 1929, S. 135.
257 Prausnitz 1927, S. 1345; Friedberger 1926, S. 784; Vgl. Redetzky 1931, S. 480, 486.
258 Mendelsohn 1999, S. 248.

ihre eigentlichen Ursachen im Wechselspiel, in der Interaktion zwischen den Makroorganismen und Erregerpopulationen begründet lagen. Die neuen Objekte der Aufmerksamkeit waren also *nicht* die Erregervirulenz, die Erregermengen und Änderungen der Dispositions- oder Immunitätszustände *als einzelne, voneinander unabhängige* Gegenstände oder Faktoren. Es waren ihre *Wechselbeziehungen*, gewissermaßen die *relationalen* Zwischenräume dieser Faktoren, die nun bei der Erklärung von Seuchen ins Blickfeld rückten. Und um die Situation noch verwickelter zu gestalten, wiesen diese relationalen Zwischenräume nicht nur qualitativ (biologisch), sondern auch quantitativ, räumlich und zeitlich komplexe Strukturen auf. Dass so komplexe Betrachtungen notwendig wurden, hing besonders mit den langfristigen Ergebnissen der experimentellen Epidemiologie und der dauerhaften Beschäftigung mit symptomlosen, also erscheinungslos bleibenden Infektionen und Durchseuchungszuständen in Populationen zusammen. Sie verschoben den bakteriologischen Fokus immer mehr auf die Gesamtdynamik der Seuchenverläufe und besonders auf die Zeit zwischen den epidemischen Ausbrüchen; die Epidemie im Sinne einer massenhaften Häufung von Erkrankungen wurde damit dezentriert. Wie ich im Folgenden zeigen werde, beschrieb man im Rückgriff auf populationsökologische und physikalisch-mechanische Wissensbestände und Denkfiguren nun wiederkehrende Phänomene eines »Gleichgewichts« oder einer »Symbiose« in der Wechselwirkung der Erreger- und Wirtgemeinschaften, von denen sich die Massenerkrankungen als Sonderereignis, als Erschütterungen oder »Störungen« abhoben. Ausgerüstet mit den Methoden der höheren Mathematik, die in den 1920er Jahren in verschiedenen biologischen Fächern verstärkt rezipiert wurden, unternahm man auch den Versuch, die Dynamik der Seuchenbewegungen rechnerisch zu modellieren.

Epidemie als Störung biologisch und quantitativ komplexer Gleichgewichte

In Deutschland und hier besonders am RKI verfolgte man die in den Mäusedörfern erzielten Resultate der experimentellen Epidemiologen in England und den USA mit großem Interesse.[259] Als »sehr bemerkenswert« kommentierte Friedemann folgende Ergebnisse des noch jungen Forschungszweiges: Brachte man einige wenige mit Mäusetyphusbazil-

259 Zum Rockefeller Institute of Medical Research unterhielt das RKI auch enge persönliche Kontakte. So erhielt Levinthal 1924 die Möglichkeit, die Arbeitsmethoden am Rockefeller-Institut selbst zu studieren, 1926 besuchte Neufeld Flexner in New York und führte anschliessend einen langjährigen Briefverkehr mit ihm. Hinz-Wessels 2008, S. 18.

len infizierte Mäuse in ein Mäusedorf, dann rief dies keine Epidemie hervor. Es traten nur einige sporadische Fälle auf, nach deren Tod wieder Ruhe einkehrte. Wurden nun aber frische empfängliche Mäuse in die Population gebracht, dann flammte eine Epidemie auf, die zuerst die Neuankömmlinge und dann die alten Mäuse ergriff. Bevor es zur Vernichtung des Mäusedorfes kam, erlosch die Epidemie spontan.[260] Hier schien sich, wie es Neufeld nannte, »eine Art Gleichgewicht« zwischen den Überlebenden und den Krankheitserregern einzustellen.[261] Wenn man jetzt wiederum neue Mäuse hinzufügte, gelang es erneut, eine Epidemie auszulösen. Bei der regelmäßigen Zufuhr kleiner Mengen neuer empfänglicher Mäuse in bestimmten Abständen erhielt man schließlich Sterbekurven von regelmäßigem wellenförmigem Verlauf.[262] Was bedeuteten diese Resultate?

Ganz offensichtlich konnte man nach dem Beleg der konstanten Virulenz der Mäusetyphusstämme durch Webster nicht mehr zur Hypothese zurückgreifen, wonach Variationen der Mikroorganismen das Verschwinden und Wiederaufflammen der Epidemien erklären konnten. Um eine Epidemie hervorzurufen und in Gang zu halten, musste – wie sich Neufeld ausdrückte – dauernd eine »gewisse Mindestmenge des Ansteckungsstoffes zirkulieren«, sonst »reißt der Faden ab«.[263] Die »Zirkulation« des Ansteckungsstoffes schien dabei abhängig von der Zahl und Verteilung, also der Dichte der infizierten und empfänglichen Mäuse in einer Population. Wandelte sich die Komposition der Population durch das Hinzukommen neuer empfänglicher Mäusekörper, dann veränderten sich auch die Kontaktraten und Infektionsmengen und damit der Verlauf der Krankheitsverbreitung. Übertragen auf die Verhältnisse bei Kriegsende bedeutete dies, dass nach der Einschleppung einzelner Krankheitskeime der »Faden« abgerissen war bzw. die Zirkulation einer genügend großen Infektionsmenge offenbar nicht gewährleistet war, weil die Kontaktraten aufgrund der guten Lebensverhältnisse und mangelnden Dichte infizierter Körper zu gering waren. Eine Epidemie blieb aus.

Auch das spontane Verschwinden von Epidemien war gemäß den Ergebnissen im Mäusedorf nicht durch eine einfache Virulenzabschwächung, sondern vielmehr durch den Wandel der empfänglichen Wirtpopulation und der Quantität der verstreuten Kontagion bedingt, wie

260 Friedemann 1926, S. 27.
261 Neufeld 1924b, S. 1351; Neufeld 1924a, S. 83.
262 Friedemann 1926, S. 27.
263 Neufeld 1924b, S. 1350; Neufeld 1925b, S. 342.

Levinthal retrospektiv zu den »großen Überraschungen« der experimentellen Studien notierte.[264] Dies waren Thesen, welche die quantitativen Erklärungsversuche von William Hamer über epidemische Wellen bei Masern bestätigten. Der englische Epidemiologe und Bakteriologiekritiker, dessen Arbeiten die experimentellen Epidemiologen in England und den USA kannten, entwickelte analog dem chemischen Massenwirkungsgesetz ein Modell der Masernkurve. In diesem Modell war die Rate der Krankheitsverbreitung proportional zum Produkt der Dichte von empfänglichen und der Dichte von infizierten Individuen.[265] Der Auf- und Abstieg der epidemischen Kurve entsprach also nicht der einfachen Zu- oder Abnahme der Zahl von Infektionen, sondern einer sich verändernden Akzeleration der Infektionen und Dichte der Körper.[266]

Dass der epidemische Verlauf nicht in die Faktoren Erreger, infizierte und empfängliche Menschen zergliedert werden konnte, das belegte für die Bakteriologen am RKI auch die von englischen Militärärzten im Weltkrieg betriebene Studie über den Zusammenhang von Meningitisfällen und der Belegungsdichte von Baracken. Die »überraschenden Ergebnisse« dieser Militärärzte zeigten nach Friedemann, dass in einer Baracke mit Meningitis-Kokkenträgern die ersten Meningitisfälle erst dann auftraten, wenn die Zahl der Virusträger, die mit der Belegungsdichte korrespondierte, 20% der Insassen erreicht hatte. Die Fälle betrafen dabei nicht die alten Insassen, sondern die Rekruten, die frisch in diese Baracke verlegt wurden. Ab einer gewissen Dichte von Kokkenträgern konnte anscheinend das von Friedemann postulierte, sich sukzessive abspielende »Schritt halten« von latenten Infektionen und entstehender Durchseuchungsimmunität nicht mehr aufrechterhalten werden:[267] Das »epidemische Potential« (Topley) war erreicht, und die manifeste Epidemie brach aus.

Die Vorstellung von kritischen Schwellenwerten in der Entwicklung von Epidemien, wie sie an diesem Beispiel sichtbar wurde, hatte besonders der englische Kolonialmediziner und Bakteriologe Ronald Ross in seinen Malariaforschungen kurz vor dem Ersten Weltkrieg propagiert.[268] Er überführte Hamers Massenwirkungsgesetz in ein zeitlich fortdauerndes Modell über die Dynamik von Malaria und stellte auf der Basis von Differentialgleichungen – Ross selbst nannte seinen Ansatz »Patho-

264 Levinthal 1946, S. 439.
265 Anderson 1982, S. 1.
266 Vgl. Mendelsohn 1999, S. 253.
267 Friedemann 1926, S. 18f.
268 Zur Biographie von Ross vgl. Nye/Gibson 1997.

metrie«[269] – Formeln für stabile und labile Malariagleichgewichte auf. Besonders zentral für die Erhaltung der Malaria (ihre »Statik«) in einem Gebiet war nach Ross eine Mindestmückenzahl pro Kopf einer menschlichen Population. Wurde diese Mindestzahl pro Kopf unterschritten, war die Wahrscheinlichkeit eines epidemischen »Ereignisses« vernachlässigbar. Über diesem Level resultierte aus einer kleinen Zunahme der Moskitos ein starker Anstieg der Malariafälle.[270]

Ross' Malariaarbeiten wurden vor dem Krieg von den Tropenmedizinern kaum rezipiert. In Deutschland fanden sie nach dem Krieg vor allem in Martini einen starken Befürworter einer mit mathematischen Modellen arbeitenden Epidemiologie. Auch Martinis epidemiologische Studien kreisten primär um die Malaria. Als im Gegensatz zu Ross stark zoologisch und entomologisch orientierter Bakteriologe richtete Martini einen dezidiert biologischen oder konkreter: einen populationsökologischen Blick auf die Epidemien. Martini konstatierte 1928, innerhalb der zeitgenössischen Biologie sei eine Rückkehr zur »Umweltforschung« zu beobachten, das heißt zur Betrachtung der Organismen innerhalb eines Lebensraumes und als Glieder von Lebensgemeinschaften, die sich untereinander stark beeinflussten (Biozönosen).[271] Für die moderne Hygiene und das Wissensgebäude der Epidemiologie, das in den hergebrachten bakteriologischen Wahrheiten allein nicht länger Rückhalt fand, könne diese Entwicklung produktiv sein. Die Lehre von den Epidemien sollte nach Martini in die Wissensbestände der Biozönoselehre eingebettet werden, bei der Fragen nach der mehr oder weniger guten Anpassung von Lebewesen an den Lebensraum und die Biozönose und die quantitativen Auswirkungen derselben auf die Zahl der Organismen wichtig waren.[272] Epidemien konnten als ein Sonderereignis der Biozönose, als eine Störung des »biozönotischen Gleichgewichtes« und damit des abgestimmten Zusammenlebens zwischen Parasiten- und Wirtpopulationen innerhalb eines bestimmten Raumes aufgefasst werden. Als eine Ursache dieser Gleichgewichtsstörung wies Martini auf Veränderungen in der Populationsgröße von pathogenen Schmarotzern hin. Diese wurden als so genannte *Gradationen* oder Massenwechsel im zeitgenössischen entomologischen Diskurs über Insektenepidemien besonders intensiv erörtert.[273] Martini versuchte

269 Ross 1915.

270 Kingsland 2005, S. 99; Nye/Gibson 1997, S. 244.

271 Martini 1928, S. 1-2. Zum Begriff der Biozönose innerhalb der Entomologie vgl. Escherich 1926, S. 1066.

272 Martini 1928, S. 2.

273 Vgl. Martini 1931b; Zwölfer 1930.

am Beispiel seiner ausgedehnten Malariabeobachtungen mit Hilfe mathematischer Formeln die quantitativen Erscheinungen der Verbreitung und Massenvermehrung von Parasiten und die Schwankungen um Malariagleichgewichtslagen zu modellieren.[274]

Obwohl die Bakteriologen am RKI die quantitativ komplexen Strukturen der Übertragung bei Epidemien durchaus unterstützten und Neufeld die mathematischen Studien Martinis kannte,[275] sprachen sie in ihren epidemiologischen Texten weiterhin auch von den qualitativen, biologischen Aspekten in der Wechselbeziehung von Wirt- und Erregerpopulationen. Womöglich lag ein Grund dafür darin, dass sie – wie dies Mendelsohn mit Blick auf Webster in den USA vermutet hat – zu wenig vertraut waren mit der Verwendung mathematischer Methodik, die eine quantifizierende Betrachtung der Epidemien wenn auch nicht zwangsläufig zur Folge hatte, so aber doch begünstigte.[276] Neufeld jedenfalls erklärte sich das Erreichen eines Gleichgewichts zwischen den epidemischen Eruptionen auch durch qualitative, biologische Anpassungen als Resultanten der Wechselwirkung von Wirt- und Erregerpopulationen. Teile der Bevölkerung könnten durchseucht und dadurch mehr oder weniger unempfänglich, immun geworden sein. Friedemann, der sich besonders intensiv mit der latenten, symptomlosen Durchseuchung und den daraus entstehenden Immunitätszuständen beschäftigte, charakterisierte den nach Durchseuchung eingetretenen Gleichgewichtszustand zwischen Parasiten und Wirtpopulationen mit der auch in der Infektionslehre auftauchenden parasitologischen Denkfigur der »Symbiose«. Diese stellte sich durch allmähliche Gewöhnung der Organismen an die Krankheitskeime, durch wiederholte Infekte mit kleinen Erregermengen ein.[277] Worauf diese Massenumstellung der Makroorganismen genau beruhte, die Hirszfeld als »symbiotische« und »biologisch vernünftigste Art« der Immunität charakterisierte, konnte nicht abschließend geklärt werden.[278]

274 Erstmals festgehalten in Martini 1921. In dieser Studie wies er auf Ross' Malaria-Arbeiten hin, betonte aber, dass er erst kurz vor Abschluss seiner Arbeit darauf aufmerksam geworden sei. In späteren Publikationen konstatierte Martini wiederholt, er sei unabhängig von Ross zu ähnlichen Überlegungen bezüglich der mathematischen Gesetzlichkeit der Malaria gekommen. Martini 1936, S. 89.

275 Neufeld zitierte 1925 einen Artikel Martinis aus dem Jahr 1923, in dem dieser seine Formel zum labilen Malariagleichgewicht vorstellte und auf Ross' Arbeiten hinwies. Neufeld 1925b, S. 343; Martini 1923.

276 Vgl. Mendelsohn 1999, S. 255.

277 Friedemann 1926, S. 16.

278 Hirszfeld 1931, S. 2154ff.

Qualitative Anpassungsleistungen konnten auch von Seiten des Erregers dazu beitragen, das Gleichgewicht beziehungsweise die Symbiose zu erleichtern. Neufeld betonte in Anlehnung an Autoren wie Topley, dass die Erreger im Verlauf einer Epidemie die Tendenz zeigen würden, auf eine mittlere Virulenz herabzusinken und damit einen »Modus vivendi« anzustreben, der in gewissem Sinn für beide Seiten – die Menschen- und Bakterienpopulation – vorteilhaft war. Theobald Smith habe darin sogar eine »nützliche Anpassung« für die Erhaltung der Parasitenart gesehen.[279] Auch Levinthal, der sich nach dem Krieg sehr ausführlich mit Variabilitätsfragen auseinandersetzte, sah in einer relativ zum Milieu des Makroorganismus erfolgenden Variation des pathogenen Erregers zum Saprophyten eine sinnvolle Einrichtung – und zwar ähnlich wie Smith unter dem Signum der evolutionstheoretischen Parasitologie. Die Immunisierung bei Durchseuchung entsprach nach Levinthal einer noch nicht vollständig stabilisierten »Symbiose«; die Variation zum Saprophyten dem finalen Gleichgewichtszustand, der »Frieden« schuf.[280]

Rechnende Epidemiologie/Ökologie: Die Zukunft der Seuchenlehre?

Ein programmatischer Artikel, der sich die Förderung quantitativer Betrachtungen in der Epidemiologie auf die Fahnen geschrieben hatte und zugleich die verschiedenen Wissensbestände, Begriffe und Methoden reflektierte, die zur Befruchtung der epidemiologischen Forschung beitragen konnten, verfasste Gottstein 1929 unter dem Titel *Rechnende Epidemiologie*. Gottstein insistierte auf dem Gesichtspunkt, quantitative Vorgänge hätten für die Seuchenlehre mehr Bedeutung als Änderungen der Qualität. An die Adresse der Fraktion von Bakteriologen, die anders als die Forscher am RKI recht dogmatisch an der Bedeutung von Virulenzschwankungen festhielten, notierte er:

> »In der Epidemiologie der Menschen, […], glaubt man zur Erklärung ohne qualitative Veränderungen der Erreger nicht gut auskommen zu können und Hinweise darauf, daß schon rein quantitative Änderungen der Wechselwirkungen zureichende […] Aufklärungen der Zusammenhänge haben geben können, verfallen häufig der Ablehnung«.[281]

279 Neufeld 1924b, S. 1351.
280 Levinthal 1928, S. 149.
281 Gottstein 1929a, S. 206.

Gottstein schwebte vor, dass man alle Erscheinungen der Wellenbewegungen der einzelnen Seuchenformen, der Durchseuchung der Bevölkerung etc., die maßgeblich auf quantitativen Veränderungen in der Wechselwirkung zwischen Menschen und Erregern beruhten, auch mit quantitativen Untersuchungsmethoden erfassen und auf eine »formelmäßige«, mathematische Unterlage stellen sollte. Analog dem Vorbild der klassischen Mechanik, die in einfachen Formeln die Gesetze der Bewegung der frei oder auf vorgeschriebenen Bahnen sich bewegenden Körper bei jedem Aggregatzustand festlegte, die Vorgänge im Gleichgewicht und bei dessen Aufhebung feststellte und die verschiedenen Bewegungsformen analysierte, forderte Gottstein für die Seuchenlehre den Ausbau einer »Statik und Kinetik der Seuchenvorgänge«, die sich der höheren Mathematik bediente.[282]

Hilfreich erschien Gottstein aber nicht nur die Denkfiguren und Wissensbestände der Physik und der klassischen Mechanik, in welche Beobachtungen über das Seuchengeschehen eingebettet und rechnerisch bearbeitet werden sollten. Als »außerordentlich fruchtbar« bezeichnete er auch den »Gedanken der Biozönose«, also der aufeinander abgestimmten Lebensgemeinschaften von Organismen.[283] Die Biozönose könne sich entweder in einem harmonischen Gleichgewichtszustand befinden oder aber durch abiologische und biologische Faktoren in ihrer Harmonie gestört werden. Dies führe zu einem Verlust der nötigen Lebensbedingungen für eine der beteiligten Arten und zur Reduktion ihrer Population. Die zahlenmäßige Erfassung der grundlegenden Faktoren, die zu einer Störung oder Aufrechterhaltung biozönotischer Gleichgewichte beitrugen, schien Gottstein ebenfalls lehrreich für die Bearbeitung epidemiologischer Fragen. In Gottsteins Text zeigt sich damit eine doppelte Formierung des epidemiologischen Konzepts des Gleichgewichts, das einer rechnerischen Modellierung unterworfen werden sollte: Das in den Seuchenbewegungen beobachtete Gleichgewicht konnte als Teil eines physikalischen Bewegungssystems (bestehend aus statischen und kinetischen Zuständen) betrachtet werden, aber auch als biozönotisches Sonderereignis im wechselseitigen Zusammenleben verschiedener Organismen.

Der Aufforderung nach einer verstärkten rechnerischen Bearbeitung der Epidemiologie kam in Deutschland besonders Martini nach. Neben

282 Ebd., S. 197f. Sich selbst hielt Gottstein in der höheren Mathematik für zu wenig bewandert, um die Phänomene der Wellenbewegungen der Seuchenformen in Formeln zu erfassen. Gottstein 1929a, S. 198f.

283 Ebd., S. 206f.

seinen bereits erwähnten Malariaarbeiten veröffentlichte er zahlreiche Artikel und Bücher zur mathematischen Behandlung der Epidemiologie und rezipierte dabei sogar die Arbeiten der (Bio)Mathematiker Vito Volterra und Alfred J. Lotka, die in den 1920er und 1930er Jahren die Möglichkeiten mathematischer Repräsentationen der verschiedenen Interaktionen von zwei Speziespopulationen zu erforschen begannen (Fluktuation der Populationsdichte, Räuberschaft, Kompetition und Mutualismus).[284] Während sich diese Forscher in ihrer Begrifflichkeit und ihren Konzepten in die Register der Physik und physikalischen Chemie einschrieben (Volterra war ursprünglich Physiker und Lotka gelernter Chemiker)[285] und die Wirt-Parasit- oder Wirt-Räuber-Interaktionen entlang »kinetischer« Gesetzlichkeiten entwickelten, lässt sich bei Martini eine Gleichzeitigkeit beziehungsweise eine Überlagerung biozönotischer und physikalisch-chemischer Referenzsysteme ausmachen. So kennzeichnete er den endemischen Gleichgewichtszustand bei der Malaria in seiner Malariagleichung als stabiles *»statisches«* Malariagleichgewicht.[286] Dieses drückte allerdings – wie er an anderer Stelle betonte – wiederum nichts anderes aus als ein »biozönotisches Gleichgewicht«.[287]

Eine Frage, die seit den frühen 1930er Jahren von vereinzelten, populationsökologisch orientierten Forschern aus heterogenen disziplinären Feldern und nationalen Kontexten zu beantworten und sogar zu berechnen versucht wurde, war die Frage nach dem evolutionären Ausgang der Wechselwirkungen zwischen Wirtpopulationen und ihren Parasiten. Auch die Gesetzlichkeiten der Epidemien wurden dabei unter evolutionstheoretischen Perspektiven thematisiert. Was war naturgeschichtlich betrachtet das Schicksal des Bewegungsgangs der Seuchenkurven? Würde die epidemische Übertragungswelle letztlich immer mehr zu einer asymptomatischen Annäherung an die Nullpunkt-Grenze führen, zu einem Punkt also, bei dem beide Spezies für immer überleben konnten? Und wie sollte man sich die Geburt neuer Infektionskrankheiten vorstellen?

Grote, der sich aus selektionstheoretischer Perspektive mit dem einzelnen Infektionsvorgang beschäftigt und diesen als noch nicht abgelaufene

284 Vgl. Martini 1931a; Martini 1955, 3. Aufl., S. 178 (Erstauflage 1936).

285 Alfred Lotka postulierte in seinem Programm einer »physikalischen Biologie«, dass es ihm um die Anwendung physikalischer Prinzipien auf die Erforschung lebendiger Systeme als Ganzes ging. Zit. Kopf 1925, S. 454. Die ursprünglichen Arbeitsgebiete des mathematischen Physikers Vito Volterra lagen in der Mechanik. Vgl. Scudo/Ziegler 1978, S. 2.

286 Vgl. etwa Martini 1936, S. 103.

287 Martini 1928, S. 101.

Anpassung zwischen Wirt und Parasit auf ihrem Weg zur Symbiose konzipiert hatte, verzichtete auf die Anwendung des »selektionistischen Prinzips« auf die großen Fragen der Epidemiologie.[288] Solcher Fragen angenommen hat sich in den 1930er Jahren dahingegen der junge australische Mediziner und Bakteriologe Frank Macfarlane Burnet. Er war von dem vom Biologen Julian Huxley und dem Zoologen Charles Elton in England etablierten Feld der Ökologie ebenso inspiriert worden wie von ihrem Projekt einer medizinischen Ökologie und der von Huxley zusammen mit H.G. Wells im Buch *The Science of Life* 1927 entwickelten Imagination der Natur als ein dynamisches und in gegenseitiger Beziehung stehendes »web of life«.[289] In seinem 1937 publizierten Buch *Biological Aspects of Infectious Diseases* bot Burnet eine evolutionäre Erklärung der Beziehungen zwischen menschlichen Populationen und ihren Parasiten an. In einer konstanten Umwelt, so Burnet, würden die Interaktionen von Menschen und Bakterien zu einem Gleichgewicht tendieren, in dem beide Spezies für immer überleben konnten. Migration, Urbanisierung und Bevölkerungswachstum allerdings gefährdeten das Erreichen des Gleichgewichts, da das Ökosystem gestört wurde. So konnte es nach Burnet zur Neuverteilung von alten Epidemien oder dem Auftauchen neuer Krankheiten kommen.[290] Die späteren Arbeiten Burnets setzten sich zum Ziel, die langfristigen historischen Aspekte der dynamischen Interaktion zwischen Makroorganismen und ihrer Umwelt zu verstehen. Er inspirierte damit auch Forscher wie die Mikrobiologen René Dubos und Frank Fenner.[291]

Im deutschen Sprachraum sucht man solche dynamischen und evolutionstheoretisch abgestützten Perspektiven auf die Epidemien in den 1930er Jahren mehr oder weniger vergeblich. Martini behandelte in seinen Arbeiten zur Einbettung epidemiologischer Vorgänge in biozönotische Kontexte keine Fragen zum evolutionären Ausgang der Infektionskrankheiten. Hirszfeld war einer der wenigen, der 1937, zeitgleich mit Burnet, eine naturgeschichtliche Betrachtung der Seuchengesetze im Rahmen eines Vortrags erörterte und diesen anschließend in einer deutschsprachigen medizinischen Wochenzeitschrift publizierte. Die Frage, ob es ein sinnreiches Endziel der Seuchenbewegungen gäbe, musste nach Hirszfeld mit einem klaren Ja beantwortet werden. Für ihn

288 Grote 1931, S. 680.

289 Tilley 2004, S. 34f.

290 Anderson 2004, S. 47-58.

291 Zu René Dubos und Frank Fenner vgl. Anderson 2004, S. 52-58; Cooper 1998, S. 170f.

existierten »höhere Gesetze«, die die sichtbare Welt der Menschen und die unsichtbare Welt der Mikroorganismen zu einer »gemeinsamen Wanderung in Harmonie« verurteilten.[292] Rekurrierte man auf ein epidemiologisches Weltbild, das nicht nur die Konflikte, sondern auch den gegenseitigen Nutzen der Individuen und Arten umspannte, erkannte man für die Evolution der Infektionskrankheiten, dass die Erreger dazu neigten, Kommensalen oder sogar Symbionten zu werden und die Seuchen immer mehr durch Durchseuchung und symptomlose Infektionen charakterisiert waren. Auch für das epidemiologische Geschehen bestätigte sich damit das von Hirszfeld schon für die Einzelinfektion formulierte Credo: »Die Begegnung zwischen der sichtbaren und der unsichtbaren Welt spielt sich [...] nicht als ein Kampf auf Leben und Tod ab. Die Welt strebt dem Gleichgewicht zwischen Mikro- und Makroorganismen zu«.[293]

Womöglich wären diese Perspektiven, publiziert in der *Wiener Klinischen Wochenschrift*, in Deutschland unter ›normalen‹ Umständen von den innovativen, der experimentellen Epidemiologie verpflichteten Bakteriologen wie Neufeld, Levinthal oder Friedemann rezipiert worden. Seit 1933 allerdings hatte sich nicht nur die Zusammensetzung des bakteriologischen Denkkollektivs substantiell zu verändern begonnen, sondern die gesamte medizinische Forschungslandschaft und mit ihr die epistemischen Ordnungen. Ich werde im letzten Kapitel darauf zurückkommen.

12.3. Aspekte einer neuen Seuchenbekämpfung

Angesichts der seit Kriegsende einsetzenden Zweifel an der unumschränkt geltenden Erfolgsgeschichte der Kriegsbakteriologie und dem in der Folge neu entwickelten, komplexen Verständnis der Infektionen und epidemischen Wellenbewegungen konnte es nicht ausbleiben, dass auch die hergebrachten Keimpraktiken im Feld einer Prüfung unterzogen wurden. Neue Wege in der Seuchenbekämpfung, insbesondere die Abkehr vom Militär- und Polizeistaat, hatte Jürgens schon im Mai 1919 gefordert. Er war mit seinem Plädoyer gegen den offensiven »Ausrottungskampf« allerdings noch auf teilweise heftigen Widerstand von orthodox eingestellten Militärbakteriologen und Medizinalbeamten gestoßen. Diese ablehnende Fraktion wurde im Verlauf der Zeit immer brüchiger.

292 Hirszfeld 1938, S. 737.
293 Ebd., S. 735.

Obwohl die Meinungen über die Reichweite und die genaue Gestalt einer neuen Seuchenbekämpfung geteilt waren, stimmten in der Weimarer Republik immer mehr Bakteriologen dem Wunsch nach einer Erweiterung und Überarbeitung des alten Maßnahmenkataloges zu. In verschiedenen Foren diskutierten sie die Konsequenzen der neuen Forschungsergebnisse für die Praxis: Konnten angesichts des neuen, qualitativ und quantitativ komplexen Verständnisses der Epidemien der Vernichtungskampf gegen die Erreger, die Installierung strikter Grenzen der Reinheit, die rigorose Isolierung von Kranken und die Verfolgung der Infektionsverdächtigen weiterhin Bestandteile einer effektiven Seuchenbekämpfung sein? Welche Methoden und disziplinären Zugänge sollten im Umgang mit Seuchen zum Zuge kommen? Und wie sollte man die bislang zentrale Gefahrenkategorie der Bazillenträger beurteilen?[294]

In den ersten Jahren nach Kriegsende vorwiegend altbekannte Wege beschritt das RGA – ein Umstand, der aufgrund der konservativen Prägung der im Gesundheitsamt arbeitenden Hygieniker und Bakteriologen kaum überrascht. Nachdem das Amt die systematische Typhusbekämpfung im Südwesten Deutschlands nachhaltig unterstützt hatte, plädierten Vertreter des RGA zu Beginn der 1920er Jahre für die Weiterverfolgung der traditionellen Seuchenbekämpfung. Die Typhusbekämpfung im vormaligen Gebiet hatte infolge des Verlustes Elsass-Lothringens an Frankreich ein abruptes Ende gefunden.[295] Aufgrund der vermeintlich günstigen Erfolge veranlasste das Reichsministerium des Innern auf Vorschlag von Sachverständigen die Wiederaufnahme einer verstärkten Typhusbekämpfung in Deutschland. Das anvisierte Gebiet lag diesmal in Mitteldeutschland, im preußischen Regierungsbezirk Erfurt und Merseburg sowie im Land Thüringen.[296] Mit Hilfe des RGA entwickelte sich ab 1921 eine »planmäßige Typhusbekämpfung«, die analog den alten und im Krieg eingehend erprobten Praktiken minutiöse Ermittlungen, bakteriologische Massenuntersuchungen, umfangreiche Absonderungen von Kranken und Leichtkranken und – als allerwichtigste Aufgabe – die

294 Vgl. beispielhaft die Diskussionen in den Hauptversammlungen des Deutschen Medizinalbeamtenvereins in den Jahren 1927 und 1930. Vorträge des wissenschaftlichen Teils der Hauptversammlung vom August 1927, in: *Zeitschrift für Medizinalbeamte* 19 (1927), S. 618-632, Aussprache, S. 933-635 (und Replik Wolter 1928); Vorträge des wissenschaftlichen Teils der Hauptversammlung vom September 1930, in: *Zeitschrift für Medizinalbeamte* 21 (1930), S. 645-648, S. 649-672, Aussprache, S. 672-677.

295 Vgl. Möllers 1925.

296 Schreiber 1926, S. 39.

»Aufspürung und Unschädlichmachung« der Bazillenträger umfasste.[297] Trotz Einwänden des Sozialhygienikers Alfred Grotjahn im Reichstag konnte sich der Apparat der Typhusbekämpfung in Mitteldeutschland zwei Jahre lang entfalten. Wegen der ungünstigen Finanzlage der Reichsregierung fand die Kampagne freilich bereits am 30. November 1923 ein frühes Ende.[298] Eine Wiederaufnahme sollte während der Weimarer Zeit nicht erfolgen.

Tatsächlich blies den vornehmlich im RGA versammelten Anhängern der Seuchenbekämpfung im Geiste Kochs und Kirchners je länger je mehr ein starker Wind entgegen. Grotjahn, der nicht nur im Reichstag, sondern auch im Reichsgesundheitsrat und an der Universität Berlin Einfluss nahm, unterbreitete 1924 den Vorschlag, das von Kirchner installierte Netz bakteriologischer Untersuchungsämter, eine zentrale Instanz im Rahmen der offensiven Seuchenbekämpfung, völlig zu beseitigen.[299] Unabhängig von den wütenden Reaktionen verschiedener Leiter der von Grotjahn angegriffenen Untersuchungsämter kann der Vorschlag allein als Beleg für den prekären Status der hergebrachten Seuchenbekämpfung und ihrer Institutionen um die Mitte der 1920er Jahre gewertet werden.[300]

Andere Vorschläge zur Revision der Keimpraktiken im Feld blieben nicht bei Fragen der Ausstattung stehen. Für die so genannten Zivilisationskrankheiten oder Zivilisationsseuchen, bei denen die Infektion auf dem Luftweg erfolgte, die Erreger als praktisch ubiquitär galten und der Anteil stummer, also symptomloser Infektionen enorm hoch war (Masern, Diphterie, Scharlach), glaubten verschiedene Bakteriologen und Kinderärzte von einem Kampf gegen die Erreger gänzlich absehen zu können. Entweder, so der Würzburger Kinderarzt Bernhard de Rudder, käme man bei diesen Infektionskrankheiten mit dem Kampf gegen die Erreger zu spät oder er lohne sich gar nicht, da man nur eine kleine, gegenüber der Gesamtzahl bedeutungslose Zahl von »Keimstreuern« treffen würde. Sowohl Desinfektionsmaßnahmen als auch der direkte Kampf gegen die Bazillenträger (bakteriologische Ermittlung, Isolierung und Überwachung) sollten aufgegeben werden; ein Verzicht, der für de Rudder gerade angesichts der Einsparung wertvollen Volksvermögens Sinn machte.[301] Andere Vertreter der Lehre von der stummen Infektion

297 Vgl. Wodtke 1924.
298 Schreiber 1926, S. 41.
299 Grotjahn 1924, S. 143.
300 Vgl. Kathe 1924.
301 De Rudder 1927.

wie Rudolf Degkwitz und Reiter forderten ebenso drastische Abstriche. Das Ziel einer zukünftigen Seuchenprophylaxe sah de Rudder bei den Zivilisationsseuchen in der aktiven Immunisierung durch Impfungen und – solange diese noch nicht allgemein durchgeführt werden konnten – in der Vermeidung einer frühzeitigen Infektion beziehungsweise dem Aufschieben der Erkrankung in ein späteres Lebensalter durch fürsorgerische Maßnahmen.[302] Reiter plädierte im Umgang mit »Exspirationsseuchen« wie etwa dem Scharlach für den Weg bewusster, also vorsätzlicher stummer Infektionen, die dann zu den gewünschten immunbiologischen Folgeerscheinungen führen sollten.[303]

Auch wenn die genannten seuchenprophylaktischen Vorschläge, wie ich etwas weiter unten zeigen möchte, in bakteriologischen Foren keineswegs auf grundsätzliche Bedenken stießen, war der von de Rudder am explizitesten formulierte vollständige Abschied vom Ausrottungskampf gegen die pathogenen Bakterien doch ein zu starker Kontrapunkt gegenüber den bekannten Schemata, als dass er anerkannt worden und unwidersprochen geblieben wäre. Selbst Gottstein, der nach dem Krieg als Direktor der preußischen Medizinalverwaltung für eine Bestärkung der sozialen Fürsorge in der öffentlichen Gesundheitspflege eintrat, konnte sich mit einer derart radikalen Abkehr vom Ausrottungsgedanken nicht anfreunden. Zwar sei das Vorgehen gegen ein »System [...], das sehr lange herrschte und das an seiner unumschränkten Herrschaft mit allen Abschreckungsmitteln einer absoluten Macht zäh festhielt« erfreulich, so Gottstein 1929. »Nunmehr gleich ins andere Extrem zu verfallen« schien ihm dann aber doch nicht angezeigt.[304] Auch für Friedemann, der sich selbst eingehend mit dem weit verbreiteten Phänomen der latenten Infektionen und latenten Durchseuchungszuständen in Populationen auseinandersetzte, gingen die Thesen zu weit, wonach der Kampf gegen die gesunden Bazillenträger vollständig aufgegeben werden sollte. Bekannte Gefahrenquellen komplett zu ignorieren, nur weil 100 andere unbekannt waren, schien Friedemann der falsche Weg, zumindest bei der individuellen Prophylaxe.[305] Ähnlich lautete die Einschätzung Seligmanns: Auch wenn die Bakteriologie durchaus nicht orthodox zu sein brauche, gehe es nicht an, die Krankheitserreger beim Seuchenkampf völlig zu ignorieren.[306]

302 De Rudder 1927, S. 1670f.
303 Reiter 1929a.
304 Gottstein 1929a, S. 261.
305 Friedemann 1928b, S. 9, 10.
306 Seligmann 1928, S. 3.

Andere radikale Vorschläge, die hergebrachten Maßnahmen der Seuchenbekämpfung bei Infektionskrankheiten wie Diphterie, Scharlach, Masern oder Keuchhusten vollständig abzubauen und sogar die Seuchengesetzgebung neu zu schreiben, konnten sich letztendlich nicht durchsetzen. So fand die Forderung des Frankfurter Medizinalbeamten Ludwig Ascher, der angesichts der Zunahme von Diphterie und Scharlach nach Einführung des preußischen Seuchengesetzes auf die hergebrachten Praktiken wie Anzeigepflicht, Isolierung, laufende Desinfektion und besonders auf die Schlussdesinfektion verzichten und neue Gesetze erlassen wollte, im preußischen Landesgesundheitsrat keine Mehrheit.[307] In einer Diskussion von Aschers weitreichenden, fast revolutionären Ansichten im deutschen Medizinalbeamtenverein betonte ein Referent 1929, dass man »alte Zöpfe« zwar abschneiden dürfe, dann aber vorsichtig genug sein müsse, »um nicht neue Zöpfe an ihre Stelle zu setzen«.[308]

Auch wenn Extrempositionen also nicht mehrheitsfähig waren, sträubte sich kaum mehr ein Bakteriologe gegen die Einsicht, dass die Trennung von einigen der »alten Zöpfen« durchaus legitim und notwendig war. Wie ich weiter oben dargelegt habe, konzedierten einzelne ursprünglich orthodoxe Bakteriologen wie Rimpau oder Neufeld bereits wenige Jahre nach Kriegsende, im Aufspüren jedes kleinsten »Schlupfwinkels« der Erreger und ihrer totalen Vernichtung liege nicht das einzige Heil und die Wirksamkeit der gesetzlichen Maßnahmen der Seuchenbekämpfung sei begrenzt. Solche Einschätzungen verdichteten sich gegen Ende der 1920er Jahre.

Im Folgenden möchte ich auf der Grundlage von bakteriologischen Monographien, Artikeln und Diskussionsbeiträgen zum Thema Seuchenbekämpfung für die zweite Hälfte der Weimarer Republik vier Aspekte herausarbeiten, die als wiederkehrende diskursive Formationen das Sprechen über die modifizierten Keimpraktiken im Feld strukturierten.

Die neue Bescheidenheit

Während Kirchner zu Beginn des Jahrhunderts die zukünftige sichere Ausrottung der Seuchen in schillerndsten Farben beschrieb und die Zuversicht und der Glaube an die Effektivität der eigenen »Waffen« im Ersten Weltkrieg einen Höhepunkt erreichten, war am Ende der 1920er Jahre von der Euphorie und dem Stolz auf das bisher Erreichte kaum mehr etwas übrig. Obenan bei der Frage nach einer Revision der Be-

307 Ascher 1929a; Ascher 1929b; Ascher 1930; Saretzki 2000, S. 180.

308 Knorr 1930, S. 671.

kämpfungsmaßnahmen stand die Erkenntnis, dass eine größere Bescheidenheit in der Bewertung des bakteriologischen Könnens durchaus am Platze war.[309] Nicht nur die schiere Hilflosigkeit gegenüber der Grippepandemie, das unerklärliche Ausbleiben der erwarteten Kriegsseuchen, die Zunahme von Diphterie und Scharlach und die bislang kaum verstandenen Meningitis- und Enzephalitisausbrüche gaben den Bakteriologen zu denken. Der Leiter des Hygiene-Instituts in Königsberg, Theodor Bürgers, ließ es sich in einer Rede vor versammelten Medizinalbeamten nicht nehmen, sogar Kritik am sakrosankten Denkmal der Bakteriologen zu üben: der Typhusbekämpfung im Südwesten Deutschlands. »Die Tatsache, dass die mit unendlichen Mitteln unternommene Typhusbekämpfung im Südwesten des Reiches in den Jahren 1904 bis 1916 lediglich eine Abnahme von 56,4 Prozent erreichte und dass bis 1912 von 10149 Fällen nur 5889 aufgeklärt waren, gibt zu denken.«[310] Vor dem Krieg wurden die bis zu diesem Zeitpunkt kaum anders ausfallenden Zahlen zur Entwicklung der Morbidität noch als hoch befriedigend und die Kampagne selbst als »von Erfolg gekrönt« umschrieben. Die Umkehr der Perspektiven und Bewertung der Koch'schen Seuchenbekämpfung konnte nicht deutlicher ausfallen. Auch in der anschließenden Diskussion verwehrte sich kein einziger der anwesenden Medizinalbeamten gegen die Entweihung und Entzauberung der Typhusbekampagne.

Die Seuchengesetze und das direkte Vorgehen gegen die Krankheitserreger durften nur als Teil aller Maßnahmen der Seuchenbekämpfung betrachtet werden und fanden in einer »allgemeinen Seuchenbekämpfung« ihr »gleichwertiges Gegenstück«, so der neue Tenor.[311] Eine direkte Konsequenz dieses Teilrollen-Status und der zunehmenden Bescheidenheit der Bakteriologen war die Aufwertung und Integration sowohl des klinisch-ärztlichen Blickes, sozialhygienisch-fürsorgerischer Maßnahmen als auch traditioneller epidemiologischer Methoden in die moderne, nunmehr gleichsam erweiterte Seuchenbekämpfung. Zur erfolgreichen Seuchenbekämpfung gehöre, so Seligmann in seinem Lehrbuch, »ein weiter Blick«, »eine breite Basis von Arbeitsgebieten«:

> »Wissen um Bakteriologie und Immunität, von experimenteller und sozialer Hygiene ist vonnöten, Kenntnisse auf dem Felde der Statistik, in den Büchern der Geschichte, nicht nur der Seuchengeschichte; ein offenes Auge für wirtschaftliche und soziale Zusammenhänge«.[312]

309 Bürgers 1927, S. 631.

310 Ebd.

311 Rimpau 1928, S. 49.

312 Seligmann 1928, S. 16.

Solange der anvisierte Seuchenbekämpfungs-Allrounder noch rar war, beruhte die integrative Seuchenbekämpfung vor allem auf einer stärkeren Zusammenarbeit der Bakteriologen mit Allgemeinpraktikern und Klinikern, Sozialhygienikern, Medizinalstatistikern und Epidemiologen. Diese Zusammenarbeit manifestierte sich zunächst einmal besonders auf dem Gebiet der Diagnostik und damit der Identifikation der Seuchen. Hier kam dem Allgemeinpraktiker und dem Kliniker eine viel größere Bedeutung zu als noch im Ersten Weltkrieg, wo die sichere Diagnose nur durch die bakteriologisch-serologische Untersuchung gewährleistet schien. Dem Allgemeinpraktiker gebührte nun das eigentlich »wichtigste Wort«; er war es, der klinische und bakteriologische Untersuchungen sicherstellte.[313] Die bakteriologische Untersuchung diente dabei als »Unterstützungsmittel« für die klinische Beobachtung, die ihrerseits nicht nur die Symptome der Einzelfälle verwerten, sondern auch hereditäre, epidemiologische und Immunitätsverhältnisse und die therapeutische Beeinflussbarkeit in ihrem Gesamtbild umfassen sollte.[314] Bei dieser anspruchsvollen Aufgabe sollten den Bakteriologen Vertreter der traditionellen epidemiologischen Methodik zur Seite stehen, die epidemiologische Untersuchungen im Seuchengebiet und Versuche im freien Gelände vornahmen. Nach Martini konnte man auf diesem Wege zuweilen viel schneller zu einer Seuchenidentifikation und Prophylaxe gelangen als auf dem »Umweg« über den Erreger.[315] Dass in der Lesart Martinis die Diagnose durch den Bazillenbefund mit einem Irrgang verglichen wurde, spricht Bände über den problematischen Status und die ramponierte Wirkmächtigkeit der bakteriologischen Untersuchungen.[316]

Da man sich nun einig war, dass sich eine erfolgreiche Bekämpfung der Infektionskrankheiten nicht im Kampf gegen die Erreger erschöpfte, stellten die von Sozialhygiene und Konstitutionsforschung – den aufstrebenden Disziplinen der Weimarer Medizin – propagierten Gesundheitsinterventionen ein zunehmend wichtiger werdender Bestandteil der Seuchenbekämpfung und eine Ergänzung zu den sanitätspolizeilichen Vorschriften und Verboten dar. Vor allem bei den chronischen Infektionskrankheiten schrieb man sozialhygienischen Maßnahmen eine priori-

313 Ebd., S. 61f.

314 Rimpau 1928, S. 22.

315 Martini 1929.

316 Die an diesem Beispiel deutlich sichtbar werdende Devaluation der bakteriologischen Diagnostik muss dabei in den Kontext des Versagens bakteriologischer Diagnosestellungen im Ersten Weltkrieg und den sehr weitreichenden Variabilitätsthesen der 1920er Jahre gestellt werden.

täre Bedeutung zu. Bei der Tuberkulosebekämpfung erfolgten die ersten Weichenstellungen bereits mit dem Entwurf des Reichstuberkulosegesetzes und dem preußischen Tuberkulosegesetz von 1923.[317] Gottstein wies 1925 explizit darauf hin, dass im preußischen Gesetz abgesehen von der Frage der Desinfektion nicht von sanitätspolizeilichen Vorschriften, sondern nur von Fürsorgemaßnahmen die Rede sei.[318] Aber auch bei den akuten Infektionskrankheiten reichte die reine Erregerbekämpfung längst nicht mehr aus. Ich komme weiter unten auf die Bedeutung der verschiedenen sozialhygienisch-fürsorgerischen und konstitutionsbiologischen Maßnahmen zu sprechen.

Differenzieren und Eindämmen statt Schematisieren und Vernichten

Die Umsetzung der Seuchenbekämpfung nach den Grundsätzen Kochs hatte im Weltkrieg ihren Höhepunkt erlebt. Der Vollzug des von Koch vorgezeichneten, generalisierbaren Prinzips der Seuchenbekämpfung mutierte hier zum Dogma. Die 1920er Jahre stellten demgegenüber eine klare Abkehr vom ursprünglichen Schematismus und der Generalisierbarkeit der Keimpraktiken im Feld dar. Nicht nur die Bakteriologiekritiker, sondern auch die Bakteriologen selbst forderten nun ein differenziertes, die Eigentümlichkeiten und Besonderheiten der betreffenden Infektionskrankheit berücksichtigendes Vorgehen – sowohl für die Individual- wie auch für die Seuchenprophylaxe. Dass die Ergebnisse der bakteriologischen Epidemiologie oft nicht mit den epidemiologischen Beobachtungen übereinstimmten, lag nach Neufeld auch daran, dass man besonders in Deutschland unter dem Eindruck der Erfolge mit der direkten und aktiven Seuchenbekämpfung nach Koch geglaubt hatte, dieselben Gesichtspunkte wie bei der Bekämpfung der Cholera allgemein auf andere Seuchen anwenden zu dürfen.[319] Solche Verallgemeinerungen erzeugten vor dem Hintergrund der beobachteten und im Verlauf der 1920er Jahre immer genauer erforschten Komplexität des Infektions- und Seuchengeschehens keine Evidenzen mehr.

Besonders von einem Traum, der im Koch'schen Schema der Seuchenbekämpfung konstitutiv angelegt war, nahm man nun Abschied: Dem Traum von der restlosen Vernichtung der Bakterien und der Finalisie-

317 Vgl. Saretzki 2000, S. 389 ff.

318 Gottstein 1925b, S. 339. Zur Kritik von Fürsorgeärzten am preußischen Tuberkulosegesetz, die ihrerseits einen zu einseitigen »Bazillenkampfstandpunkt« monierten vgl. Saretzki 2000, S. 400.

319 Neufeld 1924b, S. 1345.

rung des Ausrottungskampfes. »Es wird nie gelingen, das Leben des Einzelnen bakteriendicht zu gestalten«, konstatierte Rimpau 1928 lapidar und ohne Anflug von Erschütterung oder Bedauern.[320] Auch andere Bakteriologen konzedierten die praktische Unmöglichkeit, eine totale »Verstopfung« und »Vernichtung« aller Infektionsquellen zu erreichen. Angesichts der zahlreichen Gesunden und Leichtkranken, die nicht ärztlich behandelt und angezeigt waren und dennoch Krankheitsstoffe in sich trugen, schien es klar, dass der bisherige Bekämpfungsapparat versagen musste und Krankheitserreger in der Bevölkerung immer im Umlauf blieben. Der weitsichtige Beobachter der Entwicklungen in der medizinischen Bakteriologie, Robert Doerr, kommentierte diese Entwicklung 1932 mit der Bemerkung, die Mikrobiologen hätten die Zielsetzung der Ausrottung der übertragbaren Krankheiten aus den Augen verloren. Sie würden zwar den Kampf fortsetzen, trachteten aber nicht danach, ihn zu »finalisieren«.[321]

Tatsächlich bescherte die faktische Präsenz von Bakterien und Infektionsträgern den Bakteriologen nicht mehr die größten Sorgen. Die Versuche in den Mäusedörfern und die Resultate der rechnenden Epidemiologie wiesen darauf hin, dass ein totaler Vernichtungskampf gar nicht nötig war und mithin sogar kontraproduktiv sein konnte. Denn wenn Ausbruch und Weiterbestand von Epidemien von der Aufrechterhaltung der Zirkulation von Mindestmengen der Ansteckungsstoffe, von kritischen Schwellenwerten und der Dichte der empfänglichen und infizierten Populationen abhing, dann war die Verfolgung jedes Bazillus in seine hintersten Schlupfwinkel und das Streben nach seiner Ausrottung letztlich unnötig. Aufgabe der Seuchenbekämpfung und -prophylaxe war es vielmehr, massive Infektionen zu verhindern, indem man die Ausstreuung quantitativ einschränkte und die Zirkulation einer bestimmten Infektionsmenge unterband. Nicht umsonst hatte Neufeld bemerkt, dass alle rigiden Grenzkontrollen und Massenentlausungen beim Fleckfieber überflüssig waren und es eigentlich ausgereicht hätte, alle paar Wochen das Hemd zu wechseln[322] – Überlegungen, die auch von Theobald Smith hätten angeregt sein können, der den Wert von Desinfektions- und Isolationspraktiken lediglich darin sah, Individuen vor einer Überdosis an Infektion zu schützen.[323] Auf der Basis der quantitativen Betrachtungsweise der Epidemien konnte auch argumentiert werden, dass die Herab-

320 Rimpau 1928, S. 56.
321 Doerr 1932b, S. 24.
322 Neufeld 1925b, S. 343.
323 Smith 1921, S. 103.

setzung der Keimträgerzahl womöglich ein bestehendes Gleichgewicht zwischen (latenter) Durchseuchungsimmunität und Infektion in einer Population verändern und die Wahrscheinlichkeit eines größeren epidemischen Ausbruchs dadurch sogar zunehmen würde.[324] Die Reduktion oder gar die totale Ausschaltung der Keimträger war deshalb gar nicht zwangsläufig erwünscht.

Aber selbst wenn man mit diesen Perspektiven auf die Epidemien nicht vertraut war, erschien vor dem Hintergrund der multifaktoriellen Bedingungskomplexe von Infektion und Seuche wie auch der Phänomene weit verbreiteter Durchseuchung der Bevölkerung die Lancierung einer riesigen Desinfektionsmaschinerie zunehmend illusorisch und fehl am Platz. Tatsächlich wurden die Desinfektionsvorschriften in Preußen bereits 1921 erstmals angepasst, wobei man sich von der Schlussdesinfektion mehr und mehr distanzierte, die besonders starken Mittel wie Formalin- und Dampfdesinfektionen einschränkte und verschiedene Maßnahmen ihres polizeilichen Charakters entkleidete und auf das Gebiet der vorbeugenden Fürsorge überführte.[325] Die zahlreichen Debatten über die Einschränkung von Desinfektionsmaßnahmen resultierten zwar nicht in einer weiteren Anpassung der Vorschriften, belegen aber deutlich, dass die Tendenz bei den Desinfektionsmaßnahmen gegen eine zu starke Schematisierung und gegen Übertreibungen der exogenen Vernichtungsarbeit lief. Unnötige Maßnahmen waren nach Möglichkeit zu verhindern. Diese Forderung stellte sich nach Rimpau allein schon wegen der Kosten und den »Eingriffen in das persönliche und häusliche Leben des Einzelnen«.[326] Nach solchen Überlegungen zum Übergriff von Maßnahmen der Seuchenbekämpfung in die Privatsphäre des Einzelnen sucht man um 1900 noch vergeblich.

Normalisierung der Infektion

Eine Infektion mit pathogenen Bakterien repräsentierte nach dem Ersten Weltkrieg mehr und mehr den Normalfall, der sterile ›reine‹ Körper dahingegen die Ausnahme. Infektionen konnten längst nicht mehr in eine einfache Relation zu Krankheitserscheinungen gestellt werden. Im Gegenteil: In einer bemerkenswert hohen Zahl von Fällen entstand trotz des Vorhandenseins virulenter Infektionsstoffe gerade keine Krankheit.[327]

324 Vgl. Neufeld 1929, S. 55.
325 Vgl. Seligmann 1928, S. 65ff.
326 Rimpau 1928, S. 70.
327 Vgl. Friedberger 1920, S. 326.

Nicht nur die Genickstarrebeobachtungen von Much und englischen Militärärzten während der Kriegszeit, auch die Erfahrungen mit der Encephalitis epidemica, der epidemischen Kinderlähmung, Diphterie oder Masern machten deutlich: Das Gros der Infektionen spielte sich nicht in typischer und als Krankheit sichtbarer Form ab. Die Krankheitsfälle selbst erschienen vielmehr als sichtbare Spitze eines Eisberges, der unterhalb der Wasseroberfläche eine bis anhin noch ungenügend erforschte Vielfalt von wechselseitigen Interaktionsmöglichkeiten von Mikroorganismus und Makroorganismus offenbarte. Die Welt schien von einem Meer von Krankheitserregern überschwemmt, die nur symptomlose Infektionen bewirkten.[328] Panikschübe verursachte dieses Meer von Krankheitserregern und von infizierten, bazillentragenden Menschen den Bakteriologen nun allerdings nicht mehr. Betrachtete man das Spektrum der Interaktionen aus dem Blickwinkel einer evolutionstheoretischen Parasitologie, dann war das Bazillentragen selbst die endgültige und letztlich sogar angestrebte Form des Zusammenlebens von Parasit und Wirt. Auch wenn man nicht in diesen Kategorien dachte, bildete das Beherbergen von Krankheitserregern keinesfalls mehr einen selbstverständlichen Ausgangspunkt für die Erklärung pathologischer Erscheinungen und die Entstehung von Seuchen.

Was die paradoxen Seuchengänge am Kriegsende und in der unmittelbaren Nachkriegszeit offenbart hatten, war der Verlust eindeutiger Erklärungsmuster auf der Basis der vermeintlich evidenten Gefahrenkategorie des Bazillenträgers. Gerade die Bazillenträger waren in Scharen und Massen über die ungesicherten Grenzen geflutet und doch blieben die erwarteten Epidemien aus. Es war auch bei den Zivilisationsseuchen mehr als augenfällig, dass trotz der großen Zahl von Bazillenträgern wenige Epidemien ausbrachen. Wenn sich aber das Konzept des Bazillenträgers im epidemiologischen Denken zunehmend auflöste, dann stellte sich natürlich unweigerlich die Frage, wie man mit den gesunden Infizierten verfuhr.

Obwohl man sich der Überschätzung der Bazillenträger für die Epidemiologie bewusst war, blieb die Bewertung und Behandlung dieser Menschen Gegenstand kontinuierlicher Auseinandersetzung.[329] Eine vollständige Aufhebung der Ermittlungsversuche und des Desinfektions- und Isolierungsregimes bei gesunden Bazillenträgern ging den meisten Bakteriologen zu weit. Die Einsicht aber, dass man mit sanitätspolizeilichen Maßnahmen besonders bei den durch Tröpfcheninfektion übertragbaren

328 Hirszfeld/Hirszfeld 1935, S. 16.
329 Vgl. Bürgers 1927, S. 631.

Krankheiten nicht weit kam, war verbreitet. Rimpau etwa bemerkte zu den in gesunden Menschen auffindbaren Diphterie- oder Genickstarrekeimen, eine teilweise »Kapitulation der Seuchenbekämpfung« sei hier durchaus gerechtfertigt.[330] Auch von allzu strengen Isolierungsvorkehrungen sollte Abstand genommen werden. So wurden zum Beispiel in Preußen die Diphteriebazillenträger für den Schulbesuch zugelassen[331] – eine Maßnahme, die noch in der ersten Dekade des Jahrhunderts heftigsten Widerstand erzeugt hätte. Bei den akuten, übertragbaren Darmkrankheiten schienen Desinfektionsmaßnahmen aussichtsreicher.[332] Allerdings bemühte man sich auch hier um situationsbezogene Differenzierungen. Bei den zu ergreifenden Maßnahmen komme es auf die »Persönlichkeit des Ausscheiders« an, insbesondere darauf, ob dieser einer Erziehung zur Reinlichkeit zugänglich sei, betonte Rimpau.[333] Noch im Krieg wäre es den Militärbakteriologen und Medizinalbeamten nicht in den Sinn gekommen, die Persönlichkeit des Ausscheiders mit zu berücksichtigen. Der Bazillenträger hatte damals gar keine Persönlichkeit; er wurde ausschließlich als gefährliches, wandelndes Pulverfass für die »Funken« der Ansteckung wahrgenommen.

Die Normalität der Infektion, das Phänomen weit verbreiteter Infektionen ohne sichtbare Erkrankungszustände, rückte natürlich auch Fragen nach der individuellen Eigenart des menschlichen Organismus, seiner Disposition gegenüber Krankheit und der Beeinflussbarkeit dieser Disposition immer mehr in den Vordergrund.[334] Anhänger der in den 1920er Jahren immer dominanter werdenden Konstitutionsforschung und Sozialhygiene hatten schon kurz nach Kriegsende mit eindringlichen Worten auf die Bedeutung der Empfänglichkeit als »Spieler erster Ordnung« im Infektionsgeschehen hingewiesen. Der einzelne Mensch mit seinem so unterschiedlichen Verhalten, der Einfluss seiner Lebensweise und seiner sozialen Umwelt sollten auch bei der Bekämpfung der Infektionskrankheiten immer mehr Berücksichtigung erfahren. Die Stärkung der biologischen Kräfte des Organismus konnte dabei einerseits durch Impfungen und durch die Ernährung, andererseits aber auch durch allgemeine Maßnahmen sozialhygienischer Natur gefördert werden.[335] Auch wenn viele Bakteriologen bei der systematischen Kräftigung des Körpers

330 Rimpau 1928, S. 54.
331 Ebd.
332 Vgl. Seligmann 1928, Vorlesung Desinfektion.
333 Rimpau 1928, S. 55.
334 Vgl. Gottstein 1925b, S. 335.
335 Seligmann 1928, S. 15.

zur Erhöhung der Widerstandskraft besonders auf immunbiologische Maßnahmen und die ausgewogene Zufuhr von Vitaminen, Eiweißen und Fettstoffen Wert legten, umfassten die Maßnahmen ein sehr weites Feld.[336] So betonte Seligmann, eigentlich stehe »das gesamte Gebiet der öffentlichen Gesundheitspflege im Dienste der Seuchenverhütung«:

> »Die Sorge für ärztliche Beratung, das Krankenhauswesen, Wohnungsfürsorge, der Kampf um Licht und Luft und zweckmäßige Ernährung, Überwachung der Lebensmittel, Wasserversorgung und Abwässerbeseitigung, Gewerbe- und Arbeitshygiene, Säuglings- und Schulgesundheitspflege, Aufklärung der Bevölkerung in hygienischen Fragen, Erziehung in vernunftgemäßer Lebensweise.«[337]

Diese Aufzählung der Maßnahmen und Aktivitäten im Dienste der Seuchenverhütung macht deutlich, dass bei der Seuchenbekämpfung neben dem konstitutionellen Bedingungskomplex auch soziale und wirtschaftliche Einflüsse auf den Erkrankten und die Gesundgebliebenen mit berücksichtigt und mit der Befähigung des Individuums zur Prophylaxe verknüpft wurden. Die fortschreitende »soziologische Entwicklung« im Sinne einer wirksamen Umformung der Lebensführung und Behebung wirtschaftlicher und sozialer Missstände schienen dabei für Hygieniker und Bakteriologen wie Doerr oder Gottstein besonders Erfolg versprechend zu sein.[338]

Ermächtigung zur hygienischen Selbstverantwortung statt Bazillenangst

Die sozialhygienisch-eugenische Kritik an der Bakteriologie monierte nicht nur das einseitige Fahrwasser, in das die Hygiene durch die Erreger-Fokussierung und die seuchenpolizeiliche Maxime der absoluten Vernichtung der Infektionsstoffe geraten war. Sie wies nach dem Krieg auch auf ein weiteres Defizit der Bekämpfung der Infektionskrankheiten hin: die fehlende aktive Mitwirkung der Bevölkerung. Die Bakteriologie, so der Leiter des Hygiene-Museums in Dresden und Generalsekretär des *Reichsausschusses für hygienische Volksbelehrung* Martin Vogel, sei nicht

336 Zur Erforschung des Einflusses der Ernährung auf die Resistenz gegenüber Infektionskrankheiten vgl. Kap. 12.1. Populärwissenschaftliche Schriften über den Einfluss der Ernährung auf die menschliche Gesundheit wurden auch vom RGA herausgegeben. Vgl. Kestner/Knipping 1926.

337 Seligmann 1928, S. 15f.

338 Vgl. Gottstein 1928; Doerr 1932b.

imstande gewesen, die volkstümliche Gesundheitspflege zu fördern und »dem Einzelnen eine Selbstbetätigung zuzugestehen«. Sie habe nur auf die technischen Hilfsmittel der Wissenschaft verwiesen und ihr Wissen weiteren Kreisen zugänglich gemacht, das heißt einseitig popularisiert. Damit allerdings habe man eine Bakterienfurcht in der Bevölkerung anerzogen, die die Kräfte mehr gelähmt als erweckt hätten.[339] Bei der Bekämpfung der Seuchen ging es nach Vogel darum, jedem Einzelnen ein »Verantwortungsgefühl dem eigenen Körper gegenüber« beizubringen. Dazu war nicht nur eine Aufklärung durch bloße Verbreitung von Kenntnissen nötig, sondern ein »lebendiges Wissen«. Bei der »Bildung und Erziehung zur Gesundheitspflege« musste der ganze Mensch in seinem Fühlen und Wollen von der Erkenntnis »bewegt werden«. Er sollte das Wissen »erleben«.[340]

Dass die Bakteriologen diesem Unterfangen positiv gegenüber standen und die bisherigen Lücken anerkannten, belegt eine Vielzahl von Artikeln, die sich dem Thema der hygienischen Volksbelehrung widmeten. Die staatliche Seuchenbekämpfung war auf die Unterstützung des Einzelnen, sein Verständnis für den hygienischen Selbstschutz angewiesen, so der Tenor der Bakteriologen.[341] Und dies umso mehr, als der Bekämpfungsapparat des Staates bei den zahlreichen Gesunden und Leichterkrankten versagte. Schließlich zeigte sich jetzt, dass es einem Ding der Unmöglichkeit entsprach, das Leben des Einzelnen »bakteriendicht« zu gestalten. Überdies schrieb die neue Seuchenlehre der faktischen Menge und Zirkulation des Infektionsstoffs eine große Bedeutung zu. Aus diesen Gründen erschien die »Erziehung des einzelnen zum Selbstschutz« besonders wichtig.[342]

Gottfried Frey betonte in einer Veröffentlichung des RGA, es genüge nicht, das Volk im Krankheitsfall an den Arzt zu verweisen, der Öffentlichkeit gesundheitliche Einrichtungen und Heilpersonal zur Verfügung zu stellen und die Gesundheitswissenschaft zur höchsten Blüte zu treiben. All dies führe nicht zum Ziel, wenn nicht eine »verständnisvolle Mitarbeit jedes Einzelnen« gesichert sei.[343] Wodurch und an welchen Orten aber lernte der Einzelne die verschiedenen Reinlichkeits- und Vorsichtsmassnahmen bei eigener und fremder Erkrankung und die

339 Vogel 1927, S. 305f.

340 Ebd., S. 312. Vgl. Dresel 1922, S. 799.

341 Vgl. Rimpau 1928, S. 56. Fred Neufeld forderte bereits 1922 ein »hygienisches Abc«, das den Schülern »eingepaukt« werden sollte. Neufeld 1922a.

342 Rimpau 1928, S. 56.

343 Frey 1926, S. 233.

verschiedenen Maßnahmen zur Körperkräftigung, Ertüchtigung und gesunden Lebensführung kennen? Wie wurde der Einzelne zu der von Frey anvisierten, »von den Regeln der Hygiene durchdrungenen Persönlichkeit«, die auch die Relevanz der Vorbeugung von Gesundheitsstörungen erkannte?[344]

Die gesundheitliche Volksbildung setzte am besten bereits im Elternhaus und in der Schule ein, versuchte aber auch die bislang eher dumpfen, ungebildeten Volksmassen mittels direkter Anschauungen für die Regeln der Hygiene zu interessieren.[345] Die Hilfsmittel der hygienischen Erziehung umfassten dabei ein breites Spektrum: Von Vorträgen, Plakaten, Merkblättern, Filmen, Ausstellungen und Gesundheitsbelehrungen über Hinweise auf Produkten des täglichen Lebens bis zu den 1926 erstmals lancierten »Reichsgesundheitswochen« sollten Kinder, Schüler und Erwachsene in die persönliche Gesundheitspflege eingeführt werden.[346] Zwei ganz zentrale Punkte wurden von Frey dabei hervorgehoben: *Erstens* die Lebendigkeit und Anschaulichkeit der Erziehung und Aufklärung. Und *zweitens* die Betonung der »persönlichen« Gesundheitsbelehrung, die auf den Einzelnen und seinen jeweiligen Körperzustand einging. Ziel der hygienischen Volksaufklärung, die für die Seuchenbekämpfung eine prominente Rolle spielte, war die »hygienische Individualbelehrung« zur Produktion selbsttätiger Individuen, die sich der Maßnahmen eines persönlich abgestimmten Selbstschutzes bewusst waren.[347]

Was in Freys Gedanken über hygienische Volksbelehrung ebenso wie in anderen Texten von Bakteriologen Ende der 1920er Jahre nun Gestalt annahm, war die Ermächtigung eines von Rudolf Virchow ursprünglich anvisierten »liberalen Selbst«, das von der orthodoxen Bakteriologie, den polizeilichen Zwangsmassnahmen und der weit verbreiteten Bazillenangst gleichsam entmündigt worden war.[348] Und so schloss auch

344 Ebd., S. 238.

345 Zur hygienischen Erziehung in der Schule vgl. Seiffert 1924; Uhlenhuth/Seiffert 1924.

346 Frey 1926, S. 241ff. Zur boomenden und innovativen Gesundheitspropaganda in der Weimarer Republik vgl. Weindling 1989a, S. 409-416.

347 Frey 1926, S. 263.

348 Virchow hatte Mitte des 19. Jhs. die freie Entwicklung und Befähigung von in sich selbst ruhenden »Persönlichkeiten« propagiert, deren Bildung auf »positiver Naturanschauung« beruhte. Eine zentrale Voraussetzung der naturwissenschaftlichen Erziehung bildete die sinnliche Anschauung und die selbstständige Denktätigkeit durch unvoreingenommene Beobachtung der Natur anstelle »pfäffischer Überlieferung« und der Unterwerfung unter die Dogmen von Autoritäten. Vgl. Goschler 2002, S. 366ff.

Seligmann in seinem Lehrbuch zur Seuchenbekämpfung mit einer Huldigung Virchows. Es gelte, Virchows Vision für die garantierte Gesunderhaltung eines Volkes erneut zu folgen. Diese setze sich aus drei einfachen Begriffen zusammen: Bildung, Wohlstand und Freiheit.[349]

349 Seligmann 1928, S. 15f.

AUSBLICK

13. Bakteriologie nach der Machtergreifung

Nach einer kurzen Phase der Stabilisierung führte die weltweite Depression ab 1929 auch in Deutschland zu einer Verschärfung der sozialen und ökonomischen Situation, die auf politischer Ebene von einer Radikalisierung begleitet wurde. Allmählich zerbrach der demokratische Konsens der Parteien. 1932, auf dem Höhepunkt der Weltwirtschaftskrise, erzielten die republikfeindlichen Parteien (KPD, NSDAP) mehr als fünfzig Prozent der Wählerstimmen. Der Parlamentarismus war am Ende. Nach bürgerkriegsähnlichen Straßenkämpfen der paramilitärischen Verbände der beiden extremen Flügelparteien, der Auflösung des Parlaments und den Neuwahlen im November 1932, die wiederum keine regierungsfähige Mehrheit ergaben, ernannte Reichspräsident Paul von Hindenburg am 30. Januar 1933 Adolf Hitler zum neuen Reichskanzler. Auch wenn die Weimarer Verfassung formal nicht außer Kraft gesetzt wurde, bedeutete dies faktisch das Ende der Weimarer Republik.

Die nationalsozialistische ›Machtergreifung‹ mit dem Ermächtigungsgesetz vom März 1933 markierte für die Medizin und das Gesundheitswesen Deutschlands, trotz fraglos bestehenden Kontinuitätslinien, einen Umbruch bezüglich der institutionellen Strukturen, wissenschaftlichen Netzwerke, Praktiken und epistemischen Ordnungen. Auch für die Geschichte der Bakteriologie ist die Einsetzung der faschistischen Diktatur in Deutschland als Wendepunkt zu interpretieren, der für das Renommee der Wissenschaft, die Verfasstheit des bakteriologischen Denkkollektivs und die Konfiguration des Wissenssystems erhebliche Veränderungen mit sich brachte.

Als Abschluss möchte ich einige der meines Erachtens wichtigen Entwicklungsspuren der medizinischen Bakteriologie im Dritten Reich skizzieren und weiterführende Forschungsfragen thematisieren. Vorauszuschicken gilt, dass dieser Ausblick nicht mehr als vorläufigen Charakter haben kann. Mein Ziel war es, eine Geschichte der Bakteriologie von ihrer ›goldenen‹ Ära um 1890 bis zum Ende der Weimarer Republik zu schreiben und dabei besonders den Ersten Weltkrieg als bislang unberücksichtigen Bifurkationspunkt für bedeutende Wissensdynamiken ins Blickfeld zu rücken. Eine fundierte Untersuchung der ehemaligen medizinischen Orientierungswissenschaft über den Zeitrahmen der Weimarer Republik hinaus würde sowohl den Umfang als auch die Zielsetzung dieses Buches sprengen, zumal sich eine genuin auf die Bakteriologie im

NS fokussierte Forschung in der Medizin- und Wissenschaftsgeschichte erst in der Formierungsphase befindet.[1] Die folgenden Ausführungen können nicht mehr sein als erste Wegweiser zu einem komplexen und vor dem Hintergrund der politisch verminten Zeitgeschichte äußerst anspruchsvollen Feld des Wissens.

Ich werde meinen Ausblick auf die NS-Zeit entlang von drei Motiven strukturieren, die in epistemischer und institutionell-personeller Hinsicht entscheidenden Einfluss auf die Entwicklung der Bakteriologie ausübten: Es sind die Motive *Rasse und Erbmasse*, *Raum* sowie *Ausschaltung*. Der letzte Abschnitt unter dem Titel *Krieg oder Frieden* ist der Frage gewidmet, was mit der kardinalen, das bakteriologische Sprechen über Infektionskrankheiten so nachhaltig durchdringenden Denkfigur des »Krieges« und »Kampfes« zwischen den Menschen und ihren unsichtbaren »Feinden« im Nationalsozialismus geschah, nachdem sie in den 1920er Jahren zumindest teilweise destabilisiert und von neuen Metaphern überlagert worden war.

13.1. Rasse und Erbmasse

Zu Beginn der 1930er Jahre äußerte eine wachsende Zahl antirepublikanisch und antisozialistisch eingestellter Ärzte – gleichsam als Symptom einer sich akzentuierenden Staats- und Wirtschaftskrise – Kritik an der öffentlichen Gesundheitspflege Weimars.[2] An der Hauptversammlung des Deutschen Medizinalbeamtenvereins im Oktober 1932 erklärte der völkische Arzt und Eugeniker Arthur Gütt, der Ausbau des öffentlichen Medizinalwesens durch die soziale Hygiene und Fürsorge könne den »Niedergang des Volkes« nicht aufhalten.[3] Schon die neue Ära der Seuchenbekämpfung durch Koch sei nicht in der Lage gewesen, den »Bestand des Volkes« zu sichern oder sein Wachstum zu garantieren. Im

1 Vgl. aber das Forschungsprojekt »Die Geschichte des Robert Koch-Instituts im Nationalsozialismus« am Institut für Geschichte der Medizin der Charité Berlin (http://www.charite.de/medizingeschichte/forschung.htm, 16.7.2008); erste Resultate publizierte jüngst Hinz-Wessels 2008. Wegweisend bezüglich der bakteriologischen Fleckfieberforschung und -bekämpfung im NS Weindling 2000. Die Fleckfieberforschung von 1914-1945 im Spannungsfeld von Wissenschaft, Industrie und Politik untersuchte Werther 2004.

2 Vgl. Lohalm 1991. Gegen die von Lohalm vertretene These einer Beeinträchtigung der Kernbereiche der Gesundheitsfürsorge durch die Sparmassnahmen in der Weltwirtschaftskrise argumentiert Vossen 2005.

3 Gütt 1932, S. 462.

Gegenteil: Sie habe zu Überalterung und zu einer Belastung der gesunden Familien geführt und auf diese Weise das »Aussterben« des ganzen Volkes begünstigt. »Was wir bisher ausgebaut haben« so Gütt mit Blick auf die Koch'sche Hygiene und die Sozialhygiene, »ist eine schon übertriebene Individual- und Personenhygiene ohne Rücksicht auf die Vererbungslehre, Lebensauslese und die Erkenntnisse der Rassenhygiene«.[4] Gütt forderte eine Neubelebung und Umstellung des öffentlichen Gesundheitswesens, das fortan als Kern seiner Aufgabe die »Fürsorge für die Erbmasse des deutschen Volkes« und die Vorsorge noch nicht Geborener anstrebte.[5] Kurze Zeit nach diesem Vortrag trat Gütt der NDSAP bei und stieg wenig später zu einer der Hauptfiguren der nationalsozialistischen Gesundheitsverwaltung und zum vehementen Verfechter der Erbgesundheitslehre auf.

In ähnlicher Lesart beanstandeten andere deutschnationale und republikfeindlich eingestellte Mediziner das Gesundheitswesen Weimars. Dazu zählten auch Bakteriologen, die sich bereits im Verlauf der 1920er Jahre rassenhygienischen Ideen zugewandt hatten, so etwa Hans Reiter oder der ehemalige Gotschlich-Schüler Philateles Kuhn. Unmittelbar nach der nationalsozialistischen ›Machtergreifung‹ plädierte der am Hygiene-Institut in Gießen lehrende Kuhn für einen »dritten Wendepunkt« im Gesundheitswesen, der auf die »wissenschaftliche Seuchenbekämpfung durch Koch« als erstem und den Ausbau der Gesundheitsfürsorge als zweitem Markstein folgen sollte.[6] Nicht länger dürfe die Rassenhygiene ausgeschaltet werden, wolle man das Überhandnehmen der »Minderwertigen« und die Benachteiligung kinderreicher Familien unterbinden. Alle Maßnahmen der öffentlichen Gesundheitspflege seien dem Staat zu überantworten, weil er allein das Gedeihen der kommenden Geschlechter garantiere. Die Gesetzgebung sollte den rassenhygienischen Standpunkt prüfen, Ärzte ohne Verständnis für Rassenhygiene müssten »ausgeschaltet« werden.[7] Reiter stand solchen Forderungen in nichts nach. Er war einer der Bakteriologen, die sich nach dem Ersten Weltkrieg immer stärker mit der vorwiegend endogen verstandenen Konstitution des Makroorganismus auseinandersetzten. Obwohl Reiter bei den hygienischen Interventionen zunächst sozialhygienische Konzepte favorisierte, verschärfte sich seine Position im Laufe der Zeit zusehends, so dass zu Beginn der 1930er Jahre die Rassenhygiene und Probleme der

4 Ebd.
5 Ebd., S. 463.
6 Kuhn/Balser 1933.
7 Ebd., S. 291.

Bevölkerungspolitik das absolut formulierte Primat seiner Hygienekonzeption darstellte.[8] Als frühes Mitglied der NSDAP, Abgeordneter der Partei im Mecklenburgischen Landtag und Mitarbeiter des dortigen nationalsozialistischen Unterrichtsministers sollte ihm der Einstieg in die höchsten Gremien des NS-Gesundheitssystems ebenso leicht fallen wie Gütt.[9]

Die skizzierten gesundheitspolitischen Ideen und Reformvorschläge wurden im neu formierten NS-Staat rasch umgesetzt.[10] Mit dem von Gütt verantworteten »Gesetz über die Vereinheitlichung des Gesundheitswesens« vom Juli 1934 wurde die Vereinheitlichung der Strukturen und der Leitung des Gesundheitswesens auf Ebene der staatlichen Organisation verwirklicht. Im Detail kann hier nicht auf die Neuordnung der Gesundheitsverwaltung eingegangen werden. Entscheidend erscheint mir, dass das gesundheitspolitische Credo des nationalsozialistischen Staates einer zentralen Idee huldigte: der »Rasse« beziehungsweise dem Schutz der Rasse, ihrer Erhaltung und »Aufartung« durch die »Erb- und Rassenpflege«. Den Mittelpunkt der Gesundheitspolitik des Dritten Reiches bildete die »erbliche und rassische Volksgesundheit«.[11] Die entsprechenden, in kurzer Folge erlassenen Gesetze sprechen für sich: Gesetz zur Verhütung erbkranken Nachwuchses 1934, Gesetz zum Schutz der Erbgesundheit des deutschen Volkes 1935, Reichsbürgergesetz 1935, Gesetz zum Schutze des deutschen Blutes und der deutschen Ehre 1935.[12] Die Bekämpfung ansteckender Krankheiten und die gesundheitliche Vor- und Fürsorge wurden dabei zwar nicht gänzlich vernachlässigt, entsprachen doch auch sie einem Dienst am Volk und an der »Rasse« – zumindest solange »biologisch wertvolles« Erbgut geschützt und gerettet wurde. Eine bakteriologische Seuchenbekämpfung, die auf sanitätspolizeilichen Maßnahmen beruhte – selbst wenn sie durch sozialhygienische Maßnahmen zur Verbesserung der Lebensbedingungen erweitert wurde –, blieb jedoch eindeutig zweitrangig. Vorrang hatte das Ziel, Volkszahl und »Volksgüte« qualitativ und quantitativ zu steigern.

8 Maitra 2001, S. 244.

9 Ebd., S. 189f.

10 Vgl. Thom 1989b, S. 35-62; Hubenstorf 1989; Hubenstorf/Walther 1994. Zu den Transformationsprozessen in der medizinischen Fakultät in Freiburg vgl. Grün/Hofer/Leven 2002. Die Heidelberger Universitätsgeschichte inklusive der Geschichte der Medizinischen Fakultät erarbeiteten jüngst Eckart/Sellin/Wolgast 2006.

11 Vgl. Krahn 1937, S. 10. Zur biowissenschaftlichen Praxis der NS-Rassenpolitik vgl. Schmuhl 2005; Schmuhl, 2003; Massin 2003; Kaufmann 2003.

12 Zu den Nürnberger Gesetzen vgl. Essner 2002.

Wie stark die rassenhygienischen Interventionen in der öffentlichen Gesundheitspflege im Vordergrund standen und sowohl die Sozialhygiene als auch die bereits in der Weimarer Republik abgewertete Bakteriologie verdrängten, illustriert ein Blick auf das RGA. An die Spitze dieser größten Reichsbehörde für das Gesundheitswesen wurde nach dem Rücktritt von Carl Hamel der gänzlich der völkischen Rassenhygiene verpflichtete Reiter gesetzt. Als linientreuer, geradezu fanatischer Adept des nationalsozialistischen Machtapparates reorganisierte er das RGA entsprechend den nationalsozialistischen Bedürfnissen und Vorgaben. Das »erbbiologische« Weltbild, das in Reiters Duktus mit dem nationalsozialistischen Weltbild »innig verbunden« war, sollte Ausgangspunkt allen ärztlichen Handelns werden.[13] Er implementierte daher Erbbiologie beziehungsweise Rassenhygiene im RGA, das sich in der Weimarer Zeit in dieser Hinsicht zurückhaltend gezeigt hatte.[14] Ab 1934/35 entstanden fünf neue »rassenwissenschaftlich« bestimmte Abteilungen. Daneben schuf Reiter entsprechend seiner bereits in den 1920er Jahren gepflegten konstitutionellen Interessen (Ernährung und Stoffwechsel) neue Abteilungen zur Ernährungsforschung und Ernährungsphysiologie. Auch eine Abteilung für Blutgruppenforschung wurde geschaffen. Die vormalige Abteilung H (experimentell bakteriologisch-biologische Abteilung) wurde in das RKI übergeleitet, das Anfang 1935 dem Reichsgesundheitsamt angeschlossen wurde.[15] Auf die Eingliederung des RKI in den NS-Wissenschaftsapparat werde ich noch zu sprechen kommen. An dieser Stelle sei bereits erwähnt, dass der Vorgang aufgrund des bereits 1933 einsetzenden massiven Personalwechsels, aber auch aufgrund des Wandels des medizinischen Paradigmas hin zur Rassenhygiene einem Bruch mit vielen der bisherigen Forschungsrichtungen gleichkam.

Der Medizinalbeamte Otto Lentz zog es vor, sich unter den neuen Bedingungen ganz aus der Verwaltung zurückzuziehen. Lentz war ein unpolitischer, der orthodoxen Seuchenbekämpfung à la Koch und Kirchner verpflichteter Bakteriologe, der sich mit der rassisch-erbbiologisch orientierten Gesundheitsverwaltung nicht arrangieren konnten. Er war an der Typhuskampagne in Südwestdeutschland beteiligt, hatte die bakteriologische Abteilung des KGA geleitet und sich für die Etablierung

13 Reiter 1934, S. 5.

14 Hubenstorf 1994, S. 379. Zum zurückhaltenden Standpunkt der Reichsmedizinalverwaltung und des RGA zur Rassenhygiene während der Weimarer Republik vgl. Schreiber 1926, S. 76ff. Zur Haltung des Präsidenten des RGA vgl. Hüntelmann 2008, S. 359, Fn. 200.

15 Hubenstorf 1994, S. 424-436; Hüntelmann 2008, S. 168-170.

der Medizinaluntersuchungsämter eingesetzt. Von Gaffky zum Dienst im preußischen Innenministerium bei Kirchner vorgeschlagen, hielt Lentz dort das Referat für Seuchenhygiene inne. Selbst nach dem für ihn schmerzlichen Ausscheiden Kirchners blieb er im stärker sozialhygienisch ausgerichteten Volkswohlfahrtsministerium unter Gottstein und seinen Nachfolgern. 1935 allerdings kündigte er aus Protest gegen die Zurückdrängung der sanitätspolizeilichen Seuchenbekämpfung durch die neue Gesundheitsverwaltung.[16] Andere Bakteriologen, die wie Lentz mit der Kirchner'schen Bakteriologie und Seuchenbekämpfung verbunden waren und mit ihrem militärärztlichen Hintergrund nach dem Kriegsende vor allem im RGA untergekommen waren, hatten mit der in den 1930er Jahren ins Zentrum der Aufmerksamkeit rückenden völkischen Rassenhygiene weniger Mühe. So wandte sich Erich Hesse im Jahr 1932 explizit gegen eine übertriebene Gesundheitsfürsorge, die den Grundsätzen der »Aufartung« entgegenwirke. Er sprach sich ausdrücklich für rassenhygienische Abwehrmaßnahmen aus, um einer »Entartung« des Volkes vorzubeugen.[17] Hesses Fortkommen in der Medizinalverwaltung war mit einem solchen gesundheitspolitischen Bekenntnis gesichert: Er wechselte 1933 vom RGA als Ministerialrat an das preußische Ministerium des Innern.

Nicht nur auf der Ebene der Gesundheitsverwaltung machte sich die neue Gesundheitspolitik bemerkbar. Auch im medizinischen Wissenschaftsbetrieb der Universitäten, in der disziplinären Schwerpunktbildung und Lehre führte die Gesundheitspolitik der Nationalsozialisten zu grundlegenden Einschnitten. Innerhalb weniger Jahre brachte die nationalsozialistische Wissenschaftspolitik eine neuartige Situation für die medizinischen Disziplinen hervor: Opposition und Kritik wurden ausgeschaltet, eine staatliche, zentralisierte Kontrolle wissenschaftlicher Institutionen installiert und die Bereitschaft der Wissenschaften zur Überformung von Lehre und Forschung entlang der ideologischen Interessen der neuen Machthaber erzwungen.[18] Wie die einzelnen Hygiene-Institute ihre Forschungsschwerpunkte auf die Probleme der Erbbiologie und

16 Maitra 2001, S. 204, Fn. 111. Während der NS-Zeit nahm Lentz keine Ämter in der Verwaltung mehr an. Erst nach 1945 trat er wieder an renommierter Position in den Vordergrund, als er die Leitung des Robert Koch-Instituts und des Zentralinstituts für Hygiene übernahm. Vgl. Stürzbecher 1964.

17 Hesse 1932.

18 Thom 1989, S. 28. Anzumerken gilt, dass die NS-Medizin sowohl bezüglich organisatorischer Strukturen als auch der ideologischen Basis keineswegs als monolithischer Block betrachtet werden darf, sondern durchaus pluralistische Züge aufwies. Weindling 1993, S. 184.

Rassenhygiene umstellten und welche Implikationen diese Umstellung auf die jeweiligen Forschungsbestrebungen im Bereich der medizinischen Bakteriologie hatten, müsste in Einzelstudien genauer untersucht werden.[19] Es ist wohl kaum gewagt zu vermuten, dass Fragen ›jenseits‹ der Erregerfrage beim Studium der Infektion und der Seuchen nun ein noch viel breiterer Raum zugestanden wurde als in der Weimarer Zeit.

Eine 1934 publizierte Monographie über die *Akuten Zivilisationsseuchen* des Leiters der Universitäts-Kinderklinik in Greifswald, Bernhard de Rudder, bei der »volksgesundheitliche und staatsmedizinische Fragen« im Vordergrund stehen sollten, widmete den Einflüssen der »Erbwelt« auf das Seuchengeschehen und den »Erblichkeitsfragen« bei den Zivilisationsseuchen einen umfangreichen Abschnitt.[20] Inwiefern war die Reaktionsweise des Organismus auf die Infektion vorbestimmt durch das »Erbgut«, so die Frage de Rudders. Annähern konnte man sich solchen Problemen mit drei Methoden: »I. Erbbiologische Methoden (Zwillingsforschung), II. Immunbiologische Familienuntersuchungen, III. Ärztliche Beobachtungen über gehäuftes Erkranken in Familien«.[21] Die Studien, auf die sich de Rudder bezog, stammten unter anderem von radikalen Rassenhygienikern und Erbtheoretikern wie Otmar Freiherr von Verschuer und Fritz Lenz, aber auch vom konstitutionellen Serologen Ludwik Hirszfeld.[22] Auch wenn mehr Belege angeführt werden müssten, wird anhand dieses Beispiels bereits deutlich, wie das Wissen über die Infektionskrankheiten und Epidemien entlang der ab Ende der 1920er Jahre erstarkten und popularisierten epistemischen Ordnungen der Rassen- und erbpathologischen Forschung verschoben wurde.

Um Gotschlich und sein Institut hatte sich in Heidelberg schon in der Weimarer Zeit ein Netzwerk rassenhygienisch und -biologisch inspirier-

19 Die zunehmende Inklusion rassenhygienischer Erfahrungen in die allgemeine Hygiene vermag ein Vergleich der 10., 1927 publizierten Auflage von Flügges *Grundriss der Hygiene* mit der 11., 1940 von Reiter und Möllers herausgegebenen Auflage aufzuzeigen. In der 11. Auflage neu hinzugekommen sind die Abschnitte »Das deutsche Volk«, »Erb- und Rassenpflege« sowie kleinere Abhandlungen wie eine Einführung Reiters zum »neuen Sinn der Hygiene«. Darin betonte Reiter, dass die »deutsche Hygiene« durch den Einbau erbbiologischer Erkenntnisse in die praktische Gesundheitsführung gekennzeichnet sei und die Arbeit dieser Hygiene unter dem Blickwinkel des »Daseinskampfes der ganzen Nation« betrachtet werden müsse. Reiter 1940, S. 2.

20 De Rudder 1934.

21 Ebd., S. 162.

22 Ebd., S. 162-173.

ter völkischer Hygieniker gebildet.[23] Manche dieser politisch konservativen Mediziner wie etwa Max Gundel fanden nach 1933 und dem umfangreichen Abgang von Bakteriologen aus dem RKI den Weg an das neu dem Reichsgesundheitsamt unter Reiter stehende Forschungsinstitut. Gotschlichs Nachfolger in Heidelberg war im Jahr 1935 der ehemalige Kolonialarzt und Rassenhygieniker Ernst Rodenwaldt.[24] Wie ramponiert und prekär der Status der Bakteriologie innerhalb der Hygiene in Heidelberg war, vermögen Äußerungen von Gotschlich im Rahmen der Neubesetzung seiner Stelle aufzudecken. In einem Brief schrieb er an den Dekan der Universität, es sei wichtig, das Fachgebiet nicht in zwei Teile zu spalten. Es gäbe derzeit Stimmen, die sich für eine Teilung des Faches in die Hygiene der unbelebten Umwelt, der Rassen- und Sozialhygiene einerseits und in die Bakteriologie andererseits aussprechen würden. Dies führe jedoch zur »Verkümmerung« beider Teilgebiete.[25] Für seinen Nachfolger wünsche er sich deshalb eine Person, die beide Gebiete beherrsche und einheitlich vertreten könne. Gleichzeitig war es Gotschlich aber auch wichtig, einen »loyal für den heutigen Staat« eintretenden Hygieniker vorzuschlagen, schließlich sei die Hygiene dazu berufen, »zur nationalen Wiedergeburt unseres Volkes beizutragen«.[26] Damit unterminierte Gotschlich allerdings sein Urteil über die Integration der verschiedenen Teilgebiete gleich selbst – denn welche andere Richtung als die Rassenhygiene sollte zur »Wiedergeburt« des Volkes beitragen? Spekulation bleibt die Frage, welche Stimmen in Heidelberg für die Teilung der Hygiene votiert hatten und inwiefern sich diese gegen einen traditionellen Bakteriologen und für die Portierung eines reinen Rassenhygienikers ausgesprochen hatten.

13.2. Raum

Es waren nicht nur die Kategorien Rasse und Erblichkeit, die mit der nationalsozialistischen ›Machtergreifung‹ in den Vordergrund der medizinischen Aufmerksamkeit rückten und dem Prestige der Bakteriologen innerhalb der Medizin einen weiteren Rückschlag versetzten, der durch Versuche einer verstärkten Integration des »erbbiologischen« Zugangs in

23 Vgl. zur Hygiene in Heidelberg in der NS-Zeit Eckart 2006, S. 697-718.

24 Während des Ersten Weltkriegs war Rodenwaldt als Stabsarzt und hygienischer Berater in Kleinasien tätig. Vgl. Rodenwaldt 1921. Zwischen 1921 und 1934 arbeitete er in Ostindien im Auftrag der niederländischen Regierung.

25 Gnädig 1999, S. 48.

26 Ebd.

das Wissenssystem in nur geringem Umfang abgefedert werden konnte. Ein weiteres Basisideologem der Nationalsozialisten war der *Raum*. Der Begriff repräsentierte bereits in der Weimarer Republik ein »Hochfrequenzwort« der politischen Sprache, dessen Bedeutungsvielfalt nicht zuletzt aus den geographischen Wissenschaften gespiesen und durch sie legitimiert worden war.[27] Unter der nationalsozialistischen Ägide machten sich tendenziell alle Wissenschaften auf die Suche nach dem Raumaspekt ihrer Disziplinen und versuchten, diesen ideologisch herauszuarbeiten.[28] Besonders aktiv im Bereich der Medizin war der Hygieniker und Tropenmediziner Heinrich Zeiss, der im Ersten Weltkrieg als Assistent Rodenwaldts in Kleinasien gearbeitet hatte. 1931 prägte Zeiss den Begriff der »Geomedizin« als Anwendungsbereich der geopolitischen Methodologie.[29] Geomedizin im Verständnis von Zeiss untersuchte physische und mentale Krankheiten in ihrer Beziehung zum Raum, studierte also Ursprung, Ursachen und Entwicklung von Krankheiten in einem gegebenen geographischen Areal.[30] Als Mitglied der konservativen Deutschnationalen Vaterlandspartei in den 1920er Jahren und ab 1931 der NSDAP integrierte sein Konzept von Geomedizin von Anfang an die Vorstellung von »Lebensraum«, »Blut und Boden« sowie die Losung des »Volkes ohne Raum«. Eine Expansion nach Osten und die »Züchtung leistungsfähiger Deutscher« im osteuropäischen Siedlungsraum waren für ihn Garanten einer Verjüngung der alternden deutschen Nation.[31] Einen nicht zu unterschätzenden Einfluss auf die medizinische Bakteriologie und die bisher entwickelten epidemiologischen Konzepte sollte vor allem Zeiss' »Geo-Epidemiologie« haben. Diese propagierte er an prominenter und einflussreicher Stelle, ab 1933 als Leiter des Hygiene-Instituts in Berlin sowie ab 1934 als Mitglied des wissenschaftlichen Senats in der wiedereröffneten Militärärztlichen Akademie. Epidemien wurden nach Zeiss nicht einfach durch infektiöse Mikroorganismen verursacht. Nur eine Betrachtung, die geomedizinisch vorgehe und die Entstehung und Ausbreitung von Massenkrankheiten in großen und kleinen Räumen und historischen Zeitläufen unter den verschiedensten Stufen der Kultur er-

27 Köster 2005, S. 38f. Die große Bedeutung geopolitischen Denkens in der Weimarer Republik unterstreicht die Studie von Murphy 1997.

28 Köster 2005, S. 43.

29 Zu Zeiss und seinen Erfahrungen in Sowjetrussland in den 1920er Jahren, auf deren Grundlage er seine Geomedizin entwickelte, vgl. Weindling 2000, S. 176ff.; Weindling 1993; Weindling 1992b. Zur Etablierung der Geomedizin Zeiss' vgl. auch Schleiermacher 2008.

30 Vgl. Gyorgy 1943, S. 679.

31 Weindling 1993, S. 178.

forsche, könne zum Ziel führen.[32] Die Verbreitung von Epidemien beruhte nach Zeiss oftmals auf Einflüssen des Bodens, der Luft und der Jahreszeiten, also auf Faktoren der unbelebten Umwelt. Aufgabe des Hygienikers war es, so genannte »Krankheitsräume« zu untersuchen und schädliche Einflüsse auszuschalten.[33] Dazu gehörte primär die Analyse und Messung von Bodenverhältnissen, der Oberflächengestalt, lokalklimatischen Verhältnissen usw., des Weiteren die Einflüsse des Raums auf die Konstitution und Rassebildung. Der Hygieniker sollte sich also des gesamten biologisch-geographischen Erscheinungsbildes des Raumes annehmen. Die Bakterien blieben bei solchen Betrachtungen fast immer im Hintergrund. Von quantitativ und biologisch komplexen Gleichgewichtsmodellen zwischen Wirt- und Parasitenpopulationen war hier schon gar keine Rede mehr.

Paul Weindling hat im Zusammenhang mit Zeiss' geo-epidemiologischen Konzepten von der »Nazifizierung« der Epidemiologie gesprochen.[34] Auch wenn Zeiss zu Beginn der 1930er Jahre noch die Vereinigung der bakteriologischen Richtung mit einer geomedizinisch geprägten Umwelthygiene anvisierte,[35] machen seine späteren Aussagen klar, dass er von der Bakteriologie, bakteriologischen Seuchenlehre und Seuchenbekämpfung – von denen er ein eher veraltetes und verzerrtes Bild hatte – nicht viel hielt. Das 1936 gemeinsam mit Rodenwaldt verfasste Standardwerk *Einführung in die Hygiene und Seuchenlehre* strotzt vor Seitenhieben an eine vermeintlich überschematisierte, auf die Seuchengesetze und die Laboruntersuchungen fixierte bakteriologische Epidemiologie.[36] Wie Sabine Schleiermacher belegt hat, verunglimpfte Zeiss, der kaum Beziehungen zum RKI unterhielt, die Bakteriologie auch, indem er ihr vorwarf, die Hygiene-Bestrebungen im Rahmen der Geomedizin zu zerstören. Wurde die Bakteriologie nicht in die Geomedizin eingebunden, war sie in den Augen Zeiss' zu nichts nütze.[37]

Inwiefern sich die neue bakteriologische Epidemiologie der 1920er Jahre unter dem Eindruck der Geomedizin und Geo-Epidemiologie im Detail veränderte, müsste in weiterführenden Studien geklärt werden. Ungewiss erscheint vor allem, ob die experimentelle Epidemiologie mit

32 Zeiss/Rodenwaldt 1936, S. 56.

33 Vgl. Zeiss 1934, S. 28.

34 Weindling 2000, S. 225.

35 Zeiss 1932, S. 480.

36 Zeiss/Rodenwaldt 1936, S. 4f., 8. Nach Eckart war das Buch für den medizinischen Unterricht jener Zeit unentbehrlich. Eckart 2006, S. 706.

37 Schleiermacher 2008, S. 185f.

ihren komplexen Modellen der Epidemien, wie sie besonders am RKI unter Neufeld entwickelt worden waren, nach der nationalsozialistischen ›Machtergreifung‹ weiterhin Anhänger fand. Womöglich fanden solche Modelle nur schon aufgrund ihrer Nähe zu englischen und amerikanischen epidemiologischen Traditionen keine Nachahmung. Am RKI selbst sollte nach dem Ausscheiden Neufelds 1933 und der ›Ausschaltung‹ vieler seiner Mitarbeiter dieser quantitativ-ökologische Zweig epidemiologischen Denkens kein Fundament mehr haben. Die Vermutung liegt nahe, dass besonders diejenigen Bakteriologen und Epidemiologen von der Hinwendung zur Kategorie Raum profitierten, die in den 1920er Jahren Faktoren wie lokale Verhältnisse, Klima und Jahreszeiten in den Vordergrund ihrer Überlegungen gestellt hatten oder als Teil ihrer epidemiologischen Konzepte anführten – so etwa Martini oder induktive Epidemiologen wie Kisskalt und Wolter. Martini war aber zugleich ein Tropenmediziner und Entomologe, der neben dem Einbezug der unbelebten Umwelt ausdrücklich für die Integration der parasitologischen Perspektiven in die Bakteriologie und die Vorstellungen von Infektion und Epidemie plädiert hatte. Bakterien waren nach Martini ein Teil der belebten Umwelt des Menschen, die mit dem Menschen idealerweise eine aufeinander abgestimmte harmonische Lebensgemeinschaft, eine Biozönose bildete. Seine Thesen über die Beziehungen zwischen Seuchen und Biozönosen, aber auch den Einfluss von Boden, Klima und »Kultur« hatte Martini 1936 im Buch *Wege der Seuchen* systematisiert und dabei auch einige seiner mathematischen Untersuchungen im Anhang angefügt.[38] Obwohl das Werk sagenhafte 42 Mal rezensiert wurde, wurden Martinis biozönotischen Überlegungen und mathematischen Anhänge von der Mehrzahl der Rezensenten kaum kommentiert und meist sogar ganz verschwiegen. Besonders lobend hervorgehoben wurde dagegen immer wieder Martinis Hinwendung zu den Wirksamkeiten des Klimas, des Bodens und der »Kultur« auf die Seuchen. In gänzlicher Missachtung der biozönotischen Aspekte in Martinis Seuchenlehre kommentierte etwa Walter Seiffert das Buch mit den Worten:

> »Die Pattenkaferschen [sic] Anschauungen über den Einfluß von Boden und Klima werden hier mit der durch Robert Koch aufgestellten Lehre von den Krankheitserregern in eine Einheit gebracht, indem gezeigt wird, wie diese Krankheitserreger in ihrem Leben und Wirken abhängig sind von Boden, Klima und Kultur.«[39]

38 Vgl. Martini 1936.
39 Seiffert 1937.

Im Gegensatz dazu konstatierte Rodenwaldt, dass Martini das gesetzmäßige Ineinandergreifen von »biologischen Lebensgemeinschaften, Kultur, Boden und Klima« beleuchte. Die Reihenfolge aber tue »wenig zur Sache«: »Man könnte sie auch umkehren«.[40] Aufgrund dieser Rezeption von Martinis Werk ließe sich die These formulieren, dass Ökologie im NS-Staat kaum als ein aufeinander abgestimmtes und harmonisches Zusammenleben von Organismen denkbar war, das sowohl Bakterien- als auch Menschenpopulationen umfasste. Vielmehr scheint Ökologie primär als äußere Umwelt verstanden worden zu sein im Sinne einer räumlich klar definierten Topographie mit spezifischen Boden-, Landschafts- und Klimaverhältnissen, mit welchen der Mensch als passives Objekt konfrontiert wurde.

13.3. Ausschaltung

Die Verfolgung und Verdrängung politisch und »rassisch« verfemter Ärzte, wie sie im Rahmen der Vereinheitlichung und Gleichschaltung von Gesundheitsverwaltung und Wissenschaftsbetrieb ab 1933 einsetzte, wirkte sich zweifelsohne auch auf das bakteriologische Denkkollektiv aus. Bereits vor der Verabschiedung des »Gesetzes zur Wiederherstellung des Berufsbeamtentums« waren Ärzte mit sozialistischem oder kommunistischem Hintergrund von einer Welle schikanöser Verfolgungsmaßnahmen betroffen und sahen sich ohne gesetzliche Grundlagen aus ihren staatlichen Stellen entlassen. Auch die Entlassung jüdischer Ärzte aus Beamtenstellungen wurde von der staatlichen Verwaltung angeordnet, meist auf Druck von den zu »Staatskommissaren für das Gesundheitswesen« ernannten Gauobmännern des Nationalsozialistischen Deutschen Ärztebundes.[41] Mit der Einsetzung des Berufsbeamtengesetzes erfolgte die systematische Erfassung und Verdrängung »nicht arischer«, also jüdischer, und politisch »unzuverlässiger« Beamter. Das Gesetz nahm zwar diejenigen aus, die vor dem 1. August 1914 zu Beamten ernannt worden waren, an der Front gekämpft hatten oder deren Vater oder Sohn gefallen war. Da aber auch entlassen werden konnte, wer politisch »unzuverlässig« war, konnte die Formel leicht umgangen werden.[42] Spätestens

40 Rodenwaldt 1937.
41 Thom 1989b, S. 40.
42 Kümmel 1989, S. 33f.

mit dem Erlass der Nürnberger Gesetze von 1935 verloren auch die zunächst noch im Amt Verbliebenen ihre Anstellung.[43]

Ein zusammenfassender Überblick über die ›Ausschaltung‹ im Bereich der Bakteriologie und auf dem Feld der Hygiene liegt noch nicht vor.[44] Über den tatsächlichen Umfang der denkkollektiven Implosion und die damit verbundenen Auswirkungen auf die bakteriologischen Forschungsobjekte und -schwerpunkte können deshalb nur vorläufige Bemerkungen gemacht werden. Dank der richtungweisenden Untersuchung von Michael Hubenstorf über den Exodus von Wissenschaftlern aus staatlichen Forschungsinstituten Berlins sind zumindest genauere Hinweise mit Blick auf das RKI möglich.[45] Gerade vom RKI waren in den 1920er Jahren wichtige Impulse zum Um- und Ausbau der Bakteriologie und der Einführung neuer Ansätze und Modelle in das Wissenssystem ausgegangen. Neufeld trat als Leiter des RKI im Juli 1933 »auf eigenen Antrag« von seinem Posten zurück. Inwiefern das Ausscheiden des damals 64-Jährigen mit der ›Machtergreifung‹ der Nationalsozialisten zusammenhing, wird von der Forschung uneinheitlich beantwortet.[46] Mendelsohn und Hubenstorf gehen von einer unfreiwilligen, politisch und wissenschaftlich motivierten Versetzung in den Ruhestand aus, die durch eine Erkrankung Neufelds kaschiert wurde.[47] Nach Mendelsohn war Neufeld weder ein der Rassenhygiene zugewandter Bakteriologe noch ein aggressiver Bakterienjäger, sondern ein Kritiker der direkten Seuchenbekämpfung und Bakterienhetzjagd, der nicht »Ganzheit oder Einheit, sondern Vielfalt und Verflechtung« wahrnahm. Zudem war er ein Internationalist. Er wurde deshalb abgelöst, und zwar von Karl Kleine, dem Leiter der chemotherapeutischen Abteilung am RKI. Dieser soll für Hermann Göring einen ausreichend militärischen, kolonialen und bakterienvernichtenden Lebenslauf aufgewiesen haben.[48] Claudia Mozew hat diese Interpretation in ihrer Neufeld-Biographie relativiert und auf den aktenmäßig belegbaren schweren Erkrankungszustand Neufelds im Frühjahr 1933 hingewiesen. Für Mozew spielte die Erkrankung für Neufelds Ausscheiden »auf eigenen Antrag« eine wichtige Rolle.[49]

43 Kröner 1989, S. 39.
44 Auf dieses Forschungsdesiderat hat Hubenstorf 1994 hingewiesen (S. 395).
45 Hubenstorf 1994. Vgl. neuerdings auch Hinz-Wessels 2008.
46 Vgl. Hinz-Wessels 2008, S. 29f.
47 Mendelsohn 1999, S. 265f.; Hubenstorf 1994, S. 392.
48 Mendelsohn 1999, S. 266.
49 Mozew 2003, S. 35-38.

Ohne einen substantiellen Beitrag zu dieser Frage beisteuern zu können, erscheint es mir gut denkbar, dass Neufelds ausgewiesener Internationalismus, seine fehlende Parteibindung und die fehlenden gesundheitspolitischen Positionsbezüge zur völkischen Rassenhygiene und Vererbungsforschung bei seinem Abschied aus dem RKI eine Rolle gespielt haben könnten. Mit seiner Kritik an der direkten Seuchenbekämpfung und der Bazillenhetzjagd indes stieß er auch bei den verantwortlichen Gesundheitsbehörden, zumindest unmittelbar nach der faschistischen Machtergreifung, nur offene Türen ein. Die Bakteriologie und die bakteriologische Seuchenbekämpfung in altem Gewand wurden zu Beginn der nationalsozialistischen Herrschaft keineswegs als fähig erachtet, eine Lösung für die gesundheitlichen Probleme der Zeit anzubieten. Erst im Zuge der Wiederbelebung der Militärmedizin, des Autarkieplans und des schwindenden Einflusses der Naturheilkunde ab 1936/37 wurde wohl der »Krieg« gegen die »unsichtbaren Feinde« in Koch'scher Manier wieder salonfähig. Ich möchte im letzten Teil meines Ausblicks noch einmal auf diese These zu sprechen kommen.

Neufelds Ruhestand signalisierte mit Blick auf die in den 1920er Jahren gerade auch von ihm in Gang gesetzte Hinwendung zu einem neuen, komplexen Verständnis der Infektionskrankheiten fraglos einen erheblichen Einschnitt. Die ›Ausschaltung‹ von zwei Dritteln der wissenschaftlichen Institutsmitarbeiter im »liberalen« RKI im Lauf des Jahres 1933 trug das ihre dazu bei, dass die Geschichte der Bakteriologie in den ersten Jahren des Nationalsozialismus (sicherlich bezogen auf das RKI, aber wohl nicht nur dort) auch und gerade eine Geschichte eines augenfälligen Entwicklungsbruchs repräsentiert.[50] Das wissenschaftliche, politische und wissenschaftspolitische Handeln im RKI während der Zeit des Nationalsozialismus wurde bis vor kurzem von einem Forschungsprojekt am Institut für Geschichte der Medizin der Charité Berlin untersucht. Auf dessen Resultate, insbesondere bezüglich der Einschnitte in die epistemische Ordnung der Bakteriologie, die mit den Entlassungen ab 1933 und den personell-strukturellen Neuordnungen im Zuge der Integration des RKI in das Reichsgesundheitsamt 1935 verbunden waren, darf man sehr gespannt sein.[51]

50 Vortrag Michael Hubenstorf: »Die »jüdischen« WissenschaftlerInnen des RKI und ihre erzwungene Emigration nach 1933«, Workshop »Das Robert Koch-Institut im Nationalsozialismus. Eine wissenschaftshistorische Bestandsaufnahme«, Berlin 19.1.2007.

51 Vgl. http://www.charite.de/medizingeschichte/forschung.htm, 6.1.2009. Erste Resultate zum Einfluss der NS-Ideologie und Kriegspolitik auf einzelne For-

Auf zwei Personen möchte ich im Zusammenhang mit der Entlassung jüdischer Bakteriologen am RKI exemplarisch eingehen, operierten doch gerade sie ähnlich wie Neufeld mit einem komplexen Verständnis des Wechselspiels von Bakterien und Menschen und reicherten das bakteriologische Denken über die Infektionskrankheiten mit neuen Denkfiguren an. Die Rede ist von Walter Levinthal und Ulrich Friedemann. Levinthal, der sich im Krieg besonders der Erforschung des Influenza-Bazillus gewidmet hatte, kam 1919 als Assistent ans RKI und wurde dort zu einem engen Mitarbeiter Neufelds. Wie ich in Kapitel 12 gezeigt habe, formulierte Levinthal im Rahmen seiner Variabilitätsstudien Thesen zu den Interaktionen von Menschen und Bakterien, die mit einem parasitologisch-ökologischen Verständnis der Infektion harmonierten und sogar eine moralische Beurteilung des symbiotischen Zusammenlebens als letztlich erstrebenswerter, »friedlicher« Koexistenz von Wirt und Parasit beinhaltete. Inwieweit seine liberalen gesellschaftspolitischen Positionsbezüge[52] mit diesen Perspektiven einer kooperierenden Welt von Mikro- und Makroorganismen in Verbindung gebracht werden können, wäre Gegenstand weiterer Untersuchungen. Als erwiesen gelten darf, dass sein Engagement für die Deutsche Liga für Menschenrechte schon wenige Wochen nach der Ernennung Hitlers zum Reichskanzler zu einem »Zusammenstoß« Levinthals mit einer »braun behemdeten Kohorte« im Hof des RKI geführt hatte – eine Erfahrung, an die er sich in späteren Jahren mit Schaudern erinnerte.[53] Nach dem Verlust seines Arbeitsplatzes emigrierte Levinthal nach Großbritannien, wo er zunächst in Bath und später in Edinburgh arbeitete.[54] Ebenfalls von der Entlassung betroffen war Friedemann, ab 1915 Abteilungsleiter der Krankenabteilung des RKI am Rudolf-Virchow-Krankenhaus. Neben seinen serologischen Arbeiten rezipierte er sehr versiert die innovativen Forschungsergebnisse der experimentellen Epidemiologen aus England und den USA und entwickelte Thesen zur Rolle der latenten Durchseuchung im epidemiologischen Geschehen. Bei diesen Studien verwendete er nicht nur (als wohl einziger Bakteriologe am RKI) Differentialgleichungen und Integralfunktionen, sondern rekurrierte auch regelmäßig auf die parasitologische Denkfigur der Symbiose, einem nach Durchseuchung eingetretenen

schungs- und Arbeitsfelder sowie zur konkreten Mitwirkung des Instituts an den Verbrechen gegen die Menschlichkeit publizierte Hinz-Wessels 2008.

52 Levinthal engagierte sich in der Zeitschrift der Liga *Das Menschenrecht* und im *Deutschen Friedenskartell*. Hubenstorf 1994, S. 399, Fn. 105.

53 Fortner et al. 1964, S. 138.

54 Vgl. Hubenstorf 1994, S. 399; Fortner et al. 1964, S. 138.

Gleichgewichtszustand zwischen Parasiten und Wirten einer Population. Hirszfeld, der bei Friedemann 1907 seine Doktorarbeit geschrieben hatte,[55] nannte die gemäß Friedemann aus der Durchseuchung resultierende Immunität »symbiotische« Immunität. Friedemann emigrierte nach seiner Entlassung aus dem RKI nach Großbritannien und 1936 in die USA.[56]

Es erscheint mir wichtig zu betonen, dass der an dieser Stelle vermeintlich evident werdende Konnex »Jüdische/liberale Bakteriologen – parasitologisch-ökologische Denkfiguren – komplexe Perspektiven auf die wechselseitigen Beziehungen von Menschen und Bakterien« zu kurz greift. Auch wenn Affinitäten zwischen weltanschaulichen und wissenschaftlichen Perspektiven nicht von der Hand zu weisen sind, kann nicht ignoriert werden, dass auch Deutschnationale und Antisemiten wie Martini auf Vorstellungen harmonierender Biozönosen zwischen Menschen und Bakterien rekurrierten. Und die sich aus heterogenen Wissensbeständen zusammensetzenden »Gleichgewichts«-Konzepte, die das Denken über die Infektion und die Epidemien in den 1920er Jahren zu durchdringen begannen, kursierten in nationalkonservativ wie auch liberal geprägten bakteriologischen Zirkeln.

Innerhalb der deutschen Medizin vollzog sich der Ausschließungsprozess jüdischer Wissenschaftler, der vor den Universitäten nicht Halt machte, mehr oder weniger stillschweigend. Es gab kaum Proteste gegen die Entlassungen,[57] die im Bereich der universitären, kommunalen oder städtischen Hygiene-Einrichtungen auch Bakteriologen und Hygieniker wie Neisser, Hahn, Prausnitz, Braun oder Seligmann trafen. Ganz anders dagegen die Voten ausländischer Beobachter. Besonders interessant, gerade auch im Hinblick auf die erwähnte Affinität weltanschaulicher und wissenschaftlicher Positionen, sind die Reaktionen derjenigen zwei Bakteriologen, die während der Weimarer Zeit explizit Reflexionen über die angestammten Begriffe im bakteriologischen Wissenssystem angestellt hatten: Der in Basel lehrende Robert Doerr und Ludwik Hirszfeld, der in Warschau arbeitete. Hirszfeld beurteilte die nationalsozialistische Machtübernahme in seiner Autobiographie als »geistigen Niedergang Europas« und geißelte die Rassenpolitik als unvereinbar mit dem ärzt-

55 Gilsohn 1965, S. 6.

56 Friedemann, Ulrich, in: *Biographisches Handbuch der deutschsprachigen Emigration nach 1933*, Bd. 2 (1983), S. 565.

57 Kröner 1989, S. 40. Zu vereinzelten Solidaritätsbekundungen mit den von der »Säuberung« des Lehrkörpers der Universität Heidelberg betroffenen Medizinern vgl. Eckart 2006, S. 647.

lichen Gewissen.[58] Bereits 1933 hatte er die »Eliminierung« von Gelehrten durch gesetzgeberische Maßnahmen öffentlich kritisiert.[59] Auch Doerr zeigte sich bestürzt über die Einsetzung Hitlers. Gemäß Aussagen seiner heute noch lebenden Töchter hat er verschiedenen Wissenschaftlern Geld für die Ausreise nach Amerika vorgestreckt.[60] In seinen autobiographischen Notizen konstatierte Doerr 1945, dass er, wäre er nach dem Ersten Weltkrieg in Wien geblieben oder nach Deutschland gegangen (1919 stand er mit dem RKI in Verhandlung), ebenfalls Opfer des nationalsozialistischen Regimes geworden wäre: »Da ich meine Meinung gern offen heraussage, wäre ich mit ›tödlicher‹ Sicherheit dem nationalsozialistischen Regime zum Opfer gefallen«.[61]

13.4. Krieg oder Frieden?

Was geschah, so wäre abschließend zu fragen, im weiteren Verlauf der NS-Herrschaft mit den von Doerr und Hirszfeld angeprangerten Denkfiguren und Bildern eines ewigen Antagonismus zwischen Menschen und Bakterien, dem »Kampf« und »Krieg« auf Leben und Tod, der im Wissens- und Handlungssystem der Weimarer Bakteriologie – zumindest partiell – an Resonanz verloren hatte? Und was lässt sich generell über die Bedeutung bakteriologischen Denkens und Handelns im Entwicklungsverlauf der NS-Diktatur sagen, nachdem die Geltung der Bakteriologie innerhalb der Hygiene und des Gesundheitswesens mit der Machtübernahme der Nazis eine weitere deutliche Einbusse erlitten hatte?

Wenn man einen Blick auf die Jahre nach 1936/37 wirft, lassen sich zumindest einige Hinweise auf diese Fragen finden. Bislang nicht thematisiert wurde im Zusammenhang mit dem erneuten Autoritätsverlust der Bakteriologie nach 1933 die Naturheilkunde. Sie erlebte zu Beginn der NS-Zeit eine klare Stärkung, waren ganzheitliche Betrachtungen des Menschen auf biologischer Grundlage mit den nationalsozialistischen Kämpfen gegen die zunehmende Spezialisierung doch ebenso gut in Übereinstimmung zu bringen wie eine sowohl von der Naturheilkunde als auch vom Nationalsozialismus geforderte Natur-, Landschafts- und

58 Zur Hirszfelds eigener Verwicklung in das antisemitische Referenzsystem vgl. Spörri 2005, S. 81.

59 AfZ, IB JUNA/1611-1613: Hirszfeld, Geschichte eines Lebens, S. 73, 77.

60 Interview mit Edith und Agathe Doerr, Basel, 3.3.2005.

61 Nachlass Robert Doerr: Autobiographische Notizen, Basel 1945, S. 6.

Volksverbundenheit oder »völkische« Ideale.[62] Die Einbindung der Naturheilkunde in das faschistische Gesundheitskonzept im Rahmen einer »Neuen Deutschen Heilkunde« bedeutete zugleich, dass die Schulmedizin und namentlich die exakten, naturwissenschaftlich fundierten Disziplinen wie die Bakteriologie ins Abseits gedrängt wurden. Nicht nur Blut (bzw. Rasse) und Boden (bzw. Raum) waren also Attraktoren, die die Bakterien und Infektionskrankheiten als epistemische Gegenstände in den Hintergrund rücken ließen. Auch die Hinwendung zur ganzheitlichen Personal- und Gesundheitslehre machte es den Bakteriologen und ihrem experimentell-analytisch-mechanistischen Blick zunächst eher schwer, im neuen NS-Staat Aufmerksamkeit zu erregen.

Das Interesse an der Schulmedizin und der exakten Forschung nahm allerdings ab zirka 1937 wieder zu. Im Rahmen des von Hitler 1936 verkündeten Vierjahresplans der Autarkiepolitik wurde der Schulmedizin in der militärischen und wissenschaftlichen Kriegsvorbereitung Schlüsselstellen eingeräumt.[63] 1939 schließlich kam es zu einer uneingeschränkten Anerkennung der exakten Wissenschaft und Forschung. Inwiefern diese Wiederbelebung der Schulmedizin auch die Bakteriologie und besonders ihre Kompetenzen im Bereich der Bekämpfung der für Heer und Heimat plötzlich sehr real werdenden Gefahren von Seuchenausbrüchen mit einbezog, müsste genauer untersucht werden. Ein guter Ausgangspunkt wäre eine Analyse der Forschungsschwerpunkte und Entwicklungen in der Militärärztlichen Akademie, die 1934 wieder eröffnet worden war.[64] Die Militärmedizin stand in einem engen Bezug zu Zeiss und seinen Konzepten der Geomedizin und Geo-Epidemiologie. Als Mitglied des wissenschaftlichen Senats der Akademie lancierte Zeiss ab 1934 ein Programm der medizinischen Geographie zu strategischen Zwecken, bei dem das Krankheitsvorkommen mit Umweltbedingungen korreliert wurde.[65] Auch Tropenmediziner wie Rodenwaldt engagierten sich in der Militärärztlichen Akademie. Für die Geschichte der medizinischen Bakteriologie im Nationalsozialismus wäre es lohnend zu untersuchen, ob, und gegebenenfalls wann und in welcher Form die im Ersten Weltkrieg propagierte »offensive Kriegsführung« gegen die unsichtbaren »Feinde« im Programm der Militärhygiene auftauchte und welche materiellen

62 Haug 1989, S. 124f.; Maitra 2001, S. 259.

63 Haug 1989, S. 126; Schröder/Kratz/Kratz 1989, S. 264; Jütte 1996, S. 52.

64 Fischer 1985. Zur Neuordnung der Militärsanitätswesens vgl. Grunwald 1983; Lemmens/Thom 1989.

65 Weindling 2000, S. 226.

Effekte beispielsweise die Suche nach neuen spezifischen »Waffen« zu erzeugen vermochte.[66]

Zeiss heroisierte – ungeachtet seiner klaren Ablehnung der bakteriologischen Epidemiologie – Bakteriologen wie Behring oder Metchnikoff als »Krieger« gegen die Krankheiten und als wissenschaftliche Genies im völkisch-rassischen Gewand des Nietzscheanischen Übermenschen.[67] Ab Mitte der 1930er Jahre gibt es auch Versuche, Koch als deutschen Wissenschaftler und Symbol deutscher Wissenschaft aufzubauen. 1939 instrumentalisierte die nationalsozialistische Propaganda die Figur Kochs im Film *Robert Koch, der Bekämpfer des Todes* und porträtierte ihn als zielstrebige, opferbereite, an ihre Sendung und die Vorsehung glaubende Führerfigur.[68] Im gesamten Film wird dabei auf Feind- und Kriegsmetaphorik rekurriert, etwa wenn von den Tuberkuloseerregern als »Feinden« und »Gegnern« die Rede ist, die »aufgespürt« und »ausgerottet« werden müssen. Kochs Einsatz gegen die Tuberkulose wird hier als exakt derjenige Vernichtungskrieg in Szene gesetzt, den die Bakteriologen in der Typhuskampagne und im Ersten Weltkrieg in ihrer »Offensive« gegen die Kriegsseuchen geplant und umgesetzt hatten. Mit weit aufgerissenen Augen und in militärischem Ton verkündet der Koch-Darsteller im Film:

> »Nun kenne ich den Feind. Nun kann ich die Waffe schmieden, die ihn vernichten wird. Und wenn ich dereinst fallen werde, werde ich die Waffe weitergeben in die Hände derer, die nach uns kommen. Der Kampf beginnt und wird nicht enden, bevor der Feind besiegt ist.«[69]

Der Feindbegriff erscheint als variabel, wird er im Film doch sowohl auf die Infektionserreger als auch auf unbestimmte Personen und Personengruppen angewendet, die wiederum auch als »Parasiten« angesprochen werden. Nur zwei Jahre nach der Uraufführung des Films verlautete Hit-

66 Annette Hinz-Wessels belegte jüngst in ihrer Studie zum RKI im Nationalsozialismus, dass die Heeressanitätsinspektion im Zuge der Kriegsvorbereitungen die vor 1918 engen personellen Beziehungen zwischen Militär und RKI wieder belebte und regelmässig Sanitätsoffiziere an das Institut abkommandierte. Hinz-Wessels 2008, S. 41. Siehe dort auch die Forschungen im Bereich der Diphterie- und Fleckfieber-Schutzimpfung während des Zweiten Weltkriegs (S. 97ff.). Zum Bedeutungsgewinn traditioneller seuchenhygienischer Maßnahmen in der nationalsozialistischen Gesundheitspolitik nach Entfesselung des Zweiten Weltkrieges vgl. auch Süss 2002, S. 213f.

67 Weindling 2000, S. 233.

68 Vgl. http://www.uni-kiel.de/medien/koch.html, 5.5.2007.

69 Zit. Sarasin et al. 2007a, S. 42.

ler im Juli 1941 im Führerhauptquartier: »Ich fühle mich wie Robert Koch in der Politik«.[70] Mittels der Metaphernzirkulation zwischen bakteriologischer und politischer Sprache, die die Stigmatisierung unerwünschter Fremder als Bakterien und Parasiten plausibel machte, wurden Juden auf den Status von Parasiten reduziert und mussten der desinfektorischen Logik zufolge vernichtet werden *wie* Koch die Bazillen vernichtet hatte. Dass die Nationalsozialisten die populärwissenschaftlichen Derivate aus dem bakteriologischen Diskurs beim Wort nahmen und die Juden mit Zyklon B »vernichteten«, einer Weiterentwicklung der im Ersten Weltkrieg gegen die Fleckfieberläuse eingesetzten Blausäure, hat Paul Weindling in seiner Studie zur genozidalen Bedeutung des Fleckfiebers zwischen 1890 und 1945 eindrucksvoll gezeigt.[71]

Welche Rolle spielte die Metaphorik des »Kampfes« gegen »unsichtbare Feinde«, der »Vernichtung« und der »Reinhaltung« in der *esoterischen* bakteriologischen Wissensordnung während des Zweiten Weltkriegs? Wie stark wurde die ursprüngliche Basismetaphorik des bakteriologischen Konzeptsystems durch den Zweiten Weltkrieg und die exoterischen Zirkulationen wieder belebt? Auch diese Fragen drängen sich als Gegenstand zukünftiger Untersuchungen auf. *Dass* eine solche Wiederbelebung durch den sich eröffnenden politisch-kulturellen Resonanzraum befördert wurde, scheint mir gut vorstellbar. Auch angesichts der Kriegslage und den Herausforderungen für die Sicherung und den Schutz der Gesundheit in Heer und Heimatbevölkerung vermochten die hergebrachten Metaphern womöglich wieder in wachsendem Masse Evidenzen zu erzeugen. Von den in den 1920er Jahren in Erscheinung tretenden neuen Konzeptionen, die das Zusammentreffen von Mensch und Bakterium entlang harmonischer und symbiotischer werdenden Ausgleichs- und Anpassungsbewegungen entwarfen – dem »modus vivendi« Neufelds –, finden sich bei einer Durchsicht der relevanten Handbuchliteratur jedenfalls kaum mehr Spuren.[72]

70 Hitler am 10. Juli 1941 im Führerhauptquartier, zit. Broszat 1977, S. 749, Fn. 20.

71 Weindling 2000.

72 Vgl. etwa Kolle/Hetsch 1938; Gundel/Schürmann 1939; Reiter/Möllers 1940. Eine Ausnahme stellt das 1938 erschienene Buch *Klinische Infektionslehre* des Internisten Felix Höring dar. Er versuchte die Pathogenese von Infektionskrankheiten unter dem Gesichtspunkt der Störung und des Wiederausgleichs der Symbiose zwischen Wirtsorganismus und Keim, dem unvermeidlichen Bestandteil der »Umwelt« des Menschen, darzustellen (mit Verweis auf Literatur von Grote, Doerr, Hirszfeld, Flexner, Uexküll und Bavink). Zu den Reaktionen auf Höring von bakteriologischer Seite vgl. Berger 2009.

Verständlich wird vor diesem Hintergrund auch eine Bemerkung Doerrs in seinen autobiographischen Notizen aus dem Jahr 1945. Zu seiner Kritik an den die »medizinische Ideologie« beherrschenden »Schlagworten« (wie der Auffassung der Infektion als »Kampf« zwischen Erreger und infiziertem Organismus) und seiner Erfassung der Problematik der Infektionskrankheiten vom »naturwissenschaftlichen« Standpunkt hielt er fest:

> »[I]ch bemühte mich, die Unhaltbarkeit dieser Begriffe, sofern man überhaupt von Begriffen sprechen konnte, klarzustellen und zu besser begründeten Vorstellungen zu gelangen. Ich wusste natürlich, dass sich meine Reformvorschläge nicht sofort durchsetzen würden. [...] die Wissenschaft war für mich nie ein auf maximale Anerkennung berechnetes Geschäft, sondern eine Verpflichtung und ›Professor‹ bedeutet mir noch immer ›Bekennen‹.«[73]

Einen weiteren Hinweis auf den Bedeutungsverlust der in den 1920er Jahren neu eingeführten Denkfiguren und die Persistenz und Wirkmächtigkeit der ›alten‹ Metaphorik im Zweiten Weltkrieg vermag ein Blick auf Hirszfelds biographische Aufzeichnungen zu geben. Hirszfeld beschreibt in seiner in den Jahren 1943/44 verfassten Autobiographie, er habe 1939, kurz vor Ausbruch des Zweiten Weltkriegs, einen Vortrag vor Studenten im bakteriologischen Institut an der Medizinischen Akademie in Paris gehalten. Er habe dort über die »neuen Richtungen« in der Bakteriologie gesprochen: die symptomlose Infektion und die Notwendigkeit, »die Infektion nicht nur als Kampf aufzufassen«.[74] Er erläuterte den Studenten die »Symbiose in der Natur« und ihre Bedeutung für die Pathologie. Dabei drückte er seinen Zweifel aus, ob der »Kampf ums Dasein« allein einen biologischen Fortschritt gewährleisten könne. Hirszfeld glaubte in der »Harmonie« und in der »Symbiose« die »Hauptmelodien der Natur« zu hören; »Unsichtbare und sichtbare Welt« schienen ineinander verwoben und auf der Suche nach Formen des friedlichen Zusammenlebens. Die französischen Studenten hörten Hirszfelds Ausführungen gespannt zu. »Was für ausdrucksvolle Gesichter, welche sympathische Art, zuzuhören, und welche Konzentrationsfähigkeit!«, notierte er begeistert.[75]

Ob Hirszfeld in Deutschland ähnlich aufmerksame Zuhörer gefunden hätte, darf nur schon aufgrund seines nicht-»arischen« Hintergrunds

73 Nachlass Robert Doerr: Autobiographische Notizen, S. 7.
74 AfZ, IB JUNA/1611-1613: Hirszfeld, Geschichte eines Lebens, S. 94.
75 Ebd., S. 95.

bezweifelt werden. Aber nicht nur deshalb wären seine Worte in Deutschland kaum auf fruchtbaren Boden gefallen. Nur kurze Zeit nach dem Vortrag sollte sich Hirszfelds Leben mit seiner Kritik am Kampfbegriff und seinen Reflexionen über die Verwobenheit der unsichtbaren Welt der »Parasiten« mit der sichtbaren Welt der Menschen auf tragische Art und Weise verstricken. Er wurde nach dem Einmarsch der Deutschen in Warschau und seiner Entlassung aus dem Hygiene-Institut im Februar 1941 gezwungen, ins Warschauer Ghetto überzusiedeln.[76] In luziden, im Kontext seiner Entwürfe zum Infektionsproblem und seiner Sensibilität für die Macht der Sprache besonders beklemmenden Worten schilderte Hirszfeld die Entwicklungen in Warschau während der deutschen Besatzung:

> »Sie nahmen mir das Haus und die Moebel [...], da sie in hohem Idealismus nur von Blut und Boden und Eisen traeumten, und ich der Parasit war.
> Und sie isolierten mich, da ich heimtückische Keime beherbergte, ohne selbst zu erkranken.
> Und sie suchten mich zu vernichten, da ich mich gegen die europaeische Kultur verschworen hatte und ihnen den Krieg erklaert hatte.«[77]

1942 gelang Hirszfeld die Flucht aus dem Ghetto. In einem Versteck auf dem Land überlebte er den Genozid an den europäischen Juden.

76 Zur Biographie Hirszfelds vgl. Jaworski 1980; Gilsohn 1965. Für diese Hinweise danke ich Myriam Spörri.

77 AfZ, IB JUNA/1611-1613: Hirszfeld, Geschichte eines Lebens, S. 118.

ANHANG

Abbildungsnachweis

Abkürzungen

Abt.	Abteilung
ASM	American Society of Microbiology
BKlW	Berliner Klinische Wochenschrift
Centralbl. f. Bakt. etc.	Centralblatt für Bakteriologie, Parasitenkunde und Infektionskrankheiten
DMW	Deutsche Medizinische Wochenschrift
KGA	Kaiserliches Gesundheitsamt
MMW	Münchener Medizinische Wochenschrift
RGA	Reichsgesundheitsamt
RGR	Reichsgesundheitsrat
RKI	Institut für Infektionskrankheiten Robert Koch
Stud. Hist. Phil. Biol. & Biomed. Sci.	Studies in the History and Philosophy of Biology and Biomedical Sciences
WMW	Wiener Medizinische Wochenschrift
WKlW	Wiener Klinische Wochenschrift
VJb	Vierteljahresbericht
HJb	Halbjahresbericht

Bibliographie

A. Archivalien

Bundesarchiv, Berlin (BArch)

Bestand Kaiserliches/Reichs-Gesundheitsamt, inkl. Akten Robert Koch-Institut (R86)

199 Personalia – Specialia, Gaffky, Georg, Reg.-Rat
260 Personalia – Specialia, Hesse, Erich, Oberreg. Rat
397 Personalia – Specialia, Lentz, Otto, Direktor
690 Personalia – Specialia, Uhlenhuth, Paul, Geh. Reg. Rat
849 Merkblätter im Allgemeinen
857 Reichsgesundheitsrat
858 Niederschriften über die Sitzungen des Reichsgesundheitsrats einschließlich der Ausschüsse
945 Verkehr mit Krankheitserregern, 1914-1920
946/47 Reichsseuchengesetz und Ausführung des Reichsseuchengesetzes im Dt. Reiche
1008 (bzw. 4536ff.) Akten betreffend Maßregeln gegen ansteckende Krankheiten im Dt. Reiche, allgemein
1038 Akten betreffend Verbreitung von Infektionskrankheiten durch Lumpen, Watte, Roßhaar, Telefonapparate u. a. Gebrauchsgegenstände, 1911-1927
1039 Fleckfieber im Dt. Reiche
1040 (bzw. 4556ff.) Maßregeln gegen Fleckfieber im Dt. Reiche
1171 Typhusbekämpfung im Dt. Reiche
1192 (bzw. 4634f.) Bekämpfung der Ruhr im Dt. Reiche, 1911-1930
1218 Zwangsimpfungen
1627 Desinfektion, Sammlung 1909-1930
1669 Schädlingsbekämpfung, Entlausung, 1919-1932
2400 Militär-Sanitätswesen (1911-1932)
2401 Heimkehrer-, Flüchtlings- und Kriegsgefangenenlager
2402 Lagerkontrolle (Heimkehrerlager)
2575 Vierteljahresberichte bakteriologischer Untersuchungsanstalten
2641 Cholera-Kurse im Gesundheitsamt
2827 Typhusbekämpfung in Preußen, Reichslanden
2840 Typhusschutzimpfungen und Choleraschutzimpfungen
2847 Desinfektion-Apparate 1916-1932
2850 Desinfektion allgemein, ab 1907
3623 Robert-Koch-Institut, Personalübersicht im Mobilmachungsfall
3639 Robert-Koch-Institut, Kurse für Medizinalbeamte, Bakteriologen 1901-1921
3789 Handakten der Direktoren d. Robert-Koch-Instituts
3793 Handakten Prof. Dr. Neufeld, 1925-1931
3836 Militärärztliches und Kaiser-Wilhelm-Akademie

Bestand Reichsamt des Innern (R15.01)

110035 Akten betreffend kommunale Untersuchungsstationen
110860 Akten betreffend die Beamten des Gesundheitsamtes (1876-1887)
110934ff. Akten betreffend Außerordentliche Mitglieder des Gesundheitsamtes

Geheimes Staatsarchiv Preußischer Kulturbesitz Berlin (GSTA PK)

1. Hauptabteilung (HA), Bestand Kultusministerium, Jüngere Medizinalregistratur (Rep. 76, VIII B)

1972 Akten betreffend die Desinfektionsmethoden, -apparate und -anstalten
3519f. Gesundheitliche Überwachung ausländischer Arbeiter, 1909-1922
3553ff. Akten betreffend die aus Anlaß des Krieges getroffenen Maßnahmen zur Verhütung einer Einschleppung und Verbreitung von gemeingefährlichen und übertragbaren Krankheiten.
3560ff. Akten betreffend die Vorkehrungen im Inlande gegen die Einschleppung gemeingefährlicher Krankheiten aus dem Auslande
3655 Berichte über Schutzimpfungen gegen Cholera und Typhus, 1915-1920
3704 Mitteilungen des Kriegsministeriums über Cholerafälle, 1914-1917
3778f. Mitteilungen des Kriegsministeriums über die Fleckfieberfälle in Kriegsgefangenenlager und bei Militärpersonen, 1914-1918
3834 Grippe, 1892-1926
3835 Zeitungsnachrichten über die Influenza, Mai 1918 – Mai 1920
3836 Akten betreffend die Berichte auf den Runderlaß vom 29.7.1918, betreffend Erkrankungs- und Todesfälle an Influenza (Spanische Krankheit), Juli 1918 bis April 1919.
3840 Berichte über das Auftreten der Grippe in den Jahren 1921 und 1922
4417f. Akten betreffend das Militärsanitäts- und Medizinalwesen, 1906-1931

1. Hauptabteilung (HA), Bestand Preußisches Justizministerium (Rep. 84a)

6207ff. Verwaltung der im Kriege 1914/18 besetzten feindlichen Gebiete, 1914-1918

Staatsbibliothek Preußischer Kulturbesitz, Berlin (SBB)

Handschriftenabteilung, Sammlung Darmstädter

3a 1878 Flügge, Karl Georg Friedrich Wilhelm
3b 1882 Koch, Robert

Historische Drucke (HD), Sammlung »Krieg 1914«

14082 Gesundheitsmerkblatt für Kriegsteilnehmer, bearbeitet von Paul Engelen, Düsseldorf 1915.
16433 Schmidt, Paul: Kriegsgesundheitsbüchlein, Gießen 1917.
18848 Kriegspresseamt: Die Leistungen des deutschen Sanitätswesens im Kriege, Berlin 1917.
23926 Becker, Daniel: Im Seuchenlazarett der 5. Armee. Kriegserinnerungen, Düsseldorf 1919.
25349 VJb des Verwaltungschefs beim General-Gouvernement Warschau, Nr. 1-6 (1915-1916), HJb des Verwaltungschefs beim General-Gouvernement Warschau, Nr. 1-4 (1916-1918).

34986 Mayer, Otto: Ausschnitte aus der Seuchenbekämpfung bei der deutschen Armee im Weltkriege und Erfolge des deutschen Sanitätsdienstes, Nürnberg 1940.

Archiv für Zeitgeschichte, ETH Zürich (AfZ)

Institutionelle Archive und Bestände (IB), Jüdische Nachrichten (JUNA)

1611-1613 Hirszfeld, Ludwik: Geschichte eines Lebens, Bd. 1-3, aus dem Polnischen übersetzt von L.K. (Name unbekannt) und dem Verfasser, s.d., TS mit handschriftlichen Korrekturen.

Staatsarchiv Basel-Stadt (StaBS)

Universitätsarchiv (UA) X 3,5: Doerr, Robert
Universitätsarchiv (UA) XII 25: Hygienische Anstalt
Erziehung AA 16a: Erziehungsakten Professur für Hygiene

Privatnachlässe

Nachlass Robert Doerr

Korrespondenz, Ehrungen, Autobiographische Notizen (maschinenschriftliches Manuskript).

Interview

Agathe und Edith Doerr, Basel, 3.3.2005

B. Gedruckte Quellen

Abel, Rudolf (1903): Überblick über die geschichtliche Entwicklung der Lehre von der Infektion, Immunität und Prophylaxe, in: Kolle/Wassermann (Hg.), Handbuch der pathogenen Mikroorganismen, 1. Aufl., 1. Bd., S. 1-32.

Adam, Curt (Hg.) (1915): Seuchenbekämpfung im Kriege. Zehn Vorträge, Jena.

Adam, Curt et al. (Hg.) (1915-1919): Kriegsärztliche Vorträge. Während des Krieges 1914-1915 an den »Kriegsärztlichen Abenden« in Berlin gehalten, Zweiter Teil: 1915, Dritter Teil: 1916, Vierter Teil: 1917, Sechster Teil: 1919, Jena.

Almquist, Ernst Bernhard (1928): Die Bakteriologie muss ihren neuen Schritt vorwärts voll ausnutzen, in: MMW Nr. 16, S. 690-691.

Althoff (1915a): Zur Desinfektion infektiöser Kleiderstoffe und zur Entlausung im Felde, in: Deutsche Militärärztliche Zeitschrift Nr. 13/14, S. 244-247.

– (1915b): Fahrbarer Desinfektionsapparat bei einem Feldlazarett im Osten, in: Deutsche Militärärztliche Zeitschrift Nr. 13/14, S. 247-250.

Altschul, Theodor (1902): Bacteriologie, Epidemiologie und medicinische Statistik. Unmoderne Betrachtungen, in: Deutsche Vierteljahresschrift für öffentliche Gesundheitspflege Bd. 34, S. 345-365.

– (1914): Kriege und Seuchen (= Sammlung gemeinnütziger Vorträge Nr. 432), Prag.

Arnold, Julius (1889): Über den Kampf des menschlichen Körpers mit den Bakterien, Heidelberg.

Aronson, Hans (1915): Bakteriologische Erfahrungen über Kriegsseuchen, in: Medizinische Klinik Nr. 47/48, S. 1281-85, 1318-20.

Ascher, Ludwig (1929a): Erfolglose Bekämpfung von Scharlach und Diphterie, in: DMW Nr. 34, S. 1429.

– (1929b): Ist die Wohnungsdesinfektion noch aufrechtzuerhalten, in: DMW Nr. 43, S. 1807.

– (1930): Kreisarzt und infektiöse Respirationskrankheiten, in: Zeitschrift für Medizinalbeamte Nr. 21, S. 645-648.

Aschoff, Ludwig (1915): Krankheit und Krieg. Eine akademische Rede, Freiburg i. Br.

Asher, Leon (1922): Die Bedeutung der physikalischen Chemie für die Biologie mit besonderer Berücksichtigung von Nernsts Theoretischer Chemie, in: Die Naturwissenschaften Nr. 9, S. 193-198.

Assmann, Herbert et al. (Hg.) (1931): Lehrbuch der Inneren Medizin, 1. Aufl., Berlin.

Aust (1915): Seuchenschutz im Kriege. Feldpostbrief, in: Ärztliche Sachverständigen-Zeitschrift Nr. 2, S. 13-17.

Baerthlein, Karl (1913): Über die Mutation bei Bakterien und die Technik zum Nachweis dieser Abspaltungsvorgänge, in: Centralbl. f. Bakt. etc., 1. Abt. Originale Bd. 71, Nr. 1, S. 1-2.

– (1918): Über bakterielle Variabilität, insbesondere sogenannte Bakterienmutationen, in: Centralbl. f. Bakt. etc., 1. Abt. Originale Bd. 76, Nr. 6, S. 369-435.

Baginsky, Adolf (1895): Die Serumtherapie der Diphterie nach den Beobachtungen im Kaiser- und Kaiserin-Friedrich Kinderkrankenhaus in Berlin, Berlin.

Ball, Gordon H. (1943): Parasitism and Evolution, in: The American Naturalist Bd. 77, Nr. 771, S. 345-364.

Basten, Josef (1915): Über bakteriologische Arbeiten in der Front, in: Feldärztliche Beilage zur MMW Nr. 15, S. 531-532.

Baumann, E. (1908): Bacillenträger und Typhusverbreitung, in: Arbeiten aus dem Kaiserlichen Gesundheitsamte Bd. 28, S. 371-382.

Baumgarten, Paul (Hg.) (1889): Jahresbericht über die Fortschritte in der Lehre von den pathogenen Mikroorganismen.

– (1890): Lehrbuch der pathologischen Mykologie. Vorlesungen für Ärzte und Studirende, Braunschweig.

– (1900): Der gegenwärtige Stand der Bacteriologie, in: BKlW Nr. 27/28, S. 585-588, 615-618.

Behring, Emil v. (1890): Untersuchungen über das Zustandekommen der Diphterie-Immunität bei Thieren, in: DMW Nr. 50, S. 1145-48.

– (1894a): Bekämpfung der Infectionskrankheiten. Infection und Desinfection. Versuch einer systematischen Darstellung der Lehre von den Infectionsstoffen und Desinfectionsmitteln, Leipzig.

– (1894b): Die Infectionskrankheiten im Lichte der modernen Forschung, in: DMW Nr. 35, S. 685-688.

– (1901): Diphterie (Begriffsbestimmung, Zustandekommen, Erkennung und Verhütung), Berlin.

– (1914): Indikationen für die serumtherapeutische Tetanusbekämpfung, in: DMW Nr. 41, S. 1833-35.

– (1915): Gesammelte Abhandlungen. Neue Folge, Bonn.

Behring, Emil v., Kitasato (1890): Über das Zustandekommen der Diphterie-Immunität und der Tetanus-Immunität bei Thieren, in: DMW Nr. 49, S. 1113-14.

Bethe, Albrecht et al. (Hg.) (1929): Handbuch der normalen und pathologischen Physiologie, Bd. 13: Schutz- und Angriffs-Einrichtungen. Reaktionen auf Schädigungen, Berlin.

Beobachtungen über die Ergebnisse der Typhus-Schutzimpfung in der Schutztruppe für Südwestafrika (1905), mitgeteilt vom Oberkommando der Schutztruppen, in: Archiv für Schiffs- und Tropenhygiene Nr. 9, S. 527-529.

Bericht über den 14. Internationalen Kongress für Hygiene und Demographie (1908), Sektion I: Hygienische Mikrobiologie und Parasitologie, Berlin 23.-29. September 1907, Bd. 3, Berlin.

Bericht über die Beratung am 27. und 28.11.1918 über die während der Demobilmachung und nach dem Friedensschluss erforderlichen Maßnahmen (1919), in: Veröffentlichungen aus dem Gebiete der Medizinalverwaltung Bd. 9, Nr. 5.

Birch-Hirschfeld, Felix (1877): Lehrbuch der pathologischen Anatomie, Leipzig.

Bischoff, Hans et al. (Hg.) (1912): Lehrbuch der Militärhygiene, 4. Bd.: Infektionskrankheiten und nichtinfektiöse Armeekrankheiten, Berlin.

Blau, Otto (1915): Erholungsstätten und Genesungsheime für leidende Offiziere und Mannschaften, Leipzig.

Blumberg (1915): Über Massenentlausungen und Desinfektion von Gefangenenlagern durch Lokomobilen, in: Medizinische Klinik Nr. 30, S. 837-839.

Boehncke, Karl Ernst (1917): Ruhrschutzimpfung im Kriege, in: Medizinische Klinik Nr. 41, S. 1083-1084.

– (1918): Die Kriegsseuchenbekämpfung im deutschen Feldheere, in: Die Umschau Nr. 8, S. 85-87.

– (1921): Bazillenruhr, in: Schjerning (Hg.), Handbuch der ärztlichen Erfahrungen, Bd. VII: Hygiene, S. 360-385.

Boehncke, Karl Ernst et al. (1918): Untersuchungen über Ruhrimpfstoffe in vivo und vitro, in: BKlW Nr. 6, S. 134-137.

Bogusat, Hans (1922): Die Influenza-Epidemie 1918/19 im Deutschen Reich, in: Arbeiten aus dem Reichsgesundheitsamt Bd. 53, S. 443-466.

Bornträger, Jean Bernhard (1893): Desinfection und Verhütung und Vertreibung ansteckender Krankheiten. Für Ärzte, Verwaltungsbeamte und Gebildete jeden Berufes, Leipzig.

– (1906a): Welche sanitätspolizeiliche Stellung nehmen die »Bakterienträger«, insbesondere bei epidemischer Genickstarre, im Rahmen unserer Seuchengesetze ein? in: Zeitschrift für Medizinalbeamte Nr. 19, S. 555-560.

– (1906b): Nochmals sanitätspolizeiliche Stellung der Bakterienträger im Rahmen unserer Seuchengesetze, in: Zeitschrift für Medizinalbeamte Nr. 19, S. 658-665.

Brass, Arnold (1888): Die niedrigsten Lebewesen, ihre Bedeutung als Krankheitserreger, ihre Beziehung zum Menschen und den übrigen Organismen und ihre Stellung in der Natur (Für Gebildete aller Stände gemeinfasslich dargestellt), Leipzig.

Brauer, A. (1915): Über die Unzulänglichkeit der bisherigen Entlausungsverfahren, in: DMW Nr. 19, S. 561-562.

Braumann, Hans (1929): Einiges über Infektionskrankheiten, in: Leipziger populäre Zeitschrift für Homöopathie Nr. 10/11/12, S. 181-182, 203-207, 233-236.

Braun, Hugo (1925): Über die Veränderlichkeit der Krankheitserreger unter äußeren Einwirkungen, in: Klinische Wochenschrift Nr. 25, S. 1193-97.

Breger, Johann (1916): Kriegsseuchen einst und jetzt, in: Deutsche Revue Nr. 1, S. 323-337.

Breitner, Burghard (Hg.)(1936): Ärzte und ihre Helfer im Weltkriege 1914-1918 (Helden im weißen Kittel), Wien.

Brieger, Ludwig (1885/86): Über Ptomaine, 3 Teile, Berlin.

Brieger, Ludwig, Fraenkel, Carl (1890): Untersuchungen über Bacteriengifte, in: BKlW Nr. 11, S. 241-246.

Brugsch, Theodor (1918): Konstitution und Infektion, in: BKlW Nr. 22, S. 517-519.

– (1926): Einführung in die Konstitutionslehre, ihre Entwicklung zur Personallehre, in: ders./Lewy (Hg.), Die Biologie der Person, Bd. 1, S. 1-24.

Brugsch, Theodor, Lewy, Fritz Heinrich (Hg.) (1926): Die Biologie der Person. Ein Handbuch der allgemeinen und speziellen Konstitutionslehre, Bd. 1: Allgemeiner Teil der Personallehre, Berlin.

Brunner, Alfred (1919): Erfahrungen über Intensivbehandlungen der Malaria im Hinterland, in: MMW Nr. 4, S. 102-103.

Buchner, Hans (1899): Natürliche Schutzeinrichtungen des Organismus und deren Beeinflussung zum Zwecke der Abwehr von Infectionsprozessen, in: Therapeutische Monatshefte Bd. 13, November, S. 606-615.

Buchner, Paul (1921): Tier und Pflanze in intrazellularer Symbiose, Berlin.

Bürgers, Theodor (1927): Neuere Forschungen und Erfahrungen auf dem Gebiete der Epidemiologie und ihre Bedeutung für die praktische Seuchenbekämpfung, in: Zeitschrift für Medizinalbeamte Nr. 19, S. 618-632.

Bumke, E. (1926): Beobachtungen an Bacillenträgern im Kriege, in: Zeitschrift für Hygiene und Infektionskrankheiten Bd. 105, S. 342-401.
Burnet, Frank Macfarlane (1940): Biological Aspects of Infectious Disease, Cambridge.
– (1971): Naturgeschichte der Infektionskrankheiten des Menschen, Frankfurt a. M.
Buttersack, Felix (1925): Vom jenseits der Bakteriologie, in: Fortschritte der Medizin Nr. 21, S. 329-330.
– (1926): Wider die Minderwertigkeit! Die Vorbedingung für Deutschlands Gesundung. Skizzen zur Völker-Pathologie, Leipzig.
Christian, Rudolf (1914): Feststellung der Typhus- und Choleradiagnose im Feldlaboratorium, in: DMW Nr. 45, S. 1938-39.
– (1915): Schutz vor Seuchen. Was jedermann über die wichtigsten gemeingefährlichen Volkskrankheiten (Kriegsseuchen) wissen muss! Cholera – Typhus – Ruhr – Pocken – Flecktyphus, Berlin.
Cohn, Ferdinand (1872): Über Bacterien, die kleinsten lebenden Wesen, Berlin.
– (1875a): Untersuchungen über Bacterien, in: Beiträge zur Biologie der Pflanzen 1. Bd., 2. Heft, S. 127-222.
– (1875b): Untersuchungen über Bacterien II, in: Beiträge zur Biologie der Pflanzen 1. Bd., 3. Heft, S. 141-207.
– (1882): Die Pflanze. Vorträge aus dem Gebiete der Botanik, Breslau.
– (1896/97): Die Pflanze. Vorträge aus dem Gebiete der Botanik, 2. Aufl., Breslau.
Conférence Sanitaire Internationale de Paris (1912), 7. Nov. 1911-17. Jan. 1912, Procès-verbaux, Paris.
Conradi, Heinrich (1912): Typhus-Bazillenträger, in: Die Umschau Nr. 40, S. 848.
Czerny, V. (1914): Zur Therapie des Tetanus, in: DMW Nr. 44, S. 1906-1934.
Darwin, Charles (1872): Die Entstehung der Arten durch natürliche Zuchtwahl, Sonderausgabe, Hamburg 2004 (=On the Origins of Species by Means of Natural Selection, 6. Aufl.).
Das Lausoleum (1918): O, welche Lust entlaust zu sein! Reime und Gedichte unserer Feldgrauen gesammelt in der Sanierungs-Anstalt Sosnowice, Kattowitz, Berlin.
Dekker, Hermann (1898): Die Schutz- und Kampfmittel des Organismus gegen die Infektionskrankheiten, Hamburg.
De Rudder, Bernhard (1927): Die Zivilisationsseuchen in ihrer Beziehung zu Fürsorge und Seuchenpolizei, in: Klinische Wochenschrift Nr. 35, S. 1668-73.
– (1934): Die akuten Zivilisationsseuchen. Ihre Epidemiologie und Bekämpfung, Leipzig.
De Vries, Hugo (1901/1903): Die Mutationstheorie. Versuche und Beobachtungen über die Entstehung der Arten im Pflanzenreich, 2 Bde., Leipzig.
Die sanitäre Kriegsrüstung Deutschlands (1915). Vierzehn Vorträge, gehalten in der Ausstellung für Verwundeten- und Kranken-Fursorge im Kriege, Berlin.
Dieudonné, Adolf (1914): Kriegshygiene, in: Feldärztliche Beilage zur MMW Nr. 34, S. 1859-60.
Dieudonné, Adolf, Weichardt, Wolfgang (1914): Übertragbare Krankheiten. Ursachen, Verhütung, Bekämpfung (Taschenbuch des Feldarztes, II. Teil), München.
– (1918): Immunität, Schutzimpfung und Serumtherapie, Leipzig.
Doerr, Robert (1926): Die Organotropie, ein Fundamentalproblem der Lehre von der

Infektion, Sonderabdruck Ned. Maandschrift voor Geneeskunde, uitgave van S. C. Van Doesburgh, Leiden 1926, S. 45-65.
– (1929): Allergische Phänomene. In: Bethe et al. (Hg.), Handbuch der normalen und pathologischen Physiologie, Bd. 13, S. 650-813.
– (1931): Die Lehre von den Infektionskrankheiten in allgemeiner Darstellung, in: Assmann et al. (Hg.), Lehrbuch der Inneren Medizin, 1. Aufl., Bd. 1, S. 51-149.
– (1932a): Latente Infektionen, in: Annalen der Tomarkin-Foundation Bd. 2, Nr. 1/2, S. 51-63.
– (1932b): Werden, Sein und Vergehen der Seuchen, Basel.
– (1934): Kritik der Lehre von der erworbenen und natürlichen Immunität, Sonderabdruck aus Zangger-Festschrift, Zürich, S. 591-599.
– (1940): Die Infektion als Gast-Wirt-Beziehung mit besonderer Berücksichtigung der tierpathogenen Virusarten, in: Archiv für Virusforschung Bd. 2, Nr. 2, S. 88-155.
Doerr, Robert, Hallauer, Curt (1938-1950): Handbuch der Virusforschung, 4 Bde., Wien.
Drasche, Anton (1894): Über den gegenwärtigen Stand der bacillären Cholerafrage und über diesbezügliche Selbstinfektionsversuche, Wien.
Dresel, E.G. (1922): Sozialhygienische Fürsorgebestrebungen, in: Ergebnisse der Immunitätsforschung, Experimentellen Therapie, Bakteriologie und Hygiene Bd. 5, S. 791-867.
Drigalski, Wilhelm von (1921a): Allgemeine Maßnahmen, Desinfektion, Badewesen, in: Schjerning (Hg.), Handbuch der ärztlichen Erfahrungen, Bd. VII: Hygiene, S. 281-305.
– (1921b): Geschlechtskrankheiten, in: Schjerning (Hg.), Handbuch der ärztlichen Erfahrungen, Bd. VII: Hygiene, S. 586-609.
Dubos, René (1965): Man adapting, New Haven, London.
Ehrlich, Paul (1959/60): The Collected Papers of Paul Ehrlich, Four Volumes including a complete Bibliography, hrsg. von Fred Himmelweit, London.
Eisenberg, Philipp (1912): Untersuchungen über Variabilität der Bakterien, in: Centralbl. f. Bakt. etc., 1. Abt. Originale Bd. 63, Nr. 4/6, S. 305-321.
– (1914): Über Mutationen bei Bakterien und anderen Mikroorganismen, in: Ergebnisse der Immunitätsforschung, Experimentellen Therapie, Bakteriologie und Hygiene Bd. 1, S. 28-142.
Enderlein, Günther (1925): Bakterien-Cyclogenie. Prolegomena zu Untersuchungen über Bau, geschlechtliche und ungeschlechtliche Fortpflanzung und Entwicklung der Bakterien, Berlin.
– (1930): Über die Rhythmik des Formenwechsels der Bakterien, in: Sitzungsbericht der Gesellschaft naturforschender Freunde, Berlin, S. 181.
– (1931): Der Pockenerreger auch ein Entwicklungsstadium eines Schimmelorganismus, in: Archiv für Entwicklungsgeschichte der Bakterien Bd. 1, Heft 1.
Escherich, Karl (1926): Neuzeitliche Bekämpfung tierischer Schädlinge, in: Die Naturwissenschaften Nr. 48/49, S. 1066.
Esmarch, Erwin von (1895): Die Durchführung der bacteriologischen Diagnose bei Diphterie, in: DMW Nr. 1, S. 7-9.
Fellner, Bruno (1916): Wandlungen und Wirrungen auf dem Gebiete der Kriegsseuchen, in: Klinisch-therapeutische Wochenschrift Nr. 13, S. 157-162.

Finkler, Dittmar (1907): Disposition und Virulenz, in: DMW Nr. 39, S. 1573-77.
Flügge, Carl (1886): Die Mikroorganismen. Mit besonderer Berücksichtigung der Ätiologie der Infectionskrankheiten, 2. völlig umgearbeitete Aufl. der »Fermente und Mikroorganismen«, Leipzig.
– (1889): Grundriss der Hygiene, Leipzig.
– (1892): Eine Kritik der bisherigen prophylaktischen Maassnahmen gegen die Cholera, in: Jahresbericht der schlesischen Gesellschaft für vaterländische Cultur Bd. 70, S. 112-119.
– (1893): Die Verbreitungsweise und Verhütung der Cholera auf Grund der neueren epidemiologischen Erfahrungen und experimentellen Forschung, in: Zeitschrift für Hygiene und Infektionskrankheiten Bd. 14, S. 122-202.
– (1915a): Grundriss der Hygiene, Leipzig.
– (1915b): Schutzkleidung gegen Flecktyphusübertragung, in: Medizinische Klinik Nr. 15, S. 420-421.
Foerster, Augustin (1929): Über Entstehung und Verlauf von Epidemien, eine Entwicklung der heute geltenden Lehren seit Pettenkofer, in: Zeitschrift für Medizinalbeamte Nr. 6, S. 127-135.
Forbát, Alexander (1916): Die Immunitätslehre und deren praktische Anwendung im Kampfe gegen die Kriegsseuchen, Berlin, Wien.
Fornet, Walter (1912): Die Ergebnisse der Typhusbekämpfung im Südwesten des Reiches, in: Arbeiten aus dem Kaiserlichen Gesundheitsamte Bd. 41, Typhusbekämpfung im Südwesten Deutschlands, S. 592-604.
– (1914): Über Fortschritte in der Schutzimpfung gegen Typhus und Cholera, in: DMW Nr. 35, S. 1690-1692.
Fraenkel, Carl (1887): Grundriss der Bakterienkunde, Berlin.
– (1895): Die ätiologische Bedeutung des Loeffler'schen Bacillus, in: DMW Nr. 11, S. 172-177.
– (1896a): Erwiderung auf vorstehende Bemerkung, in: BKlW Nr. 50, S. 1127.
– (1896b): Die Bekämpfung der Diphterie, in: BKlW Nr. 40/41, S. 892-896, 918-923.
– (1897): Die Unterscheidung der echten und der falschen Diphteriebacillen, in: BKlW Nr. 50, S. 1087-92.
– (1904): Rezension »Zusammenstellung der Maßnahmen der Typhusbekämpfung im Regierungsbezirk Trier« (von Schlecht), in: Hygienische Rundschau Bd. 9, S. 930.
– (1908): Die belebten Krankheitsursachen. Die Lehre von der Infektion mit Einschluss der Protozoen und der pflanzlichen Parasiten. In: Krehl/Marchand (Hg.), Handbuch der Allgemeinen Pathologie, 1. Bd., S. 290-339.
Freund, R. (1926): Die Bedeutung der Disposition für Entstehung und Verlauf von Seuchen, in: Zeitschrift für Hygiene und Infektionskrankheiten Bd. 106, S. 626-649.
Frey, Gottfried (1917a): Die Bekämpfung der Fleckfieberepidemie in der Zivilbevölkerung des Generalgouvernements Warschau in den Jahren 1915/16, in: Öffentliche Gesundheitspflege Nr. 2, S. 12-30.
– (1917b): Die Organisation des Gesundheitswesens im deutschen Verwaltungsgebiet von Russisch-Polen, in: Zeitschrift für ärztliche Fortbildung Nr. 6, S. 131-136.

– (1919): Das Gesundheitswesen im Deutschen Verwaltungsgebiet von Polen in den Jahren 1914-1918, in: Arbeiten aus dem Reichsgesundheitsamt Bd. 51, S. 583-733.
– (1922): Moderne Gesichtspunkte beim Grenzseuchenschutz, in: Klinische Wochenschrift Nr. 46, S. 2291-94.
– (1926): Gedanken über hygienische Volksbelehrung, ihre Wege und Hilfsmittel, in: Arbeiten aus dem Reichsgesundheitsamt Bd. 57, S. 232-264.
Friedberger, Ernst (1917a): Über Kriegsseuchen einst und jetzt, ihre Bekämpfung und Verhütung, Berlin.
– (1917b): Zur Frage der Typhus- und Choleraschutzimpfung. Ergibt sich auf Grund der bis jetzt vorliegenden authentischen Zahlen ein Erfolg der Impfungen gegen Typhus und Cholera im Krieg? in: BKlW Nr. 25, S. 597-601.
– (1917c): Zur Hygiene im Stellungskrieg nach Erfahrungen an der Westfront, in: Zeitschrift für ärztliche Fortbildung Nr. 9-13, S. 225-233, 256-266, 299-304, 320-327, 352-356, 378-385.
– (1919a): Zur Entwicklung der Hygiene im Weltkrieg, Jena.
– (1919b): Zur Frage der Typhus- und Choleraschutzimpfung. Ergibt sich auf Grund der bis jetzt vorliegenden authentischen Zahlen ein Erfolg der Impfungen gegen Typhus und Cholera im Krieg? in: Zeitschrift für Immunitätsforschung und experimentelle Therapie Bd. 28, Nr. 3/5, S. 119-185.
– (1920): Der Wert der behördlichen Desinfektionsmaßnahmen, insbesondere Schlußdesinfektion, in: Zeitschrift für Soziale Hygiene Nr. 1, S. 314-326.
– (1926): Unsichtbare und unzüchtbare Formen (kryptantigene Vira) bei pathogenen Bakterien, in: Klinische Wochenschrift Nr. 18, S. 782-789.
– (1927a): Probleme der Epidemiologie, insbesondere des Typhus, in: MMW Nr. 5, S. 180-184.
– (1927b): Über den Einfluß der Kälte auf Immunitätsvorgänge, in: Forschungen und Fortschritte Nr. 26, S. 207.
Friedemann, Ulrich (1913): Infektion und Immunität, in: Rubner et al. (Hg.), Handbuch der Hygiene, 3. Bd., 1. Abt., S. 662-810.
– (1926): Epidemiologische Fragen im Lichte der neueren Forschung, in: Jahreskurse für ärztliche Fortbildung Nr. 10, S. 13-28.
– (1928a): Das Diphterieproblem, in: Klinische Wochenschrift Nr. 10, S. 433-438.
– (1928b): Die Bedeutung der latenten Infektionen für die Epidemiologie (Theoretische Infektketten-Lehre), in: Centralbl. f. Bakt. etc., 1. Abt. Originale, Bd. 110, Nr. 6/8, S. 2-27.
Friedemann, Ulrich, Steinbock (1916): Zur Ätiologie der Ruhr, in: DMW Nr. 8, S. 215-216.
Frosch, Paul (1908): Moderne Typhusbekämpfung, in: Bericht über den 14. Internationalen Kongress für Hygiene und Demographie, 3. Bd., S. 1119-39.
– (1912): Errichtung der ersten Typhusstation in Trier und Vorversuch in den Hochwalddörfern des Kreises Trier, in: Arbeiten aus dem Kaiserlichen Gesundheitsamte Bd. 41, Typhusbekämpfung im Südwesten Deutschlands, S. 12-33.
Fuchs, Dionys (1918): Praktische Hygiene und Bekämpfung der Infektionskrankheiten im Felde, Wien, Leipzig.
Gaehtgens, W. (1919): Über Krankheitsübertragung durch Gesunde, in: Zeitschrift für ärztliche Fortbildung Nr. 7, S. 185-191.

Gärtner, August (1921): Einrichtungen und Hygiene der Kriegsgefangenenlager, in: Schjerning (Hg.), Handbuch der ärztlichen Erfahrungen, Bd. VII: Hygiene, S. 162-266.

Gaffky, Georg (1881): Experimentell erzeugte Septicämie mit Rücksicht auf progressive Virulenz und accomodative Züchtung, in: Mittheilungen aus dem Kaiserlichen Gesundheitsamte Bd. 1, S. 80-133.

– (1894): Die Cholera in Hamburg im Herbst 1892 und Winter 1892/93, in: Arbeiten aus dem Kaiserlichen Gesundheitsamte Bd. 10, S. 1-128.

– (1895): Die Maßregeln zur Bekämpfung der Cholera, in: Deutsche Vierteljahresschrift für öffentliche Gesundheitspflege Bd. 27, S. 144-155.

– (1906): Die Verhütung der Infektionskrankheiten auf Grundlage der neueren Erfahrungen, in: Zeitschrift für ärztliche Fortbildung Nr. 10, S. 289-298.

Galewsky (1915): Zur Behandlung und Prophylaxe der Kleiderläuse, in: DMW Nr. 10, S. 285-286.

Geigel (1919): Die Statistik nach dem Kriege, in: MMW Nr. 4, S. 103.

Gerstenberg (1919): Sanierungsanstalten, in: Zeitschrift für Krankenpflege Nr. 4, S. 111-126.

Gins, H. A. (1926): Martin Kirchner zum Gedächtnis, in: Seuchenbekämpfung Bd. 1, S. 72-73.

Goldscheider, Alfred (1915): Über Typhusbekämpfung im Felde, speziell beim Stellungskampf, in: BKlW Nr. 21, S. 537-542.

– (1921): Typhus abdominalis, in: Schjerning (Hg.), Handbuch der ärztlichen Erfahrungen, Bd. 3: Innere Medizin, S. 64-93.

Gotschlich, Emil (1903): Allgemeine Morphologie und Biologie der pathogenen Mikroorganismen, in: Kolle/Wassermann (Hg.), Handbuch der pathogenen Mikroorganismen, 1. Aufl., Bd. 1, S. 29-164.

– (1912): Allgemeine Morphologie und Biologie der pathogenen Mikroorganismen, in: Kolle/Wassermann (Hg.), Handbuch der pathogenen Mikroorganismen, 2. Aufl., Bd. 1, S. 30-292.

– (1913a): Allgemeine Epidemiologie, in: Rubner et al. (Hg.), Handbuch der Hygiene, 3. Bd., 1. Abt., S. 201-314.

– (1913b): Allgemeine Prophylaxe der Infektionskrankheiten, in: Rubner et al. (Hg.), Handbuch der Hygiene, 3. Bd., 1. Abt., S. 317-362.

– (1919): Über Werden und Vergehen von Infektionskrankheiten, in: DMW Nr. 22, S. 593-597.

– (1924): Die Variabilität der Mikroorganismen in allgemein-biologischer Hinsicht, in: Centralbl. f. Bakt. etc., 1. Abt. Originale, Bd. 93, Beiheft, S. 2-22.

– (1928): Kommen und Gehen der Epidemien, in: Die Naturwissenschaften Nr. 45/46/47, S. 913-923.

– (1929): Hygiene Zivilisation und Kultur (Heidelberger Universitätsreden 8), Heidelberg.

Gottstein, Adolf (1885): Über Entfärbung gefärbter Zellkerne und Mikroorganismen durch Salzlösungen, in: Fortschritte der Medizin Nr. 19, S. 627-630.

– (1887): Die Verwertung der Bakteriologie in der klinischen Diagnostik, Berlin.

– (1893a): Der gegenwärtige Stand der Lehre von der Disposition, in: Therapeutische Monatshefte Bd. 7, August, S. 379-387.

– (1893b): Die Contagiosität der Diphterie, in: BKlW Nr. 25, S. 594-598.
– (1894): Infektionstheorie und Infektionskrankheit, in: ders./Schleich (Hg.), Immunität, Infektionstheorie und Diphterie-Serum, S. 29-55.
– (1895): Epidemiologische Studien über Diphterie und Scharlach, Berlin.
– (1896): Die Bekämpfung der Diphterie, in: BKlW Nr. 50, S. 1125-26.
– (1897): Allgemeine Epidemiologie, Leipzig.
– (1922a): Die russische Gefahr, in: Die Umschau Nr. 18, S. 273-277.
– (1922b): Russland, in: Klinische Wochenschrift Nr. 9, S. 453-455.
– (1922c): Zukunftsaufgaben der öffentlichen Gesundheitspflege, in: Klinische Wochenschrift Nr. 52, S. 2583-2586.
– (1925a): Persönliche Empfänglichkeit, in: DMW Nr. 8, S. 299-303.
– (1925b): Das Heilwesen der Gegenwart. Gesundheitslehre und Gesundheitspolitik, Berlin.
– (1925c): Auto-Ergographie, in: Grote (Hg.), Die Medizin der Gegenwart in Selbstdarstellungen, Bd. 4, S. 53-91.
– (1927): Epidemiologie und Soziologie der akuten Infektionskrankheiten, in: ders. et al. (Hg.), Handbuch der sozialen Hygiene, S. 425-480.
– (1928): Kommen und Gehen der Epidemien, in: Die Naturwissenschaften Nr. 45/46/47, S. 906-913.
– (1929a): Rechnende Epidemiologie, in: Ergebnisse der Immunitätsforschung, Experimentellen Therapie, Bakteriologie und Hygiene Bd. 10, S. 189-270.
– (1929b): Die Lehre von den Epidemien, Berlin.
– (1936): Infektionstheorie und Epidemiologie, in: Acta Medica Scandinavica fasc. VI, Bd. LXXXIX, S. 564-586.
– (1940): Autobiographie. Erlebnisse und Erkenntnisse, Nachlass 1939/40, in: Labisch/Koppitz, Adolf Gottstein, S. 41-254.
Gottstein, Adolf, Schleich, Carl-Ludwig (Hg.) (1894): Immunität, Infektionstheorie und Diphterie-Serum. Drei kritische Aufsätze, Berlin.
Gottstein, Adolf et al. (Hg.) (1927): Handbuch der sozialen Hygiene und Gesundheitsfürsorge, Berlin.
Grawitz, Paul (1881): Die Theorie der Schutzimpfung, in: Archiv für pathologische Anatomie und Physiologie und für klinische Medicin Bd. 84, Nr. 1, S. 87-110.
Grote, Louis R. (1920): Über die selektionistische Auffassung des Infektionsprozesses, in: MMW Nr. 28, S. 1083-85.
– (Hg.) (1923-1929): Die Medizin der Gegenwart in Selbstdarstellungen, Bd. 1-8, Leipzig.
– (1931): Über die Symbiose Pflanze-Mensch. Bemerkungen zu dem Aufsatz von Edwin Blos, in: Biologische Heilkunst Nr. 12, S. 680.
Grotjahn, Alfred (1915): Soziale Pathologie, 2. neubearbeitete Auflage, Berlin.
– (1924): Ab- und Umbau der Gesundheitsfürsorge in Reich, Ländern und Kommunalverwaltungen, in: Soziale Praxis und Archiv für Volkswohlfahrt Nr. 7, S. 143-143.
Gütt, Arthur Julius (1932): Bevölkerungspolitik und öffentliches Gesundheitswesen, in: Zeitschrift für Medizinalbeamte Nr. 10, S. 451-472.
Gundel, Max (1935): Die ansteckenden Krankheiten. Ihre Epidemiologie, Bekämpfung und spezifische Therapie, Leipzig.

Gundel, Max, Schürmann, Walter (1939): Lehrbuch der Mikrobiologie und Immunbiologie, Berlin.
Guttmann, Walter (Hg.) (1909): Gesammelte Abhandlungen von Ottomar Rosenbach, Leipzig.
Guttmann, S. (1892): v. Pettenkofer. Ueber Cholera mit Berücksichtigung der jüngsten Choleraepidemie, in: DMW Nr. 47, S. 1077-78.
Gyorgy, Andrew (1943): The Application of German Geopolitics. Geo-Sciences, in: The American Political Science Review Bd. 37, Nr. 4, S. 677-686.
Habs, Horst (1931): Tierseuchen und menschliche Epidemien. Ein Beitrag zur allgemeinen Epidemiologie, in: Klinische Wochenschrift Nr. 12/13, S. 554-557, 604-606.
Haendel, Ludwig, Hesse, Erich (1924): Allgemeines über Einrichtung bakteriologisch-mikrobiologischer Institute, in: Kraus/Uhlenhuth (Hg.), Handbuch der mikrobiologischen Technik, S. 2491-2521.
Haendel, Ludwig (1926): Reichsgesundheitsamt und wissenschaftliche Forschung, in: Klinische Wochenschrift Nr. 30, S. 1377-80.
Haehner (1915): Beobachtungen und Erfahrungen eines Truppenarztes, in: Feldärztliche Beilage zur MMW Nr. 40, S. 1376.
Hahn, Martin (1912): Natürliche Immunität (Resistenz), in: Kolle/Wassermann (Hg.), Handbuch der pathogenen Mikroorganismen, 2. Aufl., Bd. 1, S. 942-1028.
– (1929): Natürliche Immunität (Resistenz), in: Kolle/Kraus/Uhlenhuth: Handbuch der pathogenen Mikroorganismen, 3. Aufl., Bd. 1, S. 663-758.
Hallauer, Curt (1941): Robert Doerr zum siebzigsten Geburtstag, Sonderabdruck aus: Klinische Wochenschrift Nr. 43.
Hallier, Ernst (1867): Das Cholera-Kontagium, Leipzig.
Hannemann, Karl (1916): Zur Hygiene des Stellungskrieges, in: Feldärztliche Beilage zur MMW Nr. 49, S. 1745-46.
Hansemann, David von (1895): Über die Beziehungen des Löffler'schen Bacillus zur Diphterie, in: Archiv für pathologische Anatomie und Physiologie und für klinische Medicin Bd. 139, S. 353-381.
– (1912): Über das konditionale Denken in der Medizin und seine Bedeutung für die Praxis, Berlin.
Hart, Carl (1922): Konstitution und Disposition, in: Ergebnisse der allgemeinen Pathologie Bd. 20 Abt. 1, S. 1-435.
Hartoch, O. et al. (1924): Zur Bedeutung der Haut bei Infektions- und Immunitätserscheinungen, in: Centralbl. f. Bakt. etc., 1. Abt. Originale, Bd. 93, Nr. 7/8, S. 528-542.
Hase, Albrecht (1915): Beiträge zu einer Biologie der Kleiderlaus, Berlin.
– (1916): Beobachtungen und Untersuchungen über die Verlausung der Fronttruppen, in: Deutsche Militärärztliche Zeitschrift Nr. 17/18, S. 291-308.
– (1919): Die Zoologie und ihre Leistungen im Kriege 1914-1918, in: Die Naturwissenschaften Nr. 7, S. 105-112.
– (1921): Ungeziefer, in: Schjerning (Hg.), Handbuch der ärztlichen Erfahrungen, Bd. VII: Hygiene, S. 306-327.
Heeres-Sanitäts-Inspektion (1923): Die Geschlechtskrankheiten im Deutschen Heere während des Weltkrieges 1914/18, in: Der Kampf gegen die Geschlechtskrankheiten 1-3.

Helly, Konrad (1916): Pathologische und epidemiologische Kriegsbeobachtungen, in: Feldärztliche Beilage zur MMW Nr. 3, S. 98-99.
Henle, Jacob (1840): Pathologische Untersuchungen, Berlin.
– (1840a): Von den Miasmen und Contagien und von den miasmatisch-kontagiösen Krankheiten, in: ders., Pathologische Untersuchungen, S. 1-82.
– (1840b): Über das Fieber, in: ders., Pathologische Untersuchungen, S. 206-274.
Hesse, Erich (1917): Die Hygiene im Stellungskriege, in: Ergebnisse der Immunitätsforschung, Experimentellen Therapie, Bakteriologie und Hygiene Bd. 2, S. 1-108.
– (1920): Jürgens, G. Neue Wege der Seuchenbekämpfung, in: Centralbl. f. Bakt. etc., 1. Abt. Referate, Bd. 69, Nr. 5/6, S. 105.
– (1932): Volksentartung und Volksaufartung, in: Zeitschrift für ärztliche Fortbildung Nr. 17, S. 541-545.
Hetsch, Heinrich (1909): Die Verbreitung übertragbarer Krankheiten durch sogenannte »Dauerausscheider« und »Bazillenträger«, in: Centralbl. für Bakt. etc., 1. Abt. Referate, Bd. 43, Nr. 6/8, S. 161-172.
– (1912): Immunität und Immunisierung, in: Bischoff et al. (Hg.), Lehrbuch der Militärhygiene, 4. Bd., S. 122-125.
– (1918): Was tut die Heeresverwaltung, um nach dem Kriege die Einschleppung von Seuchen in die Zivilbevölkerung zu verhüten? in: Kirchner/Adam (Hg.), Der Wiederaufbau der Volkskraft nach dem Kriege, S. 317-328.
– (1920): Sanierungsanstalten, in: Schwarte (Hg.), Die Technik im Weltkriege, S. 576-591.
– (1921): Sanierungsanstalten an der Reichsgrenze, in: Schjerning (Hg.), Handbuch der ärztlichen Erfahrungen, Bd. VII: Hygiene, S. 266-280.
– (1931): Mikrobiologie und Immunitätslehre, Berlin.
Hilbert, Paul (1899): Über das constante Vorkommen langer Streptokokken auf gesunden Tonsillen und ihre Bedeutung für die Ätiologie der Anginen, in: Zeitschrift für Hygiene und Infektionskrankheiten Bd. 31, S. 381-415.
Hillenberg, Bernhard (1916): Hygienische Erfahrungen des Führers eines Seuchentrupps, insbesondere hinsichtlich Ruhr, Typhus und Fleckfieber, in: Veröffentlichungen aus dem Gebiete der Medizinalverwaltung Bd. 6, Nr. 4.
Hirsch, Carl (1923): Über Typhus und Paratyphus auf Grund der ärztlichen Erfahrungen, in: Kraus/Brugsch (Hg.), Spezielle Pathologie und Therapie innerer Krankheiten, 2. Bd. 3. Teil, S. 291-370.
Hirszfeld, Ludwik (1924a): Krankheitsdisposition und Gruppenzugehörigkeit. Rassenbiologische Betrachtungen über die verschiedene Empfänglichkeit der Menschen für Krankheitserreger, in: Klinische Wochenschrift Nr. 46, S. 2084-87.
– (1924b): Die Konstitutionslehre im Lichte serologischer Forschung, in: Klinische Wochenschrift Nr. 26, S. 1180-84.
– (1931): Prolegomena zur Immunitätslehre, in: Klinische Wochenschrift Nr. 47, S. 2153-59.
– (1938): Die Seuchengesetze in naturgeschichtlicher Betrachtung, in: WKlW Nr. 27, S. 732-737.
Hirszfeld, Ludwik, Hirszfeld, Hanna (1935): Konstitution und Immunbiologie im Zusammenhang mit dem Werden und Vergehen der Infektionskrankheiten, in: Zentralblatt für die gesamte Hygiene mit Einschluss der Bakteriologie und Immunitätslehre Bd. 34, Nr. 1, S. 1-80.

Hirszfeld, Ludwik, Hirszfeld, Hanna, Brokman, H. (1924): Untersuchungen über Vererbung der Disposition bei Infektionskrankheiten, speziell bei Diphterie, in: Klinische Wochenschrift Nr. 29, S. 1308-11.

His, Wilhelm (1921): Allgemeine Einwirkungen des Feldzuges auf den Gesundheitszustand, in: Schjerning (Hg.), Handbuch der ärztlichen Erfahrungen, Bd. III: Innere Medizin, S. 3-32.

– (1925): Seuchenprobleme. Einleitende Worte, in: DMW Nr. 8, S. 299.

– (1931): Die Front der Ärzte, Bielefeld, Leipzig.

His, Wilhelm, Weintraud, Wilhelm (Hg.) (1916): Kriegsseuchen und Kriegskrankheiten. Verhandlungen der außerordentlichen Tagung des Deutschen Kongresses für Innere Medizin in Warschau, 1. und 2. Mai 1916, Wiesbaden.

Höring, Felix O. (1938): Klinische Infektionslehre. Einführung in die Pathogenese der Infektionskrankheiten, Berlin.

Hoffmann, Wilhelm (Hg.) (1916): Schutz des Heeres gegen Cholera, in: His/Weintraud (Hg.), Kriegsseuchen und Kriegskrankheiten, S. 17-42.

– (1918): Über Ruhrschutzimpfungen, in: Deutsche Militärärztliche Zeitschrift Nr. 13/14, S. 235-236.

– (Hg.) (1920): Die deutschen Ärzte im Weltkriege. Ihre Leistungen und Erfahrungen, Berlin.

– (1920a): Die wichtigsten Kriegsseuchen, in: ders. (Hg.), Die deutschen Ärzte im Weltkriege, S. 97-181.

– (1921): Cholera, in: Schjerning (Hg.), Handbuch der ärztlichen Erfahrungen, Bd. VII: Hygiene, S. 386-403.

Honigmann, Georg (1925): Geschichtliche Entwicklung der Medizin in ihren Hauptperioden dargestellt, München.

Hotta, Yukitaka (1928): Der Einfluß der Ernährung auf die natürliche Resistenz, in: Centralbl. f. Bakt. etc., 1. Abt. Originale, Bd. 110, Nr. 7/8, S. 413-430.

Hünermann (1916): Über Typhusschutzimpfung, in: His/Weintraud (Hg.), Kriegsseuchen und Kriegskrankheiten, S. 207-230.

Hueppe, Ferdinand (1886): Die Methoden der Bakterien-Forschung, 3. vermehrte und verbesserte Aufl., Wiesbaden.

– (1889): Über den Kampf gegen die Infectionskrankheiten, in: BKlW Nr. 46/47, S. 989-994, 1014-21.

– (1893b): Über die Ursachen der Gährung und Infectionskrankheiten und deren Beziehungen zum Causalproblem und zur Energetik, in: Verhandlungen der Gesellschaft deutscher Naturforscher und Ärzte, 1. Theil, Die allgemeinen Sitzungen, S. 134-158.

– (1896): Naturwissenschaftliche Einführung in die Bakteriologie, Wiesbaden.

– (1904a): Allgemeine Betrachtungen über die Entstehung der Infektionskrankheiten, in: Archiv für Rassen- und Gesellschafts-Biologie, 1. Jg., 2. Heft, S. 210-218.

– (1904b): Hygiene und Serumforschung, in: Archiv für Rassen- und Gesellschafts-Biologie, 1. Jg., 3. Heft, S. 366-376.

– (1915): Über Entstehung und Ausbreitung der Kriegsseuchen, Berlin.

– (1918): Der bakteriologische Charakter der »Spanischen Krankheit«, in: DMW Nr. 32, S. 887.

– (1923): Auto-Ergographie, in: Grote (Hg.), Die Medizin der Gegenwart in Selbstdarstellungen, Bd. 3, S. 76-138.

Hueppe, Ferdinand, Hueppe, Else (1893): Die Cholera-Epidemie in Hamburg 1892. Beobachtungen und Versuche über Ursache, Bekämpfung und Behandlung der asiatischen Cholera, Berlin.
Jaeger, Heinrich (1893): Die bacteriologische Choleradiagnose und ihre Anfeindung, in: DMW Nr. 30, S. 729.
– (1909): Die Bakteriologie des täglichen Lebens. In achtzehn gemeinverständlichen Vorträgen, Hamburg, Leipzig.
Jochmann, Georg (1914): Lehrbuch der Infektionskrankheiten, Berlin.
Johne, Albert (1885): Über die Koch'schen Reinculturen und die Cholerabacillen. Erinnerungen aus dem Cholera-Cursus im K. Gesundheitsamte zu Berlin, Leipzig.
Jones, N.W. (1900): The presence of virulent tubercle-bacilli in the healthy nasal cavity of healthy persons, in: Medical Record, August 25, S. 371.
Jürgens, Georg (1916): Über chronische Ruhr, in: Medizinische Klinik Nr. 51, S. 1331-34.
– (1919a): Neue Wege der Seuchenbekämpfung, in: BKlW Nr. 23, S. 532-536.
– (1919b): Typhus und Paratyphus, in: Kraus/Brugsch (Hg.), Spezielle Pathologie und Therapie innerer Krankheiten, 2. Bd. 1. Teil, S. 149-264.
– (1920): Infektionskrankheiten, Berlin.
– (1921): Fleckfieber-Epidemiologie und -Bekämpfung, in: Schjerning (Hg.), Handbuch der ärztlichen Erfahrungen, Bd. III: Innere Medizin, S. 205-237.
– (1926): Die Verhütung der Infektionskrankheiten, in: Berliner Klinik Bd. 33, Nr. 354/55, S. 1-32.
– (1949): Arzt und Wissenschaft. Erkenntnisse eines Lebens, Hannover.
Jungmann, Paul, Neisser, Emil (1917): Zur Klinik und Epidemiologie der Ruhr, in: Medizinische Klinik Nr. 5, S. 122-127.
Kathe, Johannes (1924): Sind die bakteriologischen Untersuchungsämter abzubauen? Eine Erwiderung auf Professor Grotjahns Anregung, in: Zeitschrift für Medizinalbeamte Nr. 4, S. 76-81.
Kayser, Heinrich (1923): Hygienische Kriegserfahrungen, in: Veröffentlichungen aus dem Gebiete des Militär-Sanitätswesens Nr. 77, S. 63-86.
– (1924): Kriegserfahrungen mit Infektionskrankheiten, in: Zeitschrift für Hygiene und Infektionskrankheiten Bd. 103, S. 241-252.
Kestner, Otto, Knipping, Hugo (1926): Ernährung des Menschen, Berlin.
Killian, Hans (1924): Über die Umwandlung pathogener Bakterien beim Durchtritt durch die Schleimhaut der Verdauungswege, in: Zeitschrift für Hygiene und Infektionskrankheiten Bd. 102, S. 262-278.
Kirchner, Martin (1890): Die Bedeutung der Bakteriologie für die öffentliche Gesundheitspflege, in: ders., Hygiene und Seuchenbekämpfung, S. 32-59.
– (1903): Die soziale Bedeutung der Volksseuchen und ihre Bekämpfung, in: ders., Hygiene und Seuchenbekämpfung, S. 185-208.
– (1904): Hygiene und Seuchenbekämpfung. Gesammelte Abhandlungen, Berlin.
– (1907a): Die gesetzlichen Grundlagen der Seuchenbekämpfung im Deutschen Reiche unter besonderer Berücksichtigung Preußens, Jena.
– (1907b): Über den heutigen Stand der Typhusbekämpfung, Jena.
– (1908): Die Verbreitung übertragbarer Krankheiten durch sogenannte »Dauerausscheider« und »Bazillenträger«, in: Klinisches Jahrbuch Bd. 19, S. 473-482.

– (1910): Lehrbuch der Militär-Gesundheitspflege, 2. Aufl., Leipzig.
– (1915): Verhütung und Bekämpfung von Kriegsseuchen, in: Adam (Hg.), Seuchenbekämpfung im Kriege, S. 27-55.
– (1918): Ärztliche Kriegs- und Friedensgedanken, Jena.
– (1918a): Die Verbreitung übertragbarer Krankheiten durch »Dauerausscheider« und »Bazillenträger«, in: ders., Kriegs- und Friedensgedanken, S. 62-70.
– (1918b): Aufgaben und Durchführung der Desinfektion und ihre Grenzen, in: ders., Kriegs- und Friedensgedanken, S. 71-78.
– (1918c): Die Entwicklung der Seuchenbekämpfung im Deutschen Reiche während der letzten 25 Jahre, in: ders., Kriegs- und Friedensgedanken, S. 24-44.
– (1918d): Die Organisation der bakteriologischen Seuchenfeststellung im Deutschen Reiche, in: ders., Kriegs- und Friedensgedanken, S. 45-61.
– (1918): Ansprache zur Festsitzung am 24. Januar 1918, in: ders./Adam (Hg.), Der Wiederaufbau der Volkskraft nach dem Kriege, S. 37-41.
– (1919a): Ärztliche Aufgaben während und nach der Demobilmachung, in: Zeitschrift für ärztliche Fortbildung Nr. 3, S. 70-76.
– (1919b): Ziele und Leistungen der öffentlichen Gesundheitspflege und der Medizinalverwaltung, in: BKlW Nr. 4, S. 74-76.
– (1919c): Über den Ausbau der Seuchenbekämpfung mit besonderer Berücksichtigung der Tuberkulose, in: BKlW Nr. 19, S. 433-437.
– (1919d): Neue Wege der Seuchenbekämpfung, in: BKlW Nr. 27, S. 625-630.
Kirchner, Martin, Adam, Curt (Hg.) (1918): Der Wiederaufbau der Volkskraft nach dem Kriege. Sitzungsbericht über die gemeinsame Tagung der ärztlichen Abteilungen der Waffenbrüderlichen Vereinigungen Österreichs, Ungarns und Deutschlands in Berlin, 24-26.1.1918, Jena.
Kisskalt, Karl (1910): Die Bedeutung der Bakteriologie für die öffentliche Gesundheitspflege, in: Deutsche Vierteljahresschrift für öffentliche Gesundheitspflege Bd. 42, S. 498-515.
– (1914a): Die Ermittelung der Disposition zu Infektionskrankheiten (Untersuchungen über Konstitution und Krankheitsdisposition, Teil 1), in: Zeitschrift für Hygiene und Infektionskrankheiten Bd. 78, S. 489-499.
– (1923a): Seuchenverbreitung und Seuchenbekämpfung, in: Kraus/Brugsch (Hg.), Spezielle Pathologie und Therapie innerer Krankheiten, 2. Bd. 3. Teil, S. 211-290.
– (1923b): Das Wandern der Seuchen, in: DMW Nr. 18, S. 569-571.
– (1926): Entstehen und Vergehen von Seuchen, in: Seuchenbekämpfung Bd. 5, S. 179-188.
– (1927): Epidemiologie und Bakteriologie, in: MMW Nr. 22, S. 918-920.
– (1930): Allgemeine Epidemiologie, in: Kolle/Kraus/Uhlenhuth (Hg.), Handbuch der pathogenen Mikroorganismen, 3. Aufl., Bd. 3, S. 731-768.
Klebs, Edwin (1872): Beiträge zur pathologischen Anatomie der Schusswunden, Leipzig.
– (1878a): Über Cellularpathologie und Infectionskrankheiten, Prag.
– (1878b): Über die Umgestaltung der medicinischen Anschauungen in den letzten drei Jahrzehnten, Leipzig.
Klieneberger-Nobel, Emmy (1977): Pionierleistungen für die medizinische Mikrobiologie, Stuttgart.

Klose, Franz (1921): Gasödem, in: Schjerning (Hg.), Handbuch der ärztlichen Erfahrungen, Bd. VII: Hygiene, S. 547-573.

Knack, A.V. (1915): Insektensichere Schutzkleidung, in: DMW Nr. 31, S. 922-924.

Knopf, E. W. (1925): Review Elements of Physical Biology by Alfred J. Lotka, in: Journal of the American Statistical Association Bd. 20, Nr. 151, S. 454.

Knorr, M. (1930): Die Desinfektion in der Bekämpfung übertragbarer Krankheiten, in: Zeitschrift für Medizinalbeamte Nr. 21, S. 649-672.

Kober, Max (1899): Die Verbreitung des Diphteriebacillus auf der Mundschleimhaut gesunder Menschen, in: Zeitschrift für Hygiene und Infektionskrankheiten Bd. 31, S. 433-464.

Koch, Josef (1916): Zur Epidemiologie und Bekämpfung der Ruhrerkrankungen im Felde, in: DMW Nr. 7, S. 187-188.

Koch, Robert (1876): Die Ätiologie der Milzbrand-Krankheit, begründet auf die Entwicklungsgeschichte des Bacillus Anthracis, in: Schwalbe (Hg.), Gesammelte Werke von Robert Koch, 1. Bd. 1912, S. 5-26.

– (1877): Verfahren zur Untersuchung, zum Konservieren und Photographieren von Bakterien, in: Schwalbe (Hg.), Gesammelte Werke von Robert Koch, 1. Bd. 1912, S. 27-50.

– (1878): Untersuchung über die Ätiologie der Wundinfektionskrankheiten, in: Schwalbe (Hg.), Gesammelte Werke von Robert Koch, 1. Bd. 1912, S. 61-118.

– (1881a): Zur Untersuchung von pathogenen Mikroorganismen, in: Schwalbe (Hg.), Gesammelte Werke von Robert Koch, 1. Bd. 1912, S. 112-163.

– (1881b): Über Desinfektion, in: Schwalbe (Hg.), Gesammelte Werke von Robert Koch, 1. Bd. 1912, S. 287-338.

– (1882): Die Ätiologie der Tuberkulose, in: Schwalbe (Hg.), Gesammelte Werke von Robert Koch, 1. Bd. 1912, S. 428-445.

– (1884a): Experimentelle Studien über die künstliche Abschwächung der Milzbrandbakterien und Milzbrandinfection durch Fütterung, in: Mittheilungen aus dem Kaiserlichen Gesundheitsamte Bd. 2, S. 147-173.

– (1884b): Erste Konferenz zur Erörterung der Cholerafrage am 26. Juli 1884 in Berlin, in: Schwalbe (Hg.), Gesammelte Werke von Robert Koch, 2. Bd. 1. Teil 1912, S. 20-60.

– (1885): Zweite Konferenz zur Erörterung der Cholerafrage im Mai 1885, in: Schwalbe (Hg.), Gesammelte Werke von Robert Koch, 2. Bd. 1. Teil 1912, S. 69-166.

– (1888): Die Bekämpfung der Infektionskrankheiten, insbesondere der Kriegsseuchen, in: Schwalbe (Hg.), Gesammelte Werke von Robert Koch, 2. Bd. 1. Teil 1912, S. 276-289.

– (1890): Über die bakteriologische Forschung, in: Schwalbe (Hg), Gesammelte Werke von Robert Koch, 1. Bd. 1912, S. 650-660.

– (1893a): Über den augenblicklichen Stand der Choleradiagnose, in: Zeitschrift für Hygiene und Infektionskrankheiten Bd. 14, S. 319-338.

– (1893b): Die Cholera in Deutschland während des Winters 1892-1893, in: Schwalbe (Hg.), Gesammelte Werke von Robert Koch, 2. Bd. 1. Teil 1912, S. 207-261.

– (1895): Die Maßregeln zur Bekämpfung der Cholera, in: Schwalbe (Hg.), Gesammelte Werke von Robert Koch, 2. Bd. 1. Teil 1912, S. 262-265.

– (1900): Zusammenfassende Darstellung der Ergebnisse der Malariaexpedition, in:

Schwalbe (Hg.), Gesammelte Werke von Robert Koch, 2 Bd. 1. Teil 1912, S. 420-434.
– (1901a): Seuchenbekämpfung im Kriege, in: Schwalbe (Hg.), Gesammelte Werke von Robert Koch, 2. Bd. 1. Teil 1912, S. 291-295.
– (1901b): Die Bekämpfung der Tuberkulose unter Berücksichtigung der Erfahrungen, welche bei der erfolgreichen Bekämpfung anderer Infektionskrankheiten gemacht sind, in: Schwalbe (Hg.), Gesammelte Werke von Robert Koch, 1. Bd. 1912, S. 566-577.
– (1902): Die Bekämpfung des Typhus, in: Schwalbe (Hg.), Gesammelte Werke von Robert Koch, 2. Bd. 1. Teil 1912, S. 296-305.
– (1904): Über die Trypanosomenkrankheiten, in: Schwalbe (Hg.), Gesammelte Werke von Robert Koch, 2. Bd. 1. Teil 1912, S. 459-476.
– (1905): Über die Unterscheidung der Trypanosomenarten, in: Schwalbe (Hg.), Gesammelte Werke von Robert Koch, 2. Bd. 1. Teil 1912, S. 473-476.
– (1909): Antrittsrede, in: DMW Nr. 29, S. 1278-1279.
Köhrer, Erich (1915): Auf Hindenburgs Siegespfaden. Wintereindrücke an der preußisch-polnischen Schlachtfront, Berlin.
Kolle, Wilhelm (1912): Spezifität der Infektionserreger, in: ders./Wassermann (Hg.), Handbuch der pathogenen Mikroorganismen, 2. Aufl., Bd. 1, S. 869-904.
Kolle, Wilhelm, Dorendorf (1916): Klinische und bakteriologische Beobachtungen über Ruhr während des Sommerfeldzugs einer Armee in Galizien und Russisch-Polen, in: DMW Nr. 19, S. 561-564.
Kolle, Wilhelm, Hetsch, Heinrich (Hg.) (1908): Experimentelle Bakteriologie und Infektionskrankheiten mit besonderer Berücksichtigung der Immunitätslehre, 1. Aufl., Berlin, Wien.
– (1908a): Allgemeines über Infektion, Infektionserreger und ihre Spezifität, in: dies. (Hg.), Experimentelle Bakteriologie und Infektionskrankheiten, 1. Aufl., S. 53-70.
– (Hg.) (1929): Die Experimentelle Bakteriologie und die Infektionskrankheiten mit besonderer Berücksichtigung der Immunitätslehre, 7. Aufl., Berlin.
– (1929a): Allgemeines über Infektion und Mischinfektion, Infektionserreger und ihre Spezifität, in: dies. (Hg.), Experimentelle Bakteriologie und die Infektionskrankheiten, 7. Aufl., 1. Bd., S. 43-70.
– (Hg.) (1938): Experimentelle Bakteriologie und Infektionskrankheiten mit besonderer Berücksichtigung der Immunitätslehre, 8. umgearbeitete Aufl., Berlin, Wien.
– (1934): Die Leistungen der Schutzimpfungen im Weltkrieg und deren Nutzanwendung für die Zukunft, in: MMW Nr. 31, S. 1196-1202.
Kolle, Wilhelm, Wassermann, August (Hg.) (1902-09): Handbuch der pathogenen Mikroorganismen, 1. Aufl., 8 Bde., Jena.
– (Hg.) (1912-13): Handbuch der pathogenen Mikroorganismen, 2. Aufl., 8 Bde. in 9 Teilen, Jena.
Kolle, Wilhelm, Kraus, Rudolf, Uhlenhuth, Paul (Hg.) (1929-30): Handbuch der pathogenen Mikroorganismen, 3. erweiterte Aufl., 10 Bde., Jena.
Konsbrück, Hermann (1919): Großer Bilderatlas des Weltkrieges, Bd. 3, München.
Kossel, Hermann (1914): Über Typhusschutzimpfung, in: BKlW Nr. 48, S. 1857-58.

– (1919): Wandlungen, Wege und Ziele der Seuchenbekämpfung, in: Reden gehalten bei der Jahresfeier der Universität Heidelberg zur Erinnerung an den zweiten Gründer der Universität Karl Friedrich, Großherzog von Baden, 22.11.1919, Heidelberg, S. 3-19.

Krahn (1937): Das Gesundheitsamt und seine Bedeutung für Volk und Staat, in: Der öffentliche Gesundheitsdienst, 2. Jg., Teilausgabe A, S. 450-462.

Kraus, Friedrich, Brugsch, Theodor (Hg.) (1913-29): Spezielle Pathologie und Therapie innerer Krankheiten, Bde. 1-11, Berlin.

Kraus, Rudolf, Uhlenhuth, Paul (Hg.) (1924): Handbuch der mikrobiologischen Technik, Berlin.

Krehl, Ludolf von, Marchand, Felix (Hg.) (1908): Handbuch der allgemeinen Pathologie, 1. Bd.: Allgemeine Ätiologie, Leipzig.

Krehl, Ludolf von (1916): Über Abdominaltyphus im Kriege, in: His/Weintraud (Hg.), Kriegsseuchen und Kriegskrankheiten, S. 192-206.

Kriegs-Sanitätsordnung (K.S.O.) vom 27. Januar 1907, Berlin 1907.

Krocker, Arthur (1891): Aufgaben und Ziele der Gesundheitspflege, Berlin.

Kruse, Walther (1896): Variabilität der Mikroorganismen, in: Flügge (Hg.), Die Mikroorganismen, S. 475-491.

– (1910): Allgemeine Mikrobiologie, Leipzig.

– (1916): Über die Ruhr. II. Referat, in: His/Weintraud (Hg.), Kriegsseuchen und Kriegskrankheiten, S. 300-315.

– (1917): Über die Veränderlichkeit der Seuchen, insbesondere des Typhus und der Ruhr, in: Feldärztliche Beilage zur MMW Nr. 40, S. 1309-10.

– (1933): Veränderlichkeit und Formenwechsel bei Bakterien, in: Zeitschrift für Hygiene und Infektionskrankheiten Bd. 115, S. 1-6.

Kümmel (1916): Die Erfolge der Schutzimpfung gegen Wundstarrkrampf, in: BKlW Nr. 16, S. 414-417.

Kuczynski, Max H., Wolff, Erich (1921): Weitere Untersuchungen über den Streptococcus viridians, in: Zeitschrift für Hygiene und Infektionskrankheiten Bd. 92, S. 119-128.

Küster, Emil (1924): Die bakteriologische Abteilung des Reichsgesundheitsamtes, in: Kraus/Uhlenhuth (Hg.), Handbuch der mikrobiologischen Technik, S. 2543-59.

Kuhn, Philateles, Sternberg, Käthe (1931): Über Bakterien und Pettenkoferien, in: Zentralbl. f. Bakt. etc. 1. Abt. Originale, Bd. 121, Nr. 3/4, S. 113-161.

Kuhn, Philateles, Balser, E. (1933): Vorschläge für das Gesundheitswesen des Deutschen Reiches, in: Zeitschrift für Medizinalbeamte Nr. 7, S. 287-312.

Kurpjuweit, O. (1913): Über Typhusbazillenträger und ihre operative Heilung, in: Zeitschrift für Medizinalbeamte Nr. 21, S. 455-468.

Kutna, Samuel (1917): Zur Taktik der Seuchenbekämpfung, in: WMW Nr. 7, S. 340-346.

Kutscher, Karl (1924): Der Grenzseuchenschutz im Regierungsbezirk Allenstein, in: Zeitschrift für Hygiene und Infektionskrankheiten Bd. 103, S. 379-384.

Lange, Bruno (1925): Experimentelle Beiträge zur Frage der Disposition und ihrer Bedeutung für Entstehung und Verlauf von Seuchen, in: DMW Nr. 48, S. 1975-77.

– (1936): Äußere und innere Ursachen der Infektionskrankheiten, dargestellt am Beispiel der Tuberkulose, in: Die Naturwissenschaften Nr. 51, S. 802-809.

Lange, Bruno, Gutdeutsch, H. (1929): Experimentelle Untersuchungen über die Organdisposition für verschiedene Infektionskrankheiten und über die Immunität nach Infektionen ohne nachweisbare Erkrankung, in: Zeitschrift für Hygiene und Infektionskrankheiten Bd. 109, S. 253-265.

Langer, Hans (1917): Neuere Kulturmethoden für Typhus, Ruhr, Cholera und Diphterie. Nach den bisherigen Erfahrungen der Kriegszeit, in: BKlW Nr. 6, S. 130-133.

Lehmann, Karl Bernhard (1933): Frohe Lebensarbeit. Erinnerungen und Bekenntnisse eines Hygienikers und Naturforschers, München.

Lehmann, Karl Bernhard, Neumann, Rudolf Otto (1896): Atlas und Grundriss der Bakteriologie und Lehrbuch der speziellen bakteriologischen Diagnostik, München.

Lehmann, Ernst (1916): Über die sogenannten Bakterienmutationen, in: Die Naturwissenschaften Nr. 36, S. 547-551.

– (1919): Die Bakteriologie im Kriege, in: Schmid, Sebastian (Hg.), Deutsche Naturwissenschaft, Technik und Erfindung im Weltkriege, München, S. 629-664.

Lehndorff, Arno (1916): Erfahrungen über Infektionskrankheiten im Felde, in: Medizinische Klinik Nr. 43, S. 1117-20.

Lentz, Otto (1905): Über chronische Typhusbazillenträger, in: Klinisches Jahrbuch Bd. 14, S. 475-494.

– (1912a): Die Bekämpfung der Infektionskrankheiten auf Grund neuerer wissenschaftlicher Forschungen, in: Deutsche Vierteljahresschrift für öffentliche Gesundheitspflege Bd. 44, S. 42-91.

– (1912b): Aktive und passive Schutzimpfungen, in: Arbeiten aus dem Kaiserlichen Gesundheitsamte Bd. 41, Typhusbekämpfung im Südwesten Deutschlands, S. 447.

– (1914): Die Bekämpfung der Infektionskrankheiten unter Berücksichtigung der Verhältnisse im Kriege und die Mitwirkung der Krankenkassen, in: Ortskrankenkasse Nr. 12, S. 386-393.

– (1916a): Die Aufgaben der Seuchenabwehr und Seuchenbekämpfung nach dem Kriege, in: Blätter für Volksgesundheitspflege Bd. 16, Nr. 34, S. 45-53.

– (1916b): Die Seuchenbekämpfung in Preußen während des Krieges und ihr Ergebnis bis Ende 1915, in: Veröffentlichungen aus dem Gebiete der Medizinalverwaltung Bd. 6, Nr. 3.

– (1917): Die Seuchenbekämpfung und ihre technischen Hilfsmittel. Ein Wegweiser für praktische und beamtete Ärzte, Verwaltungsbeamte, Krankenhausleiter, Desinfektoren, Gesundheitsaufseher, Krankenpfleger- und pflegerinnen, Berlin.

– (1925): Martin Kirchner, in: Volkswohlfahrt Bd. 6, S. 447-449.

– (1926): Martin Kirchner. Eine Gedächtnisrede, in: Veröffentlichungen aus dem Gebiete der Medizinalverwaltung Bd. 21, Nr. 1, S. 6-15.

– (1927): Über Friedbergers »Probleme der Epidemiologie, insbesondere des Typhus«, in: MMW Nr. 14, S. 585-588.

Leschke, Erich (1915): Erfahrungen über die Behandlung der Kriegsseuchen, in: BKlW Nr. 24, S. 634-641.

– (1919): Konstitution und Krankheit, in: Die Umschau Nr. 1, S. 9-12.

Levinthal, Walter (1928): Der Variabilitätsbegriff in der Bakteriologie, seine Bedeutung für Spezifitätslehre und Epidemiologie, in: Klinische Wochenschrift Nr. 4, S. 145-150.
– (1929): Die Abwehrkräfte der normalen Schleimhaut gegen Infektionen, untersucht in vitro, in: Zeitschrift für Hygiene und Infektionskrankheiten Bd. 110, S. 182-184.
– (1931): Das Variabilitätsproblem in der Bakteriologie, in: Jahreskurse für ärztliche Fortbildung Nr. 10, S. 44-55.
– (1946): The Problem of Bacterial Variability and the Origin of Infectious Disease (Honyman Gillispie lecture), in: Edinburgh Medical Journal Nr. 53, S. 429-443.
Liebermann, L. v., Fenyvessy, B. v. (1911): Ein Kasten zur Desinfektion von Büchern, in: Centralbl. f. Bakt. etc. 1. Abt. Originale, Bd. 59, Nr. 5/7, S. 491-492.
Liebetrau (1906): Die rechtliche Stellung der Typhusbazillenträger, in: Zeitschrift für Krankenpflege Nr. 11, S. 340-348.
Liebreich, Oscar (1893): Der Werth der Cholerabacterien-Untersuchung, in: BKlW Nr. 28, S. 665-671.
Lipp, Hans (1915): Empfindliche, einfache und rasch ausführbare Untersuchungsmethoden, für Lazarett-Laboratorien und praktische Ärzte (Taschenbuch des Feldarztes, IV. Teil), München.
Loeb (1918): Erfahrungen in der Behandlung akuter Ruhrfälle während 7 Wochen in einem Feldlazarett, in: MMW Nr. 18, S. 473-474.
Löffler, Friedrich (1887): Vorlesungen über die geschichtliche Entwickelung der Lehre von den Bacterien. Für Ärzte und Studirende, Leipzig.
– (1908): Die Verbreitung der Diphterie, in: Klinisches Jahrbuch Bd. 19, S. 497-518.
– (1910): Ursachen und Entstehung der Infektion, in: Zeitschrift für ärztliche Fortbildung Nr. 1, S. 1-11.
Loehlein, Max (1910): Die krankheitserregenden Bakterien (Aus Natur und Geisteswelt, 307. Bd.), Leipzig.
Loghem, J.J. van (1926): Die Individualitätstheorie der bakteriellen Veränderlichkeit, in: Zeitschrift für Hygiene und Infektionskrankheiten Bd. 110, S. 382.
– (1933): Parasitäre und commensale Infektion in ihrer Bedeutung für die Epidemiologie, in: Zeitschrift für Hygiene und Infektionskrankheiten Bd. 115, S. 183-193.
Lotze, Harald (1935): Wandlungen in der Auffassung von der Seuchenentstehung, in: Hippokrates Nr. 6, S. 197-206.
Lubarsch, Otto (1901): Arbeiten aus der pathologisch-anatomischen Abteilung des Königl. Instituts zu Posen, Wiesbaden.
– (1931): Ein bewegtes Gelehrtenleben. Erinnerungen und Erlebnisse, Kämpfe und Gedanken, Berlin.
Martini, Erich (1919a): Choleraaussichten und Verhütungsmaßregeln, in: DMW Nr. 5, S. 128-129.
– (1919b): Das vom Osten drohende Fleckfieber, in: DMW Nr. 1, S. 17.
– (1919c): Gegen die Fleckfiebereinschleppung über östliche Grenzbahnhöfe, in: DMW Nr. 19, S. 525-526.
– (1921): Berechnungen und Beobachtungen zur Epidemiologie und Bekämpfung der Malaria auf Grund von Balkanerfahrungen, Hamburg.
– (1923): Über den heutigen Stand epidemiologischer Malariafragen, in: Zentralblatt für die gesamte Hygiene und ihre Grenzgebiete Bd. 3, Nr. 1, S. 1-22.

– (1925): Verbreitung von Krankheiten durch Insekten, in: Ergebnisse der Immunitätsforschung, Experimentellen Therapie, Bakteriologie und Hygiene Bd. 7, S. 295-542.

– (1928): Beiträge zur medizinischen Entomologie und zur Malaria-Epidemiologie des unteren Wolgagebiets, Hamburg.

– (1929): Was zuerst in der Seuchenforschung, in: Deutsche Tierärztliche Wochenschrift Nr. 39, S. 615-617.

– (1931a): Zur Terminologie in der Lehre vom Massenwechsel der Organismen, in: Zeitschrift für angewandte Entomologie Bd. 18, S. 458-459.

– (1931b): Zur Gradationslehre, in: Verhandlungen der Deutschen Gesellschaft für angewandte Entomologie E.V., auf der 8. Mitglieder-Versammlung in Rostock vom 24.-28. August 1930, Berlin, S. 19-26.

– (1933a): Epidemiologische Plaudereien über Boden und Malaria, in: Klinische Wochenschrift Nr. 1, S. 29-30.

– (1933b): Vom Parasitismus in der Zoologie (Parasit, Krankheit, Epidemie), in: Medizinische Klinik Nr. 37, S. 1248-49.

– (1936): Wege der Seuchen. Lebensgemeinschaft, Kultur, Boden und Klima als Grundlagen der Epidemiologie, 1. Aufl., Stuttgart.

Martius, Friedrich (1898): Krankheitsursache und Krankheitsanlage, in: Verhandlungen der Gesellschaft deutscher Naturforscher und Ärzte, 1. Theil, S. 90-110.

– (1899): Pathogenese innerer Krankheiten. Nach Vorlesungen für Studirende und Ärzte, Leipzig, Wien.

– (1914): Konstitution und Vererbung in ihren Beziehungen zur Pathologie, Berlin.

– (1923): Auto-Ergographie, in: Grote (Hg.), Die Medizin der Gegenwart in Selbstdarstellungen, Bd. 1, S. 105-137.

Massini, Rudolf (1907): Über einen in biologischer Beziehung interessanten Kolistamm (Bacterium coli mutabile). Ein Beitrag zur Variation bei Bakterien, in: Archiv für Hygiene Bd. 61, S. 250-292.

Matthes, Max (1920): Infektionskrankheiten (Diagnostische und therapeutische Irrtümer und deren Verhütung, Heft 9), Leipzig.

– (1924a): Die Lehre von den Infektionskrankheiten in den letzten 50 Jahren, in: DMW Nr. 49, S. 1723-26.

– (1924b): Rede zur Eröffnung der 36. Tagung der Deutschen Gesellschaft für Innere Medizin, in: Verhandlungen der Deutschen Gesellschaft für Innere Medizin Bd. 36, Kongress, S. 1-6.

Mayer, Georg (1910a): Über Genickstarre in München, in: MMW Nr. 9, S. 475-480.

– (1910b): Über Genickstarre, besonders die Keimträgerfrage, in: MMW Nr. 30, S. 1584-87.

Mayer, Otto (1940): Ausschnitte aus der Seuchenbekämpfung bei der deutschen Armee im Weltkrieg und Erfolge des deutschen Sanitätsdienstes, Nürnberg.

Menzer, Arthur (1915): Über die Kriegsseuchen und die Bedeutung der Kontaktinfektion, in: BKlW Nr. 48-51, S. 1226-30, 1256-60, 1279-82, 1302-05.

Merk, Ludwig (1915): Die Kriegsbedeutung des Ungeziefers und seine Bekämpfung, in: Die Umschau Nr. 5, S. 81-85.

Merkblätter für Feldunterärzte Nr. 6 (1916): Seuchenbekämpfung im Kriege, von Oberstabsarzt Dr. Megele, in: Feldärztliche Beilage zur MMW Nr. 2, S. 67.
Merkel (1923): Vorwort, in: Veröffentlichungen aus dem Gebiete des Heeres-Sanitätswesens Bd. 77, S. 7-10.
Metchnikoff, Elie (1887): Sur la lutte des cellules de l'organisme contre l'invasion des microbes (Théorie des phagycytes), in: Annales de l'Institut Pasteur Bd. 1, Nr. 7, S. 321-336.
Mettenheimer, Karl Friedrich Christian von (1892): Die Cholerafurcht und wie ihr zweckmäßig zu begegnen, Schwerin.
Miehe, Hugo (1907): Die Bakterien und ihre Bedeutung im praktischen Leben (Wissenschaft und Bildung Nr. 12), Leipzig.
Migula, Walter (1897): System der Bakterien. Handbuch der Morphologie, Entwicklungsgeschichte und Systematik der Bakterien, Bd. I: Allgemeiner Teil, Jena.
Mittmann, Robert (1888): Formen, Herkunft und allgemeine Lebensbedingungen der Bakterien, in: Naturwissenschaftliche Wochenschrift Nr. 4, S. 25-27.
Möllers, Bernhard (1916): Die Kriegsseuchen im Weltkrieg, in: BKlW Nr. 8, S. 187-189.
– (1919): Was hat uns die letzte Grippeepidemie gelehrt? in: BKlW Nr. 46, S. 1081-83.
– (1921): Grippe, in: Schjerning (Hg.), Handbuch der ärztlichen Erfahrungen, Bd. VII: Hygiene, S. 574-585.
– (1923a): Die Grippe, in: Kraus/Brugsch (Hg.), Spezielle Pathologie und Therapie innerer Krankheiten, 2. Bd. 3. Teil, S. 1-88.
– (1923b): Gesundheitswesen und Wohlfahrtspflege im Deutschen Reiche. Ein Ratgeber für Ärzte, Sozialhygieniker, Krankenkassen, Wohlfahrtsämter, Gewerkschaften und die öffentlichen und privaten Fürsorgeorgane, Berlin, Wien.
– (1925): Abschließender Bericht über die in den Jahren 1903-1918 unter Mitwirkung des Reiches erfolgte systematische Typhusbekämpfung im Südwesten Deutschlands, in: Zeitschrift für Hygiene und Infektionskrankheiten Bd. 104, S. 773-785.
– (1926): Deutschland und die Abwehr der ausländischen Seuchen in der Nachkriegszeit, in: Singen, Ansgar, Schade, Ludwig (Hg.), Jahrbuch des Reichsverbandes für die katholischen Auslanddeutschen, Münster in Westf., S. 127-134.
– (1936): Die Tätigkeit des Reichsgesundheitsamtes in den Jahren 1926-1932, in: Reiter (Hg.), Ziele und Wege des Reichsgesundheitsamts im Dritten Reich, S. 11-15.
– (1950): Robert Koch. Persönlichkeit und Lebenswerk, 1843-1910, Hannover.
Möllers, Bernhard, Kuhn, Philateles (1915): Hygienische Erfahrungen im Felde, in: Medizinische Klinik Nr. 15/17/18/20, S. 417-420, 476-479, 506-508, 556-559.
Möllers, Bernhard, Wolff, Georg (1920): Zur Frage der Fleckfieberschutzimpfung, in: DMW Nr. 18, S. 484-486.
Morawitz, Paul (1921): Die Meningokokkenmeningitis, in: Schjerning (Hg.), Handbuch der ärztlichen Erfahrungen, Bd. III: Innere Medizin, S. 295-312.
Much, Hans (1911): Die Immunitätswissenschaft, Würzburg.
– (1919): Zensur und Wissenschaft, in: MMW Nr. 2, S. 52.
– (1921): Moderne Biologie, 1. Vortrag: Über die unspezifische Immunität, Leipzig.
– (1922): Die Pathologische Biologie (Immunitätswissenschaft), Leipzig.

– (1923): Auto-Ergographie, in: Grote (Hg.), Die Medizin der Gegenwart in Selbstdarstellungen, Bd. 4, S. 1-38.
– (1926): Erkältung, in: MMW Nr. 17, S. 684-686.
– (1931): Steht die scholastische Medizin vor einem unvermeidlichen Bankerott? Leipzig.
Müller, Paul Th. (1904): Vorlesungen über Infektion und Immunität, 1. Aufl., Jena.
– (1915): Über Choleramassenuntersuchungen, in: Feldärztliche Beilage zur MMW Nr. 48, S. 1659-1670.
– (1916): Über bakteriologische Massenuntersuchungen, in: Feldärztliche Beilage zur MMW Nr. 21, S. 338.
Müller, Reiner (1912): Bakterienmutationen, in: Zeitschrift für induktive Abstammungs- und Vererbungslehre Bd. 8, Nr. 1, S. 305-324.
Musehold, Paul (1921): Die Ernährung des Feldheeres, in: Schjerning (Hg.), Handbuch der ärztlichen Erfahrungen, Bd. VII: Hygiene, S. 91-109.
Nägeli, Carl von (1877): Die niederen Pilze in ihren Beziehungen zu den Infectionskrankheiten und der Gesundheitspflege, München.
Neisser, Max (1906): Ein Fall von Mutation nach de Vries bei Bakterien und andere Demonstrationen, in: Centralbl. f. Bakt. etc., 1. Abt. Referate, Bd. 38, Beiheft, S. 98-102.
Neuburger, Max (1926): Die Lehre von der Heilkraft der Natur im Wandel der Zeiten, Stuttgart.
Neufeld, Fred (1914): Seuchenentstehung und Seuchenbekämpfung, Berlin, Wien.
– (1915): Zur Bekämpfung des Fleckfiebers, in: Medizinische Klinik Nr. 13, S. 365-367.
– (1920a): Zur Frage der Neuregelung des Desinfektionswesens, in: Volkswohlfahrt Bd. 1, S. 153-155.
– (1920b): Zur Frage des Influenzaerregers, in: DMW Nr. 35, S. 957-959.
– (1922a): Einige Bemerkungen zur Frage der hygienischen Volksbelehrung, in: DMW Nr. 37, S. 1252.
– (1922b): Desinfektionspraxis, in: Centralbl. f. Bakt. etc., 1. Abt. Originale, Bd. 89, Beiheft, S. 28-37.
– (1924a): Die Veränderlichkeit der Mikroorganismen in ihrer Bedeutung für die Epidemiologie, in: Centralbl. f. Bakt. etc., 1. Abt. Originale, Bd. 93, Beiheft, S. 81-94.
– (1924b): Experimentelle Epidemiologie. Kritischer Bericht über einige neuere Forschungsergebnisse, in: Klinische Wochenschrift Nr. 30, S. 1345-51.
– (1924c): Über die Empfänglichkeit junger und erwachsener Individuen für Infektionen und ihre Ursachen, in: Zeitschrift für Hygiene und Infektionskrankheiten Bd. 103, S. 471-482.
– (1924d): Über die Veränderlichkeit der Krankheitserreger in ihrer Bedeutung für die Infektion und Immunität, in: DMW Nr. 1, S. 1-3.
– (1925a): Über einige neue Gesichtspunkte zur Verbreitungsweise der Tuberkulose, in: DMW Nr. 1, S. 7-8.
– (1925b): Seuchenprobleme II. Neue Ergebnisse der experimentellen Forschung, in: DMW Nr. 9, S. 341-344.
– (1927a): Disposition und Ernährung in ihrer Bedeutung für Infektionskrankheiten, in: Forschungen und Fortschritte Nr. 27, S. 213-214.

– (1927b): Fortschritte und Rückschritte der epidemiologischen Forschung, in: DMW Nr. 17, S. 687-690.
– (1929): Einige neue Ergebnisse der epidemiologischen Forschung, in: Klinische Wochenschrift Nr. 2, S. 49-55.
– (1931): »Weltenwende in der Bakteriologie?« Enderleins neueste Arbeiten über Bakterienzyklogenie, in: DMW Nr. 47, S. 1988-89.
– (1935): Die Entwicklung der epidemiologischen Forschung seit Robert Koch, in: Klinische Wochenschrift Nr. 21, S. 737-741.
– (1946): Erinnerungen aus meiner 50jährigen Tätigkeit als Bakteriologe, in: Ärztliche Wochenschrift Nr. 9/10, 11/12, S. 146-150, 186-189.
Neufeld, Fred, Etinger-Tulczynska, E. (1933): Experimentelle Untersuchungen über die zeitlichen Schwankungen der natürlichen Empfänglichkeit für Infektionen, in: Zeitschrift für Hygiene und Infektionskrankheiten Bd. 115, S. 573-593.
Neufeld, Fred, Levinthal, Walter (1928): Beiträge zur Variabilität der Pneumokokken, in: Zeitschrift für Immunitätsforschung und experimentelle Therapie Bd. 55, Nr. 3/4, S. 324-340.
Neufeld, Fred, Papamarku, P. (1919): Zur Ätiologie und Epidemiologie der Grippe, in: BKlW Nr. 1, S. 9-11.
Niehues, Wilhelm (1913): Die Sanitätsausrüstung des Heeres im Kriege, Berlin.
Nowak, Karl Friedrich (Hg.) (1929): Die Aufzeichnungen des Generalmajors Max Hoffmann, 1. Bd., München.
Oettinger, W. (1915): Zur bakteriologischen Diagnostik im Feldlaboratorium, in: Therapie der Gegenwart, August, S. 287-296.
Otto, Richard (1915): Die Entstehung und Bekämpfung der Kriegsseuchen, Berlin.
– (1921): Fleckfieber, in: Schjerning (Hg.), Handbuch der ärztlichen Erfahrungen, Bd. VII: Hygiene, S. 403-460.
– (1926): Nachruf auf Martin Kirchner, in: Centralbl. f. Bakt. etc., 1. Abt. Referate, Bd. 81, Nr. 7/8, S. 179-181.
– (1930): Das Institut für Infektionskrankheiten »Robert Koch«, in: Forschungsinstitute. Ihre Geschichte, Organisation und Ziele, Bd. II, Hamburg, S. 89-97.
Paalzow, Friedrich (1915): Das Heeres-Sanitätswesen im Kriege, in: Die sanitäre Kriegsrüstung Deutschlands, S. 1-20.
– (1934): Vor zwanzig Jahren. Die Organisation des ärztlichen Dienstes nach erfolgter Mobilmachung im Weltkriege, in: DMW Nr. 33, S. 1249-50.
Paneth, Ludwig (1915): Feldmäßige Bakteriologie, Berlin, Wien.
– (1922): Zur ätiologischen Erforschung der Infektions-Krankheiten, in: Klinische Wochenschrift Nr. 33, S. 1633-38.
Petri, Richard Julius (1893): Der Cholerakurs im Kaiserlichen Gesundheitsamte, Berlin.
Pettenkofer, Max von (1892): Über Cholera, mit Berücksichtigung der jüngsten Cholera-Epidemie in Hamburg, in: MMW Nr. 46, S. 807-817.
Pettenkofer, Max von, Ziemssen, Hugo von: Handbuch der Hygiene und Gewerbekunde, 3 Bde., Leipzig 1882.
Pfeiffer, Richard (1896): Ein neues Grundgesetz der Immunität, in: DMW Nr. 7, S. 97-99.
– (1921): Typhus, in: Schjerning (Hg.), Handbuch der ärztlichen Erfahrungen, Bd. VII: Hygiene, S. 327-348.

Pfeiffer, Richard, Friedberger, Ernst (Hg.) (1919): Lehrbuch der Mikrobiologie (mit besonderer Berücksichtigung der Seuchenlehre), Jena.

Prausnitz, Carl (1921): Militärische Unterkünfte einschließlich Beseitigung der Abfallstoffe, in: Schjerning (Hg.), Handbuch der ärztlichen Erfahrungen, Bd. VII: Hygiene, S. 34-67.

– (1925): Die Grundlagen epidemiologischer Forschung, in: DMW 44, S. 1807-09.

– (1927): Werden und Vergehen der Epidemien, in: Die Medizinische Welt Nr. 36/37, S. 1345-1348, 1385-1388.

Pressburger, Rudolf, Hartmann, Armin (1917): Zur Frage der Entlausung und Desinfektion anlässlich der Demobilisierung, in: Medizinische Klinik Nr. 26, S. 710-712.

Prigge, F. (1912): Bazillenträger und Dauerausscheider (Ihre Entstehung, Verbreitung, Gefährlichkeit und Behandlung. Statistik), in: Arbeiten aus dem Kaiserlichen Gesundheitsamte Bd. 41, Typhusbekämpfung im Südwesten Deutschlands, S. 276-309.

Pringsheim, Hans (1910): Die Variabilität niederer Organismen. Eine deszendenztheoretische Studie, Berlin.

Puppe (1916): Über Sanierungsanstalten im Felde, in: DMW Nr. 25, S. 761-762.

Rauch, Rudolf (1936): Ärzte und ihre Helfer im Weltkriege 1914-1918 (Helden im weißen Kittel), Wien.

Rautmann, Hermann (1918): Über Ruhr, in: Medizinische Klinik Nr. 46, S. 1136-38.

Redetzky, Hermann (1931): Die verschiedenen Theorien über Entstehung, Verlauf und Erlöschen von Seuchen vom Standpunkt der öffentlichen Gesundheitspflege, in: Ergebnisse der Immunitätsforschung, Experimentellen Therapie, Bakteriologie und Hygiene Bd. 12, S. 465-528.

Reichenbach, H. (1919): Einteilung der Krankheitserreger, in: Pfeiffer/Friedberger (Hg.), Lehrbuch der Mikrobiologie, S. 14-15.

Reichsgesundheitsamt (Hg.) (1926): Das Reichsgesundheitsamt 1876-1926, Festschrift, Berlin.

Reiter, Hans (1925): Die Bedeutung der symptomlosen »stummen Infektion« für die Immunität, in: DMW Nr. 27, S. 1102-03.

– (1928a): Lipoidnahrung und Infektion. In: Klinische Wochenschrift Nr. 13, S. 589-590.

– (1928b): Zur Bedeutung der »stummen Infektion«, in: Klinische Wochenschrift Nr. 46, S. 2181-82.

– (1929a): Bedeutung stummer Infektion und stummer Immunität für die Epidemiologie des Scharlachs, in: Zeitschrift für Hygiene und Infektionskrankheiten Bd. 109, S. 305-321.

– (1929b): Einfluß der Ernährung auf Infektionsempfänglichkeit und Infektionsverlauf, verglichen mit der Wirkung artspezifischer stummer Infektion, in: Zeitschrift für Immunitätsforschung und experimentelle Therapie Bd. 61, Nr. 5/6, S. 433-441.

– (1929c): Studien über absolute und relative Disposition gegenüber bestimmten Infektionen, in: Klinische Wochenschrift Nr. 25, S. 1158-65.

– (1934): Kommende Heilkunst, Stuttgart.

– (1936): Ziele und Wege des Reichsgesundheitsamtes im Dritten Reich, Leipzig.

Reiter, Hans, Möllers, Bernhard (1940): Carl Flügge's Grundriss der Hygiene, 11. Aufl., Berlin.

Ribbert, Hugo (1916): Krieg und Krankheit, Bonn.

Richtlinien zur Malariabehandlung und -vorbeugung (1918), in: Militärärztliche Zeitschrift Nr. 9/10, S. 161-167.

Riemer, Maximilian (1921): Wasserversorgung, in: Schjerning (Hg.), Handbuch der ärztlichen Erfahrungen, Bd. VII: Hygiene, S. 68-88.

Rimpau, Willy (1917): Die Kgl. Bakteriologische Untersuchungsanstalt in München im Dienste der Seuchenbekämpfung 1916, in: MMW Nr. 47, S. 1524-27.

– (1921): Die Vereinheitlichung der Seuchenbekämpfung im Deutschen Reiche, in: Zeitschrift für Medizinalbeamte Nr. 22, S. 509-30.

– (1931): Theorien über einen Entwicklungs-Kreislauf von Bakterien, in: MMW Nr. 50, S. 2124-26.

– (1934): Grundsätzliches zur pflanzlichen Endosymbiose beim Menschen, in: MMW Nr. 49, S. 1877-82.

Rimpau, Willy et al. (1928): Die Infektionskrankheiten. Ihre Entstehung, Verhütung und Bekämpfung einschl. Desinfektion, Berlin.

Rippel, August (1929): Variabilität bei Bakterien, in: Medizinische Klinik Nr. 20, S. 791-793.

Rodenwaldt, Ernst (1921): Seuchenkämpfe. Bericht des beratenden Hygienikers der V. kaiserlich-osmanischen Armee, Heidelberg.

– (1937): Martini, E. Wege der Seuchen, in: Die Naturwissenschaften Nr. 22, S. 349.

Rosenbach, Ottomar (1891): Grundlagen, Aufgaben und Grenzen der Therapie, Wien, Leipzig.

– (1894): Heilung und Heilserum, Berlin.

– (1903): Arzt c/a Bakteriologe, Berlin, Wien.

– (1892a): Der Kommabazillus, die medicinische Wissenschaft und der ärztliche Stand, in: ders., Arzt c/a Bakteriologe, S. 115-24.

– (1892b): Zur Cholerafrage, in: ders., Arzt c/a Bakteriologe, S. 125-33.

– (1899): Ansteckung, Ansteckungsfurcht und die bakteriologische Schule, in: ders., Arzt c/a Bakteriologe, S. 137-65.

Ross, Ronald (1915): Some a priori Pathometric Equations, in: The British Medical Journal, March 27, S. 546.

Rotter, Emil (1916): Merkblätter für Feldunterärzte, in: Feldärztliche Beilage zur MMW Nr. 2, S. 67-68.

Rubner, Max et al. (Hg.) (1913): Handbuch der Hygiene, 3. Bd., 1. Abt.: Die Infektionskrankheiten, Leipzig.

Rubner, Max (1919): Von der Blockade und Ähnlichem, in: DMW Nr. 15, S. 394.

Rumpel, Theodor (1893): Bacteriologische und klinische Befunde bei der Cholera-Nachepidemie in Hamburg, in: DMW Nr. 7, S. 160-62.

Sanitätsbericht über das deutsche Heer (Deutsches Feld- und Besatzungsheer) im Weltkriege 1914/18 (1934), bearbeitet in der Heeres-Sanitätsinspektion des Reichswehrministeriums, 3. Bd.: Die Krankenbewegung bei dem Deutschen Feld- und Besatzungsheer, Berlin.

Sauerbruch, Ferdinand (1924): Wundinfektion, Wundheilung und Ernährungsart, in: MMW Nr. 38, S. 1299-1301.

Sawicki, A. (1915): Ein Infektionsschutzschlüssel, in: Medizinische Klinik Nr. 25, S. 701-702.

Schanz, Fritz (1904): Zur Ätiologie der Infektionskrankheiten, in: WMW Nr. 3, S. 112-114.

Schelenz, Curt (1918): Ruhrschutzimpfungen mit Dysbacta Boehncke, in: Medizinische Klinik Nr. 7, S. 166-167.

Schiff, Fritz, Adelsberger, Lucie (1924): Über blutgruppenspezifische Antikörper und Antigene, Mitt. I, in: Zeitschrift für Immunitätsforschung und experimentelle Therapie Bd. 48, Nr. 5/6, S. 414-428.

Schiff, Fritz (1925): Über gruppenspezifische Isoopsonine im menschlichen Serum, in: Medizinische Klinik Nr. 33, S. 1238-40.

– (1926): Person und Infekt, in: Brugsch/Lewy (Hg.), Die Biologie der Person, Bd. 1, S. 595-748.

Schjerning, Otto von (Hg.) (1921): Handbuch der ärztlichen Erfahrungen im Weltkriege 1914/1918, Bd. III: Innere Medizin, Bd. VII: Hygiene, Leipzig.

Schlossberger, Hans (1929): Immunität, in: Bethe et al. (Hg.), Handbuch der normalen und pathologischen Physiologie, Bd. 13, S. 508-649.

– (1932): Über latente Infektion, in: Immunität, Allergie und Infektionskrankheiten Bd. 3.

Schmidt, Paul (1914): Über die Verhütung und Bekämpfung von Kriegsseuchen, Sonderabdruck aus: Zentralblatt für innere Medizin Nr. 42.

– (1919): Organisatorische Maßnahmen zur Seuchenbekämpfung, in: DMW Nr. 1, S. 11-12.

Schneider (1908): Moderne Typhusbekämpfung, in: Bericht über den 14. Internationalen Kongress für Hygiene und Demographie, Bd. 3, S. 1131-39.

Schnitzer, R., Munter, F. (1921): Über Zustandsänderungen der Streptokokken im Tierkörper, in: Zeitschrift für Hygiene und Infektionskrankheiten Bd. 94, S. 98-121.

Schnürer, I. (1928): Die gegenwärtige Krise der Bakteriologie, in: MMW Nr. 24, S. 1059.

Schott, Eduard (1916): Über Typhus und Schutzimpfung, in: Feldärztliche Beilage zur MMW Nr. 44, S. 1570-71.

Schottelius, Max (1909): Bakterien, Infektionskrankheiten und deren Bekämpfung, 2. Aufl., Stuttgart.

Schreiber (1912): Die Typhusbekämpfung als Verwaltungsmaßnahme, in: Arbeiten aus dem Kaiserlichen Gesundheitsamte Bd. 41, Typhusbekämpfung im Südwesten Deutschlands, S. 12-33.

Schreiber, Georg (1926): Deutsches Reich und Deutsche Medizin. Studien zur Medizinalpolitik des Reichs in der Nachkriegszeit (1918-1926), Leipzig.

Schüle, A. (1917): Über die staatliche Prophylaxe der Infektionskrankheiten, in: MMW Nr. 36, S. 1164-65.

Schultzen, Wilhelm (1919): Die ärztlichen Aufgaben bei der Abwendung der gesundheitlichen Gefahren der Demobilisierung, in: Zeitschrift für ärztliche Fortbildung Nr. 5, S. 128-132.

Schürmayer, Bruno (1898): Die pathogenen Spaltpilze, Leipzig.

– (1899a): Über Entwicklungscyklen und die verwandtschaftlichen Beziehungen höherer Spaltpilze, in: Verhandlungen der Gesellschaft deutscher Naturforscher und Ärzte, 2. Teil 2. Hälfte, S. 404-406.

– (1899b): Artenconstanz der Bakterien und Descendenztheorie, in: Verhandlungen der Gesellschaft deutscher Naturforscher und Ärzte 2. Teil 2. Hälfte, S. 406-409.

Schütz, F. (1916): Zur bakteriologischen Diagnose und Epidemiologie der Ruhr, in: DMW Nr. 15, S. 442-446.

Schwalbe, Ernst (1900): Über Variabilität der Bacterien, in: MMW Nr. 47, S. 1617-21.

Schwalbe, Julius (Hg.) (1912): Gesammelte Werke von Robert Koch, 2 Bde., Leipzig.

Schwalm, Erich (1920): Gliederung, Ausrüstung und Tätigkeit des Sanitätskorps im Felde, in: Hoffmann (Hg.), Die deutschen Ärzte im Weltkriege, S. 255-315.

Seel, Eugen (1915): Über Mittel und Wege zur vollständigen Entlausung, in: DMW Nr. 49, S. 1464-65.

Seiffert, G. (1915): Hygienische Erfahrungen bei Kriegsgefangenen, in: MMW Nr. 43, S. 1460-62.

– (1924): Die praktische Gesundheitsunterweisung in der Schule, in: Bayerische Lehrerzeitung Nr. 46.

Seiffert, G., Uhlenhuth, Paul (1924): Ist die hygienische Ausbildung der Lehrer notwendig und durchführbar? in: Medizinische Klinik Nr. 33, S. 1159-62.

Seiffert, Walter (1930): Die epidemiologische Bedeutung der bakteriellen Variabilität, in: Archiv für Hygiene Bd. 103, S. 258-268.

Seiffert, Walter (1937): E. Martini. Wege der Seuchen, in: Der öffentliche Gesundheitsdienst 2 Jg. Teilausgabe A, S. 840.

Seitz, Arthur (1929): Wesen der Infektion, in: Kolle/Kraus/Uhlenhuth (Hg.), Handbuch der pathogenen Mikroorganismen, 3. Aufl., Bd. 1, S. 437-504.

Seligmann, Erich (1928): Seuchenbekämpfung. Vorlesungen an der socialhygienischen Akademie Charlottenburg, Berlin.

Seligmann, U. (1916): Zur Bakteriologie der Ruhr im Kriege, in: Feldärztliche Beilage zur MMW Nr. 2, S. 68.

Sinnhuber, Franz (1915): Die Bekämpfung der Kriegsseuchen durch Schutzimpfungen, in: DMW Nr. 22, S. 638-639.

Sleeswijk, J. G. (1914): Die Spezifität. Eine zusammenfassende Darstellung, in: Ergebnisse der Immunitätsforschung, Experimentellen Therapie, Bakteriologie und Hygiene Bd. 1, S. 395-406.

Smith, Theobald (1905): Über einige Probleme aus der Lebensgeschichte der pathogenen Bakterien, in: Die Umschau Nr. 24, S. 466-471.

– (1912): Parasitismus und Krankheit, in: DMW Nr. 38, S. 276-279.

– (1921): Parasitism as a factor in disease, in: Science LIV:1388, S. 99-108.

– (1934): Parasitism and Disease, Princeton.

Sobernheim, Georg (1896): Vortrag von Carl Fraenkel: Die Bekämpfung der Diphterie, in: BKlW Nr. 40, S. 892.

– (1908): Die Lehre von der Immunität und von den natürlichen Schutzvorrichtungen des Organismus, in: Krehl/Marchand (Hg.), Handbuch der Allgemeinen Pathologie, 1. Bd., S. 417-574.

– (1912): Bacillenträger, in: BKlW Nr. 33, S. 1549-54.

Sobernheim, Georg, Seligmann, Erich (1910): Beobachtungen über die Umwandlung biologisch wichtiger Eigenschaften von Bakterien, in: DMW Nr. 8, S. 351-353.

Söchting, Erhard (1912): Die Bekämpfung der Infektionskrankheiten in Theorie und Praxis, in: Medizinische Klinik Nr. 22, S. 930-931.

Solbrig, Otto (1918): Anleitung über Wesen, Bedeutung und Ausführung der Desinfektion, zugleich Muster einer Desinfektionsverordnung, Königsberg i. Pr.

– (1924): Der Seuchenstand in Deutschland und Preußen während der letzten zehn Jahre, in: Gesundheits-Ingenieur Nr. 22, S. 209-211.

Spaet, Franz (1916): Die von »Keimträgern« (Bazillenträgern) ausgehenden gesundheitlichen Gefahren und die Maßnahmen zu deren Bekämpfung, in: Öffentliche Gesundheitspflege Nr. 11/12, S. 635-648, 689-709.

Spaethe (1917): Hygiene im Felde mit besonderer Berücksichtigung der Entlausung, in: Zeitschrift für ärztliche Fortbildung Nr. 1/2, S. 7-13, 37-41.

Ssacharoff, G. P. (1928): Infektionskrankheiten und Altersdisposition, in: Ergebnisse der allgemeinen Pathologie Bd. 22 Abt. 2, S. 201-359.

Sudhoff, Karl et al. (Hg.)(1910): Zur historischen Biologie der Krankheitserreger. Materialien, Studien und Abhandlungen, 1. Heft, Gießen.

Szontagh, Felix von (1918): Über Disposition. Ein Versuch die Pathogenese der kontagiösen und der Infektionskrankheiten sowie das Problem ihres gehäuften Auftretens auf naturwissenschaftlicher Grundlage zu erklären, Berlin.

Tjaden (1904): Hygienisch-bakteriologische Untersuchungsstellen in den Städten, in: Hygienische Rundschau Nr. 13, S. 609-622.

Tobold, Bernhard (1920): Die Versorgung des Feldheeres mit Sanitätsausrüstung, in: Hoffmann (Hg.), Die deutschen Ärzte im Weltkriege, S. 365-393.

Uhlenhuth, Paul (1915a): In Büchsen konservierte Bakteriennährböden für den Feldgebrauch, in: DMW Nr. 10, S. 279-280.

– (1915b): Improvisation von Dampfdesinfektionsapparaten und »Entlausungsanstalten« im Felde, in: Medizinische Klinik Nr. 16, S. 447-452.

– (1932): Das Lebenswerk und Charakterbild von Friedrich Löffler, in: Zentralbl. f. Bakt. etc., 1. Abt. Originale, 125. Bd., S. I-XX.

Uhlenhuth, Paul, Fromme, Walther (1921): Weil'sche Krankheit (Infektiöser Ikterus) unter besonderer Berücksichtigung der epidemiologischen Verhältnisse, in: Schjerning (Hg.), Handbuch der ärztlichen Erfahrungen, Bd. VII: Hygiene, S. 461-505.

Uhlenhuth, Paul, Olbrich, Messerschmidt (1915): Typhusverbreitung und Typhusbekämpfung im Felde, in: Medizinische Klinik Nr. 6, S. 149-158.

Van Beneden, Pierre-Joseph (1876): Die Schmarotzer des Thierreichs, Leipzig.

Virchow, Rudolf (1885): Der Kampf der Zellen und der Bakterien, in: Archiv für pathologische Anatomie und Physiologie und für klinische Medicin Bd. 101, Nr. 1, S. 1-13.

Vogel, Martin (1927): Hygienische Volksbildung, in: Gottstein et al. (Hg.), Handbuch der sozialen Hygiene, 1. Bd., S. 303-390.

Von den Velden, Reinhard (1934): Anmarsch, in: DMW Nr. 32, S. 1216.

Von Hansemann, David (1895): Über die Beziehungen des Löffler'schen Bacillus zur Diphterie, in: Archiv für pathologische Anatomie und Physiologie und für klinische Medicin Bd. 139, Nr. 2, S. 353-381.

– (1912): Über das konditionale Denken in der Medizin und seine Bedeutung für die Praxis, Berlin.

Wasielewski, Theodor (1916): Über Händereinigung im Felde, in: Feldärztliche Beilage zur MMW Nr. 33, S. 1212-1214.

Wassermann, August (1903): Wesen der Infektion, in: Kolle/ders. (Hg.), Handbuch der pathogenen Mikroorganismen, 1. Aufl., Bd. 1, S. 288-306.
– (1907): Immunität und Disposition gegenüber Ansteckung, in: Die Umschau Nr. 11, S. 201-204.
– (1911): Über den Einfluss des Spezifitätsbegriffs auf die moderne Medizin, in: Verhandlungen der Gesellschaft deutscher Naturforscher und Ärzte, 1. Teil, S. 184-193.
– (1915a): Über Seuchenbekämpfung im Kriege, in: Adam (Hg.), Seuchenbekämpfung im Kriege, S. 1-26.
– (1921): Über biologische Gleichgewichtszustände bei Infektionen und deren medizinische Bedeutung, in: Festschrift der Kaiser-Wilhelm-Gesellschaft zur Förderung der Wissenschaften zu ihrem zehnjährigen Jubiläum, Berlin, S. 236-242.
– (1924): Die Mikrobiologie und die Immunitätswissenschaft in den letzten 50 Jahren, in: DMW Nr. 49, S. 1682-86.
Wassermann, August, Sommerfeld, P. (1916): Experimentelle Untersuchungen über die Wirksamkeit der Typhus- und Choleraschutzimpfung, in: Adam et al. (Hg.), Kriegsärztliche Vorträge, Dritter Teil, S. 42-54.
Weldon, W.F.R. (1902): Professor de Vries on the Origin of Species, in: Biometrika Bd. 1, Nr. 3, Apr., S. 366.
Weigl, J. (1902): Bazillenfurcht und ihre Berechtigung, in: Zeitschrift für Volksgesundheitspflege Nr. 1, S. 167-169.
Wells, H.G. (1895): The Stolen Bacillus and Other Incidents, London.
Westenhöfer (1935): Die Krankentransportanstalten in Metz und Warschau, in: Veröffentlichungen aus dem Gebiete des Heeres-Sanitätswesens Bd. 99, S. 7-29.
Wieland, Emil (1908): Über Krankheitsdisposition, in: Beihefte zur Medizinischen Klinik IV, Nr. 4, S. 89-116.
Windrath, Adolf (1895): Die Medicin unter der Herrschaft des bacteriologischen Systems, Bonn.
Witkop, Philipp (Hg.) (1928): Kriegsbriefe gefallener Studenten, München.
Wodtke, A. (1924): Die planmäßige Bekämpfung des Typhus in Mitteldeutschland in den Jahren 1921-1923, in: Zeitschrift für Hygiene und Infektionskrankheiten Bd. 103, S. 304-320.
Wohlfeil, Traugott (1931): Neuzeitliche Anschauungen über die Entstehung von Infektionskrankheiten, in: Zeitschrift für Schulgesundheitspflege und soziale Hygiene Nr. 1, S. 1-7.
Wolff, Georg (1916): Krieg und Seuchenbekämpfung, in: Illustriertes Jahrbuch: Kalender für das Jahr 1916, Berlin, S. 131-141.
Wolter, Friedrich (1898): Das Auftreten der Cholera in Hamburg im Zeitraum von 1831-1893, München.
– (1910): Die Hauptgrundgesetze der epidemiologischen Typhus- und Choleraforschung in Rücksicht auf die Pettenkofersche und die Kochsche Auffassung der Typhus- und Choleragenese (Jubiläumsschrift zum 50jährigen Gedenken der Begründung der Lokalistischen Lehre Max von Pettenkofers, Bd. 2), München.
– (1914): Die Entstehungsursachen der Kriegsseuchen, ihre Verhütung und Bekämpfung auf Grund der Kriegserfahrungen von 1870/71 (Jubiläumsschrift zum 50jährigen Gedenken der Begründung der Lokalistischen Lehre Max von Pettenkofers, Bd. 5), München.

– (1926): Die Grundlagen der beiden Hauptrichtungen in der epidemiologischen Forschung. Denkschrift zur Errichtung des Hamburgischen Forschungsinstituts für Epidemiologie (Pettenkofer-Gedenkschrift, Bd. 7, 1. Heft), München.

– (1928): Neuere Forschungen und Erfahrungen auf dem Gebiete der Epidemiologie und ihre Bedeutung für die praktische Seuchenbekämpfung, in: Zeitschrift für Medizinalbeamte Nr. 4, S. 76-92.

– (1929): Der Wandel in den Erscheinungsformen des epidemischen Erkrankens in seiner Abhängigkeit von Boden und Klima. Zum Verständnis der epidemiologischen Geschehnisse der Gegenwart, in: Hippokrates Nr. 1, S. 181-218.

Wolter, Friedrich, Emmerich, Rudolf (1906): Die Entstehung der Gelsenkirchener Typhusepidemie von 1901, München.

Zeiss, Heinrich (1932): Die Notwendigkeit einer deutschen Geomedizin, in: Zeitschrift für Geopolitik Nr. 8, S. 474-484.

– (1934): Aufgaben einer Volkskunde, in: Archiv für Bevölkerungswissenschaft (Volkskunde) und Bevölkerungspolitik Bd. 4, S. 19-35.

Zeiss, Heinrich, Bieling, Richard (1940): Behring. Gestalt und Werk, Berlin-Grunewald.

Zeiss, Heinrich, Rodenwaldt, Ernst (1936): Einführung in die Hygiene und Seuchenbekämpfung, Stuttgart.

Zupnik, Leon (1898): Variabilität der Diphteriebacillen, in: Verhandlungen der Gesellschaft deutscher Naturforscher und Ärzte, 2. Teil 1. Hälfte, S. 268-275.

Zwölfer, W. (1930): Zur Theorie der Insektenepidemien (Versuch einer mathematischen Behandlung epidemiologischer Probleme), in: Biologisches Zentralblatt Bd. 50, Nr. 12, S. 724-759.

C. Literatur

Ackerknecht, Erwin H. (1948): Anticontagionism between 1821 and 1867, in: Bulletin of the History of Medicine 22, S. 562-593.

Adler-Rudel, Salomon (1959): Ostjuden in Deutschland, 1880-1940, Tübingen.

Amsterdamska, Olga (1987): Medical and Biological Constraints. Early Research on Variation in Bacteriology, in: Social Studies of Science 17:4, S. 657-687.

– (1991): Stabilizing Instability. The Controversy over Cyclogenic Theories of Bacterial Variation during the Interwar Period, in: Journal of the History of Biology 24:2, S. 191-222.

– (2001): Standardizing Epidemics. Infection, Inheritance, and Environment in Prewar Experimental Epidemiology, in: Gaudillière/Löwy (Hg.), Heredity and Infection, S. 135-179.

– (2004): Achieving Disbelief. Thought Styles, Microbial Variation, and American and British Epidemiology, 1900-1940, in: Stud. Hist. Phil. Biol. & Biom. Sci. 35, S. 483-507.

– (2005): Demarcating Epidemiology, in: Science, Technology & Human Values 30:1, S. 17-51.

Amyes, Sebastian G.B. (2001): Magic Bullets, Lost Horizons. The Rise and Fall of Antibiotics, London.

Anderson, Roy M. (Hg.) (1982): Population Dynamics of Infectious Diseases. Theory and Application, London.

Anderson, Warwick (2004): Natural Histories of Infectious Disease. Ecological Vision in Twentieth-Century Biomedical Science, in: Osiris 19, S. 39-61.

– (2007): Immunität im Empire. Rasse, Krankheit und die neue Tropenmedizin, 1900-1920, in: Sarasin et al. (Hg.), Bakteriologie und Moderne, S. 462-495.

Angetter, Daniela C. (2004): Krieg als Vater der Medizin. Kriege und ihre Auswirkungen auf den medizinischen Fortschritt anhand der 2000-jährigen Geschichte Österreichs, Wien.

Aschheim, Steven E. (1982): Brothers and Strangers. The East European Jew in German and German Jewish Consciousness, 1800-1923, Madison.

Baader, Gerhard (2005): Von der Sozialen Medizin und Hygiene über die Rassenhygiene zur Sozialmedizin (BRD)/Sozialhygiene (DDR), in: Schagen/Schleiermacher (Hg.), 100 Jahre Sozialhygiene (CD-ROM).

Bardet, Jean-Pierre et al. (Hg.) (1988): Peurs et terreurs face à la contagion. Choléra, tuberculose, syphilis, XIXe-XXe siècle, Paris.

Bashford, Alison (2004): Imperial Hygiene. A Critical History of Colonialism, Nationalism and Public Health, New York.

Bauer, Susanne (2002): Biomedizinische ›Wissenskörper‹. Umwelt und Gene in der Epidemiologie, in: »Body Project« (Hg.), KorpoRealitäten, Königstein im Taurus, S. 424-441.

Beer, Gillian (1996): Science and Literature, in: Olby et al. (Hg.), Companion to the History of Modern Science, S. 783-798.

– (2000): Darwin's Plots. Evolutionary Narrative in Darwin, George Eliot and Nineteenth-Century Fiction, 2. Aufl., Cambridge.

Bergdolt, Klaus (1999): Leib und Seele. Eine Kulturgeschichte des gesunden Lebens, München.

Berger, Jutta (2000): Affinität und Reaktion. Über die Entstehung der Reaktionskinetik in der Chemie des 19. Jahrhunderts, Berlin.

Berger, Silvia (2005): Umdeuten, Ausblenden, Beharren. Zur Persistenz wissenschaftlicher Denkstile am Beispiel der deutschen Bakteriologie, 1890-1918, in: Egloff (Hg.), Tatsache, Denkstil, Kontroverse, S. 71-78.

– (2009): Abschied vom Krieg? Latente Infektionen und neue biologische Modelle der Wirt-Parasit-Interaktionen in der Bakteriologie der Weimarer Republik, in: Laukötter, Anja, Hulverscheidt, Marion (Hg.), Infektion und Institution. Zur Wissenschaftsgeschichte des Robert Koch-Instituts im Nationalsozialismus, Göttingen 2009, S. 17-41.

Bergmann, Werner (2002): Geschichte des Antisemitismus, München.

Bessel, Richard (2002): Germany after the First World War, Reprinted, Oxford.

– (2003): Demobilmachung, in: Hirschfeld/Krumeich/Renz (Hg.), Enzyklopädie Erster Weltkrieg, S. 427-430.

Biwald, Brigitta (2002): Vom Helden zum Krüppel. Das österreichisch-ungarische Militärsanitätswesen und dessen Auswirkungen auf die Gesellschaft im Ersten Weltkrieg, 2 Bde., Wien.

Black, Max (1954): Die Metapher, in: Haverkamp (Hg.), Theorie der Metapher, S. 55-79.

– (1977): Mehr über die Metapher, in: Haverkamp (Hg.), Theorie der Metapher, S. 379-413.

Blanck, Ronald R. (2002): The History of Immunization in the U.S. Armed Forces, in: Minnesota Medicine 85:2, S. 14-17.

Bleker, Johanna (1981): Die naturhistorische Schule 1825-1845. Ein Beitrag zur Geschichte der klinischen Medizin in Deutschland, Stuttgart, New York.

– (1984): Die historische Pathologie, Nosologie und Epidemiologie des 19. Jahrhundert, in: Medizinhistorisches Journal 19, S. 33-52.

Bleker, Johanna, Jachertz, Norbert (Hg.) (1989): Medizin im Dritten Reich, Köln.

Bleker, Johanna, Schmiedebach, Heinz-Peter (1987): Medizin und Krieg. Vom Dilemma der Heilberufe 1865-1945, Frankfurt.

Blumenberg, Hans (1998): Paradigmen zu einer Metaphorologie, Frankfurt a.M.

Boemeke, Manfred, Chickering, Roger, Förster, Stig (Hg.) (1999): Anticipating Total War. The German and the American Experiences, 1871-1914, Cambridge.

Bono, James (1990): Science, Discourse, and Literature. The Role/Rule of Metaphor in Science, in: Peterfreund, Stuart (Hg.), Literature and Science. Theory and Practice, Boston, S. 59-89.

– (1995): Locating Narratives. Science, Metaphor, Communities, and Epistemic Styles, in: Weingart, Peter (Hg.), Grenzüberschreitungen in der Wissenschaft, Baden-Baden, S. 119-151.

– (2002): Why Metaphors? Toward a Metaphorics of Scientific Practices, in: Maasen, Sabine, Winterhager, Matthias (Hg.), Science Studies. Probing the Dynamics of Scientific Knowledge, Bielefeld, S. 215-234.

Brandt, Christina (2004): Metapher und Experiment. Von der Virusforschung zum genetischen Code, Göttingen.

Brecht, Christine (1999): Das Publikum belehren, Wissenschaft zelebrieren. Bakterien und ihre Bekämpfung in der Ausstellung »Volkskrankheiten und ihre Bekämpfung« von 1903, in: Gradmann/Schlich (Hg.), Strategien der Kausalität, S. 53-76.

Breidbach, Olaf (2002): Representation of the Microcosm. The Claim for Objectivity in 19th Century Scientific Microphotography, in: Journal of the History of Biology 35:2, S. 221-250.

– (2005): Bilder des Wissens. Zur Kulturgeschichte der wissenschaftlichen Wahrnehmung, München.

Briese, Olaf (2003): Angst in den Zeiten der Cholera. Über kulturelle Ursprünge des Bakteriums, Berlin (Seuchen-Cordon I).

Brock, Thomas D. (1988): Robert Koch. A Life in Medicine, Madison.

– (1990): The Emergence of Bacterial Genetics, New York.

Broszat, Martin (1977): Hitler und die Genesis der ›Endlösung‹. Aus Anlass der Thesen von David Irving, in: Vierteljahreshefte für Zeitgeschichte 25:4, S. 737-775.

Bulloch, William (1979): The History of Bacteriology, New York.

Burchardt, Lothar (1988): Operatives Denken und Planen von Schlieffen bis zum Beginn des Ersten Weltkriegs, in: Vorträge zur Militärgeschichte Bd. 9, S. 45-72.

Byerly, Carol B. (2005): Fever of War. The Influenza Epidemic in the U.S. Army during World War I, New York.

Bynum, William F., Porter, Roy (Hg.) (1993): Companion Encyclopedia of the History of Medicine, 2 Bde., London.

Calisher, Charles H., Horzinek, Marian C. (Hg.) (1999): 100 Years of Virology. The Birth and Growth of a Discipline, Wien.

Callon, Michel (Hg.) (1989): La science et ses réseaux. Genèse et circulation des faits scientifiques, Paris.

Cambrosio, Alberto, Jacobi, Daniel, Keating, Peter (1993): Ehrlich's »Beautiful Pictures« and the Controversial Beginnings of Immunological Imagery, in: Isis 84:4, S. 662-699.

Canguilhem, Georges (1979): Der Beitrag der Bakteriologie zum Untergang der »medizinischen Theorien« im 19. Jahrhundert, in: ders., Wissenschaftsgeschichte und Epistemologie, hrsg. von Wolf Lepenies, Frankfurt a. M., S. 110-133.

Carter, K. Codell (1985): Koch's Postulates in Relation to the Work of Jacob Henle and Edwin Klebs, in: Medical History 29, S. 353-374.

– (2003): The Rise of Causal Concepts of Disease, Hants, Burlington.

Cheng, Thomas C. (1991): Is Parasitism Symbiosis? A Definition of Terms and the Evolution of Concepts, in: Toft, Catherine A. (Hg.), Parasite-Host Associations. Coexistence or Conflict? New York, S. 15-36.

Chickering, Roger (1999): Total War. The Use and Abuse of a Concept, in: Boemeke, Manfred, ders., Förster, Stig (Hg.). Anticipating Total War, Cambridge, S. 13-28.

Chickering, Roger, Förster, Stig (Hg.) (2000): Great War, Total War. Combat and Mobilization on the Western Front, 1914-1918, Cambridge.

Cobb, Cathy (2002): Magick, Mayhem, and Mavericks. The Spirited History of Physical Chemistry, Amherst, New York.

Cohen, Ed (2003): Metaphorical Immunity. A Case of Biomedical Fiction, in: Literature and Medicine 22:2, S. 140-163.

Cohen, Robert S., Schnelle, Thomas (Hg.) (1986): Cognition and Fact. Materials on Ludwik Fleck, Dordrecht.

Cooper, Jill Elaine (1998): Of Microbes and Men. A Scientific Biography of René Jules Dubos, New Brunswick, New Jersey.

Cooter, Roger (1993): War and Modern Medicine, in: Bynum/Porter (Hg.), Companion Encyclopedia of the History of Medicine, Bd. 2, S. 1536-1573.

– (2003): Of War and Epidemics. Unnatural Couplings, problematic Conceptions, in: The Journal of the Society for the Social History of Science 16:2, S. 283-302.

– (2004): Medicine in War, in: Brunton, Deborah (Hg.), Medicine Transformed, Manchester, S. 331-363.

Cooter, Roger, Harrison, Mark, Sturdy, Steve (Hg.) (1998): War, Medicine and Modernity, Stroud.

– (Hg.) (1999): Medicine and Modern Warfare, Amsterdam.

Cooter, Roger, Pickstone, John (Hg.) (2000): Medicine in the Twentieth Century, Amsterdam.

Conrad, Sebastian, Osterhammel, Jürgen (Hg.) (2004): Das Kaiserreich transnational, Göttingen.

Contrepois, Alain (2001): L'invention des maladies infectieuses. Naissance de la bactériologie clinique et de la pathologie infectieuse en France, Paris.

Croker, Robert A. (2001): Stephen Forbes and the Rise of American Ecology, Washington, London.

Crook, Paul (1994): Darwinism, War and History. The Debate over the Biology of War from the »Origin of Species« to the First World War, Cambridge.

Cunningham, Andrew (1992): Transforming Plague. The Laboratory and the Identity of Infectious Disease, in: ders./Williams (Hg.), Laboratory Revolution in Medicine, S. 209-244.

Cunningham, Andrew, Williams, Perry (Hg.) (1992): The Laboratory Revolution in Medicine, Cambridge.

Darmon, Pierre (1999): L'homme et les microbes, XVIIe-XXe siècle, Paris.

Daum, Andreas (1998): Wissenschaftspopularisierung im 19. Jahrhundert. Bürgerliche Kultur, naturwissenschaftliche Bildung und die deutsche Öffentlichkeit, 1848-1914, München.

De Certeau, Michel (1988): Kunst des Handelns, Berlin.

Delaporte, Francoise (1990): Le savoir de la maladie. Essaie sur le choléra de 1832 à Paris, Paris.

Delaporte, Sophie (1996): Les gueules cassée. Blessés de la face de la Grande Guerre, Paris.

Delaporte, Sophie (2003): Les médicins dans la Grande Guerre, 1914-1918, Paris.

Diepgen, Paul (1955): Geschichte der Medizin. Die historische Entwicklung der Heilkunde und des ärztlichen Lebens, 2. Bd., 2. Hälfte: Die Medizin vom Beginn der Zellularpathologie bis zu den Anfängen der modernen Konstitutionslehre (etwa 1858-1900) mit einem Ausblick auf die Entwicklung der Heilkunde in den letzten 50 Jahren, Berlin.

Dietrich, Elisabeth (1995): Der andere Tod. Seuchen, Volkskrankheiten und Gesundheitswesen im Ersten Weltkrieg, in: Eisterer, Klaus, Steininger, Rolf (Hg.), Tirol und der Erste Weltkrieg, Innsbruck, Wien, S. 255-275.

Dinges, Martin (Hg.) (1996): Medizinkritische Bewegungen im Deutschen Reich (ca. 1870 – ca. 1933), Stuttgart.

Doull, James A. (1952): The Bacteriological Era (1876-1920), in: Top, Franklin (Hg.), The History of American Epidemiology, London, S. 74-113.

Eagle Russett, Cynthia (1966): The Concept of Equilibrium in American Social Thought, New Haven.

Eberhard-Metzger, Claudia, Ries, Renate (1996): Verkannt und heimtückisch. Die ungebrochene Macht der Seuchen, Basel.

Eckart, Wolfgang (1996): »Der größte Versuch, den die Einbildungskraft ersinnen kann«. Der Krieg als hygienisch-bakteriologisches Laboratorium und Erfahrungsfeld, in: ders./Gradmann (Hg.), Medizin und der Erste Weltkrieg, S. 299-319.

– (1997a): Medizin und Kolonialimperialismus. Deutschland 1884-1945, Paderborn.

– (1997b): Aesculap in the Trenches. Aspects of German Medicine in the First World War, in: Hüppauf, Bernd (Hg.), War, Violence and the Modern Condition, Berlin, New York, S. 177-193.

– (1998): Geschichte der Medizin, 3. Aufl., Berlin.

– (2000): »The most extensive experiment that the imagination can conceive«. War, Emotional Stress and German Medicine, 1914-1918, in: Chickering, Förster (Hg.), Great War, S. 133-149.

Eckart, Wolfgang, Gradmann, Christoph (Hg.) (1996): Die Medizin und der Erste Weltkrieg, Pfaffenweiler.

– (1998): Medizin im Ersten Weltkrieg, in: Spilker, Rolf, Ulrich, Bernd (Hg.), Der Tod als Maschinist. Der industrialisierte Krieg 1914-1918, Bramsche, S. 203-215.

– (2003): Medizin, in: Hirschfeld/Krumeich/Renz (Hg.), Enzyklopädie Erster Weltkrieg, S. 210-219.

Eckart, Wolfgang, Sellin, Volker, Wolgast, Eike (Hg.) (2006): Die Universität Heidelberg im Nationalsozialismus, Berlin, Heidelberg.

Egloff, Rainer (Hg.) (2005): Tatsache, Denkstil, Kontroverse. Auseinandersetzungen mit Ludwik Fleck (Collegium Helveticum Heft 1), Zürich.

Ehlert, Hans (2006): Der Schlieffen-Plan. Analysen und Dokumente, Paderborn.

Engel, Joel (1965): Ottomar Rosenbach, Med. Diss. Zürich.

Engels, Eve-Marie (2000): Darwins Popularität im Deutschland des 19. Jahrhunderts. Die Herausbildung der Biologie als Leitwissenschaft, in: Barsch, Achim, Hejl, Peter M. (Hg.), Menschenbilder, Frankfurt a. M., S. 91-145.

Epkenhans, Michael, Gross, Gerhard P. (Hg.) (2003): Das Militär und der Aufbruch in die Moderne 1860-1890, München.

Ernst, Waltraud, Harris, Bernard (Hg.) (1999): Race, Science and Medicine, 1700-1960, London, New York.

Essner, Cornelia (2002): Die »Nürnberger Gesetze« oder die Verwaltung des Rassenwahns 1933-1945, Paderborn.

Etzemüller, Thomas (2007): Ein ewigwährender Untergang. Der apokalyptische Bevölkerungsdiskurs im 20. Jahrhundert, Bielefeld.

Eulner, Hans-Heinz (1969): Hygiene als akademisches Fach, in: Artelt, Walter et al. (Hg.), Städte-, Wohnungs- und Kleidungshygiene des 19. Jahrhunderts in Deutschland, Stuttgart, S. 52-69.

Evans, Alfred S. (1993): Causation and Disease. A Chronological Journey, New York, London.

Evans, Richard J. (1988): Angst in den Zeiten der Cholera, in: Die Seuche (= Kursbuch 94), S. 89-105.

– (1990): Tod in Hamburg. Stadt, Gesellschaft und Politik in den Cholera-Jahren 1830-1910, Reinbek bei Hamburg.

Faber, Knud (1978): Nosography. The Evolution of Clinical Medicine in Modern Times, 2. Aufl., New York.

Fantini, Bernadino (1996): Malaria and First World War, in: Eckart/Gradmann (Hg.), Medizin und der Erste Weltkrieg, S. 241-273.

Felt, Ulrike (2000): Die Stadt als verdichteter Raum der Begegnung zwischen Wissenschaft und Öffentlichkeit, in: Goschler (Hg.), Wissenschaft und Öffentlichkeit, S. 185-220.

Fischer, Hubert (1982): Der deutsche Sanitätsdienst 1921-1945. Organisation, Dokumente und persönliche Erfahrungen, Osnabrück.

– (1985): Die militärärztliche Akademie 1934-1945, Osnabrück.

Fischer, Wolfram et al. (Hg.) (1994): Exodus von Wissenschaften aus Berlin. Fragestellung, Ergebnisse, Desiderate. Entwicklungen vor und nach 1933, Berlin, New York.

Fleck, Ludwik (1983): Erfahrung und Tatsache. Gesammelte Aufsätze, mit einer Einleitung hrsg. von Lothar Schäfer und Thomas Schnelle, Frankfurt a. M.

– (1999): Entstehung einer wissenschaftlichen Tatsache. Einführung in die Lehre vom Denkstil und Denkkollektiv, Frankfurt a. M.

Forum on Microbial Threats, Board on Global Health (Hg.) (2006): Ending the War Metaphor. The Changing Agenda for Unraveling the Host-Microbe Relationship, Workshop Summary, Washington D.C.

Fort, Wolfgang, Gericke, Dietmar, Schenk, Ernst-Günter (2001): Von Menschen und Pilzen. Zur Geschichte der Penicillin-Produktion im ehemaligen Deutschen Reich und in der Zeit der Besatzung nach 1945, München.

Fortner, Joseph et al. (1964): Prof. Dr. Claude Walter Levinthal, in: Zentralbl. f. Bakt. etc. Bd. 193, Nr. 2, S. 137-138.

Foster, William Derek (1970): A History of Medical Bacteriology and Immunology, London.

Foucault, Michel (1989): Überwachen und Strafen. Die Geburt des Gefängnisses, Frankfurt a. M.

– (1992): Archäologie des Wissens, 5. Aufl., Frankfurt a. M.

Garrett, Laurie (1994): The Coming of Plague. Newly Emerging Diseases in a World out of Balance, New York.

Gaudillière, Jean-Paul, Löwy, Ilana (Hg.) (2001): Heredity and Infection. The History of Disease Transmission, London, New York.

Gaudillière, Jean-Paul (2004): Genesis and Development of Biomedical Objects. Styles of Thought, Styles of Work and the History of the Sex Steroids, in: Stud. Hist. Phil. Biol. & Biomed. Sci. 35, S. 525-543.

Geison, Gerald L. (1995): The Private Science of Louis Pasteur, Princeton.

– (2002): Organization, Products, and Marketing in Pasteur's Scientific Enterprise, in: History and Philosophy of the Life Sciences 24, S. 37-51.

Gerhard, Ute (1998): Nomadische Bewegungen und die Symbolik der Krise. Flucht und Wanderung in der Weimarer Republik, Opladen, Wiesbaden.

Gibbins, L. N. (1998): Mary Mallon. Disease, Denial, and Detention, in: Journal of Biological Education 32, S. 127-132.

Gibbs, Mark J., Armstrong, John S., Gibbs, Adrian J. (2001): Recombination in the Hemagglutinin Gene of the 1918 Spanish Flu, in: Science 293:5536, S. 1842-1845.

Gilman, Sander L. (1988): Disease and Representation. Images of Illness from Madness to AIDS, Ithaca.

Gilsohn, Jakob Wolf (1965): Prof. Dr. Ludwig Hirszfeld, Med. Diss. München.

Glaser, Kurt (1960): Vom Reichsgesundheitsrat zum Bundesgesundheitsrat. Ein Beitrag zur Geschichte des Deutschen Gesundheitswesens, Stuttgart.

Gnädig, Nicole (1999): Emil Gotschlich (1870-1949) und die wissenschaftliche Hygiene, Med. Diss. Heidelberg.

Göckenjan, Gerd (1991): Über den Schmutz. Überlegungen zur Konzeption von Gesundheitsgefahren, in: Reulecke/Castell Rüdenhausen (Hg.), Stadt und Gesundheit, S. 115-128.

Goudsblom, Johan (1977): Zivilisation, Ansteckungsangst und Hygiene. Beobachtungen über einen Aspekt des europäischen Zivilisationsprozesses, in: Gleichmann, Peter, ders., Korte, Hermann (Hg.), Materialien zu Norbert Elias' Zivilisationstheorie, Frankfurt a. M., S. 215-253.

Goschler, Constantin (Hg.) (2000): Wissenschaft und Öffentlichkeit in Berlin, Stuttgart.

– (2002): Rudolf Virchow. Mediziner, Anthropologe, Politiker, Köln.

Gossel, Patricia Peck (1992): A Need for Standard Methods. The Case of American Bacteriology, in: Clarke, Adele E., Fujimura, Joan H. (Hg.), The Right Tools for the Job, Princeton, S. 287-311.

Grabenstein, John et al. (2006): Immunization to Protect the US Armed Forces. Heritage, Current Practice and Prospects, in: Epidemiologic Reviews 28:3, S. 3-26.

Gradmann, Christoph (1995): »Auf Collegen, zum fröhlichen Krieg«. Popularisierte Bakteriologie im Wilhelminischen Zeitalter, in: Medizin, Gesellschaft und Geschichte 14, S. 35-54.

– (1996): Bazillen, Krankheit und Krieg. Bakteriologie und politische Sprache im Wilhelminischen Zeitalter, in: Berichte zur Wissenschaftsgeschichte 19:2-3, S. 81-94.

– (1999): Ein Fehlschlag und seine Folgen. Robert Kochs Tuberkulin und die Gründung des Instituts für Infektionskrankheiten in Berlin 1891, in: ders./Schlich (Hg.), Strategien der Kausalität, S. 29-52.

– (2001a): Isolation, Contamination, and Pure Culture. Monomorphism and Polymorphism of Pathogenic Microorganisms as Research Problem 1860-1880, in: Perspectives on Science 9:2, S. 147-172.

– (2001b): Robert Koch and the Pressures of Scientific Research, in: Medical History 45, S. 1-32.

– (2003): Das reisende Labor. Robert Koch erforscht die Cholera 1883/1884, in: Medizinhistorisches Journal 38, S. 1-26.

– (2004): A Harmony of Illusions. Clinical and Experimental Testing of Robert Koch's Tuberculin 1890-1900, in: Stud. Hist. Phil. Biol. & Biomed. Sci. 35, S. 465-481.

– (2005a): Krankheit im Labor. Robert Koch und die medizinische Bakteriologie, Göttingen.

– (2005b): Das Maß der Krankheit. Das pathologische Tierexperiment in der medizinischen Bakteriologie Robert Kochs, in: Borck, Cornelius, Hess, Volker, Schmidgen, Henning (Hg.), Maß und Eigensinn, München, S. 71-90.

– (2007): Unsichtbare Feinde. Bakteriologie und politische Sprache im deutschen Kaiserreich, in: Sarasin et al. (Hg.), Bakteriologie und Moderne, S. 327-353.

– (2008): Alles eine Frage der Methode. Zur Historizität der Kochschen Postulate 1840-2000, in: Medizinhistorisches Journal 43, S. 121-148.

Gradmann, Christoph, Schlich, Thomas (Hg.) (1999): Strategien der Kausalität. Konzepte der Krankheitsverursachung im 19. und 20. Jahrhundert, Pfaffenweiler.

Graus, Frantisek (1994): Pest, Geissler, Judenmorde. Das 14. Jahrhundert als Krisenzeit, 3. Aufl., Göttingen.

Greenwood, David (2008): Antimicrobial Drugs. Chronicle of a Twentieth Century Medical Triumph, Oxford.

Grotkopp, Jörg (1992): Beamtentum und Staatsformwechsel. Die Auswirkungen der Staatsformwechsel von 1918, 1933 und 1945 auf das Beamtenrecht und die personelle Zusammensetzung der deutschen Beamtenschaft, Frankfurt a. M.

Grün, Bernd, Hofer, Hans-Georg, Leven, Karl-Heinz (Hg.) (2002): Medizin und Nationalsozialismus. Die Freiburger Medizinische Fakultät und das Klinikum in der Weimarer Republik und im »Dritten Reich«, Frankfurt a. M.

Grunwald, Erhard (1983): Die Gliederung der Sanitätstruppe und die personelle Ergänzung der Sanitätsoffiziere im Heer 1918/19 und 1934/36, in: Wehrmedizinische Monatsschrift 27:10/11, S. 430-433, 474-477.

Guerrini, Anita (2003): Experimenting with Humans and Animals. From Galen to Animal Rights, Baltimore.

Hänseler, Marianne (2007): Metaphern unter dem Mikroskop. Epistemisch-konstitutive Metaphorik und die Bakteriologie Robert Kochs, Dissertation Universität Zürich.

Haffner, Sebastian (2002): Der Verrat. Deutschland 1918/19, Berlin.

Hagner, Michael (2000): Verwundete Gesichter, verletzte Gehirne. Zur Deformation des Kopfes im Ersten Weltkrieg, in: Schmölders, Claudia, Gilman, Sander (Hg.), Gesichter der Weimarer Republik, Köln, S. 78-95.

Hallyn, Fernand (2000): Metaphor and Analogy in Sciences, Dordrecht.

Hammonds, Evelynn Maxine (1999): Childhood's Deadly Scourge. The Campaign to Control Diphteria in New York City, 1880-1930, Baltimore.

Hardy, Anne (1993): The Epidemic Streets. Infectious Disease and the Rise of Preventive Medicine 1856-1900, Oxford.

Hardy, Anne (1998): On the Cusp. Epidemiology and Bacteriology at the Local Government Board, 1890-1905, in: Medical History 42, S. 328-346.

Hardy, Anne (2000): Straight Back to Barbarism. Antityphoid Inoculation in the Great War, 1914, in: Bulletin of the History of Medicine 74, S. 265-290.

Hardy, Anne (2005): Ärzte, Ingenieure und städtische Gesundheit, Frankfurt, New York.

Hardtwig, Wolfgang (Hg.) (2007): Ordnungen in der Krise. Zur politischen Kulturgeschichte Deutschlands 1900-1933, München.

Harrison, Mark (1996): The Medicalization of War. The Militarization of Medicine, in: Social History of Medicine 9, S. 267-276.

Hasian, Marouf A. (2007): Macht, medizinisches Wissen und die rhetorische Erfindung der »Typhoid Mary«, in: Sarasin et al. (Hg.), Bakteriologie und Moderne, S. 496-521.

Haug, Alfred (1989): »Neue Deutsche Heilkunde«. Naturheilkunde und »Schulmedizin« im Nationalsozialismus, in: Bleker/Jachertz (Hg.), Medizin im Dritten Reich, S. 123-131.

Haverkamp, Anselm (Hg.) (1996): Theorie der Metapher, Darmstadt.

Haynes, Douglas M. (2001): Imperial Medicine. Patrick Manson and the Conquest of Tropical Medicine, Philadelphia.

Heid, Ludger (1995): Maloche, nicht Mildtätigkeit. Ostjüdische Arbeiter in Deutschland 1914-1923, Hildesheim.

Hermann, Armin (1990): »Auf eine höhere Stufe des Daseins erheben«. Naturwissenschaft und Technik, in: Nitschke et al. (Hg.), Jahrhundertwende, Bd. 1, S. 312-336.

Herrnstein Smith, Barbara (2000): Netting Truth, in: Journal of the Modern Language Association of America 115:5, S. 1089-1095.

Hesper, Stefan (1999): Wir können auch anders. Massen als Ordnungen der Ungewissheit, in: KultuRRevolution 38/39, S. 56-60.

Hinz-Wessels, Annette (2008): Das Robert-Koch-Institut im Nationalsozialismus, Berlin.

Hirschfeld, Gerhard, Krumeich, Gerd, Renz, Irina (Hg.) (2003): Enzyklopädie Erster Weltkrieg, Paderborn.

Hofer, Hans-Georg (2002): Die »Veränderung aller Maßstäbe«. Die Freiburger Medizinische Fakultät und der Erste Weltkrieg, in: Grün/ders./Leven (Hg.), Medizin und Nationalsozialismus, S. 50-75.

– (2004): Nervenschwäche und Krieg. Modernitätskritik und Krisenbewältigung in der österreichischen Psychiatrie (1880-1920), Wien.

Hooker, Claire, Bashford, Alison (Hg.) (2001): Contagion. Historical and Cultural Studies, London.

– (2002): Diphteria and Australian Public Health. Bacteriology and its Complex Applications, ca. 1890-1930, in: Medical History 46, S. 41-64.

Hornemann, Andreas, Laabs, Annegret (1999): »Bär aus Galizien«. Die Angst vor dem Fremden. Der »Ostjude«, in: Gold, Helmut, Heuberger, Georg (Hg.), Abgestempelt. Judenfeindliche Postkarten, Heidelberg, S. 176-186.

Howard, Dexter H. (1982): Friedrich Löffler and his History of Bacteriology, in: American Society of Microbiology News 48:7, S. 297-302.

Howard-Jones, Norman (1975): The Scientific Background of the International Sanitary Conferences 1851-1938, Genf.

Hubenstorf, Michael (1989): Von der »freien Arztwahl« zur Reichsärzteordnung. Ärztliche Standespolitik zwischen Liberalismus und Nationalsozialismus, in: Bleker/Jachertz (Hg.), Medizin im Dritten Reich, S. 112-122.

– (1994): »Aber es kommt mir doch so vor, als ob Sie dabei nichts verloren hätten«. Zum Exodus von Wissenschaftlern aus den staatlichen Forschungsinstituten Berlins im Bereich des öffentlichen Gesundheitswesens, in: Fischer (Hg.), Exodus von Wissenschaften, S. 355-460.

Hubenstorf, Michael, Walther, Peter Th. (1994): Politische Bedingungen und allgemeine Veränderungen des Berliner Wissenschaftsbetriebes 1920 bis 1950, in: Fischer (Hg.), Exodus von Wissenschaften, S. 5-101.

Huber-Reismann, Elfriede Maria (2002): Cholerafurcht und Bazillenangst, in: Blätter für Heimatkunde 76:3-4, S. 83-100.

Hüntelmann, Axel (2008): Hygiene im Namen des Staates. Das Reichsgesundheitsamt 1876-1933, Göttingen.

– (2009): Biopolitische Netzwerke. Die interpersonellen und interinstitutionellen Verbindungen zwischen dem Institut für Infektionskrankheiten und dem Reichsgesundheitsamt vor 1935, in: Hulverscheidt, Marion, Laukötter, Anja (Hg.), Infektion und Institution. Zur Wissenschaftsgeschichte des Robert Koch-Instituts im Nationalsozialismus, Göttingen, S. 42-66.

Hull, Isabel (2005): Absolute Destruction. Military Culture and the Practices of War in Imperial Germany, Ithaca.

Humphreys, Margaret (2002): No Safe Place. Disease and Panic in American History, in: American Literary History 14:4, S. 845-857.

Jacobs, Struan (1987): Scientific Community. Formulation and Critique of a Sociological Motif, in: The British Journal of Sociology 38:2, S. 266-276.

Jahn, Ilse, Schmitt, Michael (Hg.) (2001): Darwin & Co. Eine Geschichte der Biologie in Porträts, München.

Jahr, Christoph, Mai, Uwe, Roller, Kathrin (Hg) (1994): Feindbilder in der deutschen Geschichte. Studien zur Vorurteilsgeschichte im 19. und 20. Jh., Berlin.

Jansen, Sarah (2003): »Schädlinge«. Geschichte eines wissenschaftlichen und politischen Konstrukts 1840-1920, Frankfurt, New York.

Jaworski, Marek (1980): Ludwik Hirszfeld. Sein Beitrag zu Serologie und Immunologie, Leipzig.

Jeismann, Michael (1992): Das Vaterland der Feinde. Studien zum nationalen Feindbegriff und Selbstverständnis in Deutschland und Frankreich 1792-1918, Stuttgart.

Jeschal, Godwin (1977): Politik und Wissenschaft deutscher Ärzte im Ersten Weltkrieg. Eine Untersuchung anhand der Fach- und Standespresse und der Protokolle des Reichstags, Pattensen.

Jessen, Ralph, Vogel, Jakob (Hg.) (2002): Wissenschaft und Nation in der europäischen Geschichte, Frankfurt, New York.

Johach, Eva (2008): Krebszelle und Zellenstaat. Zur medizinischen und politischen Metaphorik in Rudolf Virchows Zellularpathologie, Berlin.

Johnson, Niall P.A.S., Müller, Juergen (2002): Updating the Accounts. Global Mortality of the 1918-1920 »Spanish« Influenza Pandemic, in: Bulletin of the History of Medicine 76, S. 105-115.

Jütte, Robert (1996): Geschichte der Alternativen Medizin. Von der Volksmedizin zu den unkonventionellen Therapien von heute, München.

Kaufmann, Doris (2003): Eugenische Utopie und wissenschaftliche Praxis im Nationalsozialismus, in: Hardtwig, Wolfgang (Hg.), Utopie und politische Herrschaft im Europa der Zwischenkriegszeit, München, S. 309-325.

Kaufmann, Stefan H.E., Winau, Florian (2005): From Bacteriology to Immunology. The Dualism of Specificity, in: Nature Immunology 11:6, S. 1063-1066.

Kay, Lily E. (1997): Cybernetics, Information, Life. The Emergence of Scriptual Representations of Heredity, in: Configurations 5, S. 23-91.

Keating, Peter, Ousman, Abdelkérim (1991): The Problem of Natural Antibodies 1894-1905, in: Journal of the History of Biology 24:2, S. 245-263.

Kienitz, Sabine (2008): Beschädigte Helden. Kriegsinvalidität und Körperbilder, 1914-1923, Paderborn.

Kingsland, Sharon (2005): The Evolution of American Ecology, 1890-2000, Baltimore.

Kinzelbach, Annemarie (2006): Infection, Contagion, and Public Health in Late Medieval and Early Modern German Imperial Towns, in: Journal of the History of Medicine and Allied Sciences 61:3, S. 369-389.

Klasen, Eva-Maria (1984): Die Diskussion über eine »Krise« der Medizin in Deutschland zwischen 1925 und 1935, Med. Diss. Mainz.

Klemm, Margot (2003): Ferdinand Julius Cohn 1828-1898, Frankfurt a. M.

Kluge, Ulrich (1997): Die deutsche Revolution 1918/19. Staat, Politik und Gesellschaft zwischen Weltkrieg und Kapp-Putsch, Darmstadt.

Knorr-Cetina, Karin (1995): Metaphors in the Scientific Laboratory, in: Radman, Zdravko (Hg.), From a Metaphorical Point of View, Berlin, S. 329-349.

Ko, Jae-Baek (2008): Wissenschaftspopularisierung und Frauenberuf. Diskurs um Gesundheit, hygienische Familie und Frauenrolle im Spiegel der Familienzeitschrift Die Gartenlaube in der zweiten Hälfte des 19. Jahrhunderts, Frankfurt a. M.

Koch, Hansjoachim W. (1973): Der Sozialdarwinismus. Seine Genese und sein Einfluss auf das imperialistische Denken, München.

Köhler, Werner, Mochmann, Hanspeter (1988): Edwin Klebs (1834-1913). Pathologe und Wegbereiter der Bakteriologie, in: Zeitschrift für ärztliche Fortbildung 82, S. 1037-1042.

– (1997): Meilensteine der Bakteriologie, Frankfurt a. M.

Köster, Werner (2005): Der »Raum« als Kategorie der Resubstantialisierung. Analysen zur neuerlichen Konjunktur einer deutschen Semantik, in: Stockhammer, Robert (Hg.), TopoGraphien der Moderne, München, S. 25-72.

Koller, Christian (2001): Von Wilden aller Rassen niedergemetzelt. Die Diskussion um die Verwendung von Kolonialtruppen in Europa zwischen Rassismus, Kolonial- und Militärpolitik (1914-1930), Stuttgart.

Komo, Günter (1992): Für Volk und Vaterland. Die Militärpsychiatrie in den Weltkriegen, Hamburg.

Konrad, Helmut (Hg.) (2000): Krieg, Medizin und Politik, Wien.

Koppitz, Ulrich, Woelk, Wolfgang (1997): Die Desinfektionsmaschinerie, in: Paedagogica Historica 33:3, S. 833-860.

Kraut, Alan M. (1994): Silent Travelers. Germs, Genes, and the »Immigrant Menace«, New York.

Kretschmann, Carsten (Hg.) (2003): Wissenspopularisierung. Konzepte der Wissensverbreitung im Wandel, Berlin.

Kristeva, Julia (1982): Pouvoirs de l'horreur. Essay sur l'abjection, Paris.

Kröner, Hans-Peter (1989): Die Emigration von Medizinern unter dem Nationalsozialismus, in: Bleker/Jachertz (Hg.), Medizin im Dritten Reich, S. 38-46.

Krügel, Rainer (1984): Friedrich Martius und der konstitutionelle Gedanke, Frankfurt a. M.

Kümmel, Werner (1989): Die »Ausschaltung«. Wie die Nationalsozialisten die jüdischen und die politisch missliebigen Ärzte aus dem Beruf verdrängten, in: Bleker/Jachertz (Hg.), Medizin im Dritten Reich, S. 30-37.

Kurth, Reinhard (2002): Renaissance der Seuchen. Das Ende der Sorglosigkeit, in: Eberhard-Metzger, Claudia, Ries, Renate (Hg.), Die Macht der Seuchen, Stuttgart/Leipzig 2002, S. 8-16.

Kury, Patrick (2006): Die Gründung des Grenzsanitätsdienstes im Jahr 1920 und die Pathologisierung des »Ostens«, in: Opitz, Claudia, Studer, Brigitte, Tanner, Jakob (Hg.), Kriminalisieren, Entkriminalisieren, Normalisieren, Zürich, S. 243-260.

Labisch, Alfons (1991): Experimentelle Hygiene, Bakteriologie, Soziale Hygiene. Konzeptionen, Interventionen, Soziale Träger. Eine idealtypische Übersicht, in: Reulecke/Castell Rüdenhausen (Hg.), Stadt und Gesundheit, S. 37-47.

– (1992): Homo Hygienicus. Gesundheit und Medizin in der Neuzeit, Frankfurt, New York.

– (1997): Infektion oder Seuche? Zum monokausalen Denken in der Medizin. Der Beitrag Adolf Gottsteins (1857-1941), in: Das Gesundheitswesen 59, S. 679-685.

– (2004): Sozialhygiene. Gesundheitswissenschaften und öffentliche Gesundheitssicherung in der zweiten Hälfte des 19. Jahrhunderts, in: »Sei sauber!« Eine Geschichte der Hygiene und öffentlichen Gesundheitsvorsorge in Europa, hrsg. vom Musée de la Ville de Luxembourg, Köln, S. 258-267.

Labisch, Alfons, Koppitz, Ulrich (Hg.) (1999): Adolf Gottstein. Erlebnisse und Erkenntnisse. Autobiographische und biographische Materialien, Berlin.

Labisch, Alfons, Tennstedt, Florian (1985): Der Weg zum »Gesetz über die Vereinheitlichung des Gesundheitswesens« vom 3. Juli 1934. Entwicklungslinien und -momente des staatlichen und kommunalen Gesundheitswesens in Deutschland, Bd. 1, Düsseldorf.

Latour, Bruno (1988): The Pasteurization of France, Cambridge.

– (1994): Pasteur und Pouchet. Die Heterogenese der Wissenschaftsgeschichte, in: Serres, Michel (Hg.), Elemente einer Geschichte der Wissenschaften, Frankfurt a. M., S. 749–790.

– (2007): Krieg und Frieden. Starke Mikroben, schwache Hygieniker, in: Sarasin et al. (Hg.), Bakteriologie und Moderne, S. 111-175.

Lawrence, Christopher, Weisz, George (Hg.) (1998): Greater than the Parts. Holism in Biomedicine, 1920-1950, New York, Oxford.

Lederberg, Joshua (2000): Infectious History, in: Science 288:5464, S. 287-293.

– (2003): Von Mikroben und Menschen, in: Die WELT, 29.4.2003.

Lemmens, Franz, Thom, Achim (1989): Zur Entwicklung und Wirksamkeit des Wehrmachtssanitätswesens in den Jahren von 1933 bis 1945, in: Thom/Caregorodcev (Hg.), Medizin unterm Hakenkreuz, S. 363-382.

Lenoir, Timothy (1992): Politik im Tempel der Wissenschaft. Forschung und Machtausübung im deutschen Kaiserreich, Frankfurt a. M.

– (1992a): Eine Zauberkugel. Profitorientierte Forschung und Erkenntnisfortschritt in Deutschland um 1900, in: ders., Politik im Tempel der Wissenschaft, S. 107-145.

– (1992b): Praxis, Vernunft und Kontext. Der Dialog zwischen Theorie und Experiment, in: ders., Politik im Tempel der Wissenschaft, S. 172-208.

Leonhard, Jörn (2008): Bellizismus und Nation. Kriegsdeutungen und Nationsbestimmung in Europa und den Vereinigten Staaten 1750-1914, München.

Lerner, Paul (2003): Hysterical Men. War, Psychiatry, and the Politics of Trauma in Germany, 1890-1930, Ithaca.

Linton, Derek (2000): The Obscure Object of Knowledge. German Military Medicine confronts Gas Gangrene during World War I, in: Bulletin of the History of Medicine 74, S. 291-316.

Liulevicius, Vejas Gabriel (2000): War Land on the Eastern Front. Culture, National Identity, and German Occupation in World War I, Cambridge.

Löwy, Ilana (1986): The Epistemology of the Science of an Epistemologist of the Sciences. Ludwik Fleck's Professional Outlook and its Relation to his Philosophical Works, in: Cohen/Schnelle (Hg.), Cognition and Fact, S. 421-442.

– (1990): The Polish School of Philosophy of Medicine. From Tytus Chalubinski (1820-1889) to Ludwik Fleck (1896-1961), Dordrecht.

– (1996): Les métaphores de l'immunologie. Guerre et paix, in: Mainguinhos Vol. III, I, S. 7-23.

– (2000): The Experimental Body, in: Cooter/Pickstone (Hg.), Medicine in the Twentieth Century, S. 435-449.

– (2004): Introduction. Ludwik Fleck's Epistemology of Medicine and Biomedical Sciences, in: Stud. Hist. Phil. Biol. & Biomed. Sci. 35, S. 437-445.

Lode, Hartmut, Mutschler, Ernst, Wiedemann, Bernd (Hg.) (2001): Bakterielle und virale Resistenz. Epidemiologie, Mechanismus, klinische Relevanz und therapeutische Konsequenzen, Basel.

Lohalm, Uwe (1991): Die Wohlfahrtskrise 1930-1933. Vom ökonomischen Notprogramm zur rassenhygienischen Neubestimmung, in: Bajohr, Frank (Hg.), Zivilisation und Barbarei. Die widersprüchlichen Potentiale der Moderne, Hamburg, S. 193-225.

Lohr, Erich (2001): The Russian Army and the Jews. Mass Deportation, Hostages, and Violence during World War I, in: The Russian Review 60:3, S. 404-419.

Lüdtke, Karlheinz (1999): Zur Geschichte der frühen Virusforschung, Preprint Max-Planck-Institut für Wissenschaftsgeschichte Nr. 125, Berlin.

Maasen, Sabine, Mendelsohn, Everett, Weingart, Peter (Hg.) (1995): Biology as Society, Society as Biology. Metaphors, Dordrecht.

Maasen, Sabine, Weingart, Peter (2000): Metaphors and the Dynamics of Knowledge, London.

Maclean, Pam (1988): Control and Cleanliness. German-Jewish Relations in occupied Eastern Europe during the First World War, in: War & Society 6:2, S. 47-69.

Maingueneau, Dominique (1997): L'analyse du discours. Introduction aux lectures de l'archive, Paris.

Maitra, Robert T. (2001): »... wer imstande und gewillt ist, dem Staate mit Höchstleistungen zu dienen!«. Hans Reiter und der Wandel der Gesundheitskonzeption im Spiegel der Lehr- und Handbücher der Hygiene zwischen 1920 und 1960, Husum.

Martin, Emily (1990): Toward an Anthropology of Immunology. The Body as Nation State, in: Medical Anthropology Quarterly, New Series 4:4, S. 410-426.

– (1994): Flexible Bodies. Tracking Immunity in the American Culture. From the Days of Polio to the Age of AIDS, Boston.

Massin, Benoît (2003): Rasse und Vererbung als Beruf. Die Hauptforschungsrichtungen am Kaiser-Wilhelm-Institut für Anthropologie, menschliche Erblehre und Eugenik im NS, in: Schmuhl (Hg.), Rassenforschung an Kaiser-Wilhelm-Instituten, S. 190-224.

Materna, Ingo (1999): Die Zentralstelle der Arbeiter- und Soldatenräte der Regierungsbezirke in der Provinz Brandenburg während der Revolution 1918/1919, in: Internationale wissenschaftliche Korrespondenz zur Geschichte der deutschen Arbeiterbewegung 2, S. 208-224.

Maulitz, Russell C. (1979): »Physician versus Bacteriologist«. The Ideology of Science in Clinical Medicine, in: Vogel, Morris J. (Hg.), The Therapeutic Revolution, Philadelphia, S. 91-107.

Maurer, Trude (1985): Medizinalpolizei und Antisemitismus, in: Jahrbücher für Geschichte Osteuropas 33:2, S. 205-230.

Mazumdar, Pauline M. H. (1995): Species and Specificity. An Interpretation of the History of Immunology, Cambridge.

McFall-Ngai, Margaret J., Henderson, Brian, Ruby, Edward G. (Hg.): The Influence of Cooperative Bacteria on Animal Host Biology, Cambridge 2005.

Mendelsohn, J. Andrew (1995): »Typhoid Mary« strikes Again. The Social and Scientific in the Making of Modern Public Health, in: Isis 86:2, S. 268-277.

– (1996): Cultures of Bacteriology. Formation and Transformation of a Science in France and Germany, 1870-1914, Dissertation Princeton University.

– (1999): Von der »Ausrottung« zum Gleichgewicht. Wie Epidemien nach dem Ersten Weltkrieg komplex wurden, in: Gradmann/Schlich (Hg.), Strategien der Kausalität, S. 227-268.

– (2001): Medicine and the Making of Bodily Inequality in Twentieth-Century Europe, in: Gaudillière/Löwy (Hg.), Heredity and Infection, S. 21-80.

– (2002): »Like all that lives«. Biology, Medicine and Bacteria in the Age of Pasteur and Koch, in: History and Philosophy of the Life Sciences 24, S. 3-36.

Meschnig, Alexander (2008): Der Wille zur Bewegung. Militärischer Traum und totalitäres Programm, Bielefeld.

Michl, Susanne (2007): Im Dienste des »Volkskörpers«. Deutsche und französische Ärzte im Ersten Weltkrieg, Göttingen.

Mirow, Jürgen (2004): Geschichte des Deutschen Volkes, Bd. 3: Durchbruch zu Industrialismus und Massengesellschaft, Gernsbach.

Mohaupt, Volker (1989): Martin Kirchner (1854-1925). Leben und Wirken eines Robert-Koch-Schülers und bedeutenden Hygienikers im Preußischen Staatsdienst, Med. Diss. Erlangen.

Möller, Horst (2004): Die Weimarer Republik. Eine unvollendete Demokratie, 7. Aufl., München.

Mommsen, Wolfgang J. (2002): Die Urkatastrophe Deutschlands. Der Erste Weltkrieg 1914-1918 (Gebhardt Handbuch der deutschen Geschichte 17), Stuttgart.

Montgomery, Scott L. (1991): Codes and Combat in Biomedical Discourse, in: Science as Culture 12:3/3, S. 341-390.

Morabia, Alfredo (1998): Epidemiology and Bacteriology in 1900. Who is the Handmaid of Whom? in: Journal of Epidemiology & Community Health 52:10, S. 617-618.

Moser, Gabriele (2002): »Im Interesse der Volksgesundheit …«. Sozialhygiene und öffentliches Gesundheitswesen in der Weimarer Republik und der frühen SBZ/DDR, Frankfurt a. M.

Moulin, Anne Marie (1991): Le dernier langage de la médicine. Histoire de l'immunologie de Pasteur au Sida, Paris.

Mozew, Celia (2003): Professor Doktor Fred Julius Neufeld (1869-1945). Leben und Werk, Med. Diss. Heidelberg.

Müller, Jürgen (1996): Die Spanische Influenza 1918/19. Einflüsse des Ersten Weltkrieges auf Ausbreitung, Krankheitsverlauf und Perzeption einer Pandemie, in: Eckart/Gradmann (Hg.), Medizin und der Erste Weltkrieg, S. 321-342.

Munk, Klaus (1995): Virologie in Deutschland. Die Entwicklung eines Fachgebietes, Basel.

Murphy, Thomas (1997): The Heroic Earth. Geopolitical Thought in Weimar Germany, 1918-1933, Kent, Ohio.

Nemitz, Kurt (1981): Die Bemühungen zur Schaffung eines Reichsgesundheitsministeriums in der Ersten Phase der Weimarer Republik 1918-1922, in: Medizinhistorisches Journal 16, S. 424-445.

Neumann, Herbert A. (2004): Paul Uhlenhuth. Ein Leben für die Forschung, Berlin.

Nipperdey, Thomas (1992): Deutsche Geschichte 1866-1918, Bd. 2: Machtstaat vor der Demokratie, München.

Nitschke, August et al. (Hg.) (1990): Jahrhundertwende. Der Aufbruch in die Moderne 1880-1930, 2 Bde., Reinbek b. Hamburg.

Nolte, Ernst (2006): Die Weimarer Republik. Demokratie zwischen Lenin und Hitler, München.

Nutton, Vivian (1990): The Reception of Fracastoro's Theory of Contagion. The Seed that fell among Thorns? in: Osiris 6, S. 196-234.

Nye, Edwin R., Gibson, Mary E. (1997): Ronald Ross. Malariologist and Polymath. A Biography, New York, London.

Olby, Robert C. et al. (Hg.) (1996): Companion to the History of Modern Science, London.

Oltmer, Jochen (2005): Migration und Politik in der Weimarer Republik, Göttingen.

Opitz, Bernhard (1994): Robert Kochs Ansichten über die zukünftige Gestaltung des Kaiserlichen Gesundheitsamtes, in: Medizinhistorisches Journal 29, S. 363-377.

Orland, Barbara, Brecht, Christine (1999): Populäres Wissen, in: WerkstattGeschichte 23, S. 4-12.

Otis, Laura (1999): Membranes. Metaphors of Invasion in Nineteenth-Century Literature, Science and Politics, Baltimore.

Paracer, Surindar, Ahmadjian, Vernon (2000): Symbiosis. An Introduction to Biological Associations, 2. Aufl., Oxford.

Parnes, Ohad (2003a): »Trouble from within«. Allergy, Autoimmunity, and Pathology in the First Half of the Twentieth Century, in: Stud. Hist. Phil. Biol. & Biomed. Sci. 34, S. 425-454.

– (2003b): From Agents to Cells. Theodor Schwann's Research Notes of the Years 1835-1838, in: Holmes, Frederic, Renn, Jürgen, Rheinberger, Hans-Jörg (Hg.), Reworking the Bench, Dordrecht, S. 119-140.

Pelis, Kim (2006): Charles Nicolle. Pasteur's Imperial Missionary, Rochester.

Pelling, Margaret (1993): Contagion/Germ Theory/Specificity, in: Bynum/Porter (Hg.), Companion Encyclopedia of the History of Medicine, S. 309-334.

Pfetsch, Frank R., Zloczower, Avraham (1973): Innovation und Widerstände in der Wissenschaft, Düsseldorf.

Phillips, Howard, Killingray, David (Hg.) (2003): The Spanish Influenza Pandemic of 1918-19. New Perspectives, London.

Pommerin, Reiner (1986): Die Ausweisung von »Ostjuden« aus Bayern 1923. Ein Beitrag zum Krisenjahr der Weimarer Republik, in: Vierteljahreshefte für Zeitgeschichte 34:3, S. 311-340.

Porter, Roy (1997): The Greatest Benefit to Mankind. A Medical History of Mankind, London.

Preto, Paolo (1987): Epidemia, paura e politica nell'Italia moderna, Rom.

Prüll, Cay-Rüdiger (1998): Holism and German Pathology, in: Lawrence/Weisz (Hg.), Greater than the Parts, S. 46-67.

– (1999): Pathology at War 1914-1918. Germany and Britain in Comparison, in: Cooter/Harrison/Sturdy, Medicine and Modern Warfare, S. 131-162.

– (2002): Ludwig Aschoff (1866-1942). Wissenschaft und Politik im Kaiserreich, Weimarer Republik und Nationalsozialismus, in: Grün/Hofer/Leven (Hg.), Medizin und Nationalsozialismus, S. 92-118.

Rather, Lelland J. (1982): On the Source and Development of Metaphorical Language in the History of Western Medicine, in: Stevenson, Lloyd G. (Hg.), A Celebration of Medical History, Baltimore, S. 135-156.

Rather, Lelland J., Frerichs, John B. (1972): On the Use of Military Metaphor in Western Medical Literature. The bellum contra morbum of Thomas Campanella (1568-1639), in: Clio Medica 7:3, S. 201-208.

Reimann, Aribert (2000): Der große Krieg der Sprachen. Untersuchungen zur historischen Semantik in Deutschland und England zur Zeit des Ersten Weltkriegs, Essen.

Reulecke, Jürgen, Castell Rüdenhausen, Adelheid Gräfin zu (Hg.) (1991): Stadt und Gesundheit. Zum Wandel von »Volksgesundheit« und kommunaler Gesundheitspolitik im 19. und frühen 20. Jahrhundert, Stuttgart.

Rheinberger, Hans Jörg (1992): Historialität, Spur, Dekonstruktion, in: ders., Experiment, Differenz, Schrift, Marburg, S. 47-65.

– (2001): Experimentalsystem und epistemische Dinge, Göttingen.

– (2006): Zur Historizität wissenschaftlichen Wissens. Ludwik Fleck, Edmund Husserl, in: ders., Epistemologie des Konkreten, Frankfurt a. M., S. 21-36.

Robert Koch-Institut des Bundesgesundheitsamtes (Hg.) (1991): 100 Jahre Robert Koch Institut, 1. Juli 1991, Berlin.

Rosenberg, Charles E. (1992): Explaining Epidemics and other Studies in the History of Medicine, Cambridge.

Rothschuh, Karl E. (1978): Konzepte der Medizin in Vergangenheit und Gegenwart, Stuttgart.

Rowland, Davis H. (2003): The Microbial Models of Molecular Biology. From Gene to Genomes, Oxford.
Ruprecht, Thomas M., Jenssen, Christian (1991): Äskulap oder Mars? Ärzte gegen den Krieg, Bremen.
Sackmann, Werner (1980): Fleckfieber und Fleckfieberforschung zur Zeit des Ersten Weltkriegs, in: Gesnerus 37:1/2, S. 113-132.
Salomon-Bayet, Claire (1986): Pasteur et la révolution pasteurienne, Paris.
Saretzki, Thomas (2000): Reichsgesundheitsrat und Preußischer Landesgesundheitsrat in der Weimarer Republik, Berlin.
Sarasin, Philipp (2001): Reizbare Maschinen. Eine Geschichte des Körpers 1765-1914, Frankfurt a. M.
– (2003): Infizierte Körper, kontaminierte Sprachen. Metaphern als Gegenstand der Wissenschaftsgeschichte, in: ders., Geschichtswissenschaft und Diskursanalyse, Frankfurt a. M., S. 191-230.
– (2006): Krieg im Körper. Ein Grundlagenstreit der Bakteriologie um 1885 in wissensgeschichtlicher Perspektive, Kolloquium von Prof. Ulrich Herbert, Universität Freiburg i. Br., 17.5.2006, Vortragsmanuskript.
– (2007): Die Visualisierung des Feindes. Über metaphorische Technologien der frühen Bakteriologie, in: ders. et al. (Hg.), Bakteriologie und Moderne, S. 427-461.
Sarasin, Philipp, Berger, Silvia, Hänseler, Marianne, Spörri, Myriam (Hg.) (2007): Bakteriologie und Moderne. Studien zur Biopolitik des Unsichtbaren, Frankfurt a. M..
– (2007a): Bakteriologie und Moderne. Eine Einleitung, in: dies. (Hg.), Bakteriologie und Moderne, S. 8-43.
Sauerteig, Lutz (1996): Militär, Medizin und Moral. Sexualität im Ersten Weltkrieg, in: Eckart/Gradmann (Hg.), Medizin und der Erste Weltkrieg, S. 197-226.
– (1998): Sex, Medicine and Morality during the First World War, in: Cooter/Harrsion/Sturdy (Hg.), War, Medicine and Modernity, S. 167-188.
– (1999): Krankheit, Sexualität, Gesellschaft. Geschlechtskrankheiten und Gesundheitspolitik in Deutschland im 19. und frühen 20. Jahrhundert, Stuttgart.
– (2000): Medizin und Moral in der Syphilisbekämpfung, in: Medizin, Gesellschaft und Geschichte 19, S. 55-70.
Scudo, Francesco, Ziegler, James R. (1978): The Golden Age of Theoretical Ecology, 1923-1940, Berlin, Heidelberg, New York.
Schäfer, Lothar, Schnelle, Thomas (1999): Einleitung. Ludwik Flecks Begründung der soziologischen Betrachtungsweise in der Wissenschaftstheorie, in: Fleck, Entstehung und Entwicklung, VII-XLIX.
Schadewaldt, Hans (1994): Die Rückkehr der Seuchen. Ist die Medizin machtlos? Köln.
Schagen, Udo, Schleiermacher, Sabine (Hg.) (2005): 100 Jahre Sozialhygiene, Sozialmedizin und Public Health in Deutschland, Berlin (CD-ROM).
Schleiermacher, Sabine (1998): Sozialethik im Spannungsfeld von Sozial- und Rassenhygiene. Der Mediziner Hans Harmsen im Centralausschuss für die Innere Mission, Husum.
– (2008): Grenzüberschreitungen der Medizin. Vererbungswissenschaft, Rassenhy-

giene und Geomedizin an der Charité im Nationalsozialismus, in: dies., Schagen, Udo (Hg.), Die Charité im Dritten Reich, Paderborn, S. 169-188.

Schlegel, Hans Günter (2004): Geschichte der Mikrobiologie, 2. korrigierte Aufl., Halle.

Schlich, Thomas (1996a): Ein Symbol medizinischer Fortschrittshoffnung. Robert Koch entdeckt den Erreger der Tuberkulose, in: Schott, Heinz (Hg.), Meilensteine der Medizin, Düsseldorf, S. 368-374.

– (1996b): »Welche Macht über Leben und Tod!« Die Etablierung der Bluttransfusion im Ersten Weltkrieg, in: Eckart/Gradmann (Hg.), Medizin und der Erste Weltkrieg, S. 109-130.

– (1996c): Die Konstruktion der notwendigen Krankheitsursache. Wie die Medizin Krankheit beherrschen will, in: Borck, Cornelius (Hg.), Anatomien medizinischen Wissens, Frankfurt a. M., S. 202-229.

– (1997): Repräsentationen von Krankheitserregern. Wie Robert Koch Bakterien als Krankheitsursache dargestellt hat, in: Rheinberger, Hans-Jörg, Hagner, Michael, Wahrig-Schmid, Bettina (Hg.), Räume des Wissens, Berlin, S. 165-190.

– (1999): Einführung. Die Kontrolle notwendiger Krankheitsursachen als Strategie der Krankheitsbeherrschung im 19. und 20. Jahrhundert, in: Gradmann/ders. (Hg.), Strategien der Kausalität, S. 3-28.

Schmid, Christian (2005): Stadt, Raum und Gesellschaft. Henri Lefèbvre und die Theorie der Produktion des Raumes, Stuttgart.

– (2006): Netzwerke, Grenzen, Differenzen. Auf dem Weg zu einer Theorie des Urbanen, in: ders., Diener, Roger, Herzog, Jacques et al. (Hg.), Die Schweiz. Ein städtebauliches Porträt, Basel, Boston, Berlin, S. 164-174.

Schmidt, Hermann (1995): Die Kaiser-Wilhelm-Akademie für das militärärztliche Bildungswesen, von 1895-1910, mit einem Vorwort von Heinz Goerke, Hildesheim, Zürich, New York (1910).

Schmuhl, Hans-Walter (Hg.) (2003): Rassenforschung an Kaiser-Wilhelm-Instituten vor und nach 1933, Göttingen.

– (2003a): Rasse, Rassenforschung, Rassenpolitik. Annäherungen an ein Thema, in: ders. (Hg.), Rassenforschung an Kaiser-Wilhelm-Instituten, S. 7-37.

– (2005): Grenzüberschreitungen. Das Kaiser-Wilhelm-Institut für Anthropologie, menschliche Erblehre und Eugenik, 1927-1945, Göttingen.

Schneck, Peter (1994): Sozialhygiene und Rassenhygiene in Berlin. Die Schüler Alfred Grotjahns und ihr Schicksal unter dem NS-Regime, in: Fischer et al. (Hg.), Exodus von Wissenschaften aus Berlin, S. 494-509.

Schneider, Uwe, Schumann, Andrea (2000): Krieg der Geister. Erster Weltkrieg und literarische Moderne, Würzburg.

Schröder, Christina, Kratz, Doris, Kratz, Hans-Michael (1989): Ein gescheitertes Reformkonzept. Naturheilkunde, »Neue Deutsche Heilkunde« und Laientherapie in der faschistischen Gesundheitskonzeption, in: Thom/Caregorodcev (Hg.), Medizin unterm Hakenkreuz, S. 251-279.

Schrön, Johanna (2003): Ein »großes, lebendiges Lehrbuch der Hygiene«. Die Internationale Hygiene-Ausstellung in Dresden 1911, in: Kretschmann (Hg.), Wissenspopularisierung, S. 309-322.

Schulte, Erika (2001): Der Anteil Erich Wernickes an der Entwicklung des Diphtherieantitoxins, Med. Diss. Berlin.

Schulze-Rath, Renate (1993): Hans Much (1880-1932), Bakteriologe und Schriftsteller, Med. Diss. Mainz.

Schummer, Joachim (1998): Physical Chemistry. Neither Fish nor Fowl? in: Janich, Peter, Psarros, Nikolaos (Hg.), The Autonomy of Chemistry, Würzburg 1998, S. 135-148.

Schwarz, Angela (1999): Der Schlüssel zur modernen Welt. Wissenschaftspopularisierung in Großbritannien und Deutschland im Übergang zur Moderne (ca. 1870-1914), Stuttgart.

– (2003): Wissenschaftspopularisierung und Wissenskultur im 19. Jahrhundert, in: Kretschmann (Hg.), Wissenspopularisierung, S. 221-234.

Schwartz, Michael (1995): Sozialistische Eugenik. Eugenische Sozialtechnologien in Diskurs und Politik der deutschen Sozialdemokratie 1890-1933, Bonn.

Servos, John W. (1990): Physical Chemistry from Ostwald to Pauling. The Making of a Science in America, Princeton.

Shapin, Steven (1996): Science and the Public, in: Olby et al. (Hg.), Companion to the History of Modern Science, S. 999-1007.

Shinn, Terry, Whitley, Richard (Hg.) (1985): Expository Science. Forms and Functions of Popularisation, Dordrecht.

Showalter, Dennis (2000): From Deterrence to Doomsday Machine. The German Way of War, 1890-1914, in: The Journal of Military History 64, S. 671-710.

Silverstein, Arthur M. (1979): Cellular versus Humoral Immunity. Determinants and Consequences of an Epic 19th Century Battle, in: Cellular Immunology 48, S. 208-221.

– (1989): A History of Immunology, San Diego.

Simon, Jonathan (2007): Emil Behring's Medical Culture. From Disinfection to Serotherapy, in: Medical History 51, S. 201-218.

Sohn, Werner (2001): Hugo de Vries (1848-1935), in: Jahn/Schmitt (Hg.), Darwin & Co., S. 9-27.

Spörri, Myriam (2005): Ludwik Hirszfelds Plädoyer für »Symbiose«. Anmerkungen zu einer Fußnote Ludwik Flecks, in: Egloff (Hg.), Tatsache, Denkstil, Kontroverse, S. 79-84.

– (2009): Reinheit und Mischungen. Zur Kulturgeschichte der Blutgruppenforschung, 1900-1933, Dissertation Universität Zürich.

Spree, Reinhart (1981): Soziale Ungleichheit vor Krankheit und Tod. Zur Sozialgeschichte des Gesundheitsbereichs im Deutschen Kaiserreich, Göttingen.

Süss, Winfried (2003): Der »Volkskörper« im Krieg. Gesundheitspolitik, Gesundheitsverhältnisse und Krankenmord im nationalsozialistischen Deutschland, 1939-1945, München.

Steinacher, Günter Max Philipp (1959): Das Leben und Wirken Ottomar Rosenbachs unter besonderer Berücksichtigung der Energetik, München.

Stepan, Nancy Leys (1993): Race and Gender. The Role of Analogy in Science, in: Harding, Sandra (Hg.), The »Racial« Economy of Science, Bloomington, S. 359-375.

Stettler, Antoinette (1979): Die Vorstellung von Ansteckung und Abwehr. Zur Geschichte der Immunitätslehre bis zur Zeit von Louis Pasteur, in: Gesnerus 29:3/4, S. 255-273.

Storz, Dieter (2003): Modernes Infanteriegewehr und taktische Reform in Deutschland in der Mitte des 19. Jahrhunderts, in: Epkenhans/Gross (Hg.), Das Militär und der Aufbruch in die Moderne, S. 209-230.

Strachan, Hew (2000): On Total War and Modern War, in: The International History Review 2, S. 341-371.

Strohwick, Elisabeth (2002): Poetologie der Ansteckung und bakteriologische Reinkultur. Infektiöses Material bei Thomas Bernhard, Thomas Mann und Robert Koch, in: Nusser, Tanja, dies. (Hg.), Krankheit und Geschlecht, Würzburg, S. 57-74.

Stürzbecher, Manfred (1959): Adolf Gottstein als Gesundheitspolitiker, in: Medizinische Monatsschrift 13:6, S. 374-379.

– (1964): Zur Biographie von Otto Lentz, in: Bundesgesundheitsblatt 17, S. 265-266.

Szöllösi-Janze, Margit (1994): Von der Mehlmotte zum Holocaust. Fritz Haber und die chemische Schädlingsbekämpfung während und nach dem Ersten Weltkrieg, in: Kocka, Jürgen, Puhle, Hans-Jürgen, Tenfelde, Klaus (Hg.), Von der Arbeiterbewegung zum modernen Sozialstaat, München, S. 658-682.

– (2004): Politisierung der Wissenschaften, Verwissenschaftlichung der Politik. Wissenschaftliche Politikberatung zwischen Kaiserreich und Nationalsozialismus, in: Fisch, Stefan, Rudloff, Wilfried (Hg.), Experten und Politik, Berlin, S. 79-100.

Tamm, Ingo (1996): »Ein Stand im Dienste der Nationalen Sache«. Positionen ärztlicher Standesorganisationen zum Ersten Weltkrieg, in: Eckart/Gradmann (Hg.), Medizin und der Erste Weltkrieg, S. 11-21.

Tauber, Alfred I., Chernyak, Leon (1991): Metchnikoff and the Origins of Immunology. From Metaphor to Theory, Oxford, New York.

Tauber, Alfred I., Podolsky, Scott H. (1994): Frank Macfarlane Burnet and the Immune Self, in: Journal of the History of Biology 27:3, S. 531-573.

Tauber, Alfred I. (1994): The Immune Self. Theory or Metaphor? Cambridge.

Temkin, Owsei (1977): An Historical Analysis of the Concept of Infection, in: ders. (Hg.), The Double Face of Janus and other Essays in the History of Medicine, Baltimore, London, S. 456 471.

The portable Kristeva (2002), hrsg. von Kelly Oliver, erw. Aufl., New York.

Thom, Achim, Caregorodcev, Genadij (Hg.) (1989): Medizin unterm Hakenkreuz, Berlin.

Thom, Achim (1989a): Wesensmerkmale des Faschismus. Der Faschismus in Deutschland und sein Verhältnis zur Wissenschaft, in: ders./Caregorodcev (Hg.), Medizin unterm Hakenkreuz, S. 17-33.

– (1989b): Die Durchsetzung des faschistischen Herrschaftsanspruches in der Medizin und der Aufbau eines zentralistisch organisierten Medizinalwesens, in: ders./ Caregorodcev (Hg.), Medizin unterm Hakenkreuz, S. 35-62.

Tilley, Helen (2004): Ecologies of Complexity. Tropical Environments, African Trypanosomiasis, and the Science of Disease Control in British Colonial Africa, 1900-1940, in: Osiris 19, S. 21-38.

Timmermann, Carsten (1999): Weimar Medical Culture. Doctors, Healers, and the Crisis of Medicine in Interwar Germany, 1918-1933, Dissertation University of Manchester.

– (2000): Wer darf heilen und wer nicht? »Kurpfuscherei« und die Krise der Medizin in der Weimarer Republik, in: Hochadel, Oliver (Hg.), Lügen und Betrügen. Das Falsche in der Geschichte von der Antike bis zur Moderne, Köln, S. 133-149.

– (2001): Constitutional Medicine, Neoromanticism, and the Politics of Antimechanism in Interwar Germany, in: Bulletin of the History of Medicine 75, S. 717-739.

Tognotti, Eugenia (2003): Scientific Triumphalism and Learning from Facts. Bacteriology and the »Spanish Flu« Challenge of 1918, in: Social History of Medicine 1, S. 97-110.

Tomes, Nancy (1998): The Gospel of Germs. Men, Women and the Microbe in American Life, London 1998.

– (2002): Epidemic Entertainments. Disease and Popular Culture in Early-Twentieth-Century America, in: American Literary History 14:2, S. 625-652.

Tomkins, Sandra M. (1992): The Failure of Expertise. Public Health Policy in Britain during the 1918-1919 Influenza Epidemic, in: Social History of Medicine 5, S. 435-454.

Ulrich, Bernd (1992), Nerven und Krieg. Skizzierung einer Beziehung, in: Loewenstein, Bedrich (Hg.), Geschichte und Psychologie. Annäherungsversuche, Pfaffenweiler, S. 163-191.

Ullmann, Hans-Peter (1995): Das Deutsche Kaiserreich 1871-1918, Frankfurt a. M.

Ullrich, Volker (1999): Die nervöse Großmacht 1871-1918. Aufstieg und Untergang des deutschen Kaiserreichs, Frankfurt a. M.

Vasold, Manfred (2003): Die Grippe-Pandemie 1918/19 in ihrer weltweiten Ausdehnung, in: Naturwissenschaftliche Rundschau 9, S. 476-480.

Verhey, Jeffrey (2000): Der »Geist von 1914« und die Erfindung der Volksgemeinschaft, Hamburg.

Vögele, Jörg (1998): Typhus und Typhusbekämpfung in Deutschland aus sozialhistorischer Sicht, in: Medizinhistorisches Journal 33, S. 57-79.

Vom Brocke, Bernhard (1985): Wissenschaft und Militarismus. Der Aufruf der 93 »An die Kulturwelt!« und der Zusammenbruch der Internationalen Gelehrtenrepublik im Ersten Weltkrieg, in: Calder III., William M. et al. (Hg.), Wilamowitz nach 50 Jahren, Darmstadt, S. 649-719.

– (Hg.) (1991): Wissenschaftsgeschichte und Wissenschaftspolitik im Industriezeitalter. Das »System Althoff« in historischer Perspektive, Hildesheim.

Vom Bruch, Rüdiger (2003): Der wissenschaftsgläubige Mensch, in: Dolle, Verena (Hg.), Das schwierige Individuum, Regensburg, S. 291-312.

– (2005): Bürgerlichkeit, Staat und Kultur im Deutschen Kaiserreich, Stuttgart.

Von Engelhardt, Dietrich (1985): Kausalität und Konditionalität in der modernen Medizin, in: Schipperges, Heinrich (Hg.), Pathogenese, Berlin, S. 32-58.

Vossen, Johannes (2005): Die Entwicklung des öffentlichen Gesundheitsdienstes in Preußen/Deutschland und seine Aufgaben in Sozialhygiene und Sozialmedizin, 1899-1945, in: Schagen/Schleiermacher (Hg.), 100 Jahre Sozialhygiene (CD-ROM).

Wakeford, Tom (2001): Liaisons of Life. From Hornworts to Hippos, How the Unassuming Microbe Has Driven Evolution, New York.

Wald, Priscilla (1997): Cultures and Carriers. »Typhoid Mary« and the Sciences of Social Control, in: Social Text 52/53, Dec., S. 181-214.

Walzer Leavitt, Judith (1992): »Typhoid Mary« strikes Back. Bacteriological Theory and Practice in Early Twentieth-Century Public Health, in: Isis 83:4, S. 608-629.

Wanatowicz, Maria Wanda (1999): Die Deutschen im staatlichen Sektor des öffentlichen Lebens in Großpolen, Westpreußen und Oberschlesien nach dem Ersten Weltkrieg, in: Zeitschrift für ostmitteleuropäische Forschung 48:4, S. 555-582.

Weder, Heinrich (2000): Sozialhygiene und pragmatische Gesundheitspolitik in der Weimarer Republik am Beispiel des Sozial- und Gewerbehygienikers Benno Chajes (1880-1938), Husum.

Wehler, Hans-Ulrich (1979): Sozialdarwinismus im expandierenden Industriestaat, in: ders., Krisenherde im Kaiserreich 1871-1918, Göttingen, S. 281-289.

– (1988): Das Deutsche Kaiserreich 1871-1918, 6. Aufl., Göttingen.

Weidner, Herbert (1994): Die Anfänge meeresbiologischer und ökologischer Forschung in Hamburg durch Karl Möbius (1825-1908) und Heinrich Adolph Meyer (1822-1889), in: Historisch-meereskundliches Jahrbuch 2, S. 69-84.

Weikart, Richard (1993): The Origins of Social Darwinism in Germany, 1859-1895, in: Journal of the History of Ideas 54, S. 469-488.

Weindling, Paul (1984): Die Preußische Medizinalverwaltung und die »Rassenhygiene«. Anmerkungen zur Gesundheitspolitik der Jahre 1905-1933, in: Zeitschrift für Sozialreform 30, S. 675-687.

– (1989a): Health, Race and German Politics between National Unification and Nazism 1870-1945, Cambridge.

– (1989b): Hygienepolitik als sozialintegrative Strategie im späten Deutschen Kaiserreich, in: Labisch, Alfons (Hg.), Medizinische Deutungsmacht im sozialen Wandel des 19. und 20. Jahrhunderts, Bonn, S. 37-56.

– (1991): Darwinism and Social Darwinism in Imperial Germany. The Contribution of the Cell Biologist Oscar Hertwig (1849-1922), Stuttgart, New York.

– (1992a): Scientific Elites and Laboratory Organisation in Fin de Siècle Paris and Berlin. The Pasteur Institut and Robert Koch's Institute for Infectious Diseases compared, in: Cunningham/Perry (Hg.), Laboratory Revolution, S. 170-188.

– (1992b): German-Soviet Medical Co-operation and the Institute für Racial Research, 1927 – c.1935, in: German History 10, S. 177-206.

– (1992c): From Medical Research to Clinical Practice. Serum Therapy for Diphteria in the 1890s, in: Pickstone, John (Hg.), Medical Innovation in Historical Perspective, Basingstoke, S. 170-188.

– (1993): Heinrich Zeiss, Hygiene and the Holocaust, in: Porter, Dorothy, Porter, Roy (Hg.), Doctors, Politics and Society, Amsterdam, Atlanta, S. 174-187.

– (1996): The First World War and the Campaigns against Lice. Comparing British and German Sanitary Measures, in: Eckart/Gradmann (Hg.), Medizin und der Erste Weltkrieg, S. 227-241.

– (1999): A Virulent Strain. German Bacteriology as Scientific Racism, 1890-1920, in: Ernst, Waltraud (Hg.), Race, Science and Medicine, 1700-1960, London, New York.

– (2000): Epidemics and Genocide in Eastern Europe, 1890-1945, Oxford.

Weingart, Peter, Kroll, Jürgen, Bayertz, Kurt (Hg.) (1992): Rasse, Blut und Gene. Geschichte der Eugenik und Rassenhygiene in Deutschland, Frankfurt a. M.

Weingart, Peter (1995): Struggle for Existence. Selection and Retention of a Metaphor, in: Maasen/Mendelsohn/ders. (Hg.), Biology as Society, Society as Biology, S. 127-151.

Weber, Sarah (2008): Die ›Spanische Grippe‹ 1918. Die Gesundheitspolitik Deutschlands und der Schweiz im Vergleich, Lizentiatsarbeit Universität Zürich.

Werther, Thomas (2004): Fleckfieberforschung im Deutschen Reich 1914-1945. Untersuchungen zur Beziehung zwischen Wissenschaft, Industrie und Politik unter besonderer Berücksichtigung der IG Farben, Dissertation Philipps-Universität Marburg.

Weyer-von Schoultz, Martin (2006): Max von Pettenkofer (1808-1901), Frankfurt a.M.

Winau, Rolf, Müller-Dietz, Heinz (1994): Medizin für den Staat – Medizin für den Krieg. Aspekte zwischen 1914 und 1945, Husum.

Wippermann, Wolfgang (2007): Die Deutschen und der Osten. Feindbild und Traumland, Darmstadt.

Wirtz, Rainer (1991): Leben und Werk des Hamburger Arztes, Forschers und Schriftstellers Hans Much (1880-1932) unter besonderer Berücksichtigung seiner medizintheoretischen Schriften, Herzogenrath.

Witte, Wilfried (2003a): Erklärungsnotstand. Die Grippe-Epidemie 1918-1920 in Deutschland unter besonderer Berücksichtigung Badens, Med. Diss. Heidelberg.

– (2003b): The Plague that was not allowed to happen. German Medicine and the Influenza Epidemic of 1918-19 in Baden, in: Phillips (Hg.), The Spanish Influenza Pandemic, S. 49-57.

– (2006): Die Grippe-Pandemie 1918-1920 in der medizinischen Debatte, in: Berichte zur Wissenschaftsgeschichte 29, S. 5-20.

Woelk, Wolfgang, Vögele, Jörg (Hg.) (2002): Geschichte der Gesundheitspolitik in Deutschland. Von der Weimarer Republik bis in die Frühgeschichte der »doppelten Staatsgründung«, Berlin.

Wolff, Eberhard (1997): Mehr als nur materielle Interessen. Die organisierte Ärzteschaft im Ersten Weltkrieg und in der Weimarer Republik, in: Jütte, Robert (Hg.), Geschichte der Deutschen Ärzteschaft, Köln, S. 97-142.

Worboys, Michael (2000): Spreading Germs. Disease Theories and Medical Practice in Britain, 1865-1900, Cambridge.

Zuber, Terence (2002): Inventing the Schlieffen-Plan. German War Planing, 1871-1914, Oxford.

Dank

Dieses Buch ist die gekürzte und überarbeitete Fassung meiner geschichtswissenschaftlichen Dissertation, die ich im Herbst 2007 an der Universität Zürich abgeschlossen habe. Sie wurde 2008 mit dem Henry-E.-Sigerist-Preis für Nachwuchsförderung in der Geschichte der Medizin und der Naturwissenschaften ausgezeichnet.

Bakterien in Krieg und Frieden ist das Ergebnis ausgedehnter und mitunter einsamer Quellenrecherchen und Literaturstudien. Ebenso ist das Buch jedoch das Ergebnis zahlloser Gespräche und Diskussionen, beiläufiger Bemerkungen, Auskünfte und Hinweise an verschiedenen, sich zum Teil überlappenden Denkorten. Die Arbeit nahm ihren Anfang im Projekt »Unsichtbare Feinde – infizierte Körper. Politische Metaphern der Bakteriologie/Immunologie 1880-1930«, das vom Schweizerischen Nationalfonds finanziert und von Philipp Sarasin an der Universität Zürich souverän geleitet wurde. Für seine inhaltlichen Anregungen und methodischen Hilfestellungen, seine jederzeit offene Bürotüre und die zahllosen anderen ›Türen‹, die er mir aufstieß, bin ich ihm zu allergrösstem Dank verpflichtet. Für ihre Unterstützung und ihren Beistand bedanken möchte ich mich auch bei meinen Kolleginnen im Projekt, Myriam Spörri und Marianne Hänseler. Im Rahmen unserer eingeschworenen Bakteriologie-Arbeitsgruppe diskutierten wir Thesen und Fragestellungen, organisierten Workshops und Tagungen und gaben einen Sammelband heraus (Bakteriologie und Moderne, stw 1807). Paul Weindling, den ich bei diesen Arbeiten kennen lernte, hat sich zu meiner großen Freude bereit erklärt, meine Dissertation als Korreferent zu begutachten. Seine Archiv-Kenntnisse und wegweisenden Arbeiten zur neuesten Medizingeschichte waren für mich eine Quelle steten Ansporns. Besonders wertvoll waren auch die Ratschläge und Quellenhinweise, die ich Christoph Gradmann als ausgewiesenem Experten der Bakteriologie Robert Kochs verdanke. Der Austausch und die Diskussionen mit Sabine Maasen, Christina Ratmoko, J. Andrew Mendelsohn, Warwick Anderson, Simon Teuscher, Andreas Berger und den Mitarbeitern und Mitarbeiterinnen an der Forschungsstelle für Sozial- und Wirtschaftsgeschichte in Zürich haben mir in verschiedenen Phasen meiner Arbeit sehr geholfen.

Ein Ort regen Austausches und Arbeitens war auch das Collegium Helveticum der ETH Zürich. Hier lernte ich dank Helga Nowotny interdisziplinäre Auseinandersetzungen und Fallstricke kennen und knüpfte freundschaftliche Kontakte mit WissenschaftlerInnen aus dem In- und Ausland, die mir bis heute erhalten geblieben sind. Entscheidende Impulse erhielt das Projekt durch einen Forschungsaufenthalt am Max Planck Institut für Wissenschaftsgeschichte in Berlin. Besonderer Dank gebührt in diesem Zusammenhang Hans-Jörg Rheinberger, Staffan Müller-Wille, Volker Hess, Skúli Sigurdsson, Carlos Lopéz Beltrán und Antje Radeck. Für ihre Bereitschaft zum Dialog mit einer Historikerin, die noch nie ein Bakterium im Labor gezüchtet hat, danke ich schliesslich den MikrobiologInnen Alexander von Graevenitz, Liise-Ann Pirofski und David Relman.

Die Fertigstellung des Manuskripts wäre nicht möglich geworden ohne die finanzielle Unterstützung der Janggen-Pöhn-Stiftung St. Gallen. Bei den redaktionellen Abschlussarbeiten standen mir Bruno Ziauddin, Philipp Sarasin, Michael Hagner, Myriam Spörri und Christina Ratmoko zur Seite. Sie verstanden es selbst unter größtem Zeitdruck, den Finger auf die wunden Punkte zu legen und die richtigen Worte der Kritik zu finden. Michael Hagner und Hans-Jörg Rheinberger danke ich sehr herzlich für die Aufnahme in ihre Reihe »Wissenschaftsgeschichte« und dem Schweizerischen Nationalfonds für die Übernahme eines großzügigen Druckkostenzuschusses.

Unschätzbar war und ist die Unterstützung meiner Eltern und meines Mannes. Gewidmet ist dieses Buch Bruno, für dessen Liebe, Geduld und Anteilnahme keine Worte des Dankes ausreichen.

Zürich, im Frühling 2009

Register

Kursiv gesetzte Seitenzahlen beziehen sich auf Nennungen in den Fussnoten. Die Nennungen Robert Kochs sind nicht erfasst.